Nöll/Wiedemann

Investitionsrechnung unter Unsicherheit

Investitionsrechnung unter Unsicherheit

Rendite-/Risikoanalyse von Investitionen im Kontext einer wertorientierten Unternehmensführung

von

Boris Nöll
Universität Siegen
Lehrstuhl für Finanz- und Bankmanagement

und

Prof. Dr. Arnd Wiedemann
Universität Siegen
Lehrstuhl für Finanz- und Bankmanagement

Verlag Franz Vahlen München

VERLAG
VAHLEN
MÜNCHEN
www.vahlen.de

ISBN 978 3 8006 3162 9

Wilhelmstr. 9, 80801 München
Druck und Bindung: Druckhaus Nomos
In den Lissen 12, 76547 Sinzheim
Satz: Fotosatz H. Buck
Zweikirchener Str. 7, 84036 Kumhausen
Gedruckt auf säurefreiem, alterungsbeständigem Papier
(hergestellt aus chlorfrei gebleichtem Zellstoff)

Vorwort

Das Erscheinen eines neuen Buches ist vergleichbar mit dem Stapellauf eines Schiffes. Wie für den Schiffsbauer ist es auch für einen Autor immer ein besonderer Moment, wenn sein Werk nach langen Vorbereitungen und viel Arbeit in gedruckter Form vor ihm liegt. Ein Schiff geht nach Abschluss von Konstruktion und Bau auf Jungfernfahrt. Auch wir schicken unser Buch nun auf die Reise, auf dass es sich erfolgreich am Markt bewährt.

Warum aber ein Buch zur Investitionstheorie, wo doch zu diesem Thema kein Mangel an Publikationen herrscht? Wir meinen, eine Marktlücke ausgemacht zu haben, die der Titel des Buches bereits zum Ausdruck bringen soll:

Investitionsrechnung unter Unsicherheit

Rendite-/Risikoanalyse von Investitionen im Kontext einer wertorientierten Unternehmensführung

Im Mittelpunkt unserer Analysen steht die Behandlung der Unsicherheit im Rahmen von Investitionsentscheidungen. Aufgrund der Bedeutung, die Investitionen für den nachhaltigen Unternehmenserfolg haben, kommt einer fundierten rechnerischen Analyse eine herausragende Bedeutung zu. Es gilt, Chancen und Risiken sorgfältig gegeneinander abzuwägen. Dabei betten wir unsere Überlegungen in das Konzept der wertorientierten Unternehmensführung ein, das in besonderem Maße mit den dynamischen zahlungsorientierten Verfahren der Investitionsrechnung kompatibel ist.

Ausgehend von einer Situation unter Sicherheit führen wir den Leser schrittweise zu einem Verfahren, das in der Lage ist, den Beitrag einer Investition zur Steigerung des Unternehmenswertes unter Berücksichtigung der mit der Investition verbundenen Risiken zu messen. Dabei werden zum einen die aus der Investition resultierenden operativen Risiken und zum anderen die von der Kapitalstruktur abhängigen finanziellen Risiken detailliert beleuchtet. Insbesondere stellen wir den Zusammenhang zwischen der externen, kapitalmarktorientierten und der internen, unternehmensorientierten Sichtweise von Risiko her. Das Bindeglied zwischen beiden Sichtweisen sind die dem Investitionsrisiko angepassten Renditeforderungen der Eigen- und Fremdkapitalgeber.

Ansprechen möchten wir mit unserem Buch zum einen fortgeschrittene Studierende in Bachelor- und Masterprogrammen der Betriebswirtschaftslehre. In Siegen setzen wir das Buch beispielsweise im Rahmen der Aufbauveranstaltung zur Einstiegsvorlesung „Investition und Finanzierung" ein, deren Modellrahmen noch stark durch die Annahme von Sicherheit über zukünftige Zahlungen geprägt ist.

Zielgruppe dieses Buches sind aber auch Praktiker, die an einer theoretischen Fundierung ihrer Modelle zur Investitionsrechnung interessiert sind. Wir zeigen auf, wie die existierenden Theorien Eingang in die Bewertungsmodelle der Praxis gefunden haben und geben nach einer Analyse der Stärken und Schwächen auch Hinweise für Verbesserungen.

Für beide Zielgruppen haben wir auch ein attraktives Internetangebot entwickelt, das den Leser motivieren und in die Lage versetzen soll, sich intensiv und eigenständig mit den Modellen zu beschäftigen. Dieses Angebot wird kontinuierlich ausgebaut. Auf der Internetseite

www.uni-siegen.de/fb5/banken/publikationen/investitionsrechnung

stehen vielfältige Excel-Sheets zum Download zur Verfügung.

Wir freuen uns sehr über Fehlerhinweise und inhaltliche Anregungen. Bitte benutzen Sie dazu folgende E-Mail-Adresse: ir@uni-siegen.de.

Siegen, im September 2008 *Boris Nöll* *Arnd Wiedemann*

Zusatzmaterial im Internet

Begleitend zu diesem Lehrbuch stehen auf der Internetseite

www.uni-siegen.de/fb5/banken/publikationen/investitionsrechnung

Zusatzmaterialien zum Download bereit.

Der Leser findet dort den größten Teil der im Text vorgestellten Rechnungen in Form von Excel-Sheets. Sofern mathematische Probleme nicht auf Basis einer Tabellenkalkulation gelöst werden konnten, wurde das Mathematikprogramm Maple herangezogen. In den Excel-Dateien sind diese Stellen gesondert gekennzeichnet; der Programmcode wird ebenfalls bereitgestellt. Diese Inhalte werden von uns sukzessive erweitert. Zusätzlich werden auch Excel-basierte Übungsaufgaben zum Download angeboten. Ebenfalls verfügbare Screencasts helfen bei der Implementierung der Rechnungen.

Auch in Bezug auf das Online-Angebot freuen wir uns über Hinweise, Anregungen und Verbesserungsvorschläge. Bitte lassen Sie uns diese über

ir@uni-siegen.de

zukommen.

Dozenten erhalten beim Verlag Vahlen auf Anfrage (lektorat@vahlen.de) eine Foliensammlung im Format Powerpoint.

Inhaltsübersicht

Inhaltsverzeichnis

Abkürzungsverzeichnis

APV	Adjusted Present Value
CAPM	Capital Asset Pricing Model
DCF	Discounted Cash Flow
EBIT	Betriebsergebnis vor Zinsen und Steuern
FCF	Free Cash Flow
FL	Financial Leverage
IBR	Intrinsic Business Risk
KC AG	Kindelsberg Chemie AG
M	Marktportfolio
MVP	Minimum Varianz Portfolio
NCF	Netto-Cash Flow
OL	Operating Leverage
SP	State Preference
TL	Total Leverage
TS	Tax Shield
WACC	Weighted Averge Cost of Capital
WML	Wertpapiermarktlinie

Symbolverzeichnis

$\underline{1}$	Einheitsvektor
$\underline{\underline{1}}$	Einheitsmatrix
α	Faktor; Regressionskoeffizient
$\beta_{EK}{}^{u}$	Beta-Faktor des Eigenkapitals ohne Verschuldung
$\beta_{EK}{}^{v}$	Beta-Faktor des Eigenkapitals bei Verschuldung
β_{FK}	Beta-Faktor des Fremdkapitals
β_{GK}	Beta-Faktor des Gesamtkapitals
β_{n}	Beta-Faktor des Wertpapiers/der Investition n; Regressionskoeffizient
γ	Risikoaversionskoeffizient
$\underline{\theta}$	Preisvektor
θ_{n}	Preis des Wertpapiers n
θ_{r}	Preis der risikolosen Anlage
λ	Lagrange-Multiplikator
$\varepsilon_{-t,n}$	Störgröße des Wertpapiers n vor t Tagen
π_{s}	Preis des reinen Wertpapier s
$\underline{\pi}$	Preisvektor der reinen Wertpapiere
$\underline{\pi}^{T}$	transponierter Preisvektor der reinen Wertpapiere
η	Lösungsvektor
μ	Erwartungswert
μ_{M}	erwartete Rendite des Marktportfolios
μ_{P}	erwartete Rendite des Portfolios P
σ	Standardabweichung
σ^{2}	Varianz
σ_{M}	Standardabweichung des Marktportfolios
$\sigma_{n,m}$	Kovarianz zwischen den Renditen der Wertpapiere n und m

σ_P	Standardabweichung des Portfolios P
τ	Steuersatz
$\Phi(\cdot)$	Präferenzfunktion
χ	Anteil des repräsentativen Investors am Marktportfolio
A_A	Aktion/Handlungsmöglichkeit
$BW_{t,n}$	Barwert des Wertpapiers n im Zeitpunkt t
$c_{t,s}^{j}$	Konsum des Investors j im Zeitpunkt t bei Eintritt des Zustandes s
C_0^{EK}	Kapitalwert bei reiner Eigenfinanzierung
$Cov(\cdot,\cdot)$	Kovarianz zweier Zufallsvariablen
$div_{-t,n}$	historische Dividende des Wertpapiers n vor t Tagen
D_r	risikoloser Diskontfaktor
D_s	risikoadjustierter Diskontfaktor des Zustandes s
$DIV_{t,n}$	Dividende des Wertpapiers n im Zeitpunkt t
$E(\cdot)$	Erwartungswertoperator
EK_t^{MW}	Marktwert des Eigenkapitals im Zeitpunkt t
EKQ^{MW}	Eigenkapitalquote zu Marktwerten
$F_{n,s}$	Rückfluss des Wertpapiers n bei Eintritt des Zustandes s
$\underline{F}$	Payoff-/Auszahlungsmatrix
$\underline{F}^{-1}$	Inverse der Payoff-/Auszahlungsmatrix
$\underline{F}^{T}$	Transponierte der Payoff-/Auszahlungsmatrix
$\underline{F}_n$	Payoff-/Auszahlungsvektor des Wertpapiers n
F_n^*	Payoff/Auszahlung des reinen Wertpapiers n
$FCF_{t,n,s}$	Free Cash Flow der Investition n im Zeitpunkt t bei Eintritt des Zustandes s
FK_t^{MW}	Marktwert des Fremdkapitals im Zeitpunkt t
FKQ^{MW}	Fremdkapitalquote zu Marktwerten
FL_n	financial leverage der Investition n
I_0	Anschaffungsauszahlung
$IT_{t,n}$	Zinsauszahlung für Investition n im Zeitpunkt t
j	Index des Investors

$k_{n,m}$	Korrelationskoeffizient zwischen den Renditen der Wertpapiere n und m
$k_{-t,n}$	historischer Kurs des Wertpapiers n vor t Tagen
$k_{v,t,n,s}$	variable Stückkosten der Investition n im Zeitpunkt t bei Eintritt des Zustandes s
$\underline{\underline{K}}$	Koeffizientenmatrix
$K_{t,n,s}$	Kurs des Wertpapiers n im Zeitpunkt t bei Eintritt des Zustandes s
$K_{v,t,n,s}$	Variable Gesamtkosten der Investition n im Zeitpunkt t bei Eintritt des Zustandes s
L	Lagrange-Funktion
M	Marktportfolio
MVP	Minimum-Varianz-Portfolio
n	Index des Wertpapiers/der Investition
n_n	Anzahl der Aktie n
$NCF_{t,n,s}$	Netto-Cash Flow der Investition n im Zeitpunkt t bei Eintritt des Zustandes s
OL_n	operating leverage der Investition n
p	Absatzpreis
p_s	Eintrittswahrscheinlichkeit des Zustandes s
r_f	risikoloser Zinssatz
$r_{-t,f}$	risikoloser Zinssatz vor t Tagen
$r_{EK}{}^u$	Renditeforderung der Eigenkapitalgeber ohne Verschuldung
$r_{EK}{}^v$	Renditeforderung der Eigenkapitalgeber bei Verschuldung
r_{FK}	Renditeforderung der Fremdkapitalgeber
r_{GK}	Renditeforderung auf das Gesamtkapital
$\bar{r}_n$	empirischer Mittelwert der Renditen des Wertpapiers n
$r_{-t,n}$	historische Rendite des Wertpapiers n vor t Tagen
r_{WACC}	gewichteter Kapitalkostensatz (einschließlich Tax Shield)
$\check{r}_{-t,M}$	Überrendite des Marktportfolios vor t Tagen
$\check{r}_{-t,n}$	Überrendite des Wertpapiers n vor t Tagen
$r_{WACC}{}^{ohne\ TS}$	gewichteter Kapitalkostensatz ohne Tax Shield
$R_{M,s}$	Rendite des Marktportfolios im Zustand s
$R_n{}^*$	Rendite des reinen Wertpapiers n
$R_{n,s}$	Rendite des Wertpapiers n im Zustand s

$RG_{n,t}^{nSt}$	Reingewinn nach Steuern der Investition n im Zeitpunkt t
s	Index des Zustandes s
s_n	Empirische Standardabweichung der Renditen des Wertpapiers n
$\underline{S}$	Vektor der Umweltzustände
SÄ	Sicherheitsäquivalent
t	Index der Periode
TL_n	total leverage der Investition n
$TG_{t,n}$	Tilgungszahlung für Investition n im Zeitpunkt t
TS_t^{MW}	Marktwert des Tax Shield im Zeitpunkt t
P	Portfolio
$P(\cdot)$	Wahrscheinlichkeit
RP_n	Risikoprämie des Wertpapiers n
$U(\cdot)$	Nutzenfunktion
$U_{t,n,s}$	Umsatz der Investition n im Zeitpunkt t bei Eintritt des Zustandess
UW_t	Unternehmenswert im Zeitpunkt t
$V_{a,s}$	Ergebnis der Aktion a bei Eintritt des Zustandes s
V^{MW}	Verschuldungsgrad zu Marktwerten
$V^{MW, Ziel}$	Zielverschuldungsgrad zu Marktwerten
$Var(\cdot)$	Varianz einer Zufallsvariablen
$\underline{\underline{VCV}}$	Varianz-Kovarianz-Matrix
w_t	Vermögen im Zeitpunkt t
$\underline{x}$	Anteils-/Mengenvektor
$x_{n,s}$	Anteil des Wertpapiers n im Zustand s
x_n^M	Anteil des Wertpapiers n am Marktportfolio
$\underline{x}_r$	Anteil der risikolosen Anlage
$\underline{x}_{RP}$	Anteilsvektor eines Randportfolios
X	Zufallsvariable
Z	Minimum-Varianz-Zero-Beta-Portfolio
Z_s	Umweltzustand

1. Wertorientierte Unternehmensführung auf Basis einer Rendite-/Risikosteuerung

1.1 Das unternehmerische Zielsystem

Ein Unternehmen dient den Personen, die mit ihm in Beziehung stehen als Instrument zu einer möglichst umfassenden Realisierung ihrer individuellen Ziele. Unter einem Ziel ist dabei eine Vorstellung über einen zukünftigen Zustand zu verstehen, der durch bestimmte Handlungsweisen herbeigeführt werden soll.[1]

Ein Unternehmen stellt keine autarke, von äußeren Beziehungen und Einflüssen unabhängige Einheit dar. Vielmehr ist es Teil eines äußerst komplexen, von Wechselwirkungen gekennzeichneten Wirtschafts-, Sozial- und Rechtssystems. Diese Wechselwirkungen sorgen dafür, dass sich das Unternehmen ständig einer Vielzahl von Individuen und Institutionen gegenübersieht, die als potenzielle Anspruchsgruppen versuchen, eine Aufnahme ihrer individuellen Ziele in den Zielkatalog des Unternehmens zu erreichen.

Versucht man die einzelnen Anspruchsgruppen näher einzugrenzen, so rücken zunächst die Eigentümer ins Zentrum der Betrachtung (vgl. Abbildung 1-1). Sie stellen Eigenkapital zur Verfügung. Als Gegenleistung erwarten sie eine angemessene Verzinsung der überlassenen Finanzmittel. Die besondere Stellung der Eigentümer resuliert aus der Tatsache, dass sie für die Überlassung von Kapital keine vertraglich fixierte Vergütung erhalten, sondern eine vom wirtschaftlichen Erfolg abhängige Residualzahlung beziehen. Unmittelbare Konsequenz der fehlenden vertraglichen Fixierung ist die Beteiligung der Eigentümer an unternehmerischen Entscheidungen. Nur wenn die Eigenkapitalgeber die Möglichkeit besitzen, aktiv an der Gestaltung des Unternehmens teilzuhaben, ist der Anwartschaft auf Residualzahlungen ein Wert beizumessen.[2] Der Verzicht auf eine feste Vergütung wird durch das Recht kompensiert, im eigenen Sinne Einfluss auf die Unternehmenspolitik zu nehmen und eigene Ziele durchzusetzen. Darüber hinaus steht den Eigentümern im Fall einer Beendigung der Unternehmenstätigkeit eine Teilhabe am Liquidationserlös zu.

Die Gläubiger statten ein Unternehmen mit Fremdkapital aus. Als Gegenleistung fordern sie die fristgerechte Zahlung der vereinbarten Zinsleistung sowie die Rückzahlung des überlassenen Kapitalbetrages. Im Unterschied zu den Eigentümern erhalten die Fremdkapitalgeber keine Residualzahlungen, sondern in Kreditverträgen festegelegte, von der wirschaftlichen Lage unabhängige Zahlungen. Ihnen stehen daher keine Mitwirkungsrechte bei unternehmerischen Entscheidungen zu.

---

[1] Vgl. Welge/Al-Laham (2005), S. 111.

[2] Vgl. Franke/Hax (2004), S. 4.

Arbeitnehmer stellen die Arbeitskraft in den Dienst eines Unternehmens. Neben einer angemessenen Vergütung in Form von Lohn und Gehalt besteht ihr Ziel in einer dauerhaften Sicherung des Arbeitsplatzes. Darüber hinaus sieht sich ein Unternehmen von Seiten der Belegschaft vielfältigen Forderungen in Bezug auf die langfristige Bewahrung und Aufrechterhaltung der Arbeitskraft gegenüber. Diese äußern sich z.B. in Arbeitsschutzmaßnahmen (Spezialkleidung u.ä.), Schulungen oder sozialem Engegement (Betriebskindergarten, Sportstätten usw.).

Kunden erwarten von einem Unternehmen die Bereitstellung von Produkten und Dienstleistungen zu einem bestimmten Preis und in einer genau definierten Qualität. Zusätzlich ist es nach Abschluss des eigentlichen Kaufvorgangs häufig erforderlich, dass das Unternehmen den Abnehmern weiterhin für die Erfüllung von Wartungs- und Servicevertägen, die Lieferung von Ersatzteilen oder die Geltendmachung von Gewährleistungsansprüchen zur Verfügung steht. Als Gegenleistung zahlen die Kunden für erworbene Produkte und Dienstleistungen einen Preis und ermöglichen dem Unternehmen auf diese Weise die Erzielung von Umsatz.

Die Lieferanten verlangen für die Überlassung von Roh-, Hilfs- und Betriebsstoffen sowie Halb-, Fertigprodukten und Dienstleistungen die Zahlung der ausgehandelten Lieferpreise. Dabei besteht in der Regel ein Interesse an einer langfristigen, stabilen Vertragsbeziehung zum Unternehmen.

Der Staat schließlich stellt dem Unternehmen Infrastruktur zur Verfügung. Darüber hinaus bietet er den rechtlichen Rahmen, innerhalb dessen das Wirtschaftsgeschehen abläuft. Im Gegenzug verlangt er einen Anteil an den Überschüssen in Form von Steuern, Abgaben und Gebühren.

Allen bisher genannten Anspruchsgruppen ist gemeinsam, dass sie mit einem Unternehmen über Gesellschafts-, Kredit-, Arbeits-, Kauf- und Lieferverträge oder sonstige Verträge in unmittelbarer Beziehung stehen. Als besondere Anspruchsgruppe treten die Eigentümer hervor, da sie als einziger Personenkreis nicht über eine vertraglich fixierte Vergütung für die bereitgestellten Leistungen erhalten, sondern lediglich auf Residualzahlungen zurückgreifen können. Im Gegenzug besitzen sie eine gegenüber den übrigen Gruppen deutlich ausgeweitete Möglichkeit, Einfluss auf die Geschicke des Unternehmens auszuüben.

Neben den Anspruchsgruppen mit vertraglicher Verbindung zum Unternehmen existieren auch Interessengemeinschaften, die versuchen, Einfluss auszuüben, obwohl sie nur mittelbar mit dem Unternehmen verbunden sind. Hierzu zählen Umweltschutzgruppen, Anwohner, Konkurrenten oder die Medien. Sie zeichnen sich dadurch aus, dass sie von der Tätigkeit eines Unternehmens in der einen oder anderen Form betroffen sind oder glauben, davon betroffen zu sein und daraus Ansprüche ableiten. So könnten sich beispielsweise die Anwohner eines Betriebes veranlasst sehen, zur Verminderung von Lärmbelästigungen eine Lärmschutzwand, veränderte Produktionszeiten oder eine Verlagerung der Produktionsstätte zu fordern. Mittelbare Anspruchsgruppen werden aus unserer weiteren Betrachtung ausgeschlossen.

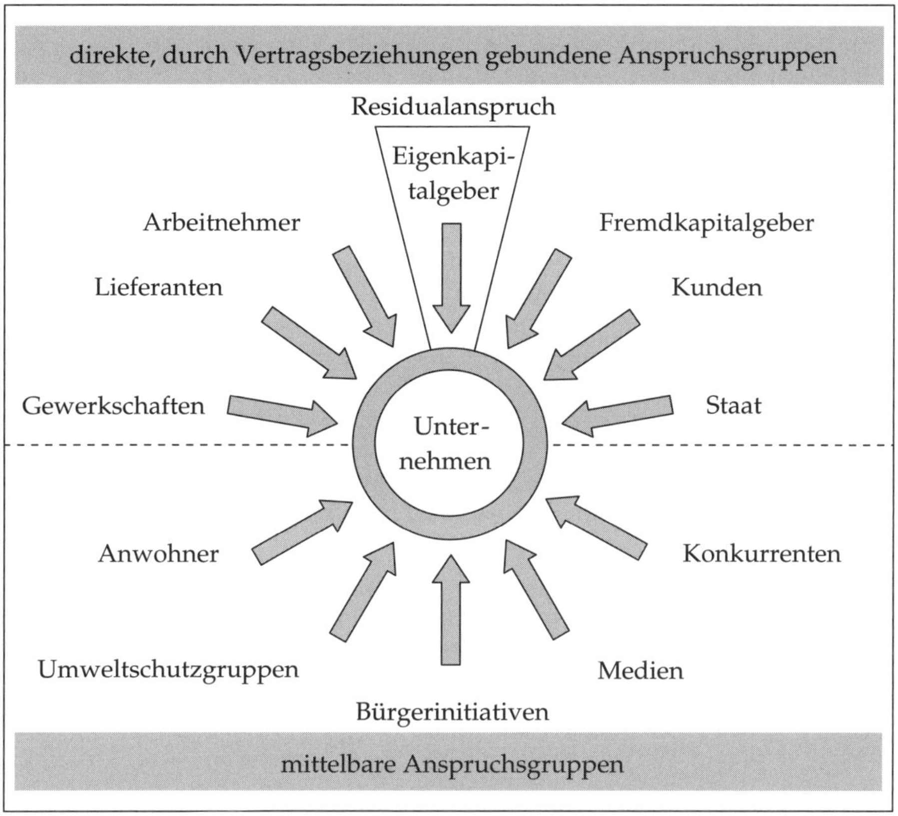

Abbildung 1-1: Unmittelbare und mittelbare Anspruchsgruppen

Von den vertraglich mit dem Unternehmen verbundenen Anspruchsgruppen besitzen einzig die Eigentümer nicht die Möglichkeit, den Preis für ihre Leistung vorab festzulegen. Gläubiger regeln die Modalitäten für die Überlassung von Kapital im Zeitpunkt der Bereitstellung detailliert in Kreditverträgen. Arbeitnehmern wird bei ihrer Einstellung in Form des Arbeitsvertrages die Zahlung eines Entgeltes fest zugesichert. Genauso können sich Lieferanten auf die vertraglich verankerten Preise und Rabattstaffeln verlassen. Die Ansprüche der Kunden gegenüber dem Unternehmen werden mit der Unterzeichnung des Kaufvertrages genau definiert. Für die Eigentümer hingegen erwächst mit ihrer unternehmerischen Tätigkeit ein Risiko. Es besteht die Gefahr, dass das bereitgestellte Kapital im Fall wirtschaftlicher Fehlentwicklungen aufgezehrt wird und – sofern die Haftung nicht auf das Vermögen der Gesellschaft begrenzt ist – das Privatvermögen teilweise oder in Gänze zur Deckung von Verlusten herangezogen werden muss. Es ist dieses Risiko, das die Eigentümer berechtigt, stärker als alle übrigen Anspruchsgruppen ihre persönlichen Interessen und Ziele im Unternehmen umzusetzen und die maßgeblichen Entscheidungen zu treffen.

Aus der Vielzahl von Zielen, die mit der Aufnahme einer unternehmerischen Tätigkeit verbunden sind, stellen wir besonders die finanziellen Anreize heraus. Ein Unternehmen wird gegründet, weil es in der Zukunft die Erzielung eines Einkommensstromes verspricht. Mit anderen Worten stehen den Eigentümern sämtliche finanziellen Überschüsse zu, die nach der Befriedigung der Ansprüche aller übrigen Interessengruppen und nach der Durchführung der erforderlichen Investitionen zum dauerhaften Erhalt des Unternehmens entziehbar sind. Das auf diese Weise erzielte Einkommen kann dem Konsum zugeführt werden. Konsum wiederum stiftet einem Wirtschaftssubjekt Nutzen. Es ist also letztlich die aus dem Einkommensstrom resultierende Möglichkeit zum Konsum und der daraus resultierende Konsumnutzen, der im Zentrum der Überlegungen der Eigentümer steht. Damit ist nicht ausgeschlossen, dass auch andere nicht monetäre Ziele verfolgt werden, wie das Streben nach Macht, Ansehen oder ähnliches. Dessen ungeachtet können diese Zielsetzungen nie dauerhaft im Vordergrund stehen. Denn nur wenn ein Unternehmen nachhaltig in der Lage ist, den Kapitalgebern eine angemessene Verzinsung ihrer Einlage und folglich einen Einkommensstrom in entsprechender Höhe zu liefern, sind sie bereit, Kapital dauerhaft zur Verfügung zu stellen.

Jede Investition, handelt es sich um eine einzelne Maschine oder um ein gesamtes Unternehmen, muss den Eigentümern einen Einkommensstrom ermöglichen, der den erzielbaren Nutzen aus Konsum steigert. Investitionen, die keinen positiven Beitrag zum Konsumnutzen stiften, sind unvorteilhaft und werden unterlassen. Die zentrale Frage der Investitionsrechnung lautet daher:

Trägt die Durchführung einer Investition zur Erhöhung des aus dem Einkommensstrom erzielbaren Konsumnutzens bei?

1.2 Der Kapitalwert als Maß für die Vorteilhaftigkeit von Einzelinvestitionen

1.2.1 Der Investitionsbegriff

In Abschnitt 1.1 haben wir die Interessen der Kapitalgeber, insbesondere der Eigenkapitalgeber, in das Zentrum des unternehmerischen Zielsystems gerückt. Dabei wurde die Maximierung des konsumfähigen Einkommensstromes als wesentliches Zielkriterium herausgestellt.

Hinter diesem Kalkül stehen die Erkenntnisse der mikroökonomischen Theorie des Haushalts, nach der Wirtschaftssubjekte ihren individuellen Nutzen durch Konsum steigern. Unter der Annahme der Nichtsättigung, die unterstellt, dass Haushalte keine Obergrenze der Bedürfnisbefriedigung kennen, führt ein höheres Einkommen zu mehr Konsummöglichkeiten und damit auch zu einem höheren Grad an Nutzen.[3] Ohne Restriktionen würden Wirtschaftssubjekte daher theoretisch zu einem uneingeschränkten Verbrauch von Gütern und Diensten tendieren. Tatsächlich sehen sie sich aber einer Budgetbeschränkung unterwor-

[3] Vgl. Schmidt/Terberger (1999), S. 52.

fen. Das einem Haushalt zur Verfügung stehende Einkommen begrenzt seine Konsummöglichkeiten. Bei einem gegebenen Preisniveau innerhalb einer Volkswirtschaft kann ein Haushalt seinen Konsum daher nur steigern, wenn sein Einkommen steigt. Dies ist beispielsweise durch erfolgreiche Durchführung von Investitionen möglich. Eine Steigerung des Konsums durch ein höheres Einkommen (in der Zukunft) setzt aber voraus, dass Haushalte zuerst einmal zu Konsumverzicht bereit sind.

Aus diesen Überlegungen leitet sich dann auch der von uns in diesem Buch zugrundegelegte Investitionsbegriff ab: Eine Investition ist eine Zahlungsreihe, die mit einer sicheren Anschaffungsauszahlung (= Konsumverzicht heute) beginnt und der (hoffentlich) höhere Rückflüsse in Gestalt von Einzahlungsüberschüssen in der Zukunft folgen (= größere Konsummöglichkeiten in der Zukunft). Damit verwenden auch wir den in der Literatur häufig zu findenden zahlungsorientierten Investitionsbegriff.[4]

Um also eine Aussage über die Vorteilhaftigkeit eines Investitionsprojektes treffen zu können, muss dessen Zahlungsstrom bekannt sein. Dieser lässt sich durch drei Merkmale charakterisieren: Höhe, Länge und Grad der Sicherheit resp. Unsicherheit der Zahlungen. Ist der Zahlungsstrom ermittelt, gilt es, Aus- und Einzahlungen miteinander zu vergleichen. Dabei ist sowohl der Zeitpunkt ihres Fälligkeit (frühere Zahlungen sind mehr wert als spätere Zahlungen) als auch der Grad der Sicherheit resp. Unsicherheit (sichere Zahlungen sind mehr wert als unsichere Zahlungen zum gleichen Zeitpunkt) adäquat zu berücksichtigen.

Investitionsentscheidungen zählen zu den wichtigsten Entscheidungen im Unternehmen. Ihre Bedeutung leitet sich aus den spezifischen Merkmalen von Investitionen ab. An erster Stelle ist die mit einer Investition verbundene hohe Kapitalbindung für ein Unternehmen zu nennen. Dann sind Investitionen immer mehrperiodig. Das heißt, dass die mit ihnen verbundenen Zahlungen nicht nur eine Periode betreffen, sondern mehrere Perioden in Zukunft reichen. Die Nutzungsdauer einer Investition kann Jahrzehnte umfassen. Kraftwerke beispielsweise haben einen Investitionszeitraum von 50 bis 60 Jahren. Damit kommt dem Zeitwert des Geldes eine besondere Bedeutung zu. Als drittes Kriterium ist die mit den zukünftigen Zahlungen verbundene Unsicherheit zu nennen. Der Erfolg einer Investition hängt nicht nur von den Aktivitäten des Investors ab, sondern auch von Umweltzuständen und Rahmenbedingungen, die ein Investor nicht beeinflussen kann. Deren Einfluss nimmt mit zunehmender Nutzungsdauer zu. Investitionen sind häufig auch nur schwer und wenn dann nur zu hohen Kosten wieder rückgängig zu machen. Und last but not least ist das Merkmal der Interdependenz zu nennen. Investitionen lösen Folgewirkungen aus, die in sämtliche Bereiche eines Unternehmens (Beschaffung, Produktion, Vertrieb, Personal, Finanzen etc.) hineinreichen. Dies alles hat zur Folge, dass Investitionsentscheidungen mit besonderer Sorgfalt getroffen werden müssen und einer fundierten rechnerischen (analytischen) Unterfütterung bedürfen. Diese Aufgabe übernimmt die Investitionsrechnung. Basieren die Methoden

---

4 Kruschwitz (2007a), S. 3; Schmidt/Terberger (1999), S. 51 ff.

auf Zahlungsströmen gehören sie zur Gruppe der dynamischen Investitionsrechenverfahren.

1.2.2 Ermittlung von Free Cash Flows

Aufgrund der zentralen Rolle, den das im Zeitablauf frei verfügbare Einkommen für die Konsummöglichkeiten und damit für die Höhe des erzielbaren Nutzens spielt, ist der zukünftige Einkommensstrom von erheblicher Bedeutung für alle dynamischen Verfahren der Investitionsrechnung. Jedes Verfahren zur Beurteilung der Vorteilhaftigkeit einer Investition beschäftigt sich im Kern mit der Frage, ob die Eigenkapitalgeber bei Durchführung der Investition eine Verbesserung ihrer Konsummöglichkeiten erreichen können oder nicht.

Als Maß für den Einkommensstrom der Investoren in einer Periode werden Free Cash Flows herangezogen. Hierbei handelt es sich um die Zahlungen aus einem Investitionsobjekt, die den Eigen- und den Fremdkapitalgebern gemeinschaftlich zur Befriedigung ihrer Renditeansprüche auf das von ihnen zur Verfügung gestellte Kapital zustehen.

Die Ermittlung der Free Cash Flows kann nach zwei unterschiedlichen Ansätzen erfolgen. Einerseits ist eine indirekte Bestimmung aus Plan-Jahresabschlüssen möglich, andererseits kann auch eine direkte Bestimmung auf Basis von Zahlungsüberschüssen erfolgen. Abbildung 1-2 gibt einen vereinfachten Überblick über die indirekte Berechnungsform.

Ausgehend vom Betriebsergebnis vor Zinsen und Steuern (EBIT) werden in einem ersten Schritt die sogenannten adjustierten Steuern in Abzug gebracht. Hierbei handelt es sich nicht um die tatsächlich mit dem Investitionsobjekt verbundenen Steuerzahlungen gemäß Gewinn- und Verlustrechnung, sondern um fiktive Steuerzahlungen unter der Annahme einer vollständigen Eigenfinanzierung der Investition. Wie später noch ausführlich aufzuzeigen sein wird, lassen sich durch diese Art der Kalkulation die Wertbeiträge aus dem operativen Unternehmensbereich, der für die Produktion und den Absatz von Gütern verantwortlich ist, und dem Finanzbereich, der sich um die Kapitalbeschaffung kümmert, voneinander trennen.

	EBIT
–	adjustierte Steuern auf das EBIT
=	Ergebnis vor Zinsen und nach adjustierten Steuern
+	Abschreibungen
+/–	Erhöhung/Verminderung von Rückstellungen
=	operativer Brutto-Cash Flow
–	Netto-Investitionsauszahlungen in das Anlagevermögen
–	Netto-Investitionsauszahlungenin das Umlaufvermögen
=	Free Cash Flow

Abbildung 1-2: Indirekte Ermittlung der Free Cash Flows

Das aus dem Steuerabzug resultierende Ergebnis vor Zinsen und nach adjustierten Steuern ist im Weiteren um alle diejenigen Aufwendungen und Erträge zu korrigieren, die in der Betrachtungsperiode nicht zahlungswirksam sind. In erster Linie fallen hierunter Abschreibungen und Veränderungen der Rückstellungen. So gelangt man zum operativen Brutto-Cash Flow.

Der operative Brutto-Cash Flow dient zunächst zur Finanzierung der Netto-Investitionsauszahlungen in das Anlagevermögen. Sie ergeben sich als Differenz von Investitionsaus- und Desinvestitionseinzahlungen in das Anlagevermögen. Erfasst werden sowohl Erhaltungs- als auch Erweiterungsinvestitionen. Zusätzlich sind Veränderungen des Umlaufvermögens in Form von Netto-Investitionsauszahlungen in das Umlaufvermögen zu berücksichtigen.

Im Ergebnis gelangt man zum Free Cash Flow. Dieser stellt den für die Betrachtungsperiode geplanten Überschuss an Zahlungsmitteln dar, der unter Berücksichtigung von Investitionsauszahlungen den Eigen- und Fremdkapitalgebern zur freien Verwendung zusteht.

Aus den Free Cash Flows sind sämtliche vertraglich festgelegten Zins- und Tilgungszahlungen an die Fremdkapitalgeber zu leisten. Im Free Cash Flow finden auch die Renditeforderungen der Eigenkapitalgeber Berücksichtigung, denen Dividendenzahlungen und Kapitalherabsetzungen zufließen. Aufgrund ihres schuldrechtlichen Anspruchs besitzen die Fremdkapitalgeber eine Vorrangstellung bei der Begleichung ihrer Forderungen. Den Eigentümern verbleibt als Residuum die Differenz zwischen dem Free Cash Flow und den Zins- bzw. Tilgungsleistungen.

Die hinter dem Free Cash Flow-Berechnungsschema stehende Annahme der fiktiven Eigenfinanzierung eines Investitionsobjektes besitzt weitreichende Konsequenzen für das zu entwickelnde Bewertungskalkül. Anhand eines einfachen Beispiels wollen wir daher zunächst diese Annahme für den Leser transparent machen.

Ein Investor plane die Anschaffung einer Stanzmaschine, die er zur Herstellung von Türbeschlägen einsetzen will. Die Beschläge verkauft er unmittelbar an den Einzelhandel. Für das kommende Jahr hat er die im linken Teil der Abbildung 1-3 wiedergegebene, verkürzte Plan-Gewinn- und Verlustrechnung aufgestellt. Die Investition wird vollständig mit Eigenkapital finanziert. Erhaltungs- und Erweiterungsinvestitionen sind während der Nutzungsdauer nicht geplant. Der Steuersatz auf Unternehmensebene betrage 25 %.

Die Gewinn- und Verlustrechnung weist für das nächste Jahr einen Steueraufwand von 66,67 EUR aus. Ein Blick auf die entsprechende Free Cash Flow-Berechnung zeigt, dass dort ebenfalls ein Mittelabfluss für die Steuerzahlung von 66,67 EUR erfasst wird. Im Fall der vollständigen Eigenfinanzierung gilt allgemein, dass die Gewinn- und Verlustrechnung und die Free Cash Flow-Berechnung eine identische Steuerzahlung ausweisen. Es handelt sich dabei um den bei Eintritt der Erwartungen tatsächlich entstehenden Zahlungsmittelabfluss an den Staat.

Wir geben nun die Annahme der reinen Eigenfinanzierung auf und unterstellen, dass der Investor einen Teil der Maschine durch Aufnahme eines Bankkredits

GuV-Sicht	
Umsatzerlöse	1 500,00
– Herstellungskosten*	– 1 120,00
Bruttoergebnis vom Umsatz	380,00
– Vertriebs-/Verwaltungskosten	– 65,00
– sonstige Erträge/Aufwendungen	– 48,33
EBIT	266,67
– Zinsen	0,00
Reingew. v. Steuern	266,67
– Steuern	– 66,67
Reingew. n. Steuern	200,00

Identität

Free Cash Flow-Berechnung	
EBIT	266,67
– adj. Steuern auf EBIT	– 66,67
Ergebnis v. Zinsen und n. adj. Steuern	200,00
+ Abschreibungen	250,00
± Erhöhung/Verminderung Rückstellungen	0,00
operativer Brutto-Cash Flow	450,00
– Netto-Investitionsauszahlungen AV	0,00
– Netto-Investitonsauszahlungen UV	0,00
Free Cash Flow	450,00

* enthalten Abschreibungen i.H.v. 250 EUR

Abbildung 1-3: Von der GuV zum Free Cash Flow bei reiner Eigenfinanzierung

finanziert. Im nächsten Jahr muss er für diesen Kredit 30 EUR Zinsen zahlen. Abbildung 1-4 zeigt für diesen Fall die modifizierte Gewinn- und Verlustrechnung und die Free Cash Flow-Berechnung.

Bei Zinszahlungen handelt es sich um Aufwendungen, die den zu versteuernden Gewinn schmälern. Im Vergleich zur reinen Eigenfinanzierung weist die Gewinn- und Verlustrechnung eine um 7,50 EUR (= 66,67 EUR – 59,17 EUR) verminderte Steuerzahlung auf. Obwohl der gesamte Aufwand durch die teilweise Fremdfinanzierung um 30 EUR steigt, sinkt der Reingewinn nach Steuern lediglich um 22,50 EUR (= 200 EUR – 177,50 EUR). Grund ist die Steuerersparnis von 7,50 EUR in Folge der steuerlichen Absetzbarkeit des Zinsaufwandes. Dieser aus der Fremdfinanzierung resultierende Steuervorteil wird als Tax Shield bezeichnet.

Die geänderte Art der Finanzierung spiegelt sich in der Berechnung des Free Cash Flows nicht wider. Er beträgt weiterhin 450 EUR. Hierin wird die Annahme der fiktiven Eigenfinanzierung sichtbar. Das Tax Shield findet im Free Cash Flow keine Berücksichtigung. Allgemein gilt: im Fall einer teilweisen Fremdfinanzierung übersteigt die im Free Cash Flow-Berechnungsschema ermittelte Steuerzahlung die tatsächlich zu leistende Steuerzahlung. Der wahre Free Cash Flow wird daher um die Höhe des Tax Shield zu gering ausgewiesen.

GuV-Sicht

Umsatzerlöse	1 500,00
– Herstellungskosten*	– 1 120,00
Bruttoergebnis vom Umsatz	380,00
– Vertriebs-/Verwaltungskosten	– 65,00
– sonstige Erträge/Aufwendungen	– 48,33
EBIT	266,67
– Zinsen	– 30,00
Reingew. v. Steuern	266,67
– Steuern	– 59,17
Reingew. n. Steuern	177,50

Free Cash Flow-Berechnung

EBIT	266,67
– adj. Steuern auf EBIT	– 66,67
Ergebnis v. Zinsen und n. adj. Steuern	200,00
+ Abschreibungen	250,00
± Erhöhung/Verminderung Rückstellungen	0,00
operativer Brutto-Cash Flow	450,00
– Netto-Investitions-auszahlungen AV	0,00
– Netto-Investitons-auszahlungen UV	0,00
Free Cash Flow	450,00

keine Identität

* enthalten Abschreibungen i.H.v. 250 EUR

Abbildung 1-4: Von der GuV zum Free Cash Flow bei gemischter Eigen- und Fremdfinanzierung

Bei der direkten Berechnungsmethode der Free Cash Flows ist ein Rückgriff auf Plan-Gewinn- und Verlustrechnungen nicht notwendig. Stattdessen werden die Zahlungsüberschüsse unmittelbar durch die Saldierung von Ein- und Auszahlungen bestimmt. Die Vorgehensweise ist aus Abbildung 1-5 ersichtlich.

In einem ersten Schritt wird der betriebliche Cash Flow als Differenz der betrieblichen Ein- und Auszahlungen errechnet. Dieser ist vergleichbar mit dem Ergebnis vor Zinsen und nach adjustierten Steuern in der indirekten Methode und

	betriebliche Einzahlungen
–	betriebliche Auszahlungen
=	betrieblicher Cash Flow
–	adjustierte Steuern auf den betrieblichen Einzahlungsüberschuss
–	Netto-Investitionsauszahlungen in das Anlagevermögen
–	Netto-Investitionsauszahlungen in das Umlaufvermögen
=	Free Cash Flow

Abbildung 1-5: Direkte Ermittlung ders. Free Cash Flows

erfasst ausschließlich Komponenten des operativen Geschäfts. Zahlungsströme einer von der Eigenfinanzierung abweichenden Finanzierungsstruktur werden nicht berücksichtigt. Die betrieblichen Einzahlungen umfassen in erster Linie die Einzahlungen der Kunden aus dem Verkauf von Produkten. Die betrieblichen Auszahlungen ergeben sich zum größten Teil durch die Mittelabflüsse an die Lieferanten und die Lohn- und Gehaltszahlungen.

Die Steuerzahlungen beziehen sich auch hier ausschließlich auf die betrieblichen Einzahlungsüberschüsse. Da Zinszahlungen nicht im Posten betriebliche Auszahlungen enthalten sind, findet wiederum kein Einbezug des Tax Shield statt. Die im Free Cash Flow berücksichtigten Steuerzahlungen sind bei teilweiser Fremdfinanzierung erneut zu hoch.

Zum Schluss sind wie bei der indirekten Berechnung die Auszahlungen für Netto-Investitionen in Abzug zu bringen. Bei konsistenter Durchführung erhält man einen Free Cash Flow, dessen Höhe identisch mit dem Ergebnis bei Wahl der indirekten Variante ist.

Welches Berechnungsschema ein Investor letztlich zu Grunde legt, um den Free Cash Flow zu ermitteln, ist in erster Linie von den verfügbaren Daten abhängig. Sofern eine strategische Finanz- und Investitionsplanung mit mehrjährigem Planungshorizont durchgeführt wird, bietet sich die indirekte Variante an, da die vorliegenden Informationen unmittelbar in Zahlungsströme übergeleitet werden können. Sofern Planungsrechnungen dieser Art nicht erstellt werden, erweist sich die direkte Methode als einfacher. Insbesondere für Investitionsobjekte mit sehr langer Nutzungsdauer werden weit entfernte Planungshorizonte oft durch unmittelbare Schätzung der Zahlungsmittelzu- und -abflüsse erfasst.

1.2.3 Messung der Vorteilhaftigkeit von Einzelinvestitionen unter Sicherheit

Unsere bisherigen Überlegungen haben gezeigt, dass Investitionsprojekte für Eigenkapitalgeber ausschließlich dann von Vorteil sind, wenn die mit ihnen verbundenen Free Cash Flows nach Abzug von Zins- und Tilgungsleistungen auf das Fremdkapital zu einer Steigerung des zum Konsum verfügbaren, freien Einkommensstroms führen.

Mit der Kapitalwertmethode existiert ein Verfahren der dynamischen Investitionsrechnung, das in der Lage ist, Investitionen genau auf dieses Kriterium hin zu überprüfen. Führt man sich erneut die zahlungsstromorientierte Definition des Investitionsbegriffes vor Augen, so beginnt jede Investition mit einer heutigen sicheren Auszahlung auf die dann unsichere Rückflüsse in den Folgeperioden folgen. Die Kapitalwertmethode setzt die Anfangsauszahlung zu den Rückflüssen in Beziehung und bestimmt auf diese Weise die mit dem Investitionsvorhaben verbundene barwertige Mehrung der freien Zahlungsmittel der Eigenkapitalgeber.

Im Folgenden gilt es, die Funktionsweise der Kapitalwertmethode genauer zu beleuchten. Insbesondere sollen verschiedene inhaltliche Interpretationen dieser Kennzahl näher untersucht werden. Um die Analyse und den Vergleich zu vereinfachen, wird dazu ein wesentliches Merkmal von Investitionen zunächst ausgeblendet: die Unsicherheit zukünftiger Cash Flows. Wir unterstellen, die zukünftig erwarteten Einzahlungsüberschüsse seien sicher. Die Annahme der Sicherheit bedeutet, dass die im Zeitpunkt der Durchführung des Investitionsprojektes für die Zukunft geplanten Free Cash Flows auch tatsächlich eintreten. Abweichungen zwischen prognostizierten Werten und den im Zeitablauf auftretenden Rückflüssen können daher nicht entstehen.

Zusätzlich sei ebenfalls aus Gründen der Vereinfachung das Fehlen jeglicher Besteuerung auf Unternehmensebene unterstellt. In der Folge sind im indirekten Berechnungsschema EBIT und das Ergebnis vor Zinsen und nach adjustierten Steuern identisch.

Neben der Annahme der Sicherheit unterstellen wir einen vollkommenen und vollständigen Kapitalmarkt. Auf einem vollkommenen Markt verfügen die vielen kleinen Anbieter und Nachfrager über einen ungehinderten Marktzugang und über eine absolute Markttransparenz. Informationen stehen allen Teilnehmern ohne zeitliche Verzögerung zur Verfügung. Bei Änderungen der Marktgegebenheiten reagieren die Akteure unendlich schnell. Das Handelsgeschehen wird weder durch Transaktionskosten wie Geld-/Briefspannen, Transportkosten, Gebühren o.ä. noch durch administrative Eingriffe wie Steuern oder Zölle beeinträchtigt. In Bezug auf den Kapitalmarkt bedeutet dies eine Identität des Zinssatzes für Geldaufnahmen und -anlagen, d.h. Soll- und Habenzinsen fallen zusammen.

Vollständigkeit liegt vor, wenn Zahlungsströme in jeglicher Höhe und in jeder gewünschten Laufzeit gehandelt werden können. Mit anderen Worten besteht für sämtliche Volumina und über alle Zeithorizonte hinweg Handelstätigkeit.

Es sei erneut das Beispiel der Stanzmaschine aus Abschnitt 1.2.2 betrachtet. Für das erste Jahr der Nutzung hatte der Investor bereits eine verkürzte Plan-Gewinn- und Verlustrechnung aufgestellt (vgl. Abbildung 1-2). Da nun von Steuerzahlungen auf Unternehmensebene abstrahiert wird, ist eine entsprechende Korrektur vorzunehmen. Die Anschaffungsauszahlung für die Maschine betrage 1 000 EUR, die gesamte Nutzungsdauer 4 Jahre. Nach Ablauf dieser Zeit wird die Anlage ohne Restwert verschrottet. Auch für die Jahre 2 bis 4 liegen Plan-Gewinn- und Verlustrechnungen vor, die Abbildung 1-6 aufzeigt.

Aus den Gewinn- und Verlustrechnungen lassen sich unmittelbar Free Cash Flows aufstellen. Es sei angenommen, dass der Investor zum Kauf der Maschine ausschließlich Eigenkapital einsetzt. Damit stehen ihm sämtliche Rückflüsse allein zu. Der Erwerb der Maschine erfordert heute ($t = 0$) eine sichere Anschaffungsauszahlung in Höhe von 1 000 EUR. Während der Nutzungsdauer verbleiben sichere freie Einzahlungsüberschüsse über 516,67 EUR am Ende des ersten Jahres und jeweils 383,33 EUR am Ende der Jahre 2 bis 4. Abbildung 1-7 fasst die mit der Investition verbundenen Free Cash Flows zusammen.

Mit Hilfe der Kapitalwertmethode soll in Bezug auf den Kauf der Maschine eine zentrale Frage geklärt werden: Wie ist die Investitionsmöglichkeit vor dem Hintergrund der angestrebten Maximierung des Konsumeinkommensstroms des Investors zu bewerten?

GuV- und Free Cash Flow-Planung

		t = 0	t = 1	t = 2	t = 3	t = 4
	Umsatzerlöse		1 500,00	1 200,00	1 200,00	1 200,00
–	Herstellungskosten*		– 1 120,00	– 980,00	– 980,00	– 980,00
	Bruttoergebnis vom Umsatz		380,00	220,00	220,00	220,00
–	Vertriebs-/Verwaltungskosten		– 65,00	– 45,00	– 45,00	– 45,00
+/–	sonstige Erträge/ Aufwendungen		– 48,33	– 41,67	– 41,67	– 41,67
	EBIT		266,67	133,33	133,33	133,33
–	Zinsen		0	0	0	0
	Reingewinn		266,67	133,33	133,33	133,33
	Free Cash Flows	–1 000,00	516,67	383,33	383,33	383,33

* enthalten Abschreibungen i.H.v. 250 EUR p.a.

Abbildung 1-6: GuV und Free Cash Flow-Planungsrechnungen

t = 0	t = 1	t = 2	t = 3	t = 4
–1 000	516,67	383,33	383,33	383,33

Abbildung 1-7: Zahlungsstrom des Investitionsprojektes

Jede Form der Bewertung beruht auf einem Vergleich: der gesuchte (faire) Preis des Bewertungsobjektes ist dem bekannten Preis eines Bezugsobjektes gegenüberzustellen. „Bewerten heißt vergleichen".[5] Im konkreten Fall ist die Investitionsalternative „Kauf einer Stanzmaschine" einer anderen Verwendungsmöglichkeit des Eigenkapitals des Investors gegenüberzustellen.

Betrachten wir zunächst den Kauf der Maschine. In diesem Fall erwirbt der Investor das Recht, aus der Investition den oben dargestellten Zahlungsstrom mit einer Länge von 4 Perioden zu vereinnahmen. Dabei nimmt er folgenden Tausch vor: 1 000 EUR heute gegen 516,67 EUR in einem und jeweils 383,33 EUR in zwei, drei und vier Jahren. Hervorzuheben ist, dass dieser Tausch für den Investor mit keinem Risiko verbunden ist, da die Maschine annahmegemäß

5 Vgl. Moxter (1983), S. 11.

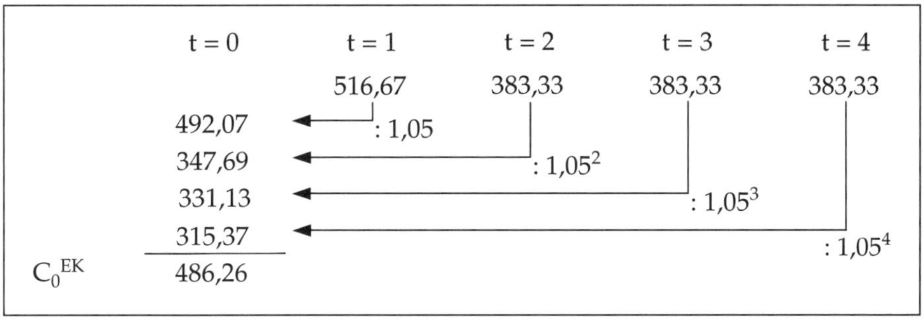

Abbildung 1-8: Kapitalwert der Investition bei vollständiger Eigenfinanzierung und Sicherheit

sichere Rückflüsse generiert. Inwiefern eine Anfangsauszahlung von 1 000 EUR für den als Gegenleistung ermittelten zukünftigen Zahlungsstrom angemessen ist, bedarf der Bewertung.

Nach Recherchen des Investors könnte er sein Eigenkapital von 1 000 EUR auch auf dem Kapitalmarkt anlegen. Es sei unterstellt, dass der risikolose Zinssatz über alle Laufzeiten 5 % p.a. beträgt. Während der nächsten 4 Jahre bleibe dieser unverändert. Darüber hinaus besteht die Alternative, das Eigenkapital weder zu investieren noch am Kapitalmarkt anzulegen, sondern es unmittelbar zu konsumieren. Weitere Verwendungsmöglichkeiten, insbesondere der Kauf anderer Realinvestitionen, seien ausgeschlossen. Wie sollte sich der Investor verhalten, wenn er das Ziel verfolgt, durch Maximierung seiner frei verfügbaren Einzahlungsüberschüsse eine Maximierung seiner Konsummöglichkeiten herbeizuführen?

Zur Beantwortung dieser Frage soll als Entscheidungskriterium der Kapitalwert herangezogen werden. Die Kapitalwertmethode als dynamisches Verfahren der Investitionsrechnung zeichnet sich durch zwei wesentliche Aspekte aus:

1. Es werden die mit einem Investitionsobjekt verbundenen Zahlungsströme in Gestalt der Free Cash Flows während der gesamten Nutzungsdauer betrachtet.
2. Der unterschiedliche zeitliche Anfall von Zahlungen wird durch den Einbezug des Zeitwertes des Geldes explizit in die Berechnung mit einbezogen.

Der Kapitalwert einer Investition ergibt sich dann, indem zuerst die jährlichen Free Cash Flows einer Investition auf den Betrachtungszeitpunkt diskontiert, diese anschließend summiert werden und schlussendlich die Anschaffungsauszahlung in Abzug gebracht wird. Für die Stanzmaschine ermittelt sich der Kapitalwert wie in Abbildung 1-8 wiedergegeben.

Kennzeichnet man die Free Cash Flows des Jahres t mit FCF_t, den risikolosen Zinssatz mit r_f und die Anschaffungsauszahlung mit I_0, folgt für den Kapitalwert bei reiner Eigenfinanzierung und Sicherheit:

$$C_0^{EK} = -I_0 + \sum_{t=1}^{T} \frac{FCF_t}{\left(1+r_f\right)^t}$$

Hierbei stellt n die Nutzungsdauer in Jahren dar. Es folgt:

$$C_0^{EK} = -1\,000 + \frac{516{,}67}{1{,}05} + \frac{383{,}33}{1{,}05^2} + \frac{383{,}33}{1{,}05^3} + \frac{383{,}33}{1{,}05^4} = 486{,}26\ EUR$$

Das Entscheidungskriterium zur Überprüfung auf Vorteilhaftigkeit einer Einzelinvestition lautet: führe die Investition durch, sofern sie einen positiven Kapitalwert aufweist, andernfalls unterlasse die Investition. Für die Stanzmaschine zeigt das Kapitalwertkriterium an, dass die Investition vorteilhaft ist und somit durchgeführt werden sollte.

Um das hinter der Kapitalwertmethode stehende Kalkül genauer verstehen zu können, sollen in einem ersten Schritt die Komponenten der Berechnungsformel näher erläutert werden. Die inhaltliche Interpretation der Free Cash Flows im Zähler ist bereits ausführlich erfolgt. Ihre Verwendung zeigt an, dass die Konsumsphäre des Investors im Zentrum des Modells steht. Um die Frage zu beantworten, inwiefern diese Rückflüsse eine „angemessene Gegenleistung" für die Anfangsauszahlung darstellen, ist es notwendig, sämtliche Größen auf einen einheitlichen Zeitpunkt zu beziehen. Die Kapitalwertmethode wählt hierfür den Zeitpunkt t = 0, also die Gegenwart.

Das Verschieben der Zahlungsströme auf der Zeitachse erfolgt mit Hilfe des Diskontierungszinssatzes. Die Wahl dieses Zinssatzes ist nicht beliebig. Wie erwähnt, ist Bewerten gleichbedeutend mit Vergleichen. Der angemessene Diskontierungszinssatz für die Zahlungen aus dem Investitionsobjekt ist derjenige Kapitalkostensatz, den der Kapitalgeber für die Bereitstellung der Anschaffungsauszahlung verlangt. Er bestimmt sich als Rendite einer vergleichbaren, alternativen Verwendungsmöglichkeit des zur Verfügung gestellten Kapitals. Würde der Investor auf den Kauf der Stanzmaschine verzichten, würde eine Anlage auf dem Kapitalmarkt dasjenige Geschäft darstellen, das der Investor alternativ tätigen könnte.

Das wesentliche Merkmal dieser Alternative ist ihr mit der Investition identisches Risikoprofil: im konkreten Beispiel dient die risikolose Anlage am Kapitalmarkt als Vergleichsobjekt für die risikolosen Rückflüsse aus der Realinvestition. Man spricht in Bezug auf das Vergleichsobjekt daher auch von der so genannten Opportunität.

Die Rendite der Opportunität bildet den Vergleichsmaßstab für die zu bewertende Investition. Bei Wahrnehmung der Investition kann das vorhandene Kapital nicht mehr für den Kauf der Opportunität eingesetzt werden. Man verwendet daher auch den Begriff der Opportunitätskosten des Kapitals und bringt damit die Renditehürde zum Ausdruck, die die betrachtete Investition überwinden muss, damit man sie der Opportunität vorzieht.

Im Fall sicherer Rückflüsse dient der Kalkulationszinsfuß einzig und allein der Berücksichtigung des Zeitwertes des Geldes. Investoren besitzen eine Präferenz für heutigen Konsum. Sie schätzen den zukünftigen Konsum, den die zukünftigen Free Cash Flows ermöglichen, in seinem heutigen Wert geringer ein. Dem wird durch das Abzinsen bei der Kapitalwertberechnung unter Sicherheit Rechnung getragen.

Der Kapitalwert in Höhe von 486,26 EUR stellt für den Investor die barwertige (= heutige) Mehrung seines Eigenkapitals dar, wenn er das Investitionsobjekt erwirbt. Er ist deutlich zu unterscheiden vom Barwert der Free Cash Flows. Dieser ergibt sich durch Addition der Anschaffungsauszahlung zum Kapitalwert. Während der Kapitalwert eine Nettogröße darstellt, handelt es sich beim Barwert um eine Bruttogröße. Er gibt nicht nur die heutige Vermögensmehrung des Investors an, sondern das gesamte nach Wahrnehmung der Investition zu Konsumzwecken verfügbare Vermögen und zwar einschließlich des eingesetzten Eigenkapitals.

Der Kapitalwert und damit auch der Barwert sind unmittelbar in t = 0 realisierbare Größen. Um dies aufzuzeigen, wollen wir den mit der Investition verbundenen Zahlungsstrom durch Geschäfte am Kapitalmarkt duplizieren, d.h. nachbilden.

Im Rahmen der Duplikation werden die einzelnen Cash Flows einer Zahlungsreihe schrittweise retrograd durch Geldaufnahmen oder -anlagen neutralisiert. Als Ergebnis erhält man den heutigen Wert der Zahlungsreihe.

Die Duplikation beginnt mit der zeitlich am weitesten entfernt liegenden Zahlung (vgl. Abbildung 1-9). In t = 4 erhält der Investor einen sicheren Mittelzufluss in Höhe von 383,33 EUR. Diese zukünftige Einzahlung kann bereits heute durch einen 4-jährigen Kredit vorfinanziert werden. Für den Gläubiger ist die Kreditvergabe ebenfalls risikolos. Durch die sicheren Überschüsse aus der Nutzung der Stanzmaschine stehen in jedem Fall 383,33 EUR in 4 Jahren für Zins- und Tilgungsleistungen bereit.

Auf dem von uns betrachteten Kapitalmarkt gilt infolge der Annahme der Vollkommenheit ein einheitlicher Anlage- und Kreditzinssatz von 5 %. Die Einzahlung über 383,33 EUR in t = 4 kann daher heute mit einem endfälligen 4-jährigen Kredit über 383,33 EUR : 1,05 = 365,076 EUR (1. Kredit) vorfinanziert werden. Am Ende seiner Laufzeit reicht der Rückfluss aus der Investition genau aus, um Zins und Tilgung abzudecken. Die Einzahlung in t = 4 ist damit neutralisiert. Nun gilt es, sich schrittweise auf der Zeitachse nach vorne zu arbeiten.

	t = 0	t = 1	t = 2	t = 3	t = 4
Free Cash Flows		516,67	383,33	383,33	383,33
1. Kredit	365,076	–18,254	–18,254	–18,254	–383,33
				365,076	0,00
2. Kredit	347,691	–17,385	–17,385	–365,076	
			347,691	0,00	
3. Kredit	331,134	–16,557	–347,691		
		464,474	0,00		
4. Kredit	442,356	–464,474			
	1 486,26	0,00			

Abbildung 1-9: Barwert der Free Cash Flows

Der Mittelzufluss aus der Stanzmaschine in t = 3 wird gemindert um die Zinszahlung für den 4-jährigen Kredit. Frei verfügbar bleiben für den Investor 383,33 EUR – 18,254 EUR = 365,076 EUR. Auch dieser Betrag kann durch eine Kreditaufnahme vorfinanziert werden. Bei einem Zinssatz von 5% führt ein endfälliger 3-jähriger Kredit über 347,691 EUR am Ende seiner Laufzeit zu einer Belastung von genau 365,076 EUR (2. Kredit).

Durch weitere Neutralisation der Zahlungen aus der Investition in t = 2 und t = 1 ergibt sich der heutige Wert der Zahlungsreihe gemäß Abbildung 1-9. Die mit dem Investitionsobjekt verbundenen Zahlungen besitzen heute einen Gesamtwert von 1 486,26 EUR.

Da diese Zahlungen sicher sind, ist es dem Investor jederzeit möglich, durch Aufnahme von vier einzelnen Kredittranchen zum risikolosen Zinssatz die Zahlungsreihe vorzufinanzieren. In der Summe entsteht so ein Kreditvolumen von 1 486,26 EUR. Dieses entspricht dem heutigen fairen Preis der mit der Investition verbundenen Zahlungsreihe.

Die Vermögensmehrung des Investors äußert sich darin, dass seine Anfangsauszahlung für die Maschine lediglich 1 000 EUR beträgt, der dafür erworbene Zahlungsstrom aber einen Wert von 1 486,26 EUR aufweist.

Für den Investor ergeben sich zwei Handlungsstrategien, mit denen er den Kapitalwert in t = 0 realisieren kann. Unmittelbar nach dem Erwerb der Investition hat er die Option, eine Vorfinanzierung der erwarteten Zahlungsströme über ein Portfolio aus vier Krediten vorzunehmen. Ihm steht dann der Gesamtkreditbetrag abzüglich der Anfangsauszahlung für die Investition sofort für Konsumzwecke zur Verfügung. Zins- und Tilgungszahlungen erfolgen aus den Rückflüssen der Investition. Alternativ könnte er auch die Investition erwerben und sie sofort an einen anderen Marktteilnehmer zum fairen Preis von 1 486,26 EUR veräußern. Die Vollständigkeit des Kapitalmarktes garantiert, dass sich zu diesem Preis ein Käufer finden lässt. Unabhängig von der gewählten Strategie erhöht sich das Anfangsvermögen des Investors um den Kapitalwert. Dies beinhaltet eine unmittelbare Ausweitung seiner Konsummöglichkeiten.

Ebenso lässt sich der Kapitalwert auch als der maximale Preisaufschlag interpretieren, den ein potenzieller Investor auf die Anfangsauszahlung einer Investitionsmöglichkeit leisten darf, ohne dass sich seine Vermögensposition verschlechtert. Für den Kauf des Zahlungsstromes der Stanzmaschine sollte auf den Preis von 1 000 EUR höchstens ein Aufschlag von bis zu 486,26 EUR gezahlt werden. Ist dieser Preis erreicht, so ist der Investor bezüglich der Wahrnehmung der Investitionsalternative gerade indifferent, der Kapitalwert beträgt null. Damit stellt der Kapitalwert den Grenzpreis der Investitionsmöglichkeit dar.[6]

Eine weitere inhaltliche Konkretisierung des Kapitalwertes ergibt sich bei näherer Betrachtung des Duplikationsansatzes. In Abbildung 1-9 wurde hergeleitet, dass sich die aus dem Betrieb der Anlage ergebenden Free Cash Flows durch eine Kombination von 4 endfälligen Krediten nachbilden lassen. Diese 4 Kredite verkörpern die Kapitalmarktalternative zur Realinvestition. Da sie den Zah-

6 Vgl. Schmidt/Terberger (1999), S. 134.

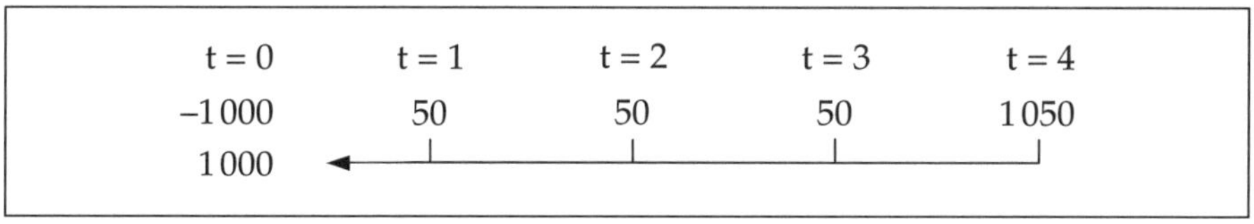

Abbildung 1-10: Cash Flow und Barwert der Alternativanlage

lungsstrom der Stanzmaschine exakt duplizieren, wird die Kombination aus diesen 4 Krediten auch als Tracking-Portfolio bezeichnet.[7] Die Rückflüsse aus der Investition ermöglichen heute die Aufnahme eines Kreditportfolios im Nominalvolumen von 1 486,26 EUR. Umgekehrt kann auch wie folgt argumentiert werden: um die Free Cash Flows aus der Investition heute durch Kapitalmarkttransaktionen exakt nachzubilden, müsste der Investor eine Geldanlage über 1 486,26 EUR tätigen. Folglich entspricht der Kapitalwert demjenigen Teilbetrag, um den die Anschaffungsauszahlung für das Tracking-Portfolio die Anschaffungsauszahlung für das Investitionsobjekt übersteigt.

Nachdem wir den Vermögenszuwachs des Investors bei Kauf der Maschine mit Hilfe der Kapitalwertmethode exakt ermittelt haben, soll nun ein Vergleich mit der Alternative Unterlassung der Investition vorgenommen werden. Sofern der Investor sein Anfangsvermögen nicht sofort für Zwecke des Konsums einsetzt, kann er den Betrag zum herrschenden Zinssatz von 5 % am Kapitalmarkt anlegen. Es sei unterstellt, dass er in den kommenden Jahren keine über die Zinserträge hinausgehenden Entnahmen plant.

Wie Abbildung 1-10 verdeutlicht, führt die Anlage zum Kalkulationszinssatz zu einem Kapitalwert von 0 EUR. Dieses Ergebnis ist unmittelbar einsichtig. Anlage- und Diskontierungssatz sind auf einem vollkommenen Kapitalmarkt identisch. Die Zinserträge auf das Anfangsvermögen in Höhe von 5 % werden mit einem Kalkulationszinssatz in gleicher Höhe diskontiert. Auf- und Abzinsungsvorgang neutralisieren sich gegenseitig. Dies gilt unabhängig davon, wie lang die Laufzeit der Anlage auf dem Kapitalmarkt ist und welche Entnahmestruktur der Investor wählt. Finanzanlagen besitzen unter der Annahme eines vollkommenen und vollständigen Kapitalmarktes immer einen Kapitalwert von 0 EUR und führen somit nicht zu einer Verbesserung der Vermögensposition des Investors.

Die explizite Berücksichtigung einer Alternativanlage des Anfangsvermögens am Kapitalmarkt als Vergleich zur Realinvestition ist daher im Rahmen der Kapitalwertmethode nicht notwendig. Vielmehr gibt der Kapitalwert unmittelbar den Vermögenszuwachs des Investors an, wenn er sich statt für eine Anlage seiner Mittel zum Kalkulationszins für den Kauf der Realinvestition entscheidet.

Im Ergebnis lässt sich festhalten, dass der Kauf der Stanzmaschine sowohl der Anlage des Anfangsvermögens am Kapitalmarkt als auch der sofortigen Verwendung für konsumtive Zwecke vorzuziehen ist. Die Wahrnehmung der Realinvestitionsmöglichkeit lässt das frei verfügbare Vermögen des Investors von

[7] Vgl. Grinblatt/Tittman (2002), S. 373 ff.

1 000 EUR auf 1 486,26 EUR ansteigen. Von dieser Steigerung kann er auch profitieren, wenn er eine über 4 Jahre dauernde unternehmerische Tätigkeit nicht auf sich nehmen will. Auf dem vollkommenen und vollständigen Kapitalmarkt kann eine sofortige Veräußerung des Investitionsobjektes zum Barwert der Free Cash Flows erfolgen.

Der positive Kapitalwert stellt für den Investor die Vergütung für seine unternehmerische Leistung dar: selbst wenn er die Stanzmaschine nicht selber zur Produktion nutzt, steht ihm für die Entdeckung und Umsetzung der Investitionsmöglichkeit der mit ihr verbundene Gegenwert des Zahlungsstromes zu.

Aufgrund der vollständigen Markttransparenz, der unendlich schnellen Reaktionsgeschwindigkeit der Marktteilnehmer und der fehlenden Transaktionskosten wird der positive Kapitalwert der Maschine allerdings innerhalb kürzester Zeit durch die Kräfte von Angebot und Nachfrage beseitigt. Dadurch dass viele Investoren gleichzeitig versuchen, den Zahlungsstrom zu erwerben, steigt der Preis für die Investition bis der faire Wert von 1 486,26 EUR erreicht ist. Die Investition besitzt dann einen Kapitalwert von 0 EUR.

1.2.4 Irrelevanz individueller Zeitpräferenzen für die Investitionsentscheidung

Wie im vorhergehenden Abschnitt deutlich wurde, gibt der Kapitalwert an, wie stark sich das Anfangsvermögen des Investors bei Durchführung einer Investition erhöht. Die Summe aus Anfangsvermögen und Kapitalwert entspricht dem heutigen Bestand an Zahlungsmitteln, der für Konsumzwecke frei verfügbar ist. Stillschweigend scheint die Methode davon auszugehen, dass Investoren identische Präferenzen für einen möglichst hohen Barwert der zukünftigen Free Cash Flows aufweisen. Die ursprüngliche zeitliche Verteilung der einzelnen Zahlungen spielt nach ihrer Verdichtung offenbar keine Rolle mehr.

Dies ist verwunderlich, da in der Realität Wirtschaftssubjekte höchst unterschiedliche Präferenzen bezüglich der Verteilung ihres Einkommensstromes über die Zeit aufweisen können. Als Beispiel betrachten wir die in Abbildung 1-11 dargestellten sicheren Investitionsalternativen.

Bei der ersten Zahlungsreihe handelt es sich um die bereits bekannte Stanzmaschine. Alternativ besteht die Möglichkeit des Erwerbs einer zweiten Anlage, die ebenfalls eine Anfangsauszahlung von 1 000 EUR erfordert, aber eine andere Free Cash Flow-Struktur aufweist. Der Kalkulationszinssatz beträgt weiterhin 5 %.

Zwei Investoren, A und B, die beide über ein Eigenkapital von je 500 EUR verfügen, planen die gemeinschaftliche Anschaffung einer der beiden Maschinen.

	t = 0	t = 1	t = 2	t = 3	t = 4
Inv. 1	–1 000	516,67	383,33	383,33	383,33
Inv. 2	–1 000	1 200	200	60	40

Abbildung 1-11: Vergleich von zwei Investitionen

Die Free Cash Flows jeder Periode sollen zu gleichen Teilen unter ihnen aufgeteilt werden. Investor A habe ein hohes Interesse an einem möglichst gleichmäßigen Verlauf der Zahlungen aus der Investition. Investor B hingegen plant bereits im nächsten Jahr, einen möglichst hohen Konsum zu realisieren und zieht daher frühe Rückflüsse vor.

Auf den ersten Blick scheint es nur schwer möglich zu sein, dass sich A und B auf ein Investitionsobjekt einigen. Während die Stanzmaschine eher den Präferenzen von A hinsichtlich gleichmäßiger Rückflüsse entspricht, liefert die zweite Investition den von B gewünschten hohen Free Cash Flow in t = 1. Unterschiedliche Zeitpräferenzen bezüglich der Struktur der Free Cash Flows scheinen den Entscheidungsprozess zu blockieren.

Dennoch können sich auf Basis der Kapitalwertmethode beide auf eine Investition einigen, sofern die bereits im letzten Abschnitt verwendete Annahme vollkommener und vollständiger Kapitalmärkte gilt. Das Entscheidungskriterium lautet: bei mehreren sich gegenseitig ausschließenden Investitionsalternativen ist unabhängig von den individuellen Zeitpräferenzen des Investors/der Investoren stets die Alternative mit dem höchsten Kapitalwert zu wählen, sofern vollkommene und vollständige Kapitalmärkte existieren.

Am Beispiel der beiden Investitionen lässt sich dies unmittelbar nachvollziehen. Wie aus Abbildung 1-12 hervorgeht, weist die Stanzmaschine mit 486,26 EUR einen höheren Kapitalwert auf als die Alternativinvestition. Dieser Kapitalwert steht beiden Investoren je zur Hälfte zu.

Investor A verfolgt das Ziel möglichst gleichmäßiger Rückflüsse in den kommenden 4 Jahren. Um dies zu erreichen, kann er seinen Teil des barwertigen

Investition 1

	t = 0	t = 1	t = 2	t = 3	t = 4
	–1 000,00	516,67	383,33	383,33	383,33
	1 486,26 ←				
	486,26				
Investor A	–743,13	209,57	209,57	209,57	209,57
Investor B	–743,13	780,29			

Investition 2

	t = 0	t = 1	t = 2	t = 3	t = 4
	–1 000	1 200	200	60	40
	1 409 ←				
	409				
Investor A	–704,50	198,68	198,68	198,68	198,68
Investor B	–704,50	739,73			

Abbildung 1-12: Kapitalwerte der beiden Investitionen und Konsumströme der Investoren

Gesamtvermögens (= Eigenkapital + halber Kapitalwert) verrenten. Mit Hilfe des sogenannten Wiedergewinnungsfaktors kann man die jährliche Rentenhöhe ermitteln (Gleichung 1-1):

$$r = K_0 \cdot \frac{i(1+i)^t}{(1+i)^t - 1} = 743{,}13\ EUR \cdot \frac{0{,}05 \cdot (1+0{,}05)^4}{(1+0{,}05)^4 - 1} = 209{,}57\ EUR$$

Mit K_0 wird der heutige Anlagebetrag bezeichnet, i gibt die Höhe des Kalkulationszinssatzes und n die Rentendauer an. Insgesamt ermöglicht das Anfangsvermögen vier jährliche Entnahmen über 209,57 EUR. Investor B kann seinem Wunsch nach möglichst hohem Konsum in t = 1 folgend sein Vermögen für ein Jahr zum Kalkulationszinssatz anlegen und erhält Rückflüsse von 780,29 EUR.

Bei Wahl der Investition 2 hätten beide Investoren Einbußen hinnehmen müssen. Während A eine jährliche Zahlung von lediglich 198,68 EUR erhalten würde, könnte B in t = 1 nur auf insgesamt 739,73 EUR zurückgreifen.

Die Möglichkeit, jederzeit am Kapitalmarkt Geldaufnahmen und -anlagen zum einheitlichen Kalkulationszinsfuß durchführen zu können, versetzt die Investoren in die Lage, ihre aus der Investition erfolgte barwertige Vermögensmehrung gemäß ihren individuellen Präferenzen auf der Zeitachse zu verschieben. Für die konkrete Auswahlentscheidung spielen die Zeitpräferenzen der Investoren daher keine Rolle.

Man bezeichnet diese Trennung zwischen der Wahl der besten Investitionsalternative und der gewünschten Entnahmestruktur als Fisher-Separation.[8] Sie ermöglicht es, die Investitionsentscheidung und die individuelle präferenzabhängige Konsumentscheidung in zwei voneinander unabhängige Einzelschritte zu zerlegen.

In einem ersten Schritt realisieren die Kapitalgeber alle Investitionsalternativen mit positivem Kapitalwert. Dabei bleibt die Auswahl einer konkreten Investition von der zeitlichen Verteilung ihrer Rückflüsse vollkommen unberührt. Die Bewertung der Free Cash Flows mit dem entsprechenden, für alle Marktteilnehmer identischen Kapitalmarktzinssatz gewährleistet, dass der faire heutige Preis des Zahlungsstromes ermittelt wird. Sollten sich Investitionsalternativen gegenseitig ausschließen, fällt die Auswahl immer auf das Objekt mit dem höchsten Kapitalwert.

Im zweiten Schritt können die Kapitalgeber den ihnen am barwertigen Gesamtvermögen zustehenden Anteil dazu verwenden, um ihren optimalen Konsum- und Einkommensstrom durch Geldanlagen oder -aufnahmen zu erzielen.

Infolge der Vollkommenheit des Kapitalmarktes kann die Verschiebung des barwertigen Vermögens auf der Zeitachse allein unter Berücksichtigung des einheitlichen Kalkulationszinssatzes erfolgen. Das Kriterium der Vollständigkeit sorgt dafür, dass Beträge in jeder Höhe und auch über gebrochene Laufzeiten gehandelt werden können.

Neben der Trennbarkeit von Investitions- und Konsumentscheidungen hebt die Annahme des vollkommenen und vollständigen Kapitalmarktes aber noch eine

8 Vgl. Fisher (1930).

	t = 0	t = 1	t = 2	t = 3	t = 4
Inv. 1	–1 000	516,67	383,33	383,33	383,33
Inv. 2	–1 000	1 200	200	60	40
Kredit	1 000	–50	–50	–50	–1 050
	–1 000	1 666,67	533,33	393,33	–626,67
	1 895,26				
	895,26				

Abbildung 1-13: Aggregierter Investitions- und Finanzierungs-Cash Flow

weitere wichtige Restriktion auf: Investoren benötigen zur Wahrnehmung von Investitionen mit positivem Kapitalwert kein Eigenkapital.

Diese unmittelbare Konsequenz des reibungslosen Handels auf den Kapitalmärkten soll erneut durch Betrachtung der beiden Investoren A und B verdeutlicht werden. Im vorausgegangenen Beispiel haben wir angenommen, dass beide zusammen lediglich über ein Eigenkapital in Höhe von 1 000 EUR verfügen und daher planen, eine der Investitionsalternativen wahrzunehmen. Tatsächlich entfällt diese Restriktion aber auf einem vollkommenen und vollständigen Kapitalmarkt.

Da sowohl Investition 1 als auch Investition 2 über einen positiven Kapitalwert verfügen, ist jede für sich geeignet, das barwertige Vermögen der Kapitalgeber zu erhöhen. Würden beide Alternativen wahrgenommen, könnten die Investoren sich auch beide Kapitalwerte sichern. Die hierzu fehlenden 1 000 EUR lassen sich z.B. in Form eines endfälligen 4-jährigen Kredites zum Zinssatz von 5% beschaffen. Die entsprechenden Zahlungen zeigt Abbildung 1-13.

Für die gesamte Zahlungsreihe, die sich aus den Free Cash Flows der Investitionen 1 und 2 und dem Kredit zusammensetzt, ergibt sich ein Kapitalwert von 895,26 EUR. Dieser entspricht der Summe der Kapitalwerte der Einzelinvestitionen. Unter Berücksichtigung des von A und B eingesetzten Anfangsvermögens können die Investoren ihr heutiges Gesamtvermögen deutlich erhöhen (von 1 000 EUR auf 1 895,26 EUR). Jedem Investor stehen damit barwertig 947,63 EUR (die Hälfte des Gesamtvermögens) zu. Als Folge kann Investor A seine monatlichen Entnahmen auf

$$r = 947{,}63\ EUR \cdot \frac{0{,}05 \cdot (1+0{,}05)^4}{(1+0{,}05)^n - 1} = 267{,}24\ EUR$$

erhöhen. Investor B erzielt in t = 1 Rückflüsse aus der einjährigen Anlage von insgesamt

$$947{,}63\ EUR \cdot (1+0{,}05) = 995{,}12\ EUR\ .$$

Der Kapitalwert lässt sich unter den getroffenen Annahmen unabhängig von der Tilgungsstruktur des Kredites erreichen. Ein Wechsel der Rückzahlungsmodalitäten ändert ausschließlich die zeitliche Struktur der Gesamtzahlungsreihe, nicht hingegen ihren heutigen Wert.

Mit diesem Wissen lässt sich die Fisher-Separation noch allgemeiner fassen. Im ersten Schritt realisieren die Investoren alle Investitionsmöglichkeiten mit positivem Kapitalwert. Ein Mangel an Eigenkapital wird durch die Aufnahme von Fremdkapital auf dem vollkommenen und vollständigen Kapitalmarkt ausgeglichen. Die Zins- und Tilgungszahlungen für das Fremdkapital erfolgen aus den Free Cash Flows der Investition. Die Residuen verbleiben bei den Investoren. Im zweiten Schritt stellen diese dann ihre individuellen Konsumpläne auf.

Die Fisher-Separation spielt eine bedeutende Rolle bei der Delegation von Investitionsentscheidungen. Sie ermöglicht es den Eigentümern eines Unternehmens, die Leitung der Gesellschaft einem angestellten Manager zu überlassen. Sofern dieser das Ziel verfolgt, Investitionen mit einem positiven Kapitalwert durchzuführen, kann er das Vermögen der Gesellschafter erhöhen. Hierzu muss er die individuellen Konsumpläne der Eigentümer nicht kennen. Vielmehr kann das Unternehmen als Kapitalsammelstelle gegenüber einem anonymen Kapitalmarkt auftreten. Durch das Ziel der Kapitalwertmaximierung wird gleichzeitig auch eine Maximierung des Konsumnutzens der Aktionäre erreicht.

Insbesondere bei der Finanzierung von Großprojekten, für die häufig eine hohe Anzahl unterschiedlicher Geldgeber notwendig ist, um die erforderliche Investitionssumme aufzubringen, zeigt sich die praktische Bedeutung der Fisher-Separation. Ohne sie würden die in der Regel divergierenden individuellen Konsumpläne der Investoren die Auswahl eines einzigen Investitionsobjektes unmöglich machen.

Hebt man die Annahme vollkommener und vollständiger Kapitalmärkte auf, verliert die Fisher-Separation ihre Gültigkeit. Optimale Investitionsentscheidungen können nur dann getroffen werden, wenn zuvor die individuellen Konsumpläne aller Kapitalgeber bekannt sind. Die Durchführung einer Investition mit positivem Kapitalwert, deren Free Cash Flow-Strukturen aber stark von den Investorenwünschen abweichen, ist nur noch dann vorteilhaft, wenn die Transaktionskosten zur Umformung der Zahlungsreihe der Investition in den gewünschten Ziel-Zahlungsstrom der Investoren den Kapitalwert nicht vollständig aufzehren.

1.3 Vom Kapitalwert zum Unternehmenswert bei Sicherheit

1.3.1 Der Shareholder Value

In den bisherigen Ausführungen wurde gezeigt, wie sich der Kapitalwert einer Einzelinvestition unter Sicherheit bestimmen lässt. Im Folgenden soll dieser Ansatz auf die Bewertung ganzer Unternehmen erweitert werden. Um die Darstellung so einfach wie möglich zu halten, bleibt die Annahme sicherer zukünftiger Cash Flows weiterhin bestehen. Ferner wird die Vorstellung vollkommener und vollständiger Kapitalmärkte aufrecht erhalten. In einem ersten Schritt wollen wir aufzeigen, dass sich die Ermittlung von Unternehmenswerten im Prinzip nicht von der Kapitalwertberechnung für Einzelinvestitionen unterscheidet. Danach wird die Analyse sukzessive erweitert, indem die Wirkung einer teilweisen Fremdfinanzierung des Unternehmens zunächst ohne, dann mit Berücksichtigung einer Steuer auf Unternehmensebene untersucht wird.

Wie bei einer Einzelinvestition lässt sich der heutige Wert eines Unternehmens als Barwert zukünftiger Free Cash Flows bestimmen. Man spricht in diesem Zusammenhang von den sogenannten Discounted Cash Flow-Verfahren (DCF) der Unternehmensbewertung.[9] Dem Bewerter stehen zwei Hauptgruppen von Methoden zur Verfügung.

Bei den Entity-Verfahren wird zuerst der Gesamtunternehmenswert errechnet.[10] Dieser setzt sich aus zwei Komponenten zusammen: dem Wert des Fremdkapitals und dem Shareholder Value. Somit gilt:[11]

Unternehmenswert = Wert des Fremdkapitals + Shareholder Value.

Der Shareholder Value entspricht dem Marktwert des Eigenkapitals.[12] Wie noch zu zeigen sein wird, stimmt er mit dem Barwert sämtlicher den Eigenkapitalgebern zukünftig zufließenden Zahlungsströme überein. Der Wert des Fremdkapitals wird ebenfalls als Gegenwartswert sämtlicher zukünfiger Zahlungen an die Gläubiger ausgedrückt. Um den Shareholder Value zu bestimmen, ist obige Gleichung umzustellen:

Shareholder Value = Unternehmenswert – Wert des Fremdkapitals.

Die auf den ersten Blick umständliche Berechnung des Shareholder Value als Differenz von Unternehmens- und Fremdkapitalwert bietet den wesentlichen Vorteil, dass der Beitrag des operativen Bereichs und des Finanzbereichs zum Gesamtunternehmenswert separat ausgewiesen werden kann. Damit besteht die Möglichkeit, den Wertbeitrag des operativen Geschäfts ohne Berücksichtigung der Art und Weise der Finanzierung anzugeben und zusätzlich den durch Optimierung der Kapitalstruktur erzielten Anteil am Unternehmenswert aufzuzeigen.[13] In Abschnitt 1.3.2.2 wird diese Eigenschaft der Entity-Verfahren anhand eines Beispiels dargestellt.

Die zentrale Eingangsgröße der Entity-Modelle stellen die Free Cash Flows dar (vgl. Abschnitt 1.2.2). Sie verkörpern den Konsumeinkommensstrom, der auf sämtliche Kapitalgeber, d.h. Eigenkapitalgeber und Gläubiger, aufgeteilt werden kann. Damit sind sie eine geeignete Basis, um den Gesamtunternehmenswert zu bestimmen.

---

9 Vgl. Ballwieser (1998), S. 81. Von den DCF-Verfahren ist insbesondere die Substanzwertmethode abzugrenzen, die den heutigen Wert eines Unternehmens nicht auf Basis von zukünftigen Zahlungsströmen, sondern unter Heranziehung der zur Reproduktion („Nachbau") des Unternehmens entstehenden Kosten ermittelt.

10 Vgl. Kuhner/Maltry (2006), S. 192.

11 Vgl. Rappaport (1999), S. 39.

12 Die Begriffe Shareholder Value und Marktwert des Eigenkapitals werden daher im Weiteren synonym verwendet.

13 Vgl. Ballwieser (1998), S. 85, Drukarczyk/Schüler (2007), S. 166.

Allgemein lässt sich die Bewertungsformel der Entity-Verfahren folgendermaßen darstellen:

$$UW_0 = \sum_{t=1}^{\infty} \frac{\textit{freie Einzahlungsüberschüsse für Eigen- und Fremdkapitalgeber}}{(1 + \textit{Kapitalkostensatz})^t}.$$

Mit UW_0 sei der heutige Wert des Unternehmens bezeichnet. Er ergibt sich durch Verbarwertung sämtlicher freien Zahlungsüberschüsse an alle Kapitalgeber während der als unbegrenzt angenommenen Lebensdauer des Unternehmens. Subtrahiert man hiervon den Marktwert des Fremdkapitals (FK^{MW}) verbleibt der Shareholder Value als Marktwert des Eigenkapitals (EK^{MW}):

$$EK_0^{MW} = UW_0 - FK_0^{MW}$$

Die konkrete Ausgestaltung der Berechnungsvorschrift ist abhängig vom gewählten Entity-Modell. Während das Adjusted Present Value-Verfahren (APV) Steuervorteile aus der Fremdfinanzierung unmittelbar durch Anpassung der Zählergröße im Modell erfasst, korrigiert die Weighted Average Cost of Capital-Methode (WACC) den Kapitalkostensatz.[14] Wir werden die genaue Funktionsweise der verschiedenen Berechnungsformen an den entsprechenden Stellen präzisieren.

Die zweite Hauptgruppe der DCF-Verfahren bilden die Equity-Modelle. Sie führen unmittelbar zum Shareholder Value, ohne den Umweg über den Gesamtunternehmens- und Fremdkapitalwert zu gehen.[15] Vereinfacht bestimmen sie den Shareholder Value aus den freien Zahlungsüberschüssen, die einzig den Eigenkapitalgebern zustehen (Gleichung 1-2):

$$EK_0^{MW} = \sum_{t=1}^{\infty} \frac{\textit{freie Einzahlungsüberschüsse für die Eigenkapitalgeber}}{(1 + \textit{Kapitalkostensatz})^t}.$$

Da Equity-Ansätze keine Trennung des Wertbeitrages von operativer Tätigkeit und Finanzierung erlauben, werden sie im weiteren Verlauf dieses Buches nicht näher betrachtet.

Wie lässt sich nun der Gesamtwert eines Unternehmens anschaulich ermitteln? In Abschnitt 1.2.3 wurde aufgezeigt, dass der Barwert der Free Cash Flows einer Einzelinvestition den heutigen Wert des mit ihr verbundenen Zahlungsstromes wiedergibt. Betrachtet man ein Unternehmen als eine Ansammlung von Einzelinvestitionen, kann man seinen Wert als Summe der Barwerte aller darin enthaltenen Investitionsobjekte ansehen. Durch Abzug des den Gläubigern zustehenden Anteils ergibt sich der Shareholder Value (vgl. Abbildung 1-14).

Die Summe der Barwerte der Einzelinvestitionen entspricht aber nur dann dem Unternehmenswert, wenn zwischen den Investitionen keine Interdependenzen bestehen. Praktisch ist dieser Fall wenig realistisch, da zwischen den Investitionsobjekten Erfolgs-, Risiko- und Restriktionsverbundeffekte eine wichtige Rolle spielen.[16]

---

14 Vgl. Kuhner/Maltry (2006), S. 199 f.

15 Vgl. Kuhner/Maltry (2006), S. 196.

16 Vgl. Günther (1997), S. 99.

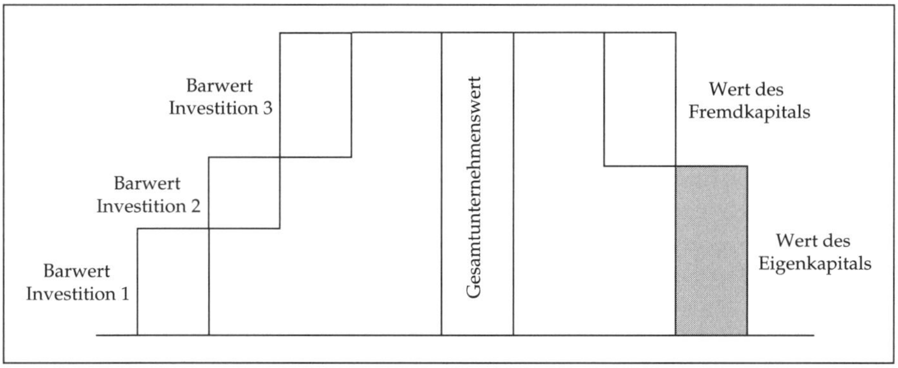

Abbildung 1-14: Entstehung und Verteilung des Gesamtunternehmenswertes

Erfolgsverbundeffekte liegen vor, wenn die aus einer Investition zu erzielenden Zahlungsströme nicht unabhängig von der Durchführung anderer Projekte sind. Risikoverbundeffekte ergeben sich in erster Linie durch die Ausschöpfung von Diversifikationspotenzialen. Dabei setzt sich das gesamte Risiko mehrerer Investitionen nicht additiv aus den Einzelrisiken zusammen, sondern liegt bei unvollständiger Korrelation der Zahlungsprofile darunter. Restriktionsverbundeffekte sind eine Folge begrenzt vorhandenen Kapitals, um das verschiedene Investitionsmöglichkeiten konkurrieren.[17]

Die beiden zuletzt genannten Verbundeffekte spielen für die Betrachtung zunächst keine weitere Rolle, da wir uns annahmegemäß in einer Welt unter Sicherheit bei vollkommenem und vollständigem Kapitalmarkt befinden. Erfolgsverbundeffekte, oft auch als Synergien bezeichnet, sind dagegen auch unter diesen Voraussetzungen von Bedeutung. Dennoch seien sie zunächst ausgeblendet. Es sei unterstellt, dass die zu erzielenden Free Cash Flows der einzelnen Investitionen unabhängig voneinander sind.

Im Sonderfall vollkommener und vollständiger Kapitalmärkte unter Sicherheit lässt sich der Gesamtunternehmenswert als Summe der Barwerte der vom Unternehmen durchgeführten Einzelinvestitionen bestimmen, sofern von Erfolgsverbundeffekten abstrahiert wird. Durch Subtraktion des Marktwertes des Fremdkapitals gelangt man zum Shareholder Value.

Genau wie der Barwert einer Einzelinvestition verkörpert der Gesamtunternehmenswert den heutigen Wert aller zukünftigen mit dem Unternehmen verbundenen Free Cash Flows. Durch Verkauf des Unternehmens könnte der Eigentümer den ihm hiervon zustehenden Anteil in Form des Shareholder Value realisieren und für Konsumzwecke nutzen. Außerdem bestünde die Möglichkeit der Vorfinanzierung der zukünftigen Mittelzuflüsse durch Kreditaufnahme am Kapitalmarkt.

Führt man sich vor Augen, dass das Ziel, das ein Investor mit dem Eigentum am Unternehmen verfolgt, die Maximierung seiner Konsummöglichkeiten ist, lässt sich in Bezug auf die Durchführung weiterer Investitionsobjekte durch

[17] Vgl. Hachmeister (2000), S. 101 f.

das Unternehmen folgende Aussage ableiten: die Realisierung einer weiteren Investition ist nur dann von Vorteil, wenn hierdurch der Marktwert des Eigenkapitals erhöht wird.

Hierin besteht der Kerngedanke der wertorientierten Unternehmensführung nach dem Shareholder Value-Ansatz. Jede Investitionsentscheidung muss sich durch einen positiven Beitrag zum Marktwert des Eigenkapitals rechtfertigen. Um diesen Beitrag ermitteln zu können, ist es erforderlich, den Marktwert des Eigenkapitals vor Durchführung der Investition mit dem nach ihrer Realisierung zu vergleichen. Man spricht in diesem Zusammenhang auch vom sogenannten „pre strategy value" und vom „strategy value".[18]

In den folgenden beiden Abschnitten soll anhand eines konkreten Beispiels aufgezeigt werden, wie sich der Gesamtwert eines Unternehmens als Summe der enthaltenen Einzelinvestitionen bestimmen lässt. Ausgehend von einer Situation ohne Steuern auf Unternehmensebene wird zuerst der Fall einer reinen Eigenfinanzierung und dann die Situation einer teilweisen Fremdfinanzierung näher betrachtet. Darüber hinaus wird jeweils durch Hinzunahme einer neuen Investition zum bestehenden Investitionsprogramm aufgezeigt, wie der Wertsteigerungsmechanismus funktioniert und ob und wie Shareholder Value geschaffen oder vernichtet wird.

1.3.2 Wirkung bilanzieller und steuerlicher Faktoren auf den Wertsteigerungsmechanismus

1.3.2.1 Der Einfluss der Kapitalstruktur auf den Shareholder Value ohne Berücksichtigung von Steuern

In Abschnitt 1.2.3 wurde am Beispiel eines Investors, der eine Stanzmaschine erworben hat, gezeigt, wie der Kapitalwert dieser Einzelinvestition zu berechnen ist. Das Beispiel wird im Folgenden wieder aufgegriffen und erweitert. Es wird angenommen, dass der Investor zusätzlich den Kauf eines mobilen Generators erwägt, den er zur Vermietung einsetzen will. Die Nutzungsdauer des Gerätes beträgt 3 Jahre. Erfolgsverbundeffekte zwischen beiden Projekten bestehen nicht. Abbildung 1-15 zeigt die bereits bekannten Free Cash Flows der Stanzmaschine (= Investition 1) und zusätzlich die des Generators (= Investition 2).

Beide Investitionen werden vollständig mit Eigenkapital finanziert. Folglich stehen die Free Cash Flows einzig und allein dem Investor zur Verfügung. Der risikolose Kapitalmarktzinssatz liegt für alle Laufzeiten bei 5 % p.a.

	t = 0	t = 1	t = 2	t = 3	t = 4
Inv. 1	–1 000	516,67	383,33	383,33	383,33
Inv. 2	–660	260	460		

Abbildung 1-15: Free Cash Flows der Beispielinvestitionen

[18] Vgl. Schmidbauer (2000), S. 155 f.

Um die Free Cash Flows des Gesamtunternehmens zu berechnen, kann infolge des Fehlens von Verbundeffekten in einem ersten Schritt die Summe der einzelnen Zahlungsströme gebildet werden. Die Ermittlung des Barwertes erfolgt dann durch Diskontierung mit dem risikolosen Zinssatz. Der Barwert entspricht dem heutigen Wert des Unternehmens. Formal gilt:

$$UW_0 = \sum_{n=1}^{N} \sum_{t=1}^{T} \frac{FCF_{t,n}}{\left(1+r_f\right)^t} \qquad 1\text{-}3$$

Der Index n bezeichnet dabei die laufende Nummer des Investitionsobjektes, t gibt weiterhin die entsprechende Betrachtungsperiode an. Da beide Projekte annahmegemäß risikolos sind, bildet eine Anlage der Anfangsauszahlungen am Kapitalmarkt zum risikolosen Zinssatz die geeignete Opportunität. Die Free Cash Flows sind daher mit dem risikolosen Zinssatz zu diskontieren.

Es handelt sich bei diesem Ansatz zur Bestimmung des Unternehmenswertes um eine erste inhaltliche Konkretisierung der allgemeinen Bewertungsformel nach den Entity-Verfahren aus dem vorhergehenden Abschnitt. Im Zähler finden sich die freien Zahlungsüberschüsse an sämtliche Kapitalgeber. Da die Annahme der vollständigen Eigenfinanzierung zu Grunde liegt, fällt hierunter ausschließlich der betrachtete Investor als Eigenkapitalgeber. Der Nenner beinhaltet mit der risikolosen Rendite den adäquaten Kapitalkostensatz, um den Zeitwert des Geldes zu erfassen.

Man erkennt deutlich die Ähnlichkeit des einfachen Modells für die Unternehmenswertbestimmung mit der Berechnungsvorschrift für den Kapitalwert in Abschnitt 1.2.3. In beiden Ansätzen steht die Diskontierung der Free Cash Flows im Mittelpunkt. Wesentlicher Unterschied ist die Behandlung der Anfangsauszahlung. Während der Unternehmenswert eine Bruttogröße darstellt, wird beim Kapitalwert von den diskontierten Zahlungsströmen noch die Anfangsauszahlung in Abzug gebracht, so dass man zu einer Nettogröße gelangt. Damit ist der Unternehmenswert als heutiges Gesamtvermögen des Investors zu interpretieren, der Kapitalwert hingegen nur als heutige Vermögensmehrung gegenüber dem Fall der Unterlassung der Investition.

Aus den Daten ermittelt sich ein Unternehmenswert in Höhe von 3 239,55 EUR (vgl. Abbildung 1-16). Bei reiner Eigenfinanzierung ist der Unternehmenswert identisch mit dem Shareholder Value. Der Investor als einziger Kapitalgeber muss den Unternehmenswert nicht mit anderen Financiers teilen, so dass gilt:

$$EK_0^{MW} = UW_0 \qquad 1\text{-}4$$

Nach Abzug der Anfangsauszahlung verbleibt für den Investor ein Vermögenszuwachs von 3 239,55 EUR – 1 660 EUR = 1 579,55 EUR. Dieser setzt sich additiv aus den Kapitalwerten der beiden Einzelinvestitionen zusammen. Während für die Stanzmaschine der Kapitalwert bereits mit 486,26 EUR (= $C_0^{\text{Inv. 1}}$) bestimmt wurde, liegt er für den Generator bei 1 093,29 EUR:

$$C_0^{Inv.2} = -660 + \frac{260}{1{,}05} + \frac{460}{1{,}05^2} + \frac{1\,260}{1{,}05^3} = 1\,093{,}29\ EUR$$

	t = 0	t = 1	t = 2	t = 3	t = 4
Inv. 1		516,67	383,33	383,33	383,33
Inv. 2		260	460	1 260	
		776,67	843,33	1 643,33	383,33
UW_0	3 239,55 ←				
	–1 660				
	1 579,55 = $C_0^{Inv.1} + C_0^{Inv.2}$				

Abbildung 1-16: Unternehmenswert und Gesamtkapitalwert

A	Barwertbilanz t = 0		P
Inv. 1	1 486,26	3 239,55	EK
Inv. 2	1 753,29		

A	Handelsbilanz t = 0		P
Inv. 1	1 000	1 660	EK
Inv. 2	660		

Δ = 1 579,55 EUR

Abbildung 1-17: Barwert- und Handelsbilanz im Vergleich für Investition 1 und 2

Der durch die Investitionstätigkeit erzielte Vermögenszuwachs lässt sich auch aus einem Vergleich von Barwert- und Handelsbilanz des Unternehmens erkennen (vgl. Abbildung 1-17). Während die Barwertbilanz sämtliche Vermögensgegenstände mit ihren fairen Marktwerten enthält, gehen die Investitionen in die Handelsbilanz mit ihren Anschaffungskosten ein. Die Wertdifferenz beträgt genau 1 579,55 EUR.

Unterstellen wir, dass der Investor neben der Stanzmaschine und dem Generator noch ein drittes, rein eigenfinanziertes Investitionsobjekt erwerben möchte. Es handelt sich um einen Bestand an Laubhölzern (= Investition 3), die er über einen Zeitraum von 4 Jahren fällen und als Brennmaterial verkaufen möchte. Die geplanten Free Cash Flows seien wiederum sicher und die Anschaffungsauszahlung beträgt 1 800 EUR. Es existieren auch keine Erfolgsverbundeffekte mit den Investitionen 1 und 2. Abbildung 1-18 zeigt die mit dem neuen Vorhaben verbundenen freien Zahlungsströme und gibt darüber hinaus die Berechnung des neuen Unternehmenswertes wieder.

	t = 0	t = 1	t = 2	t = 3	t = 4
Inv. 1 + Inv. 2		776,67	843,33	1 643,33	383,33
Inv. 3		250	250	583,34	850
Gesamtunternehmen		1 026,67	1 093,33	2 226,67	1 233,33
UW_0	4 907,61 ←				

Abbildung 1-18: Unternehmenswert bei drei Investitionen

A	Barwertbilanz t = 0		P	A	Handelsbilanz t = 0		P
Inv. 1	1486,26	4907,61	EK	Inv. 1	1000	3460	EK
Inv. 2	1753,29			Inv. 2	600		
Inv. 3	1668,06			Inv. 3	1800		

Δ = 1447,61 EUR

Abbildung 1-19: Barwert- und Handelsbilanz für Investition 1, 2 und 3 im Vergleich

Es zeigt sich, dass durch den Verkauf des Holzes und die dadurch generierten Free Cash Flows der Wert des Unternehmens von 3239,55 EUR (pre strategy value) auf 4907,61 EUR (strategy value) gesteigert werden kann. Da der Unternehmenswert im betreffenden Fall identisch mit dem Shareholder Value ist, scheint es sich um eine vorteilhafte Investition zu handeln.

Dies soll durch einen erneuten Vergleich von Barwert- und Handelsbilanz überprüft werden (vgl. Abbildung 1-19). Durch den Kauf der Investition 3 steigt das Anlagevermögen in der Handelsbilanz auf 3460 EUR. Die Barwertbilanz weist den neuen Unternehmenswert aus. Bildet man die Differenz zwischen beiden, übersteigt die Barwert- die Handelsbilanz nur noch um 1447,61 EUR. Ohne die Aufnahme von Investition 3 betrug der Unterschied noch 1579,55 EUR (Δ = –131,94 EUR).

Da sich in der Veränderung der Differenz der Bilanzsummen (Barwerte – Buchwerte) die Höhe des durch die Unternehmenstätigkeit entstandenen Wertzuwachses manifestiert, muss Investition 3 zur Vernichtung von Shareholder Value geführt haben. Die Berechnung des Kapitalwertes macht dies unmittelbar deutlich:

$$C_0^{Inv.\,3} = -1\,800 + \frac{250}{1{,}05} + \frac{250}{1{,}05^2} + \frac{583{,}34}{1{,}05^3} + \frac{850}{1{,}05^4} = -131{,}94\ EUR$$

Mit dem Erwerb des Holzbestandes ist ein negativer Kapitalwert von –131,94 EUR verbunden. Dieser Betrag spiegelt sich exakt im Rückgang der Wertdifferenz zwischen Barwert- und Handelsbilanz wider: 1447,61 EUR – 1579,55 EUR = –131,94 EUR.

Insgesamt steigt der Unternehmenswert durch den Kauf von Investition 3. Beschränkt man sich auf den alleinigen Vergleich von pre strategy value und strategy value erscheint der Erwerb des Holzbestandes vorteilhaft. Da aber die Anschaffungsauszahlung den Barwert der Free Cash Flows übersteigt, wird insgesamt Wert vernichtet. Ein reiner Vergleich der Unternehmenswerte vor und nach der Investition zeigt diese Wertvernichtung nicht an. Daher ist die Unternehmenswertsteigerung in Bezug zur Anschaffungsauszahlung I_0 zu setzen, mit der dieser Zuwachs erreicht wurde. Bezeichnet $UW_0^{\text{nach Inv.}}$ den Unternehmenswert nach (strategy value) und $UW_0^{\text{vor Inv.}}$ vor Investition (pre strategy value), muss gelten:

$$UW_0^{nach\ Inv.} - I_0 > UW_0^{vor\ Inv.} \qquad 1\text{-}5$$

Die Größe $UW_0^{\text{nach Inv.}}$ setzt sich additiv zusammen aus dem alten Unternehmenswert $UW_0^{\text{vor Inv.}}$ und den neuen diskontierten Free Cash Flows aus dem zusätzlichen Investitionsobjekt:

$$UW_0^{vor\ Inv.} + \sum_{t=1}^{T} \frac{FCF_t}{\left(1+r_f\right)^t} - I_0 > UW_0^{vor\ Inv.}$$
$$\Leftrightarrow \sum_{t=1}^{T} \frac{FCF_t}{\left(1+r_f\right)^t} - I_0 > 0 \qquad \text{1-6}$$

Letztlich lässt sich die Bedingung für eine wertsteigernde Investition wieder auf den bekannten Kapitalwert zurückführen: eine Investition trägt dann zur Erhöhung des Shareholder Value bei, wenn sie einen positiven Kapitalwert besitzt.

Wir wollen nun einen Schritt weitergehen und eine teilweise Fremdfinanzierung des Unternehmens zulassen. Bereits in Abschnitt 1.2.3 wurde bei der Konstruktion des Tracking Portfolios gezeigt, dass unter Sicherheit eine Verschuldung zum risikolosen Zinssatz möglich ist. Die Renditeforderungen von Eigen- und Fremdkapitalgebern sind in diesem Fall identisch und belaufen sich auf 5 % p.a. Da Investition 3 einen negativen Kapitalwert aufweist, wird sie aus den weiteren Betrachtungen ausgeschlossen. Der Investor habe sich dazu entschieden, die Anfangsauszahlung der Stanzmaschine zu 60 % und den Generator zu 40 % fremd zu finanzieren. Beide Kredite werden als festverzinsliche Ratentilgungsdarlehen[19] aufgenommen, wobei die Laufzeit jeweils der Nutzungsdauer der betreffenden Investition entspricht (vgl. Abbildung 1-20).

Da keine Steuern auf Unternehmensebene existieren, weist der Free Cash Flow die zukünftigen freien Zahlungsüberschüsse an Eigen- und Fremdkapitalgeber korrekt aus. Ein Tax Shield existiert nicht. Der Gesamtunternehmenswert bestimmt sich daher wie bereits in Abbildung 1-16 dargestellt und beträgt 3 239,55 EUR.

	t = 0	t = 1	t = 2	t = 3	t = 4
Kredit 1	600	–180	–172,50	–165	–157,50
davon: Tilgung		–150	–150	–150	–150
Zins		–30	–22,50	–15	–7,50
Kredit 2	264	–101,20	–96,80	–92,40	
davon: Tilgung		–88	–88	–88	
Zins		–13,20	–8,80	–4,40	

Abbildung 1-20: Finanzierungs-Cash Flows für Investition 1 und 2

[19] Ein Ratentilgungsdarlehen zeichnet sich dadurch aus, dass in jeder Periode Tilgungen in identischer Höhe geleistet werden und die Zinsbelastung von Periode zu Periode sinkt. Es ist zu unterscheiden vom Annuitätendarlehen, bei dem die Summe aus Zins und Tilgung in jeder Periode gleich hoch ist.

	t = 0	t = 1	t = 2	t = 3	t = 4
Kredit 1 + Kredit 2		281,20	269,30	257,40	157,50
	864 ←				

Abbildung 1-21: Gesamtfinanzierungs-Cash Flow und Barwert des Fremdkapitals

Durch die Erweiterung der Gruppe der Kapitalgeber um den Kreis der Gläubiger steht der Barwert der Free Cash Flows nun nicht mehr allein den Eigenkapitalgebern zu, sondern teilweise auch den Gläubigern. Um den Shareholder Value als Differenz zwischen dem Wert des Unternehmens und dem Marktwert des Fremdkapitals zu berechnen, muss zuerst der heutige Wert der zukünftig zu leistenden Zins- und Tilgungszahlungen ermittelt werden. Hierzu stellt Abbildung 1-21 den summierten Zahlungsstrom an die Gläubiger aus beiden Krediten dar. Sein Barwert beträgt 864 EUR und entspricht dem Nominalvolumen des aufgenommenen Fremdkapitals.

Die Identität des Barwertes der Kredite und des Nominalvolumens ergibt sich, weil der Kreditzinssatz mit 5 % exakt dem heutigen Marktzinsniveau entspricht. Sofern es im Zeitablauf zu einer Veränderung des Zinsniveaus kommt, entfernt sich der Barwert vom Nominalvolumen. Steigende Zinssätze führen zu einem Rückgang, fallende Sätze zu einem Anstieg des Gegenwartswertes des Fremdkapitals.[20]

Aus dem bekannten Gesamtunternehmens- und Fremdkapitalwert lässt sich dann der Shareholder Value errechnen:

$$\begin{aligned} EK_0^{MW} &= UW_0 - FK_0^{MW} \\ &= 3\,239{,}55 - 864 = 2\,375{,}55 \text{ EUR.} \end{aligned} \quad 1\text{-}7$$

Wie aus der Barwertbilanz in Abbildung 1-22 deutlich hervorgeht, führt die Aufnahme der Fremdkapitalgeber in den Kreis der Financiers zu einer Aufteilung des Gesamtunternehmenswertes. Aus den Free Cash Flows stehen den Gläubigern die darlehensvertraglich vereinbarten Zins- und Tilgungsleistungen

A	Barwertbilanz t = 0		P	A	Handelsbilanz t = 0		P
Inv. 1	1 486,26	2 375,55	EK	Inv. 1	1 000	796	EK
Inv. 2	1 753,29	600	Kredit 1	Inv. 2	660	600	Kredit 1
		264	Kredit 2			264	Kredit 2

Δ = 1 579,55 EUR

Abbildung 1-22: Barwert- und Handelsbilanz für Investition 1 und 2 bei teilweiser Fremdfinanzierung

[20] Ausführlich wird die Barwertberechnung von Krediten gezeigt bei Wiedemann (2007), S. 41 ff.

zu. Der Rest verbleibt beim Eigentümer. Der Marktwert des Eigenkapitals setzt sich nun aus dem verminderten Eigenkapitaleinsatz gemäß Handelsbilanz von 796 EUR und den Kapitalwerten der beiden Investitionsobjekte über insgesamt 1 579,55 EUR zusammen.

Die inhaltliche Interpretation des Kapitalwertes als Mehrung der Konsummöglichkeiten der Eigenkapitalgeber bleibt auch bei Hinzunahme von Gläubigern unverändert. Deutlich wird dies, wenn bei Aufspaltung der Kapitalwertberechnung explizit der Fremdkapitalzahlungsstrom berücksichtigt wird. Für Investition 1 gilt:

$$\begin{aligned} C_0^1 &= -1\,000 + \frac{516{,}67}{1{,}05} + \frac{383{,}33}{1{,}05^2} + \frac{383{,}33}{1{,}05^3} + \frac{383{,}33}{1{,}05^4} \\ &\quad +600 - \frac{180}{1{,}05} - \frac{172{,}5}{1{,}05^2} - \frac{165}{1{,}05^3} - \frac{157{,}5}{1{,}05^4} \\ &= -400 + \frac{336{,}66}{1{,}05} + \frac{210{,}83}{1{,}05^2} + \frac{218{,}33}{1{,}05^3} \frac{225{,}83}{1{,}05^4} = 486{,}26 \text{ EUR} \end{aligned} \qquad \text{1-8}$$

Die ersten 5 Summanden in der oberen Gleichung geben den originären Zahlungsstrom der Investition 1 wieder. Die übrigen Summanden zeigen die Zahlungsreihe an die Gläubiger. Als Differenz verbleiben der verminderte Eigenkapitaleinsatz von 400 EUR und die diskontierten Differenzen aus den periodischen Free Cash Flows der Investition und den Zins- und Tilgungsleistungen. Da die Kreditaufnahme zu aktuellen Marktkonditionen erfolgt, beträgt ihr Kapitalwert 0 EUR. Somit ist die gesamte Wertschöpfung der Investition Teil der Zahlungsreihe an die Eigenkapitalgeber. Ausschließlich dort macht sich die durch die Realinvestition erzielte Zusatzverzinsung bemerkbar.

Bestehen die Annahmen der Sicherheit, vollkommener und vollständiger Kapitalmärkte sowie fehlender Besteuerung auf Unternehmensebene hat die Neuaufnahme von Fremdkapital in ein zuvor unverschuldetes Unternehmen lediglich eine Umverteilung des Unternehmenswertes zwischen Eigen- und Fremdkapitalgebern zur Folge. Der Mehrwert der unternehmerischen Tätigkeit in Form der Kapitalwerte steht weiterhin exklusiv den Eigenkapitalgebern zu.

1.3.2.2 *Der Einfluss der Kapitalstruktur auf den Shareholder Value unter Berücksichtigung von Steuern*

Wir wollen nun einen Schritt weitergehen und eine Besteuerung auf Unternehmensebene zulassen. Das Zahlen von Steuern bedeutet für ein Unternehmen einen Mittelabfluss und hat eine Verminderung der Free Cash Flows zur Folge. Wie hoch bei gegebenem Steuersatz und gegebenem Betriebsergebnis vor Steuern und Zinsen (EBIT) dieser Mittelabfluss ist, hängt in besonderem Maße von der Höhe des Fremdkapitals ab, das zur Finanzierung der Investitionen eingesetzt wird. Um die Auswirkungen der Besteuerung auf die Free Cash Flows und den Wert eines Unternehmens transparent zu machen, sei zunächst wieder von einer reinen Eigenfinanzierung ausgegangen. Anschließend soll die Wirkung einer teilweisen Fremdfinanzierung untersucht werden.

GuV- und Free Cash Flow-Planung für die Investitionen 1 und 2

Investition 1:

	t = 1	**t = 2**	**t = 3**	**t = 4**
EBIT	266,67	133,33	133,33	133,33
– Zinsen	0	0	0	0
Reingewinn vor Steuern	266,67	133,33	133,33	133,33
– Steuern	66,67	33,33	33,33	33,33
Reingewinn nach Steuern	200,00	100,00	100,00	100,00
Free Cash Flow	450,00	350,00	350,00	350,00

Investition 2:

	t = 1	**t = 2**	**t = 3**
EBIT	40,00	240,00	1 040,00
– Zinsen	0	0	0
Reingewinn vor Steuern	40,00	240,00	1 040,00
– Steuern	10,00	60,00	260,00
Reingewinn nach Steuern	30,00	180,00	780,00
Free Cash Flow	250,00	400,00	1 000,00

Abbildung 1-23: GuV und Free Cash Flows für Investition 1 und 2 unter Berücksichtigung von Steuern

Abbildung 1-23 beinhaltet für die bereits bekannten Investitionen 1 und 2 stark verkürzte Plan-Gewinn- und Verlustrechnungen. Zusätzliche Berücksichtigung findet nun ein Steuersatz von 25 %. Da eine reine Eigenfinanzierung angenommen wird, entsteht kein Zinsaufwand. Von der Bildung von Rückstellungen sowie von Netto-Investitionen in das Anlage- und Umlaufvermögen wird weiterhin abstrahiert. Unter Berücksichtigung einer linearen Abschreibung der Anschaffungskosten über die Nutzungsdauer (250 EUR bei Investition 1 und 220 EUR bei Investition 2) ergeben sich die dargestellten Free Cash Flow-Verläufe.[21]

In Abschnitt 1.2.2 wurde im Zusammenhang mit der Ermittlung von Free Cash Flows gezeigt, dass im Fall der reinen Eigenfinanzierung der Steueraufwand gemäß Gewinn- und Verlustrechnung identisch ist mit den im Free Cash Flow-Berechnungsschema ausgewiesenen adjustierten Steuern auf das EBIT. Aufgrund des fehlenden Fremdkapitals in der Bilanz existiert kein Zinsaufwand, der den zu versteuernden Gewinn mindern könnte. Damit beträgt das Tax Shield

[21] Ausführlich wurde die Free Cash Flow-Berechnung des ersten Jahres für Investition 1 bereits in Abschnitt 1.2.2 dargestellt.

		t = 1	t = 2	t = 3	t = 4
Steuerzahlung gem. GuV		76,67	93,33	293,33	33,33
adjustierte Steuerzahlung		76,67	93,33	293,33	33,33
Tax Shield		0	0	0	0
Free Cash Flows		700	750	1 350	350
UW_0	2 801,07 ◄				

Abbildung 1-24: Unternehmenswert unter Berücksichtigung von Steuern

als Differenz aus den adjustierten Steuern und den tatsächlichen Steuerzahlungen in allen Perioden 0 EUR. Als Folge sinken die dem Investor zufließenden Zahlungsmittel genau um die Höhe der in den einzelnen Jahren zu leistenden Steuerzahlungen. Der Free Cash Flow bringt diesen Rückgang zum Ausdruck. Er vermindert sich um die periodischen Mittelzuflüsse an den Fiskus.

Um diesen Effekt zu verdeutlichen, sei zunächst von der Ebene der Einzelinvestitionen auf die Gesamtunternehmensebene gewechselt. Wie im vorhergehenden Abschnitt erfolgt dies durch Addition der periodischen Größen (vgl. Abbildung 1-24). Der Unternehmenswert unter Einbezug der Steuern beträgt 2801,07 EUR. Im Vergleich zur reinen Eigenfinanzierung ohne Steuern sinkt er um 3239,55 EUR – 2801,07 EUR = 438,48 EUR. Der Rückgang entspricht genau dem Barwert der zukünftigen Steuerzahlungen:

$$\frac{76{,}67}{1{,}05}+\frac{93{,}33}{1{,}05^2}+\frac{293{,}33}{1{,}05^3}+\frac{33{,}33}{1{,}05^4}=438{,}48\ EUR$$

Anschaulich lässt sich der Staat als weitere Anspruchsgruppe betrachten, der neben den Eigenkapitalgebern einen Anteil am Unternehmenserfolg fordert. Da es sich bei der Begleichung der Steuerschuld um einen Abfluss von Zahlungsmitteln handelt, kommt es zu einer Verringerung der Free Cash Flows. Der an die Kapitalgeber verteilbare Überschuss sinkt.

Der neue Unternehmenswert setzt sich zusammen aus dem nominellen Eigenkapital in Höhe von 1660 EUR und den Kapitalwerten der Investition 1 mit 336,32 EUR bzw. der Investition 2 mit 804,75 EUR (vgl. Abbildung 1-25).

A	Barwertbilanz t = 0		P	A	Handelsbilanz t = 0		P
Inv. 1	1336,32	2801,07	EK	Inv. 1	1000	1660	EK
Inv. 2	1464,75			Inv. 2	660		

Δ = 1141,07 EUR

Abbildung 1-25: Barwert- und Handelsbilanz für Investition 1 und 2 unter Berücksichtigung von Steuern

GuV- und Free Cash Flow-Planung für die Investitionen 1 und 2

Investition 1:

	t = 1	t = 2	t = 3	t = 4
EBIT	266,67	133,33	133,33	133,33
– Zinsen	30,00	22,50	15,00	7,50
Reingewinn vor Steuern	236,67	110,83	118,33	125,83
– Steuern	59,17	27,71	29,58	31,46
Reingewinn nach Steuern	177,50	83,12	87,50	94,37
Free Cash Flows	450,00	350,00	350,00	350,00

Investition 2:

	t = 1	t = 2	t = 3
EBIT	40,00	240,00	1 040,00
– Zinsen	13,20	8,80	4,40
Reingewinn vor Steuern	26,80	231,20	1 035,60
– Steuern	6,70	57,80	258,90
Reingewinn nach Steuern	20,10	173,40	776,70
Free Cash Flows	250,00	400,00	1 000,00

Abbildung 1-26: GuV und Free Cash Flows für Investition 1 und 2 unter Berücksichtigung von Steuern und teilweiser Fremdfinanzierung

Zusammenfassend lässt sich festhalten, dass durch die Einführung einer Besteuerung auf Unternehmensebene der Unternehmenswert bei reiner Eigenfinanzierung im Vergleich zur Situation ohne Steuern um die Höhe des Barwertes der Steuerzahlungen sinkt.

Sofern ein Teil der Anschaffungsauszahlungen der Investitionen fremdfinanziert wird, mindern die an die Gläubiger zu leistenden Zinszahlungen den zu versteuernden Gewinn. Gegenüber einer ausschließlichen Eigenfinanzierung sinkt dadurch die Steuerzahlung. Abbildung 1-26 zeigt die korrigierten Plan-Gewinn- und Verlustrechnungen für die Investitionen 1 und 2. Dabei wird eine Fremdfinanzierung wie im vorhergehenden Abschnitt dargestellt unterstellt (vgl. Abbildung 1-20).

Wie bereits erläutert, hat die Aufnahme des Fremdkapitals keine Auswirkungen auf die Höhe der berechneten Free Cash Flows. Sie unterstellen eine fiktiv eigenfinanzierte Unternehmung und sind daher unabhängig von der Kapitalstruktur.

Betrachtet man beispielhaft die Plan-Gewinn- und Verlustrechnung von Investition 1 für das erste Jahr, weist der Free Cash Flow den an die Kapitalgeber

	t = 0	t = 1	t = 2	t = 3	t = 4
Steuerzahlung gem. GuV		65,87	85,51	288,48	31,46
adjustierte Steuerzahlung		76,67	93,33	293,33	33,33
Tax Shield		10,80	7,82	4,85	1,87

Abbildung 1-27: Cash Flows der Steuerersparnis (Tax Shield)

verteilbaren Überschuss an freien Zahlungsmitteln mit 450 EUR aus. Bei seiner Ermittlung wird eine adjustierte Steuerzahlung in Höhe von 266,67 EUR · 0,25 = 66,67 EUR unterstellt. Tatsächlich liegt der Steueraufwand nach Gewinn- und Verlustrechnung aber nur bei 59,17 EUR und wird daher um 7,50 EUR überschätzt. Das Free Cash Flow-Modell weist die wirklichen freien Zahlungsüberschüsse in jeder Periode zu gering aus. Es beachtet nicht das Tax Shield, das sich aus der steuerlichen Abzugsfähigkeit des Fremdkapitals ergibt. Die Steuerersparnisse müssen aber bei der Bewertung der Zahlungsströme mit in das Kalkül einfließen, da sie unmittelbar zu einer Steigerung der Konsummöglichkeiten führen.

Die Steuerersparnis, die sich auf Gesamtunternehmensebene durch die Fremdfinanzierung ergibt, zeigt Abbildung 1-27. Das Tax Shield umfasst diejenigen Beträge, die in jeder Periode zusätzlich zu den Free Cash Flows für eine Verteilung an die Kapitalgeber zur Verfügung stehen. Bei der Berechnung des Unternehmenswertes dürfen sie nicht unbeachtet bleiben.

Aufgrund der fiktiven Eigenfinanzierung, die das Free Cash Flow-Berechnungsschema unterstellt, kommt es bei der Berücksichtigung der steuerlichen Abzugsfähigkeit des Fremdkapitalzinsaufwandes zu einer Differenz zwischen den rechnerischen Free Cash Flows und den tatsächlich vorhandenen freien Zahlungsmitteln. Die Free Cash Flows sind grundsätzlich um die Höhe des periodischen Tax Shield zu gering und unterschätzen damit regelmäßig den tatsächlichen Mittelzufluss aus der Unternehmenstätigkeit.

Um die Bedeutung des Tax Shield für das Bewertungskalkül genauer aufzeigen zu können, soll erneut die allgemeine Bewertungsformel aus Abschnitt 1.3.1 herangezogen werden (Gleichung 1-9):

$$UW_0 = \sum_{t=1}^{\infty} \frac{\textit{freie Einzahlungsüberschüsse für Eigen- und Fremdkapitalgeber}}{\left(1 + \textit{Kapitalkostensatz}\right)^t}$$

Um den Unternehmenswert zu bestimmen, sind sämtliche freien Einzahlungsüberschüsse an die Kapitalgeber auf den Bewertungszeitpunkt abzuzinsen. In den bisherigen Beispielen, d.h. in der Situation reiner Eigen- und teilweiser Fremdfinanzierung ohne Steuern und im Fall reiner Eigenfinanzierung mit Steuern bestanden diese Zahlungsüberschüsse einzig und allein aus den Free Cash Flows. Bei Betrachtung einer teilweisen Fremdfinanzierung mit Steuern reichen die Free Cash Flows allerdings nicht aus, um sämtliche Zahlungen an die Kapitalgeber zu erfassen. Das Tax Shield muss als zusätzliche Quelle freier

	t = 0	t = 1	t = 2	t = 3	t = 4
Free Cash Flows		700	750	1 350	350
	2 801,07 ←				
Tax Shield		10,80	7,82	4,85	1,87
	23,11 ←				
UW_0	2 824,18				
Fremdkapital		–281,20	–269,30	–257,40	–157,50
	–864,00 ←				
EK_0^{MW}	1 960,18				

Abbildung 1-28: Shareholder Value unter Berücksichtigung des Tax Shield

Zahlungsmittel aufgenommen werden. Wie in Abschnitt 1.3.1 angedeutet, existieren hierzu zwei Verfahren: der APV- und der WACC-Ansatz. Aus Gründen der Anschaulichkeit konzentrieren wir uns zunächst auf die APV-Methode, die die Berücksichtigung der Steuervorteile unmittelbar im Zahlungsstrom vornimmt.[22] Im Fall der Sicherheit ermittelt sich der Wert eines teilweise fremdfinanzierten Unternehmens nach dem APV-Ansatz wie folgt:

$$UW_0 = \sum_{t=1}^{\infty} \frac{FCF_t}{\left(1+r_f\right)^t} + \sum_{t=1}^{\infty} \frac{TS_t}{\left(1+r_f\right)^t} \qquad \text{1-10}$$

Der Gesamtwert eines verschuldeten Unternehmens ergibt sich als Summe aus dem Wert des unverschuldeten Unternehmens und dem Barwert der Steuerersparnisse (TS). Um von hier aus zum Shareholder Value zu gelangen, ist der Marktwert des Fremdkapitals in Abzug zu bringen. Der vollständige Bewertungsvorgang ist in Abbildung 1-28 ersichtlich.

Insgesamt gelangt der APV-Ansatz über mehrere Stufen zum Ziel. In einem ersten Schritt wird der Wert des fiktiv unverschuldeten Unternehmens aus den Free Cash Flows bestimmt. Er beträgt 2 801,07 EUR und ist erwartungsgemäß mit der Situation bei reiner Eigenfinanzierung identisch (vgl. Abbildung 1-24). Die Entscheidung, Teile des Unternehmens mit Fremdkapital zu finanzieren, führt zu einer weiteren Wertsteigerung. Der Barwert der periodischen Tax Shields ergibt 23,11 EUR und erhöht den Gesamtwert des verschuldeten Unternehmens auf 2 824,18 EUR. Sodann ist der Anteil, der den Gläubigern an diesem Betrag zusteht, abzuziehen. Die Berechnungen ändern sich gegenüber der Situation ohne Besteuerung nicht. Mit 864 EUR bleiben die barwertigen Ansprüche der Fremdkapitalgeber identisch. Als Residuum verbleibt der Shareholder Value.

[22] Genau genommen führt bei der gegebenen Datenkonstellation mit vorgegebenen, nicht konstanten Bilanzstrukturen über die Laufzeit der Investitionsobjekte hinweg (sog. autonome Finanzierung) nur der APV-Ansatz zu einer unmittelbaren Lösung des Bewertungsproblems und nicht die WACC-Methode. Später wird hierauf genauer eingegangen werden.

Im Vergleich zur vollständigen Eigenfinanzierung steigt der Marktwert des Eigenkapitals um den Barwert der Steuervorteile. Die positive Wirkung der gewählten Finanzierung fällt damit allein den Eigenkapitalgebern zu.

Abbildung 1-29 zeigt die Wirkung der Fremdfinanzierung anhand der Barwertbilanz noch einmal detailliert auf. Das Eigenkapital von 1 960,18 EUR setzt sich aus dem nominellen Eigenkapital von 796 EUR, den Kapitalwerten von 336,32 (Investition 1) bzw. 804,75 EUR (Investition 2) und dem Wert der Steuerersparnis von 23,11 EUR zusammen.

Das Tax Shield erscheint in der Barwertbilanz als Vermögensgegenstand auf der Aktivseite. Es beinhaltet die von der Finanzabteilung erzielte Wertschöpfung. Sie ergibt sich aus der Entscheidung, den Kreis der Financiers um die Fremdkapitalgeber zu erweitern. Die Differenz aus dem Anlagevermögen in Barwert- und Handelsbilanz zeigt den Wertbeitrag der operativen Einheiten. Er entspricht mit 1 141,07 EUR genau der Summe der Kapitalwerte der beiden Investitionen.

An dieser Stelle wird die Möglichkeit der Trennung der Leistung von operativer und Finanzeinheit deutlich. Der APV-Ansatz separiert die von beiden Bereichen erzielten Wertzuwächse und ermöglicht eine getrennte Leistungsbeurteilung. Ein Unternehmen wird in die Lage versetzt, neben dem Beitrag des operativen Geschäfts zum Unternehmenswert auch eine Optimierung des Beitrags der Kapitalstruktur vornehmen zu können.

Im konkreten Beispiel unter Sicherheit würde es sich für das Unternehmen als optimal erweisen, das gesamte eingesetzte Eigenkapital durch Kredite zu ersetzen. Hierdurch würde der Barwert der Tax Shields auf 43,60 EUR und der Gesamtunternehmenswert auf 2 844,66 EUR steigen. Nach Abzug des Marktwertes des Fremdkapitals über 1 660 EUR verbleibt ein Shareholder Value von 1 184,66 EUR, den die Eigentümer ohne Einsatz eigenen Kapitals erzielen können.

Praktisch ist diese Überlegung nicht relevant, sie ergibt sich nur in unserer Modellwelt. Unternehmen, die ausschließlich Fremdkapital einsetzen, existieren nicht. Die Unterschiede zwischen Modell und Wirklichkeit ergeben sich aus einer zentralen Annahme: bisher wurde Sicherheit in Bezug auf die zukünftigen Zahlungsströme unterstellt, in der Realität hingegen sind sie nicht exakt vorhersagbar.

A	Barwertbilanz t = 0		P	A	Handelsbilanz t = 0		P
Inv. 1	1 336,32	1 960,18	EK	Inv. 1	1 000	796	EK
Inv. 2	1 464,75	864,00	FK	Inv. 2	660	864	FK
Tax Shield	23,11						

Δ = 1 164,18 EUR

Abbildung 1-29: Barwert- und Handelsbilanz für Investition 1 und 2 unter Berücksichtigung von Steuern und teilweiser Fremdfinanzierung

Gibt man die Annahme der Sicherheit auf, hat dies weitreichende Konsequenzen für die Bewertung von Einzelinvestitionen und damit auch von Unternehmen. Wie sich diese Konsequenzen äußern und wie das Modell unter Sicherheit sukzessive erweitert werden muss, damit es auch für unsichere Zahlungen eingesetzt werden kann, ist Aufgabe des restlichen Teils dieses Buches.

1.4 Die Abbildung von Risiken in Unternehmenswertmodellen – ein erster Einstieg

1.4.1 Der Risikobegriff

Unternehmerisches Handeln ist ein in die Zukunft gerichteter Prozess. Gebäude werden errichtet, Maschinen beschafft und Personal eingestellt, in der Erwartung, dass diese Investitionen einen Wertbeitrag für das Unternehmen leisten.

In den bisherigen Darstellungen zeichneten sich die betrachteten Investitionsalternativen dadurch aus, dass die Investoren sämtliche mit ihnen verbundenen Konsequenzen exakt prognostizieren konnten. Die Annahme sicherer Erwartungen bedeutete vollständige Information über alle für die Bewertung der Investitionen relevanten Parameter. Damit war es möglich, den Wertbeitrag verschiedener Investitionsobjekte im Voraus exakt zu ermitteln und so ex ante eine abschließende Aussage über deren Vorteilhaftigkeit zu treffen.

In der Realität lässt sich der Beitrag, den eine Investition zum Wert eines Unternehmens leistet, nicht genau vorhersagen. Der Unternehmer sieht sich bei dem Versuch, den heutigen Wert einer Handlungsmöglichkeit zu bestimmen, vielfältigen Formen an Unsicherheit gegenüber.

Führt man sich z.B. die im Zentrum des bisher entwickelten Modells stehenden Free Cash Flows vor Augen, erhält man einen ersten Eindruck von den immensen Problemen, die die Berücksichtigung von Unsicherheit aufwirft. Um freie Zahlungsüberschüsse für mehrere Perioden zu prognostizieren, ist eine Schätzung zukünftiger Absatzpreise und -mengen erforderlich. Mit ihrer Hilfe gelangt man zu den erwarteten Mittelzuflüssen. Hiervon sind die geschätzten betrieblichen Auszahlungen wie Roh-, Hilfs- und Betriebsstoffe, Löhne und Gehälter usw. in Abzug zu bringen. Darüber hinaus ist eine Vorhersage der zukünftigen Steuerbelastung des Unternehmens erforderlich, sowie eine Prognose der angestrebten Kapitalstruktur, um eventuelle Wertbeiträge aus einer teilweisen Fremdfinanzierung zu erfassen. Bei all diesen Überlegungen ist zu beachten, dass das Unternehmen Teil einer dynamischen Umwelt mit einer Vielzahl weiterer Akteure ist, deren Verhalten unter Umständen vom eigenen Verhalten abhängig ist.

Allein diese – bei weitem noch unvollständige – Aufzählung notwendiger Plangrößen zur Ermittlung der Free Cash Flows unter Unsicherheit (von den Folgen für den Diskontierungszinssatz, die ebenfalls weitreichend sind, wurde hier noch gar nicht gesprochen) deutet an, wie umfassend die Aufgabe einer Prognose bewertungsrelevanter Faktoren praktisch ist. Dabei erhöht sich mit zunehmender Komplexität die Gefahr, Fehler bei der Vorhersage zu machen. Es besteht die Möglichkeit, dass das mit der Durchführung einer Investition angestrebte Ziel einer Steigerung des Unternehmenswertes aufgrund von Abweichungen zwischen ex ante erwarteten bzw. prognostizierten Konsequenzen und ex post tatsächlich realisierten Größen teilweise oder vollständig nicht erreicht wird. Mit anderen Worten besteht für die Investoren die Gefahr, dass sich im Nachhinein die mit einer Investition verbundenen Zahlungsüberschüsse als eine nicht angemessene Gegenleistung für die Anfangsauszahlung erweisen.

Im allgemeinen Sprachgebrauch verwendet man in diesem Zusammenhang den Begriff der riskanten Investition und meint damit ein Wagnis, das ein Investor eingeht, wenn er eine heutige sichere Anfangsauszahlung gegen eine erwartete unsichere Reihe von Rückflüssen eintauscht. Für unsere Zwecke ist eine solche allgemeine Umschreibung des Risikobegriffes nicht ausreichend. Daher wollen wir ihn im Weiteren näher eingrenzen.

Investitionsrechnungen sind aufgrund ihrer Zukunftsorientierung stets mit Unsicherheit behaftet.[23] Der Beitrag, den eine Investition bei ihrem Erwerb zum Wert eines Unternehmens leistet, kann zunächst nicht abschließend beurteilt werden. Er ist abhängig von der zukünftigen Entwicklung der Umwelt und lässt sich erst nach Ablauf der Nutzungsdauer endgültig bestimmen. Um die Unsicherheit genauer zu erfassen und zu beschreiben, kann ein Investor versuchen, die zukünftige Entwicklung der für sein Vorhaben relevanten Umwelt in Form von Szenarien mit den jeweils bewertungsrelevanten Daten des Investitionsprojektes zu prognostizieren. Diese Szenarien werden als Umweltzustände bezeichnet. Es sind einander ausschließende Konstellationen von entscheidungsrelevanten Bewertungsparametern.[24]

Als Beispiel sei eine einjährige Investition betrachtet, deren Free Cash Flow am Ende der Nutzungsdauer allein von der Höhe des allgemeinen Wirtschaftswachstums abhängt. Der Investor prognostiziert im Rahmen seines Entscheidungsprozesses die in Abbildung 1-30 dargestellten Umweltzustände. Sofern es zu einem Wirtschaftswachstum von 3 % oder mehr kommt, erwartet er in einem Jahr freie Zahlungsüberschüsse in Höhe von 1 000 EUR. Sollte das Wachstum zwischen 1 % und 3 % liegen, verringert sich dieser Betrag auf 900 EUR. In allen anderen Fällen erzielt er lediglich 700 EUR.

Wie hoch das Wachstum im kommenden Jahr sein wird, ist aus heutiger Sicht unsicher. Je nachdem, ob der Investor den einzelnen Umweltzuständen Ein-

Umweltzustand	1	2	3
Wirtschaftswachstum	≥ 3%	zwischen 3% und 1%	≤ 1%
Free Cash Flow in EUR	1 000	900	700

Abbildung 1-30: Free Cash Flows in Abhängigkeit vom Wirtschaftswachstum

[23] Vgl. Perridon/Steiner (2007), S. 93.

[24] Vgl. Laux (2003), S. 22.

trittswahrscheinlichkeiten zuordnen kann oder nicht, lässt sich die Unsicherheitssituation weiter konkretisieren. Man spricht von einer Entscheidung unter Risiko, sofern der Entscheidungsträger in der Lage ist, den Umweltzuständen objektive oder subjektive Eintrittswahrscheinlichkeiten zuzuordnen. Ist dies nicht möglich, liegt eine Ungewissheitssituation, die auch als Unsicherheit im engeren Sinne bezeichnet wird, vor.[25]

Objektive Wahrscheinlichkeiten für einzelne Umweltzustände ergeben sich auf der Grundlage statistischer Methoden. Hierzu lassen sich empirische Häufigkeitsverteilungen heranziehen. Im Fall einer Teilnahme an einer Lotterie basieren sie z.B. auf kombinatorischen Überlegungen. Bei der Kalkulation von Versicherungsprämien werden sie aus historischen Datenbeständen berechnet.[26] Subjektive Wahrscheinlichkeiten entstammen den persönlichen und individuellen Erfahrungen des Entscheidungsträgers.

Der Übergang zwischen Entscheidungssituationen unter Ungewissheit und Risiko ist fließend. Eine eindeutige Trennung zwischen beiden kann nicht vorgenommen werden. Da bei Ungewissheit dem Entscheider ausschließlich die Art aller möglichen Umweltzustände bekannt ist, nicht hingegen ihre Eintrittswahrscheinlichkeit, ist der bestehende Informationsmangel ungleich größer als in einer Risikosituation. Ein Entscheidungsproblem unter Ungewissheit lässt sich daher rational nur schwer lösen.[27] Ziel muss es daher sein, durch Heranziehen zusätzlicher Informationen die Ungewissheitssituation in eine Risikosituation zu überführen.

Die Begriffe Risiko und Unsicherheit werden häufig synonym verwendet. So findet man in der Literatur zur Investitionstheorie häufig den Terminus „Investitionen unter Unsicherheit", auch wenn darunter streng genommen ausschließlich Entscheidungssituationen unter Risiko zusammengefasst werden.[28] Auch wir differenzieren im Weiteren nicht zwischen Risiko und Unsicherheit und unterstellen, dass der Investor immer in der Lage ist, den einzelnen Umweltzuständen Eintrittswahrscheinlichkeiten zuzuordnen.

Mit der Charakterisierung des Risikos als unmittelbare Konsequenz aus der fehlenden eindeutigen Vorhersagbarkeit der zukünftigen Entwicklung der Umwelt wurde bisher der Schwerpunkt auf die Ursachen des Risikos gelegt. Man spricht daher auch vom ursachenbezogenen Risikobegriff.[29] Davon abzugrenzen ist der wirkungsbezogene Risikobegriff. Hierbei stehen die Folgen des Eintritts zukünftiger Umweltzustände im Vordergrund. Das Risiko besteht darin, dass angestrebte Ziele verfehlt werden.[30] Mehrfach genannt wurde bereits das Ziel, mit der Durchführung einer Investition den Unternehmenswert zu steigern.

Es sei erneut das Beispiel der unsicheren Investition aus Abbildung 1-30 betrachtet. Der Investor schätzt die Wahrscheinlichkeit für das Auftreten eines

---

25 Vgl. Bamberg/Coenenberg/Krapp (2008), S. 19; Laux (2003), S. 23.
26 Vgl. Perridon/Steiner (2007), S. 95.
27 Vgl. Kaninke (2004), S. 7.
28 Vgl. hierzu Schmidt/Terberger (1999), S. 277 ff.; Kruschwitz (2007b), S. 81 ff.; Schäfer (2005), S. 226.
29 Vgl. Kaninke (2004), S. 3.
30 Vgl. Burger/Buchhart (2002), S. 1.

Wirtschaftswachstums von 3 % oder mehr im kommenden Jahr auf 35 %. Mit 47,5 %-iger Wahrscheinlichkeit wird das Wachstum zwischen 1 % und 3 % liegen und in 17,5 % der Fälle liegt es darunter. Damit sind sämtliche möglichen zukünftigen Umweltzustände erfasst. Man spricht in diesem Zusammenhang auch von Sicherheit über die Unsicherheit. Einer der drei relevanten Umweltzustände wird am Ende des Jahres mit Sicherheit eintreten. Bezeichnet p_s die Eintrittswahrscheinlichkeit des Umweltzustandes s folgt für den Erwartungswert der zukünftigen Cash Flows:

$$E(\widetilde{FCF}_1) = \sum_{s=1}^{S} p_s \cdot FCF_{1,s} = 0{,}35 \cdot 1\,000 + 0{,}475 \cdot 900 + 0{,}175 \cdot 700 = 900\ EUR$$

Sofern sich die Investitionsmöglichkeit unter den gegebenen Bedingungen unendlich oft wiederholen lässt, kann der Investor im Schnitt mit einem Free Cash Flow von 900 EUR in t = 1 rechnen. Bei einmaliger Durchführung wird der Erwartungswert hingegen nur in einem Fall erzielt (bei einem Wirtschaftswachstum zwischen 1 % und 3 %). In jeweils einem weiteren Szenario wird der Free Cash Flow ober- resp. unterhalb dieser Größe liegen.

Interpretiert man das Risiko des Investors als Abweichung des tatsächlichen Free Cash Flows von der Zielgröße Erwartungswert, kommt es zu einer Verfehlung des Zieles in den Umweltzuständen 1 (Wirtschaftswachstum über 3 %) und 3 (Wirtschaftswachstum unter 1 %). Dies entspricht dem sogenannten zweiseitigen oder symmetrischen Risikobegriff. Sowohl positive als auch negative Differenzen vom Zielwert werden als Risiko angesehen.

Im Gegensatz dazu umfasst der einseitige bzw. asymmetrische Risikobegriff ausschließlich die negativen Abweichungen von der Zielgröße. Dann besteht für den Investor allein das Risiko, dass der zukünftige Free Cash Flow bei 700 EUR liegt.

Für die Beschränkung auf die negativen Auswirkungen einer Entscheidung findet man häufig auch die alternativen Bezeichnungen pure risk, shortfall risk oder downside risk.[31] Der einseitige Risikobegriff wird im Zentrum aller nachfolgenden Ausführungen stehen. Positive Abweichungen von der Zielgröße werden hingegen als Chance betrachtet und aus der Risikoanalyse ausgeklammert.

Damit halten wir fest: unter Risiko ist die Gefahr einer negativen Abweichung einer Zielgröße von ihrem Erwartungswert zu sehen. In Zusammenhang mit investitionstheoretischen Fragestellungen steht für uns insbesondere die Gefahr im Vordergrund, dass ein erwarteter Beitrag einer Investition zum Wert eines Unternehmens nicht erreicht wird bzw. die Investition sogar Wert vernichtet.

1.4.2 Notwendige Modellmodifikationen

Die bisher entwickelten Modelle zur Bewertung von Einzelinvestitionen bzw. Unternehmen beruhen auf der Annahme sicherer zukünftiger Free Cash Flows. Sie verwenden als Diskontierungszinssatz den risikolosen Zins und liefern dem

---

31 Vgl. Oehler/Unser (2002), S. 13.

Anwender die sicher zu erzielende Veränderung seines für Konsumzwecke frei verfügbaren Vermögens bei Wahrnehmung einer gegebenen Investitionsmöglichkeit. Es gilt in einem ersten Schritt aufzuzeigen, wie die Modelle unter Sicherheit zu modifizieren und zu erweitern sind, damit sie auch zur Bewertung risikobehafteter Investitionen eingesetzt werden können. Dabei ist die Intention dieses Abschnittes nicht, bereits ein vollständiges Bewertungsmodell unter Unsicherheit darzustellen. Vielmehr sollen in einem ersten Überblick diejenigen Eingangsgrößen und Stellschrauben identifiziert werden, die angepasst werden müssen, um die bisherigen Bewertungsmodelle in die Welt unter Unsicherheit zu überführen.

Zu Beginn des Abschnitts 1.3.2.1 wurde das Beispiel eines mobilen Generators, den ein Investor zur Vermietung einsetzen will, in einer Situation reiner Eigenfinanzierung und ohne Steuern dargestellt. Die Anschaffungsauszahlung lag bei 660 EUR und für die kommenden drei Jahre wurden Free Cash Flows in Höhe von 260 EUR (t = 1), 460 EUR (t = 2) und 1 260 EUR (t = 3) vorhergesagt (vgl. Abbildung 1-15). Dieses Beispiel sei im Folgenden erneut aufgegriffen. Zur Bewertung einer sicheren Einzelinvestition bei Eigenfinanzierung ohne Steuern ist die bereits bekannte Kapitalwertformel heranzuziehen (vgl. Abschnitt 1.2.3):

$$\begin{aligned} C_0^{EK} &= -I_0 + \sum_{t=1}^{T} \frac{FCF_t}{\left(1+r_f\right)^t} \\ &= -660 + \frac{260}{1{,}05} + \frac{460}{1{,}05^2} + \frac{1\,260}{1{,}05^3} = 1\,093{,}29\ EUR \end{aligned}$$

Um zu überprüfen, inwiefern die Einführung von Unsicherheit die Gültigkeit der Kapitalwertformel beeinflusst, wollen wir ihre einzelnen Bestandteile sukzessive näher untersuchen.

Die Anfangsauszahlung I_0 ist im Betrachtungszeitpunkt zu leisten. Sie steht als heutiger Preis eines Investitionsobjektes fest. Wir unterstellen, dass der Investor jederzeit in der Lage ist, die Anschaffungsauszahlung bei Fremdbeschaffung der Investition über entsprechende Preislisten oder bei Eigenerstellung aus Daten des internen und externen Rechnungswesens zu ermitteln.

Die Free Cash Flows im Zähler der Kapitalwertformel sind unter Unsicherheit nicht eindeutig vorherzusagen. Während es sich in der Modellwelt sicherer Erwartungen um deterministische Größen handelt, stellen die zukünftigen freien Zahlungsüberschüsse in der Modellwelt unsicherer Erwartungen Zufallsvariablen dar. Welche Realisationen diese Zufallsvariablen in den jeweiligen Perioden annehmen werden, kann ein Investor im Bewertungszeitpunkt lediglich schätzen. Unabhängig davon, wie er bei der Prognose der Free Cash Flows vorgeht, ist ex ante ihre punktgenaue Vorhersage nicht möglich.

Welche Schwierigkeiten mit der Vorhersage von Zahlungsüberschüssen praktisch verbunden sind, wurde bereits im vorhergehenden Abschnitt angedeutet. Ohne die entsprechenden Verfahren an dieser Stelle näher beleuchten zu wollen, sei unterstellt, dass der Investor das Prognoseproblem bereits gelöst habe und für jedes Jahr der Nutzungsdauer des Investitionsobjektes im Besitz einer geschätzten empirischen Free Cash Flow-Verteilung sei. Das Ergebnis seiner

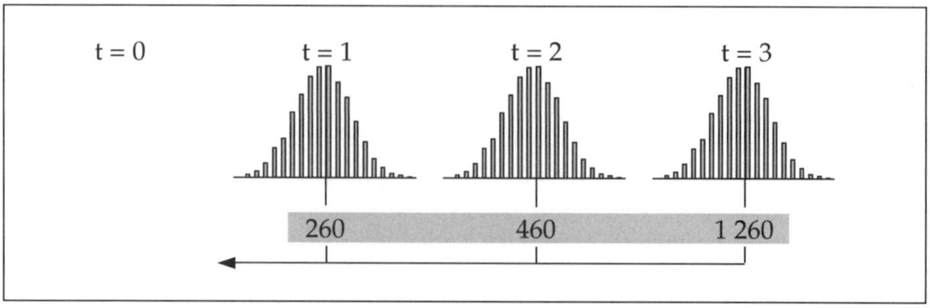

Abbildung 1-31: Geschätzte empirische Free Cash Flow-Verteilung

Mühen zeigt Abbildung 1-31. Sie gibt für die Perioden t = 1 bis t = 3 die entsprechenden Verteilungen mit den jeweiligen Erwartungswerten wieder. Dabei nehmen wir an, dass die Erwartungswerte mit den ursprünglichen Free Cash Flows bei Sicherheit übereinstimmen.

Um die Unsicherheit der Rückflüsse im Kapitalwertmodell zu erfassen, bieten sich grundsätzlich zwei mögliche Vorgehensweisen an. Zum einen kann eine Berücksichtigung des Risikos durch Einbezug eines Zuschlages auf den bisher risikolosen Zinssatz im Nenner der Kapitalwertformel erfolgen. Der sich dadurch ergebende höhere Zinssatz im Vergleich zur Sicherheitssituation führt zu stärkeren Diskontierungseffekten und damit ceteris paribus zu einem geringeren Kapitalwert. Im Zähler werden dabei die Free Cash Flows mit ihren jeweiligen Erwartungswerten angesetzt. Man spricht in diesem Zusammenhang von der Risikozuschlagsmethode.

Alternativ kann das Risiko durch einen Abschlag auf die erwarteten freien Zahlungsüberschüsse in das Kalkül aufgenommen werden. Als Diskontierungszinssatz kommt dann wie im Fall der Sicherheit der risikolose Zinssatz zur Anwendung. Durch die Verminderung der Free Cash Flows im Zähler wird unter sonst gleichen Bedingungen ebenfalls eine Reduktion des Kapitalwertes im Vergleich zur Situation bei sicheren Erwartungen erreicht. Diese Vorgehensweise wird als Sicherheitsäquivalentmethodeb ezeichnet.

Im Gegensatz zur Risikozuschlagsmethode weist die Berechnung mit Sicherheitsäquivalenten einen wichtigen Vorteil auf: viele Bewertungsprobleme lassen sich theoretisch exakt allein mittels Sicherheitsäquivalenten lösen. Obwohl in der Praxis überlicherweise sowohl bei der Bewertung von Einzelinvestitionen als auch bei der Bewertung von Unternehmen das Risikozuschlagsverfahren zum Einsatz kommt, stößt man bei dessen Umsetzung immer wieder auf Schwierigkeiten. Insbesondere ist das sogenannte Zirkularitätsproblem zu nennen. Dieser Begriff beschreibt einen Zirkelbezug bei der Verwendung des Risikozuschlagsverfahrens, der sich daraus ergibt, dass erforderliche Eingangsgrößen zur Bewertung eigentlich erst am Ende des Rechenvorgangs als Ergebnis bereitstehen und insofern keine Eingangsgröße darstellen können. Da sich beide Verfahren gegenseitig ergänzen werden wir sie im Folgenden immer wieder ausführlich gegenüberstellen. In unseren weiteren Ausführungen konzentrieren wir uns aber zunächst allein auf die Risikozuschlagsmethode.[32] Dabei soll zunächst die Frage im Vordergrund stehen, wie die Kombination aus Erwartungswerten im Zähler und der Zuschlag auf den Diskontierungszinssatz im Nenner inhaltlich zu interpretieren sind.

In den vom Investor geschätzten Verteilungen der Zahlungsüberschüsse kommt die Unsicherheit der Free Cash Flows zum Ausdruck. In ihrer Gesamtheit enthalten sie detaillierte Informationen darüber, wie der Investor das mit der Investition verbundene Risiko einschätzt. Eine Verdichtung der Verteilungen allein auf ihre Erwartungswerte hat zur Folge, dass ein Großteil der Informationen, die gerade erst durch die aufwändige Erstellung und Prognose verschiedener Szenarien gewonnen wurde, wieder verloren geht.

Betrachten wir hierzu beispielhaft die vom Investor ermittelte Verteilung der Zahlungsüberschüsse des Generators in $t = 1$ aus Abbildung 1-31. Es sei unterstellt, dass sie auf einer großen Anzahl für möglich gehaltener Umweltzustände in diesem Jahr beruhen, für die jeweils die Eintrittswahrscheinlichkeit und der geschätzte Free Cash Flow bestimmt wurden. Die Tatsache, dass der Investor mehrere Szenarien für die zukünftige Entwicklung der Free Cash Flows unterstellt, macht die bestehende Unsicherheit deutlich. Die Verteilung als Ganzes zeigt an, dass es in Folge eines Mangels an Informationen nicht möglich ist, eine eindeutige Prognose über die genaue Höhe der Zielgröße abzugeben. Um die Unsicherheit quantitativ näher zu beschreiben, können auf Basis der gegebenen Eintrittswahrscheinlichkeiten und Ausprägungen der Zielgröße in den einzelnen Umweltzuständen Lage- und Streuungsmaße wie Erwartungswert, Spannweite, Quantilsabstände, Standardabweichung oder Momente höherer Ordnung wie Schiefe und Kurtosis ermittelt werden.

Selbst im Fall sehr einfach gehaltener Prognosen, wie sie im vorhergehenden Abschnitt am Beispiel einer Investition mit drei Umweltzuständen und drei damit verbundenen Zahlungsüberschüssen gezeigt wurde, tritt die Unsicherheit deutlich hervor. Zwar lassen sich aufgrund der sehr kleinen Grundgesamtheit noch keine aussagekräftigen Lage- und Streuungsmaße berechnen, aber allein die Tatsache, dass der Investor mehrere Free Cash Flow-Realisationen für das nächste Jahr angibt, zeigt den Informationsmangel und damit die fehlende eindeutige Prognostizierbarkeit der Zielgröße.

Entscheidet man sich nun dazu, einzig den Erwartungswert der Free Cash Flows in das Kapitalwertmodell einfließen zu lassen, führt dies zu einer Verdichtung der gesamten Verteilung auf einen einzigen Parameter. Die vielfältigen Informationen, die in den einzelnen Szenarien enthalten sind, sowie alle übrigen Momente der Verteilung würden dabei unberücksichtigt bleiben. Es kommt zu einem erheblichen Verlust an Informationen.

Um dies zu verdeutlichen, nehmen wir an, dass der Investor eine Unternehmensberatung gebeten habe, die von ihm aufgestellten Verteilungen der freien Zahlungsüberschüsse des Generators zu überprüfen. In den Jahren $t = 2$ und $t = 3$ kommen die Berater exakt zu denselben Erkenntnissen wie der Investor. Lediglich im ersten Jahr schätzen sie die Situation anders ein. Zwar erwarten

[32] Auf die Sicherheitsäquivalentmethode wird im 2. Kapitel eingegangen werden.

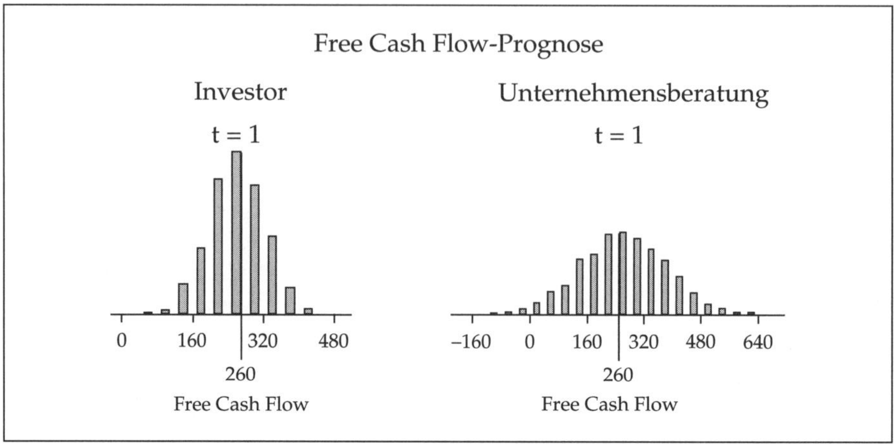

Abbildung 1-32: Free Cash Flow-Prognose für t = 1 des Investors und der Unternehmensberatung im Vergleich

sie ebenfalls im Mittel einen Free Cash Flow von 260 EUR, jedoch erachten sie die Streuung als erheblich größer (vgl. Abbildung 1-32).

Würden beide Verteilungen zum jeweiligen Erwartungswert zusammengefasst, ist die in ihnen zum Ausdruck kommende unterschiedliche Streuung der Ergebnisse nicht mehr zu erkennen. Der Erwartungswert ist ein fester Lageparameter und suggeriert dem Betrachter das Fehlen jeglicher Unsicherheit. Dass die Prognose der Unternehmensberatung ein erheblich höheres Risiko in den Free Cash Flows des ersten Jahres unterstellt und danach eher die Gefahr besteht, dass der tatsächlich realisierte Zahlungsüberschuss in t = 1 deutlich stärker vom Erwartungswert abweicht als dies aus der Prognose des Investors hervorgeht, ignoriert der Erwartungswert. Die unterschiedlichen Strukturen der beiden Verteilungen finden keine Berücksichtigung. Gerade die Streuung der Free Cash Flows um ihren Erwartungswert stellt aber eine überaus relevante Information für das Risiko einer Investition dar. Soll das Risiko daher im Zähler der Kapitalwertformel nicht berücksichtigt werden, bietet sich eine Korrektur des Nenners an. Daher sei im nächsten Schritt das Augenmerk auf den Diskontierungszinssatz gelegt.

In Abschnitt 1.2.3 wurde erläutert, dass der Diskontierungszinssatz für ein sicheres Investitionsobjekt der Rendite einer Alternativanlage mit identischem Risikoprofil entsprechen sollte. Bei sicheren Erwartungen entspricht diese Alternative einer risikolosen Anlage auf dem Kapitalmarkt. Im Fall unsicherer Rückflüsse ist das Investitionsobjekt mit einer gleich riskanten Opportunität zu vergleichen.

Untersucht man das Verhalten von Investoren, stellt man fest, dass die Übernahme von Risiken nur gegen eine angemessene Vergütung erfolgt. Mit anderen Worten: je riskanter eine Investition ist, umso höher muss die zu erzielende Rendite sein, damit sich Marktteilnehmer bereit erklären, dieses Risiko zu übernehmen. Man spricht von einem risikoaversen Verhalten der Investoren.[33]

[33] Der Begriff der Risikoaversion wird an späterer Stelle noch anhand umfassender Beispiele präzisiert werden.

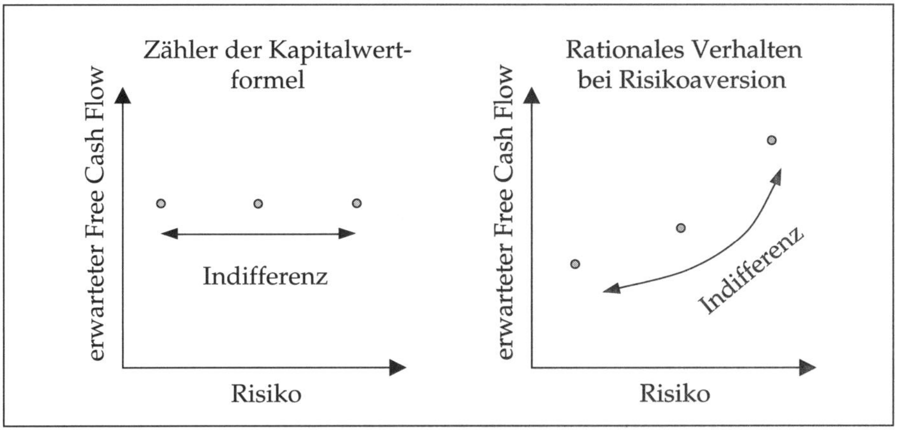

Abbildung 1-33: Unterschiede in der Risikoberücksichtigung im Zähler des Kapitalwertmodells und bei rationalem Verhalten der Investoren

Die Erwartungswerte der Free Cash Flows im Zähler der Kapitalwertformel berücksichtigen die Risikoaversion nicht (vgl. Abbildung 1-33). Die Prognosen des Investors und der Unternehmensberatung kommen zum gleichen Ergebnis. Die unterschiedlichen Risikostrukturen fallen der Erwartungswertbildung zum Opfer. Investitionen mit unterschiedlichem Risiko, aber identischem Erwartungswert der Free Cash Flows können nicht mehr voneinander unterschieden werden. Der Zähler der Kapitalwertformel unterstellt damit praktisch, dass Investoren das Risiko außer Acht lassen.[34] Dies widerspricht dem tatsächlichen Verhalten der Investoren wie im rechten Teil der Abbildung 1-33 dargestellt ist. Ein zusätzliches Risiko erfordert einen zusätzlichen Ertrag.

Um das Risiko einer Investition im Kapitalwertmodell zu erfassen, kann statt der Berücksichtigung der Unsicherheit im Zähler eine Anpassung des Diskontierungszinssatzes vorgenommen werden. Der Diskontierungszins sollte die Rendite einer Alternativanlage, die das identische Risikoprofil wie die Investition besitzt, widerspiegeln. Der Zinssatz wird dabei umso höher sein, je höher das in den Schwankungen der freien Zahlungsüberschüsse zum Ausdruck kommende Risiko der Investition ist. Interpretiert man den erforderlichen Anstieg des Diskontierungszinssatzes im Vergleich zur Situation sicherer Erwartungen als Risikoprämie (RP) auf den risikolosen Zinssatz, lässt sich das Kapitalwertmodell unter Unsicherheit im Fall einer reinen Eigenfinanzierung ohne Steuern folgendermaßen formulieren:

$$C_0^{EK} = -I_0 + \sum_{t=1}^{T} \frac{E\left(\widetilde{FCF}_t\right)}{\left(1 + r_f + RP\right)^t} \qquad \text{1-11}$$

Im Zähler findet sich der Erwartungswert der prognostizierten Free Cash Flows. Er enthält keine Aussage über die Variabilität der zukünftigen freien Zahlungs-

[34] Man bezeichnet Investoren, die ausschließlich die erwartete Rendite einer Investition betrachten und das Risiko ausklammern, als risikoneutral.

überschüsse. Wie groß die Gefahr ist, dass Realisationen von Free Cash Flows in der Zukunft auftreten, die unterhalb des Erwartungswertes liegen und es so zu einer Verfehlung der mit der Durchführung des Investitionsobjektes angestrebten Wertsteigerung kommt, bleibt im Zähler unbeachtet. Stattdessen wird das Risiko durch einen Zuschlag auf den risikolosen Diskontierungszinssatz berücksichtigt. Dabei muss die Risikoprämie umso höher sein, je größer die Unsicherheit über die zukünftige Entwicklung der Free Cash Flows ist. Durch den Anstieg des Kalkulationszinssatzes kommt es zu einer stärkeren Diskontierungswirkung und folglich zu einem Rückgang des Kapitalwertes, der unter Unsicherheit ebenfalls einen Erwartungswert darstellt.

Wir werden uns in den nächsten Kapiteln dieses Buches sehr ausführlich damit beschäftigen, wie die Risikoprämie für unsichere Investitionen zu bestimmen ist. Danach soll aufgezeigt werden, welche Verfahren zur Verfügung stehen, um die erwarteten Free Cash Flows zu schätzen. Wie im Falle der Sicherheit werden wir das Modell schrittweise erweitern und sowohl eine (teilweise) Fremdfinanzierung als auch eine Besteuerung auf Unternehmensebene berücksichtigen.

1.4.3 Identifikation von Werttreibern

Mit der Festlegung der Steigerung des Shareholder Value als oberste Zielsetzung der unternehmerischen Tätigkeit wurden in Abschnitt 1.1 die Eigenkapitalgeber in den Fokus der Betrachtung gerückt. Der Shareholder Value verkörpert den Marktwert sämtlicher den Eigentümern in Zukunft zufließenden freien Zahlungsströme aus dem Unternehmen. Wie bereits im Zusammenhang mit der Darstellung des APV-Ansatzes gezeigt wurde, kann das Unternehmen dabei in zwei wesentlichen Bereichen Werte schaffen. Auf der einen Seite schaffen die operativen Einheiten durch Produktion und Absatz von Gütern einen Wertbeitrag. Dieser drückt sich in den Free Cash Flows aus. Auf der anderen Seite kann durch die Aufnahme von Fremdkapital und das dadurch entstehende Tax Shield ein weiterer Wertzuwachs erzielt werden. Der Shareholder Value ermittelt sich dann als Summe aus dem Barwert des fiktiv unverschuldeten Unternehmens und dem Barwert des Tax Shield abzüglich des heutigen Wertes der Fremdfinanzierung (vgl. Abbildung 1-34).

Um den Shareholder Value gezielt zu erhöhen und somit den konsumfähigen Einkommensstrom für die Eigentümer steigern zu können, muss das Management diejenigen Werttreiber identifizieren, die die Höhe des Shareholder Value determinieren. Da wir bisher noch nicht in ausreichender Tiefe in den Themenkomplex der Unternehmens- und Investitionsbewertung unter Unsicherheit vorgedrungen sind, gestaltet sich eine detaillierte Bestimmung der wertrelevanten Faktoren zum jetzigen Zeitpunkt noch als schwierig. Dennoch soll versucht werden, auf Basis der bisherigen Erkenntnisse einen Überblick über die wesentlichen Einflussgrößen zu geben.

Abbildung 1-35 zeigt die wichtigsten Eingangsgrößen zur Berechnung des Marktwertes des Eigenkapitals einer Investition, so wie sie im Verlauf dieses Kapitels hergeleitet wurden.

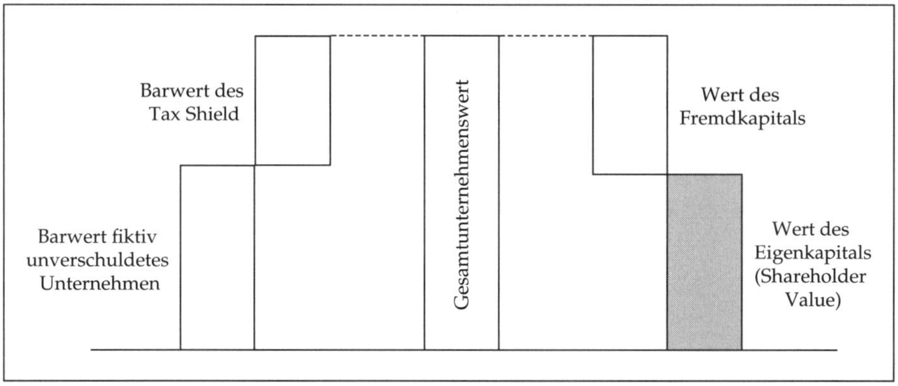

Abbildung 1-34: Ermittlung des Shareholder Value

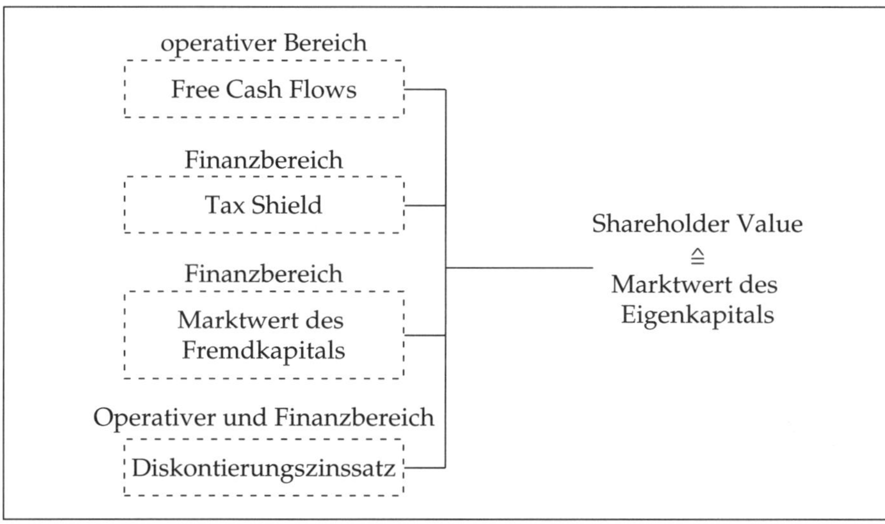

Abbildung 1-35: Werttreiber des Shareholder Value

Die erste wesentliche Stellschraube stellen die Free Cash Flows und der dazugehörige Diskontierungszinssatz dar. In Abschnitt 1.2.2 wurden bei der Bestimmung der Free Cash Flows mit dem operativen Brutto-Cash Flow und den Nettoinvestitionen bereits wichtige Bestandteile dieser Größe genannt. Mit der genauen Herleitung und Zusammensetzung der Kapitalkosten unter Unsicherheit haben wir uns dagegen noch nicht beschäftigt. Sie zu bestimmen und ihre Werttreiber aufzuzeigen wird im Weiteren eine wesentliche Rolle spielen. Wie in der Abbildung angedeutet, wird sich zeigen, dass sowohl der operative Bereich als auch der Finanzbereich gezielt auf die Höhe der Kapitalkosten Einfluss nehmen können.

Darüber hinaus kommt der Höhe der eingesetzten Fremdfinanzierung eine wichtige Bedeutung zu. Während die Berechnung des Tax Shields bereits ausführlich dargestellt wurde, ist die Untersuchung des notwendigen Diskontierungszinssatzes noch nachzuholen. Generell gilt: je höher der Marktwert des Fremdkapitals ist, umso weniger verbleibt bei gegebenem Gesamtunternehmenswert für die Eigentümer.

Ziel der weiteren Kapitel des Buches ist es, die Struktur des Treiberbaumes kontinuierlich zu verfeinern und handhabbare Stellschrauben aufzuzeigen, mit denen ein Unternehmen den Wertbeitrag seiner Investitionen gezielt beeinflussen kann.

2. Entscheidungstheorie unter Unsicherheit

2.1 Darstellung des Entscheidungsproblems unter Unsicherheit

In einer Entscheidungssituation unter Unsicherheit ist es dem Entscheidungsträger nicht möglich, eindeutig die Folgen seines Handelns vorherzusagen.[1] Die mit einer Entscheidung verbundenen Konsequenzen werden erst im Nachhinein, wenn die Auswahlentscheidung bereits getroffen ist, offenbar.

Für den Teilnehmer an einer Sportwette über den Gewinn der deutschen Fußballmeisterschaft ist z.B. zu Beginn der Saison die Mannschaft, die am letzten Spieltag den ersten Tabellenplatz belegen wird, nicht zweifelsfrei zu prognostizieren. Dennoch muss er bei einer solchen Wette seine Entscheidung nicht unter vollkommener Ungewissheit treffen.[2]

Zum einen kann er den Kreis möglicher Meisterschaftsgewinner eindeutig auf diejenigen 18 Teams eingrenzen, die am Anfang der Saison die Zulassung zur ersten Bundesliga erhalten haben. Die Möglichkeit, dass ein den unteren Ligen angehöriger Verein die Meisterschaft für sich entscheidet, ist ausgeschlossen: es handelt sich um ein unmögliches Ereignis. Zum anderen kann der Wettteilnehmer Informationen darüber einholen, welche Mannschaften in den vergangenen Jahren die Meisterschale erobern konnten. Ihm stehen damit historische Daten zur Verfügung, die unter Umständen einen Schluss darüber zulassen, welcher Verein auch in Zukunft die besten Chancen besitzen könnte. Darüber hinaus geben die vom Wettanbieter veröffentlichten Gewinnquoten einen Hinweis darauf, welche Mannschaften in besonderer Weise als Titelanwärter in Frage kommen. Als weitere wichtige Orientierung stehen dem Wettteilnehmer seine persönliche Erfahrung und seine Fußballkenntnisse zur Verfügung.

Auf der Grundlage dieser und weiterer Informationsquellen kann man versuchen, durch schrittweise Verbesserung des Einblicks in die Unsicherheitssituation die Auswahl einer Mannschaft vorzunehmen und die Höhe des Wetteinsatzes festzulegen.

Das Entscheidungsproblem eines Investors, der die Auswahl zwischen einem oder mehreren Investitionsobjekten besitzt, ist mit der Situation des Sportwetters in vielerlei Hinsicht vergleichbar.[3] Die mit einer Investition verbundenen Free Cash Flows und damit ihr Beitrag zum Unternehmenswert lassen sich erst nach

---

1 Streng genommen müsste in diesem Kapitel durchweg von Entscheidungen unter Risiko gesprochen werden. Im Weiteren soll jedoch nicht zwischen den Begriffen Risiko und Unsicherheit differenziert werden (vgl. Abschnitt 1.4.1).

2 Zum Begriff der Ungewissheit siehe Abschnitt 1.4.1.

3 Im Gegensatz zum Teilnehmer an einer Sportwette, der nach Abgabe der Wette keinen Einfluss auf den Verlauf der Saison hat, besitzt der Investor auch nach der Durchführung

Ablauf der Nutzungsdauer exakt ermitteln. Zuvor handelt es sich um unsichere Größen, deren genaue Realisation dem Investor nicht bekannt ist.

Um das mit einer Investition verbundene Risiko genauer eingrenzen zu können, zieht ein Investor genau wie der Teilnehmer an einer Sportwette zusätzliche Informationen heran. Sie sollen ihm Aufschluss darüber geben, welche Konsequenzen mit der Investitionsentscheidung verbunden sein könnten. Mit anderen Worten nimmt der Investor eine Strukturierung seines Entscheidungsproblems vor. Diese Strukturierung umfasst bei Entscheidungsproblemen unter Unsicherheit die nachfolgenden vier Schritte:

1. Auswahl einer Ergebnisgröße, anhand derer die Konsequenzen einer Entscheidung beurteilt werden sollen.
2. Bestimmung der möglichen zukünftigen Umweltzustände einschließlich ihrer Eintrittswahrscheinlichkeiten.
3. Aufzeigen sämtlicher zur Verfügung stehenden Handlungsmöglichkeiten.
4. Zuordnung eines Ergebnisses zu jeder Kombination aus Umweltzustand und Handlungsmöglichkeit.

Zuerst muss der Investor eine geeignete, mit der Investitionsentscheidung verbundene Ergebnisgröße auswählen. Hier bietet sich der Free Cash Flow als monetäre Maßgröße für die mit einer Investition verbundenen Konsequenzen an.

Unter Sicherheit sind die zukünftigen freien Zahlungsströme für jede Periode der Nutzungsdauer bereits im Voraus bekannt. In einer Risikosituation hängen sie hingegen von der Entwicklung bewertungsrelevanter Umweltfaktoren ab. Wie in Abschnitt 1.4.1 bereits dargestellt, bezeichnet man einander ausschließende Konstellationen bewertungsrelevanter Parameter als Umweltzustände. Wir unterstellen, dass der Investor in der Lage ist, alle in Zukunft möglichen Umweltzustände bzw. Szenarien Z_s vollständig und überschneidungsfrei aufzuzählen (der Index $s = 1,\ldots, S$ bezeichnet die Anzahl der möglichen Zustände). Dies bedeutet, dass er sämtliche denkbaren und für die Bewertung der Investition relevanten Zukunftslagen fehlerfrei prognostizieren kann.

Darüber hinaus muss der Investor jedem Umweltzustand eine positive Eintrittswahrscheinlichkeit p_s zuordnen können. Unsicherheit besteht im Bewertungszeitpunkt daher nur über die Frage, welcher Zustand tatsächlich später eintreten wird. Aus der Tatsache, dass der Investor sämtliche relevanten Umweltzustände erfasst, ergibt sich eine wichtige Konsequenz. Die Summe der Eintrittswahrscheinlichkeiten über alle Szenarien beträgt immer Eins. Ex post muss einer der prognostizierten Zustände eingetreten sein.

Zusätzlich muss der Investor die Wahl zwischen verschiedenen Handlungsmöglichkeiten A_a besitzen, wobei der Index $a = 1,\ldots, A$ die einzelnen Alternativen kennzeichnet. Eine Handlungsmöglichkeit besteht im Ergreifen einer ganz bestimmten Aktion bzw. einer Auswahlhandlung. Wie die Umweltzustände schließen sich die einzelnen Aktionen gegenseitig aus. Die Auswahl einer Alternative bedeutet daher gleichzeitig, dass alle übrigen Maßnahmen nicht weiter

der Investition gewisse Handlungsspielräume in Bezug auf den Verlauf des Investitionsprojektes. Dies sei im Folgenden aber vernachlässigt.

Umweltzustand / Handlungsmöglichkeit / p_s	Z_1 p_1	Z_2 p_2	Z_3 p_3	... ...	Z_s p_s
A_1	$V_{1,1}$	$V_{1,2}$	$V_{1,3}$	...	$V_{1,S}$
A_2	$V_{2,1}$	$V_{2,2}$	$V_{2,3}$	...	$V_{2,S}$
⋮	⋮	⋮	⋮		⋮
A_A	$V_{A,1}$	$V_{A,2}$	$V_{A,3}$	...	$V_{a,S}$

Abbildung 2-1: Ergebnismatrix

betrachtet werden. Es sei unterstellt, dass auch die Handlungsmöglichkeiten vollständig und überschneidungsfrei aufgezählt werden können.

Als letzten Schritt muss der Investor jeder Kombination aus Handlungsalternative und Umweltzustand eine Ergebnisgröße zuordnen können. Das Ergebnis $V_{a,s}$ beschreibt damit die monetären Konsequenzen der Aktion A_a bei Eintritt des Umweltzustandes Z_s.

Grafisch werden Entscheidungsprobleme unter Unsicherheit häufig in Form einer Ergebnismatrix dargestellt. Sie ordnet jeder Kombination aus Umweltzustand und Handlungsmöglichkeit genau ein Ergebnis zu (vgl. Abbildung 2-1).

Für die nachfolgend zu untersuchenden Entscheidungsprobleme wird unterstellt, dass der Entscheider bereits eine solche Matrix aufgestellt hat. Dabei beschäftigen wir uns zunächst nicht mit der Frage, wie die zur vollständigen Beschreibung des Entscheidungsproblems benötigten Daten gewonnen wurden. Es wird aber bereits an dieser Stelle deutlich, dass die Anforderungen an die Verfügbarkeit von Informationen und die Fähigkeiten, die dem Entscheider abverlangt werden, um diese Informationen zu verarbeiten und in eine Entscheidungsmatrix umzuformen, sehr hoch sind.

Beispielhaft sei hierzu das einfache Entscheidungsproblem in Abbildung 2-2 betrachtet. Abbildung 2-2 gibt für vier sich gegenseitig ausschließende Investitionsobjekte (= Handlungsmöglichkeiten) und vier Umweltzustände die jeweils erwarteten Free Cash Flows wieder. Sämtliche Investitionen besitzen eine Nutzungsdauer von einem Jahr und erfordern eine Anschaffungsauszahlung von 130 EUR. Die Free Cash Flows fließen dem Investor am Ende der Nutzungsdauer zu. Für welche Alternative sollte er sich entscheiden?

Um sich für eine der vier Investitionen entscheiden zu können, muss neben den in der Matrix zusammengefassten Handlungsmöglichkeiten, Umweltzuständen und Ergebnissen, die das Entscheidungsfeld des Investors bilden, noch ein weiteres Element bekannt sein: seine Zielfunktion.[4]

An oberster Stelle des im vorhergehenden Abschnitt entwickelten Zielsystems steht der Shareholder Value auf Gesamtunternehmensebene bzw. der Kapital-

4 Vgl. Laux (2003), S. 20.

Umweltzustand / Handlungsmöglichkeit / p_s	1 0,2	2 0,15	3 0,3	4 0,35
Investition 1	90	190	185	170
Investition 2	140	165	135	180
Investition 3	145	140	95	140
Investition 4	150	130	110	150

Abbildung 2-2: Beispiel für ein Entscheidungsproblem

wert auf Ebene der Einzelinvestition. Es ist daher in den nächsten Abschnitten zu untersuchen, ob auf Basis der vorliegenden Angaben unter Heranziehung vorgegebener Zielfunktionen der Wertbeitrag der vier Investitionen ermittelt und verglichen werden kann.

2.2 Klassische Entscheidungsregeln

2.2.1 Die Erwartungswert-Regel

Mit den in Abbildung 2-2 dargestellten Investitionsobjekten stehen dem Investor vier Handlungsmöglichkeiten zur Verfügung. Sie stimmen sowohl in der Länge ihrer Nutzungsdauer als auch in der Höhe der notwendigen Anfangsauszahlung überein. Sie sollen darüber hinaus jeweils vollständig eigenfinanziert werden. Das wesentliche Unterscheidungsmerkmal besteht in der Höhe der in den einzelnen Umweltzuständen auftretenden Free Cash Flows. Es sei an dieser Stelle betont, dass es sich bei den Rückflüssen in den jeweiligen Szenarien um sichere Größen und nicht um Erwartungswerte handelt. Das bedeutet, dass bei Wahl der Investitionsalternative 4 und Eintritt des Zustandes 2 mit Sicherheit ein Free Cash Flow von 130 EUR erzielt wird. Unsicherheit besteht für den Investor lediglich insofern, als er im Bewertungszeitpunkt noch nicht vorhersehen kann, welcher der Umweltzustände realisiert werden wird.

Betrachtet man die Investitionen näher, stellt man fest, dass allein durch Heranziehen der Ergebnismatrix noch keine eindeutige Auswahlentscheidung getroffen werden kann. Um dies zu verdeutlichen, sei zunächst vereinfachend angenommen, dass der Investor plane, nicht die Investition mit dem höchsten Kapitalwert zu realisieren, sondern das Objekt mit dem höchsten Free Cash Flow zu erwerben.

In diesem Fall könnte das Augenmerk des Investors zuerst auf Investition 1 fallen. Sie liefert im Umweltzustand 2 mit 190 EUR den höchsten freien Zahlungsüberschuss innerhalb der Matrix. Kann der Investor damit rechnen, dass tatsächlich Umweltzustand 2 eintritt, wäre diese Alternative allen anderen vorzuziehen.

Es ist aber gerade das zweite Szenario, dessen Eintrittswahrscheinlichkeit mit $p_2 = 0{,}15$ am geringsten eingeschätzt wird. Mit 85 %-iger Wahrscheinlichkeit wird ein Free Cash Flow von 190 EUR gerade nicht erreicht.

Konzentriert man sich daher auf Zustand 4, der mit 35 % die höchste Eintrittswahrscheinlichkeit aufweist, könnte die Wahl auf Alternative 2 fallen, die hier mit 180 EUR den größten Free Cash Flow besitzt. Allerdings besteht dieser Vorteil für Investition 2 ausschließlich im vierten Umweltzustand, in allen anderen weist sie nicht den absolut höchsten Rückfluss auf.

Diese Versuche, aus der Entscheidungsmatrix unmittelbar eine Investitionsalternative auszuwählen, machen eines klar: eine Vergleichbarkeit der vier Investitionen allein auf Basis der ihnen zugeordneten Ergebnisse ist ohne weitere Transformation der Daten nicht möglich. Ursache hierfür ist das bestehende Risiko. Jeder Handlungsmöglichkeit ist nicht ein einzelnes Ergebnis zugeordnet, sondern ein ganzes Bündel unterschiedlicher Ergebnisse. Daher ist es notwendig, die jeweiligen Ergebnisbündel weiter zusammenzufassen.

Einen Vergleich verschiedener Aktionen ermöglichen Entscheidungsmodelle mit Hilfe von Präferenzen. Sie erlauben es, aus einer Gesamtheit verschiedener Aktionen diejenige herauszufinden, die der Entscheider gegenüber den anderen als vorziehenswürdig einstuft.[5] Dazu wird eine Präferenzfunktion gebildet, die jedem Ergebnis einen Präferenzwert zuordnet, der dann stellvertretend für die einzelnen Ergebnisausprägungen herangezogen und als Auswahlkriterium verwendet wird.[6] Aufgabe der Entscheidungstheorie ist es in diesem Zusammenhang, dem Entscheidungsträger eine geeignete Präferenzfunktion für das jeweilige Entscheidungsproblem zur Verfügung zu stellen. Wird die Präferenzfunktion um ein Optimierungskriterium ergänzt, gelangt man zur Zielfunktion.[7]

Beispielhaft seien diese Zusammenhänge anhand der Erwartungswert-Regel bzw. μ-Regel veranschaulicht. Diese beurteilt eine Handlungsmöglichkeit einzig und allein am Erwartungswert ihrer Ergebnisse. Die Präferenzfunktion Φ der Erwartungswert-Regel lautet:[8]

$$\Phi(A_a) = \sum_{s=1}^{S} p_s \cdot V_{a,s} \qquad \text{2-1}$$

Im Fall der vier Investitionsalternativen rückt folglich der Erwartungswert in den Fokus des Interesses. Der Investor sollte sich für die Investition entscheiden, die den Erwartungswert der Ergebnisse maximiert. Unter Verwendung dieses Optimierungskriteriums ergibt sich die folgende Zielfunktion:

$$\sum_{s=1}^{S} p_s \cdot V_{a,s} = \max_a! \qquad \text{2-2}$$

---

5 Vgl. Sieben/Schildbach (1994), S. 23.

6 Vgl. Rommelfanger/Eickemeier (2002), S. 20.

7 Vgl. Laux (2003), S. 25.

8 Vgl. Laux (2003), S. 146.

Im konkreten Beispiel wurden die Free Cash Flows als Ergebniswerte gewählt. Setzt man $V_{a,s} = FCF_{a,s}$ lässt sich die Zielfunktion auch schreiben als:

$$\sum_{s=1}^{4} p_s \cdot FCF_{a,s} = \max_a! \quad mit\ a \in [1,..., 4] \tag{2-3}$$

Aus den zur Verfügung stehenden Investitionen ist die Alternative mit dem höchsten Erwartungswert der Ergebnisse zu wählen. Es ergeben sich die nachfolgenden Erwartungswerte, wobei die Indizes die jeweiligen Handlungsmöglichkeiten angeben:

$$E\left(\widetilde{FCF}_1\right) = 90 \cdot 0{,}2 + 190 \cdot 0{,}15 + 185 \cdot 0{,}3 + 170 \cdot 0{,}35 = 161{,}50\ EUR$$

$$E\left(\widetilde{FCF}_2\right) = 156{,}25\ EUR;\ E\left(\widetilde{FCF}_3\right) = 127{,}50\ EUR;\ E\left(\widetilde{FCF}_4\right) = 135{,}00\ EUR$$

Der Investor sollte bei Verwendung der μ-Regel als Entscheidungskriterium Investition 1 auswählen. Für sie nimmt die Zielfunktion mit 161,50 EUR ihr Maximum an.

Um die Eignung der Erwartungswert-Regel für Auswahlentscheidungen unter Risiko näher beurteilen zu können, wollen wir sie zunächst mit dem in Abschnitt 1.4.2 aufgestellten Grundmodell zur Bestimmung von Kapitalwerten unter Unsicherheit vergleichen. Das Modell lautete:

$$E\left(C_0^{EK}\right) = -I_0 + \sum_{t=1}^{n} \frac{E\left(\widetilde{FCF}_t\right)}{\left(1 + r_f + RP\right)^t} \tag{2-4}$$

Da die hier betrachteten Investitionen lediglich eine Nutzungsdauer von einem Jahr besitzen, lässt sich der Ansatz vereinfachen zu:

$$E\left(C_0^{EK}\right) = -I_0 + \frac{E\left(\widetilde{FCF}_1\right)}{1 + r_f + RP} \tag{2-5}$$

Es ist deutlich zu erkennen, dass die Erwartungswert-Regel ein Bestandteil der Kapitalwertformel ist: sie wird im Zähler verwendet, um die Bandbreite der möglichen Ergebnisse zu einem Parameter zusammenzufassen. Darüber hinaus wird der Erwartungswert mit Hilfe eines risikoangepassten Kalkulationszinssatzes auf den Bewertungszeitpunkt diskontiert und zu der Höhe der Anschaffungsauszahlung in Beziehung gesetzt.

Die Erwartungswert-Regel verzichtet sowohl auf die Diskontierung als auch auf den Vergleich mit der Auszahlung I_0. Sie lässt damit wichtige Informationen ungenutzt. Abbildung 2-3 verdeutlicht die unterschiedlichen Herangehensweisen beider Ansätze.

Das Erwartungswert-Konzept bestimmt die Rangfolge der Investitionen einzig auf der Grundlage ihrer erwarteten freien Zahlungsüberschüsse. Die Erwartungswerte beruhen auf den Verteilungen der Free Cash Flows am Ende der Nutzungsdauer der Investitionen (t = 1). Sie gelten daher ebenfalls für diesen

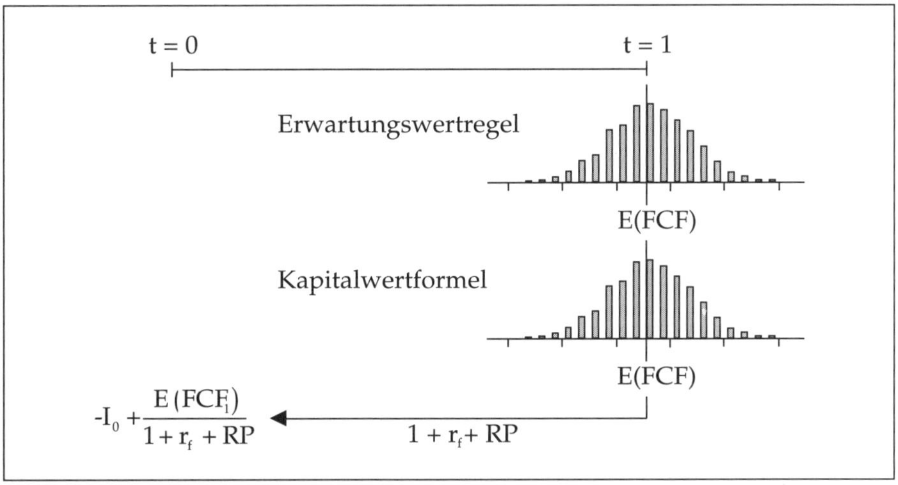

Abbildung 2-3: Vergleich von Erwartungswertregel und Kapitalwertformel

Zeitpunkt. Um einen Vergleich mit der Anschaffungsauszahlung, die in t = 0 zu leisten ist, vornehmen zu können, zieht die Kapitalwertformel zur Berücksichtigung des Zeitwertes des Geldes den risikolosen Zinssatz heran. Bei der Erwartungswert-Regel ist ein solcher Vergleich nicht vorgesehen, die Diskontierung entfällt.

Darüber hinaus lässt das Erwartungswert-Konzept den mit der Verdichtung der Ergebnisse verbundenen Informationsverlust unbeachtet. Wie am Ende des vorhergehenden Kapitels ausführlich erläutert wurde, unterstellt die Verwendung erwarteter Free Cash Flows einen risikoneutralen Investor. Er lässt die Gefahr, dass am Ende der Nutzungsdauer auch Realisationen der freien Zahlungsüberschüsse auftreten können, die kleiner sind als der Erwartungswert der Verteilung, außer acht.

Besonders deutlich wird dies, wenn man zusätzlich zum erwarteten freien Zahlungsüberschuss als einfaches Risikomaß die Spannweite der Ergebnisse hinzunimmt. Investition 1 besitzt von allen zur Verfügung stehenden Alternativen mit 190 EUR – 90 EUR = 100 EUR die mit Abstand größte Differenz zwischen maximalem und minimalem Ergebniswert (Investition 2: 45 EUR, Investition 3: 50 EUR, Investition 4: 40 EUR). Für die Erwartungswert-Regel ist dies unerheblich. Durch die Fokussierung auf den mittleren Free Cash Flow bleibt diese Information unbeachtet.

Das Kapitalwertmodell gleicht den mit der Erwartungswertbildung entstandenen Informationsverlust durch Erweiterung des Nenners um eine Risikoprämie aus. Im Barwert der Investitionsrückflüsse ist daher sowohl der Zeitwert des Geldes als auch das mit der Investition verbundene Risiko berücksichtigt. Die stark unterschiedliche Streuung der Ergebniswerte der Investitionen legt dabei nahe, dass die Risikoprämien für die Handlungsalternativen 1 bis 4 nicht identisch sind. Somit kann die Kapitalwertformel nicht nur allein die Tatsache der Unsicherheit der Rückflüsse, sondern auch die unterschiedliche Höhe des

Risikos verarbeiten. Durch Vergleich von Barwert und Anschaffungsauszahlung lässt sich unmittelbar die Vorteilhaftigkeit einer Investition und damit ihr geplanter Wertbeitrag ersehen. Eine derart differenzierte Betrachtung liefert die μ-Regel nicht.

Abschließend lässt sich festhalten, dass sich die Erwartungswert-Regel zwar durch eine besonders einfache Handhabung auszeichnet, sie dafür aber keinen Hinweis darauf liefert, wie hoch der mit einer Investition verbundene Wertbeitrag ist. Insbesondere bleibt die Frage unbeantwortet, ob die für die Zukunft geschätzten Free Cash Flows in einem angemessenen Verhältnis zur Anschaffungsauszahlung stehen. Gerade dieser Aspekt ist aber vor dem Hintergrund, dass der Investor seine Konsummöglichkeiten mit der Wahrnehmung einer Investitionsalternative verbessern und nicht verschlechtern möchte, von herausragender Bedeutung. Durch die alleinige Fokussierung auf die mittlere Höhe der freien Zahlungsüberschüsse ohne Berücksichtigung von Zeit- und Risikoeffekten ist die μ-Regel nicht in der Lage, Entscheidungen unter Unsicherheit adäquat zu fällen. Dies führt zu einer Ablehnung dieser Entscheidungsregel.

2.2.2 Das Erwartungswert-Standardabweichungs-Prinzip

Um neben dem erwarteten Ergebnis einer Aktion unter Unsicherheit auch die Schwankungsbreite einer Zielgröße mit in die Überlegungen einzubeziehen, bietet sich die Verwendung der Varianz bzw. der Standardabweichung an. Man gelangt dann zum Erwartungswert-Standardabweichungs-Prinzip oder kurz zum μ-σ-Prinzip.

Kennzeichnet μ_a den mit einer Handlungsmöglichkeit A_a verbundenen Erwartungswert der Ergebnisse, lassen sich Varianz und Standardabweichung auf folgende Weise bestimmen:

$$Var\left(\tilde{V}_a\right) = \sigma_a^2 = \sum_{s=1}^{S} p_s \cdot \left(V_{a,s} - \mu_a\right)^2; \quad \sigma_a = \sqrt{\sigma_a^2} \qquad 2\text{-}6$$

Die Varianz ist als mittlere quadratische Abweichung der Realisationen einer Zufallsvariable um ihren Erwartungswert zu interpretieren. Handelt es sich wie im Fall der vier Investitionsmöglichkeiten in Abbildung 2-2 bei dieser Zufallsvariable um zukünftige Geldbeträge, trägt sie die Einheit EUR zum Quadrat. Aufgrund der schwierigen Interpretierbarkeit geht man daher in der Regel auf die Standardabweichung als Maßgröße für die Schwankungsbreite über.

Für die Investitionsobjekte ergeben sich auf der Grundlage obiger Berechnungsformel die nachstehenden Standardabweichungen:

$$\sigma\left(\widetilde{FCF}_1\right) = \Big[\left(90-161{,}50\right)^2 \cdot 0{,}2 + \left(190-161{,}50\right)^2 \cdot 0{,}15 + \left(185-161{,}50\right)^2 \cdot 0{,}3 + \left(170-161{,}50\right)^2 \cdot 0{,}35\Big]^{0{,}5} = 36{,}54$$

$$\sigma\left(\widetilde{FCF}_2\right) = 19{,}93; \; \sigma\left(\widetilde{FCF}_3\right) = 21{,}36; \; \sigma\left(\widetilde{FCF}_4\right) = 17{,}75$$

Im Erwartungswert-Standardabweichungs-Prinzip werden diese Angaben zusätzlich zum erwarteten Ergebnisbeitrag einer Aktion herangezogen, so dass sich für die Präferenzfunktion Φ ergibt:

$$\Phi\left(\tilde{V}_a\right) = \Phi\left(\mu_a, \sigma_a\right) \qquad \text{2-7}$$

Im Gegensatz zur Erwartungswert-Regel basiert das μ-σ-Prinzip damit auf zwei Eingangsparametern. Der Entscheidungsträger muss, um eine Auswahl zwischen verschiedenen Alternativen treffen zu können, beide Größen in sein Kalkül mit einbeziehen. Wie er zwischen Erwartungswert und Standardabweichung abwägt, ist insbesondere von seiner Risikoeinstellung abhängig. Die Präferenzfunktion kann daher für eine Auswahlentscheidung nur herangezogen werden, wenn die Funktion Φ(μ, σ) in ihrem Verlauf genauer spezifiziert wird. Daher handelt es sich beim μ-σ-Ansatz auch nicht um eine Entscheidungsregel, sondern um ein Entscheidungsprinzip. Erst wenn eine genaue Festlegung des funktionalen Zusammenhangs zwischen Erwartungswert und Standardabweichung vorgenommen wurde, entsteht eine Entscheidungsregel.[9]

Abbildung 2-4 macht die Notwendigkeit einer exakten Bestimmung der Funktion Φ deutlich. Sie zeigt für die vier Investitionsobjekte jeweils deren Ausprägung von Erwartungswert und Standardabweichung in einem Diagramm. Investition 1 weist mit 161,50 EUR den höchsten erwarteten Free Cash Flow auf, besitzt aber zugleich mit 36,54 EUR die größte Standardabweichung. Bei Investition 2 beträgt der erwartete Rückfluss 156,25 EUR. Er ist damit nur unwesentlich geringer als bei Alternative 1. Mit 19,93 EUR ist die Standardabweichung jedoch nur etwa halb so groß. Investition 4 weist die geringste Standardabweichung auf (17,75 EUR), gleichzeitig besitzt sie allerdings einen deutlich geringeren Er-

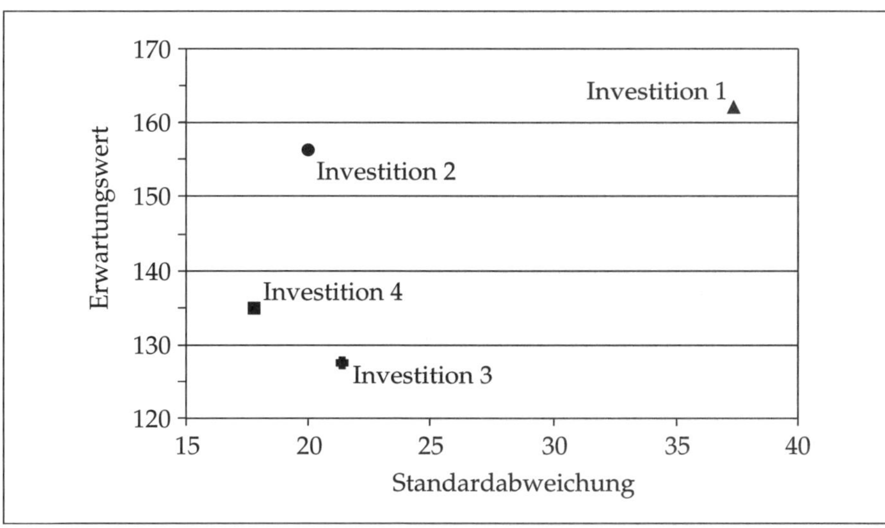

Abbildung 2-4: Investitionsvergleich im μ-σ-Diagramm

[9] Vgl. Laux (2003), S. 156.

wartungswert der Free Cash Flows (135 EUR). Investition 3 hat mit 127,50 EUR den geringsten Erwartungswert der Free Cash Flows, aber mit 21,36 EUR eine höhere Standardabweichung als die Investitionen 2 und 4.

Wie ein Entscheidungsträger zwischen Erwartungswert und Standardabweichung abwägt, ergibt sich aus seiner Risikoneigung. Ein risikoscheuer Investor zieht von zwei Handlungsmöglichkeiten mit identischem Erwartungswert diejenige mit der geringeren Streuung der Ergebnisse vor. Die Präferenzfunktion ließe sich in diesem Fall z.B. schreiben als:

$$\mu_a + \alpha \cdot \sigma_a = \max_a! \quad mit\ \alpha < 0$$

Bei Risikofreude empfindet ein Entscheider eine zunehmende Streuung der Ergebnisse als vorteilhaft. Für einen gegebenen Erwartungswert zweier Alternativen wählt er die Variante mit der höheren Standardabweichung. Eine konkrete Beziehung zwischen μ und σ könnte z.B. mit

$$\mu_a + \alpha \cdot \sigma_a = \max_a! \quad mit\ \alpha > 0$$

gegeben sein.

Bei Risikoneutralität spielt die Höhe der Standardabweichung für die Entscheidung keine Rolle. Das μ-σ-Prinzip reduziert sich zur Erwartungswert-Regel:

$$\begin{aligned} &\mu_a + \alpha \cdot \sigma_a = \max_a! \quad mit\ \alpha = 0 \\ &\Rightarrow \mu_a = \max_a! \end{aligned} \qquad 2\text{-}8$$

Der risikoneutrale Entscheidungsträger wählt damit die Alternative mit dem höchsten Erwartungswert der Ergebnisse.

Betrachtet man das Verhalten des risikoaversen Entscheiders genauer, lässt sich seine Abwägung zwischen μ und σ folgendermaßen interpretieren.[10] Die erwarteten Free Cash Flows stellen eine erste Abschätzung für den zukünftigen Mittelzufluss aus einer Investition dar. Dieser Wert wird allerdings allenfalls per Zufall erreicht werden. Tatsächlich wird das Ergebnis mehr oder weniger stark hiervon abweichen. Die Standardabweichung ermöglicht eine quantitative Aussage über dieses „Mehr oder Weniger".

Durch Verwendung der Ungleichung von Tschebyscheff lässt sich die Gefahr möglicher Abweichungen vom Mittelwert darüber hinaus auch mit einer Wahrscheinlichkeit belegen. Sei X eine beliebig verteilte Zufallsvariable mit Erwartungswert μ und Standardabweichung σ, dann ergibt sich die Wahrscheinlichkeit dafür, dass sie eine Realisation annimmt, die in einen Intervall von $(\mu - k \cdot \sigma, \mu + k \cdot \sigma)$ liegt, zu:[11]

$$P(|X - \mu| < k \cdot \sigma) \geq 1 - \frac{1}{k^2} \qquad 2\text{-}9$$

---

[10] Vgl. Schmidt/Terberger (1999), S. 284.

[11] Vgl. Bosch (1998), S. 145 f.

Möchte ein Investor z.B. wissen, wie groß die Wahrscheinlichkeit dafür ist, dass der Free Cash Flow der Investition 1 in einem Jahr in einem Bereich von $\pm 2 \cdot \sigma_1 = \pm 2 \cdot 36{,}54 = \pm 73{,}08$ EUR um den Mittelwert liegt, folgt:

$$P\left(\left|FCF_1 - 161{,}50\right| < 2 \cdot 36{,}54\right) \geq 1 - \frac{1}{2^2}$$

$$P\left(\left|FCF_1 - 161{,}50\right| < 73{,}08\right) \geq 0{,}75$$

Mit einer Wahrscheinlichkeit von 75% wird der Free Cash Flow zwischen 161,50 EUR – 73,08 EUR = 88,42 EUR und 161,50 EUR + 73,08 EUR = 234,58 EUR liegen. Mit zunehmender Standardabweichung verschieben sich die Grenzen des Intervalls weiter auseinander. Ein risikoscheuer Investor beurteilt dies als negativ.

Die unterschiedlichen Einstellungen zum Risiko können in einem μ-σ-Diagramm mit Hilfe von Indifferenzkurven verdeutlicht werden. Eine Indifferenzkurve verkörpert den geometrischen Ort aller Kombinationen von Erwartungswert und Standardabweichung, die ein Entscheidungsträger als gleichwertig einstuft (vgl. Abbildung 2-5).

Bei Risikoaversion verlangt ein Investor für jede zusätzliche Einheit σ einen immer größeren Zuwachs am erwarteten Ergebnis μ: die Indifferenzkurven

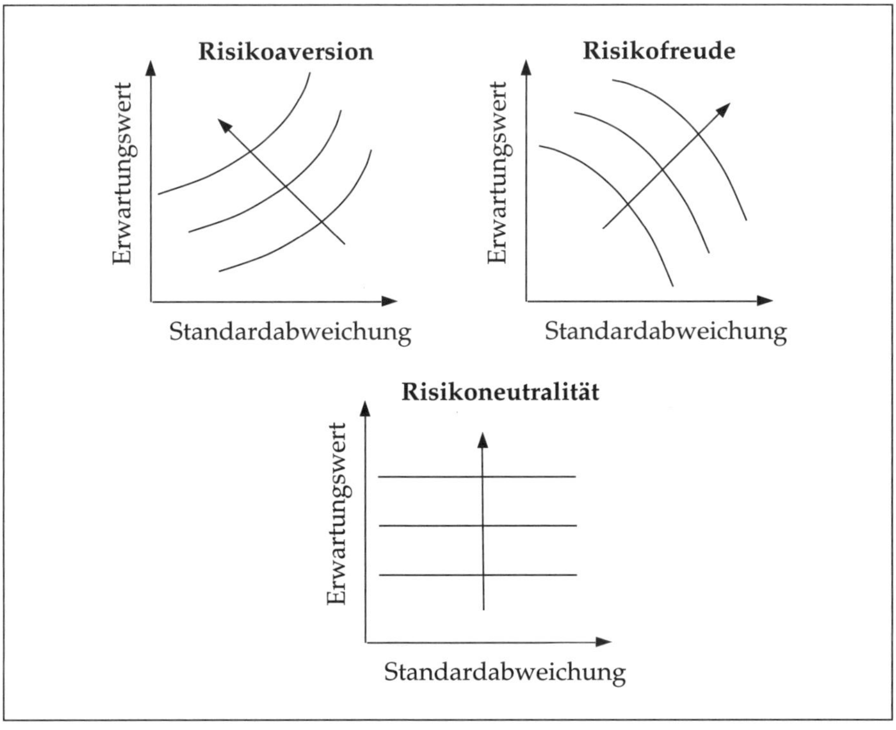

Abbildung 2-5: Indifferenzkurven für alternative Risikoeinstellungen

besitzen eine positive Steigung. Für den risikofreudigen Investor stellt die Standardabweichung eine positive Einflussgröße dar. Ein Rückgang muss durch einen Anstieg des Erwartungswertes kompensiert werden et vice versa. Der risikoneutrale Entscheider lässt die Standardabweichung unberücksichtigt. Die Pfeilrichtungen geben jeweils die Bereiche zunehmender Präferenz wieder.

Durch die Ermittlung der Indifferenzkurven für eine vorgegebene Präferenzfunktion lässt sich eine Rangfolge der zur Verfügung stehenden Investitionsobjekte erstellen. Wir werden auf die Berechnungsweise von Indifferenzkurven und die damit verbundene Auswahl ausführlich im nächsten Abschnitt eingehen.

Zunächst soll hingegen wie bei der Erwartungswert-Regel die Eignung des μ-σ-Prinzips vor dem Hintergrund geprüft werden, dass ein Investor das Ziel verfolgt, unter Risiko das Investitionsobjekt mit dem höchsten Wertbeitrag auszuwählen. Dazu sei Abbildung 2-6 betrachtet. Es wird unterstellt, dass ein risikoaverser Investor auf der Grundlage einer Präferenzfunktion der Form $\mu_a + \alpha \cdot \sigma_a$ (mit $\alpha < 0$) die in der Abbildung ersichtliche Reihenfolge der vier Investitionen ermittelt habe.

Genau wie bei der Erwartungswert-Regel ist auch das μ-σ-Prinzip in der Lage, eine Präferenzreihenfolge der Handlungsalternativen zu liefern. Dabei wird die Risikoneigung des Investors explizit mit in die Betrachtung aufgenommen. Insofern ist das Prinzip deutlich besser als die Erwartungswert-Regel in der Lage, die Gefahr von Ergebnisschwankungen abzubilden. Durch entsprechende Wahl der Präferenzfunktion können dabei sogar unterschiedliche Risikoneigungen erfasst werden.

Allerdings kann auch das μ-σ-Prinzip keine Aussage über den fairen Preis eines Investitionsobjektes im Bewertungszeitpunkt treffen. Wie bei der μ-Regel wird die Anschaffungsauszahlung nicht in die Betrachtung einbezogen. Für die im Zeitpunkt t = 1 gültige Rangfolge der Investitionsalternativen wird kein Bezug zum Bewertungszeitpunkt t = 0 hergestellt. Praktisch dürften darüber hinaus erhebliche Probleme bei der Ermittlung einer investorspezifischen Präferenzfunktion bestehen. Die Entscheidungsregel beinhaltet damit ein sogenanntes Meta-Entscheidungsproblem. Bevor die eigentliche Auswahl einer Handlungs-

	Rang	Erwartungswert	Varianz	Standardabweichung
Investition 2	1	156,25	397,19	19,93
Investition 1	2	161,50	1 335, 25	36,54
Investition 4	3	135,00	315,00	17,75
Investition 3	4	127,50	456,25	21,36

Abbildung 2-6: Investitionsvergleich auf Basis des μ-σ-Prinzips

möglichkeit vorgenommen werden kann, ist es erforderlich, den Verlauf von $\Phi(\mu, \sigma)$ und damit die Form der Indifferenzkurve herauszuarbeiten.

Weiterhin unterstellt das μ-σ-Prinzip einen zweiseitigen Risikobegriff. Sämtliche Abweichungen der Free Cash Flows vom Erwartungswert werden in diesem Risikomaß erfasst. Eine besondere Gefahr für den Entscheider stellen allerdings nur die negativen Abweichungen dar. Positive Differenzen sind als Chance zu betrachten.

Ein weiteres erhebliches Problem des Erwartungswert-Standardabweichungs-Modells ergibt sich aus der Frage, ob die Parameter μ und σ tatsächlich ausreichen, um das mit einer Investition verbundene Risiko korrekt zu erfassen.

Zur Verdeutlichung zeigt Abbildung 2-7 ein Histogramm der historischen Tagesrenditen des USD-Preises des Nordseeöls der Sorte Brent im Zeitraum 10/1987 bis 10/2007. Die Renditen weisen einen Mittelwert von 0,0304 % und eine Standardabweichung von 2,3227 % auf. Zum Vergleich wurde der Verlauf einer Normalverteilung mit identischen Parametern über das Histogramm gelegt.

Die Normalverteilung ist dadurch charakterisiert, dass sie sich gerade durch die Parameter Mittelwert und Standardabweichung vollständig beschreiben lässt. Das Heranziehen dieser beiden Größen im μ-σ-Prinzip könnte daher so interpretiert werden, dass die zu Grunde liegende Ergebnisvariable normalverteilt ist. Wie aus Abbildung 2-7 und den in Vergrößerung in Abbildung 2-8 hervorgehobenen Rändern der Verteilung aber deutlich wird, ist die Normalverteilung nur bedingt geeignet, die empirische Verteilung der Ölpreisrendite zu beschreiben.

Die tatsächliche Verteilung weist im Vergleich zur Normalverteilung eine viel höhere Wahrscheinlichkeit für Realisationen um den Mittelwert und für Realisationen in den Rändern auf. In den Flanken hingegen besitzt sie weniger Mas-

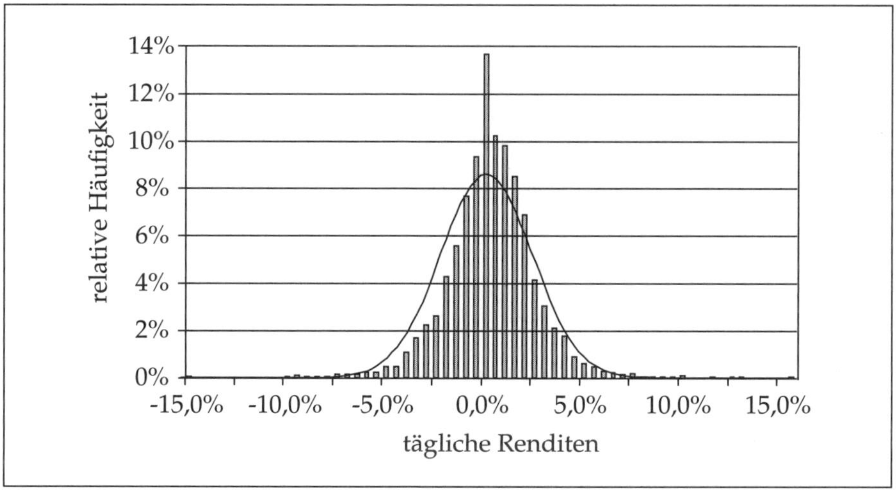

Abbildung 2-7: Histogramm der Tagesrenditen des USD-Preises des Nordseeöls der Sorte Brent von 10/1987–10/2007

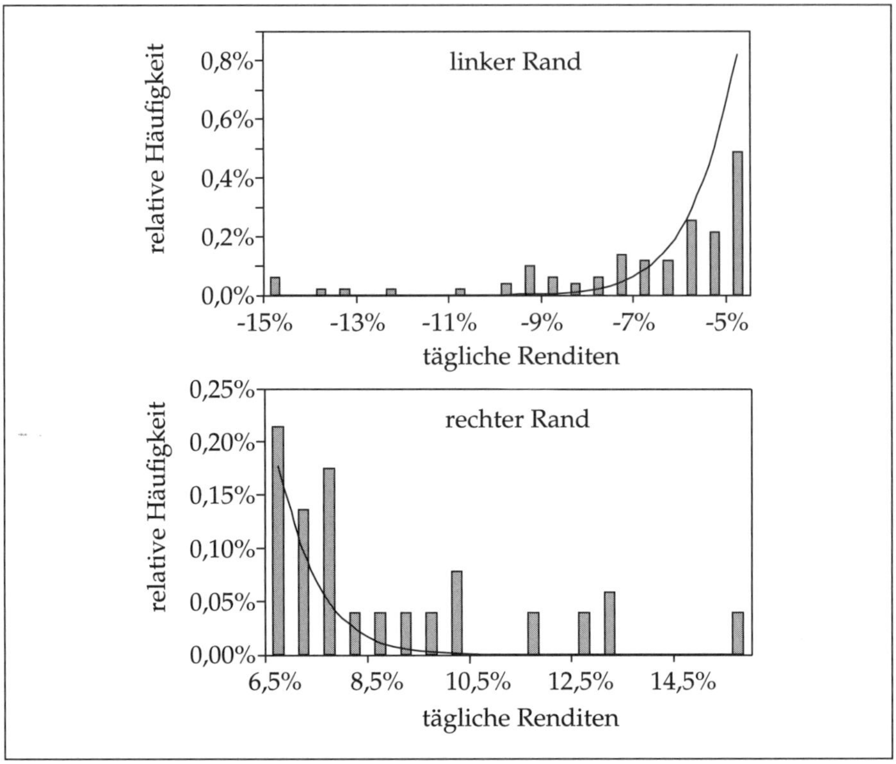

Abbildung 2-8: Ränder der empirischen Verteilung der Ölpreisrenditen im Vergleich zur Normalverteilung

se als die Normalverteilung. Man bezeichnet solche Verteilungen als lepturkotisch.[12]

Gerade für Risikobetrachtungen erweist sich diese Eigenschaft als erheblicher Nachteil. Schätzt z.B. ein Ölkäufer das Risiko zukünftiger Preisanstiege allein auf Basis von μ und σ, unterschätzt er deutlich die Gefahr kurzfristiger, starker Preiserhöhungen, wie sie durch die Vergrößerung des rechten Randes in Abbildung 2-8 zum Ausdruck kommt.

2.3 Das Bernoulli-Prinzip

2.3.1 Grundlagen

Mit der Erwartungswert-Regel und dem Erwartungswert-Standardabweichungs-Prinzip wurden in den vorhergehenden Abschnitten zwei Entscheidungsregeln vorgestellt, mit deren Hilfe verschiedene Investitionsalternativen zwar in eine

[12] Die Normalverteilung weist eine Kurtosis von 3 auf. Die betrachteten Ölpreisrenditen besitzen eine Kurtosis von 17. Verteilungen, deren Kurtosis größer als die der Normalverteilung ist, werden als lepturkotisch, andernfalls als platykurtisch bezeichnet.

Rangfolge gebracht werden können, die aber nicht in der Lage sind, eine Aussage über den Wertbeitrag einer Handlungsmöglichkeit zu liefern. Wesentliche Ursache für die begrenzte Aussagefähigkeit der Entscheidungsregeln ist, dass sie keinen Bezug hergestellen zwischen der Höhe der Anschaffungsauszahlung und den zukünftigen Rückflüssen der Investitionsobjekte. Tatsächlich bleibt die Anschaffungsauszahlung in den beiden Kalkülen unbeachtet. Die Frage, ob sie im Vergleich zur Höhe der zukünftigen Free Cash Flows angemessen ist oder nicht, wird ausgeblendet.

Mit dem Bernoulli-Prinzip wird im Folgenden ein Verfahren vorgestellt, das die Schwachpunkte der μ-Regel und des μ-σ-Prinzips zu beseitigen versucht. Es stellt das erste Modell dar, mit dessen Hilfe wir den Wertbeitrag einer Investition unter Unsicherheit explizit erfassen können. Das Bernoulli-Prinzip arbeitet in folgenden Schritten:[13]

1. Jedem Ergebnis $V_{a,s}$, das sich bei Wahl der Aktion A_a und Eintritt des Umweltzustandes Z_s einstellt, wird mittels einer Nutzenfunktion (sog. Risikonutzenfunktion) ein zustandsabhängiger Nutzenwert $U(V_{a,s})$ zugeordnet.
2. Durch Heranziehen der Eintrittswahrscheinlichkeiten p_s der einzelnen Umweltzustände wird der Erwartungswert der Nutzenwerte $E[U(V_a)]$ (sog. Erwartungsnutzen) einer jeden Aktion ermittelt.
3. Es ist diejenige Handlungsalternative auszuwählen, die zum höchsten Erwartungswert der Nutzenwerte führt.

In formaler Darstellung gilt für die Präferenzfunktion des Bernoulli-Prinzips:[14]

$$\Phi\left(A_a\right) = \sum_{s=1}^{S} p_s \cdot U\left(V_{a,s}\right) \qquad \text{2-10}$$

Die Zielfunktion ergibt sich als:

$$E\left[U\left(\tilde{V}_a\right)\right] = \sum_{s=1}^{S} p_s \cdot U\left(V_{a,s}\right) \rightarrow \max_a! \qquad \text{2-11}$$

Ausgangspunkt unserer Überlegungen bildet erneut die in Abbildung 2-1 aufgestellte Ergebnismatrix der vier Investitionen. Sie muss zunächst in eine Nutzenmatrix umgeformt werden, indem für die einzelnen Ergebniswerte mit Hilfe einer Risikonutzenfunktion die entsprechenden Nutzenwerte bestimmt werden.

Um diese Umformung durchführen zu können, ist folglich in einem ersten Schritt die Nutzenfunktion U zu bestimmen. Wie bereits bei den Präferenzfunktionen für das μ-σ-Prinzip gezeigt wurde, hängt auch beim Bernoulli-Prinzip der Verlauf der Nutzenfunktion von der individuellen Risikoneigung des Investors ab. Eine allgemeingültige Funktion existiert daher nicht. Vielmehr muss jeder Investor sie in Abhängigkeit von seiner persönlichen Einstellung zum Risiko

[13] Vgl. Kruschwitz (2007a), S. 329.
[14] Vgl. Laux (2003), S. 165.

festlegen.[15] Aus Gründen der Vereinfachung betrachten wir die Risikonutzenfunktion in den weiteren Beispielen als gegeben.

Trotz der Individualität der Funktionen lassen sie sich in Abhängigkeit davon, ob der Investor risikoscheu, -freudig oder -neutral ist, in drei Klassen einteilen. Bei Vorliegen nur einer Zielgröße (im Fall der Investitionen handelt es sich um den Free Cash Flow am Ende der Nutzungsdauer) drückt ein konkaver Verlauf ein risikoscheues Verhalten des Investors aus (vgl. Abbildung 2-9). Diese aus der Mikroökonomie bekannte Form zeichnet sich durch die Annahme der Nichtsättigung ($dU : dV > 0$) und einen abnehmenden Grenznutzen ($d^2U : dV^2 < 0$) aus.

Eine konvexe Funktion ist mit risikofreudigem Verhalten in Einklang zu bringen, während ein linearer Verlauf Risikoneutralität repräsentiert. Wir werden uns in den weiteren Ausführungen hauptsächlich auf den Fall der Risikoscheu konzentrieren.

Um dies näher zu untersuchen, verlassen wir vorerst das Beispiel der vier Investitionsmöglichkeiten und betrachten ein einzelnes Investitionsobjekt mit einer Laufzeit von einem Jahr und einer Anschaffungsauszahlung von 70 EUR, das als Investition 5 bezeichnet sei. Je nachdem welcher von zwei möglichen Umweltzuständen am Ende der Nutzungsdauer auftritt, erwirtschaftet die Investition einen Free Cash Flow von 40 EUR (= $V_{5,1}$) oder 160 EUR (= $V_{5,2}$). Beide Ergebnisse

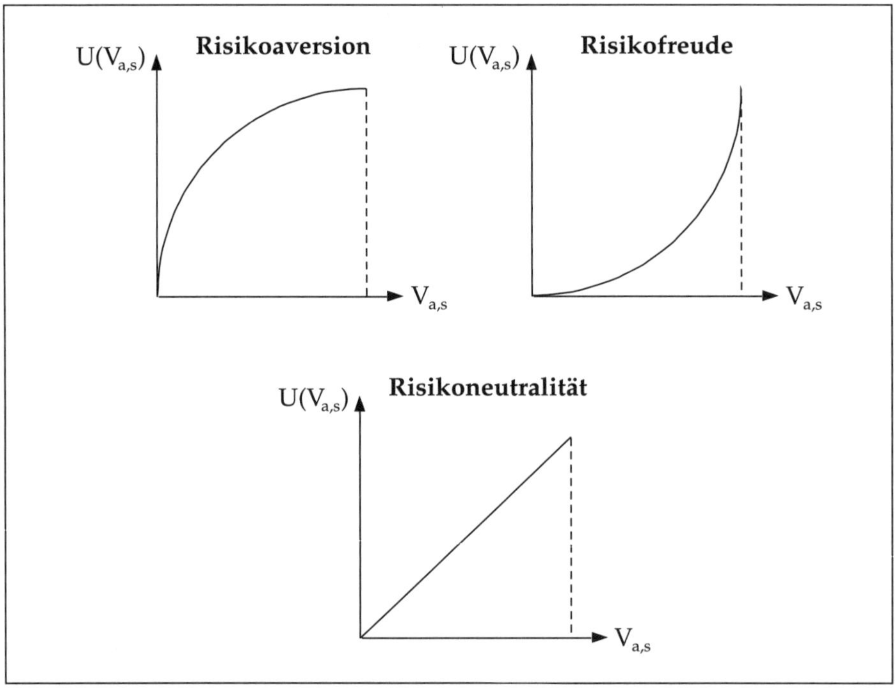

Abbildung 2-9: Risikonutzenfunktionen bei alternativen Risikoeinstellungen

[15] Ansätze zur Ermittlung der Nutzenfunktion wurden von Ramsey (1931) entwickelt.

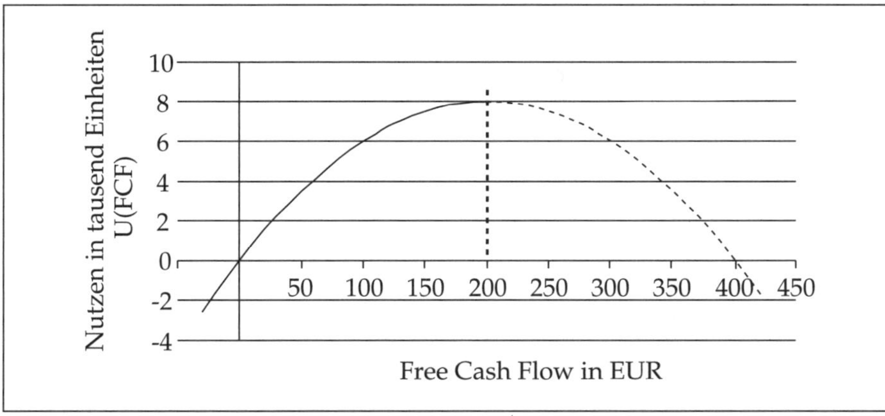

Abbildung 2-10: Risikonutzenfunktion für Investition 5

sind mit $p_1 = p_2 = 0{,}5$ gleich wahrscheinlich. Die Nutzenfunktion des Investors lautet:

$$U\left(V_{a,s}\right) = 80 \cdot V_{a,s} - 0{,}2 \cdot V_{a,s}^2 \text{ mit } V_{a,s} \leq 200 \quad \text{2-12}$$

Abbildung 2-10 gibt den Verlauf der Funktion wieder. Da es sich annahmegemäß um einen risikoaversen Investor handelt, wird ausschließlich der linke Ast der nach unten geöffneten Parabel betrachtet. Ein fallender Funktionsverlauf ist hiermit nicht zu vereinbaren. Die Risikonutzenfunktion hat daher nur für Ergebnisausprägungen bis einschließlich 200 EUR Gültigkeit.

Für die zustandsabhängigen Nutzenwerte $U(V_{a,s})$ der neuen Handlungsalternative folgt:

$$U(40) = 80 \cdot 40 - 0{,}2 \cdot 40^2 = 2\,880$$

$$U(160) = 80 \cdot 160 - 0{,}2 \cdot 160^2 = 7\,680$$

Damit errechnet sich ein Erwartungswert der Nutzenwerte für Investition 5 in Höhe von:[16]

$$E\left[U\left(\tilde{V}_5\right)\right] = \sum_{s=1}^{2} p_s \cdot U\left(V_{5,s}\right) = 0{,}5 \cdot 2\,880 + 0{,}5 \cdot 7\,680 = 5\,280$$

In Abbildung 2-11 wird die Berechnung des Erwartungsnutzens grafisch aufgezeigt. Der Free Cash Flow über 40 EUR im ersten Umweltzustand ist mit einem Nutzenwert von 2880 verbunden (Punkt A), während ein freier Zahlungsüberschuss von 160 EUR, wie er für den verbleibenden Umweltzustand prognostiziert wird, zu einem Nutzenwert von 7680 führt (Punkt B). Die Zusammenfassung beider Größen zum Erwartungswert gelingt, indem man in einem ersten Schritt die Gerade AB zwischen den Punkten A und B in das Schaubild einfügt. In

[16] Anstelle eines Erwartungswertes der Nutzenwerte werden wir im Weiteren auch kurz vom Erwartungsnutzen bzw. Erwartungsnutzenwert sprechen.

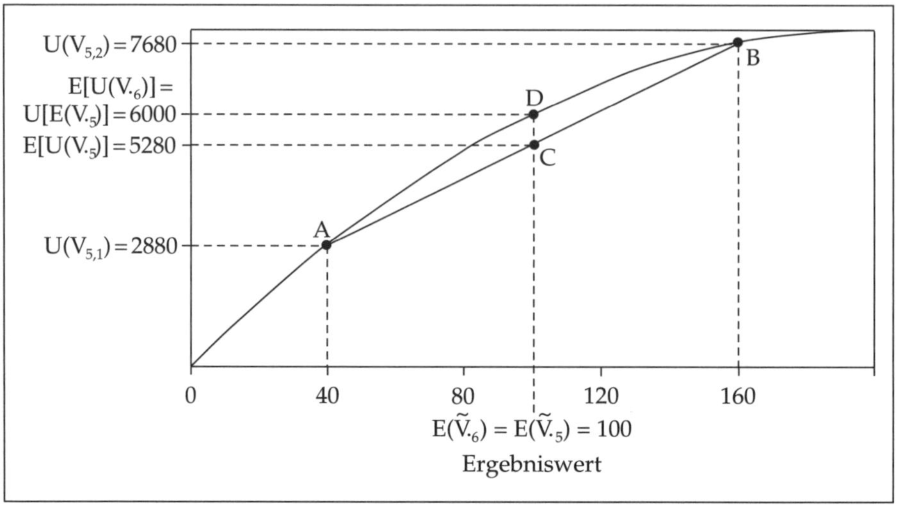

Abbildung 2-11: Grafische Bestimmung des Erwartungsnutzens

einem zweiten Schritt ist dann derjenige Punkt C auf der Gerade zu ermitteln, dessen Abszissenwert genau dem Erwartungswert der Ergebnisse über

$$E\left(\tilde{V}_5\right) = \sum_{s=1}^{2} p_s \cdot V_{5,s} = 0{,}5 \cdot 40 + 0{,}5 \cdot 160 = 100$$

entspricht. Punkt C ordnet der Ergebnisverteilung der Investitionsalternative genau den oben bereits berechneten Erwartungswert der Nutzengrößen von 5280 zu.

Um aufzeigen zu können, wieso gerade der konkave Verlauf der Risikonutzenfunktion mit einem risikoaversen Verhalten eines Investors in Einklang zu bringen ist, sei der Nutzenbeitrag der unsicheren Investitionsalternative 5 mit einer weiteren, sicheren Investitionsmöglichkeit (= Investition 6) verglichen. Deren Ergebnis soll mit dem Erwartungswert der Ergebnisse der unsicheren Handlungsmöglichkeit $E(\tilde{V}_5)$ übereinstimmen und damit im konkreten Fall 100 EUR betragen. Als sichere Alternative führt Investition 6 unabhängig vom eintretenden Umweltzustand zu einem Mittelzufluss von 100 EUR. Aus $V_{6,1}$ = 100 und $V_{6,2}$ = 100 folgt:

$$E\left(\tilde{V}_6\right) = 0{,}5 \cdot 100 + 0{,}5 \cdot 100 = 100 \text{ und}$$

$$U\left(100\right) = 80 \cdot 100 - 0{,}2 \cdot 100^2 = 6\ 000$$

Der Erwartungsnutzenwert der sicheren Alternative beträgt dann genau 6000:

$$E\left[U\left(\tilde{V}_6\right)\right] = U\left(\tilde{V}_6\right) = 80 \cdot 100 - 0{,}2 \cdot 100^2 = 6\ 000$$

In Abbildung 2-11 wird der mit der sicheren Investition erzielbare Nutzenbetrag durch Punkt D angezeigt ($E[U(\tilde{V}_6)] = 6000$). Bei einem risikoaversen Entscheider übertrifft dieser Wert den Erwartungsnutzen der risikobehafteten Investition 5 mit identischem Erwartungswert der Ergebnisse ($E[U(\tilde{V}_5)] = 5\,280$). Alternative 6 mit einem sicheren Free Cash Flow von 100 EUR wird der Ergebnisverteilung der Investition 5 vorgezogen, obwohl beide einen identischen Erwartungswert der Ergebnisse aufweisen ($E(\tilde{V}_5) = E(\tilde{V}_6) = 100$). Ursächlich hierfür ist der konkave Verlauf der Nutzenfunktion. Jede Gerade, die zwischen zweien auf der Funktion liegenden Punkten eingezeichnet wird, liegt immer unterhalb der Nutzenfunktion. Für einen gegebenen Abszissenwert führt eine sichere Investitionsalternative daher immer zu einem höheren Nutzenwert als ein risikobehaftetes Projekt. Anders ausgedrückt ist bei Risikoaversion der für die Entscheidung maßgebliche Erwartungswert der Nutzenwerte (Punkt C) immer kleiner als der Nutzenwert des Erwartungswertes (Punkt D):

$$E\left[U\left(\tilde{V}_a\right)\right] < U\left[E\left(\tilde{V}_a\right)\right] \Leftrightarrow \sum_{s=1}^{S} p_s \cdot U\left(V_{a,s}\right) < U\left[\sum_{s=1}^{S} p_s \cdot V_{a,s}\right] \qquad \text{2-13}$$

Dieser Zusammenhang lässt sich anhand der Abbildung 2-11 deutlich machen. Um den Erwartungswert der Nutzenwerte $E[U(\tilde{V}_a)]$ einer Aktion zu bestimmen ist zunächst für jeden Umweltzustand der Nutzenwert des Ergebnisses $U(V_{a,s})$ zu berechnen. Mit Investition 5 gelangt man zu den Punkten A und B. Die Nutzenwerte der Ergebnisse sind sodann mit ihren Eintrittswahrscheinlichkeiten zu gewichten und zum Erwartungswert $E[U(\tilde{V}_a)]$ zusammenzufassen (Punkt C). Grafisch entspricht dieser Vorgang dem Einzeichnen der Geraden zwischen A und B. Der Nutzenwert des Erwartungswertes hingegen geht von der Berechnung des Erwartungswertes $E(\tilde{V}_a)$ der Ergebnisse aus. Für die auf diese Weise zu einer Größe verdichteten Ergebnisse wird im nächsten Schritt der Nutzenwert $U[E(\tilde{V}_a)]$ ermittelt (Punkt D). Solange die zugehörige Nutzenfunktion konkav ist, muss der Punkt D immer oberhalb des Punktes C liegen. So gilt für Investition 5:

$$5\,280 < 0{,}5 \cdot \left(80 \cdot 40 - 0{,}2 \cdot 40^2\right) + 0{,}5 \cdot \left(80 \cdot 160 - 0{,}2 \cdot 160^2\right) = 6\,000$$

Bei risikofreudigen Entscheidungsträgern gilt hingegen:

$$E\left[U\left(\tilde{V}_a\right)\right] > U\left[E\left(\tilde{V}_a\right)\right] \qquad \text{2-14}$$

Im Fall der Risikoneutralität stimmen der Erwartungswert des Nutzens und der Nutzenwert des Erwartungswertes überein:

$$E\left[U\left(\tilde{V}_a\right)\right] = U\left[E\left(\tilde{V}_a\right)\right] \qquad \text{2-15}$$

Die zur Entscheidungsfindung in diesem Beispiel herangezogene quadratische Variante der Risikonutzenfunktion stellt nur eine Möglichkeit dar, um risikoaverses Verhalten zum Ausdruck zu bringen. Sie spielt insbesondere in der Portfoliotheorie, die ausführlich im 4. Kapitel vorgestellt wird, eine wichtige Rolle und soll daher hier schwerpunktmäßig behandelt werden. Grundsätzlich lässt sich Risikoaversion mit jeder streng konkaven Risikonutzenfunktion zum Ausdruck bringen. Weitere Beispiele für häufig verwendete Nutzenfunktionen sind:[17]

[17] Vgl. Kuhner/Maltry (2007), S. 133.

$$U(V_{a,s}) = ln(V_{a,s}),\quad U(V_{a,s}) = \sqrt{V_{a,s}},\quad U(V_{a,s}) = -exp(-\rho V_{a,s})$$

Wir wollen für die weiteren Untersuchungen zu den vier Investitionsalternativen aus Abbildung 2-2 zurückkehren. Wie bereits zu Beginn dieses Abschnittes geschildert, muss im Rahmen des Bernoulli-Prinzips die Ergebnismatrix in eine Nutzenmatrix umgeformt werden. Dabei soll erneut die quadratische Nutzenfunktion $U(V_{a,s}) = 80 \cdot V_{a,s} - 0{,}2 \cdot V^2_{a,s}$ (mit $V_{a,s} \leq 200$) zum Einsatz kommen. Die mit den Free Cash Flows in den einzelnen Umweltzuständen verbundenen Nutzenwerte und die entsprechenden Erwartungswerte gibt Abbildung 2-12 wieder.

Auf Basis des Bernoulli-Prinzips führt der Kauf von Investition 2 für die gegebene Nutzenfunktion zum höchsten Erwartungsnutzen. Sie ist daher allen übrigen Investitionsobjekten vorzuziehen.

Im Vergleich zur Erwartungswert-Regel ändert sich die Rangfolge der Vorteilhaftigkeit. Bei der Erwartungswert-Regel hatte sich der Investor noch für die Alternative 1 entschieden. Dabei blieb aber das mit den Investitionen verbundene Risiko vollständig unberücksichtigt. Mit dem Bernoulli-Prinzip wird dem risikoaversen Verhalten Rechnung getragen. Bei der Analyse des μ-σ-Prinzips wurde bereits erläutert, dass der Erwartungswert der Ergebnisse von Investition 2 nur wenig unter dem von Investition 1 liegt, das als Standardabweichung gemessene Risiko aber nur etwa halb so groß ist. Der Tausch der Präferenzrangfolge beruht letztlich auf diesen Zusammenhängen: der Investor kann durch den Wechsel von Investition 1 zu Investition 2 das Risiko erheblich verringern, muss dafür aber nur geringe Ergebniseinbußen in Kauf nehmen.

Ist der Erwartungsnutzen für jede Handlungsalternative berechnet worden, kann entschieden werden, welches der zur Auswahl stehenden Investitionsobjekte dem Investor gegenüber anderen vorziehenswürdig erscheint. Soweit unterscheidet sich das Ergebnis der Analyse bisher inhaltlich noch nicht wesentlich von dem, was bereits mit der Erwartungswert-Regel und dem Erwartungswert-Standardabweichungs-Prinzip erreicht wurde: es existiert eine Präferenzstruktur der Handlungsmöglichkeiten. Der Wertbeitrag, den ein Investitionsobjekt leistet, wird noch nicht aufgezeigt. Das Bernoulli-Prinzip vermag aber auch diese Information bereitzustellen und ist insofern der μ-Regel und dem μ-σ-

Umweltzustand / Handlungsmöglichkeit / p_s	1 0,2	2 0,15	3 0,3	4 0,35	$E[U(V_a)]$
Investition 1	5.580	7.980	7.955	7.820	7.436,50
Investition 2	7.280	7.755	7.155	7.920	7.537,75
Investition 3	7.395	7.280	5.795	7.280	6.857,50
Investition 4	7.500	7.020	6.380	7.500	7.092,00

Abbildung 2-12: Nutzenmatrix mit Erwartungswerten des Nutzens für die Investitionen 1, 2, 3 und 4

Prinzip überlegen. Der Schlüssel zur Lösung des Bewertungsproblems ist das sogenannte Sicherheitsäquivalent.

2.3.2 Sicherheitsäquivalente

Bei einem Sicherheitsäquivalent handelt es sich um denjenigen sicheren Ergebniswert, dem ein Entscheidungsträger denselben Erwartungsnutzen zuordnet, wie einer Verteilung risikobehafteter Ergebniswerte $V_{a,s}$ aus einer Handlungsmöglichkeit A_a:

$$U\left[SÄ\left(\tilde{V}_a\right)\right] = E\left[U\left(\tilde{V}_a\right)\right] \qquad 2\text{-}16$$

Vergegenwärtigen wir uns zur Verdeutlichung die Verteilung der zukünftigen Free Cash Flows der Investition 5 aus dem vorhergehenden Abschnitt. Für den betrachteten risikoaversen Investor ergibt sich aus dem Kauf dieser Investition bei möglichen Rückflüssen von 40 EUR bzw. 160 EUR in einem Jahr und einer quadratischen Nutzenfunktion ein Erwartungsnutzen von:

$$E\left[U\left(\tilde{V}_5\right)\right] = 0{,}5 \cdot 2\,880 + 0{,}5 \cdot 7\,680 = 5\,280$$

Das zugehörige Sicherheitsäquivalent, dessen Eintrittswahrscheinlichkeit $p_{SÄ} = 1$ beträgt, muss einen identischen Nutzenwert aufweisen. Der Definitionsbereich der quadratischen Nutzenfunktion ist auf die Ergebniswerte, die kleiner oder gleich 200 EUR betragen, begrenzt:

$$U\left[SÄ\left(\tilde{V}_5\right)\right] = 80 \cdot V_{SÄ} - 0{,}2 \cdot V_{SÄ}^2 = 5\,280 \text{ mit } V_{SÄ} \leq 200$$

Es liegt eine quadratische Gleichung in $V_{SÄ}$ mit den beiden Lösungen $V_{SÄ(1)}$ = 316,62 EUR und $V_{SÄ(2)}$ = 83,38 EUR vor. Die erste Lösung befindet sich außerhalb des Definitionsbereiches und kann vernachlässigt werden. Das verbleibende Sicherheitsäquivalent bedeutet, dass für einen risikoaversen Investor eine sichere Zahlung von 83,38 EUR denselben Nutzen stiftet, wie die Aussicht auf 40 EUR bzw. 160 EUR mit je einer Wahrscheinlichkeit von 50 %. Er ist zwischen diesen beiden Alternativen indifferent. Vergleicht man das Sicherheitsäquivalent mit dem Erwartungswert der Ergebnisse folgt:

$$SÄ\left(\tilde{V}_5\right) = 83{,}38 < E\left(\tilde{V}_5\right) = 100$$

Für einen risikoaversen Investor ist diese Konstellation typisch. Das Sicherheitsäquivalent ist immer kleiner als der Erwartungswert der Ergebnisse. Der Entscheider sieht folglich eine sichere Zahlung von 83,38 EUR als angemessene Entschädigung für ein unsicheres Ergebnis mit einem Erwartungswert von 100 EUR. Mit anderen Worten ist er bereit, den Anspruch auf Zahlung von 40 EUR bzw. 160 EUR in einem Jahr mit einer Wahrscheinlichkeit von jeweils 50 % zum Preis von 83,38 EUR, ebenfalls zahlbar in einem Jahr, zu veräußern.

Abbildung 2-13 hebt das Konzept des Sicherheitsäquivalents grafisch hervor. Punkt E besitzt mit 5 280 denselben Erwartungswert der Nutzenwerte wie Investition 5. Als Abszissenwert ist ihm ein Betrag von 83,38 EUR zugeordnet. Damit liegt Punkt E nicht wie der Erwartungswert auf der Geraden AB, sondern auf

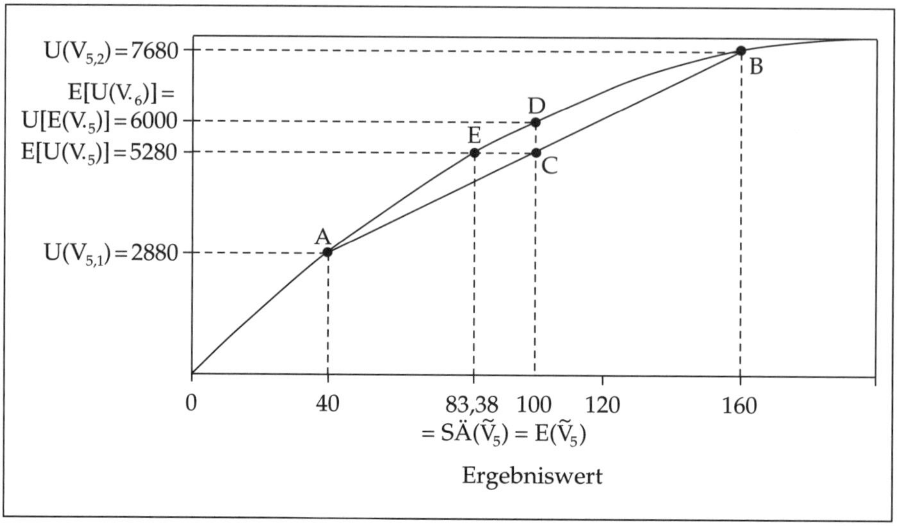

Abbildung 2-13: Grafische Analyse des Sicherheitsäquivalents

der Risikonutzenfunktion. Die Länge der Strecke EC verdeutlicht die Höhe des Risikoabschlages.

Mit zunehmender Streuung der Ergebnisse eines unsicheren Investitionsobjektes nimmt unter sonst gleichen Bedingungen für einen risikoaversen Investor das Sicherheitsäquivalent immer weiter ab. Inhaltlich bedeutet dieser Rückgang, dass sich ein Investor für ansteigende Risiken mit einer immer weiter zurückgehenden Entschädigung zufrieden gibt, um aus der Unsicherheitssituation entlassen zu werden. Am Beispiel von Investition 5 lässt sich dieser Zusammenhang einfach klar machen. Betragen die zukünftigen Free Cash Flows nicht 40 EUR bzw. 160 EUR, sondern 30 EUR und 170 EUR, verringert sich das Sicherheitsäquivalent auf 77,93 EUR.

Bei Risikofreude ist das Sicherheitsäquivalent größer als der Erwartungswert der Ergebnisse einer Aktion:

$$SÄ\left(\tilde{V}_a\right) > E\left(\tilde{V}_a\right) \qquad \text{2-17}$$

Ein Investor mit dieser Risikoeinstellung verlangt für die Aufgabe der Risikosituation einen Aufschlag auf den Erwartungswert der Ergebnisse. Für einen risikoneutralen Entscheidungsträger sind beide Größen identisch.

Wie kann nun die Kenntnis über die Höhe des Sicherheitsäquivalents dazu genutzt werden, den Wertbeitrag eines Investitionsobjektes zu bestimmen? Zur Beantwortung dieser Frage kommen wir auf die einfache Kapitalwertformel bei reiner Eigenfinanzierung und Unsicherheit zurück, betrachten aber ausschließlich eine Periode:

$$E\left(C_0^{EK}\right) = -I_0 + \frac{E\left(\widetilde{FCF}_1\right)}{1 + r_f + RP} \qquad \text{2-18}$$

Wesentliches Kennzeichen des Bewertungsmodells ist es, dass die Berechnung des Erwartungswertes im Zähler von der Existenz von Risiken im Free Cash Flow-Profil einer Investition abstrahiert und stattdessen das Risiko im Nenner in Form einer Risikoprämie RP auf den risikolosen Zinssatz r_f berücksichtigt.

Mit Hilfe des Sicherheitsäquivalents kann ein alternativer Weg zur Berücksichtigung des Risikos beschritten werden. Da es sich definitionsgemäß um einen sicheren Beitrag handelt ($p_{SÄ} = 1$), kann dieser mit dem Zinssatz einer risikolosen Anlage als geeigneter Opportunität diskontiert werden. Die Kapitalwertformel auf Basis von Sicherheitsäquivalenten kann daher geschrieben werden als:

$$E\left(C_0^{EK}\right) = -I_0 + \frac{SÄ\left(\widetilde{FCF}_1\right)}{1 + r_f} \qquad \text{2-19}$$

Die Berücksichtigung der Unsicherheit erfolgt damit nicht durch eine Erhöhung des Diskontierungszinssatzes (Risikozuschlag), sondern durch eine Verminderung der Free Cash Flows (Risikoabschlag). Dies wird besonders deutlich, wenn man die Gleichung umschreibt:

$$E\left(C_0^{EK}\right) = -I_0 + \frac{SÄ\left(\widetilde{FCF}_1\right)}{1 + r_f} = -I_0 + \frac{E\left(\widetilde{FCF}_1\right) - RA}{1 + r_f} \qquad \text{2-20}$$

Vom Erwartungswert der Free Cash Flows ist der Risikoabschlag (RA) in Abzug zu bringen. Unterstellt man einen risikolosen Zinssatz von 5 % und zieht die Anschaffungsauszahlung von Investition 5 über 70 EUR heran, lässt sich der Kapitalwert unmittelbar ausrechnen:

$$E\left(C_0^{EK}\right) = -70 + \frac{100 - 16{,}62}{1{,}05} = 9{,}41\ EUR$$

Mit Hilfe dieses Wissens können wir jetzt auch unser Ausgangsproblem, die Bestimmung des Wertbeitrages der vier Einzelinvestitionen, lösen. Abbildung 2-14 fasst bei einem angenommenen risikolosen Zinssatz von 5 % die Sicherheitsäquivalente und die entsprechenden Kapitalwerte zusammen. Mit einem Wertbeitrag von 14,69 EUR zieht der Investor Investition 2 allen anderen Alternativen vor. Investition 1 liefert mit 9,92 EUR zwar ebenfalls einen positiven, aber geringeren Kapitalwert. Die Alternativen 3 und 4 führen zu negativen Wertbeiträgen. Ihre Realisation ist zu unterlassen, da es ansonsten zu einer Verringerung der Konsummöglichkeiten des Investors kommt.

Wie aus der Berechnung der Kapitalwerte deutlich sichtbar wird, besteht der wesentliche Vorteil der Sicherheitsäquivalentmethode darin, dass eine Diskontierung mit dem risikolosen Zinssatz erfolgen kann. Die Suche nach einem risikoadäquaten Diskontierungszinssatz resp. einer geeigneten Opportunität bzw. nach geeigneten Opportunitäten zur Bestimmung des Risikozuschlages für den Nenner der sogenannten Risikozuschlagsmethode entfällt. Stattdessen kann unmittelbar die verhältnismäßig einfach abzuschätzende Rendite einer sicheren Anlage zur Diskontierung herangezogen werden. Einzig die Risikonutzenfunktion des Investors muss bekannt sein.

Rang	Investition	Anschaffungs-auszahlung in EUR	Sicherheits-äquivalent in EUR	Kapitalwert
1	2	130	151,92	14,69
2	1	130	146,92	9,92
3	4	130	132,62	–3,70
4	3	130	124,62	–11,50

Abbildung 2-14: Sicherheitsäquivalente und Kapitalwerte für die Investitionen 1, 2, 3 und 4

Bei der Risikozuschlagsmethode hingegen hätte der Bewerter vier verschiedene Opportunitäten auswählen müssen, um die Größe RP zu berechnen. Aufgrund der divergierenden Free Cash Flow-Profile der Investitionen muss ihnen jeweils eine individuelle Risikoprämie zugeordnet werden. Dies lässt sich durch Gleichsetzen der Kapitalwertformel nach der Risikozuschlags- und der Sicherheitsäquivalentmethode nachweisen, denn beide Verfahren sollten bei konsistenter Anwendung zu denselben Kapitalwerten führen:

$$-I_0 + \frac{SÄ\left(\widetilde{FCF}_1\right)}{1+r_f} = -I_0 + \frac{E\left(\widetilde{FCF}_1\right)}{1+r_r+RP} \qquad 2\text{-}21$$

Durch Auflösen nach der Risikoprämie RP ergibt sich:

$$RP = \left(\frac{E\left(\widetilde{FCF}_1\right)}{SÄ\left(\widetilde{FCF}_1\right)} - 1\right) \cdot \left(1+r_f\right) \qquad 2\text{-}22$$

Damit erhält man für die Investitionen 1 bis 4 Risikoprämien in der Höhe von 10,41 %, 2,99 %, 2,60 % bzw. 1,88 %. Jede Investition benötigt demnach bei der Risikozuschlagsmethode eine individuelle Opportunität, um die Risikostruktur geeignet abzubilden.

Im Vergleich zu den einfachen Entscheidungsverfahren wie der μ-Regel und dem μ-σ-Prinzip bietet das Bernoulli-Prinzip einen deutlich tiefergehenden Einblick in die Unsicherheitssituation. Die wesentliche Ursache besteht darin, dass durch die Aufnahme sämtlicher Ergebniswerte in die Nutzenfunktion des Investors keine in den Verteilungen der Zielgröße enthaltenen Informationen verloren gehen. Im Gegensatz dazu unterdrücken sowohl die Erwartungswert-Regel als auch das Erwartungswert-Standardabweichungs-Prinzip entscheidungsrelevante Informationen. Als Folge wird das mit einem Investitionsobjekt verbundene Risiko in vielen Fällen falsch eingeschätzt, so dass es – auf dieser Fehleinschätzung aufbauend – auch zu fehlerhaften Auswahlentscheidungen in Bezug auf die zur Verfügung stehenden Handlungsalternativen kommt.

Untersucht man das Bernoulli-Prinzip genauer, lässt sich zeigen, dass es aus wenigen Axiomen rationalen Verhaltens abgeleitet werden kann. Bei diesen Axiomen handelt es sich um einsichtige und nachvollziehbare Anforderungen, die an das Verhalten eines widerspruchsfrei handelnden Entscheidungsträgers gestellt werden. Das Bernoulli-Prinzip gilt daher heute als das beste zur Verfügung stehende Verfahren, um Entscheidungen unter Unsicherheit rational zu treffen.[18] Mit der Darstellung des Axiomensystems, das zur Herleitung des Prinzips zum Einsatz kommt, wollen wir uns an dieser Stelle nicht auseinandersetzen. Vielmehr sei der Leser auf die entsprechenden Ausführungen in der Literatur verwiesen.[19]

Der Einsatz einer Risikonutzenfunktion, der gerade zu den besonderen Vorteilen des Bernoulli-Prinzips führt, bildet aber zugleich den Hauptkritikpunkt des Ansatzes. Um die Nutzengrößen und Sicherheitsäquivalente bestimmen zu können, muss die Risikonutzenfunktion bekannt sein. Im Rahmen der praktischen Umsetzung ist ihre Ausarbeitung allerdings mit erheblichen Schwierigkeiten verbunden. Im Gegensatz zu den Opportunitäten, die für die Risikozuschläge benötigt werden, ist die Nutzenfunktion nicht direkt beobachtbar, sondern muss durch geeignete Verfahren dem Investor „entlockt" werden.

Aber selbst für den Fall, dass sie bekannt ist, stößt die Bewertung über Sicherheitsäquivalente auf Probleme. Dies ist zum Beispiel der Fall, wenn die festgestellten Kapital- oder Barwerte zur Bestimmung des Kaufpreises einer Investition herangezogen werden sollen. Verfügen Käufer und Verkäufer nicht über identische Risikonutzenfunktionen werden ihre Bewertungen nicht zu einheitlichen Barwerten und folglich nicht zu einer einheitlichen Verhandlungsgrundlage über den Kaufpreis führen. Der Einsatz investorspezifischer Nutzenfunktionen steht daher einer allgemeingültigen Bewertung entgegen. Ein ermittelter Kapitalwert besitzt somit zunächst nur aus der Sicht des bewertenden Investors Gültigkeit. Ob er sich durch den Verkauf der Investition am Markt realisieren lässt, hängt insbesondere davon ab, ob sich ein anderer Marktteilnehmer findet, der den heutigen Wert der Rückflüsse gleich oder sogar höher einschätzt.

Für die Bewertung von Einzelinvestitionen und Unternehmen hat sich die Sicherheitsäquivalentmethode aufgrund der beschriebenen Schwierigkeiten bisher nicht durchgesetzt. Vielmehr wird in der Praxis dem Risikozuschlagsverfahren der Vorzug gegeben. Neben der bereits erwähnten Problematik der Bestimmung der Nutzenfunktion kommt noch erschwerend hinzu, dass im Mehrperiodenfall die Diskontierung von Sicherheitsäquivalenten auf methodische Probleme stoßen kann.[20]

---

18 Vgl. Kruschwitz (2007b), S. 81.

19 Bamberg/Coenenberg/Krapp (2008), S. 88 ff.; Schneeweiß (1967), S. 73 ff.; Bitz (1981), S. 181 ff.

20 Kürsten (2002), S. 128–144.

2.4 Zur Vereinbarkeit von Bernoulli- und Erwartungswert-Standardabweichungs-Prinzip

2.4.1 Quadratische Risikonutzenfunktion

Das in Abschnitt 2.2.2 vorgestellte Erwartungswert-Standardabweichungs-Prinzip spielt bei investitionstheoretischen Fragestellungen unter Unsicherheit eine bedeutende Rolle. Insbesondere die Portfoliotheorie und das darauf aufbauende Capital Asset Pricing Model (CAPM) treffen eine Auswahl unter unsicheren Investitionsobjekten, indem sie die Parameter μ und σ der zukünftigen Ergebnisse heranziehen.

Die ausschließliche Zugrundelegung von Erwartungswert und Standardabweichung erscheint dabei problematisch. Das Entscheidungsprinzip lässt sich zwar durch die Beschränkung auf zwei Parameter leicht anwenden, die gute Handhabbarkeit wird aber durch einen Verlust von Informationen erkauft. Am Beispiel der Verteilung historischer Ölpreise hatten wir aufgezeigt, dass gerade die Vernachlässigung von Momenten höherer Ordnung zu einer erheblichen Unterschätzung der in den vergangenen Renditen zum Ausdruck kommenden Wahrscheinlichkeit für extreme positive wie negative Preissprünge führt. Weiterhin ermöglicht das μ-σ-Prinzip keine Aussage darüber, welchen Preis ein Investor für ein risikobehaftetes Investitionsobjekt bezahlen sollte. Lediglich die Angabe einer Präferenzreihenfolge ist möglich.

Im Vergleich dazu bietet das Bernoulli-Prinzip ein deutlich erweitertes und allgemeineres Anwendungsspektrum. Durch die Verwendung einer investorspezifischen Nutzenfunktion werden sämtliche mit einer Entscheidung verbundenen, möglichen Ergebnisausprägungen explizit in das Kalkül einbezogen. Über das Konzept des Sicherheitsäquivalents ist ein Entscheidungsträger darüber hinaus nicht nur in der Lage, eine Rangfolge der zur Auswahl stehenden Investitionsalternativen zu bilden, sondern auch den aus seiner Sicht fairen Kaufpreis zu bestimmen.

Vor dem Hintergrund der einfachen Anwendbarkeit und der Beliebtheit des μ-σ-Prinzips auf der einen Seite und der methodischen Überlegenheit der Bernoulli-Methode auf der anderen Seite stellt sich die Frage, ob beide Konzepte miteinander in Einklang gebracht werden können. Tatsächlich bieten sich zwei Wege, mit deren Hilfe die Kompatibilität von μ-σ- und Bernoulli-Prinzip hergestellt werden kann: entweder unterstellt man einen quadratischen Verlauf der Risikonutzenfunktion des Investors oder man nimmt an, dass die mit einer Entscheidung verbundenen Ergebnisse einer Normalverteilung folgen. Wir wollen uns zunächst mit dem Fall einer quadratischen Risikonutzenfunktion befassen und unterstellen in diesem Zusammenhang erneut einen risikoaversen Investor. Allgemein lässt sich dessen Nutzenfunktion schreiben als:

$$U\left(V_{a,s}\right) = \beta \cdot V_{a,s} - \gamma \cdot V_{a,s}^2 \; mit \; V_{a,s} \leq \frac{\beta}{2\gamma}; \; \beta, \gamma \geq 0 \qquad \text{2-23}$$

Für den Erwartungswert und die Varianz der Ergebnisswerte folgt:

$$\begin{aligned}\mu_a &= \sum_{s=1}^{S} p_s \cdot V_{a,s} \\ \sigma_a^2 &= \sum_{s=1}^{S} p_s \cdot \left(V_{a,s} - \mu_{a,s}\right)^2 \\ &= \sum_{s=1}^{S} p_s \cdot V_{a,s}^2 - 2\mu_a \cdot \sum_{s=1}^{S} p_s \cdot V_{a,s} + \mu_a^2 \cdot \sum_{s=1}^{S} p_s\end{aligned} \qquad \text{2-24}$$

Beachtet man, dass sich die Summen im zweiten und dritten Summanden gemäß

$$\sum_{s=1}^{S} p_s \cdot V_{a,s} = \mu_a \text{ und } \sum_{s=1}^{S} p_s = 1 \qquad \text{2-25}$$

weiter zusammenfassen lassen, ergibt sich für die Varianz:

$$\sigma_a^2 = \sum_{s=1}^{S} p_s \cdot V_{a,s}^2 - \mu_a^2 \Leftrightarrow \sigma_a^2 + \mu_a^2 = \sum_{s=1}^{S} p_s \cdot V_{a,s}^2 \qquad \text{2-26}$$

Damit lautet der Erwartungswert der Nutzenwerte bei quadratischer Risikonutzenfunktion:

$$\begin{aligned}E\left[U\left(\tilde{V}_a\right)\right] &= \sum_{s=1}^{S} p_s \cdot U\left(V_{a,s}\right) = \sum_{s=1}^{S} p_s \cdot \left(\beta \cdot V_{a,s} - \gamma \cdot V_{a,s}^2\right) \\ &= \beta \cdot \mu_a - \gamma \cdot \left(\mu_a^2 + \sigma_a^2\right)\end{aligned} \qquad \text{2-27}$$

Der Erwartungswert der Nutzenwerte ist eine Funktion des Erwartungswertes der Ergebnisse μ_a und der Varianz der Ergebnisse $\sigma^2{}_a$. Beurteilt ein Investor unterschiedliche Handlungsalternativen ausschließlich auf Basis von Erwartungswert und Standardabweichung (bzw. Varianz), ist dieses Verhalten genau dann mit dem Bernoulli-Prinzip kompatibel, wenn die herangezogene Risikonutzenfunktion quadratisch ist.

Auf der Grundlage dieser Informationen können die Indifferenzkurven des Investors im μ-σ-Diagramm bestimmt werden. Hält man sich vor Augen, dass Indifferenzkurven Kombinationen von Erwartungswert und Standardabweichung wiedergeben, die zu identischen Nutzenwerten führen, können sie bestimmt werden, indem der Nutzen auf vorgegebener Höhe fixiert wird:

$$\begin{aligned}&E\left[U\left(\tilde{V}_a\right)\right] = \beta \cdot \mu_a - \gamma \cdot \left(\mu_a^2 + \sigma_a^2\right) \overset{!}{=} \overline{U} \\ &\Leftrightarrow \sigma_a = \sqrt{\frac{\beta \cdot \mu_a - \gamma \cdot \mu_a^2 - \overline{U}}{\gamma}}\end{aligned} \qquad \text{2-28}$$

Für die konkrete Nutzenfunktion aus dem vorhergehenden Abschnitt mit $\gamma = 80$ und $\beta = 0{,}2$ sind die Indifferenzkurven für die Nutzenniveaus 4000, 5000, 6000 und 7000 in Abbildung 2-15 dargestellt. Sie besitzen einen halbkreisförmigen Verlauf. Je weiter innen die Indifferenzkurven liegen, umso höher ist das mit ihnen verbundene Nutzenniveau. Da die Risikonutzenfunktion in Folge der Annahme der Risikoaversion nur für Ergebniswerte mit $V_{a,s} \leq 200$ EUR definiert ist,

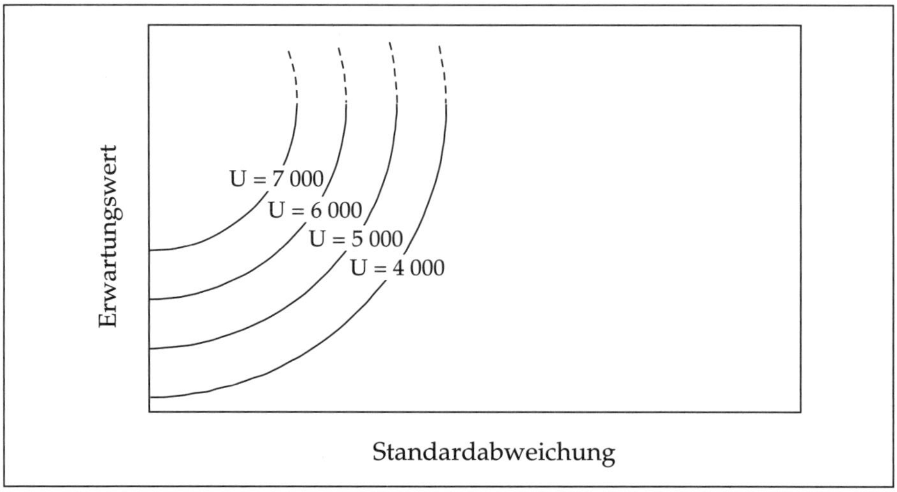

Abbildung 2-15: Indifferenzkurven für α = 80 und β = 0,2

werden in allen weiteren Abbildungen die gestrichelt dargestellten Abschnitte der Kurven nicht beachtet. Wir werden ausschließlich die Bereiche der Kurve mit positiver Steigung betrachten.

Die nachstehende Abbildung 2-16 gibt den Verlauf der Indifferenzkurven für das Beispiel der vier Investitionsalternativen wieder (zur Berechnung der Erwartungswerte der Nutzenwerte vgl. Abbildung 2-12). Die durch Investition 2 verlaufende Kurve ist mit einem konstanten Nutzenniveau von

$$E\left[U\left(\tilde{V}_2\right)\right] = 80 \cdot \mu_2 - 0{,}2 \cdot \left(\mu_2^2 + \sigma_2^2\right)$$
$$= 80 \cdot 156{,}25 - 0{,}2 \cdot \left(156{,}25^2 + 19{,}93^2\right) = 7\ 537{,}75$$

verbunden. Sie liegt im μ-σ-Diagramm am weitesten links oben und ist daher mit dem höchsten Nutzenwert verbunden. Konkret errechnet sich die Indifferenzkurve, indem man für zulässige Werte von μ_2 die jeweils zugehörige Standardabweichung σ_2 nach obiger Formel bestimmt:

$$\sigma_2 = \sqrt{\frac{80 \cdot \mu_2 - 0{,}2 \cdot \mu_2 - 7\ 537{,}75}{0{,}2}} \quad \text{für } \mu_2 \leq 200$$

In der Nutzenfunktion übernimmt der Faktor γ die Rolle eines Risikoaversionskoeffizienten. Je größer der Wert ist, umso höher ist die Risikoaversion des Investors. Abbildung 2-17 zeigt den Verlauf der Indifferenzkurven für eine quadratische Risikonutzenfunktion mit β = 80 und γ = 0,15 bzw. 0,2. Bei geringer Risikoaversion (γ = 0,15) verlangt der Investor bei zunehmender Standardabweichung lediglich einen moderaten Anstieg des Erwartungswertes der Ergebnisse. Bei hoher Risikoaversion (γ = 0,2) besitzt die Indifferenzkurve für vorgegebene Abszissenwerte jeweils eine deutlich größere Steigung: bereits geringe Anstiege der Standardabweichung müssen mit einem hohem Anstieg des Erwartungswertes der Ergebnisse kompensiert werden.

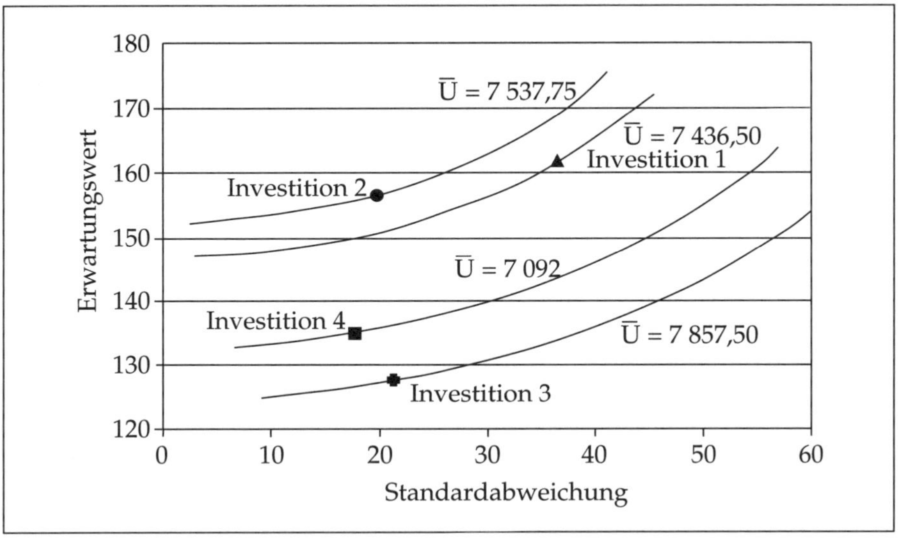

Abbildung 2-16: Indifferenzkurven und Investitionen im μ-σ-Diagramm

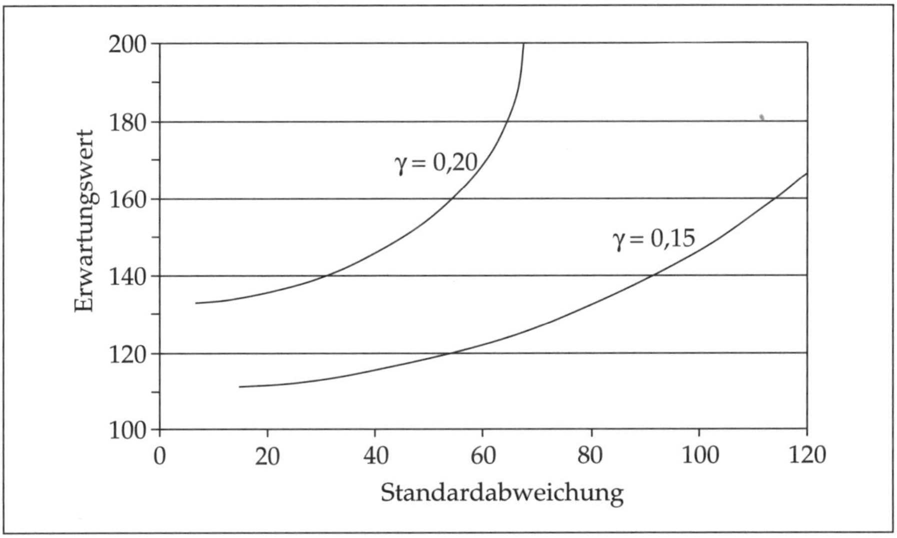

Abbildung 2-17: Indifferenzkurven mit unterschiedlicher Risikoaversion im Vergleich

2.4.2 Normalverteilung der Ergebnisse

Wir betrachten eine beliebige konkave Nutzenfunktion $U(\tilde{V}_a)$, von der wir lediglich verlangen, dass sie unbegrenzt oft nach $\tilde{V}_a$ differenzierbar sei. Gesucht ist der Wert, den die Funktion $U(\tilde{V}_a)$ an der Stelle $\tilde{V}_a$ annimmt, wenn die Zufallsvariable $\tilde{V}_a$ einer Normalverteilung mit den Parametern μ_a und σ_a^2 folgt. Zur Ermittlung des Funktionswertes kann die Taylorreihenentwicklung herangezogen werden. Deren Funktionsweise wollen wir zunächst anhand eines Beispieles darstellen und sie im Anschluss auf $U(\tilde{V}_a)$ übertragen.

Der Wert, den eine Funktion f an der Stelle x annimmt, lässt sich näherungsweise berechnen, wenn von derselben Funktion die Ableitung an einer in der Nähe liegenden Stelle x_0 nach folgender Vorschrift gebildet wird:[21]

$$f(x)=\sum_{k=0}^{n}\frac{f^{(k)}(x_0)}{k!}\cdot(x-x_0)^k+R_n(x) \qquad \text{2-29}$$

Dabei bezeichnet $f^{(k)}(x_0)$ die k-te Ableitung der Funktion f(x) an der Stelle x_0. $R_n(x)$ beinhaltet einen Fehlerterm, der dadurch entsteht, dass man die Summenbildung nach n Summanden beendet. Gleichung 2-29 ohne Fehlerterm wird auch als n-tes Taylor-Polynom bezeichnet. Konvergiert $R_n(x)$ für eine unendliche Anzahl von Summanden gegen Null, spricht man von einer Taylorreihenentwicklung der Funktion f an der Stelle x_0:

$$f(x)=\sum_{k=0}^{\infty}\frac{f^{(k)}(x_0)}{k!}\cdot(x-x_0)^k \qquad \text{2-30}$$

Gesucht sei im Folgenden der Funktionswert der Funktion $f(x) = e^x$ an der Stelle $x = 2$. Wir unterstellen, dass uns zur Berechnung kein Taschenrechner zur Verfügung steht und deshalb der Funktionswert nicht durch einfaches Betätigen der e^x-Taste ermittelt werden kann. Stattdessen soll Gleichung 2-29 zur Anwendung kommen, wobei bis zur dritten Ableitung approximiert wird. Als in der Nähe von $x = 2$ liegende Stelle wählen wir $x_0 = 0$. Bekannt ist, dass in diesem Fall f(x) den Wert Eins annimmt ($f(0) = e^0 = 1$). Es folgt:

$$\begin{aligned} f(x) &= f(x_0)\cdot\frac{(x-0)^0}{0!}+f'(x_0)\cdot\frac{(x-0)^1}{1!}+f''(x_0)\cdot\frac{(x-0)^2}{2!}+f'''(x_0)\cdot\frac{(x-0)^3}{3!} \\ &= e^0+e^0\cdot\frac{(2-1)^1}{1!}+e^0\cdot\frac{(2-0)^2}{2!}+e^0\cdot\frac{(2-0)^3}{3!} \\ &= 1+\frac{2}{1}+\frac{4}{2}+\frac{8}{6}=4\frac{4}{3}\approx 6{,}33 \end{aligned}$$

Die Annäherung an den exakten Wert von $e^2 = 7{,}389056$ ist bei Einbezug von drei Ableitungen noch sehr ungenau. Bildet man das siebte Taylorpolynom gelangt man zu 7,380952 und beim 13. Polynom wird ein Wert von 7,389056 erreicht. Durch weitere Erhöhung der Anzahl der Summanden wird die Annäherung beliebig genau.

Kommen wir zurück zur Nutzenfunktion $U(\tilde{V}_a)$. Gesucht ist der Wert dieser Funktion an der Stelle $\tilde{V}_a$. Als benachbarter Punkt wird $E(\tilde{V}_a) = \mu_a$ festgelegt.[22] Aus Gleichung 2-29 folgt:

$$U(\tilde{V}_a)=U(\mu_a)+U'(\mu_a)\cdot\frac{(\tilde{V}_a-\mu_a)^1}{1!}+U''(\mu_a)\cdot\frac{(\tilde{V}_a-\mu_a)^2}{2!}+\ldots \qquad \text{2-31}$$

---

[21] Vgl. Leydold (2003), S. 133.

[22] Vgl. Rubinstein (1973b), S. 613.

Durch Bildung des Erwartungswertes resultiert (2-32):

$$E\left(U\left(\tilde{V}_a\right)\right)=U\left(\mu_a\right)+U'\left(\mu_a\right)\cdot\frac{E\left(\tilde{V}_a-\mu_a\right)}{1!}+U''\left(\mu_a\right)\cdot\frac{E\left(\left(\tilde{V}_a-\mu_a\right)^2\right)}{2!}+\ldots$$

Da wir für $\tilde{V}_a$ eine Normalverteilung unterstellt haben, kann Gleichung 2-32 weiter vereinfacht werden. Betrachtet man die Brüche mit ungeradem Exponenten im Zähler (k = 3, 5, …) folgt:

$$E\left(\tilde{V}_a-\mu_a\right)^3=E\left(\tilde{V}_a-\mu_a\right)^5=\ldots=0$$

Bei einer normalverteilten Zufallsvariablen sind – abgesehen vom ersten zentralen Moment – alle ungeraden zentralen Momente gleich Null. Bei geraden Exponenten hingegen gilt:[23]

$$E\left(\tilde{V}_a-\mu_a\right)^2=\sigma_a^2\cdot 1$$

$$E\left(\tilde{V}_a-\mu_a\right)^4=\sigma_a^4\cdot 1\cdot 3$$

$$E\left(\tilde{V}_a-\mu_a\right)^6=\sigma_a^2\cdot 1\cdot 3\cdot 5$$

usw.

Der Erwartungswert der Nutzenwerte bei beliebiger konkaver Nutzenfunktion und normalverteilter Zielgröße wird damit zu:

$$E\left(U\left(\tilde{V}_a\right)\right)=U\left(\mu_a\right)+U''\left(\mu_a\right)\cdot\frac{\sigma_a^2\cdot 1}{2!}+U''''\left(\mu_a\right)\cdot\frac{\sigma_a^4\cdot 1\cdot 3}{4!}+\ldots \qquad \text{2-33}$$

Er hängt ausschließlich von den Größen μ_a und σ_a ab. Folglich besteht Kompatibilität zum Bernoulli-Prinzip.

---

[23] Vgl. Rubinstein (1973b), S. 613.

3. Die Bewertung unsicherer Investitionen im State Preference-Modell

3.1 Modellannahmen

Im letzten Kapitel haben wir gezeigt, wie Investoren risikobehaftete Investitionsprojekte auf der Grundlage der Nutzentheorie von Bernoulli bewerten. Zentrales Element dieser Bewertung ist die investorspezifische Risikonutzenfunktion. Sie erlaubt es, eine Verteilung unsicherer zukünftiger Zahlungsansprüche in ihr Sicherheitsäquivalent zu überführen. Das Sicherheitsäquivalent entspricht dem um einen Risikoabschlag verminderten Erwartungswert der Zielgröße des Entscheidungsträgers und wird mit dem Zinssatz einer risikolosen Opportunität diskontiert. Durch Vergleich des Barwertes des Sicherheitsäquivalents mit der für die Investition erforderlichen Anschaffungsauszahlung lässt sich der Kapitalwert eines Investitionsobjektes bestimmen. Auf der Basis dieser Überlegungen kann mit Hilfe des Bernoulli-Prinzips eine eindeutige Präferenzreihenfolge der Handlungsmöglichkeiten erstellt werden.[1]

Das Bernoulli-Prinzip zeichnet sich dadurch aus, dass es die einzelnen risikobehafteten Investitionen getrennt untersucht. Es trifft eine Auswahlentscheidung zwischen mehreren sich gegenseitig ausschließenden Alternativen. Im Folgenden sollen die Überlegungen zur Auswahl unsicherer zukünftiger Investitionen fortgeführt und erweitert werden. Wie beim Bernoulli-Prinzip werden dabei verschiedene Handlungsmöglichkeiten mit jeweils unterschiedlichen Verteilungen von Zahlungsströmen am Ende der betrachteten Periode wesentlicher Bestandteil der Analyse sein. Anstelle einer Entscheidung für eine ganz bestimmte Investition unter Vernachlässigung aller übrigen Alternativen soll nun auch die gleichzeitige Durchführung mehrerer riskanter Investitionsobjekte zugelassen werden. Es rückt die Frage in den Blickpunkt, wie Investoren ihr Vermögen auf risikobehaftete Investitionsmöglichkeiten aufteilen. Dementsprechend befasst sich dieses Kapitel mit dem Problem der Zusammenstellung optimaler Portfolios.

Der Begriff des Portfolios ist in diesem Zusammenhang weit auszulegen: er ist nicht auf reine Wertpapierportfolios beschränkt, sondern umfasst insbesondere auch die Zusammenstellung mehrerer Realinvestitionen. Die Bedeutung der Portfoliobildung wurde bereits in Abschnitt 1.3.1 angedeutet. Im Zusammenhang mit der Ermittlung des Unternehmenswertes unter Sicherheit wurde aufgezeigt, dass sich dieser als Summe des Wertes der enthaltenen Einzelinvestitionen ergibt, sofern von Verbundeffekten abstrahiert wird. Dabei handelt es

---

[1] Dies gilt natürlich nicht für den Sonderfall zufällig identischer Kapitalwerte mehrerer Handlungsmöglichkeiten. In diesem Fall ist der Investor zwischen ihnen indifferent.

sich um eine unmittelbare Folge des Wertadditivitätsprinips. Praktisch spielen Verbundeffekte aber eine wesentliche Rolle. Dies sei anhand eines einfachen Beispiels verdeutlicht.

Ein europaweit agierendes Unternehmen ist im Bereich des Anlagenbaus mit dem Schwerpunkt auf der Erstellung von Fertigungslinien für die Automobilindustrie tätig. Die Geschäftsleitung zieht in Erwägung, durch einen Zukauf das Tätigkeitsfeld zu erweitern. Zur Auswahl stehen der Erwerb eines Nutzfahrzeugherstellers oder einer Lebensmittelkette. Nach Abschluss des Kaufs ist das Unternehmen vereinfacht als ein Portfolio zu betrachten, das aus zwei Realinvestitionen besteht: der ursprünglichen Anlagenbausparte und dem neuen Unternehmensteil. Im Hinblick auf die Nutzung von Verbundeffekten spielt es für das Unternehmen eine erhebliche Rolle, für welche Expansionsmöglichkeit man sich entscheidet.

Der Kauf des Nutzfahrzeugherstellers bietet sich im Hinblick auf die Nutzung von Erfolgsverbundeffekten an. So könnte der Bereich Fahrzeugbau von der Anlagenbausparte mit einzelnen Maschinen oder sogar ganzen Produktionsstraßen beliefert werden. Darüber hinaus könnten Überschneidungen in Teilen von Forschung und Entwicklung und in der Rohstoffbeschaffung existieren, so dass sich durch teilweise Zusammenlegung dieser Aktivitäten Kostensenkungen erzielen lassen. Synergien könnten somit zu Einsparungen und damit höheren Free Cash Flows führen, was sich potenziell wertsteigernd auswirken dürfte.

Diesen positiven Effekten steht gegenüber, dass sowohl der Nutzfahrzeug- als auch der Anlagenbau der Investitionsgüterindustrie zuzurechnen sind. Die Entwicklung der Geschäftsvolumina ist daher in starkem Maße von identischen konjunkturellen Einflussfaktoren abhängig. Gerade in der Investitionsgüterindustrie sind erhebliche zyklische Schwankungen zu beobachten. Der Handel mit Lebensmitteln unterliegt hingegen viel geringeren konjunkturellen Einflüssen. Ein Zukauf in diesem Bereich könnte daher den Verlauf der Free Cash Flows des Gesamtunternehmens über den Konjunkturzyklus hinweg stabilisieren. Es macht sich so ein positiver Risikoverbundeffekt bemerkbar, der sich aus der geringeren Korrelation der Zahlungsströme in den Geschäftsbreichen ergibt.

Der Nutzen aus der Ähnlichkeit der Sparten Anlagen- und Nutzfahrzeugbau liegt in den zu erzielenden Erfolgsverbundeffekten. Dem steht die Gefahr eines gleichgerichteten Verlaufs der Erträge gegenüber: bei einem Anziehen der Konjunktur steigt die Nachfrage nach Investitionsgütern stark, während sie in Phasen der Rezession fast vollständig zum Erliegen kommen kann. Beim Kauf des Lebensmittelhändlers ergibt sich ein genau entgegengesetztes Bild: Erfolgsverbundeffekte sind aufgrund der nicht vorhandenen Überschneidung beider Bereiche kaum zu erwarten, es könnten aber deutlich positive Risikoverbundeffekte bestehen.

Bereits dieses einfache Beispiel zeigt, dass Verbundeffekte zwischen einzelnen Sparten einen großen Einfluss auf die Bewertung des Unternehmens in seiner Gesamtheit haben können. Nach dem Zukauf ist das Unternehmen als ein Portfolio aus risikobehafteten Einzelinvestitionen und daher als Einheit zu betrachten. Inwiefern Verbundeffekte in Bewertungsmodelle unter Unsicherheit integriert werden können, ist im Weiteren immer wieder zu überprüfen. Vorab kann allerdings bereits festgehalten werden, dass bei Annahme vollkommener und vollständiger Kapitalmärkte auch unter Unsicherheit das Prinzip der Wertadditivität gilt. Wertsteigerungen durch die Kombination mehrerer risikobehafteter Einzelinvestitionen sind in dieser Modellwelt nicht möglich.

Einen grundlegenden und gleichzeitig auch sehr eleganten Ansatz, um aufzuzeigen, wie sich die Preise unsicherer Investitionsobjekte auf den Märkten bilden und unter welchen Gesichtspunkten Wirtschaftssubjekte Portfolios aus mehreren risikobehafteten Investitionen zusammenstellen, bietet die State Preference-Theorie (SP). Die SP-Theorie wurde ursprünglich von Arrow und Debreu entwickelt.[2] Sie haben untersucht, welche Preise Marktteilnehmer zu zahlen bereit sind, um Ansprüche auf unsichere zukünftige Cash Flows zu erwerben. Durch die Arbeiten zahlreicher weiterer Ökonomen wurde der SP-Ansatz auch in andere Bereiche übertragen. So zeigen beispielsweise Kraus und Litzenberger wie das Modell zur Optimierung der Kapitalstruktur von Unternehmen herangezogen werden kann.[3] Hirshleifer und Myers, die sich ebenfalls mit dem Problem der optimalen Kapitalstruktur beschäftigt haben, übertrugen den Ansatz darüber hinaus auf die Bewertung von Investitionsprojekten.[4] Nicht zuletzt bestehen wichtige Verbindungslinien zwischen der SP-Theorie und der Bewertung von Finanzderivaten. Ross hat gezeigt, dass die Emission derivativer Wertpapiere durch die Marktteilnehmer eine wichtige Voraussetzung für die Übertragung des Modells auf praktische Bewertungsprobleme darstellt.[5]

Der SP-Ansatz ist wie das Capital Asset Pricing Model (CAPM), das im 5. Kapitel untersucht wird, ein kapitalmarkttheoretisches Gleichgewichtsmodell. Im Vergleich zum CAPM zeichnet es sich aber durch bedeutend schwächere Annahmen aus.

Im Mittelpunkt steht ein Kapitalmarkt auf dem die Marktteilnehmer risikobehaftete Wertpapiere mit zustandsabhängigen Rückzahlungsansprüchen erwerben können. Es wird erneut ausschließlich eine Periode betrachtet. Zu Beginn der Periode ($t = 0$) sind die Individuen mit einem gegebenen Anfangsvermögen ausgestattet. Sie müssen darüber entscheiden, wie sie dieses Anfangsvermögen verwenden wollen. Zum einen können die Mittel in $t = 0$ konsumiert werden (sichere Alternative). Zum anderen haben sie in $t = 0$ auch die Möglichkeit, in eine Auswahl riskanter Wertpapiere zu investieren. Diese Wertpapiere sind am Ende der Periode ($t = 1$) mit unsicheren Cash Flows verbunden. Zwischen beiden Zeitpunkten ist kein Handel möglich. Die Höhe der Rückflüsse hängt davon ab, welcher Umweltzustand in $t = 1$ eintritt. Aus den Cash Flows am Ende des Betrachtungszeitraumes können die Wirtschaftssubjekte dann ihren Konsum bestreiten, der damit aber ebenfalls eine unsichere Größe darstellt.

Bei einem Umweltzustand handelt es sich um eine eindeutig charakterisierbare, einmalige Konstellation von Faktoren, die den Cash Flow eines Wertpapiers be-

---

2 Vgl. Arrow (1964), S. 91–96, Debreu (1959).

3 Vgl. Kraus/Litzenberger (1973), S. 911–922.

4 Vgl. Hirshleifer (1964), S. 77–85; Hirshleifer (1965), S. 509–536; Hirshleifer (1966), S. 252–277; Myers (1968), S. 1–33.

5 Vgl. Ross (1976), S. 75–89.

einflussen.[6] Zu Beginn der Periode (t = 0) ist allen Marktteilnehmern bekannt, welche Umweltzustände in t = 1 eintreten können. Dass in t = 1 ein Zustand realisiert wird, der zu Beginn der Periode für unmöglich gehalten wird, ist ausgeschlossen. Die Zahl der möglichen Umweltzustände ist endlich. Es wird genau ein Zustand in t = 1 eintreten.[7]

Um verschiedene Umweltzustände im Kontext des SP-Modells festzulegen, kann man sich am Wirtschaftswachstum orientieren.[8] Denkbar sind z.B. für das Ende der Periode die folgenden Umweltzustände:

Zustand 1: Konjunkturaufschwung/Boom (Wirtschaftswachstum ≥ 3,5 %)

Zustand 2: Konjunkturabschwung (Wachstum zwischen 0,5 % und 3,5 %)

Zustand 3: Konjunkturtief (Wachstum ≤ 0,5 %).

Eine feinere Untergliederung der Zustände ist problemlos möglich, erfordert aber eine genauere Beschreibung der Zustände mit entsprechend höherem Prognoseaufwand:

...

Zustand 142: Stand des Deutschen Aktienindex (DAX) am 02.07.2007 zwischen 8 192 und 8 195 Punkten, Ausfall der Stromversorgung im Münsterland am 18.12.2007, Gewinn des DFB-Pokals durch ...

...

Weiterhin wird vorausgesetzt, dass der betrachtete Kapitalmarkt vollkommen ist. Die bereits in Abschnitt 1.2.3 genannten Charakteristika vollkommener Märkte seien an dieser Stelle wiederholt:

1. Sämtliche Marktteilnehmer verfügen über einen ungehinderten Marktzugang.
2. Informationen stehen allen Akteuren kostenlos und ohne zeitliche Verzögerung zur Verfügung.
3. Es liegt eine atomistische Marktstruktur vor.
4. Steuern werden nicht erhoben.
5. Es existieren keine Transaktionskosten oder Handelsgebühren.
6. Sämtliche Wertpapiere sind beliebig teilbar.
7. Leerverkäufe sind ohne Beschränkung möglich.

Die Entscheidung darüber, welchen Teil ihres Vermögens die Wirtschaftssubjekte für sicheren Konsum in t = 0 und wie viel sie für den Kauf zustandsabhängiger Zahlungsansprüche (was gleichbedeutend mit unsicherem Konsum in t = 1 ist) aufwenden, treffen sie auf der Grundlage des Bernoulli-Prinzips mit Hilfe einer gegebenen, zustandsunabhängigen Risikonutzenfunktion

---

[6] Der hier verwendete Begriff der Umweltzustandes ist identisch mit der in Abschnitt 2.1 vorgestellten Definition.

[7] Die Annahme einer endlichen Anzahl von Umweltzuständen stellt nur eine Vereinfachung dar. Grundsätzlich kann auch von einer unbegrenzten Zahl ausgegangen werden. Die diskreten Verteilungen der zustandsabhängigen Rückflüsse gehen in diesem Fall in stetige Verteilungen über.

[8] Vgl. hierzu auch Abschnitt 1.4.1 wo ein ganz ähnliches Beispiel zum Einsatz kam.

$U(c_1, \tilde{c}_2)$. Hierbei bezeichnet c_1 den sicheren Konsum zu Periodenbeginn und $\tilde{c}_2$ den unsicheren Konsum in t = 1, dessen Höhe vom Mittelzufluss aus den risikobehafteten Wertpapieren abhängt.

Der genaue Verlauf der Risikonutzenfunktion muss an dieser Stelle nicht weiter spezifiziert werden. Es reicht aus vorauszusetzen, dass sie bei allen Individuen monoton steigend ist, d.h. ein höherer Konsum einem geringeren Konsum vorgezogen wird.[9] Dies bedeutet insbesondere, dass keine Angaben über die genauen Zeit- und Risikopräferenzen erforderlich sind. Alle diesbezüglichen Informationen sind, wie noch zu zeigen sein wird, in den Preisen der am Markt gehandelten Wertpapiere enthalten.

Darüber hinaus müssen auch keine Annahmen bezüglich der Eintrittswahrscheinlichkeiten der Umweltzustände getroffen werden. Die Marktteilnehmer müssen auch keine homogenen Erwartungen in Bezug auf die Eintrittswahrscheinlichkeiten besitzen. Als Prämisse wird lediglich vorausgesetzt, dass kein Individuum einen der Zustände für unmöglich hält, d.h. ihm eine Wahrscheinlichkeit von Null zuordnet.

Um die Analyse übersichtlich zu gestalten, unterstellen wir für die weitere Darstellung drei Umweltzustände. Am Ende der Periode wird genau einer von ihnen auftreten:[10]

$$\underline{S} = \begin{pmatrix} Konjunkturtief & Konjunkturaufschwung & Konjunkturabschwung \end{pmatrix}$$

Der Vektor $\underline{S}$ bezeichnet die möglichen Zustände.

Auf dem Kapitalmarkt werden drei Wertpapiere mit folgenden zustandsabhängigen Cash Flows gehandelt:

$$\underline{F}_1 = \begin{pmatrix} 10 & 8 & 9 \end{pmatrix} \; \underline{F}_2 = \begin{pmatrix} 4 & 11 & 8 \end{pmatrix} \; \underline{F}_3 = \begin{pmatrix} 2 & 9 & 10 \end{pmatrix} \tag{3-1}$$

Die Notation sei beispielhaft anhand des ersten Finanztitels $\underline{F}_1$ erläutert. Sofern am Ende der Periode ein Konjunkturtief auftritt, erhält der Inhaber einer Einheit des ersten Wertpapiers einen Mittelzufluss von 10 EUR. Sollte es hingegen zu einem Konjunkturaufschwung bzw. -abschwung kommen, stehen ihm lediglich Zahlungen in Höhe von 8 EUR bzw. 9 EUR zu. Vom Betrachtungszeitpunkt t = 0 aus gesehen, ist unsicher, welcher der drei Zustände in t = 1 eintreten wird. Damit ist der mit dem Wertpapier verbundene Cash Flow risikobehaftet. Die Interpretation der Zahlungsströme der übrigen Finanztitel erfolgt analog.

3.2 Preise reiner Wertpapiere

3.2.1 Handel mit Wertpapieren

Bevor wir uns näher mit dem Begriff der reinen Wertpapiere auseinandersetzen, ist es notwendig, zunächst noch einmal einen Blick auf die oben dargestellten Cash Flow-Vektoren der drei Wertpapiere zu werfen. Jeder Marktteilnehmer

---

[9] Vgl. Grundke (2000), S. 979.

[10] Die weitere Darstellung ist angelehnt an Zimmermann (1998), S. 7 ff.

hat die Möglichkeit, in t = 0 mit diesen Wertpapieren zu handeln. Der Handel besteht darin, bestimmte Mengen der einzelnen Finanztitel zu kaufen oder leerzuverkaufen. Um dies zu verdeutlichen, seien die nachstehenden Preise für die drei Finanztitel unterstellt:

$$\theta_1 = 8{,}85\ EUR \qquad \theta_2 = 6{,}20\ EUR \qquad \theta_3 = 5{,}30\ EUR$$

In Vektorschreibweise ergibt sich:

$$\underline{\theta} = \begin{pmatrix} 8{,}85 \\ 6{,}20 \\ 5{,}30 \end{pmatrix}$$

Beim Erwerb einer Mengeneinheit von Wertpapier 1 muss ein Wirtschaftssubjekt aus seinem gegebenen Anfangsvermögen einen Betrag von 8,85 EUR zur Verfügung stellen. Als Gegenleistung erhält es den Anspruch auf unsichere Zahlungen in Höhe von 10 EUR, 8 EUR bzw. 9 EUR je nach eintretendem Umweltzustand.

Da eine beliebige Teilbarkeit der Wertpapiere unterstellt wird, ist auch der Erwerb gebrochener Mengeneinheiten möglich. So bedeutet beispielsweise der Kauf von 0,4 Stücken des Finanztitels 2 eine Anschaffungsauszahlung über 0,4 · 6,20 EUR = 2,48 EUR bei Rückzahlungen in Höhe von:

$$0{,}4 \cdot \underline{F}_2 = 0{,}4 \cdot \begin{pmatrix} 4 & 11 & 8 \end{pmatrix} = \begin{pmatrix} 1{,}6 & 4{,}4 & 3{,}2 \end{pmatrix}$$

Bei einem Leerverkauf veräußert ein Marktteilnehmer zu Beginn der Periode Wertpapiere, die sich noch nicht in seinem Besitz befinden. Hierzu schließt er mit dem Käufer einen Vertrag, der den Verkäufer verpflichtet, die Finanztitel am Ende des Betrachtungszeitraumes zu liefern. Ein Leerverkauf einer Einheit des Wertpapiers 3 hat für den Verkäufer in t = 0 einen Mittelzufluss in Höhe von 5,30 EUR zur Folge. Im Gegenzug sagt er verbindlich zu, dem Käufer in t = 1 das Wertpapier 3 zu liefern. Da es sich im Zeitpunkt des Leerverkaufs noch nicht im Besitz des Leerverkäufers befindet, muss er es am Ende der Periode am Kapitalmarkt beschaffen, um seiner Lieferverpflichtung nachzukommen. Die Kosten dieser Beschaffung sind abhängig vom auftretenden Umweltzustand und betragen 2 EUR, 9 EUR oder 10 EUR. Für den Leerverkäufer einer Einheit des Finanztitels 3 nimmt das Cash Flow-Profil daher die nachstehende Form an,

$$(-1) \cdot \underline{F}_3 = (-1) \cdot \begin{pmatrix} 2 & 9 & 10 \end{pmatrix} = \begin{pmatrix} -2 & -9 & -10 \end{pmatrix}$$

wobei das negative Vorzeichen den Leerverkauf signalisiert.[11] Für den Leerverkäufer ist diese Strategie genau dann lohnenswert, wenn Umweltzustand 1 eintritt. Er kann dann den Finanztitel in t = 1 für 2 EUR am Markt erwerben und

[11] An den deutschen Börsen sind reine Leerverkäufe nicht zugelassen. Institutionellen Anlegern steht aber der Weg offen, geliehene Wertpapiere zu veräußern (sog. Wertpapierleihe). Als Verleiher der Wertpapiere treten häufig Investmentfonds auf, die Teile ihres Bestandes für eine Wertpapierleihe zur Verfügung stellen. Der Entleiher verpflichtet sich, die geliehenen Finanztitel am Ende der Leihfrist zurückzugeben. Durch die Leihe erzielen die Fonds zusätzliche Erträge in Form von Leihgebühren zur Aufbesserung ihrer Performance. Privatanlegern steht ein Leerverkauf oft nur in Form des Erwerbs entsprechend ausgestalteter strukturierter Produkte zur Verfügung.

an den Käufer weiterreichen. Unter Vernachlässigung von Zinseffekten hat er einen Gewinn von 5,30 EUR – 2,00 EUR = 3,30 EUR erzielt.

Neben dem Kauf einzelner Wertpapiere lassen sich auch Portfolios bilden. So führt der Erwerb von zwei Einheiten des Finanztitels 2 und einer Einheit des Finanztitels 3 zu einem Cash Flow von 10 EUR, 31 EUR oder 26 EUR in t = 1:

$$2 \cdot \underline{F}_2 + 1 \cdot \underline{F}_3 = 2 \cdot (4 \quad 11 \quad 8) + (2 \quad 9 \quad 10) = (10 \quad 31 \quad 26)$$

3.2.2 Konstruktion reiner Wertpapiere

Wie die Ausführungen im letzten Abschnitt gezeigt haben, eröffnet sich den Marktteilnehmern mit der Möglichkeit, die vorhandenen Finanztitel zu Portfolios zusammenzufassen, die Chance, neue von den Einzelwertpapieren abweichende Cash Flow-Verteilungen zum Ende der Betrachtungsperiode zu erzeugen. Von besonderem Interesse ist in diesem Zusammenhang die Frage, ob durch die Portfoliobildung jede nur denkbare Rückzahlungsstruktur erzeugt werden kann, solange die Beschränkung des gegebenen Anfangsvermögens beachtet wird, oder ob die Umverteilung der Cash Flows über die Umweltzustände Grenzen unterliegt.

Zur Vereinfachung der Analyse werden die einzelnen Finanztitel zu einer sogenannten Payoff-Matrix zusammengefasst. Sie beinhaltet in den Zeilen die zur Verfügung stehenden Finanztitel und in den Spalten die Umweltzustände (vgl. Abbildung 3-1):

Mit $F_{n,s}$ wird der Rückfluss F des Finanztitels n (mit n = 1, 2,…, N) bei Eintritt des Umweltzustandes s (mit s = 1, 2, …, S) bezeichnet. Insgesamt stehen N Finanztitel zur Auswahl und es existieren S Umweltzustände. Im konkreten Fall der drei Wertpapiere aus Abschnitt 3.2.1 ergibt sich die Payoff-Matrix zu:

Umweltzustand / Finanztitel	Z_1	Z_2	…	Z_s
1	$F_{1,1}$	$F_{1,2}$	…	$F_{1,S}$
2	$F_{2,1}$	$F_{2,2}$	…	$F_{2,S}$
⋮	⋮	⋮	⋮	⋮
N	$F_{N,1}$	$F_{N,2}$	…	$F_{N,S}$

Abbildung 3-1: Struktur einer Payoff-Matrix

Um die Schreibweise weiter zu vereinfachen, soll die Payoff-Matrix in den folgenden Ausführungen immer als

$$\underline{\underline{F}} = \begin{pmatrix} 10 & 8 & 9 \\ 4 & 11 & 8 \\ 2 & 9 & 10 \end{pmatrix} \qquad 3\text{-}2$$

dargestellt werden. Die doppelte Unterstreichung kennzeichnet eine Matrix.

Finanztitel \ Umweltzustand	Z_1	Z_2	Z_3
1	10	8	9
2	4	11	8
3	2	9	10

Abbildung 3-2: Payoff-Matrix der drei Finanztitel

Wir nehmen an, ein Wirtschaftssubjekt plane, aus den drei zur Verfügung stehenden Wertpapieren ein Portfolio in der Weise zu bilden, dass in t = 1 im Zustand 1 eine Rückzahlung von 17 EUR und in den Zuständen 2 und 3 eine Rückzahlung von –20 EUR resp. 31 EUR geleistet wird. Um herauszufinden, aus welchen Anteilen der drei Wertpapiere dieses Portfolio bestehen muss, ist nachstehendes Gleichungssystem zu lösen:

$$\begin{aligned} 10 \cdot x_1 + 4 \cdot x_2 + 2 \cdot x_3 &= 17 \\ 8 \cdot x_1 + 11 \cdot x_2 + 9 \cdot x_3 &= -20 \\ 9 \cdot x_1 + 8 \cdot x_2 + 10 \cdot x_3 &= 31 \end{aligned}$$

Die Größen x_1 bis x_3 kennzeichnen die jeweils notwendige Anzahl der drei Finanztitel. In Matrixform lässt sich auch schreiben:

$$\begin{pmatrix} 10 & 4 & 2 \\ 8 & 11 & 9 \\ 9 & 8 & 10 \end{pmatrix} \cdot \begin{pmatrix} x_1 \\ x_2 \\ x_3 \end{pmatrix} = \begin{pmatrix} 17 \\ -20 \\ 31 \end{pmatrix}$$

Bei der Matrix handelt es sich um die Transponierte der Payoff-Matrix. Es gilt:

$$\underline{\underline{F}}^T \cdot \underline{x} = \underline{R} \qquad \text{3-3}$$

Der Hochindex T charakterisiert die Transponierte, $\underline{R}$ steht für den Rückzahlungsvektor. Die Lösung des Systems ergibt sich durch Bildung der Inversen $[\underline{\underline{F}}^T]^{-1}$ von $\underline{\underline{F}}^T$:

$$\underline{\underline{F}}^T \cdot \underline{x} = \underline{R} \Leftrightarrow \underline{x} = \left[\underline{\underline{F}}^T\right]^{-1} \cdot \underline{R} \qquad \text{3-4}$$

$$\underline{x} = \begin{pmatrix} 19/157 & -12/157 & 7/157 \\ 1/314 & 41/157 & -37/157 \\ -35/314 & -22/157 & 39/157 \end{pmatrix} \cdot \begin{pmatrix} 17 \\ -20 \\ 31 \end{pmatrix} = \begin{pmatrix} 4{,}968 \\ -12{,}475 \\ 8{,}608 \end{pmatrix}$$

Das vom Wirtschaftssubjekt angestrebte Rückzahlungsprofil stellt sich genau dann ein, wenn die drei Wertpapiere in den Mengen $x_1 = 4{,}968$, $x_2 = -12{,}475$ und $x_3 = 8{,}608$ gekauft bzw. leerverkauft werden. Dies lässt sich am Beispiel des ersten Umweltzustandes unmittelbar aufzeigen:

$$R_1 = \sum_{n=1}^{3} x_n \cdot F_{n,1} = 4{,}968 \cdot 10 - 12{,}475 \cdot 4 + 8{,}608 \cdot 2 = 17\ EUR$$

Die Vorgehensweise für die übrigen Zustände erfolgt vollkommen analog. Der Preis eines solchen Portfolios in t = 0 beläuft sich auf:[12]

$$\sum_{n=1}^{3} x_n \cdot \theta_n = 4{,}968 \cdot 8{,}85 - 12{,}475 \cdot 6{,}20 + 8{,}608 \cdot 5{,}30 = 12{,}25\ EUR$$

Mit dem Vektor $\underline{R}^T = (17\ -20\ 31)$ haben wir anhand eines Beispiels gezeigt, wie die Wertpapiere zu einem Paket zusammengeschnürt werden müssen, um ein vorgegebenes Rückzahlungsprofil zu erzeugen. Durch Vorgabe anderer Komponenten im Vektor $\underline{R}$ resultiert unmittelbar eine Veränderung des Vektors $\underline{x}$ und damit eine neue Zusammensetzung des in t = 0 zu erwerbenden Portfolios.

Aus der unbegrenzten Anzahl möglicher Kombinationen der Finanztitel sind drei von besonderem Interesse, nämlich diejenigen, die in t = 1 in genau einem Umweltzustand 1 EUR auszahlen und in allen anderen Umweltzuständen zu keinem Cash Flow führen. Man bezeichnet solche Wertpapiere als Elementaranlagen, reine Wertpapiere oder auch als Arrow-Debreu-Wertpapiere. Bei drei Umweltzuständen in t = 1 existieren drei Elementaranlagen (zur Unterscheidung von den Finanztiteln werden sie mit * hervorgehoben):[13]

$$\underline{F}_1^* = (1\quad 0\quad 0) \qquad \underline{F}_2^* = (0\quad 1\quad 0) \qquad \underline{F}_3^* = (0\quad 0\quad 1)$$

Die Mengeneinheiten der Finanztitel, deren Erwerb in t = 0 erforderlich ist, um die Elementaranlagen zu erzeugen, ermittelt das nachfolgende Gleichungssystem. Dabei gibt $x_{n,s}$ die Menge des Wertpapiers n an, die zu beziehen ist, um unter Berücksichtigung der entsprechenden Mengen der übrigen n – 1 Wertpapiere eine Elementaranlage zu erhalten, die genau im Zustand s zu einer Zahlung von 1 EUR führt:

$$\underline{\underline{F}}^T \cdot \underline{\underline{x}} = \underline{\underline{1}} \Leftrightarrow \underline{\underline{x}} = \left[\underline{\underline{F}}^T\right]^{-1} \cdot \underline{\underline{1}} \Leftrightarrow \underline{\underline{x}} = \left[\underline{\underline{F}}^T\right]^{-1} \text{ bzw.} \qquad 3\text{-}5$$

$$\begin{pmatrix} 10 & 4 & 2 \\ 8 & 11 & 9 \\ 9 & 8 & 10 \end{pmatrix} \cdot \begin{pmatrix} x_{1,1} & x_{1,2} & x_{1,3} \\ x_{2,1} & x_{2,2} & x_{2,3} \\ x_{3,1} & x_{3,2} & x_{3,3} \end{pmatrix} = \begin{pmatrix} 1 & 0 & 0 \\ 0 & 1 & 0 \\ 0 & 0 & 1 \end{pmatrix}$$

Die Matrix $\underline{\underline{x}}$ ergibt sich zu:

$$\underline{\underline{x}} = \begin{pmatrix} 19/157 & -12/157 & 7/157 \\ 1/314 & 41/157 & -37/157 \\ -35/314 & -22/157 & 39/157 \end{pmatrix}$$

---

[12] Es wird mit ungerundeten Mengenanteilen x_1, x_2 und x_3 gerechnet.

[13] Für die reinen Wertpapiere wird die Notation $\underline{F}_s^*$ verwendet. Mit $\underline{F}_1^*$ wird der Cash Flow-Vektor des reinen Wertpapiers bezeichnet, das 1 EUR bei Eintritt des Zustandes s = 1 auszahlt.

Um beispielsweise das reine Wertpapier $\underline{F}_1$* zu erzeugen, werden die Finanzanlagen in den Mengen $x_{1,1}$ = 19/157, $x_{2,1}$ = 1/314 und $x_{3,1}$ = -35/314 zu einem Portfolio kombiniert:

$$\underline{F}_1^{*T} = \begin{pmatrix} 10 & 4 & 2 \\ 8 & 11 & 9 \\ 9 & 8 & 10 \end{pmatrix} \cdot \begin{pmatrix} 19/157 \\ 1/314 \\ -35/314 \end{pmatrix} = \begin{pmatrix} 1 \\ 0 \\ 0 \end{pmatrix}$$

Es handelt sich bei den Elementaranlagen um normierte Zahlungsansprüche. Sie stellen insofern ein theoretisches Konstrukt dar, als sie an den Kapitalmärkten nicht unmittelbar ge- oder verkauft werden können, sondern ausschließlich implizit in den Zahlungsstrukturen komplexerer Finanztitel (in unserem Beispiel der realen Wertpapiere F_1, F_2, und F_3) enthalten sind. Erst durch die Zusammenstellung dieser komplexen Finanztitel zu Portfolios lassen sich die reinen Wertpapiere extrahieren.

Da die Preise der Finanztitel, mit deren Hilfe die Elementaranlagen konstruiert wurden, bekannt sind, lassen sich auch die Preise, die zu zahlen sind, um bei Eintritt eines bestimmten Umweltzustandes genau 1 EUR zu erhalten, berechnen:

$$\underline{\underline{F}}^{-1} \cdot \underline{\theta} = \underline{\pi} \text{ bzw.} \qquad 3\text{-}6$$

$$\begin{pmatrix} 19/157 & 1/314 & -35/157 \\ -12/157 & 41/157 & -22/157 \\ 7/157 & -37/157 & 39/157 \end{pmatrix} \cdot \begin{pmatrix} 8,85 \\ 6,20 \\ 5,30 \end{pmatrix} = \begin{pmatrix} 0,50 \\ 0,20 \\ 0,25 \end{pmatrix}$$

Dabei bezeichnet $\underline{\theta}$ weiterhin den Preisvektor der am Markt gehandelten Finanztitel und $\underline{\pi}$ symbolisiert den Preisvektor der reinen Wertpapiere. Die Preise der reinen Wertpapiere werden als Zustandspreise bezeichnet. So kostet heute z.B. ein Anrecht auf Erhalt von 1 EUR bei Eintritt des Zustandes 1 im Zeitpunkt t = 1 unter Verzicht auf jegliche Zahlung in den übrigen Zuständen 0,50 EUR.

Die isolierte Betrachtung für $\underline{F}_1$* lautet:

$$\pi_1 = \begin{pmatrix} 8,85 & 6,20 & 5,30 \end{pmatrix} \cdot \begin{pmatrix} 19/157 \\ 1/314 \\ -35/157 \end{pmatrix} = 0,50 \; EUR$$

Bei gegebenen Preisen der reinen Wertpapiere lassen sich durch Umformung des obigen Zusammenhangs auch die Preise der Finanzanlagen bestimmen:

$$\underline{\underline{F}}^{-1} \cdot \underline{\theta} = \underline{\pi} \Leftrightarrow \underline{\theta} = \underline{\underline{F}} \cdot \underline{\pi} \text{ bzw.} \qquad 3\text{-}7$$

$$\begin{pmatrix} 10 & 8 & 9 \\ 4 & 11 & 8 \\ 2 & 9 & 10 \end{pmatrix} \cdot \begin{pmatrix} 0,50 \\ 0,20 \\ 0,25 \end{pmatrix} = \begin{pmatrix} 8,85 \\ 6,20 \\ 5,30 \end{pmatrix}$$

Elementaranlagen sind deshalb von herausragender Bedeutung, weil sie als die wesentlichen Bausteine angesehen werden können, um zukünftige Cash Flow-

Verteilungen zusammenzusetzen. So lässt sich der oben betrachtete Rückzahlungsvektor $\underline{R}^T = (17\ -20\ 31)$ anstelle einer Kombination aus den drei Finanztiteln in den Mengeneinheiten $\underline{x}^T = (4{,}968\ -12{,}475\ 8{,}608)$ auch als Zusammenstellung reiner Wertpapiere gemäß $\underline{x}^{*T} = (17\ -20\ 31)$ betrachten:

$$\underline{\underline{I}} \cdot \underline{R} = \underline{R} \ \ bzw. \qquad 3\text{-}8$$

$$\begin{pmatrix} 1 & 0 & 0 \\ 0 & 1 & 0 \\ 0 & 0 & 1 \end{pmatrix} \cdot \begin{pmatrix} 17 \\ -20 \\ 31 \end{pmatrix} = \begin{pmatrix} 17 \\ -20 \\ 31 \end{pmatrix}$$

Der Preis des Rückzahlungsvektors in t = 0 beträgt:

$$\sum_{s=1}^{3} x_s^* \cdot \pi_s = 17 \cdot 0{,}50 - 20 \cdot 0{,}20 + 31 \cdot 0{,}25 = 12{,}25\ EUR$$

Die Tatsache, dass sich aus den drei Wertpapieren für jeden möglichen Umweltzustand ein reines Wertapapier hervorbringen lässt, besitzt weitreichende Konsequenzen. Aus ihr lässt sich ableiten, dass die in der Payoff-Matrix zusammengestellten Finanztitel ausreichen, um in t = 1 jede nur denkbare Verteilung der Rückflüsse durch entsprechende Portfoliobildung zu erzeugen. Die einzige Beschränkung ergibt sich aus dem gegebenen Anfangsvermögen. Jeder von einem Marktteilnehmer gewünschte Rückzahlungsstrom am Periodenende lässt sich entweder direkt aus den Finanztiteln oder über den Umweg der reinen Wertpapiere zusammenstellen. Dabei bilden die Elementaranlagen die kleinsten ganzzahligen Einheiten, gewissermaßen die Zutaten, für das Erstellen komplexerer Strukturen. Es ist lediglich notwendig, in Abhängigkeit von den in t = 1 gewünschten Zahlungen, die entsprechende Anzahl von Elementaranlagen in jedem Zustand zu kaufen bzw. leerzuverkaufen, wobei die Summe der Auszahlungen für Käufe und der Einzahlungen aus Leerverkäufen das gegebene Budget nicht übersteigen darf.

3.2.3 Vollständigkeit des Kapitalmarktes

Den Ausgangspunkt für die Ermittlung der Preise der reinen Wertpapiere bilden die am Markt gehandelten Finanztitel $\underline{F}_n$ und deren Preise θ_n. Durch die Zusammenstellung geeigneter Portfolios sind die Finanztitel so zu kombinieren, dass die Zahlungsstruktur der Elementaranlagen erzeugt wird. Über die dabei eingesetzten Mengen der Wertpapiere ergeben sich in Verbindung mit ihren Preisen die Preise der Elementaranlagen. Allgemein ist das nachstehende, inhomogene lineare Gleichungssystem zu lösen (vgl. Abbildung 3-3).

In Matrixschreibweise stellt es sich wie folgt dar:

$$\underline{\underline{F}} \cdot \underline{\pi} = \underline{\theta} \qquad 3\text{-}9$$

Zu klären ist zunächst, unter welchen Voraussetzungen eine (eindeutige) Lösung für den Vektor $\underline{\pi}$ existiert. Zur Vereinfachung der Analyse betrachten wir

$$\begin{array}{ccccccccccccc} F_{1,1} & \cdot & \pi_1 & + & F_{1,2} & \cdot & \pi_2 & + & \dots & + & F_{1,s} & \cdot & \pi_s & = & \theta_1 \\ F_{2,1} & \cdot & \pi_1 & + & F_{2,2} & \cdot & \pi_2 & + & \dots & + & F_{2,s} & \cdot & \pi_s & = & \theta_2 \\ & \vdots & & & & \vdots & & & \vdots & & & \vdots & & & \vdots \\ F_{N,1} & \cdot & \pi_1 & + & F_{N,2} & \cdot & \pi_2 & + & \dots & + & F_{N,s} & \cdot & \pi_s & = & \theta_N \end{array}$$

Abbildung 3-3: Gleichungssystem zur Ermittlung der Preise der reinen Wertpapiere

zunächst den Fall, in dem die Zahl der gehandelten Wertpapiere identisch ist mit der Zahl möglicher Umweltzustände am Periodenende (N = S). Es liegt dann eine quadratische Payoff-Matrix vor. Bereits im letzten Abschnitt wurde dies näher beleuchtet. Um von einer gegebenen Payoff-Matrix $\underline{\underline{F}}$ und einem gegebenen Preisvektor der Wertpapiere $\underline{\theta}$ zu den Preisen der reinen Wertpapiere $\underline{\pi}$ zu gelangen, ist es erforderlich, die Inverse von $\underline{\underline{F}}$ zu berechnen:

$$\underline{\underline{F}} \cdot \underline{\pi} = \underline{\theta} \Leftrightarrow \underline{\pi} = \underline{\underline{F}}^{-1} \cdot \underline{\theta} \qquad \text{3-10}$$

Bei einer quadratischen Matrix ist dies genau dann möglich, wenn $\underline{\underline{F}}$ einen vollen Rang besitzt. Der Rang gibt die maximale Anzahl linear unabhängiger Spalten bzw. Zeilen einer Matrix wieder. Die Maximalzahl unabhängiger Spalten (Zeilen) wird als Spaltenrang (Zeilenrang) bezeichnet. Zeilen- und Spaltenrang sind stets identisch. Eine quadratische Matrix deren Rang mit der Zeilen- bzw. Spaltenanzahl identisch ist, heißt regulär. Bezogen auf die Payoff-Matrix im letzten Abschnitt lässt sich zeigen:

$$Rang\begin{pmatrix} 10 & 8 & 9 \\ 4 & 11 & 8 \\ 2 & 9 & 10 \end{pmatrix} = 3$$

Ökonomisch bedeutet der volle Rang der Payoff-Matrix, dass keines der vorhandenen Wertpapiere durch ein Portfolio aus den übrigen Finanztiteln nachbildet werden kann. Bezogen auf den Finanztitel $\underline{F}_2$ lassen sich z.B. keine Mengen x_1 und x_3 der verbleibenden Wertpapiere finden, so dass gilt:

$$\underline{F}_2 = x_1 \cdot \underline{F}_1 + x_3 \cdot \underline{F}_3 \qquad \text{3-11}$$

Ein Kapitalmarkt, auf dem die Anzahl der verschiedenen Finanztitel mit der Zahl der möglichen Umweltzustände übereinstimmt und auf dem alle diese Finanztitel linear unabhängige Zahlungsvektoren aufweisen, heißt vollständig. Bereits im 1. Kapitel hatten wir den Begriff der Vollständigkeit des Kapitalmarktes verwendet und damit die Möglichkeit des Handels von Zahlungsströmen in jeder von einem Investor gewünschten Höhe gekennzeichnet (vgl. Abschnitt 1.2.3). Neben dieser qualitativen Umschreibung steht mit der linearen Unabhängigkeit nun ein mathematisches Konzept zur Verfügung, mit dessen Hilfe die Vollständigkeit auch quantitativ überprüft werden kann.

Sofern die Anzahl der Finanztitel mit linear unabhängigen Rückflüssen kleiner ist als die Zahl der möglichen Umweltzustände, spricht man von einem unvollständigen Kapitalmarkt (N < S). Als Beispiel seien die nachstehende Payoff-Matrix $\underline{\underline{F}}'$ und der dazugehörige Preisvektor $\underline{\theta}'$ betrachtet. Die Matrix weicht in Bezug auf die oberste Zeile von der bisher untersuchten Matrix $\underline{\underline{F}}$ ab.

$$\underline{\underline{F}}' = \begin{pmatrix} 2 & 16 & 22 \\ 4 & 11 & 8 \\ 2 & 9 & 10 \end{pmatrix} \qquad \underline{\theta}' = \begin{pmatrix} 9{,}70 \\ 6{,}20 \\ 5{,}30 \end{pmatrix}$$

Der Rang von F′ beträgt zwei. Einer der Rückzahlungsvektoren muss sich daher durch eine Kombination der übrigen beiden nachbilden lassen. Es zeigt sich, dass sich durch den Kauf von drei Einheiten des Finanztitels 3 und den Leerverkauf einer Einheit des Finanztitels 2 ein Portfolio erzeugen lässt, dessen Zahlungsstruktur genau mit dem von Wertpapier 1 übereinstimmt:

$$\underline{F}'_1 = 3 \cdot \underline{F}'_3 - \underline{F}'_2 = \begin{pmatrix} 2 & 16 & 22 \end{pmatrix}$$

Der Preis dieses Portfolios entspricht genau der Summe der darin enthaltenen Bestandteile:

$$\theta'_1 = 3 \cdot \theta'_3 - \theta'_2 = 9{,}70\ EUR$$

Da sich der erste Finanztitel durch Kombination der übrigen Wertpapiere ergibt, wird er als redundanter Zahlungsstrom bezeichnet. Er kann in der Payoff-Matrix ignoriert werden:

$$\underline{\underline{F}}' = \begin{pmatrix} 4 & 11 & 8 \\ 2 & 9 & 10 \end{pmatrix}$$

Damit stehen zwei linear unabhängigen Wertpapieren drei mögliche Umweltzustände gegenüber. Für das lineare Gleichungssystem zur Bestimmung der Preise reiner Wertpapiere folgt:

$$4 \cdot \pi'_1 + 11 \cdot \pi'_2 + 8 \cdot \pi'_3 = 6{,}20\ EUR$$
$$2 \cdot \pi'_1 + 9 \cdot \pi'_2 + 10 \cdot \pi'_3 = 5{,}30\ EUR$$

Aus dem Rang der Payoff-Matrix und der um den Preisvektor erweiterten Matrix leitet sich ab, dass das Gleichungssystem lösbar ist:

$$Rang\left(\underline{\underline{F}}'\right) = Rang\left(\underline{\underline{F}}' \mid \underline{\theta}\right) = 2$$

Es existieren allerdings unendlich viele Lösungen, da die Zahl der Umweltzustände den Rang übersteigt (Rang($\underline{\underline{F}}'$) < S). So erfüllen beispielsweise die Vektoren $(\underline{\pi}'^1)^T = (2/5\ 5/19\ 81/380)$, $(\underline{\pi}'^2)^T = (27/40\ 17/190\ 239/760)$ und $(\underline{\pi}'^3)^T = (1/4\ 34/395\ 3/19)$ das Gleichungssystem. Die Preise der Elementaranlagen sind damit nicht eindeutig. Bei der Emission neuer Wertpapiere ist eine eindeutige Festlegung ihres Preises nur dann möglich, wenn der Rückzahlungsvektor linear von den bereits am Markt gehandelten Titeln abhängig ist. Wird hingegen ein Wertpapier ausgegeben, das sich auf diese Weise nicht bewerten lässt, kann sein Preis ex ante nicht bestimmt werden.[14] Zum Beispiel kostet ein Rückzahlungsvektor mit dem Profil $\underline{F}'_4 = (7\ 3\ 12)$ in Abhängigkeit davon, welcher der drei oben dargestellten Preisvektoren zur Bewertung herangezogen wird 6,15 EUR, 8,77 EUR oder 3,20 EUR.

Übersteigt die Zahl der gehandelten Finanztitel die Umweltzustände, liegt ein übervollständiger Kapitalmarkt vor (N > S). Sofern sich unter den N Wertpapieren S linear unabhängige Rückzahlungsvektoren befinden, sind die verbleibenden N – S Wertpapiere redundant und können aus der Betrachtung ausgeschlossen werden. Ein Beispiel hierfür ist die Matrix $\underline{\underline{F}}''$ mit dem Preisvektor $\underline{\theta}''$:

$$\underline{\underline{F}}'' = \begin{pmatrix} 10 & 8 & 9 \\ 4 & 11 & 8 \\ 2 & 9 & 10 \\ 8 & 6 & 11 \end{pmatrix} \qquad \underline{\theta}'' = \begin{pmatrix} 8{,}85 \\ 6{,}20 \\ 5{,}30 \\ 7{,}95 \end{pmatrix}$$

Das Wertpapier 4 setzt sich aus den übrigen Finanztiteln zusammen:

$$\underline{F}''_4 = \underline{F}''_1 - \underline{F}''_2 + \underline{F}''_3 = (8 \quad 6 \quad 11)$$
$$\theta''_4 = \theta''_1 - \theta''_2 + \theta''_3 = 7{,}95\ EUR$$

Eliminiert man es aus der Matrix entsteht ein vollständiger Kapitalmarkt, der die eindeutige Ermittlung der Preise reiner Wertpapiere ermöglicht.

3.2.4 Risikolose Anlage

Neben der Möglichkeit die Finanztitel so zu Portfolios zu kombinieren, dass aus ihnen die für reine Wertpapiere typischen Zahlungsströme hervorgehen, können auch Cash Flow-Vektoren erzeugt werden, die in jedem Zustand denselben Rückfluss erbringen. Man spricht dann von einer risikolosen Anlagemöglichkeit. Ausgangspunkt sei erneut die bereits bekannte Payoff-Matrix $\underline{\underline{F}}$. Gesucht ist derjenige Mengenvektor $\underline{x}$, bei dem ein Portfolio aus den drei Finanztiteln in jedem Umweltzustand zu einer Zahlung von genau 1 EUR führt:

$$\underline{\underline{F}}^T \cdot \underline{x} = \underline{1} \quad \text{bzw.}$$
$$\begin{pmatrix} 10 & 4 & 2 \\ 8 & 11 & 9 \\ 9 & 8 & 10 \end{pmatrix} \cdot \begin{pmatrix} x_1 \\ x_2 \\ x_3 \end{pmatrix} = \begin{pmatrix} 1 \\ 1 \\ 1 \end{pmatrix} \qquad \text{3-12}$$

Um den Vektor $\underline{x}$ zu ermitteln, ist $\underline{\underline{F}}^T$ zu invertieren und mit dem Einheitsvektor $\underline{1}$ zu multiplizieren:

$$\underline{\underline{F}}^T \cdot \underline{x} = \underline{1} \Leftrightarrow \underline{x} = \left[F^T\right]^{-1} \cdot \underline{1} \quad \text{bzw.}$$
$$\underline{x} = \begin{pmatrix} 19/157 & -12/157 & 7/157 \\ 1/314 & 41/157 & -37/157 \\ -35/314 & -22/157 & 39/157 \end{pmatrix} \cdot \begin{pmatrix} 1 \\ 1 \\ 1 \end{pmatrix} = \begin{pmatrix} 14/157 \\ 9/314 \\ -1/314 \end{pmatrix} \qquad \text{3-13}$$

[14] Vgl. Laux (2006), S. 128.

Werden die Finanztitel in den Mengen $x_1 = 14/157$, $x_2 = 9/314$ und $x_3 = -1/314$ erworben, liefert das so entstehende Portfolio immer eine Zahlung von 1 EUR. Folglich beträgt der Preis der risikolosen Anlage:

$$\theta_r = \frac{14}{157} \cdot 8{,}85 + \frac{9}{314} \cdot 6{,}20 - \frac{1}{314} \cdot 5{,}30 = 0{,}95$$

Der risikolose Zinssatz für 1 Jahr beläuft sich auf diesem Kapitalmarkt daher auf 5,26 %:

$$r_f = \frac{1}{\theta_r} - 1 = \frac{1}{0{,}95} - 1 = 0{,}0526$$

Zu demselben Ergebnis gelangt man, wenn man sich vor Augen hält, dass auch der Kauf je einer Elementaranlage für jeden möglichen Umweltzustand ebenfalls eine risikolose Zahlung zur Folge hat:

$$\sum_{s=1}^{S} \underline{F}_s^* = \underline{1} \quad \text{bzw.}$$

$$\begin{pmatrix} 1 \\ 0 \\ 0 \end{pmatrix} + \begin{pmatrix} 0 \\ 1 \\ 0 \end{pmatrix} + \begin{pmatrix} 0 \\ 0 \\ 1 \end{pmatrix} = \begin{pmatrix} 1 \\ 1 \\ 1 \end{pmatrix} \qquad \text{3-14}$$

Der Preis dieser Vorgehensweise beläuft sich erwartungsgemäß auch auf 0,95 EUR:

$$\sum_{s=1}^{S} \pi_s = \theta_r = \frac{1}{1 + r_f} \quad \text{bzw.} \qquad \text{3-15}$$

$$0{,}50 + 0{,}20 + 0{,}25 = 0{,}95 = \frac{1}{1 + 0{,}0526}$$

3.3 Konzept der Arbitrage

3.3.1 Arbitrageformen

In den vorhergehenden Abschnitten haben wir gezeigt, wie sich aus den Rückzahlungsvektoren der am Markt gehandelten Finanztitel ein Satz reiner Wertpapiere konstruieren lässt. Als Grundbausteine des Kapitalmarktes ziehen Investoren diese reinen Wertpapiere heran, um aus ihnen komplexere Zahlungsströme zusammenzustellen.

Die Bildung der Elementaranlagen wurde bisher in erster Linie unter rein mathematischen Gesichtspunkten analysiert. Um auf der Grundlage einer quadratischen Payoff-Matrix die mengenmäßige Zusammensetzung derjenigen Portfolios aus Finanztiteln bestimmen zu können, die zu den für reine Wertpapiere charakteristischen Rückzahlungsprofilen führen, ist die Bildung der Inversen der Payoff-Matrix erforderlich. Sie lässt sich nur dann berechnen, wenn der betrachtete Kapitalmarkt vollständig ist: die Zahl der linear unabhängigen Rückzahlungsvektoren der Finanztitel muss mit der Zahl der möglichen Umweltzustände am Periodenende übereinstimmen. Zieht man darüber hinaus den Preisvektor der Finanztitel heran, lässt sich mit Hilfe der Inversen auch unmittelbar die Preisstruktur der Elementaranlagen bestimmen.

Die Regularität der Payoff-Matrix und das Vorliegen eines Preisvektors für die Finanztitel sind – zumindest aus mathematischer Sicht – die Grundlagen für die Bildung der Elementaranlagen und die Berechnung ihrer Preise. Wir wollen nun in unserer Untersuchung einen Schritt weitergehen und überprüfen, ob jede Konstellation aus regulärer Payoff-Matrix und Preisvektor auch zu einem ökonomisch sinnvollen, d.h. stabilen Preissystem reiner Wertpapiere führt. In diesem Zusammenhang liegt das Augenmerk besonders auf der arbitragefreien Bewertung risikobehafteter Zahlungsströme. Diese ist von großer Bedeutung, weil sie grundlegende Einsichten auf die Preisfindung risikobehafteter Investitionsobjekte zulässt.

Zur Veranschaulichung sei der nachstehende Kapitalmarkt betrachtet:

$$\underline{\underline{F}} = \begin{pmatrix} 1 & 2 & 3 \\ 1 & 4 & 1 \\ 3 & 5 & 2 \end{pmatrix} \qquad \underline{\theta} = \begin{pmatrix} 4{,}05 \\ 4{,}85 \\ 6{,}55 \end{pmatrix}$$

Die Payoff-Matrix $\underline{\underline{F}}$ besitzt vollen Rang. Durch Inversion und Multiplikation mit dem Preisvektor $\underline{\theta}$ ergeben sich die Preise der Elementaranlagen:

$$\underline{\pi} = \left[\underline{\underline{F}}^{-1}\right] \cdot \theta = \begin{pmatrix} -3/16 & -11/16 & 5/8 \\ -1/16 & 7/16 & -1/8 \\ 7/16 & -1/16 & -1/8 \end{pmatrix} \cdot \begin{pmatrix} 4{,}05 \\ 4{,}85 \\ 6{,}55 \end{pmatrix} = \begin{pmatrix} 0{,}00 \\ 1{,}05 \\ 0{,}65 \end{pmatrix} \qquad \text{3-16}$$

Das reine Wertpapier 1 mit der Zahlungsstruktur $\underline{F}_1^* = (1\ 0\ 0)$ ist heute kostenlos zu erhalten. Welche Konsequenzen hat dies für das Gleichgewicht auf dem Kapitalmarkt? Ruft man sich die Annahmen des State Preference-Modells in Erinnerung, dann muss jeder einzelne Umweltzustand eine positive Eintrittswahrscheinlichkeit aufweisen. Kein in t = 0 für das Ende der Periode prognostizierter Zustand darf unmöglich sein. Den Marktteilnehmern eröffnet sich mit dem kostenlosen Bezug des reinen Wertpapiers 1 die Möglichkeit, ohne den Einsatz eigener Finanzmittel 1 EUR in t = 1 bei Eintritt des Zustandes 1 zu erhalten. Unabhängig davon, wie klein diese Wahrscheinlichkeit für diesen Zustand sein mag, werden sich rational verhaltende Wirtschaftssubjekte hemmungslos auf diese Elementaranlage stürzen. Da annahmegemäß jeder Marktteilnehmer ein höheres Vermögen einem geringeren vorzieht, wird die Chance auf den Bezug höherer Zahlungen im Zustand 1 uneingeschränkt wahrgenommen. Der Kauf des reinen Wertpapiers 1 belastet das Budget nicht, verspricht aber eine Wohlstandsmehrung.

Die Existenz einer kostenlosen Elementaranlage hat erhebliche Auswirkungen auf die Portfoliobildung der Wirtschaftssubjekte. Zuerst soll versucht werden, die drei Finanztitel so zu kombinieren, dass am Periodenende mit positiver Wahrscheinlichkeit eine Rückzahlung von 10 EUR auftritt, für die heute aber keine Anfangsauszahlung zu leisten ist. Konkret soll bei Eintritt von Umweltzustand 1 der Mittelzufluss von 10 EUR erfolgen. Treten dagegen die Umweltzustände 2 oder 3 ein, finden keine Zahlungen statt. Es muss gelten:

$$1 \cdot x_1 + 1 \cdot x_2 + 3 \cdot x_3 = 10$$
$$2 \cdot x_1 + 4 \cdot x_2 + 5 \cdot x_3 = 0$$
$$3 \cdot x_1 + 1 \cdot x_2 + 2 \cdot x_3 = 0$$
$$4{,}05 \cdot x_1 + 4{,}85 \cdot x_2 + 6{,}55 \cdot x_3 = 0$$

Werden die Wertpapiere in den Mengen $x_1 = -1{,}875$, $x_2 = -6{,}875$ und $x_3 = 6{,}25$ erworben, ist das Gleichungssystem erfüllt.

Bei der vorgestellten Anlagestrategie handelt es sich um Arbitragemöglichkeiten. Arbitrage ist ein Vorgang, bei dem Marktteilnehmer risikolos, d.h. ohne Einsatz eigenen Kapitals kostenlose Ansprüche auf Zahlungen erhalten können.

Eine Strategie, die keine Anfangsauszahlung verlangt, aber in mindestens einem Zustand positive und in allen anderen Zuständen keine negativen Rückflüsse generiert, wird als free lottery oder Arbitragemöglichkeit vom Typ 1 bezeichnet.[15] Die Teilnehmer an dieser Lotterie müssen keine Teilnahmegebühr entrichten, erhalten aber trotzdem die Chance, einen Gewinn zu erzielen.

Auf dem Kapitalmarkt ergeben sich Arbitragemöglichkeiten vom Typ 1, wenn eine Anlagestrategie $\underline{x}^T = (x_1, \ldots, x_n)$ existiert, die zu Beginn der Periode ($t = 0$) keinen positiven Kapitaleinsatz erfordert, aber am Periodenende ($t = 1$) in mindestens einem Umweltzustand positive und allen anderen Umweltzuständen nichtnegative Erträge erwirtschaftet:

$$\underline{\underline{F}}^T \cdot \underline{x} \geq \underline{0} \quad \text{wobei mindestens eine Komponente größer Null sein muss}$$

$$\underline{\theta}^T \cdot \underline{x} \leq 0 \qquad \text{3-17}$$

Alternativ lässt sich die Arbitragemöglichkeit vom Typ 1 auch in Summenschreibweise darstellen, wobei für mindestens einen Zustand s die erste Summe größer Null sein muss:

$$\sum_{n=1}^{N} x_n \cdot F_{n,s} \geq 0 \quad \forall s$$
$$\sum_{n=1}^{N} x_n \cdot \theta_n \leq 0 \qquad \text{3-18}$$

Wie bereits am Beispiel der Elementaranlage 1 beschrieben, werden die Marktteilnehmer die bestehende Arbitragestrategie in unbegrenzter Menge nachfragen. Diese Nachfrage erzeugt einen Druck auf die Preise der Finanztitel. Um das kostenlose Portfolio mit den Rückzahlungen 10 EUR, 0 EUR bzw. 0 EUR zu erzeugen, verkaufen die Wirtschaftssubjekte die Finanztitel 1 und 2 leer ($x_1 = -1{,}75$, $x_2 = -6{,}875$) und kaufen den Finanztitel 3 ($x_3 = 6{,}25$). Die Preise der erstgenannten Wertpapiere fallen, der Preis des Wertpapiers 3 steigt. Durch diesen Vorgang wird die Arbitragemöglichkeit beseitigt.

---

15 Vgl. Ingersoll (1987), S. 52 f.

Es wird deutlich, dass das Preissystem auf dem Kapitalmarkt solange nicht stabil ist, wie die Gelegenheit zur kostenlosen Erzielung von Einzahlungen besteht. Existieren Arbitragemöglichkeiten werden sich die Wirtschaftssubjekte veranlasst sehen, fortwährend Wertpapiere zu kaufen oder zu verkaufen, um die Arbitrage auszunutzen. Durch diesen Handel verändern sich die Wertpapierpreise ständig. Erst wenn keine Arbitrage mehr möglich ist, kommt der Handel zum Erliegen und die Preise pendeln sich ein.

Eine weitere Form der Arbitrage besteht darin, ein Wertpapier zu erwerben, das am Ende der Periode ausschließlich nichtnegative Mittelzuflüsse erwirtschaftet und heute eine Anschaffungsauszahlung erfordert, die kleiner als Null ist (= Anschaffungseinzahlung). Man spricht in diesem Zusammenhang von einem free lunch bzw. einer Arbitragemöglichkeit vom Typ 2. Sie eröffnet sich auf dem nachfolgenden Kapitalmarkt:

$$\underline{\underline{F}} = \begin{pmatrix} 1 & 2 & 3 \\ 1 & 4 & 1 \\ 3 & 5 & 2 \end{pmatrix} \qquad \underline{\theta} = \begin{pmatrix} 2{,}20 \\ 3{,}00 \\ 1{,}00 \end{pmatrix}$$

Für den Preisvektor der reinen Wertpapiere gilt:

$$\underline{\pi}^T = \begin{pmatrix} -1{,}85 & 1{,}05 & 0{,}65 \end{pmatrix}$$

Bei Erwerb der Elementaranlage 1 erhält der Käufer einen Anspruch auf Zahlung von 1 EUR bei Eintritt des ersten Umweltzustandes. Mit dem Kauf ist allerdings kein Kaufpreis im eigentlichen Sinne verbunden. Vielmehr erhält der Marktteilnehmer für jede Einheit des reinen Wertpapiers 1 eine Einzahlung von 1,85 EUR. Durch den negativen Preis ergibt sich für die Investoren die Möglichkeit, Portfolios zu konstruieren, die in allen Umweltzuständen eine Einzahlung hervorbringen und in t = 0 weniger als nichts kosten. Ein Beispiel für ein solches Portfolio ist mit dem nachstehenden Gleichungssystem gegeben:

$$\begin{aligned} 1 \cdot x_1 + 1 \cdot x_2 + 3 \cdot x_3 &= 8{,}50 \\ 2 \cdot x_1 + 4 \cdot x_2 + 5 \cdot x_3 &= 12{,}50 \\ 3 \cdot x_1 + 1 \cdot x_2 + 2 \cdot x_3 &= 2{,}00 \\ 2{,}20 \cdot x_1 + 3{,}00 \cdot x_2 + 1{,}00 \cdot x_3 &= -1{,}30 \end{aligned}$$

Bei den ersten drei Gleichungen handelt es sich um die aus der Payoff-Matrix $\underline{\underline{F}}$ entnommenen Cash Flows der Finanztitel, die mit den jeweils erworbenen Mengen x_1 bis x_3 multipliziert werden. Die letzte Gleichung macht die Vorgabe, dass der Preis des erworbenen Portfolios –1,30 EUR betragen soll. Er ermittelt sich durch Multiplikation der Wertpapierpreise θ_n mit den zugehörigen Mengeneinheiten und anschließende Summation. Das Gleichungssystem wird durch die Mengen $x_1 = -1{,}5$, $x_2 = -0{,}5$ und $x_3 = 3{,}5$ erfüllt. Ein Wirtschaftssubjekt, das dieses Portfolio erwirbt, kann mit einer Einzahlung von mindestens 2 EUR nach Ablauf der Periode rechnen. Gleichzeitig fließt ihm beim Zusammenstellen ein Betrag von 1,30 EUR zu.

Ein Kapitalmarkt auf dem die Erzielung eines free lunch möglich ist, bietet den Marktteilnehmern darüber hinaus die Gelegenheit, Portfolios zu konstruieren, die einer kostenlosen Lotterieteilnahme entsprechen:[16]

$$1 \cdot x_1 + 1 \cdot x_2 + 3 \cdot x_3 = 2{,}0064$$
$$2 \cdot x_1 + 4 \cdot x_2 + 5 \cdot x_3 = 3{,}5301$$
$$3 \cdot x_1 + 1 \cdot x_2 + 2 \cdot x_3 = 0{,}00$$
$$4{,}05 \cdot x_1 + 4{,}85 \cdot x_2 + 6{,}55 \cdot x_3 = 0{,}00$$

Beim Kauf der drei Wertpapiere in den Einheiten $x_1 = -0{,}5971$, $x_2 = 0{,}1672$ und $x_3 = 0{,}8121$ wird kostenfrei eine Rückzahlung mit positiver Eintrittswahrscheinlichkeit generiert.

Wir bezeichnen eine Anlagestrategie $\underline{x}^T = (x_1, \ldots, x_n)$ genau dann als Arbitragemöglichkeit vom Typ 2, wenn sie zu Periodenbeginn (t = 0) einen Mittelzufluss, d.h. einen negativen Kapitaleinsatz erfordert und in t = 1 ausschließlich positive Zahlungen oder Zahlungen in Höhe von Null erbringt:[17], [18]

$$\underline{\underline{F}}^T \cdot \underline{x} \geq 0, \quad \text{wobei der Nullvektor zugelassen ist} \qquad 3\text{-}19$$
$$\underline{\theta}^T \cdot \underline{x} < 0$$

In Summenschreibweise folgt:

$$\sum_{n=1}^{N} x_n \cdot F_{n,s} \geq 0 \quad \forall s \qquad 3\text{-}20$$
$$\sum_{n=1}^{N} x_n \cdot \theta_n < 0$$

Arbitragemöglichkeiten in Form des free lunch werden von rationalen Marktteilnehmern in der gleichen Weise ausgenutzt wie eine free lottery. Solange die Preiskonstellation der Wertpapiere den kostenlosen oder sogar mit Einzahlungen verbundenen Kauf mit durchweg nicht negativen Rückflüssen zulässt, bildet sich kein stabiles Preissystem.

3.3.2 Arbitragefreiheit und Existenz positiver Zustandspreise

Solange auf einem Kapitalmarkt Arbitragemöglichkeiten bestehen, werden rational handelnde Investoren diese ausnutzen. Da Arbitrageportfolios die Aussicht auf eine Verbesserung der Vermögensposition bieten, ohne dass dafür Auszahlungen zu leisten sind oder Risiken eingegangen werden müssen, werden sie von den Marktteilnehmern ausschließlich nachgefragt. Dies hat unmittelbare Konsequenzen für den Handel mit den Wertpapieren, die zur Bildung des Portfolios benötigt werden. Nach Finanztiteln, die mit positiven Mengeneinheiten in das Arbitrageportfolio eingehen, besteht unbegrenzte Nachfrage. Wertpapiere,

---

[16] Es handelt sich um Werte, die auf vier Nachkommastellen gerundet wurden.

[17] Vgl. Ingersoll (1987), S. 53.

[18] Im Unterschied zur Gleichung 3-18 weist das Arbitrageportfolio hier einen *negativen* Preis auf. Bei der Arbitrage vom Typ 1 war hingegen auch ein kostenloses Portfolio zugelassen.

die zur Ausnutzung der Arbitrage leerverkauft werden müssen, werden in unbegrenzter Menge angeboten.

In Bezug auf das im letzten Abschnitt untersuchte Portfolio, das bei einem Mengenvektor von $\underline{x}^T = (-1{,}5\ -0{,}5\ 3{,}5)$ in t = 0 eine Entnahme von 1,30 EUR erlaubt und in t = 1 zu Rückflüssen von 8,50 EUR, 12,50 EUR bzw. 2,00 EUR führt, ergibt sich folgendes Handelsgeschehen: sämtliche Marktteilnehmer versuchen, die Finanztitel 1 und 2 leerzuverkaufen und gleichzeitig Finanztitel 3 zu erwerben. Allerdings finden sich keine Investoren, die zu den gegebenen Preisen von $\underline{\theta}$ = (2,20 3,00 1,00) bereit wären, die Wertpapiere 1 und 2 zu kaufen und Wertpapier 3 anzubieten. Der fehlende Ausgleich von Angebot und Nachfrage versetzt das Preissystem in Bewegung. Die Preise der zum Leerverkauf angebotenen Titel sinken, der Wert der nachgefragten Anlageobjekte steigt.

Ein stabiles Preissystem der Wertpapiere ergibt sich erst dann, wenn sämtliche Arbitragemöglichkeiten beseitigt sind. Diese Stabilität ist deshalb von besonderer Bedeutung, weil erst dann, wenn Angebot und Nachfrage zum Ausgleich gekommen sind und die Wertpapierpreise sich nicht mehr verändern, die Bewertung neuer risikobehafteter Investitionsobjekte möglich ist. Wir werden später auf diesen Sachverhalt zurückkommen.

Von besonderem Interesse ist daher die Frage, woran man erkennen kann, ob auf einem Kapitalmarkt Arbitragefreiheit besteht. Betrachten wir hierzu zunächst die Arbitragemöglichkeit vom Typ 2. Es lässt sich zeigen, dass ein Markt genau dann arbitragefrei vom Typ 2 ist, wenn es einen nichtnegativen Zustandspreisvektor $\underline{\pi} = (\pi_1, \ldots, \pi_s)$ gibt, der folgendes Gleichungssystem erfüllt:[19]

$$\underline{\underline{F}} \cdot \underline{\pi} = \underline{\theta} \qquad \text{3-21}$$

$$\text{mit } \underline{\pi}^T = (\pi_1 \quad \ldots \quad \pi_s) \geq \underline{0}, \text{ wobei der Nullvektor zugelassen ist}$$

Das Beispiel aus Abschnitt 3.3.1 erfüllt diese Eigenschaften nicht:

$$\underline{\underline{F}} = \begin{pmatrix} 1 & 2 & 3 \\ 1 & 4 & 1 \\ 3 & 5 & 2 \end{pmatrix} \qquad \underline{\theta} = \begin{pmatrix} 2{,}20 \\ 3{,}00 \\ 1{,}00 \end{pmatrix} \qquad \underline{\pi} = \begin{pmatrix} -1{,}85 \\ 1{,}05 \\ 0{,}65 \end{pmatrix}$$

Aus dem negativen Preis der Elementaranlage 1 folgt unmittelbar die Möglichkeit zur Erzielung eines free lunch.

Man spricht in diesem Zusammenhang auch von der sogenannten schwachen Arbitragefreiheit. Ein Kapitalmarkt, der keine Arbitrage vom Typ 2 zulässt, ist nicht in jedem Fall arbitragefrei vom Typ 1.

Arbitragemöglichkeiten vom Typ 1 sind ausgeschlossen, sofern ein positiver Zustandspreisvektor $\underline{\pi} = (\pi_1, \ldots, \pi_s)$ bestimmt werden kann, für den gilt (3-22):[20]

---

19 Vgl. Ingersoll (1987), S. 54 ff. Der exakte Nachweis kann mit Hilfe des Minkowski-Farkas-Lemmas erfolgen. Vgl. hierzu z.B. Spremann (1996), S. 564 f. oder Kruschwitz (2007b), S. 155 f.

20 Vgl. Grundke (2000), S. 797.

$$\underline{\underline{F}} \cdot \underline{\pi} = \underline{\theta}$$

mit $\underline{\pi}^T = (\pi_1 \quad \dots \quad \pi_s) > \underline{0}$, wobei der Nullvektor nicht zugelassen ist

Die Abwesenheit der Arbitrage vom Typ 1 bedeutet automatisch, dass auch Arbitragegelegenheiten vom Typ 2 nicht wahrgenommen werden können. Es handelt sich um eine starke Arbitragefreiheitsbedingung. Der im letzten Abschnitt betrachtete Kapitalmarkt mit den Daten

$$\underline{\underline{F}} = \begin{pmatrix} 1 & 2 & 3 \\ 1 & 4 & 1 \\ 3 & 5 & 2 \end{pmatrix} \qquad \underline{\theta} = \begin{pmatrix} 4{,}05 \\ 4{,}85 \\ 6{,}55 \end{pmatrix} \qquad \underline{\pi} = \begin{pmatrix} 0{,}00 \\ 1{,}05 \\ 0{,}65 \end{pmatrix}$$

entspricht diesen Anforderungen nicht. Die Elementaranlage 1 weist keinen positiven Preis auf. Daher kommt es zu Arbitragemöglichkeiten vom Typ 1.

3.3.3 Arbitragefreiheit in unvollständigen oder übervollständigen Kapitalmärkten

Unterschreitet auf einem Kapitalmarkt die Zahl der Finanztitel mit linear unabhängigen Payoffs die Anzahl der möglichen Umweltzustände (N < S), handelt es sich um einen unvollständigen Kapitalmarkt. Wie bereits gezeigt wurde, ist der Zustandspreisvektor in diesem Fall nicht eindeutig (vgl. Abschnitt 3.2.3). Lässt sich mindestens ein Preisvektor für die Elementaranlagen finden, der über durchweg positive Elemente verfügt, besteht Arbitragefreiheit. Folglich ist der in Abschnitt 3.2.3 betrachtete Kapitalmarkt

$$\underline{\underline{F}}' = \begin{pmatrix} 4 & 11 & 8 \\ 2 & 9 & 10 \end{pmatrix} \qquad \underline{\theta}' = \begin{pmatrix} 6{,}20 \\ 5{,}30 \end{pmatrix}$$

arbitragefrei.

Auf einem übervollständigen Kapitalmarkt (N > S), wie er mit

$$\underline{\underline{F}}'' = \begin{pmatrix} 10 & 8 & 9 \\ 4 & 11 & 8 \\ 2 & 9 & 10 \\ 8 & 6 & 11 \end{pmatrix} \qquad \underline{\theta}'' = \begin{pmatrix} 8{,}85 \\ 6{,}20 \\ 5{,}30 \\ 7{,}95 \end{pmatrix}$$

gegeben ist, müssen aus den gegebenen N Wertpapieren zunächst beliebige S linear unabhängige ausgewählt werden. Auf deren Grundlage werden die Zustandspreise errechnet. Wählt man beispielsweise die Wertpapiere 2 bis 4 aus, folgt der bereits bekannte positive Zustandspreisvektor $\underline{\pi}^T = (0{,}50 \; 0{,}20 \; 0{,}25)$. Von den insgesamt zur Verfügung stehenden N Finanztiteln werden allerdings nur S zur Bestimmung der Zustandspreise herangezogen. Eine Aussage über die Arbitragefreiheit des Kapitalmarktes kann damit aber noch nicht getroffen werden. Nur dann, wenn für die verbleibenden N – S Wertpapiere der Zusammenhang

$$\sum_{s=1}^{S} \pi_s \cdot F_{n,s} = \theta_n \qquad 3\text{-}23$$

erfüllt ist, besteht Arbitragefreiheit. Daher muss für den ersten Finanztitel gelten:

$$\sum_{s=1}^{S} \pi_s \cdot F_{1,s} = \theta_1 \qquad 3\text{-}24$$

Einfaches Einsetzen zeigt, dass diese Bedingung erfüllt ist:

$$0{,}50 \cdot 10 + 0{,}20 \cdot 8 + 0{,}25 \cdot 9 = 8{,}85$$

Gilt für nur einen der übrigen N – S Finanztitel die Preisgleichung nicht, bestehen Arbitragemöglichkeiten.

3.4 Rendite-Risiko-Beziehung risikobehafteter Finanzinvestitionen

3.4.1 Grundlagen

Um bestimmen zu können, ob ein Kapitalmarkt Arbitragegelegenheiten aufweist oder ob ein stabiles Preissystem der Finanztitel vorliegt, ist der Preisvektor der reinen Wertpapiere zu bestimmen. Nur dann, wenn sämtliche Elementaranlagen positive Zustandspreise aufweisen, sind Arbitrageprozesse vom Typ 1 und damit auch vom Typ 2 ausgeschlossen. Die beiden Eingangsgrößen zur Ableitung der Zustandspreise sind die Payoff-Matrix und das Preisgefüge der Finanztitel. Wie die Untersuchungen in den vorhergehenden Abschnitten gezeigt haben, können für eine gegebene Payoff-Matrix einige Preisvektoren der Finanztitel zu stabilen Angebots- und Nachfrageverhältnissen führen, während andere Preiskonstellationen Chancen für Arbitrage zulassen. So führt z.B. auf dem Kapitalmarkt

$$\underline{\underline{F}} = \begin{pmatrix} 1 & 2 & 3 \\ 1 & 4 & 1 \\ 3 & 5 & 2 \end{pmatrix}$$

der Vektor $\underline{\theta}^T$ = (2,20 3,00 1,00) unmittelbar zu einer Arbitragemöglichkeit vom Typ 2 (vgl. Abschnitt 3.3.1). Ändert man ihn nur geringfügig ab und erhöht den Zustandspreis des Wertpapiers 3 auf 4 EUR, so dass gilt $\underline{\theta}^T$ = (2,20 3,00 4,00) wird die Arbitragemöglichkeit beseitigt und es gilt $\underline{\pi}^T$ = (0,025 0,675 0,275).

Der Preisvektor der Finanztitel und die Payoff-Matrix bilden somit den wesentlichen Ausgangspunkt für eine genauere Untersuchung des Preisbildungsprozesses in seiner Gesamtheit. Wir wollen uns im Folgenden mit der Frage beschäftigen, wieso die Marktteilnehmer bereit sind, für bestimmte Wertpapiere mehr zu bezahlen als für andere und auf diese Weise versuchen, eine zunächst intuitive Vorstellung davon zu bekommen, wieso die Aussicht auf Erhalt einer Zahlung von 1 EUR in bestimmten Umweltzuständen wertvoller eingeschätzt wird als in anderen. Im Anschluss daran sollen in Abschnitt 3.4.3 Bewertungsgleichungen hergeleitet werden, die die Rendite-Risiko-Beziehung von Wertpapieren verdeutlichen.

Zur Vereinfachung der Analyse werden die in Abschnitt 3.1 getroffenen Annahmen zum State Preference-Modell modifiziert. Zum einen wird nun davon ausgegangen, dass sämtliche Wirtschaftssubjekte identische Zeit- und Risikopräferenzen aufweisen und ein identisches Anfangsvermögen besitzen. Diese Annahme ermöglicht die Betrachtung eines repräsentativen Investors. Da er mit allen übrigen Marktteilnehmern identisch ist, lässt sich sein Entscheidungskalkül durch Multiplikation mit der Zahl der insgesamt vorhandenen Wirtschaftssubjekte zum Ergebnis für den Gesamtmarkt zusammenfassen. Zum anderen sei unterstellt, dass der repräsentative Investor risikoavers ist. Bereits bei der Darstellung des Bernoulli-Prinzips wurde hervorgehoben, dass sich diese Verhaltensannahme besonders gut mit dem tatsächlichen Verhalten der Akteure im realen Leben in Einklang bringen lässt. Darüber hinaus betrachten wir die Eintrittswahrscheinlichkeiten der zukünftigen Umweltzustände als gegeben. In Folge der Annahme eines repräsentativen Investors werden sie von allen Marktteilnehmern identisch eingeschätzt.

Ausgangspunkt der Untersuchung ist erneut der zu Beginn des Kapitels 3.2 herangezogene Kapitalmarkt. Es gilt:

$$\underline{\underline{F}} = \begin{pmatrix} 10 & 8 & 9 \\ 4 & 11 & 8 \\ 2 & 9 & 10 \end{pmatrix} \qquad \underline{\theta} = \begin{pmatrix} 8{,}85 \\ 6{,}20 \\ 5{,}30 \end{pmatrix} \qquad \underline{\pi} = \begin{pmatrix} 0{,}50 \\ 0{,}20 \\ 0{,}25 \end{pmatrix} \qquad \underline{p} = \begin{pmatrix} 0{,}25 \\ 0{,}35 \\ 0{,}40 \end{pmatrix}$$

Der Vektor $\underline{p}$ gibt die Eintrittswahrscheinlichkeiten der drei Umweltzustände wieder.

3.4.2 Einflussfaktoren auf die Preise der Elementaranlagen

3.4.2.1 Eintrittswahrscheinlichkeiten, risikoloser Zins und Risikoprämien

Bei der Betrachtung des Bernoulli-Prinzips im 2. Kapitel wurde dargestellt, dass sich der Kapitalwert einer Investition auf Basis der Risikozuschlagsmethode ermitteln lässt, indem man den Erwartungswert der risikobehafteten Zahlungsüberschüsse mit einem risikoadjustierten Zinssatz diskontiert. Im Einperiodenfall lässt sich schreiben (vgl. Abschnitt 2.3.2):

$$C_0 = -I_0 + \frac{E\left(\widetilde{FCF}_1\right)}{1 + r_f + RP} \qquad \text{3-25}$$

Eine besondere Herausforderung bei der Anwendung dieses Verfahrens stellt die Bestimmung einer geeigneten Risikoprämie (RP) dar. Wir wollen nun versuchen, diese Bewertungsgleichung auf die Preisfindung von Elementaranlagen zu übertragen. Dabei ist allerdings kein Nettopreis in Form eines Kapitalwertes gesucht, sondern der Bruttopreis der Elementaranlagen, d.h. der entsprechende

Barwert. Unter Verwendung der bisherigen Schreibweise im Rahmen des State Preference-Modells gilt:[21]

$$\pi_s = E\left(BW_0\right) = \frac{E\left(\tilde{F}_s^*\right)}{1 + r_f + RP_s^*} \qquad \text{3-26}$$

Der heutige Wert der Elementaranlage s entspricht dem erwarteten Barwert der Rückflüsse (BW_0). Diesen wiederum erhält man, indem der Erwartungswert der Rückflüsse am Periodenende $E(\tilde{F}_s^*)$ mit einem risikoangepassten Diskontierungszinssatz abgezinst wird. Der Kalkulationszinssatz setzt sich zusammen aus dem für alle Elementaranlagen identischen risikolosen Zinssatz r_f und einer individuellen Risikoprämie RP_s^*. Beispielhaft sei das reine Wertpapier 2 betrachtet. Für den Erwartungswert der Rückflüsse errechnet sich:

$$E\left(\tilde{F}_s^*\right) = \sum_{s=1}^{S} p_s \cdot F_{2,s}^* = 0{,}25 \cdot 0 + 0{,}35 \cdot 1 + 0{,}40 \cdot 0 = 0{,}35 \text{ EUR}$$

Unter Heranziehung des bekannten Preises π_2 folgt für die Rendite $\tilde{R}_2^*$:

$$E\left(\tilde{R}_2^*\right) = \frac{E\left(\tilde{F}_2^*\right)}{\pi_2} - 1 = \frac{0{,}35}{0{,}20} - 1 = 0{,}75 = 75\% \qquad \text{3-27}$$

Die erwartete Rendite ist der geeignete risikoadjustierte Diskontierungszinssatz für den Erwartungswert der Rückflüsse. Durch Einsetzen in die Bewertungsgleichung ergibt sich:

$$\pi_2 = \frac{E\left(\tilde{F}_2^*\right)}{1 + r_f + RP_2^*} = \frac{E\left(\tilde{F}_2^*\right)}{1 + E\left(\tilde{R}_2^*\right)} = \frac{0{,}35}{1 + 0{,}75} = 0{,}20 \text{ EUR}$$

Die Bestimmung des korrekten Diskontierungszinssatzes gestaltet sich in dieser Situation als problemlos, da der faire Preis der Elementaranlage mit 0,20 EUR bereits bekannt ist. Zieht man zusätzlich den risikolosen Zinssatz heran, der mit 5,2632 % ebenfalls gegeben ist (vgl. Abschnitt 3.2.4), lässt sich die Höhe der im Zinssatz enthaltenen Risikoprämie exakt beziffern:

$$E\left(\tilde{R}_2^*\right) = r_f + RP_2^* \Leftrightarrow RP_2^* = E\left(\tilde{R}_2^*\right) - r_f$$
$$\Rightarrow RP_2^* = 0{,}75 - 0{,}052632 = 0{,}697368 = 69{,}7368\%$$

Auf der Grundlage der Bewertungsgleichung lassen sich wichtige Erkenntnisse für die Preisbildung der reinen Wertpapiere ableiten. Zum einen ist der Preis eines reinen Wertpapiers umso höher, je höher für einen gegebenen Diskontierungszinssatz der erwartete Rückfluss ist. Da Elementaranlagen ausschließlich in einem Zustand eine Zahlung von 1 EUR leisten, ist der erwartete Rückfluss identisch mit der Eintrittswahrscheinlichkeit des betreffenden Umweltzustan-

[21] Der Subindex s im Zähler bezeichnet den Index des reinen Wertpapiers. Streng genommen müsste die Notation lauten $F_{1,s}$, wobei s den Index des Umweltzustandes und 1 den Index des Zeitpunktes des Rückflusses bezeichnet. Da wir annahmegemäß nur eine Periode betrachten, bleibt der Zeitindex aus Vereinfachungsgründen unbeachtet.

des. Folglich ist der erwartete Rückfluss umso höher, je größer die Eintrittswahrscheinlichkeit des Zustandes ist, in dem die Elementaranlage eine Zahlung leistet. Zum anderen hängt der Preis von der Höhe des risikoadjustierten Kalkulationszinssatzes ab, der sich wiederum als Summe aus risikoloser Rendite und Risikoprämie ergibt. Je höher die jeweilige Risikoprämie ist, umso geringer ist der Zustandspreis.

Bevor wir uns näher mit der Frage beschäftigen, welche Faktoren das Ausmaß der Risikoprämie beeinflussen, soll zunächst die Untersuchung von Rendite und Risikoprämie auch für die übrigen beiden Elementaranlagen vorgenommen werden. Für das reine Wertpapier 3 beträgt die erwartete Rendite 60 %. Mithin beläuft sich der darin enthaltene Risikozuschlag auf 54,7368 %. Die Elementaranlage 1 bedarf einer ausführlicheren Betrachtung. Unter Verwendung des erwarteten Rückflusses $E(\tilde{F}_1^*)$ und des Preises π_1 ermitteln sich eine Rendite und eine Risikoprämie in Höhe von:

$$E\left(\tilde{R}_1^*\right) = \frac{E\left(\tilde{F}_1^*\right)}{\pi_1} - 1 = \frac{0,25}{0,50} - 1 = -0,50 = -50\%$$

$$RP_1^* = E\left(\tilde{R}_1^*\right) - r_f = -0,50 - 0,052632 = 0,552632 = -55,2632\%$$

Die Elementaranlage 1 weist eine negative erwartete Rendite sowie eine negative Risikoprämie auf. Es handelt sich damit um einen Risikoabschlag. Auf den ersten Blick ist die Ausprägung beider Größen verwunderlich. Das reine Wertpapier 1 weist eine Verzinsung auf, die unterhalb der Rendite der risikolosen Anlage liegt. Im Gegensatz zu einer Anlage, die in jedem Zustand 1 EUR auszahlt, kann die Elementaranlage 1 aber in keinem Fall als risikolos bezeichnet werden. Zu erwarten wäre daher statt eines Abschlages auf die risikolose Rendite ein (positiver) Risikozuschlag. Wieso sollte ein Marktteilnehmer eine Anlage erwerben, deren Rückflusshöhe unsicher ist und deren Verzinsung zusätzlich noch unterhalb der des risikolosen Zinssatzes liegt?

3.4.2.2 *Zahlungsstruktur des Marktportfolios*

Um eine genauere Einschätzung darüber vornehmen zu können, wieso die Elementaranlagen 2 und 3 positive Risikoprämien besitzen und die Elementaranlage 1 eine Verzinsung unterhalb der risikolosen Rendite aufweist, ist es notwendig, die isolierte Betrachtung der reinen Wertpapiere zu verlassen und den Kapitalmarkt als Ganzes zu betrachten:

$$\underline{\underline{F}} = \begin{pmatrix} 10 & 8 & 9 \\ 4 & 11 & 8 \\ 2 & 9 & 10 \end{pmatrix}$$

Nehmen wir an, die Menge der umlaufenden Finanztitel sei auf jeweils eine Mengeneinheit begrenzt, so dass $x_1 = x_2 = x_3 = 1$ gilt. Je nach eintretendem Umweltzustand am Ende der Periode beträgt dann der gesamte auf dem Kapitalmarkt zur Verfügung stehende Rückfluss aus den Wertpapieren:

$$\underline{\underline{F}}^T \cdot \underline{1} = \begin{pmatrix} 10 & 4 & 2 \\ 8 & 11 & 9 \\ 9 & 8 & 10 \end{pmatrix} \cdot \begin{pmatrix} 1 \\ 1 \\ 1 \end{pmatrix} = \begin{pmatrix} 16 \\ 28 \\ 27 \end{pmatrix}$$

Im Rahmen der Darstellung der Modellannahmen wurde darauf hingewiesen, dass sich die einzelnen Umweltzustände anschaulich als unterschiedliche gesamtwirtschaftliche Szenarien betrachten lassen. Hierbei kann der erste Umweltzustand beispielsweise als Konjunkturtief gedeutet und der Rückzahlungsbetrag von 16 EUR als gesamtes zur Verfügung stehendes Volksvermögen angesehen werden. Bei einem Konjunkturaufschwung (Zustand 2) nimmt das Volksvermögen mit 28 EUR sein Maximum an. Im Falle eines Konjunkturabschwungs (Zustand 3) liegt es mit 27 EUR nur geringfügig darunter.

Man bezeichnet ein Portfolio, das aus allen zur Verfügung stehenden risikobehafteten Wertpapieren besteht, als Marktportfolio. Im konkreten Fall besitzt das Marktportfolio die Zahlungsstruktur $\underline{F}_M{}^T = (16\ 28\ 27)$ und verkörpert gleichzeitig das gesamte in den einzelnen Zuständen verteilbare Vermögen.

Risikoaverse Wirtschaftssubjekte berücksichtigen in ihrem Entscheidungskalkül, dass bei Eintritt des Umweltzustandes 1 das Volksvermögen einen im Vergleich zu den übrigen Zuständen sehr geringen Wert annimmt. Sie versuchen, dem entgegenzuwirken, indem sie ihr Anfangsvermögen so auf die zur Auswahl stehenden Finanztitel verteilen, dass sie den erzielbaren Rückfluss in $t = 1$ glätten. Es sei angenommen, das repräsentative Wirtschaftssubjekt plane, unabhängig vom eintretenden Zustand einen Rückfluss von 5 EUR zu erlangen. In diesem Fall ist es notwendig, die drei Finanztitel in den Mengen $\underline{x}^T = (10/157\ \ 35/157\ \ 45/157)$ zu erwerben, da dann gilt:

$$\underline{\underline{F}} \cdot \underline{x} = \begin{pmatrix} 10 & 8 & 9 \\ 4 & 11 & 8 \\ 2 & 9 & 10 \end{pmatrix} \cdot \begin{pmatrix} 10/157 \\ 35/157 \\ 45/157 \end{pmatrix} = \begin{pmatrix} 5 \\ 5 \\ 5 \end{pmatrix}$$

Unterstellt man, dass es auf dem Markt insgesamt 7 Akteure gibt, die aufgrund der Annahme der Repräsentativität ein identisches Portfolio halten, folgt für die hierfür benötigen Mengen $\underline{x}_{ges}$ an Finanztiteln:[22]

$$\underline{x}_{ges} = \underline{x} \cdot 7 = \begin{pmatrix} 10/157 \\ 35/157 \\ 45/157 \end{pmatrix} \cdot 7 = \begin{pmatrix} 70/157 \\ 245/157 \\ 315/157 \end{pmatrix}$$

Da von allen Finanzanlagen nur genau eine Mengeneinheit zur Verfügung steht, kann der repräsentative Investor nicht im Besitz des Portfolios $\underline{x}_{ges}$ sein. Auf Ebene des Gesamtmarktes wird nämlich in diesem Fall nicht die vollständige Menge der Elementaranlagen 1 von allen Marktteilnehmern gehalten ($x_1 = 70/157 < 1$) und von den Elementaranlagen 2 und 3 wird mehr als die vorhandene Menge benötigt ($x_2 = 254/157 > 1$ und $x_3 = 315/157 > 1$).

[22] Die Anzahl der Akteure wurde willkürlich festgelegt. Mit jeder anderen natürlichen Zahl lassen sich die Zusammenhänge ebenso deutlich machen.

Besitzen die Investoren identische Zeit- und Risikopräferenzen und ein einheitliches Anfangsvermögen, müssen alle ein identisches Portfolio besitzen, das genau einem Anteil von 1/7 am gesamten Bestand aller vorhandenen riskanten Wertpapiere entspricht. Mit anderen Worten muss jeder Marktteilnehmer 1/7 des Marktportfolios halten. Das Zahlungsprofil am Periodenende lautet dann:

$$\underline{\underline{F}}^T \cdot \underline{x} = \begin{pmatrix} 10 & 4 & 2 \\ 8 & 11 & 9 \\ 9 & 8 & 10 \end{pmatrix} \cdot \begin{pmatrix} 1/7 \\ 1/7 \\ 1/7 \end{pmatrix} = \begin{pmatrix} 16/7 \\ 4 \\ 27/7 \end{pmatrix}$$

Bei Aggregation über alle Investoren ergeben sich die ursprünglich vorhandenen Mengen der Finanztitel und das mit ihnen verbundene Volksvermögen in Abhängigkeit der drei Umweltzustände in t = 1:

$$\begin{pmatrix} 1/7 \\ 1/7 \\ 1/7 \end{pmatrix} \cdot 7 = \begin{pmatrix} 1 \\ 1 \\ 1 \end{pmatrix} \text{und} \begin{pmatrix} 16/7 \\ 4 \\ 27/7 \end{pmatrix} \cdot 7 = \begin{pmatrix} 16 \\ 28 \\ 27 \end{pmatrix}$$

Ungeklärt ist dabei allerdings die Frage, wieso die Wirtschaftssubjekte Anteile am Marktportfolio halten sollten, wenn doch eigentlich ihre Risikoaversion sie dazu veranlasst, einen Ausgleich der Rückflüsse über die einzelnen Zustände anzustreben. Ein ausgewogenes Rückzahlungsprofil wird nämlich durch den Kauf eines Siebtels am Marktportfolio gerade nicht erreicht, vielmehr sind die Investoren dann dem auf dem Markt herrschenden Risiko voll ausgesetzt. Um dies nachvollziehen zu können, muss man einen Blick auf die Payoff-Struktur der Finanztitel und die Preise der reinen Wertpapiere werfen.

Mit Eintritt des Zustandes 1 ist für die Wirtschaftssubjekte das größte Risiko verbunden: das Volksvermögen und damit das zum Konsum in t = 1 bereitstehende Einkommen sind relativ gering. Ein vermehrter Kauf des Finanztitels 1 hilft ihnen, das Risiko einer unzureichenden Ausstattung mit finanziellen Mitteln im Zustand 1 zu verringern. Der Finanztitel 1 zahlt mit 10 EUR im ersten Zustand genau dann viel aus, wenn das Volksvermögen gering ist. Die Wertpapiere 2 und 3 bieten jeweils nur einen Rückfluss von 4 EUR bzw. 2 EUR. Aufgrund dieser Eigenschaft wird das Wertpapier 1 von den Wirtschaftssubjekten stark nachgefragt. Bei konstantem Angebot und hoher Nachfrage steigt der Preis des Finanztitels 1. Die Wertpapiere 2 und 3 zahlen relativ wenig im Zustand 1, leisten aber eher hohe Rückflüsse in den Szenarien 2 und 3, in denen das Volksvermögen ohnehin hoch ist. Sie bieten daher kaum Absicherung gegenüber den Schwankungen des Marktportfolios und damit gegenüber der Schwankung des Volksvermögens. Die Nachfrage nach ihnen ist im Vergleich zum Finanztitel 1 eher gering, was sich auch in niedrigeren Preisen äußert.

Die relative Knappheit von Finanzmitteln im Zustand 1 und der relative Überfluss in den Zuständen 2 und 3 zeigt sich auch unmittelbar in den Preisen der reinen Wertpapiere. Die Elementaranlage 1 besitzt mit 0,50 EUR den mit Abstand höchsten Preis. Ursache hierfür ist die Tatsache, dass Zahlungen von 10 EUR bei Eintritt des Zustandes 1 besonders begehrt sind. In Folge der Risikoaversion der Wirtschaftssubjekte ist eine Zahlung von 1 EUR bei Eintritt des Konjunkturtiefs

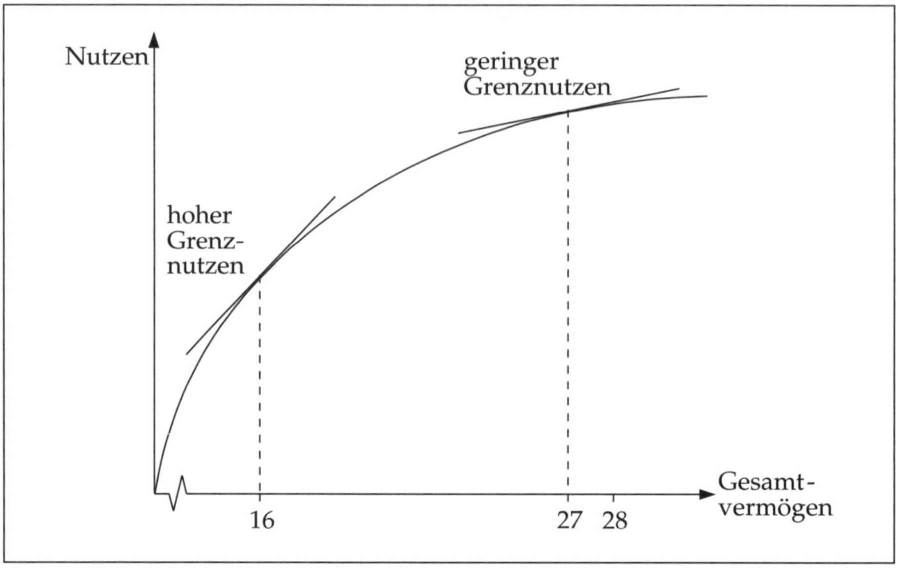

Abbildung 3-4: Nutzen und Grenznutzen in Abhängigkeit vom Gesamtvermögen

mit einem höheren Grenznutzen verbunden, als bei Eintritt eines der beiden anderen Zustände (vgl. Abbildung 3-4).[23]

Über die Preise der Finanztitel und über die daraus ableitbaren Zustandspreise wird erreicht, dass die Wirtschaftssubjekte stets Anteile am Marktportfolio halten und nicht einen mit ihrer Risikoaversion eigentlich verbundenen Ausgleich der Rückzahlungsansprüche über die Zustände hinweg anstreben. Dafür müssen die Preise derjenigen Finanztitel, die relativ hohe Zahlungen leisten, wenn das Volkseinkommen relativ niedrig ist (Finanztitel 1), höher sein als die Preise der Wertpapiere, die relativ hohe Zahlungen in Zuständen erwirtschaften, in denen das Vermögen ohnehin hoch ist (Finanztitel 2 und 3). Durch den hohen Preis des Finanztitels 1 wird eine übermäßige Nachfrage unterbunden. Die geringen Preise der Finanztitel 2 und 3 lassen die Nachfrage nach diesen Wertpapieren hingegen steigen.

Um die Zusammenhänge noch deutlicher hervorzuheben, unterstellen wir, das Marktportfolio weise in allen drei Umweltzuständen einen identischen Rückfluss von z.B. $\underline{F}_M^T = (21\ 21\ 21)$ auf. Das repräsentative Wirtschaftssubjekt wird in diesem Fall ein Portfolio zusammenstellen, das in jedem Szenario zu einer Einzahlung von 3 EUR führt.[24] Die Preise der Elementaranlagen müssen in diesem Fall identisch sein, da kein Zustand in Bezug auf die Verteilung des Volksvermögens besondere Vor- oder Nachteile aufweist.[25] Das Marktportfolio ist risikolos. Jede Abweichung von einem risikolosen Portfolio würde für das Wirtschaftssubjekt die Übernahme eigentlich diversifizierbarer Risiken bedeuten. Ein diversifizier-

[23] Vgl. Zimmermann (1998), S. 38.
[24] Es sollen erneut insgesamt 7 Wirtschaftssubjekte betrachtet werden.
[25] Vgl. Copeland et al. (2005), S. 83.

bares Risiko zeichnet sich dadurch aus, dass ein Investor für das Eingehen dieses Risikos vom Kapitalmarkt keine Vergütung in Form einer Risikoprämie erhält, weil er es durch die Bildung eines geeigneten Portfolios kostenlos beseitigen kann.

Im Fall des zuerst betrachteten Marktportfolios mit $\underline{F}_M^T$ = (16 28 27) ist eine vollständige Beseitigung des Risikos nicht möglich. Das vom repräsentativen Wirtschaftssubjekt gehaltene Portfolio $\underline{x}^T$ = (16/7 4 27/7) ist mit Schwankungen des Volksvermögens verbunden. Damit die Marktteilnehmer bereit sind insbesondere das mit dem Eintritt des Zustandes 1 verbundene Risiko des geringen Volksvermögens zu übernehmen, muss ihnen der Kapitalmarkt einen Anreiz bieten. Dieser äußert sich darin, dass die eigentlich geringe Nachfrage nach den Elementaranlagen 2 und 3 durch die Einpreisung relativ hoher Risikoprämien über RP_2 = 69,7368 % und RP_3 = 54,7368 % unterstützt wird. Weil die reinen Wertpapiere 2 und 3 – wie oben erläutert – kaum einen Beitrag zur Streuung des Risikos leisten und damit in hohem Maße nicht diversifizierbare Risiken enthalten, müssen sie die Aussicht auf hohe zukünftige Renditen bieten, um von den Marktteilnehmern erworben zu werden. Das Gegenteil gilt für die Elementaranlage 1. Die hohe Nachfrage, die risikoaverse Investoren nach ihr entfalten, wird durch einen Risikoabschlag, d.h. eine negative zukünftige Rendite, gebremst.

3.4.3 Bewertung von Finanzinvestitionen

3.4.3.1 *Renditen und Risikoprämien*

Nachdem in den vorhergehenden Abschnitten schwerpunktmäßig die Rendite-Risiko-Beziehung der Elementaranlagen analysiert wurde, soll nun der Blick auf die am Kapitalmarkt gehandelten Finanztitel gerichtet werden. Verwendet wird erneut die nachstehende Datenkonstellation:

$$\underline{\underline{F}} = \begin{pmatrix} 10 & 8 & 9 \\ 4 & 11 & 8 \\ 2 & 9 & 10 \end{pmatrix} \qquad \underline{\theta} = \begin{pmatrix} 8{,}85 \\ 6{,}20 \\ 5{,}30 \end{pmatrix} \qquad \underline{\pi} = \begin{pmatrix} 0{,}50 \\ 0{,}20 \\ 0{,}25 \end{pmatrix} \qquad \underline{p} = \begin{pmatrix} 0{,}25 \\ 0{,}35 \\ 0{,}40 \end{pmatrix}$$

Aus den Überlegungen zur Arbitragefreiheit auf den Finanzmärkten ist bekannt, dass Arbitragemöglichkeiten vom Typ 1 und folglich auch vom Typ 2 ausgeschlossen sind, wenn ein positiver Zustandspreisvektor $\underline{\pi} = (\pi_1, \ldots, \pi_s)$ bestimmt werden kann, für den gilt:

$$\underline{\underline{F}} \cdot \underline{\pi} = \underline{\theta}$$

Inhaltlich bedeutet dies, dass sich die Preise der Finanzanlagen unmittelbar durch die Multiplikation der Payoffs in den einzelnen Zuständen mit den entsprechenden Zustandspreisen errechnen lassen. Beispielhaft sei die Vorgehensweise am Beispiel des Wertpapiers 2 betrachtet:

$$\theta_2 = \sum_{s=1}^{S} F_{2,s} \cdot \pi_s \qquad \text{3-28}$$

$$\theta_2 = 4 \cdot 0{,}50 + 11 \cdot 0{,}20 + 8 \cdot 0{,}25 = 6{,}20 \; EUR$$

Die Zustandspreise erfüllen in der Bewertungsgleichung zwei Aufgaben. Zum einen nehmen sie eine Gewichtung der zustandsabhängigen Rückflüsse $F_{2,s}$ mit der jeweiligen Eintrittswahrscheinlichkeit der Szenarien vor. Zum anderen sorgen sie für eine Diskontierung der am Periodenende auftretenden Zahlungen auf den Beginn des Betrachtungszeitraumes. Deutlich wird dieser Zusammenhang, wenn man die einzelnen Summanden der obigen Bewertungsgleichung mit der Eintrittswahrscheinlichkeit p_s erweitert, so dass sich ergibt:

$$\theta_2 = \sum_{s=1}^{S} p_s \cdot F_{2,s} \cdot \frac{\pi_s}{p_s} = \sum_{s=1}^{S} p_s \cdot F_{2,s} \cdot D_s \text{ mit } D_s = \frac{\pi_s}{p_s} \tag{3-29}$$

Der Quotient π_s/p_s wird zum zustandsabhängigen Diskontfaktor D_s zusammengefasst.[26] Für das Wertpapier 2 lässt sich damit schreiben:

$$\theta_2 = 0,25 \cdot 4 \cdot \frac{0,50}{0,25} + 0,35 \cdot 11 \cdot \frac{0,20}{0,35} + 0,40 \cdot 8 \cdot \frac{0,25}{0,40}$$

$$= 0,25 \cdot 4 \cdot 2 + 0,35 \cdot 11 \cdot \frac{4}{7} + 0,40 \cdot 8 \cdot \frac{5}{8} = 6,20 \text{ EUR}$$

An dieser Stelle zeigt sich erneut das bereits bekannte Bewertungsprinzip der Risikozuschlagsmethode: in einem ersten Schritt werden die Erwartungswerte der zukünftigen risikobehafteten Zahlungsüberschüsse gebildet ($F_{2,s} \cdot p_s$), um im zweiten Schritt eine Diskontierung mit Hilfe risikoangepasster Kalkulationszinssätze (D_s) vorzunehmen. Der Unterschied zu der bisher betrachteten Vorgehensweise besteht darin, dass statt eines einheitlichen Zinssatzes für den Erwartungswert der Rückflüsse ein separater Diskontfaktor für jeden einzelnen wahrscheinlichkeitsgewichteten Rückfluss vorliegt.

Durch Umformen der Diskontfaktoren erkennt man, dass der in ihnen enthaltene Zinssatz mit der Rendite der Elementaranlagen in den einzelnen Perioden übereinstimmt:

$$D_s = \frac{1}{1 + E\left(\tilde{R}_s^*\right)} \text{ woraus sich ergibt} \tag{3-30}$$

$$D_1 = \frac{1}{1 + (-0,5)} = 2 \quad D_2 = \frac{1}{1 + 0,75} = \frac{4}{7} \quad D_3 = \frac{1}{1 + 0,6} = \frac{5}{8}$$

Ein Vergleich mit dem Diskontfaktor einer risikolosen Anlage zeigt, dass die zustandsbezogenen Diskontfaktoren größer oder kleiner sein können als dieser Wert:

$$D_r = \frac{1}{1 + r_f} = \frac{1}{1 + 0,05263} = 0,95$$

Daraus lässt sich ableiten: $D_2 < D_3 < D_r < D_1$. Diskontfaktoren, die kleiner sind als D_r, beinhalten einen positiven Risikozuschlag, wohingegen Diskontfaktoren, die D_r übersteigen, einen Risikoabschlag besitzen.[27] Auf die Ursachen hierfür wurde im vorhergehenden Abschnitt ausführlich eingegangen.

---

[26] Vgl. Laux (2006), S. 143.

[27] Vgl. Laux (2006), S. 144.

Da die Diskontfaktoren als Quotient aus Zustandspreis im Szenario s und dazugehöriger Eintrittswahrscheinlichkeit des entsprechenden Zustandes berechnet werden, stellen sie die risikobereinigte Zahlungsbereitschaft der Wirtschaftssubjekte für Zahlungen in den einzelnen Zuständen dar.[28] Sie beinhalten gewissermaßen die Zahlungsbereitschaft in t = 0 für eine Zahlung von 1 EUR am Periodenende pro Prozentpunkt Eintrittswahrscheinlichkeit des betrachteten Szenarios.

Mit $D_1 = 2$ ist die risikobereinigte Zahlungsbereitschaft für den ersten Umweltzustand mit Abstand am größten, da hier das Risiko in Form eines starken Rückgangs des Volksvermögens in besonderer Weise zum Tragen kommt. Für die Szenarien 2 und 3 sind sie mit $D_2 = 4/7$ und $D_3 = 5/8$ sehr ähnlich, da auch das jeweils zur Verfügung stehende Gesamtvermögen fast identisch ist.

Wären die Wirtschaftssubjekte risikoneutral, würden die risikobereinigten Zahlungsbereitschaften in allen Szenarien identische Werte annehmen. In Folge der Risikoaversion ist sie aber gerade in den Zuständen hoch, in denen auch der Grenznutzen des Geldes hoch ist (vgl. Abbildung 3-4).

Bestimmt man auf Basis der vorhandenen Daten die Rendite und das Risiko des Finanztitels 2, erhält man:

$$E\left(\tilde{R}_2\right) = \frac{\sum_{s=1}^{S} p_s \cdot F_{2,s}}{\sum_{s=1}^{S} p_s \cdot F_{2,s} \cdot D_s} - 1 = \frac{\sum_{s=1}^{S} p_s \cdot F_{2,s}}{\theta_2} - 1 = \frac{E\left(\tilde{F}_2\right)}{\theta_2} - 1$$

$$= \frac{0{,}25 \cdot 4 + 0{,}35 \cdot 11 + 0{,}40 \cdot 8}{6{,}20} - 1 = 0{,}298387$$

$$RP_2 = E\left(\tilde{R}_2\right) - r_f = 0{,}298387 - 0{,}052632 = 0{,}245755$$

Im Zähler findet sich der Erwartungswert der Rückflüsse, im Nenner der Preis des Finanztitels 2. Die Vorgehensweise für die Wertpapiere 1 und 3 erfolgt analog. Die Ergebnisse fasst Abbildung 3-5 zusammen.

Die Finanztitel 2 und 3 weisen eine positive Risikoprämie auf. Sie stellen eine deutlich höhere Verzinsung als die risikolose Rendite in Aussicht. Diese Prämie stellt eine Kompensation für das mit den Finanztiteln verbundene nicht diversifizierbare Risiko dar. Sie werden nur gekauft, wenn sie einen ausreichenden Rückfluss in Aussicht stellen. Finanztitel 1, der in besonderer Weise dazu geeignet ist, die Schwankung des Vermögens im Zustand 1 auszugleichen, weist eine negative Risikoprämie und damit eine Verzinsung unterhalb der risikolosen Rendite auf. Die geringe erwartete Verzinsung hält die Nachfrage der Marktteilnehmer in Grenzen.

3.4.3.2 *Risikozuschlagsmethode*

Wie die Ausführungen im letzten Abschnitt gezeigt haben, spielt es für die Höhe des Preises einer Finanzanlage und damit auch für die Höhe ihrer Rendite

[28] Vgl. Zimmermann (1998), S. 37 f.

Wertpapier 1	**Wertpapier 3**
$E(\tilde{F}_1) = 0{,}25 \cdot 10 + 0{,}35 \cdot 8 + 0{,}40 \cdot 9$	$E(\tilde{F}_3) = 0{,}25 \cdot 2 + 0{,}35 \cdot 9 + 0{,}40 \cdot 10$
$= 8{,}90 \text{ EUR}$	$= 7{,}65 \text{ EUR}$
$\theta_1 = 8{,}85 \text{ EUR}$	$\theta_3 = 5{,}30 \text{ EUR}$
$E(\tilde{R}_1) = \frac{8{,}90}{8{,}85} - 1 = 0{,}005650$	$E(\tilde{R}_3) = \frac{7{,}65}{5{,}30} - 1 = 0{,}443396$
$RP_1 = 0{,}005650 - 0{,}052632$	$RP_3 = 0{,}443396 - 0{,}052632$
$= -0{,}046982$	$= 0{,}390764$

Abbildung 3-5: Rendite und Risiko der Finanztitel 1 und 3

eine entscheidende Rolle, welchen Schwankungen die Rückzahlungen in den einzelnen Umweltzuständen unterliegen. Dabei liegt das Augenmerk allerdings nicht auf der isolierten Betrachtung des Rückzahlungsvektors des betrachteten Wertpapiers, sondern vielmehr auf der Frage, in welcher Relation die Cash Flows einer Finanzanlage zum gesamten erzielbaren Volksvermögen im jeweiligen Szenario stehen. In diesem Kontext wurde bisher festgehalten, dass Wertpapiere, die tendenziell hohe Zahlungen in Umweltzuständen mit nur geringen Gesamtzuflüssen liefern, einen hohen Preis und folglich eine geringe erwartete Rendite besitzen et vice versa. Das Zusammenspiel zwischen den Rückzahlungsstrukturen der Finanztitel und dem Gesamtvermögen einer Volkswirtschaft soll im Weiteren näher betrachtet und quantitativ analysiert werden.

Zuvor ist es allerdings erforderlich, einen genaueren Blick auf das Konzept der Kovarianz zu werfen, da diesem im Rahmen der nachstehenden Überlegungen eine große Bedeutung zukommt. Beispielhaft seien hierzu die Cash Flow-Vektoren des Wertpapiers 2 und des Gesamtmarktes sowie die dazugehörigen Eintrittswahrscheinlichkeiten betrachtet:

$$\underline{F}_2 = \begin{pmatrix} 4 & 11 & 8 \end{pmatrix} \qquad \underline{F}_M = \begin{pmatrix} 16 & 28 & 27 \end{pmatrix} \qquad \underline{p} = \begin{pmatrix} 0{,}25 \\ 0{,}35 \\ 0{,}40 \end{pmatrix}$$

Sowohl die Zahlung aus Wertpapier 2 als auch die Höhe des Gesamtvermögens sind abhängig vom eintretenden Umweltzustand. Es handelt sich in beiden Fällen um Zufallsvariablen. Die Kovarianz ist eine Kennzahl, die die gemeinsame Streuung zweier Zufallsvariablen analysiert Sie ist wie folgt definiert:

$$Cov\left(\tilde{F}_n, \tilde{F}_M\right) = \sum_{s=1}^{S} p_s \cdot \left(F_{n,s} - E\left(\tilde{F}_n\right)\right) \cdot \left(F_{M,s} - E\left(\tilde{F}_M\right)\right) \qquad 3\text{-}31$$

Die Kovarianz gibt an, wie stark die beiden Zufallsvariablen $\tilde{F}_n$ und $\tilde{F}_M$ gleichzeitig in gleicher Richtung und in gleicher Intensität von ihrem jeweiligen Erwartungswert $E(\tilde{F}_n)$ bzw. $E(\tilde{F}_M)$ abweichen.[29] Die einzelnen Summanden auf der rechten Seite der Gleichung sind genau dann positiv, wenn die Realisationen

[29] Vgl. Schmidt/Terberger (1999), S. 319.

$$(+)\cdot(+) \text{ oder } (-)\cdot(-) \Rightarrow \text{positive Kovarianz}$$

$$\mathrm{Cov}\left(\tilde{F}_n,\tilde{F}_M\right) = \sum_{s=1}^{S}\left(F_{n,s}-E\left(\tilde{F}_n\right)\right)\cdot\left(F_{M,s}-E\left(\tilde{F}_M\right)\right)$$

$$(-)\cdot(+) \text{ oder } (+)\cdot(-) \Rightarrow \text{negative Kovarianz}$$

Abbildung 3-6: Ausprägungen der Kovarianz

von $\tilde{F}_n$ und $\tilde{F}_M$ in einem bestimmten Zustand s gleichzeitig größer oder kleiner als der jeweilige Mittelwert sind. Liegt jeweils für eine Zufallsvariable die Realisation unterhalb ihres Mittelwertes während sie für die andere darüber liegt, ergeben sich Summanden mit negativem Vorzeichen. Abbildung 3-6 fasst diese Überlegungen zusammen.

Für die Kovarianz aus den Rückzahlungsvektoren $\underline{F}_2$ und $\underline{F}_M$ errechnet sich:

$$E\left(\tilde{F}_2\right)=8{,}05 \qquad E\left(\tilde{F}_M\right)=24{,}60$$

$$Cov\left(\tilde{F}_2,\tilde{F}_M\right)=0{,}25\cdot(4-8{,}05)\cdot(16-24{,}60)+0{,}35\cdot(11-8{,}05)\cdot(28-24{,}60)$$
$$+0{,}40\cdot(8-8{,}05)\cdot(27-24{,}60)=12{,}17$$

Die positive Kovarianz zeigt an, dass im Durchschnitt die Zufallsvariablen $\tilde{F}_2$ und $\tilde{F}_M$ Realisationen annehmen, die gleichzeitig oberhalb oder unterhalb der zugehörigen Mittelwerte liegen.

Durch weitere Umformungen kann die Kovarianz auch geschrieben werden als:

$$Cov\left(\tilde{F}_n,\tilde{F}_M\right)=\sum_{s=1}^{S}p_s\cdot\left(F_{n,s}-E\left(\tilde{F}_n\right)\right)\cdot\left(F_{M,s}-E\left(\tilde{F}_M\right)\right) \qquad \text{3-32}$$

$$=E\left(\tilde{F}_n\cdot\tilde{F}_M\right)-E\left(\tilde{F}_n\right)\cdot E\left(\tilde{F}_M\right)-E\left(\tilde{F}_n\right)\cdot E\left(\tilde{F}_M\right)+E\left(\tilde{F}_n\right)\cdot E\left(\tilde{F}_M\right)$$

$$=E\left(\tilde{F}_n\cdot\tilde{F}_M\right)-E\left(\tilde{F}_n\right)\cdot E\left(\tilde{F}_M\right)$$

Diese Informationen zur Kovarianz dienen uns als Grundlage für die folgenden Überlegungen. Ausgangspunkt ist der Preis der reinen Wertpapiere. Wie in Abschnitt 3.4.2.1 (s. Gleichung 3-26) hergeleitet wurde, ergibt sich der Zustandspreis π_s durch Diskontierung des erwarteten Rückflusses mit einem risikoangepassten Kalkulationszins. Dabei entspricht der Erwartungswert des Rückflusses $E(\tilde{F}_s^*)$ des reinen Wertpapiers s der Eintrittswahrscheinlichkeit des Umweltzustandes p_s. Nach geringfügiger Umformung folgt:[30]

$$\pi_s=\frac{p_s}{1+E\left(\tilde{R}_s^*\right)}=p_s\cdot\left(1+E\left(\tilde{R}_s^*\right)\right)^{-1}=p_s\cdot D_s \qquad \text{3-33}$$

[30] Die nachfolgenden Herleitungsschritte wurde entnommen aus Franke/Hax (2003), S. 349.

Für die zweite Umformung wurde die Beziehung 3-30 ausgenutzt. Die Rendite eines Wertpapiers n bei Eintritt des Zustandes s beträgt:

$$R_{n,s} = \frac{F_{n,s}}{\theta_n} - 1 \Leftrightarrow \frac{F_{n,s}}{\theta_n} = 1 + R_{n,s} \qquad 3\text{-}34$$

Bereits im letzten Abschnitt haben wir uns die Bewertungsvorschrift für Finanzanlagen auf arbitragefreien Kapitalmärkten zu Nutze gemacht. Unter zusätzlicher Verwendung der Gleichungen 3-33 und 3-34 lässt sich schreiben:

$$\begin{aligned} &\theta_n = \sum_{s=1}^{S} F_{n,s} \cdot \pi_s \\ &\Leftrightarrow \theta_n = \sum_{s=1}^{S} F_{n,s} \cdot p_s \cdot D_s = E\left(\tilde{F}_n \cdot \tilde{D}\right) \\ &\Leftrightarrow 1 = E\left(\frac{\tilde{F}_n}{\theta_n} \cdot \tilde{D}\right) = E\left(\left(1 + \tilde{R}_n\right) \cdot \tilde{D}\right) \end{aligned} \qquad 3\text{-}35$$

Unter Rückgriff auf die in Gleichung 3-32 dargestellten Zusammenhänge lässt sich der Term auf der rechten Seite weiter umstellen zu:[31]

$$\begin{aligned} &Cov\left(\tilde{R}_n, \tilde{D}\right) = Cov\left(1 + \tilde{R}_n, \tilde{D}\right) = E\left(\left(1 + \tilde{R}_n\right) \cdot \tilde{D}\right) - E\left(1 + \tilde{R}_n\right) \cdot E\left(\tilde{D}\right) \\ &\Leftrightarrow E\left(\left(1 + \tilde{R}_n\right) \cdot \tilde{D}\right) = Cov\left(\tilde{R}_n, \tilde{D}\right) + E\left(1 + \tilde{R}_n\right) \cdot E\left(\tilde{D}\right) \end{aligned} \qquad 3\text{-}36$$

Unter zusätzlicher Beachtung, dass für den Erwartungswert der risikobehafteten Diskontfaktoren

$$E\left(\tilde{D}\right) = \sum_{s=1}^{S} p_s \cdot \frac{\pi_s}{p_s} = \frac{1}{1 + r_f} \qquad 3\text{-}37$$

gilt, folgt aus Gleichung 3-35, 3-36 und 3-37:

$$\begin{aligned} &\frac{1}{E\left(\tilde{D}\right)} = \frac{Cov\left(\tilde{R}_n, \tilde{D}\right)}{E\left(\tilde{D}\right)} + E\left(1 + \tilde{R}_n\right) \\ &\Leftrightarrow 1 + r_f = \frac{Cov\left(\tilde{R}_n, \tilde{D}\right)}{E\left(\tilde{D}\right)} + E\left(\tilde{R}_n\right) + 1 \\ &\Leftrightarrow r_f = \frac{Cov\left(\tilde{R}_n, \tilde{D}\right)}{E\left(\tilde{D}\right)} + E\left(\tilde{R}_n\right) \\ &\Leftrightarrow E\left(\tilde{R}_n\right) - r_f = -\frac{Cov\left(\tilde{R}_n, \tilde{D}\right)}{E\left(\tilde{D}\right)} \end{aligned} \qquad 3\text{-}38$$

[31] Die Kovarianz bleibt unbeeinflusst von einer linearen Transformation der Zufallsvariablen. Bezeichnet α eine Konstante, gilt daher für zwei Zufallsvariablen $\tilde{X}$ und $\tilde{Y}$: $Cov(\tilde{X}, \tilde{Y}) = Cov(\alpha + \tilde{X}, \tilde{Y})$.

Gleichung 3-38 besitzt nicht nur Gültigkeit für ein einzelnes Wertpapier n, sondern lässt sich auch auf das Marktportfolio übertragen:

$$E\left(\tilde{R}_M\right) - r_f = -\frac{Cov\left(\tilde{R}_M, \tilde{D}\right)}{E\left(\tilde{D}\right)} \qquad \text{3-39}$$

Eine Division von 3-38 durch 3-39 führt nach geringfügiger Umstellung zum gesuchten Zusammenhang:

$$E\left(\tilde{R}_n\right) = r_f + \left(E\left(\tilde{R}_M\right) - r_f\right) \cdot \frac{Cov\left(\tilde{R}_n, \tilde{D}\right)}{Cov\left(\tilde{R}_M, \tilde{D}\right)} \qquad \text{3-40}$$

Gleichung 3-40 stellt die Vorschrift zur Bestimmung der erwarteten Rendite des Wertpapiers n dar. Bei dieser erwarteten Rendite handelt es sich gleichzeitig um den geeigneten Diskontierungszinssatz, mit dem der Erwartungswert der Rückflüsse aus dem Wertpapier abzuzinsen ist, um den heutigen Preis der Finanzanlage zu erhalten. Die Rendite setzt sich aus zwei Komponenten zusammen. Zum einen beinhaltet sie die für alle Wertpapiere identische risikolose Verzinsung r_f (1. Summand). Zum anderen umfasst sie einen nur für die betrachtete Finanzanlage geltenden Risikozuschlag (2. Summand).

Der Aufbau dieses Risikozuschlages bedarf einer genaueren Interpretation. Bei dem ersten Faktor handelt es sich um eine von der konkreten Finanzanlage n unabhängige Risikoprämie in Höhe von $E(\tilde{R}_M) - r_f$. Sie beinhaltet die erwartete Überrendite des Marktportfolios über den risikolosen Zinssatz. Da sie für sämtliche risikobehafteten Wertpapiere identisch ist, kann sie als universelle Risikoprämie pro Einheit übernommenen Marktrisikos angesehen werden. Wie viele Einheiten Risiko mit einem speziellen Wertpapier n verbunden sind, zeigt der zweite Faktor des Risikozuschlages $Cov(\tilde{R}_n, \tilde{D}) : Cov(\tilde{R}_M, \tilde{D})$ (vgl. Abbildung 3-7).

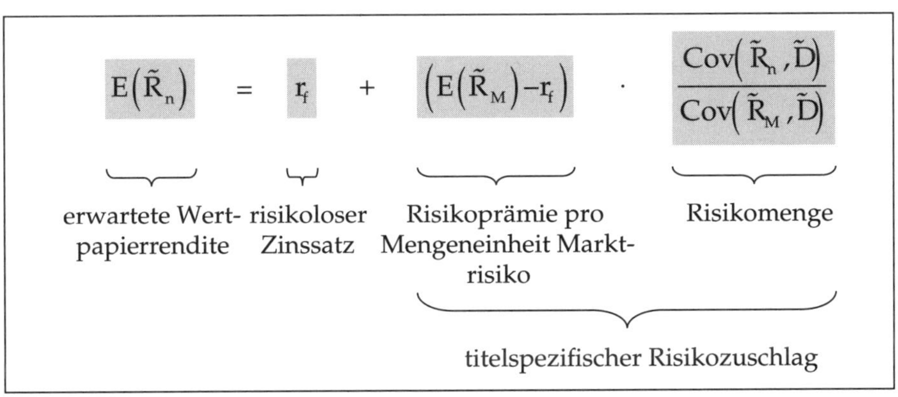

Abbildung 3-7: Komponenten der erwarteten Rendite eines Wertpapiers nach der Risikozuschlagsmethode

Wertpapier 2

Szenario (s)	Rückfluss ($F_{2,s}$)	Rendite ($R_{2,s}$)	
1	4	-0,354839	
2	11	0,774194	$\theta_2 = 6{,}20$
3	8	0,290323	

Marktportfolio

Szenario (s)	Rückfluss ($F_{M,s}$)	Rendite ($R_{M,s}$)	
1	16	-0,213759	
2	28	0,375921	$\theta_M = 20{,}35$
3	27	0,326781	

risikobehafteter Diskontfaktor

Szenario (s)	Diskontfaktor (D_s)
1	2
2	0,571429
3	0,625

Abbildung 3-8: Daten zur Berechnung von $Cov(\tilde{R}_2, \tilde{D})$ und $Cov(\tilde{R}_M, \tilde{D})$

Im Unterschied zu dem einfachen Beispiel, das zu Beginn dieses Abschnittes zur Erläuterung der Kovarianz herangezogen wurde, zieht der zweite Faktor des Risikozuschlages nicht die Kovarianz der Rückflüsse des Wertpapiers n und des Marktportfolios $Cov(\tilde{F}_n, \tilde{F}_M)$ heran. Vielmehr wird die Kovarianz zwischen der Rendite des Finanztitels n und dem risikobehafteten Diskontfaktor $Cov(\tilde{R}_n, \tilde{D})$ zur Kovarianz zwischen der Rendite des Marktportfolios und dem risikobehafteten Diskontfaktor $Cov(\tilde{R}_M, \tilde{D})$ in Beziehung gesetzt. Zur Veranschaulichung berechnen wir die Größen in Gleichung 3-40 für das Wertpapier 2. Abbildung 3-8 beinhaltet die notwendige Datengrundlage.

Die erwartete Rendite von Wertpapier 2 lässt sich daher berechnen als:[32]

$$E(\tilde{R}_2) = r_f + \left(E(\tilde{R}_M) - r_f\right) \cdot \frac{Cov(\tilde{R}_2, \tilde{D})}{Cov(\tilde{R}_M, \tilde{D})}$$

$$= 0{,}052632 + (0{,}208845 - 0{,}052632) \cdot \frac{-0{,}233468}{-0{,}148403}$$

$$= 0{,}052632 + 0{,}156213 \cdot 1{,}573203$$

$$= 0{,}298387 = 29{,}8387\%$$

32 Geringe Abweichungen zu den in Abschnitt 3.4.3.1 erhaltenen Ergebnissen beruhen auf Rundungsdifferenzen.

Die Prämie auf die risikolose Rendite beträgt 24,5755 %.[33]

Wie lassen sich die in der Bewertungsformel enthaltenen Größen nun interpretieren? Die Kovarianz zwischen der Rendite des Finanztitels 2 und dem risikobehafteten Diskontfaktor $Cov(\tilde{R}_2, \tilde{D})$ ist negativ. Da der Diskontfaktor in genau den Umweltzuständen hoch ist, in denen das verteilbare Volksvermögen geringe Werte annimmt, bedeutet dies: das Wertpapier 2 besitzt genau in denjenigen Szenarien hohe Renditen (was gleichbedeutend mit relativ hohen Rückflüssen ist), in denen auch das Gesamtvermögen hoch ist; es besitzt tendenziell geringere Renditen in Zuständen mit geringem Vermögen. Die Finanzanlage 2 weist somit ein relativ hohes, nicht diversifizierbares Risiko und eine entsprechend hohe Risikomenge ($\approx$ 1,57) auf, die zu einem deutlich positiven Risikozuschlag führt.

Ganz ähnlich stellt sich die Situation für Wertpapier 3 dar:

$$E\left(\tilde{R}_3\right) = 0{,}052632 + \left(0{,}208845 - 0{,}052632\right) \cdot \frac{-0{,}371226}{-0{,}148403}$$

$$= 0{,}052632 + 0{,}156213 \cdot 2{,}501472$$

$$= 0{,}443394 = 44{,}3394\%$$

Der hohe Risikozuschlag ist auch hier eine unmittelbare Folge des nicht diversifizierbaren Risikos, das mit dem Finanztitel 3 verbunden ist.

Von Wertpapier 1 wissen wir, dass es keine Risikoprämie, sondern einen Risikoabschlag aufweist. Folglich muss die Größe $Cov(\tilde{R}_1, \tilde{D})$ größer Null sein.

$$E\left(\tilde{R}_1\right) = 0{,}052632 + \left(0{,}208845 - 0{,}052632\right) \cdot \frac{0{,}044633}{-0{,}148403}$$

$$= 0{,}052632 + 0{,}156213 \cdot \left(-0{,}300755\right)$$

$$= 0{,}005650$$

Die Eigenschaft von Finanztitel 1 durch die Verteilung seiner Rückflüsse der Schwankung des Vermögens entgegenwirken zu können (was gleichbedeutend mit einem geringen nicht diversifizierbaren Risiko ist), sorgt aufgrund der negativen Risikomenge ($\approx$ –0,30) für den Risikoabschlag.

3.4.3.3 *Sicherheitsäquivalentmethode*

Neben der Möglichkeit, den heutigen Preis einer Finanzanlage durch Diskontierung des erwarteten Rückflusses mit einem risikoadjustierten Kalkulationszins zu bestimmen, bietet sich im Rahmen des SP-Modells auch die Alternative einer Abzinsung von Sicherheitsäquivalenten mit der risikolosen Rendite. Dieser Vorgang gleicht inhaltlich der Vorgehensweise, wie wir sie bereits in Abschnitt 2.3.2 im Kontext des Bernoulli-Prinzips kennengelernt haben. Zur Herleitung der entsprechenden Bewertungsvorschrift ist von Gleichung 3-35 auszugehen:

$$\theta_n = \sum_{s=1}^{S} F_{n,s} \cdot \pi_s = E\left(\tilde{F}_n \cdot \tilde{D}\right)$$

[33] Dieses Ergebnis wurde in anderer Form bereits in Abschnitt 3.4.3.1 hergeleitet.

Der Erwartungswert auf der rechten Seite kann unter Heranziehung der Kovarianz umgestellt werden zu:

$$\begin{aligned} &Cov\left(\tilde{F}_n,\tilde{D}\right)=E\left(\tilde{F}_n\cdot\tilde{D}\right)-E\left(\tilde{F}_n\right)\cdot E\left(\tilde{D}\right)\\ \Leftrightarrow\ &E\left(\tilde{F}_n\cdot\tilde{D}\right)=Cov\left(\tilde{F}_n,\tilde{D}\right)+E\left(\tilde{F}_n\right)\cdot E\left(\tilde{D}\right)\end{aligned} \qquad \text{3-41}$$

Durch Einsetzen folgt unmittelbar (3-42):

$$\begin{aligned} &\theta_n=Cov\left(\tilde{F}_n,\tilde{D}\right)+E\left(\tilde{F}_n\right)\cdot E\left(\tilde{D}\right)=Cov\left(\tilde{F}_n,\tilde{D}\right)+E\left(\tilde{F}_n\right)\cdot\frac{1}{1+r_f}\\ \Leftrightarrow\ &\theta_n=\frac{1}{1+r_f}\cdot\left(E\left(\tilde{F}_n\right)+\left(1+r_f\right)\cdot Cov\left(\tilde{F}_n,\tilde{D}\right)\right)\end{aligned}$$

Der heutige Preis des Wertpapiers n lässt sich bestimmen, indem der Erwartungswert der Cash Flows $E(\tilde{F}_n)$ um einen Risikoabschlag $(1 + r_f) \cdot Cov(\tilde{F}_n, \tilde{D})$ (bei negativer Kovarianz) reduziert und diese Summe mit der risikolosen Rendite diskontiert wird (vgl. Abbildung 3-9).

Am Beispiel der Finanzanlage 2 sei der Berechnungsvorgang veranschaulicht:

$$E\left(\tilde{F}_2\right)=8{,}05 \quad E\left(\tilde{D}\right)=0{,}95 \quad Cov\left(\tilde{F}_2,\tilde{D}\right)=-1{,}4475$$

$$\begin{aligned}\theta_2&=\frac{1}{1+r_f}\cdot\left(E\left(\tilde{F}_2\right)+\left(1+r_f\right)\cdot Cov\left(\tilde{F}_2,\tilde{D}\right)\right)\\ &=\frac{1}{1+0{,}052632}\cdot\left(8{,}05+\left(1+0{,}052632\right)\cdot\left(-1{,}4475\right)\right)\\ &=\frac{1}{1{,}052632}\cdot 6{,}526315\\ &=6{,}20\end{aligned}$$

Das Sicherheitsäquivalent einer erwarteten Zahlung von 8,05 EUR am Ende der Periode beträgt demnach 6,53 EUR (exakt: 6,526315 EUR). Für die Wertpapiere 1 und 3 ist der Bewertungsvorgang in Abbildung 3-10 zusammengefasst.

$$\underbrace{\theta_n}_{\text{Preis des Finanztitels}} = \underbrace{\frac{1}{1+r_f}}_{\text{risikoloser Diskontfaktor}} \cdot \underbrace{\left(\underbrace{E\left(\tilde{F}_n\right)}_{\text{Erwartungswert der Rückflüsse}} + \underbrace{\left(1+r_f\right)\cdot Cov\left(\tilde{F}_n,\tilde{D}\right)}_{\text{Risikoabschlag}}\right)}_{\text{Sicherheitsäquivalent}}$$

Abbildung 3-9: Komponenten des Preises eines Finanztitels nach der Sicherheitsäquivalentmethode

Wertpapier 1	**Wertpapier 3**
$E(\tilde{D}) = 0{,}95$	$E(\tilde{D}) = 0{,}95$
$E(\tilde{F}_1) = 8{,}90 \quad Cov(\tilde{F}_1,\tilde{D}) = 0{,}395$	$E(\tilde{F}_3) = 7{,}65 \quad Cov(\tilde{F}_3,\tilde{D}) = -1{,}9675$
$\theta_1 = \frac{1}{1{,}052632} \cdot (8{,}90 + 1{,}052632 \cdot 0{,}395)$	$\theta_3 = \frac{1}{1{,}052632} \cdot 5{,}578947$
$= \frac{1}{1{,}052632} \cdot 9{,}315790$	$= 5{,}30$
$= 8{,}85$	

Abbildung 3-10: Berechnung der Preise der Wertpapiere 1 und 3 mit der Sicherheitsäquivalenzmethode

Erneut unterscheidet sich der Finanztitel 1 insofern von den beiden anderen Wertpapieren, als dass er einen positiven „Risikoabschlag" aufweist. Das Sicherheitsäquivalent (9,32 EUR) ist größer als der Erwartungswert der Zahlungen (8,90 EUR).

3.4.3.4 Zirkularitätsproblem

Sowohl auf der Grundlage der Risikozuschlagsmethode als auch unter Heranziehung des Sicherheitsäquivalents kann der heutige Preis eines risikobehafteten Wertpapiers berechnet werden. Das zuerst genannte Verfahren läuft in zwei Schritten ab. Zuerst ist die erwartete Rendite der Anlage $E(\tilde{R}_n)$ zu bestimmen, im Anschluss kann der Erwartungswert des Rückflusses mit dieser Rendite diskontiert werden:

$$E(\tilde{R}_n) = r_f + \left(E(\tilde{R}_M) - r_f\right) \cdot \frac{Cov(\tilde{R}_n,\tilde{D})}{Cov(\tilde{R}_M,\tilde{D})} \qquad \text{3-43}$$

$$\theta_n = \frac{E(\tilde{F}_n)}{1 + E(\tilde{R}_n)}$$

Die Sicherheitsäquivalentmethode gibt unmittelbar die gesuchte Größe wieder:

$$\theta_n = \frac{1}{1 + r_f} \cdot \left(E(\tilde{F}_n) + (1 + r_f) \cdot Cov(\tilde{F}_n,\tilde{D})\right) \qquad \text{3-44}$$

Der wesentliche Unterschied zwischen beiden Ansätzen verbirgt sich in einem zunächst unscheinbaren Detail: während die Risikozuschlagsmethode die notwendigen Kovarianzen unter Heranziehung der *Rendite* der Anlage n ($Cov(\tilde{R}_n, \tilde{D})$) bzw. der *Rendite* des Marktportfolios ($Cov(\tilde{R}_M, \tilde{D})$ bestimmt, verwendet das Konzept des Sicherheitsäquivalents eine Kovarianz auf Basis *absoluter Cash Flows* ($Cov(\tilde{F}_n, \tilde{D})$) Dieser Unterschied ist von erheblicher Bedeutung bei der Anwendung der Bewertungsformeln.

Um dies zu verstehen, muss man sich das Ziel der Bewertung, den Preis der Finanzanlage θ_n zu erhalten, vor Augen halten. Im Laufe der Berechnung muss bei der Risikozuschlagsmethode die Größe $Cov(\tilde{R}_n, \tilde{D})$ berechnet werden, d.h.

$$Cov\left(\tilde{R}_n, \tilde{D}\right) = \sum_{s=1}^{S} p_s \cdot \left(R_{n,s} - E\left(\tilde{R}_n\right)\right) \cdot \left(D_s - E\left(\tilde{D}\right)\right) \qquad 3\text{-}45$$

Mit $E(\tilde{R}_n)$ gehen der Erwartungswert der Rendite des Wertpapiers sowie mit $R_{n,s}$ die jeweilige Rendite in den einzelnen Umweltzuständen in diese Beziehung ein. Die Renditen $R_{n,s}$ ergeben sich aus:

$$R_{n,s} = \frac{F_{n,s}}{\theta_n} - 1 \quad \forall s \qquad 3\text{-}46$$

Unverzichtbare Eingangsgröße für $R_{n,s}$ ist der heutige Preis der Finanzanlage θ_n. Gerade dieser soll aber durch die Bewertungsvorschrift erst ermittelt werden. Damit kann die Risikozuschlagsmethode den Preis des Wertpapiers n nur dann bereitstellen, wenn dieser bereits ex ante bekannt ist. Es handelt sich hierbei um ein sogenanntes Zirkularitätsproblem. Für die praktische Umsetzung der Risikozuschlagsmethode fehlen dem Anwender daher die erforderlichen Eingangsdaten. Bei der Sicherheitsäquivalentmethode stößt man auf dieses Problem nicht. Da die Kovarianz hier nicht über Renditen, sondern Cash Flows hergeleitet wird, kommen nur Daten zum Einsatz, die in der betreffenden Bewertungssituation auch tatsächlich verfügbar sind.

3.5 Optimale Risikoallokation

3.5.1 Portfoliowahl

3.5.1.1 Darstellung des Entscheidungsproblems

In den vorhergehenden Ausführungen zum SP-Modell haben wir uns ausführlich mit der Frage der Bewertung risikobehafteter Finanztitel auseinandergesetzt. Ausgehend von der Payoff-Matrix wurden durch die Bildung geeigneter Portfolios reine Wertpapiere konstruiert. Unter Heranziehung der mengenmäßigen Zusammensetzung dieser Portfolios und unter zusätzlicher Verwendung der Preise der Finanztitel wurde der sogenannte Zustandspreisvektor abgeleitet. Mit seiner Hilfe konnte der heutige Preis beliebiger zukünftiger Zahlungsansprüche auf einem vollkommenen und vollständigen Kapitalmarkt bestimmt werden.

Bisher weitgehend unbeachtet blieb in diesem Zusammenhang allerdings die Frage, wie die Wirtschaftssubjekte ihr vorhandenes Anfangsvermögen auf die verschiedenen am Markt gehandelten Finanztitel aufteilen. Genau dieses Problem der optimalen Allokation der Wertpapiere soll nun in den Fokus der Untersuchung rücken. Hierzu wiederholen wir kurz das im Rahmen der Modellannahmen vorgestellte Entscheidungsproblem der Marktteilnehmer.

Zu Beginn des Betrachtungszeitraumes (t = 0) sind die Wirtschaftssubjekte mit einem gegebenen Anfangsvermögen ausgestattet. Sie können das Vermögen zwei Verwendungsrichtungen zuführen. Zum einen besteht die Möglichkeit, die vorhandenen Mittel in t = 0 ganz oder teilweise für sicheren Konsum einzusetzen. Zum anderen haben die Marktteilnehmer die Option, das Vermögen auf dem Kapitalmarkt anzulegen, d.h. Ersparnisse zu bilden. Der Rückfluss aus diesem Sparvorgang wird dann am Periodenende (t = 1) für Konsumzwecke herangezogen.

Je nach Risikoneigung des Wirtschaftssubjektes kann der Teil des Kapitals, der in t = 0 nicht dem Konsum zugeführt wird, entweder in eine Auswahl riskanter Wertpapiere investiert oder zum risikolosen Zinssatz angelegt werden.[34] Sofern eine Anlage in Form risikobehafteter Finanztitel erfolgt, ist die Höhe des am Periodenende bereitstehenden Vermögens ex ante unsicher. Damit ist auch die Höhe des möglichen Konsums in t = 1 dem Zufall unterworfen, da er unmittelbar aus den Rückflüssen der Finanzanlagen bestritten wird.

Die Annahme der Existenz eines repräsentativen Investors wird im Weiteren wieder aufgegeben. Es wird lediglich vorausgesetzt, dass die Wirtschaftssubjekte risikoavers sind und folgende intertemporale Nutzenfunktion besitzen, wobei c_0 den heutigen, sicheren Konsum und $\tilde{c}_1$ den zukünftigen unsicheren Konsum bezeichnet:

$$E\left(U^j\left(c_0^j,\tilde{c}_1^j\right)\right) \text{ mit } j = 1,\ldots, J \qquad \text{3-47}$$

Der Hochindex j dient der Kennzeichnung eines spezifischen Investors. Um die Notation nicht zu überfrachten, wird er im Weiteren nicht beachtet. Bei der Funktion U handelt es sich um eine stetige, konkave Bernoulli-Nutzenfunktion. Sie ist zweimal differenzierbar. Der Investor trifft die Auswahl zwischen gegenwärtigem Konsum c_0 und zukünftigem Verbrauch $\tilde{c}_1$ so, dass der Erwartungswert des Nutzens maximiert wird. Unter Beachtung der entsprechenden Nebenbedingungen lautet das Entscheidungsproblem:

$$E\left(U\left(c_0,\tilde{c}_1\right)\right) = \sum_{s=1}^{S} p_s \cdot U\left(c_0, c_{1,s}\right) \rightarrow max! \qquad \text{3-48}$$

$$\text{u. d. N. } w_0 = c_0 + x_r + \sum_{n=1}^{N} x_n \cdot \theta_n \qquad \text{3-49}$$

$$c_1 = \left(1 + r_f\right) \cdot x_r + \sum_{n=1}^{N} x_n \cdot F_{n,s} \qquad \text{3-50}$$

Die erste Nebenbedingung begrenzt die Mittelverwendung in t = 0 für heutigen Konsum c_0, für die risikolose Anlage x_r und für den Kauf riskanter Wertpapiere auf das gegebene Anfangsvermögen w_0. Dabei gibt

$$\sum_{n=1}^{N} x_n \cdot \theta_n$$

die gesamte Anfangsauszahlung für den Kauf von Finanzanlagen wieder. Sie resultiert aus der Multiplikation der entsprechenden Menge des Wertpapiers n

---

34 Die risikolose Anlage ergibt sich unmittelbar aus der Möglichkeit, die risikobehafteten Finanztitel zu einem Portfolio zusammenzustellen, das unabhängig vom eintretenden Umweltzustand immer einen Rückfluss in identischer Höhe liefert.

x_n mit dem zugehörigen Preis θ_n und anschließende Summierung über alle N Wertpapiere. In x_r kommt derjenige Geldbetrag zum Ausdruck, der risikolos investiert wurde.

Gleichung 3-50 zeigt die Höhe des in t = 1 erzielbaren Konsums an. Das Wirtschaftssubjekt kann hierfür sowohl den aufgezinsten Rückfluss aus der risikolosen Anlage (1. Summand) einsetzen, als auch die Zahlungen aus den erworbenen Finanzanlagen (2. Summand). Die Höhe des am Periodenende erzielbaren Konsums ist damit unmittelbar abhängig von den Größen x_r und $x_1, \ldots, x_N$. Sie stellen die Entscheidungsvariablen des Investors zur Bestimmung seines zukünftigen Konsums dar. Der Lagrange-Ansatz zur Lösung des Optimierungsproblems lautet (3-51):

$$L = \sum_{s=1}^{S} p_s \cdot U\left(c_0, (1+r_f) \cdot x_r + \sum_{n=1}^{N} x_n \cdot F_{n,s} \right) + \lambda \left(w_0 - c_0 - x_r - \sum_{n=1}^{N} x_n \cdot \theta_n \right)$$

Dabei wurde Gleichung 3-50 bereits in die Nutzenfunktion eingesetzt. Die Bedingungen erster Ordnung ergeben sich zu:

$$\frac{\partial L}{\partial c_0} = U'(c_0) - \lambda = 0 \qquad \text{3-52}$$

$$\frac{\partial L}{\partial x_r} = \sum_{s=1}^{S} U'(c_{1,s}) \cdot (1+r_f) \cdot p_s - \lambda = 0 \qquad \text{3-53}$$

$$\frac{\partial L}{\partial x_n} = \sum_{s=1}^{S} U'(c_{1,s}) \cdot F_{n,s} \cdot p_s - \lambda \cdot \theta_n = 0 \qquad \forall n \qquad \text{3-54}$$

$$\frac{\partial L}{\partial \lambda} = w_0 - c_0 - x_r - \sum_{n=1}^{N} x_n \cdot \theta_n = 0 \qquad \text{3-55}$$

3.5.1.2 *Analyse des Optimierungsergebnisses*

Um das Ergebnis der durchgeführten Optimierung besser verstehen und inhaltlich interpretieren zu können, ist eine nähere Analyse der Bedingungen erster Ordnung erforderlich. Betrachten wir zunächst den Zusammenhang zwischen der Höhe des risikolosen Zinssatzes und dem Grenznutzen des Konsums. Durch Auflösen der Gleichung 3-52 nach λ und Einsetzen in 3-53 folgt:

$$\begin{aligned} &\sum_{s=1}^{S} U'(c_{1,s}) \cdot (1+r_f) \cdot p_s - U'(c_0) = 0 \\ \Leftrightarrow\ &E(U'(\tilde{c}_1)) \cdot (1+r_f) = U'(c_0) \end{aligned} \qquad \text{3-56}$$

Liegt eine optimale Allokation der Wertpapiere vor, führt die Investition eines marginalen Geldbetrages in die risikolose Anlage in t = 0 zu einem Rückgang des Nutzens um $U'(c_0)$. Ursache hierfür ist die durch die marginale Erhöhung des Sparvolumens verursachte Verringerung des für Konsumzwecke c_0 zur Verfügung stehenden Geldbetrages. Gleichzeitig steigen die erwarteten Konsummöglichkeiten am Periodenende. Der Erwartungswert des Nutzens nimmt um

$E(U'(\tilde{c}_1)) \cdot (1 + r_f)$ zu. Im Optimum müssen sich beide Effekte gerade ausgleichen.

Ein ähnlicher Zusammenhang lässt sich für das Gleichgewicht in Bezug auf die risikobehafteten Finanztitel ableiten. Unter Heranziehung der Gleichungen 3-52 und 3-54 kann ermittelt werden:

$$\sum_{s=1}^{S} U'(c_{1,s}) \cdot F_{n,s} \cdot p_s - U'(c_0) \cdot \theta_n = 0$$
$$\Leftrightarrow E(U'(\tilde{c}_1) \cdot F_n) = U'(c_0) \cdot \theta_n \qquad \text{3-57}$$

Wird von dem Finanztitel n eine kleine Menge erworben, geht der Nutzen aus dem heutigen Konsum um $U'(c_0) \cdot \theta_n$ zurück. Gleichzeitig besteht aber die Aussicht auf höhere Zahlungen in t = 1. Der Nutzen aus dem Endvermögen steigt um $U'(c_{1,s}) \cdot F_{n,s}$. Somit vergrößert sich der dazugehörige Erwartungswert um $E(U'(\tilde{c}_1) \cdot \tilde{F}_n)$.[35] Im Optimum müssen sich beide Wirkungsmechanismen erneut genau kompensieren.

Neben einer Verknüpfung der Mengen an risikoloser Anlage bzw. risikobehafteten Wertpapieren mit der heutigen Veränderung des Nutzens, können die beiden zuerst genannten Größen auch direkt zueinander in Beziehung gesetzt werden. Setzt man Gleichung 3-53 in 3-54 ein, erhält man nach geringfügiger Umformung:

$$\sum_{s=1}^{S} U'(c_{1,s}) \cdot F_{n,s} \cdot p_s - \theta_n \cdot \left(\sum_{s=1}^{S} U'(c_{1,s}) \cdot (1 + r_f) \cdot p_s \right) = 0$$
$$\Leftrightarrow E(U'(\tilde{c}_1) \cdot \tilde{F}_n) = \theta_n \cdot E(U'(\tilde{c}_1)) \cdot (1 + r_f) \qquad \text{3-58}$$

Erneut gibt der linke Teil der Gleichung den Anstieg des Nutzens am Periodenende beim Kauf einer marginalen Einheit des Wertpapiers n an. Dieser Nutzenzuwachs erfordert in t = 0 eine Anschaffungsauszahlung für das Wertpapier n in Höhe von θ_n. Der so eingesetzte Geldbetrag steht für eine risikolose Anlage nicht mehr bereit und kommt einem Verzicht auf einen Betrag von $\theta_n \cdot (1 + r_f)$ in t = 1 gleich. Der Erwartungswert des Nutzens sinkt daher um $\theta_n \cdot E(U'(\tilde{c}_1)) \cdot (1 + r_f)$.

Bei der in den Gleichungen 3-52 bis 3-55 zum Ausdruck kommenden Allokation auf dem Kapitalmarkt handelt es sich um einen Pareto-optimalen Zustand. Dies bedeutet, dass bei Eintritt des Optimums der Handel auf dem Kapitalmarkt zum Erliegen kommt. Die vorhandenen Finanztitel sind dann so unter den Wirtschaftssubjekten verteilt, dass ein Nutzenzuwachs eines Marktteilnehmers nur durch die Verminderung des Nutzens eines anderen erkauft werden kann. Mit anderen Worten muss die Grenzrate der Substitution des Konsums zwischen zwei unterschiedlichen Umweltzuständen für alle Investoren identisch sein.[36] Um dies genauer aufzuzeigen, gehen wir erneut von Gleichung 3-54 aus:

$$\frac{\partial L}{\partial x_n} = \sum_{s=1}^{S} U'(c_{1,s}) \cdot F_{n,s} \cdot p_s - \lambda \cdot \theta_n = 0 \qquad \forall n$$

---

35 Vgl. Laux (2006), S. 100 f.

36 Vgl. Zimmermann (1998), S. 56 f.

Sie besitzt für jedes beliebige Wertpapier n Gültigkeit. Damit lässt sich die Gleichung auch auf die Elementaranlagen, die lediglich eine besondere Form der Wertpapiere darstellen, übertragen:[37]

$$U'(c_{1,s}) \cdot 1 \cdot p_s - \lambda \cdot \pi_s = 0 \qquad \forall n \tag{3-59}$$

Für die Umformung wird zunächst die Zahlung $F_{n,s}$ des Finanztitels n im Zustand s durch den Rückzahlungsbetrag von 1 EUR ersetzt, den das reine Wertpapier s im entsprechenden Zustand leistet. Von der Summe auf der rechten Seite der Gleichung 3-54 verbleibt damit lediglich ein Summand. Der Preis des Wertpapiers θ_n weicht dem Zustandspreis π_s.

Da Gleichung 3-59 nicht nur für den speziellen Zustand s, sondern auch für sämtliche anderen Zustände gilt, lässt sich z.B. für ein beliebiges Szenario t schreiben:

$$p_t \cdot 1 \cdot U'(c_{1,t}) - \lambda \cdot \pi_t = 0 \tag{3-60}$$

Bei Division von Gleichung 3-59 durch 3-60 erhält man:

$$\frac{p_t \cdot U'(c_{1,s})}{p_s \cdot U'(c_{1,t})} = \frac{\pi_s}{\pi_t} \tag{3-61}$$

Diese Bedingung gilt für jeden einzelnen Marktteilnehmer j = 1,..., J. Es liegt daher Pareto-Effizienz vor. Grafisch wird die Optimumbedingung in Abbildung 3-11 veranschaulicht.[38]

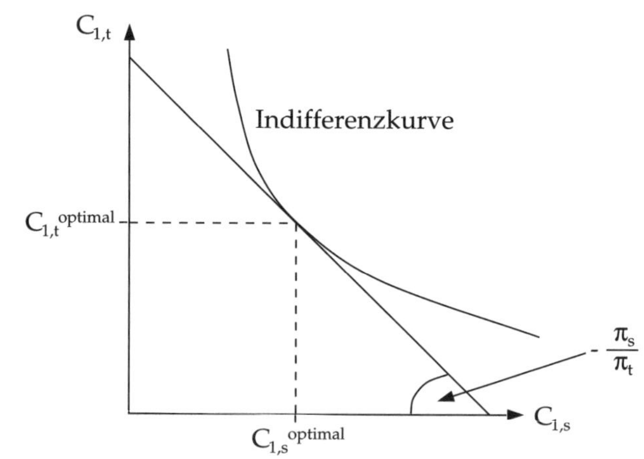

Abbildung 3-11: Konsumhöhen in den Umweltzuständen s und t im Optimum

[37] Vgl. Laux (2006), S. 141.
[38] Vgl. Zimmermann (1998), S. 57.

3.5.2 Bestimmung von Zustandspreisen mit Hilfe des Nutzenkonzeptes

Die soeben gewonnenen Ergebnisse des Optimierungskalküls der Marktteilnehmer bilden einen guten Ausgangspunkt, um die Preisbildung auf dem Finanzmarkt unter einem neuen Blickwinkel zu untersuchen. Ziel ist es, den Preis eines Finanztitels θ_n in Abhängigkeit der Nutzenfunktion eines Wirtschaftssubjektes darzustellen. Hierzu gehen wir von Gleichung 3-42 aus, die die Ermittlung von θ_n auf Basis der Sicherheitsäquivalentmethode beschreibt:[39]

$$\theta_n = \frac{1}{1+r_f} \cdot \left(E\left(\tilde{F}_n\right) + \left(1+r_f\right) \cdot Cov\left(\tilde{F}_n, \tilde{D}\right)\right) \qquad \text{3-42}$$

Im Optimum muss für den Zustandspreis s gemäß Gleichung 3-59 gelten:

$$\pi_s = \frac{p_s \cdot U'\left(c_{1,s}\right)}{\lambda} \qquad \text{3-62}$$

Durch Auflösen des Zusammenhangs 3-53 nach λ und Einsetzen in 3-62 folgt nach geringfügiger Umformung:

$$\pi_s = \frac{p_s \cdot U'\left(c_{1,s}\right)}{E\left(U'\left(\tilde{c}_1\right)\right) \cdot \left(1+r_f\right)} \qquad \text{3-63}$$

Berücksichtigt man, dass der Zustandspreis π_s auch als Produkt aus der Eintrittswahrscheinlichkeit p_s des Szenarios s und dem zustandsabhängigen Diskontfaktor D_s geschrieben werden kann, resultiert unter Verwendung von 3-63:

$$\pi_s = p_s \cdot D_s \Leftrightarrow D_s = \frac{\pi_s}{p_s}$$

$$D_s = \frac{U'\left(c_{1,s}\right)}{E\left(U'\left(\tilde{c}_1\right)\right) \cdot \left(1+r_f\right)} \qquad \text{3-64}$$

Setzt man Gleichung 3-64 in die Preisformel nach der Sicherheitsäquivalentmethode ein, führt dies zu dem gesuchten Zusammenhang:

$$\theta_n = \frac{1}{1+r_f} \cdot \left(E\left(\tilde{F}_n\right) + \frac{1}{E\left(U'\left(\tilde{c}_1\right)\right)} \cdot Cov\left(\tilde{F}_n, U'\left(\tilde{c}_1\right)\right)\right) \qquad \text{3-65}$$

Der Preis des Finanztitels θ_n ist umso höher, je höher die Kovarianz zwischen den Rückflüssen $\tilde{F}_n$ und dem Grenznutzen $U'(\tilde{c}_1)$ ist. Die Kovarianz nimmt genau dann große Werte an, wenn ein Wertpapier in Zuständen mit nur geringem Volksvermögen (gemäß Abbildung 3-4 ist genau in diesen Zuständen der Grenznuten des Konsums hoch) einen hohen Rückfluss erbringt. Ein solcher Finanztitel eignet sich in besonderer Weise, um Schwankungen des Vermögens über die verschiedenen Zustände auszugleichen. Die hohe Nachfrage lässt den Preis steigen.

39 Für die Herleitung vgl. Laux (2006), S. 184 ff.

3.6 Bewertung von Investitionsprojekten

3.6.1 Ermittlung von Unternehmenswerten mit Zustandspreisen

In den bisherigen Darstellungen wurde der SP-Ansatz ausschließlich zur Bewertung risikobehafteter Finanzinvestitionen eingesetzt. Das Modell ist allerdings nicht auf diesen Bereich beschränkt, sondern kann auch dazu verwendet werden, um den fairen Preis unsicherer Realinvestitionen zu bestimmen.

Als Beispiel sei ein Kapitalmarkt betrachtet, auf dem die Aktien der drei Unternehmen A, B und C gehandelt werden. Der Betrachtungszeitraum beträgt eine Periode. Am Ende dieser Periode werden alle drei Unternehmen verkauft bzw. aufgelöst. Die zu erzielenden Free Cash Flows fließen vollständig den Eigentümern zu. Nachstehende Payoff-Matrix gibt die Höhe der freien Zahlungsüberschüsse in Abhängigkeit dreier möglicher Umweltzustände an:

$$\underline{\underline{F}} = \begin{pmatrix} 110 & 65 & 8 \\ 75 & 60 & 40 \\ 10 & 50 & 100 \end{pmatrix}$$

Aus Gründen der Vereinfachung sei eine vollständige Eigenfinanzierung der Unternehmen unterstellt. Neben den Aktionären existieren keine weiteren Anspruchsgruppen, denen Teile der Free Cash Flows zustehen könnten. Die Leitung der Unternehmen wird von den Eigentümern nicht selbständig wahrgenommen, sondern liegt in der Hand eines angestellten Managements. Dieses verfolgt das Ziel einer Maximierung des Unternehmenswertes. Die Vektoren der Zustandspreise und der Eintrittswahrscheinlichkeiten der Zustände sind gegeben und lauten:

$$\underline{\pi} = \begin{pmatrix} 0{,}20 \\ 0{,}25 \\ 0{,}50 \end{pmatrix} \qquad \underline{p} = \begin{pmatrix} 1/3 \\ 1/3 \\ 1/3 \end{pmatrix}$$

Auf der Grundlage dieser Informationen kann zunächst der Wert der einzelnen Unternehmen berechnet werden. Im Fall einer reinen Eigenfinanzierung unter Sicherheit bei der Betrachtung nur einer Periode ergibt sich der Wert eines Unternehmens n zu (vgl. Abschnitt 1.3.1):

$$UW_{n,0} = EK_{n,0}^{MW} = \frac{FCF_{n,1}}{1 + r_f} \qquad \text{3-66}$$

Der sichere Rückfluss $FCF_{n,1}$ ist mit der Rendite einer risikolosen Anlage zu diskontieren, um so zum Marktwert des Eigenkapitals $EK_{n,0}^{MW}$ zu gelangen. Dieser ist identisch mit dem heutigen Wert des Unternehmens $UW_{n,0}$. Beim Übergang auf eine Unsicherheitssituation ist die Bewertungsformel zu modifizieren (vgl. Abschnitt 1.4.2). Bei Anwendung der Risikozuschlagsmethode lautet sie:

$$UW_{n,0} = EK_{n,0}^{MW} = \frac{E\left(\widetilde{FCF}_{n,1}\right)}{1 + r_f + RP_n} \qquad \text{3-67}$$

Der erwartete Unternehmenswert berechnet sich nun durch Diskontierung des erwarteten Free Cash Flows am Periodenende mit einem risikoadjustierten Kalkulationszins. Die Höhe der Risikoprämie RP_n ist dabei abhängig vom betrachteten Investitionsobjekt. Fasst man die Summe aus risikoloser Rendite und Risikoprämie zur erwarteten Rendite zusammen, lässt sich schreiben:

$$UW_{n,0} = \frac{E\left(\widetilde{FCF}_{n,1}\right)}{1+E\left(\tilde{R}_n\right)} \qquad \text{3-68}$$

Mit Hilfe des SP-Modells kann nun die Bestimmung des Unternehmenswertes vorgenommen werden:

$$UW_{n,0} = \frac{E\left(\widetilde{FCF}_{n,1}\right)}{1+E\left(\tilde{R}\right)} \qquad \text{3-69}$$

$$= \sum_{s=1}^{S} \frac{p_s \cdot FCF_{n,s}}{1+E\left(\tilde{R}_s^*\right)} \qquad \text{3-70}$$

$$= \sum_{s=1}^{S} \pi_s \cdot FCF_{n,s} \qquad \text{3-71}$$

Der Unternehmenswert unter Unsicherheit berechnet sich als Summe der mit den Zustandspreisen gewichteten Free Cash Flows in allen Umweltzuständen. Die Besonderheit der Vorgehensweise liegt in der Ermittlung eines geeigneten risikoadjustierten Kalkulationszinssatzes. Anstatt zunächst den Erwartungswert der Free Cash Flows zu bilden und diesen dann mit einem einzigen Diskontierungsfaktor $E(\tilde{R}_n)$ abzuzinsen (vgl. Gleichung 3-68), verwendet des SP-Modell zustandsabhängige Diskontierungsfaktoren $E(\tilde{R}_s^*)$. Diese entsprechen den erwarteten Renditen der reinen Wertpapiere in den einzelnen Szenarien und dienen der Abzinsung der mit den Eintrittswahrscheinlichkeiten gewichteten Rückflüsse in jedem Zustand $p_s \cdot FCF_{n,s}$ (vgl. Gleichung 3-70). Da $\pi_s = p_s : (1 + E(R_s^*))$ gilt, kann der Zusammenhang gemäß Gleichung 3-71 vereinfacht werden. Für den Wert der Unternehmen A, B und C folgt damit:

$$UW_{A,0} = \frac{E\left(\widetilde{FCF}_{A,1}\right)}{1+E\left(\tilde{R}_A\right)} = \sum_{s=1}^{S} \pi_s \cdot FCF_{A,s}$$

$$= 0{,}20 \cdot 110 + 0{,}25 \cdot 65 + 0{,}50 \cdot 8 = 42{,}25\ EUR$$

$$UW_{B,0} = 50{,}00\ EUR, \qquad UW_{C,0} = 64{,}40\ EUR$$

In einem nächsten Schritt soll mit Hilfe des SP-Ansatzes eine konkrete Investitionsentscheidung getroffen werden. Es sei unterstellt, dass sich dem Management der Unternehmung A die Möglichkeit bietet, durch den Kauf einer Produktionsanlage D die bestehenden Kapazitäten zu erweitern. Die Nutzungsdauer der Anlage betrage ebenfalls 1 Jahr. Der Kaufpreis liegt bei 20 EUR. Je nach eintretendem Umweltzustand werden die mit der Investition verbundenen Free Cash Flows auf 40 EUR, 35 EUR oder 17 EUR geschätzt:

$$\underline{F}_D = (40 \quad 35 \quad 17)$$

Sollte das Management diese Investitionsmöglichkeit vor dem Hintergrund des Ziels der Unternehmenswertsteigerung wahrnehmen?

Wie im Fall der Sicherheit gilt auch in einer Unsicherheitssituation, dass sich jede Investition durch einen positiven Wertbeitrag auszeichnen muss. Der Unternehmenswert nach dem Kauf der Anlage (strategy value) abzüglich der Anschaffungsauszahlung muss den Wert vor ihrem Kauf (pre strategy value) übersteigen (vgl. Abschnitt 1.3.2.1):

$$UW_{A,0}^{nach\ Inv.} - I_0 > UW_{A,0}^{vor\ Inv.}$$

Unter Berücksichtigung des Mittelzuflusses aus dem Investitionsobjekt erhöhen sich die Free Cash Flows von A:

$$\underline{F}_A^{nach\ Inv.} = (110+40 \quad 65+35 \quad 8+17) = (150 \quad 100 \quad 25)$$

Der neue Unternehmenswert beträgt:

$$UW_{A,0}^{nach\ Inv.} = 0,20 \cdot 150 + 0,25 \cdot 100 + 0,50 \cdot 25 = 67,50\ EUR$$

Nach Abzug der Anschaffungsauszahlung folgt daraus unmittelbar die Vorteilhaftigkeit des Investitionsprojektes. Der Kauf der Anlage erhöht den Unternehmenswert (67,50 EUR – 42,25 EUR = 25,25 EUR). Abzüglich der Anschaffungsauszahlung von 20 EUR ergibt sich eine Wertsteigerung durch die Investition von 5,25 EUR. Zu demselben Ergebnis gelangt man mit Hilfe des Kapitalwertkriteriums:

$$\begin{aligned} C_{D,0}^{EK} &= -I_0 + \sum_{s=1}^{S} \pi_s \cdot FCF_{D,s} \\ &= -20 + 0,20 \cdot 40 + 0,25 \cdot 35 + 0,50 \cdot 17 = 5,25\ EUR \end{aligned}$$

Aufgrund des positiven Kapitalwertes wird die Investitionsmöglichkeit wahrgenommen.

Besonders hervorzuheben ist in diesem Zusammenhang eine wesentliche Eigenschaft des hier vorgestellten Bewertungsverfahrens: es besitzt das Merkmal der Wertadditivität. Deutlich wird dies bei genauerer Betrachtung des untersuchten Investitionsvorgangs. Der Unternehmenswert von A setzt sich nach dem Kauf der Anlage additiv aus dem Marktwert des Unternehmens vor Durchführung der Investition und dem Marktwert der Anlage zusammen:

$$\begin{aligned} & UW_{A,0}^{nach\ Inv.} = UW_{A,0}^{vor\ Inv.} + I_0 + C_{D,0}^{EK} \\ \Leftrightarrow\ & 67,50 = 42,25 + 20,00 + 5,25 \end{aligned}$$

Wir wollen diese Eigenschaft der Wertadditivität auch in einem anderen Zusammenhang beleuchten. Hierzu sei angenommen, das Unternehmen A erwerbe nicht die Produktionsanlage D, sondern plane, das Unternehmen C vollständig zu übernehmen. Das Management stellt dabei folgende Überlegungen an. Im Hinblick auf die stark schwankenden Free Cash Flows des Unternehmens A fürchtet es, dass potenzielle Investoren vom Kauf der Aktie abgehalten werden. Risikoaverse Marktteilnehmer, so die Vorstellung der Unternehmensleitung, könnten insbesondere im Hinblick auf den nur sehr geringen Free Cash Flow von 8 EUR im dritten Szenario von einer Beteiligung absehen. Durch die Übernahme des Unternehmens C hingegen glättet sich der Free Cash Flow und kommt dem einer risikolosen Anlage sehr nahe:

$$\underline{F}_{A+C} = (110+10 \quad 65+50 \quad 8+100) = (120 \quad 115 \quad 108)$$

Der Wert nach dem Zusammenschluss beträgt:

$$UW_{A+C,0} = 0{,}20 \cdot 120 + 0{,}25 \cdot 115 + 0{,}50 \cdot 108 = 106{,}75 \ EUR$$

Er setzt sich additiv aus den ursprünglichen Einzelwerten zusammen:

$$UW_{A,0} + UW_{C,0} = UW_{A+C,0}$$
$$\Leftrightarrow 42{,}25 + 64{,}50 = 106{,}75$$

Die durch den Erwerb von C erzielte Verringerung der Schwankungsbreite der freien Zahlungsüberschüsse wird vom Kapitalmarkt nicht in Form eines über die Summe der Einzelwerte hinausgehenden Wertanstiegs honoriert. Mit der Bildung des Unternehmensportfolios ist somit auch bei risikoaversen Investoren keine Bereitschaft zu erkennen, einen über der Summe der Einzelpreise liegenden Kaufpreis aufzuwenden. Dies hat im Wesentlichen zwei Gründe.

Zum einen billigen die Marktteilnehmer der Übernahme von C durch A keinen besonderen Wertaufschlag zu, weil sie auf einem vollkommenen und vollständigen Kapitalmarkt selbständig ein Portfolio aus beiden Unternehmen bilden könnten, ohne dass hierzu der Schritt einer Übernahme vollzogen werden müsste. Besitzt ein Investor die Absicht, Rückflüsse zu erzeugen, die dasselbe Risikoprofil wie $\underline{F}_{A+C}$ aufweisen, kann er dies erreichen, indem er gleichzeitig Anteile an beiden Unternehmen erwirbt. Aufgrund des vollkommenen Kapitalmarktes entstehen für ihn dadurch weder höhere noch geringere Kosten, als wenn dies vom Management in Form einer Fusion durchgeführt wird. Die bereits in Abschnitt 3.1 angesprochenen Risikoverbundeffekte existieren damit bei Gültigkeit der Wertadditivität nicht.

Zum anderen führt in diesem Beispiel der Kauf des Unternehmens C durch A nicht zu Synergien, d.h. Steigerungen der Free Cash Flows in Folge von Kosteneinsparungen oder Erlössteigerungen liegen nicht vor. Erst wenn solche Synergien aufgedeckt werden und die freien Zahlungsüberschüsse des neuen Unternehmens größer sind als die Summe der Überschüsse der Altunternehmen kann es zu Wertsteigerungen kommen, die über die reine Wertadditivität hinausgehen.

Abschließend bleibt anzumerken, dass die Bewertung von Investitionen mit Hilfe des SP-Ansatzes in der dargestellten Form nur dann erfolgen kann, wenn das Auftreten neuer risikobehafteter Investitionsprojekte (im obigen Beispiel der Anlage D) die bestehende Struktur der Zustandspreise nicht ändert. Nur in diesem Fall kann ein über die Anschaffungsauszahlung hinausgehender Anstieg des Unternehmenswertes bzw. ein positiver Kapitalwert als universelles Entscheidungskriterium betrachtet werden, das die Vorteilhaftigkeit einer Investition für alle am Markt handelnden Akteure anzeigt.[40] Ist die Konstanz der Zustandspreise nicht gewährleistet, kann es unter Umständen zu Verschiebungen in der Vermögensstruktur der Wirtschaftssubjekte kommen, in deren Folge Vermögenszuwächse einiger Marktteilnehmer durch Vermögensrückgänge anderer erkauft werden.

3.6.2 Vergleich von Nutzenwert- und Kapitalwertmaximierung

Im vorherigen Abschnitt 3.6.1 wurde auf der Grundlage eines einfachen Beispiels veranschaulicht, wie das SP-Modell zur Bewertung risikobehafteter Realinvestitionen herangezogen werden kann. Als zentrales Element bei der Ableitung des heutigen Wertes zukünftiger Free Cash Flows wurde dabei auf die Preise reiner Wertpapiere zurückgegriffen. Es handelt sich somit um eine marktorientierte Bewertung von Investitionsmöglichkeiten.

Auf einem vollkommenen Kapitalmarkt sind aufgrund seiner atomistischen Struktur die Zustandspreise für jeden Investor gegebene Größen. Damit unterscheidet sich die Bestimmung von Unternehmens- und Kapitalwerten über den Markt von der investorspezifischen Nutzenmaximierung nach dem Bernoulli-Prinzip wie wir sie in Abschnitt 2.3 kennengelernt haben. Bei dieser Bewertungsmethode ist der heutige Wert, den ein Investor einem unsicheren Zahlungsstrom beimisst, abhängig vom jeweiligen Verlauf der individuellen Nutzenfunktion.

Fraglich ist in diesem Zusammenhang, ob – wie im Beispiel vorgenommen – die Auswahl der Investitionsmöglichkeit mit dem höchsten Marktwert auch zu einer Maximierung des Nutzenwertes der beteiligten Investoren führt.[41] Dies ist besonders deshalb von großer Bedeutung, weil unterstellt wurde, dass die Unternehmung nicht von den Investoren selber, sondern von einem angestellten Management geleitet wird. Das Management verfolgt das Ziel einer Steigerung des Unternehmenswertes, ohne dass dabei die investorspezifischen Nutzenfunktionen eine Rolle spielen. Das Nutzenwertkriterium wird durch das Marktwertkriterium ersetzt. Eine solche Vorgehensweise ist aber nur dann zulässig, wenn beide miteinander kompatibel sind. Denn nur in diesem Fall können die Investoren als Eigentümer der Unternehmung Investitionsentscheidungen auf Dritte übertragen und statt der Berücksichtigung einer Vielzahl individueller Nutzenfunktionen das bedeutend einfacher zu handhabende Marktwertkriterium heranziehen.

Um beide Bewertungsvorgänge miteinander vergleichen zu können, betrachten wir zwei sich gegenseitig ausschließende Investitionsmöglichkeiten E und F. Je nach eintretendem Umweltzustand ist das Projekt E mit Free Cash Flows von 30 EUR bzw. 120 EUR verbunden, die Investition F führt zu Zahlungen über 110 EUR bzw. 55 EUR. Zusammengefasst zu einer Payoff-Matrix ergibt sich:

$$\underline{\underline{F}} = \begin{pmatrix} 30 & 120 \\ 110 & 55 \end{pmatrix}$$

[40] Copeland et al. (2005), S. 90.

[41] Die nachfolgenden Ausführungen orientieren sich an Franke/Hax (2003), S. 329 ff.

Die Zustandspreise liegen bei $\pi_1 = 0{,}25$ EUR und $\pi_2 = 0{,}65$. Beide Szenarien treten mit einer Wahrscheinlichkeit von 0,50 ein ($p^T = (0{,}50\ 0{,}50)$). Anschaffungsauszahlungen werden aus Vereinfachungsgründen vernachlässigt. Für die Kapitalwerte der Investitionen folgt damit:

$$C_{E,0} = 0{,}25 \cdot 30 + 0{,}65 \cdot 120 = 85{,}50\ EUR$$

$$C_{F,0} = 0{,}25 \cdot 110 + 0{,}65 \cdot 55 = 63{,}25\ EUR$$

Findet eine Auswahl des Investitionsobjektes auf der Grundlage einer marktorientierten Bewertung statt, entscheiden sich die Investoren für die Alternative E. Als nächstes sei ein risikoaverser Investor mit folgender Nutzenfunktion betrachtet:

$$E\left[U\left(FCF_n\right)\right] = \sum_{s=1}^{S} p_s \cdot \sqrt{FCF_{n,s}} \rightarrow \max_n \qquad \text{3-72}$$

Die verschiedenen Investitionsmöglichkeiten stellen die zur Auswahl stehenden Aktionen n dar, die Ergebnisbeiträge werden in Form der Free Cash Flows in den einzelnen Zuständen gemessen. Die Erwartungswerte der Nutzenwerte für die Projekte E und F betragen:

$$E[U(FCF_E)] = \sum_{s=1}^{2} p_s \cdot \sqrt{FCF_{E,s}} = 0{,}5 \cdot \sqrt{30} + 0{,}5 \cdot \sqrt{120} = 8{,}22$$

$$E[U(FCF_F)] = 8{,}95$$

Der Investor zieht auf Basis der Maximierung seiner subjektiven Nutzenfunktion die Alternative F vor. Dies steht im Widerspruch zum Marktwertkalkül. Abbildung 3-12 verdeutlicht die Entscheidung grafisch. Investition F befindet sich auf der weiter rechts liegenden Indifferenzkurve. Mit ihr ist ein höherer Nutzenwert verbunden. Damit scheint dieser konkrete Fall die universelle Gül-

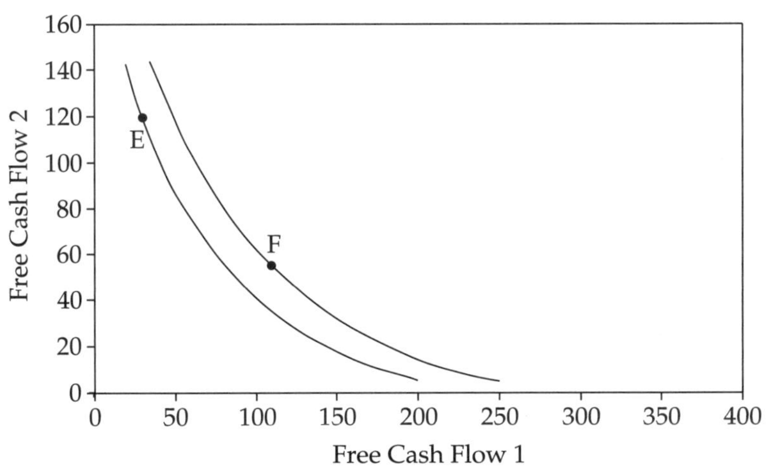

Abbildung 3-12: Indifferenzkurven und Nutzenwertmaximierung aus Investition E und F

tigkeit des Marktwertes als Entscheidungskriterium zu widerlegen. Entscheidet sich das Management für die Maximierung des Unternehmenswertes, indem es Investition E auswählt, wird dadurch der Nutzenwert des Investors zunächst nicht automatisch maximiert.

Bei genauerem Hinsehen lässt sich dieser Widerspruch jedoch auflösen. Um dies aufzuzeigen wird durch den Punkt E in Abbildung 3-12 eine sogenannte Iso-Kapitalwertlinie gelegt. Sie verbindet alle Kombinationen von FCF_1 und FCF_2 im Diagramm, die zu einem identischen Kapitalwert führen:

$$\overline{C_{E,0}} = \pi_1 \cdot FCF_{E,1} + \pi_2 \cdot FCF_{E,2} = konstant$$

$$\Leftrightarrow 85{,}50 = 0{,}25 \cdot FCF_{E,1} + 0{,}65 \cdot FCF_{E,2}$$

Vom Punkt E ausgehend, der durch den Erwerb der Investition E unmittelbar zu erreichen ist, kann der Investor jeden Punkt auf der Iso-Kapitalwertlinie durch Handel mit reinen Wertpapieren einnehmen, ohne hierfür zusätzliche Mittel bereitstellen zu müssen.

Gesucht ist nun diejenige Indifferenzkurve des Investors, die gerade noch auf der Iso-Kapitalwertlinie $C_{E,0} = 85{,}50$ liegt, d.h.:

$$E\left[U\left(FCF_{E'}\right)\right] = \sum_{s=1}^{S} p_s \cdot \sqrt{FCF_{E',s}} \rightarrow max$$

$$\text{u. d. N. } 85{,}50 = 0{,}25 \cdot FCF_{E,1} + 0{,}65 \cdot FCF_{E,2}$$

Durch Auflösen der Nebenbedingung nach $FCF_{E,2}$ und Einsetzen in die Zielfunktion folgt:

$$E\left[U\left(FCF_{E'}\right)\right] = 0{,}5 \cdot \sqrt{FCF_{E',1}} + 0{,}5 \cdot \sqrt{\frac{85{,}50 - 0{,}25 \cdot FCF_{E',1}}{0{,}65}} \rightarrow max$$

$$\frac{\partial U}{\partial FCF_{E',1}} = \frac{0{,}5^2}{\sqrt{FCF_{E',1}}} - 0{,}5^2 \cdot \sqrt{\frac{0{,}65}{85{,}50 - 0{,}25 \cdot FCF_{E',1}}} \cdot \frac{0{,}25}{0{,}65} = 0$$

$$\Leftrightarrow FCF_{E',1} = 247 \ EUR$$

Setzt man diesen Wert in die Iso-Kapitalwertlinie ein ergibt sich $FCF_{E',2}$ = 36,5385 EUR. Die Kombination aus beiden Free Cash Flows ist in Abbildung 3-13 in Punkt E' wiedergegeben. Um ihn zu erreichen, muss der Investor von E ausgehend 247 – 30 = 217 reine Wertpapiere vom Typ 1 hinzukaufen und 120 – 36,5385 = 83,4615 reine Wertpapiere vom Typ 2 veräußern. Der finanzielle Aufwand hierfür beläuft sich auf 217 · 0,25 – 83,4615 · 0,65 = 0 EUR.

Als Ergebnis lässt sich festhalten, dass unter der Voraussetzung der Existenz eines vollkommenen und vollständigen Kapitalmarktes die Maximierung des investorspezifischen Nutzens und die Maximierung des Marktwertes zu demselben Ergebnis führen. Damit gilt die Fisher-Separation auch in der Unsicherheitssituation. In einem ersten Schritt wählen die Investoren das Investitionsobjekt

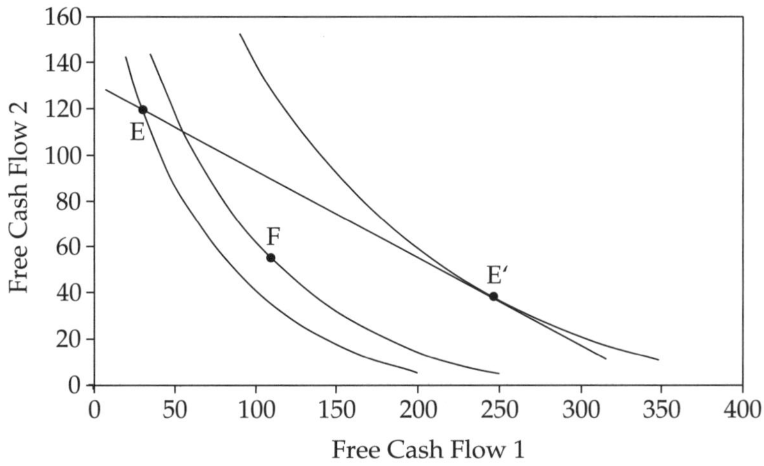

Abbildung 3-13: Indifferenzkurven und Iso-Kapitalwertlinie von Investition E

mit dem höchsten Kapitalwert, um dann im zweiten Schritt durch Transaktionen auf dem Kapitalmarkt die von ihnen gewünschte Rückzahlungsstruktur herzustellen.

3.7 Modellkritik

Das SP-Modell zeichnet sich in besonderer Art und Weise durch seine schwachen Annahmen aus. Allein unter den Voraussetzungen eines vollkommenen und vollständigen Kapitalmarktes und bei Vorliegen einer zustandsunabhängigen Risikonutzenfunktion der Investoren lässt sich ein Gleichungssystem ableiten, das zu gleichgewichtigen Preisen von Finanztiteln führt. Dabei müssen keinen Annahmen im Hinblick auf die Risikoeinstellung der Investoren getroffen werden und auch homogene Erwartungen sind nicht erforderlich.

Im Gegensatz zum Capital Asset Pricing Model, das im 5. Kapitel ausführlich besprochen wird, lässt sich der SP-Ansatz relativ problemlos auf mehrere Perioden ausdehnen.[42] Auf diese Weise wird eine in sich konsistente Bewertung von Investitionen mit mehrjähriger Nutzungsdauer ermöglicht.

Ross konnte zeigen, dass die zunächst sehr restriktiv erscheinende Annahme der Vollständigkeit des Kapitalmarktes für die Umsetzung des Modells genau dann kein Hindernis darstellt, wenn es den Marktteilnehmern möglich ist, durch Neuemission derivative Finanztitel zu schaffen.[43] Im Rahmen seiner Analyse stellt sich heraus, dass gerade einfache Optionsstrukturen wie plain vanilla Calls und Puts dazu geeignet sind, Märkte zu vervollständigen.

---

[42] Vgl. Franke/Hax (2003), S. 391 f.

[43] Vgl. Ross (1976), S. 75–89.

Die zentrale Herausforderung des SP-Ansatzes besteht in der Aufstellung und Lösung des Gleichungssystems zur Ermittlung der Preise reiner Wertpapiere (vgl. Abbildung 3-3). Verfahren, wie die Bewertung zustandsabhängiger Zahlungsströme auf der Grundlage börsengehandelter Finanztitel erfolgen kann, finden sich z.B. bei Banz und Miller, Garman und Breeden und Litzenberger. Wir wollen die Ausführungen an dieser Stelle nicht vertiefen und verweisen stattdessen auf die genannten Quellen.

In der Praxis konnte sich das SP-Modell bis heute nicht gegen das Capital Asset Pricing Modell durchsetzen. Gerade aufgrund seiner viel schwächeren Annahmen und größeren Flexibilität verdient der Ansatz aber eine größere Aufmerksamkeit.[44]

---

[44] Vgl. Wosnitza (1995), S. 593.

4. Portfolioselektion

4.1 Modellannahmen

Die Theorie der Portfolioselektion wurde in den 50er Jahren des letzten Jahrhunderts von Harry M. Markowitz entwickelt.[1] Sie basiert auf Untersuchungen des Verhaltens von Investoren an den Finanzmärkten. Dabei stellte Markowitz fest, dass Anleger dazu neigen, ihr Vermögen über mehrere risikobehaftete Wertpapiere zu streuen: sie bilden Portfolios. Ursache hierfür sind die zwischen verschiedenen Finanzanlagen bestehenden Risikoverbundeffekte. Für risikoaverse Investoren können sich durch das Zusammenstellen von Wertpapieren zu Portfolios Vorteile in Bezug auf die erreichbaren Rendite-Risiko-Kombinationen ergeben.

Die Bildung von Portfolios spielt nicht nur im Wertpapiermanagement eine zentrale Rolle, sondern nimmt auch in anderen Bereichen, in denen es gilt, ein vorhandenes Vermögen einer bestimmten Verwendung zuzuführen, eine bedeutende Stellung ein. So verteilen private Haushalte ihr Kapital ebenfalls auf verschiedene Anlagemöglichkeiten. Das Eigenheim stellt dabei häufig die wichtigste Position des Vermögensportfolios dar. Daneben werden Gelder in Form von Sicht- und Spareinlagen, Renten- und Lebensversicherungen, Schuldverschreibungen, Aktien und in vielen weiteren Anlageklassen gehalten.

Auch auf Unternehmensebene können durch das Zusammenfügen verschiedener Unternehmensbereiche unter dem Dach eines Konzerns oder einer Holding Portfolios gebildet werden. In Abschnitt 3.1 wurde im Rahmen des State Preference-Modells bereits am Beispiel eines Anlagenbauers, der die Auswahl hat, einen Zukauf im Bereich Nutzfahrzeugbau oder Einzelhandel vorzunehmen, aufgezeigt, wie sich Risiko- und/oder Erfolgsverbundeffekte nutzen lassen. Die Streuung der Unternehmenstätigkeit über verschiedene Geschäftsbereiche hinweg lässt sich praktisch gut anhand diagonal diversifizierter Unternehmen nachvollziehen. So vereint z.B. die Dr. August Oetker KG mit Sitz in Bielefeld so unterschiedliche Sparten wie Nahrungsmittelherstellung, Finanzdienstleistungen, Schifffahrt und Hotelbetriebe. Auch die in Düsseldorf ansässige Franz Haniel & Cie. GmbH ist in den unterschiedlichsten Bereichen tätig. Rohstoffhandel und -recycling, Baustoffe, Lebensmittelgroß- und Lebensmitteleinzelhandel, Pharmahandel und Textilreinigung gehören zu ihren Geschäftsfeldern.

Dass die gleichzeitige Wahrnehmung mehrerer riskanter Handlungsalternativen zu Vorteilen führen kann, ist eine Erfahrung, die auch im Alltag eine besondere Bedeutung einnimmt. Jemand, der die Möglichkeit einer breiten Streuung seines Vermögens nicht nutzt und sich allein auf eine einzige Verwendungsrichtung

---

[1] Vgl. Markowitz (1952), S. 77–91.

fokussiert, setzt einem bekannten Sprichwort zu Folge „alles auf eine Karte". Damit besteht gleichzeitig die Gefahr, „auf das falsche Pferd" zu setzen. Erweist sich die getroffene Anlageentscheidung im Nachhinein als falsch, kann damit wie beim Pferderennen ein Totalverlust des Einsatzes verbunden sein.

Die Portfoliotheorie untersucht, wie verschiedene risikobehaftete Anlageformen zu optimalen Mischungen zusammengestellt werden können. Im Zentrum der Analyse stehen die folgenden Fragen:

1. Wieso stellen Investoren risikobehaftete Investitionsmöglichkeiten zu Portfolios zusammen? Wie lassen sich in diesem Zusammenhang Rendite und Risiko eines Portfolios bestimmen und welche Rolle spielen dabei Risikoverbundeffekte?
2. Wie sollte die Aufteilung eines gegenwärtigen Anlagebetrages auf verschiedene risikobehaftete Investitionsmöglichkeiten sinnvollerweise vorgenommen werden?

Die Portfolioselektion unterscheidet sich dabei in einem wichtigen Punkt vom State Preference-Ansatz, der im 3. Kapitel behandelt wurde. Bei der Portfoliotheorie handelt es sich um ein normatives Modell. Es versucht zu erklären, wie rational handelnde Investoren bei der Zusammenstellung von Wertpapierportfolios vorgehen sollten. Der State Preference-Ansatz hingegen ist ein positives Modell. Es hat zum Ziel die Preisbildung auf Kapitalmärkten unter Unsicherheit zu erklären, d.h. zu erläutern, wie die Preise von unsicheren Finanztiteln zustande kommen und in welchem Gleichgewicht sie sich einpendeln. Die Portfolioselektion betrachtet im Gegensatz dazu die Preise der Wertpapiere als gegeben. Wie und in welchen Höhen sie sich einstellen, wird nicht untersucht.

Zur Vereinfachung der weiteren Analyse grenzen wir zu Beginn den Begriff der risikobehafteten Investitionsmöglichkeit ein. So wie Markowitz in seinen ersten Veröffentlichungen zur Portfolioselektion beschränken wir uns zunächst auf die Betrachtung von Aktienportfolios. Lediglich an einigen Stellen der Untersuchung werden wir diese Restriktion aufheben und andere riskante Anlageformen hinzunehmen.

Das Modell der Portfolioselektion unterstellt, dass auf einem Kapitalmarkt die Aktien N börsennotierter Unternehmen gehandelt werden ($n = 1, \ldots, N$).[2] Der Markt ist vollkommen. Insbesondere existieren keine Transaktionskosten und Handelsgebühren. Sämtliche Wertpapiere sind beliebig teilbar. Leerverkäufe sind in unbegrenzter Höhe möglich.[3] Es wird genau eine Periode betrachtet. Zum Zeitpunkt $t = 0$ erwerben die Marktteilnehmer Aktien. Sie bilden Portfolios. Die hierzu notwendigen finanziellen Mittel stammen aus einem gegebenen Anfangsvermögen V_0, das vollständig für den Aktienkauf aufgewendet wird. Der Kurs einer Aktie des Unternehmens n im Kaufzeitpunkt $t = 0$ ist eine sichere Größe und beträgt $K_{0,n}$. Er bleibt aufgrund einer angenommenen atomistischen Marktstruktur unbeeinflusst von den Dispositionen der Wirtschaftssubjekte in $t = 0$. Nachdem alle Marktteilnehmer ihre Wertpapierportfolios zusammengestellt haben, ist für die Dauer der Periode kein Handel mehr möglich. Erst am

2 Die Aktien werden mit Aktie 1, Aktie 2, ..., Aktie N bezeichnet.

3 Zum Begriff der Vollkommenheit eines Marktes vgl. Abschnitt 3.1.

Ende der Periode in t = 1 liquidieren die Wirtschaftssubjekte ihre Portfolios. Das dabei frei werdende Vermögen steht für Zwecke des Konsums zur Verfügung. Betrachtet wird also ein Ein-Perioden-Modell; aufeinanderfolgende, dynamische Anlageentscheidungen sind nicht Gegenstand unserer Analyse.

Von t = 0 aus gesehen ist sowohl die Entwicklung der Aktienkurse während der Periode als auch die Höhe der Dividende, die von den einzelnen Unternehmen in t = 1 ausgeschüttet wird, unsicher. Sowohl der zukünftige Aktienkurs $\tilde{K}_{1,n}$ als auch die Dividendenzahlung $\widetilde{DIV}_{1,n}$ des Unternehmens n sind Zufallsvariablen.[4] Üblicherweise wird das Modell der Portfolioselektion nicht auf Basis der absoluten Größen Aktienkurs und Dividendenhöhe formuliert, sondern in Renditeschreibweise dargestellt. Aus der Unsicherheit zukünftiger Aktienkurse und Dividendenzahlungen folgt unmittelbar, dass auch die mit einer Aktie verbundene Rendite unsicher ist. Damit muss auch die Rendite eines aus verschiedenen Wertpapieren (hier Aktien) zusammengestellten Portfolios $\tilde{R}_P$ eine Zufallsvariable sein.

Wir nehmen an, dass sich die Marktteilnehmer bei der Auswahl der Aktien in t = 0 an der erwarteten Rendite des von ihnen zusammengestellten Portfolios und der Standardabweichung dieser Rendite orientieren. Die erwartete Rendite dient dabei als Maß für den Ertrag des Portfolios und die Standardabweichung als Maß für das Risiko. Allen Marktteilnehmern ist zu Beginn der Periode (t = 0) für jede der zur Auswahl stehenden N Aktien sowohl der Erwartungswert der zukünftigen Aktienkursrenditen als auch die Standardabweichung bekannt. Es wird nicht unterstellt, dass die Investoren homogene Erwartungen in Bezug auf diese Größen besitzen, d.h. die Vorstellung darüber, welche Ausprägungen diese Parameter in Bezug auf die Wahrscheinlichkeitsverteilung der Renditen einer Aktie n konkret annehmen, kann zwischen den einzelnen Anlegern differieren.

Weiterhin sei unterstellt, dass die Investoren risikoavers sind und ihre Entscheidung für ein bestimmtes Portfolio auf der Grundlage des Erwartungswert-Standardabweichungs-Prinzips treffen. Das Heranziehen des μ-σ-Prinzips ist – wie in Abschnitt 2.4 ausführlich dargestellt wurde – mit dem Bernoulli-Prinzip in zwei Fällen in Einklang zu bringen. Die eine Möglichkeit besteht darin, dass der Entscheider über eine quadratische Risikonutzenfunktion verfügt, wobei die Ergebnisbeiträge einer Aktion in diesem Fall einer beliebigen Wahrscheinlichkeitsverteilung folgen können. Alternativ kann auch eine beliebige konkave Risikonutzenfunktion unterstellt werden. In diesem Fall ist das μ-σ-Prinzip aber nur dann mit dem Bernoulli-Prinzip kompatibel, wenn die Portfoliorendite einer Normalverteilung folgt.[5]

Bereits im Abschnitt 2.2.2 haben wir das Erwartungswert-Standardabweichungs-Prinzip herangezogen, um eine Auswahl zwischen sich gegenseitig ausschließenden Investitionsalternativen zu treffen. Da das μ-σ-Prinzip in den

---

[4] Es wird unterstellt, dass die Dividenden erst nach Ablauf der Periode im Zeitpunkt t = 1 ezahlt werden. Die Liquidation des Portfolios und die Dividendenzahlung fallen somit zeitlich zusammen.

[5] Die Renditen eines Portfolios sind genau dann normalverteilt, wenn die Renditen der im Portfolio enthaltenen Aktien normalverteilt sind.

weiteren Ausführungen eine wichtige Rolle spielen wird, sei seine Funktionsweise am Beispiel eines Kapitalmarktes, auf dem drei Aktien gehandelt werden, kurz wiederholt.

Ein Anleger steht vor der Herausforderung, sich für den Kauf genau einer der drei zur Auswahl stehenden Aktien entscheiden zu müssen. Er verfügt über einen Planungshorizont von einem Jahr, zu dessen Beginn der Wertpapierkauf erfolgt. Nach Ablauf dieses Jahres wird die gekaufte Aktie wieder veräußert. Ein zwischenzeitlicher Handel ist nicht möglich. Gemäß dem μ-σ-Prinzip trifft der Anleger seine Auswahlentscheidung auf der Grundlage zweier Eingangsgrößen. Zum einen zieht er die erwartete Aktienkursrendite für die Haltedauer von einem Jahr heran. Diese gibt Aufschluss über die Summe aus erwarteter Dividende und Kurssteigerung des betreffenden Wertpapiers. Da die zukünftige Rendite der Aktie unsicher ist, kommt zum anderen die Standardabweichung der Renditen zum Einsatz. Sie bringt zum Ausdruck, wie stark die zukünftigen Renditen um ihren Erwartungswert streuen können. Erwartungswerte und Standardabweichungen für die drei Aktien sind in Abbildung 4-1 zusammengefasst.

Aktie 1 weist zwar die geringste erwartete Kurssteigerung auf ($E(\tilde{R}_1) = 0{,}07$), besitzt aber mit 0,15 auch gleichzeitig die geringste Standardabweichung. Vergleicht man die Wertpapiere 2 und 3, fällt auf, dass Aktie 2 sowohl einen geringeren Erwartungswert der Rendite als auch eine höhere Standardabweichung als Aktie 3 besitzt. Aktie 2 spielt daher im Auswahlkalkül eines risikoaversen Entscheidungsträgers keine Rolle. Sie wird vom Wertpapier 3 dominiert, das ihr somit immer vorgezogen wird. Abbildung 4-2 zeigt die Positionen der Wertpapiere im μ-σ-Diagramm. Zusätzlich sind die für einen risikoaversen Entscheider typischen konvexen Indifferenzkurven dargestellt. Die Entscheidung fällt zu Gunsten von Aktie 3, da sie auf der mit dem höchsten Nutzenniveau verbundenen Indifferenzkurve liegt.

Da sich die drei Investitionsalternativen annahmegemäß gegenseitig ausschließen, muss der Investor genau eine der drei risikobehafteten Investitionsmöglichkeiten auswählen. Ihm stehen damit lediglich drei mögliche Kombinationen aus Erwartungswert und Standardabweichung zur Verfügung: (0,07; 0,15) für Aktie 1, (0,09; 0,20) für Aktie 2 und (0,11; 0,18) für Aktie 3, wobei sogar eine dieser Kombinationen für einen risikoaversen Entscheidungsträger von vorneherein auf Basis des Dominanzkriteriums ausgeschlossen werden kann.

Im Vergleich zu diesem einfachen Beispiel wählt die Theorie der Portfolioselektion eine andere Vorgehensweise. Sie lässt eine Mischung der zur Verfügung

Wertpapier	Erwartungswert der Rendite	Standardabweichung
Aktie 1	0,07	0,15
Aktie 2	0,09	0,20
Aktie 3	0,11	0,18

Abbildung 4-1: Erwartungswert der Rendite und Standardabweichung der drei Beispielaktien

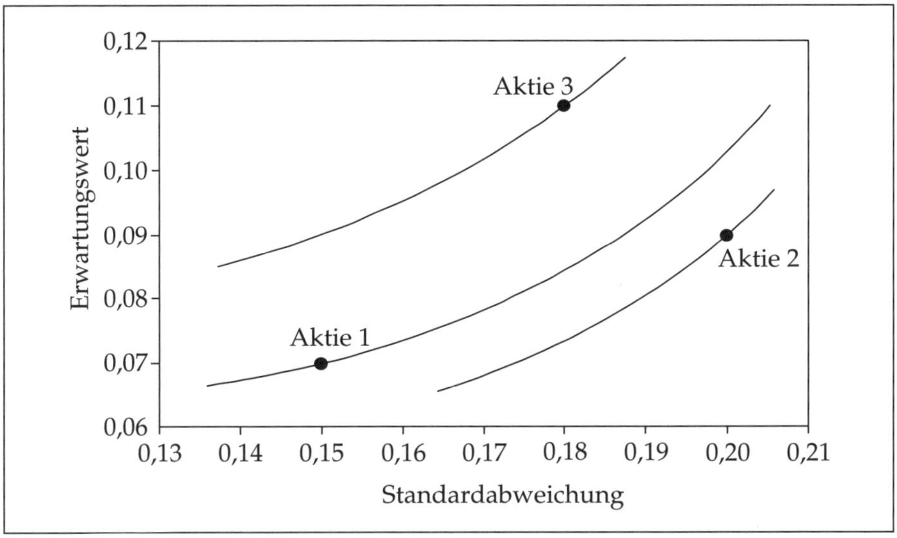

Abbildung 4-2: Positionierung der drei Beispielaktien im μ-σ-Diagramm

stehenden risikobehafteten Investitionsmöglichkeiten zu. Die drei Aktien werden somit nicht als sich gegenseitig ausschließende Investitionsmöglichkeiten betrachtet, sondern als Einzelbausteine, die zu neuen Anlageformen kombiniert werden können. Welche Auswirkungen dies auf die erreichbaren Rendite-Risiko-Kombinationen hat und wie sich dadurch die Wahl der optimalen Handlungsalternative verändert, soll im folgenden Kapitel erläutert werden.

4.2 Vom Einzelwert zum Portfolio

4.2.1 Rendite und Risiko eines einzelnen Wertpapiers

Bei dem Kauf einer Aktie handelt es sich um eine risikobehaftete Finanzinvestition. Dem Ziel des Anlegers, einen möglichst hohen, zumindest aber angemessenen Ertrag aus dem Investment zu erwirtschaften, steht die Gefahr einer für ihn ungünstigen Entwicklung des zukünftigen Kursverlaufes und der zukünftigen Dividendenhöhe entgegen. Da sowohl der Aktienkurs als auch die bis zum Ende der Haltedauer erfolgenden Dividendenzahlungen nicht mit Sicherheit prognostizierbar sind, sehen sich Investoren gezwungen, über die noch unbekannte Entwicklung dieser Größen in der Zukunft, Schätzungen anstellen zu müssen. Um eine Aussage darüber treffen zu können, welchen Kurs ein Wertpapier am Ende eines Betrachtungszeitraumes annehmen wird und mit welchen weiteren Zahlungen aus dem Gewinn eines Unternehmens ein Aktionär rechnen kann, ist eine Einschätzung über die Entwicklung relevanter Umweltfaktoren erforderlich. Wie kann eine solche Einschätzung konkret vorgenommen werden?

Bereits im Abschnitt 2.1 haben wir mit der Aufstellung von Ergebnismatrizen ein Verfahren kennengelernt, das dazu beitragen kann, ein Entscheidungsproblem

Wertpapier \ Zustand (p_s)		1 (0,2)	2 (0,4)	3 (0,3)	4 (0,1)
Aktie 1	Kurs	30,17	35,86	26,62	28,74
	Dividende	1,20	1,40	0,20	0,00
Aktie 2	Kurs	54,27	46,55	32,88	35,03
	Dividende	0,30	0,80	1,10	0,50
Aktie 3	Kurs	67,86	59,73	44,16	43,21
	Dividende	0,00	0,00	0,90	1,30

Abbildung 4-3: Ergebnismatrix für die drei Beispielaktien

unter Unsicherheit zu strukturieren und so den Einblick in die Unsicherheitssituation zu verbessern. Auch für die Auswahl von Finanzinvestitionen kann diese Vorgehensweise genutzt werden. Es sei angenommen, dass einem Anleger die bereits weiter oben betrachteten drei Aktien auf einem Kapitalmarkt zum Kauf zur Verfügung stehen. Nach umfangreichen Recherchen hat er für die Wertpapiere die vorstehende Ergebnismatrix aufgestellt (vgl. Abbildung 4-3).

Für das Ende der betrachteten Periode (t = 1), deren Länge auf ein Jahr festgelegt sei, geht der Investor davon aus, dass einer von vier möglichen Umweltzuständen s (mit s = 1, …, 4) eintreten wird, deren Eintrittswahrscheinlichkeiten mit p_s gekennzeichnet werden. Jeder Aktie n (mit n = 1, …, 3) hat er für jeden der vier Zustände einen zukünftigen Aktienkurs $K_{1,n,s}$ und eine Dividendenzahlung $DIV_{1,n,s}$ zugeordnet. Die mit $K_{0,n}$ bezeichneten heutigen Kurse der Aktien betragen $K_{0,1}$ = 30 EUR, $K_{0,2}$ = 40 EUR und $K_{0,3}$ = 50 EUR. Die Matrix sei an einem Beispiel interpretiert. Tritt nach Ablauf eines Jahres der erste Umweltzustand, dem die Eintrittswahrscheinlichkeit p_1 = 0,2 zugeordnet ist, ein, wird nach Ansicht des Anlegers der Kurs des Wertpapiers 2 auf 54,27 EUR angestiegen sein. Darüber hinaus erwartet er in diesem Zustand eine Dividendenzahlung von 0,30 EUR pro Aktie.

Aus den gegebenen Daten lässt sich für jeden Umweltzustand die diskrete AktienkursrenditeR $_{n,s}$ bestimmen:

$$R_{n,s} = \frac{K_{1,n,s} + DIV_{1,n,s} - K_{0,n}}{K_{0,n}} \qquad \text{4-1}$$

Orientiert man sich beispielhaft weiterhin an Aktie 2, folgt für die Renditen in den verschiedenen Zuständen:

$$R_{2,1} = \frac{54,27 + 0,30 - 40,00}{40,00} = 0,3643$$

$$R_{2,2} = \frac{46,55 + 0,80 - 40,00}{40,00} = 0,1838 \quad usw.$$

Das Ergebnis der Renditeberechnung für alle drei Aktien zeigt Abbildung 4-4.

Zustand / Wertpapier p_s	1 0,2	2 0,4	3 0,3	4 0,1
Aktie 1	0,0457	0,2420	-0,1060	-0,0420
Aktie 2	0,3643	0,1838	-0,1505	-0,1118
Aktie 3	0,3572	0,1846	-0,0988	-0,0958

Abbildung 4-4: Renditematrix für die drei Beispielaktien

Um einen Eindruck davon zu erhalten, mit welcher Aktienkursrendite der Investor im Durchschnitt rechnet, werden die in den einzelnen Szenarien enthaltenen Größen zum jeweiligen Erwartungswert zusammengefasst. Die erwartete Rendite einer Aktie n über die Halteperiode von einem Jahr errechnet sich gemäß:[6]

$$\mu_n = E\left(\tilde{R}_n\right) = \sum_{s=1}^{S} p_s \cdot R_{n,s} \qquad \text{4-2}$$

Für die Aktien folgt damit:

$$\mu_2 = E\left(\tilde{R}_2\right) = 0{,}2 \cdot 0{,}3643 + 0{,}4 \cdot 0{,}1838$$

$$+0{,}3 \cdot (-0{,}1505) + 0{,}1 \cdot (-0{,}1118) = 0{,}09$$

$$\mu_1 = E\left(\tilde{R}_1\right) = 0{,}07; \; \mu_3 = E\left(\tilde{R}_3\right) = 0{,}11$$

Als Maß für das mit der Aktie verbundene Risiko wird die Standardabweichung der Renditen herangezogen. Sie ergibt sich als Wurzel aus der Varianz und wird auch als Volatilität bezeichnet:[7]

$$\sigma\left(\tilde{R}_n\right) = \sqrt{\sum_{s=1}^{S} p_s \cdot \left(R_{n,s} - \mu_n\right)^2} = \sqrt{E\left(\tilde{R}_n - \mu_n\right)^2}$$

$$\sigma\left(\tilde{R}_2\right) = \Big[0{,}2 \cdot (0{,}3643 - 0{,}09)^2 + 0{,}4 \cdot (0{,}1838 - 0{,}09)^2 \qquad \text{4-3}$$

$$+0{,}3 \cdot (-0{,}1505 - 0{,}09)^2 + 0{,}1 \cdot (-0{,}1118 - 0{,}09)^2\Big]^{0{,}5} = 0{,}20$$

$$\sigma\left(\tilde{R}_1\right) = 0{,}15; \; \sigma\left(\tilde{R}_3\right) = 0{,}18$$

Bereits im Abschnitt 2.2.2 wurde unter Verwendung der Ungleichung von Tschebyscheff eine inhaltliche Interpretation der Standardabweichung als Risikomaß vorgenommen. Diese soll jetzt noch weiter präzisiert werden. Hierzu nehmen wir an, dass die zukünftigen Renditen der Aktienkurse einer Normalverteilung folgen. Bereits in den Modellannahmen wurde darauf hingewiesen, dass das

[6] Da das Modell der Portfolioselektion annahmegemäß nur eine Zeitperiode betrachtet, wird im Folgenden auf den Zeitindex verzichtet. Für den Erwartungswert der Rendite der Aktie n am Ende der Haltedauer wird daher $E(\tilde{R}_n)$ statt $E(\tilde{R}_{1,n})$ geschrieben.

[7] Vgl. zur Berechnung der Varianz auch Abschnitt 2.2.2.

Erwartungswert-Standardabweichungs-Prinzip bei beliebiger konkaver Nutzenfunktion des Investors genau dann mit dem Bernoulli-Prinzip kompatibel ist, wenn die Zielgröße normalverteilt ist. Dieser Verteilungstyp wird durch die Parameter Erwartungswert und Standardabweichung bzw. Varianz eindeutig beschrieben. Zieht man z.B. die für Aktie 3 errechneten Werte $\mu_3 = 0{,}11$ und $\sigma_3 = 0{,}18$ heran, ergibt sich die in Abbildung 4-5 wiedergegebene Verteilung der Kursrenditen.

Die Höhe der Standardabweichung legt die Breite der zentralen Schwankungsintervalle der Realisationen der Zufallsvariablen $\tilde{R}_3$ um den Mittelwert μ_3 fest. Bei einer normalverteilten Zufallsvariablen liegen immer 68,27 % der Realisationen in einem Band von $\mu - \sigma$ bis $\mu + \sigma$ (sog. Ein-Sigma-Band). Erweitert man dieses Intervall auf $\mu - 2 \cdot \sigma$ bis $\mu + 2 \cdot \sigma$, steigt dieser Wert auf 95,45 % an. Im Drei-Sigma-Band ($\mu - 3 \cdot \sigma$ bis $\mu - 3 \cdot \sigma$) liegen schließlich 99,75 % aller Realisationen einer normalverteilten Zufallsvariablen.

In der Praxis stellt die Bestimmung zukünftiger erwarteter Kursrenditen und dazugehöriger Standardabweichungen ein erhebliches Problem dar. Während in dem hier betrachteten Beispiel mit nur drei Wertpapieren und vier möglichen Umweltzuständen der Schätzaufwand vergleichbar gering ist, dürfte eine realistische Prognose zukünftiger Umweltzustände sowie dazugehöriger Aktienkurse und Dividendenzahlungen viele Anleger überfordern. Die Komplexität des Geschehens an den Finanzmärkten, die hohe Zahl der zu berücksichtigenden Wertpapiere und die fast unüberschaubare Menge relevanter Umweltfaktoren machen eine realistische Prognose der notwendigen Daten fast unmöglich.

Alternativ können daher die erwartete Aktienkursrendite und die Standardabweichung eines Wertpapiers auch unter Verwendung historischer Kursverläufe geschätzt werden. Bei den historischen Daten handelt es sich um eine Messreihe vergangener Aktienkurse, also um konkrete Realisationen einer Zufallsvariablen. Das Verfahren sei am Beispiel der Aktie 2 näher erläutert. Hierzu nehmen wir an, dass dem Anleger die letzten 500 an der Börse quotierten Schlusskurse

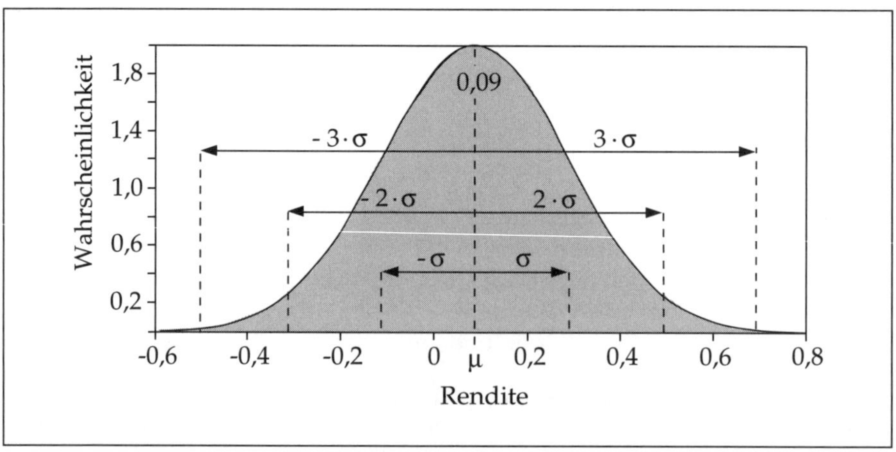

Abbildung 4-5: Verteilung der Aktienkursrenditen von Aktie 3

Zeitpunkt -t	Aktienkurs $k_{2,-t}$	Dividende $div_{2,-t}$	Rendite $r_{2,-t-1}$
0	40		0,0325
–1	38,74		–0,0120
–2	39,21		–0,0163
–3	39,86		⋮
⋮	⋮		
–73	32,11		–0,0237
–74	32,89	1,64	0,0174
–75	33,94		⋮
⋮	⋮		
–499	30,08		0,0000
–500	30,08		–

Abbildung 4-6: Historische Aktienkurse, Dividenden und Renditen von Aktie 2

der Aktie 2 vorliegen. Darüber hinaus besitzt er Informationen über die während dieses Zeitraumes von dem Unternehmen gezahlten Dividenden. Einen Überblick über das vorhandene Datenmaterial gibt Abbildung 4-6. Dabei ist zu beachten, dass der Zeitindex t nun nicht die Einheit Jahre, sondern Tage aufweist. Mit t = 0 wird weiterhin der gegenwärtige Zeitpunkt bezeichnet, t = –1 kennzeichnet den vorhergehenden Börsentag, t = –2 liegt zwei Börsentage zurück, usw. Wochenenden und weitere Nicht-Handelstage werden aus der Betrachtung ausgeschlossen, so dass die Messreihe etwa einen Zeitraum von 2 Jahren (1 Jahr besitzt circa 250 Börsentage) umfasst.

In einem ersten Schritt werden zunächst die vorliegenden Kurs- und Dividendengrößen in diskrete Renditen umgerechnet. Die vor -t Tagen zu Stande gekommene historische Rendite der Aktie n ergibt sich dann zu:

$$r_{-t,n} = \frac{k_{-t,n} + div_{-t,n} - k_{-t-1,n}}{k_{-t-1,n}}, \ t = 0, \ldots, T \qquad 4\text{-}4$$

Zur deutlichen Unterscheidung von der auf reinen Zukunftswerten basierenden Schätzung von Renditen unter Verwendung einer Ergebnismatrix werden sämtliche Größen, die auf der Grundlage einer vorliegenden Messreihe vergangener Kurse ermittelt werden, mit Kleinbuchstaben gekennzeichnet. Die Ergebnisse der Berechnungen für Aktie 2 sind ebenfalls Abbildung 4-6 zu entnehmen.

Mit Hilfe der historischen Renditen lassen sich der empirische Mittelwert und die empirische Standardabweichung der Zeitreihe bestimmen. Beide Größen dienen als Schätzwerte für die zukünftig zu erwartende Aktienkursrendite und die dazugehörige Volatilität. Für den empirischen Mittelwert gilt:

$$\overline{r}_n = \frac{1}{T} \sum_{t=1}^{T} r_{-t,n} \qquad 4\text{-}5$$

Die empirische Standardabweichung wiederum beruht auf den quadrierten Abweichungen der Renditerealisationen vom empirischen Mittelwert:

$$s_n = \sqrt{\frac{1}{T-1}\sum_{t=1}^{T}\left(r_{-t,n} - \overline{r}_n\right)^2} \qquad \text{4-6}$$

Wir nehmen an, dass sich unter Heranziehung des historischen Kursverlaufes der Aktie 2 ein Mittelwert von $\overline{r}_2 = 0{,}00036$ und eine Standardabweichung von $s_2 = 0{,}01264911$ ergibt. Da beide Werte aus täglichen Aktienkursrenditen stammen, beziehen auch sie sich auf einen Zeitraum von einem Tag. Unter der Voraussetzung, dass ein Börsenjahr vereinfachend 250 Handelstage umfasst, lassen sie sich auf Jahreswerte skalieren. Hierzu ist der Mittelwert mit der Anzahl der Handelstage und die Volatilität mit der Wurzel aus der Zahl der Handelstage (sog. Wurzelgesetz) zu multiplizieren. Wir erhalten die bereits bekannten Ausprägungen beider Parameter für die Aktie 2:

$$\overline{r}_2 = 0{,}00036 \cdot 250 = 0{,}09 = 9\%\ p.a.$$

$$s_2 = 0{,}01264911 \cdot \sqrt{250} = 0{,}2 = 20\%\ p.a.$$

Im Vergleich zu einer auf Zukunftswerten basierenden Schätzung von Rendite und Volatilität ergibt sich durch den Rückgriff auf bereits vorliegende Realisationen einer Messreihe eine erhebliche Verringerung des Schätzaufwandes. Diese Erleichterung erkauft sich der Anwender allerdings mit einer Reihe von Nachteilen.

Das Heranziehen historischer Mittelwerte und Standardabweichungen ist nur dann gerechtfertigt, wenn diese Schätzwerte auch für die zukünftige Kursentwicklung Gültigkeit besitzen. Mit anderen Worten muss die Verteilung der Kursrenditen im Zeitablauf stabil sein. Bei näherer Untersuchung von Aktienkursverläufen lässt sich leicht zeigen, dass diese Voraussetzung der zeitlichen Konstanz kaum erfüllt ist.[8]

Daraus folgt, dass der Anwender einen Hinweis darauf benötigt, wie weit der verwendete historische Datensatz in die Vergangenheit zurückreichen sollte, um eine geeignete Schätzung zu ermöglichen. Wären Mittelwert und Standardabweichung tatsächlich zeitinvariant, sollten die eingesetzten Zeitreihen so lang wie möglich sein. In diesem Fall konvergieren nämlich die Schätzer für beide Werte gegen ihre tatsächlichen Ausprägungen. Da sich aber eine Zeitinvarianz von Mittelwert der Rendite und Volatilität nicht nachweisen lässt, ist der Einbezug weit zurückliegender historischer Daten abzulehnen. Der Anwender hat den Trade-off zwischen der Aktualität der Daten und der Genauigkeit des Schätzergebnisses zu beachten. Wird eine sehr lange Zeitreihe verwendet (z.B. über mehrere Jahre hinweg) verbessern sich zwar die statistischen Eigenschaften der Schätzer. Es tritt allerdings die Frage auf, ob ein vor mehreren Jahren gemessener Kursverlauf einer Aktie noch Bedeutung für die Prognose der Entwicklung der nächsten Monate besitzt. Wird hingegen eine sehr kurze Zeitreihe verwendet (z.B. die vergangenen 10 Tage) stammen die darin enthaltenen Messpunkte

[8] Vgl. Wiedemann (2007), S. 453 ff.

zwar aus der jüngsten Vergangenheit des Kursverlaufs und besitzen damit unter Umständen eine hohe Relevanz für die zukünftige Kursentwicklung. Ein solch kleiner Datenbestand kann aber zu erheblichen Schätzfehlern in Bezug auf die gesuchten Parameter führen.

Die retrospektive Parameterschätzung lässt sich daher nur schwer mit einer in die Zukunft gerichteten Betrachtungsweise in Einklang bringen. Folglich stellt die Analyse historischer Daten hohe Anforderungen an den Anwender. Insbesondere das Erkennen von Trends oder Strukturbrüchen in den vorliegenden Zeitreihen sind wichtige Voraussetzungen, um zu geeigneten Schätzergebnissen zu kommen.

4.2.2 Rendite und Risiko eines Wertpapierportfolios

Nachdem wir im vorhergehenden Abschnitt die Ermittlung von erwarteter Rendite und Risiko von Einzelwertpapieren kennengelernt haben, sollen diese Überlegungen nun auf Aktienportfolios, also Zusammenstellungen mehrerer Einzelwertpapiere, übertragen werden. Hierzu sei unterstellt, dass das Problem der Beschaffung der notwendigen Eingangsdaten gelöst ist, d.h. dem Investor liegen die auf den jeweiligen Planungszeitraum angepassten erwarteten Renditen und Volatilitäten der zur Auswahl stehenden Aktien vor. Die erwartete Rendite μ_P eines Wertpapierportfolios ergibt sich dann als gewichtetes Mittel der erwarteten Renditen aller im Portfolio enthaltenen Einzelwertpapiere. Dabei entsprechen die Gewichtungsfaktoren x_n den wertmäßigen Anteilen der Einzelaktien am Ausgangswert des gesamten Portfolios:[9]

$$\mu_P = E\left(\tilde{R}_P\right) = E\left(\sum_{n=1}^{N} x_n \cdot E\left(\tilde{R}_n\right)\right) = \sum_{n=1}^{N} x_n \cdot \mu_n \qquad \text{4-7}$$

$$\text{mit } x_n = \frac{n_n \cdot K_{0,n}}{V_0} \; \forall n \text{ und } \sum_{n=1}^{N} x_n = 1$$

Man gelangt zum wertmäßigen Anteil x_n einer Aktie n, indem der anfänglich in dieses Wertpapier investierte Kapitalbetrag (dieser ergibt sich aus der Multiplikation der erworbenen Aktienanzahl n_n mit dem heutigen Kurs $K_{0,n}$) zum ursprünglich zur Verfügung stehenden Kapitalbetrag V_0 in Beziehung gesetzt wird. Ein Portfolio, das die Aktien 1 und 2 in den Anteilen $x_1 = 0{,}4$ und $x_2 = 0{,}6$ enthält, weist daher folgenden Erwartungswert der Renditen auf:

$$\mu_P = E\left(\tilde{R}_P\right) = 0{,}4 \cdot 0{,}07 + 0{,}6 \cdot 0{,}09 = 0{,}082 = 8{,}2\%$$

Das Risiko eines Portfolios σ_P entspricht im Allgemeinen nicht dem gewichteten Mittel der Einzelrisiken der enthaltenen Aktien. Es bedarf daher einer intensiveren Betrachtung. Die Varianz eines aus n Wertpapieren bestehenden Portfolios lässt sich schreiben als:

---

9 Im State Preference-Modell wurden nicht die wertmäßigen, sondern die mengenmäßigen Anteile der verschiedenen Wertpapiere betrachtet. Dort summieren sich die Anteile daher nicht zu 1. Diese Eigenschaft gilt nur bei wertmäßigen Anteilen.

$$\sigma_P^2 = Var\left(\tilde{R}_P\right) = E\left(\tilde{R}_P - E\left(\tilde{R}_P\right)\right)^2 \qquad 4\text{-}8$$

Der Ausdruck für die erwartete Portfoliorendite ist bereits aus Gleichung 4-7 bekannt. Durch Einsetzen folgt:

$$\sigma_P^2 = E\left(\sum_{n=1}^{N} x_n \cdot \tilde{R}_n - E\left(\sum_{n=1}^{N} x_n \cdot \tilde{R}_n\right)\right)^2 \qquad 4\text{-}9$$

Zur Erleichterung der Analyse sei das Augenmerk zunächst ausschließlich auf den Spezialfall N = 2 gelegt. Eine Verallgemeinerung auf N Aktien erfolgt im Abschnitt 4.3.3:

$$\begin{aligned}
\sigma_P^2 &= E\left(\sum_{n=1}^{2} x_n \cdot \tilde{R}_n - E\left(\sum_{n=1}^{2} x_n \cdot \tilde{R}_n\right)\right)^2 \\
&= E\left(x_1 \cdot \tilde{R}_1 + x_2 \cdot \tilde{R}_2 - E\left(x_1 \cdot \tilde{R}_1 + x_2 \cdot \tilde{R}_2\right)\right)^2 \\
&= E\left(x_1 \cdot \tilde{R}_1 + x_2 \cdot \tilde{R}_2 - x_1 \cdot \mu_1 - x_2 \cdot \mu_2\right)^2 \\
&= x_1^2 \cdot E\left(\tilde{R}_1 - \mu_1\right)^2 + 2 \cdot x_1 \cdot x_2 \cdot E\left(\left(\tilde{R}_1 - \mu_1\right) \cdot \left(\tilde{R}_2 - \mu_2\right)\right) + x_2^2 \cdot E\left(\tilde{R}_2 - \mu_2\right)^2 \\
&= x_1^2 \cdot Var\left(\tilde{R}_1\right) + x_2^2 \cdot Var\left(\tilde{R}_2\right) + 2 \cdot x_1 \cdot x_2 \cdot E\left(\left(\tilde{R}_1 - \mu_1\right) \cdot \left(\tilde{R}_2 - \mu_2\right)\right)
\end{aligned}$$

Die Varianz eines Portfolios aus zwei Wertpapieren folgt aus den drei angegebenen Bestandteilen. Die ersten beiden Summanden umfassen die mit dem quadrierten Gewichtungsfaktor multiplizierten Varianzen der Einzelwertpapiere. Der dritte Summand entspricht der Kovarianz zwischen den Renditen der Aktien 1 und 2:[10]

$$E\left(\left(\tilde{R}_1 - \mu_1\right) \cdot \left(\tilde{R}_2 - \mu_2\right)\right) = Cov\left(\tilde{R}_1, \tilde{R}_2\right) \qquad 4\text{-}10$$

Damit gilt für die Portfoliovarianz:

$$\sigma_P^2 = x_1^2 \cdot Var\left(\tilde{R}_1\right) + x_2^2 \cdot Var\left(\tilde{R}_2\right) + 2 \cdot x_1 \cdot x_2 \cdot Cov\left(\tilde{R}_1, \tilde{R}_2\right) \qquad 4\text{-}11$$

oder in Kurzschreibweise:

$$\sigma_P^2 = x_1^2 \cdot \sigma_1^2 + x_2^2 \cdot \sigma_2^2 + 2 \cdot x_1 \cdot x_2 \cdot \sigma_{1,2} \qquad 4\text{-}12$$

Bereits im Zusammenhang mit der Darstellung der Risikozuschlagsmethode im State Preference-Modell wurde erläutert, dass die Kovarianz ein Maß dafür ist, wie stark die beiden Zufallsvariablen $\tilde{R}_1$ und $\tilde{R}_2$ in gleicher Richtung und gleicher Stärke um ihren jeweiligen Mittelwert schwanken. Die Berechnung der Kovarianz aus den Daten einer Ergebnismatrix wurde bereits im State Preference-Modell erläutert und sei an dieser Stelle kurz wiederholt. Liegt eine Schätzung zukünftiger Renditerealisationen der betrachteten Aktien mit dazugehörigen Eintrittswahrscheinlichkeiten vor, folgt für die Kovarianz (vgl. Gleichung 3-31):[11]

---

[10] Zum Konzept der Kovarianz vergleiche auch Abschnitt 3.4.3.2.

[11] Auf Basis der in Abbildung 4-3 gegebenen Daten kann die später verwendete Kovarianz von 0,0105 nicht nachgerechnet werden. Vielmehr wurde der Wert an dieser Stelle vorgegeben.

$$Cov\left(\tilde{R}_n, \tilde{R}_m\right) = \sum_{s=1}^{S} p_s \cdot \left(R_{n,s} - E\left(\tilde{R}_n\right)\right) \cdot \left(R_{m,s} - E\left(\tilde{R}_m\right)\right) \qquad 4\text{-}13$$

Ermittelt man diese Kennzahlen hingegen unter Heranziehung historischer Daten, handelt es sich um die sog. empirische Kovarianz, für die gilt:

$$Cov\left(r_n, r_m\right) = \sum_{t=1}^{T} \frac{1}{T-1}\left(\left(r_{n,-t} - \bar{r}_n\right) \cdot \left(r_{m,-t} - \bar{r}_m\right)\right) \qquad 4\text{-}14$$

Für den Investor erhöht sich folglich der zur Anwendung des Modells der Portfolioselektion notwendige Datenbestand. Neben den erwarteten Renditen und Volatilitäten sind auch die Kovarianzen zwischen allen Aktien vorzuhalten. Da sich die Kovarianz einer intuitiven Interpretierbarkeit entzieht, wird stattdessen häufig der Korrelationskoeffizient herangezogen. Zwischen den Renditen zweier Aktien n und m beträgt er:

$$k_{n,m} = \frac{Cov\left(\tilde{R}_n, \tilde{R}_m\right)}{\sqrt{Var\left(\tilde{R}_n\right) \cdot Var\left(\tilde{R}_m\right)}} \qquad 4\text{-}15$$

Der Korrelationskoeffizient nimmt immer Werte zwischen –1 und +1 an. Genau wie die Kovarianz ist auch der Korrelationskoeffizient eine Kennzahl zur Bestimmung der Höhe des Gleichlaufs zwischen zwei Zufallsvariablen. Nimmt $k_{n,m}$ den Wert 1 an, bedeutet dies einen absoluten Gleichlauf der Renditen zweier Wertpapiere. Insbesondere beträgt die Korrelation einer Zufallsvariablen mit sich selbst genau 1. Einen engeren Zusammenhang kann es nicht geben. Ein Korrelationskoeffizient von 0 hingegen bedeutet, dass die Renditerealisationen zweier Aktien voneinander unabhängig sind. Die Kenntnis der Rendite des einen Wertpapiers in einer bestimmten Periode lässt dann keine Rückschlüsse auf die Höhe der Rendite des anderen zu. Bei $k_{n,m} = -1$ entwickeln sich die Renditen völlig gegenläufig. Liegt die Rendite des Wertpapiers n z.B. 10%-Punkte über dem dazugehörigen Mittelwert, nimmt das Wertpapier m eine Rendite von 10%-Punkten unterhalb seines Mittelwertes an. Für verschiedene Korrelationskoeffizienten werden diese Überlegungen in Abbildung 4-7 zusammengefasst.

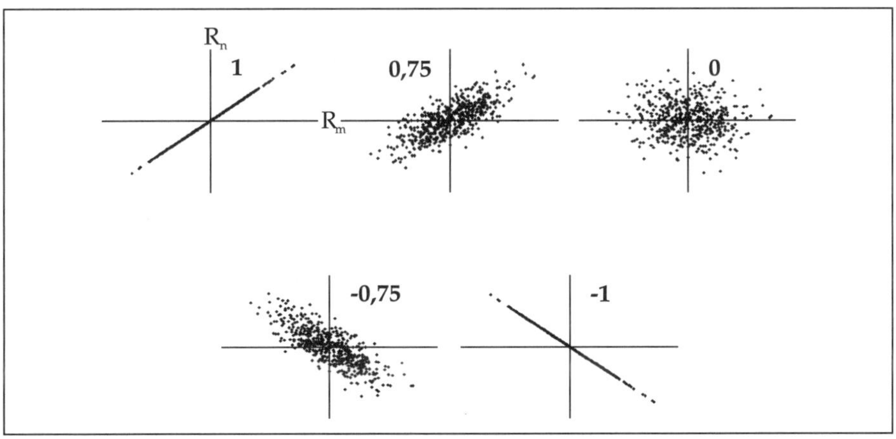

Abbildung 4-7: Visualisierung alternativer Korrelationskoeffizienten

Bei vollständig positiver Korrelation liegen die gemeinsamen Renditerealisationen zweier Aktien auf einer Geraden mit der Steigung 1. Beträgt die Korrelation lediglich 0,75, sind Renditen oberhalb des Erwartungswertes für das Wertpapier n meist (aber nicht immer) mit Renditen oberhalb des Erwartungswertes für das Wertpapier m verbunden et vice versa. Die dazugehörige Punktwolke erstreckt sich größtenteils über den ersten und dritten Quadranten des Koordinatensystems. Einer Korrelation von Null entspricht eine Punktwolke, die gleichmäßig um den Punkt (μ_n, μ_m) im Koordinatensystem verteilt ist. Für $k_{n,m} < 0$ erstrecken sich die gemeinsamen Realisationen im Wesentlichen über die Quadranten 2 und 4.[12]

Im Fall zweier Wertpapiere entspricht das Risiko eines Portfolios genau dann und nur dann dem Durchschnittsrisiko der enthaltenen Einzelwertpapiere, wenn $k_{1,2} = 1$ gilt:

$$\begin{aligned}\sigma_P^2 &= x_1^2 \cdot \sigma_1^2 + x_2^2 \cdot \sigma_2^2 + 2 \cdot x_1 \cdot x_2 \cdot \sigma_{1,2} \\ &= x_1^2 \cdot \sigma_1^2 + x_2^2 \cdot \sigma_2^2 + 2 \cdot x_1 \cdot x_2 \cdot \sigma_1 \cdot \sigma_2 \cdot k_{1,2} \\ &= x_1^2 \cdot \sigma_1^2 + x_2^2 \cdot \sigma_2^2 + 2 \cdot x_1 \cdot x_2 \cdot \sigma_1 \cdot \sigma_2\end{aligned}$$

$$\Rightarrow \sigma_P = \sqrt{\left(x_1 \cdot \sigma_1 + x_2 \cdot \sigma_2\right)^2} = x_1 \cdot \sigma_1 + x_2 \cdot \sigma_2 \qquad \text{4-16}$$

In allen anderen Fällen ist das Risiko des Portfolios kleiner als das gewichtete Risiko seiner Bestandteile. Nehmen wir z.B. an, die Kovarianz zwischen den Renditen 1 und 2 betrage 0,0105. Daraus ergibt sich ein Korrelationskoeffizient von:

$$k_{1,2} = \frac{\sigma_{1,2}}{\sigma_1 \cdot \sigma_2} = \frac{0{,}0105}{0{,}15 \cdot 0{,}20} = 0{,}35$$

Abbildung 4-8 fasst dies in Form der sog. Varianz-Kovarianz- bzw. Korrelationsmatrix zusammen. Die Varianz-Kovarianz-Matrix gibt die zwischen den einzelnen Aktienrenditen bestehenden Kovarianzen an. Auf ihrer Hauptdiagonalen ist die Kovarianz der Rendite einer Aktie mit sich selber abgetragen. In diesem Fall geht die Kovarianz in die Varianz über. Ausgehend von Gleichung 4-13 folgt:

$$\begin{aligned}Cov\left(\tilde{R}_n, \tilde{R}_n\right) &= \sum_{s=1}^{S} p_s \cdot \left(R_{n,s} - E\left(\tilde{R}_n\right)\right) \cdot \left(R_{n,s} - E\left(\tilde{R}_n\right)\right) \\ &= \sum_{s=1}^{S} p_s \cdot \left(R_{n,s} - E\left(\tilde{R}_n\right)\right)^2 = E\left(\tilde{R}_n - E\left(\tilde{R}_n\right)\right)^2 \qquad \text{4-17} \\ &= \sigma_n^2\end{aligned}$$

[12] Die Aussagekraft des Korrelationskoeffizienten wird dadurch eingeschränkt, dass er nur ein Maß für die lineare Abhängigkeit zweier Variablen darstellt. Liegen die Realisationen von $\tilde{R}_n$ und $\tilde{R}_m$ dagegen auf einem Kreis, so liegt perfekte Abhängigkeit vor. Der Korrelationskoeffizient beträgt in diesem Fall allerdings null, ist also nicht in der Lage, den zwischen $\tilde{R}_n$ und $\tilde{R}_m$ bestehenden Zusammenhang wiederzugeben.

Varianz-Kovarianz-Matrix

	Aktie 1	Aktie 2
Aktie 1	$0{,}15^2$	$0{,}15 \cdot 0{,}20 \cdot 0{,}35$
Aktie 2	$0{,}15 \cdot 0{,}20 \cdot 0{,}35$	$0{,}20^2$

Korrelationsmatrix

	Aktie 1	Aktie 2
Aktie 1	1	0,35
Aktie 2	0,35	1

Abbildung 4-8 Varianz-Kovarianz- und Korrelationsmatrix für Aktie 1 und 2

Die Hauptdiagonale der Korrelationsmatrix gibt entsprechend die Korrelation einer Zufallsvariablen mit sich selber an. Sie beträgt in diesem Spezialfall immer Eins:

$$k_{n,n} = \frac{Cov\left(\tilde{R}_n, \tilde{R}_n\right)}{\sqrt{Var\left(\tilde{R}_n\right) \cdot Var\left(\tilde{R}_n\right)}} = \frac{\sigma_n^2}{\sigma_n \cdot \sigma_n} = 1 \qquad \text{4-18}$$

Für das Risiko eines Portfolios, das die Aktien 1 und 2 in den Anteilen $x_1 = 0{,}4$ und $x_2 = 0{,}6$ enthält, folgt damit:

$$\sigma_P^2 = 0{,}4^2 \cdot 0{,}15^2 + 0{,}6^2 \cdot 0{,}20^2 + 2 \cdot 0{,}4 \cdot 0{,}6 \cdot 0{,}15 \cdot 0{,}20 \cdot 0{,}35 = 0{,}02304$$

$$\sigma_P = \sqrt{0{,}02304} = 0{,}15$$

Dies ist weniger als das Durchschnittsrisiko des Portfolios:

$$\sigma_{P,Durchschnitt} = x_1 \cdot \sigma_1 + x_2 \cdot \sigma_2 = 0{,}4 \cdot 0{,}15 + 0{,}6 \cdot 0{,}20 = 0{,}18$$

Damit lässt sich festhalten: für das Risiko eines Portfolios spielt nicht nur die isolierte Betrachtung der enthaltenen Finanztitel eine Rolle, sondern auch der zwischen den Wertpapieren bestehende Risikoverbund in Form der Kovarianz bzw. des Korrelationskoeffizienten. Im Allgemeinen ist das Risiko eines Portfolios kleiner als die gewichtete Summe der enthaltenen Einzelrisiken. Dieser Sachverhalt trifft lediglich im Sonderfall vollkommen positiv korrelierter Wertpapierrenditen nicht zu.

Die durch Portfoliobildung zu erzielende Risikoreduktion wird als Diversifikation bezeichnet. Es kann zwischen schwacher und starker Diversifikation unterschieden werden.[13] Schwache Diversifikation liegt vor, wenn das Risiko einer Wertpapiermischung unter das durchschnittliche Risiko des Portfolios gesenkt werden kann:

$$\sigma_P < x_m \cdot \sigma_m + x_n \cdot \sigma_n$$

Jedes Portfolio, dessen Bestandteile nicht vollständig positiv korreliert sind, erlaubt es, schwache Diversifikation zu erzielen. Starke Diversifikation hingegen ermöglicht die Senkung der Portfoliovolatilität unter das Risiko des risikoärmsten enthaltenen Wertpapiers:

$$\sigma_P < min\left(\sigma_m; \sigma_n\right)$$

[13] Vgl. Trautmann (2007), S. 128 f.

In unserem Beispiel kann der Investor von starker Diversifikation profitieren. So führt die Zusammenstellung der beiden Wertpapiere in den Anteilen $x_1 = 0{,}54$ und $x_2 = 0{,}46$ zu einer Standardabweichung von 14,23 %. Sie liegt unterhalb des Risikos des Wertpapiers 1 mit 15 %.

4.2.3 Empirische Betrachtung von Rendite-Risiko-Beziehungen

Das Modell der Portfolioselektion beruht auf der grundlegenden Annahme, dass die Marktteilnehmer das Erwartungswert-Standardabweichungs-Prinzip heranziehen, um eine Auswahl zwischen verschiedenen Einzelwertpapieren bzw. Wertpapierportfolios vorzunehmen. Im Fall einer beliebigen konkaven Risikonutzenfunktion erfordert eine Entscheidung auf der Grundlage der Größen erwartete Rendite und Volatilität eine Normalverteilung der Aktienkursrenditen. Sofern die Normalverteilungsannahme nicht erfüllt ist, kann das μ-σ-Prinzip nur dann herangezogen werden, wenn die Investoren über eine in der Portfoliorendite quadratische Nutzenfunktion verfügen. Dies ist gleichbedeutend mit der Annahme, dass unabhängig von der Art der zu Grunde liegenden Verteilung der Wertpapierrenditen die Wirtschaftssubjekte einzig den Erwartungswert und die Standardabweichung bzw. Varianz in ihr Entscheidungskalkül einfließen lassen. Insbesondere bleiben damit höhere Momente der Renditeverteilung wie Schiefe und Kurtosis unberücksichtigt.

Am Beispiel der empirischen Verteilung historischer Rohölpreisrenditen wurde bereits im Abschnitt 2.2.2 erläutert, welche Schwierigkeiten sich ergeben, wenn eine Verteilung, deren höhere Momente deutlich von der Normalverteilung abweichen, auf die Parameter Erwartungswert und Standardabweichung reduziert wird. Im konkreten Fall der Ölpreisrenditen hat die ausschließliche Verwendung von μ und σ eine Unterschätzung sowohl von extremen Preisanstiegen als auch -rückgängen zur Folge (vgl. Abbildung 2-8). Da die empirische Verteilung weniger Masse in den Flanken, aber breitere Ränder als die Normalverteilung aufweist, verkörpert sie eine deutlich höhere Wahrscheinlichkeit für besonders niedrige und hohe Realisationen.

Im Folgenden soll am Beispiel historischer Finanzmarktzeitreihen überprüft werden, ob die Fokussierung auf die erwartete Rendite und die Volatilität gerechtfertigt ist. Hierzu wollen wir mit einfachen Mitteln untersuchen, ob Aktienkursrenditen durch diese beiden Parameter hinreichend beschrieben werden können.

Als Beispiel betrachten wir den Verlauf des HDAX Performance-Index im Zeitraum 01/1988 bis 12/2007.[14] Dieser Index umfasst die Aktien aller 110 Unternehmen aus dem DAX, MDAX und TecDAX. Abbildung 4-9 zeigt ein auf Basis der diskreten Renditen erstelltes Histogramm, das zum Vergleich zusätzlich die Dichtefunktion der zugehörigen Normalverteilung enthält. Darüber hinaus sind unter anderem Angaben zu den ersten vier Momenten gegeben.

---

[14] Es liegt eine Zeitreihe mit 5045 historischen Tagesschlusskursen vor.

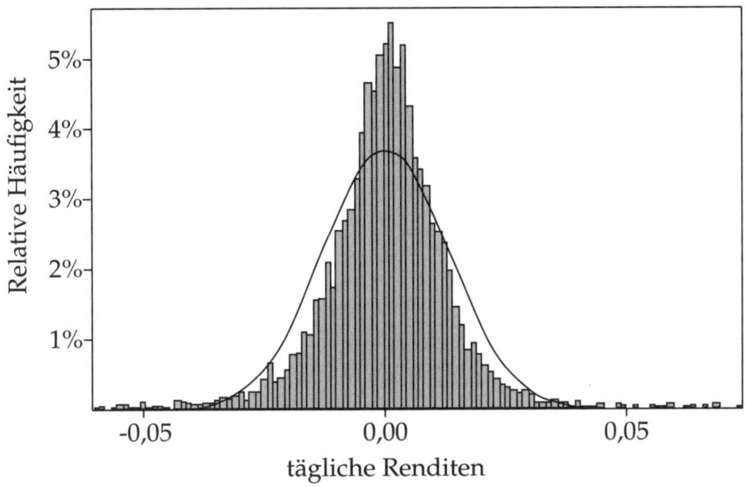

Mittelwert	Standardabweichung	Schiefe	Kurtosis	Minimum	Maximum
0,0005	0,0130	–0,3478	6,2380	–0,1311	0,0744

Abbildung 4-9: Histogramm der täglichen Renditen des HDAX Performance-Index von 01/1988–12/2007

Die empirische Renditeverteilung des HDAX ist im Vergleich zur Normalverteilung linksschief.[15] Daher werden Realisationen, die größer als der Mittelwert sind, häufiger beobachtet, als Realisationen, die unterhalb des Mittelwertes liegen. Zusätzlich weist die Verteilung deutlich breitere Ränder und mehr Realisationen um den Mittelwert auf als die Normalverteilung. Der durch das Histogramm vermittelte optische Eindruck wird durch die deutlich über Null liegende Kurtosis bestätigt. Der HDAX weist eine im Vergleich zur Normalverteilung erheblich höhere Wahrscheinlichkeit für extreme Renditeschwankungen auf. Der größte Kursrückgang innerhalb eines Tages ereignete sich im Untersuchungszeitraum von Freitag, den 13. auf Montag, den 16.10.1989, als der Index um 13 % einbrach.[16] Dem steht mit knapp 7,5 % der größte Kursanstieg vom 29. auf den 30. Juli 2002 gegenüber.

Wie das Histogramm und das vierte Moment der Verteilung zeigen, neigt der HDAX zu deutlichen Sprüngen im Kursverlauf, die insbesondere in den Rändern zu deutlich mehr Realisationen führen, als von der Normalverteilung unterstellt. Ersichtlich wird dies auch in der in Abbildung 4-10 dargestellten Vergrößerung der Flanken des Histogramms. Diese Sprünge sollen im Weiteren näher untersucht werden.

[15] Als symmetrische Verteilung besitzt die Normalverteilung eine Schiefe von 0.

[16] Der Kursrückgang steht in Zusammenhang mit Kurseinbrüchen an den Aktienmärkten rund um den Globus, nachdem die Nachricht einer wegen Problemen in der Finanzierung gescheiterten Übernahme der US-Fluglinie United Airlines bekannt geworden war.

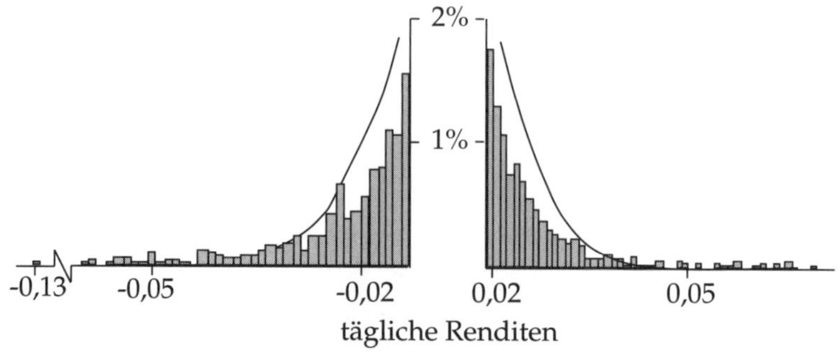

Abbildung 4-10: Flanken des Histogramms des HDAX Performance-Index

Hierzu wird eine sehr einfache, aber effektive Methode gewählt, die die Sprünge aus der Zeitreihe der Renditen durch ein rekursives Verfahren selektiert und so gewissermaßen zu einer Sprungbereinigung führt.

In einem ersten Schritt wird die Standardabweichung der historischen Renditen ermittelt. Wie bereits in Abbildung 4-9 gezeigt, beträgt sie 1,3 % pro Tag. Aus der Zeitreihe werden sodann diejenigen Tagesrenditen selektiert, die betragsmäßig das Dreifache dieses Wertes übersteigen. Sie werden als Sprünge gekennzeichnet und aus der Zeitreihe aussortiert.[17] Mittels der verbleibenden Renditen wird die Standardabweichung erneut errechnet, auf den dreifachen Wert erhöht, und der Filter ein weiteres Mal angewendet. Diese Prozedur wird solange wiederholt, bis die Anzahl der Sprünge gegen einen bestimmten Wert konvergiert. Das Ergebnis ist in Abbildung 4-11 dargestellt. Wiedergegeben ist für jeden der Iterationsschritte die Zahl der Sprünge sowie deren Mittelwert und Standardabweichung. Die Volatilität der verbleibenden bereinigten Renditen ist ebenfalls angegeben. Es ist ersichtlich, dass nach dem 4. Iterationsschritt keine

Iterations-schritt Nr.	Anzahl der Sprünge der Iteration	Gesamt-zahl der Sprünge	Mittelwert der Sprünge	Standard-abweichung der Sprünge	Standardabw. der restl. Renditen
1	80	80	–0,005811	0,054196	0,011125
2	41	121	–0,004714	0,048652	0,010688
3	14	135	–0,006156	0,047094	0,010557
4	1	136	–0,005876	0,046988	0,105484

Abbildung 4-11: Ergebnisse der Sprungbereinigung nach vier Schritten

[17] Die Wahl des dreifachen Wertes der Standardabweichung bedeutet, dass unter der Annahme der Normalverteilung der Renditen um einen Mittelwert von 0 Realisationen außerhalb des 3-Sigma-Bandes eine Wahrscheinlichkeit von 1 – 0,9975 = 0,0025 = 0,25 % besitzen.

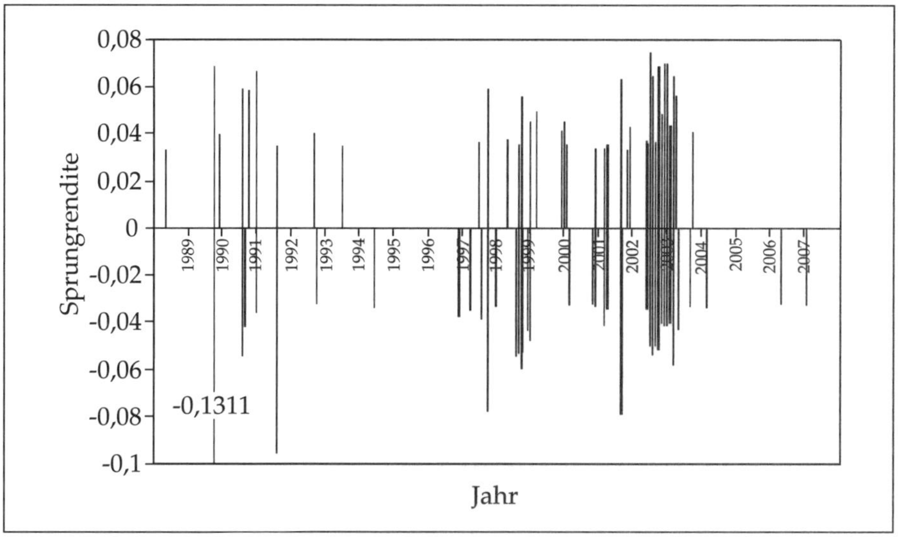

Abbildung 4-12: Zeitliche Verteilung der Sprünge

weiteren Sprünge mehr aus der Zeitreihe selektiert werden können. Ihre Anzahl pendelt sich auf 136 ein. Gleichzeitig nähert sich die Standardabweichung der verbleibenden Daten einem Wert von etwa 0,1055 an.

Die zeitliche Verteilung der Sprünge gibt Abbildung 4-12 wieder. Offensichtlich treten erratische Änderungen des Index nicht in regelmäßigen Zeitabständen auf. Nur nach einer starken Erhöhung oder Senkung scheint eine hohe Wahrscheinlichkeit für weitere Sprünge zu bestehen. Unterbrochen werden diese Phasen von ruhigeren Perioden, in denen besonders hohe oder niedrige Renditen nicht auftreten. Man spricht in diesem Zusammenhang vom sog. volatility clustering. Es beschreibt die zeitliche Abfolge ruhiger und volatiler Zeitperioden, die für viele Finanzmarktzeitreihen typisch ist. Das clustering ist insbesondere ein Zeichen dafür, dass die Renditeverteilung des HDAX nicht zeitinvariant ist, die Größen μ und σ also zeitlichen Schwankungen unterworfen sind.

Nach Bereinigung der Renditen um Sprünge trifft die Annahme der Normalverteilung auf den HDAX bedeutend besser zu, wie Abbildung 4-13 zeigt. Zwar bestehen weiterhin geringere Realisationen in den Flanken und höhere Wahrscheinlichkeiten für Renditen in der Nähe des Mittelwertes als dies durch die Normalverteilung zum Ausdruck kommt, es konnte aber eine deutliche Verbesserung in der Übereinstimmung der Ränder erzielt werden.

Das Vorgehen auf Basis dieser einfachen, vornehmlich „optischen" Analyse der Daten zeigt, dass die Annahme einer Normalverteilung der Kursrenditen für den HDAX lediglich eine Vereinfachung darstellt. In der Realität neigt der Index zu kurzfristigen, erratischen Schwankungen. Diese sind weder über den Untersuchungszeitraum gleichverteilt noch gleichen sich positive und negative Kurssprünge im Zeitablauf aus. Vielmehr ist die Wahrscheinlichkeit für einen plötzlichen Einbruch des Index größer als für einen entsprechenden Kursan-

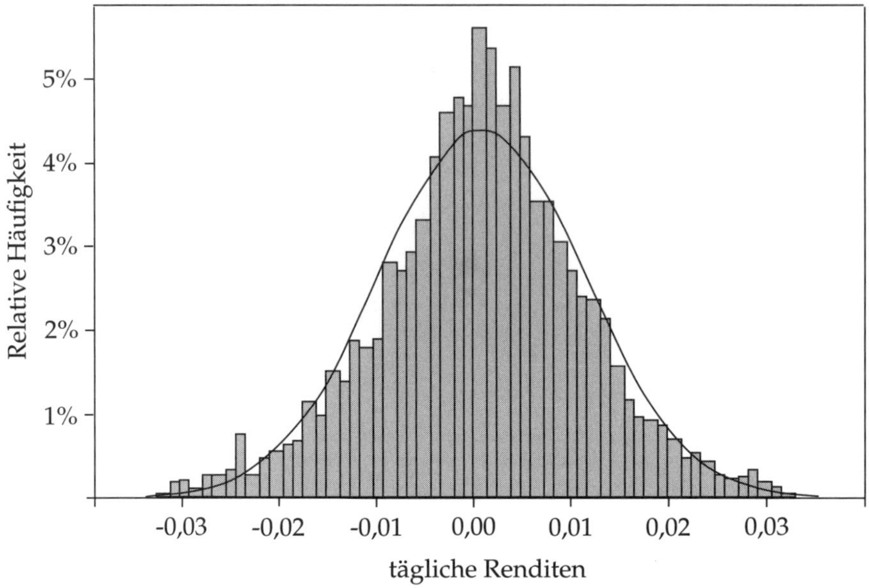

Mittelwert	Standard-abweichung	Schiefe	Kurtosis	Minimum	Maximum
0,0007	0,0106	–0,1130	–0,3500	–0,0316	0,0316

Abbildung 4-13: Histogramm der täglichen Renditen des HDAX Performance-Index nach Sprungbereinigung

stieg, was sich unmittelbar aus der Linksschiefe der Verteilung ergibt. Durch die Beschränkung der Portfolioselektion auf die ersten beiden Momente der Verteilung wird damit insbesondere die Gefahr von Kursverlusten unterschätzt.

Die am Beispiel des H-DAX gewonnenen Ergebnisse sind typisch für Kursverläufe im Allgemeinen. Sie lassen sich in ähnlicher Form auch bei Untersuchungen des Kursverlaufs von einzelnen Aktien nachsweisen.

4.3 Bestimmung effizienter Portfolios

4.3.1 2-Wertpapier-Fall

4.3.1.1 Vollständig positiv oder negativ korrelierte Wertpapierrenditen

Im Abschnitt 4.2.2 wurde am Beispiel eines aus zwei Aktien zusammengesetzten Portfolios gezeigt, wie sich der Erwartungswert seiner Rendite μ_P und sein Risiko σ_P bestimmen lassen. Die Rendite ergibt sich als gewichtetes Mittel der erwarteten Renditen der im Portfolio enthaltenen Aktien:

$$\mu_P = x_1 \cdot \mu_1 + x_2 \cdot \mu_2 \quad \text{4-19}$$

Das Risiko hingegen beruht nicht auf einer einfachen Gewichtung der Einzelrisiken, sondern erfordert die zusätzliche Berücksichtigung von Risikoverbundeffekten zwischen den enthaltenen Wertpapieren. Diese werden in Form der Kovarianz bzw. des Korrelationskoeffizienten erfasst. Unter Heranziehung des Korrelationskoeffizienten folgt für das Risiko:

$$\sigma_P = \left(x_1^2 \cdot \sigma_1^2 + x_2^2 \cdot \sigma_2^2 + 2 \cdot x_1 \cdot x_2 \cdot \sigma_1 \cdot \sigma_2 \cdot k_{1,2}\right)^{0,5} \quad \text{4-20}$$

Dabei haben wir in unseren bisherigen Überlegungen die Portfolioanteile x_1 und x_2 als gegeben betrachtet. Wenn für beide Wertpapiere die Größen Erwartungswert der Rendite, Standardabweichung der Rendite und Korrelationskoeffizient zur Verfügung stehen, können μ_P und σ_P problemlos errechnet werden.

In einem nächsten Schritt wollen wir untersuchen, welche unterschiedlichen Kombinationen von erwarteter Portfoliorendite und Portfoliorisiko ein Investor erreichen kann, wenn die Anteile x_1 und x_2 nicht gegeben sind, sondern unter der Nebenbedingung $x_1 + x_2 = 1$ frei variiert werden können. Konkret gilt es, die Kurve möglicher μ_P-σ_P-Kombinationen aufzufinden, die sich durch die Mischung zweier Wertpapiere erreichen lässt.[18] Auf der Grundlage sämtlicher erreichbaren Konstellationen aus Portfoliorendite und -risiko werden dann die effizienten Portfolios ausgewählt. Sie dienen später als Ausgangsbasis, um unter Heranziehung einer investorspezifischen Risikonutzenfunktion das für einen Anleger optimale Portfolio auszuwählen.

Ein Portfolio P heißt effizient, wenn für einen gegebenen Erwartungswert der Rendite μ_P und ein gegebenes Risiko σ_P keine andere Wertpapiermischung P′ gefunden werden kann, die

- bei gleicher Rendite $\mu_P' = \mu_P$ ein geringeres Risiko $\sigma_P' < \sigma_P$ aufweist bzw.
- bei identischem Risiko $\sigma_P' = \sigma_P$ einen höheren Ertrag $\mu_P' > \mu_P$ besitzt bzw.
- sich sowohl durch eine höhere Rendite $\mu_P' > \mu_P$ als auch ein geringeres Risiko $\sigma_P' < \sigma_P$ auszeichnet.

Da die Höhe des Korrelationskoeffizienten $k_{1,2}$ von entscheidender Bedeutung für die erzielbaren μ-σ-Kombinationen ist, werden wir zunächst die Fälle vollständig positiv ($k_{1,2} = 1$) und vollständig negativ ($k_{1,2} = -1$) korrelierter Wertpapierrenditen betrachten, um dann auf unkorrelierte ($k_{1,2} = 0$) bzw. unvollständig korrelierte ($-1 < k_{1,2} < 1$) Renditen überzugehen.

Sind die Renditen zweier in einem Portfolio enthaltenen Aktien perfekt positiv korreliert, lässt sich die Varianz des Portfolios von Gleichung 4-20 ausgehend schreiben als:

$$\begin{aligned} \sigma_P^2 &= x_1^2 \cdot \sigma_1^2 + x_2^2 \cdot \sigma_2^2 + 2 \cdot x_1 \cdot x_2 \cdot \sigma_1 \cdot \sigma_2 \\ &= \left(x_1 \cdot \sigma_1 + x_2 \cdot \sigma_2\right)^2 \end{aligned} \quad \text{4-21}$$

[18] Statt von μ_P-σ_P-Kombinationen werden wir auch einfach von μ-σ-Kombinationen sprechen.

Unterstellt man, dass Leerverkäufe zugelassen sind, gilt:[19]

$$-\infty < x_1, x_2 < \infty \tag{4-22}$$

Darüber hinaus müssen sich die Anteile beider Wertpapiere zu Eins addieren. Die Standardabweichungen σ_1 und σ_2 sind definitionsgemäß positiv. Für Gleichung 4-21 lässt sich damit schreiben:

$$\sigma_P = \left| x_1 \cdot (\sigma_1 - \sigma_2) + \sigma_2 \right| \tag{4-23}$$

Die Umstellung nach dem Anteil der Aktie 1 ergibt:

$$x_1 = \frac{\pm\sigma_P - \sigma_2}{\sigma_1 - \sigma_2} \tag{4-24}$$

woraus durch Einsetzen in die Gleichung der Portfoliorendite 4-19 folgt:

$$\begin{aligned} \mu_P &= \frac{\mu_1 - \mu_2}{\sigma_1 - \sigma_2} \cdot (\pm\sigma_P - \sigma_2) + \mu_2 \\ &= \pm\frac{\mu_1 - \mu_2}{\sigma_1 - \sigma_2} \cdot \sigma_P - \frac{\mu_1 \cdot \sigma_2 - \mu_2 \cdot \sigma_2 - \mu_2 \cdot \sigma_1 + \mu_2 \cdot \sigma_2}{\sigma_1 - \sigma_2} \\ &= \pm\frac{\mu_1 - \mu_2}{\sigma_1 - \sigma_2} \cdot \sigma_P - \frac{\mu_1 \cdot \sigma_2 - \mu_2 \cdot \sigma_1}{\sigma_1 - \sigma_2} \end{aligned} \tag{4-25}$$

Damit liegen sämtliche erreichbaren μ-σ-Kombinationen auf zwei Geraden. Sie repräsentieren die Handlungs- bzw. Auswahlmöglichkeiten des Investors. Der zweite Summand auf der rechten Seite gibt den gemeinsamen Ordinatenabschnitt an. Die Steigungen betragen jeweils $\pm (\mu_1 - \mu_2) : (\sigma_1 - \sigma_2)$. Unter Heranziehung der Daten für die Aktien 1 und 2 ($\mu_1 = 0{,}07$; $\sigma_1 = 0{,}15$ bzw. $\mu_2 = 0{,}09$; $\sigma_2 = 0{,}20$) ergibt sich der in Abbildung 4-14 wiedergegebene Zusammenhang. Dabei können Positionen auf der durchgezogenen Linie zwischen Aktie 1 und Aktie 2 ohne Leerverkäufe realisiert werden. Um Portfolios auf den übrigen Teilen der Geraden zu konstruieren, muss hingegen eines der beiden Wertpapiere negative Anteile aufweisen.

Die Geraden weisen einen Achsenabschnitt von 0,01 und eine Steigung von 0,4 bzw. –0,4 auf. Sie kennzeichnen sämtliche Positionen aus erwarteter Rendite und Risiko im Koordinatensystem, die ein Investor durch den Kauf (einschließlich Leerverkauf) unterschiedlicher Anteile der Aktien 1 und 2 erzielen kann. Beispielhaft seien die Portfolios A, B und C betrachtet.

Die Mischung A besitzt bei einer Rendite von $\mu_{P,A} = 0{,}085$ ein Risiko in Höhe von $\sigma_{P,A} = 0{,}1875$. Sie lässt sich durch die Zusammenstellung der beiden Wertpapiere in den Anteilen $x_1 = 0{,}25$ und $x_2 = 0{,}75$ erreichen. Leerverkäufe sind dazu nicht erforderlich. Das Portfolio B mit $\mu_{P,B} = 0{,}02$ und $\sigma_{P,B} = 0{,}025$ erfordert den Erwerb von Aktie 1 im Umfang von $x_1 = 3{,}5$ und einen Leerverkauf der Aktie 2 über $x_2 = -2{,}5$. Die Mischung C weist wie das Portfolio A ebenfalls ein Risiko von $\sigma_{P,C} = \sigma_{P,A} = 0{,}1875$ auf, verfügt aber nur über eine erwartete Rendite von $\mu_{P,C} = -0{,}065$.

[19] Zum Begriff des Leerverkaufs s. Abschnitt 3.2.1.

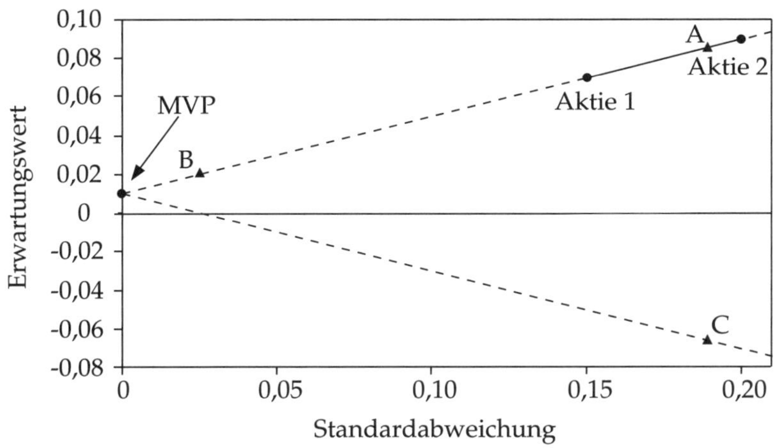

Abbildung 4-14: μ-σ-Kombinationen von Aktie 1 und Aktie 2 bei perfekt positiver Korrelation und Zulässigkeit von Leerverkäufen

Rational handelnde Investoren ziehen daher die μ-σ-Kombination A dem Portfolio C vor: A dominiert C. Effiziente Portfolios liegen ausschließlich auf der oberen Geraden. Sämtliche dort befindlichen μ-σ-Kombinationen dominieren die Wertpapiermischungen, die durch die untere lineare Beziehung zum Ausdruck kommen: für ein gegebenes Risiko σ_P weisen sie eine höhere Rendite μ_P auf. Die im Punkt MVP (Minimum-Varianz-Portfolio) beginnende und durch die Aktien 1 und 2 verlaufende Gerade wird daher als Effizienzlinie bezeichnet. Sie ist deutlich zu unterscheiden von der Menge aller erreichbaren Rendite-Risiko-Kombinationen, die durch beide Geraden repräsentiert wird. Wertpapiermischungen auf der unteren Geraden spielen allerdings im Auswahlkalkül der Investoren keine Rolle.

Da Leerverkäufe zugelassen sind, lassen sich durch Mischungen der beiden Aktien nicht nur Rendite-Risiko-Kombinationen zusammenstellen, die auf einer direkten Verbindung der Punkte (μ_1; σ_1) und (μ_2; σ_2) im Koordinatensystem liegen, sondern auch darüber hinaus gehen. Portfolios auf dem Geradenstück rechts oberhalb der Aktie 2 lassen sich erzielen, indem Einzahlungen aus dem Leerverkauf des Wertpapiers 1 ($x_1 < 0$) eingesetzt werden, um zusätzliche Mengen an der Aktie 2 ($x_2 > 1$) zu erwerben. Positionen links unterhalb der Aktie 1 ($x_1 > 1$) ergeben sich aus einem Leerverkauf der Aktie 2 ($x_2 < 0$). μ-σ-Kombinationen, die innerhalb des von den Geraden eingeschlossenen Bereichs (keilförmige Fläche in Abbildung 4-14) liegen, sind nicht erreichbar. So kann beispielsweise zu dem oben vorgegebenen Risiko von $\sigma_{P,C} = \sigma_{P,A} = 0{,}1875$ nur zwischen den Renditen $\mu_{P,A} = 0{,}085$ und $\mu_{P,C} = -0{,}065$ gewählt werden. Dazwischen liegende Erwartungswerte der Erträge stehen bei diesem Risiko nicht zur Verfügung.

Es wird deutlich, dass mit Hilfe von Wertpapiermischungen das Risiko des Portfolios σ_P unter die Standardabweichung des risikoärmsten im Portfolio enthaltenen Wertpapiers gesenkt werden kann. Damit ist die Erzielung einer starken Diversifikation möglich:

$$\sigma_P < min\{\sigma_1, \sigma_2\}$$

Darüber hinaus kann im Fall vollständig positiv korrelierter Aktienkursrenditen bei zugelassenen Leerverkäufen sogar eine risikolose Mischung erzeugt werden. Unter Verwendung der Gleichung 4-21 ergeben sich die Anteile dieses Portfolios zu:

$$\frac{d\sigma_P^2}{dx_1} = 2 \cdot \left(x_1 \cdot (\sigma_1 - \sigma_2) + \sigma_2\right) \cdot (\sigma_1 - \sigma_2) = 0$$
$$\Rightarrow x_1^{MVP} = \frac{\sigma_2}{\sigma_2 - \sigma_1} \qquad 4\text{-}26$$

Durch erneutes Einsetzen in Gleichung 4-21 erhält man für das Risiko dieses Portfolios:

$$\sigma_{MVP}^2\Big|_{k_{1,2}=1} = \left(\frac{\sigma_2}{\sigma_2 - \sigma_1} \cdot (\sigma_1 - \sigma_2) + \sigma_2\right)^2 = 0 \qquad 4\text{-}27$$

Von allen zur Auswahl stehenden μ-σ-Kombinationen weist das Portfolio mit den Anteilen $x_1 = \sigma_2 : (\sigma_2 - \sigma_1)$ und $x_2 = \sigma_1 : (\sigma_1 - \sigma_2)$ die geringste erzielbare Varianz auf. Es wird daher als Minimum-Varianz-Portfolio (MVP) bezeichnet. Es weist bei $k_{1,2} = 1$ die Besonderheit auf, dass es ein Risiko von $\sigma_{MVP} = 0$ besitzt. Um dieses Portfolio zu erhalten, ist es bei vollständig positiver Korrelation der Wertpapierrenditen immer erforderlich, dass einer der beiden Finanztitel leerverkauft wird. Im konkreten Fall ergeben sich die Anteile am MVP zu $x_1^{MVP} = 4$ und $x_2^{MVP} = -3$.

Sind Leerverkäufe nicht gestattet, d.h. $0 \leq x_1, x_2 \leq 1$, lassen sich – wie oben bereits erwähnt – ausschließlich die Punkte im μ-σ-Diagramm erreichen, die auf der Verbindungslinie zwischen den Aktien 1 und 2 liegen. Das MVP besteht dann vollständig aus dem Wertpapier 1 und weist ein Risiko von $\sigma_{MVP} = 0{,}15$ auf. Eine risikolose Mischung kann unter den gegebenen Restriktionen nicht erzielt werden.

Gehen wir nun auf den Fall perfekt negativer Korrelation ($k_{1,2} = -1$) über. Ausgehend von Gleichung 4-20 folgt für das Risiko eines Portfolios aus zwei Wertpapieren:

$$\sigma_P^2 = \left(x_1 \cdot \sigma_1 - (1 - x_1) \cdot \sigma_2\right)^2 = \left(x_1 \cdot (\sigma_1 + \sigma_2) - \sigma_2\right)^2$$
$$\Rightarrow \sigma_P = \left|x_1 \cdot (\sigma_1 + \sigma_2) - \sigma_2\right| \qquad 4\text{-}28$$
$$\Leftrightarrow x_1 = \frac{\pm\sigma_P + \sigma_2}{\sigma_1 + \sigma_2}$$

Durch Einsetzen von x_1 in Gleichung 4-19 erhält man sämtliche erreichbaren μ-σ-Kombinationen. Diese liegen erneut auf zwei Geraden:

$$\mu_P = \pm\frac{\mu_1 - \mu_2}{\sigma_1 + \sigma_2} \cdot \sigma_P + \frac{\mu_1 \cdot \sigma_2 + \mu_2 \cdot \sigma_1}{\sigma_1 + \sigma_2} \qquad 4\text{-}29$$

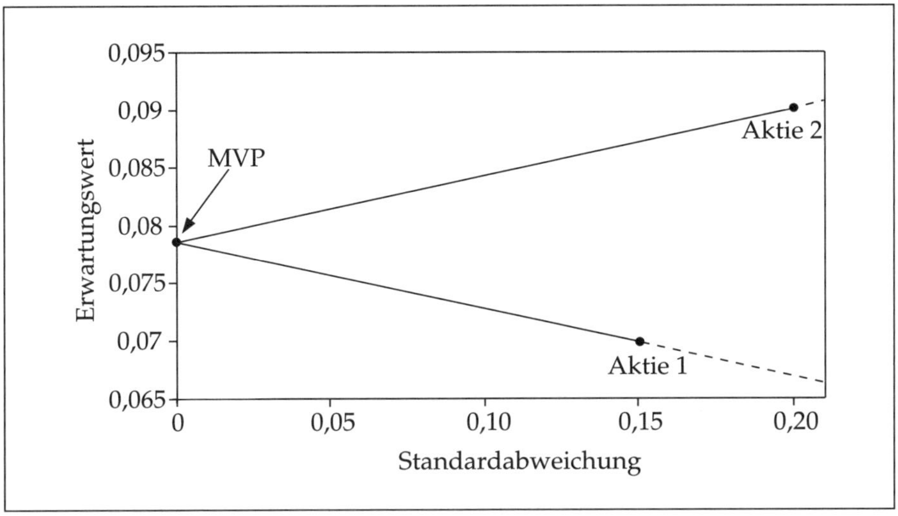

Abbildung 4-15: μ-σ-Kombinationen von Aktie 1 und Aktie 2 bei perfekt negativer Korrelation und Zulässigkeit von Leerverkäufen

Der gemeinsame Achsenabschnitt beträgt 0,0786. Die Steigungen liegen bei 0,0571 bzw. -0,0571 (vgl. Abbildung 4-15).

Wiederum kann durch entsprechende Wahl der Portfolioanteile ein MVP erzeugt werden, das eine Standardabweichung σ_{MVP} von Null aufweist. Durch Ableiten des Ausdrucks in der ersten Zeile der Gleichung 4-28 nach dem Anteil x_1 ergibt sich:

$$\frac{d\sigma_P^2}{dx_1} = 2 \cdot \left(x_1 \cdot (\sigma_1 + \sigma_2) - \sigma_2\right) \cdot (\sigma_1 + \sigma_2) = 0$$

$$\Rightarrow x_1^{MVP} = \frac{\sigma_2}{\sigma_1 + \sigma_2} \qquad \text{4-30}$$

$$\sigma_{MVP}^2\Big|_{k_{1,2}=-1} = \left(\frac{\sigma_2}{\sigma_1 + \sigma_2} \cdot (\sigma_1 + \sigma_2) - \sigma_2\right)^2 = 0$$

Im Unterschied zur Situation bei vollständig positiver Korrelation kann ein risikoloses Portfolio ohne Durchführung von Leerverkäufen erzielt werden: $x_1^{MVP} = 0{,}5714$ und $x_2^{MVP} = 0{,}4286$.

4.3.1.2 Unkorrelierte Wertpapierrenditen

Sind die Renditen zweier Aktien unkorreliert, liegen die erreichbaren μ-σ-Kombinationen nicht länger auf zwei Geraden, sondern auf dem Ast einer Hyperbel. Um dies zu zeigen, gehen wir erneut von Gleichung 4-20 für das Risiko eines Portfolios aus. In dem Fall, dass $k_{1,2} = 0$ und darüber hinaus weiterhin $x_1 + x_2 = 1$ gelten, vereinfacht sie sich zu:

$$\sigma_P^2 = x_1^2 \cdot \sigma_1^2 + (1 - x_1)^2 \cdot \sigma_2^2 \qquad \text{4-31}$$

Durch Auflösen der Gleichung nach dem quadrierten Anteil x_1^2 und Anwenden der p-q-Formel ergeben sich die folgenden beiden Lösungen für x_1:[20]

$$x_1^{(1,2)} = \frac{\sigma_2^2}{\sigma_1^2 + \sigma_2^2} \pm \sqrt{\left(\frac{\sigma_2^2}{\sigma_1^2 + \sigma_2^2}\right)^2 - \frac{\sigma_2^2 - \sigma_P^2}{\sigma_1^2 + \sigma_2^2}} \qquad \text{4-32}$$

Genau wie im Fall vollständig positiver bzw. negativer Korrelation lässt sich ein bestimmtes Portfoliorisiko σ_P mit jeweils zwei unterschiedlichen Zusammensetzungen des Portfolios erzielen (vgl. hierzu auch die Gleichungen 4-25 und 4-29). Nach Einsetzen von Gleichung 4-32 in 4-19 ergibt sich für die Rendite-Risiko-Beziehung der erreichbaren Portfolios:

$$\mu_P = \frac{\sigma_2^2}{\sigma_1^2 + \sigma_2^2} + \mu_2 \pm \sqrt{\left(\frac{\sigma_2^2}{\sigma_1^2 + \sigma_2^2}\right)^2 - \frac{\sigma_2^2 - \sigma_P^2}{\sigma_1^2 + \sigma_2^2}} \cdot (\mu_1 - \mu_2) \qquad \text{4-33}$$

Da mit μ_1, μ_2, σ_1 und σ_2 sämtliche Größen auf der rechten Seite bekannt sind, kann für vorgegebene Werte von σ_P die dazugehörige Portfoliorendite μ_P errechnet werden. Bei der Gleichung handelt es sich um den rechten Ast einer Hyperbel. Eine grafische Aufbereitung liefert Abbildung 4-16.

Der obere Teil des Hyperbelastes, der eine positive Steigung aufweist (beginnend im Punkt MVP und durch Aktie 2 verlaufend), wird durch die Addition des Produktes auf der rechten Seite der Gleichung 4-29 erzeugt. Der untere Teil, der eine negative Steigung aufweist, entsteht durch die Subtraktion des Produktes. Auf

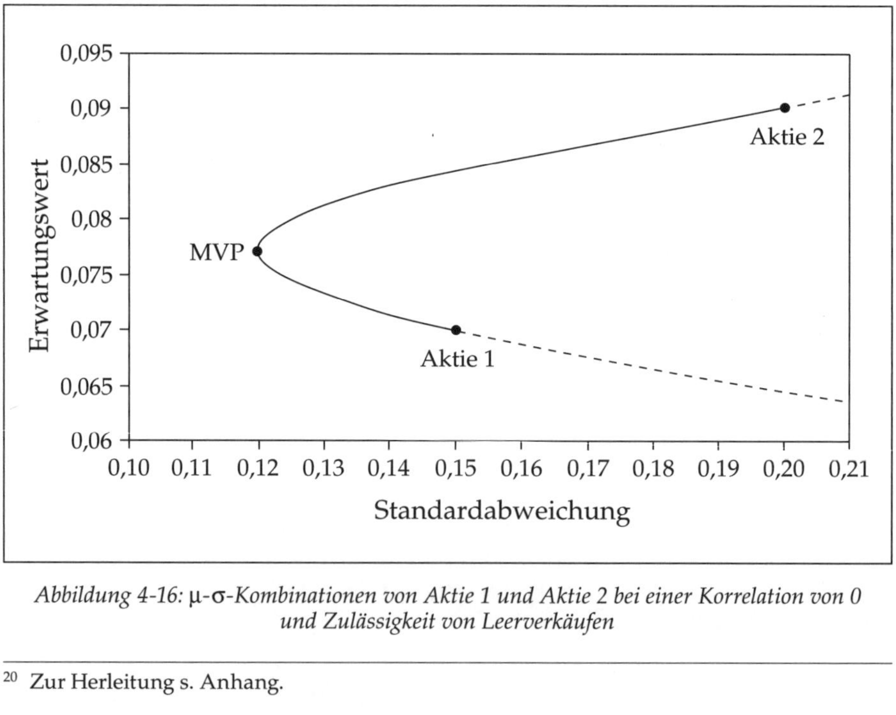

Abbildung 4-16: μ-σ-Kombinationen von Aktie 1 und Aktie 2 bei einer Korrelation von 0 und Zulässigkeit von Leerverkäufen

[20] Zur Herleitung s. Anhang.

dem Ast mit positiver Steigung liegen alle effizienten Portfolios (Effizienzlinie). Sie weisen für ein gegebenes Risiko die maximal erzielbare Rendite auf.

Aus Abbildung 4-16 geht deutlich hervor, dass bei unkorrelierten Wertpapierrenditen die Erzeugung eines risikolosen Portfolios nicht mehr möglich ist. Das MVP liegt im Scheitel des Hyperbelastes. Die anteilsmäßige Zusammensetzung ergibt sich aus Gleichung 4-31 gemäß:

$$\frac{d\sigma_P^2}{dx_1} = 2\cdot\left(\sigma_1^2 + \sigma_2^2\right)\cdot x_1 - 2\sigma_2^2 = 0$$
$$\Leftrightarrow x_1^{MVP} = \frac{\sigma_2^2}{\sigma_1^2 + \sigma_2^2} \qquad \text{4-34}$$

Die zugehörige Varianz, die sich durch Einsetzen von x_1^{MVP} in Gleichung 4-31 ergibt, lautet:

$$\sigma_{MVP}^2\Big|_{k_{1,2}=0} = \frac{\sigma_1^2\cdot\sigma_2^2}{\sigma_1^2 + \sigma_2^2} \qquad \text{4-35}$$

Bezogen auf die Aktien 1 und 2 erhält man eine Zusammensetzung des MVP in Höhe von $x_1^{MVP} = 0{,}64$ und $x_2^{MVP} = 0{,}36$.

4.3.1.3 *Unvollständig positiv oder negativ korrelierte Wertpapierrenditen*

Nach der Untersuchung der Spezialfälle vollständig positiver und negativer Korrelation bzw. unkorrelierter Wertpapierrenditen sollen die Überlegungen im Folgenden auf den Sachverhalt unvollständiger Korrelationen ($-1 < k_{1,2} < 1$ ohne $k_{1,2} = 0$) erweitert werden. Ausgangspunkt bildet erneut die Beziehung 4-20 zur Volatilität eines Portfolios. Für die Varianz lässt sich dann schreiben:

$$\sigma_P^2 = x_1^2\cdot\sigma_1^2 + \left(1 - x_2^2\right)\cdot\sigma_2^2 + 2\cdot x_1\cdot\left(1 - x_1\right)\cdot\sigma_1\cdot\sigma_2\cdot k_{1,2} \qquad \text{4-36}$$

Wir lösen erneut nach dem quadrierten Anteil x_1^2 auf und erhalten als Lösungen (4-37):[21]

$$x_1^{(1,2)} = \frac{\sigma_2^2 - \sigma_1\cdot\sigma_2\cdot k_{1,2}}{\sigma_1^2 + \sigma_2^2 - 2\cdot\sigma_1\cdot\sigma_2\cdot k_{1,2}} \pm \sqrt{\frac{\sigma_1^2\cdot\sigma_2^2\cdot\left(k_{1,2}^2 - 1\right) + \sigma_P^2\cdot\left(\sigma_1^2 + \sigma_2^2 - 2\cdot\sigma_1\cdot\sigma_2\cdot k_{1,2}\right)}{\sigma_1^2 + \sigma_2^2 - 2\cdot\sigma_1\cdot\sigma_2\cdot k_{1,2}}}$$

Durch Einsetzen in Gleichung 4-19 verbleibt für den Zusammenhang zwischen Portfoliorendite und Risiko (4-38):

$$\mu_P = \frac{\sigma_2^2 - \sigma_1\cdot\sigma_2\cdot k_{1,2}}{a}\cdot\left(\mu_1 - \mu_2\right) + \mu_2 \pm \sqrt{a\left(\sigma_P^2 - \frac{\sigma_1^2\cdot\sigma_2^2\cdot\left(1 - k_{1,2}^2\right)}{a}\right)}\cdot b$$

mit $a = \sigma_1^2 + \sigma_2^2 - 2\cdot\sigma_1\cdot\sigma_2\cdot k_{1,2}$

$b = \frac{\mu_1 - \mu_2}{a}$

[21] Zur Herleitung s. Anhang.

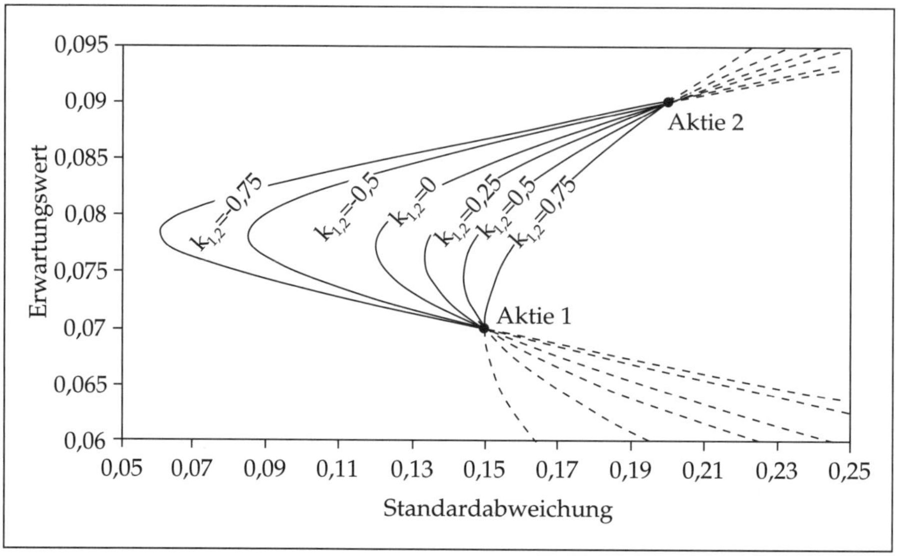

Abbildung 4-17: μ-σ-Kombinationen von Aktie 1 und Aktie 2 bei alternativen Korrelationskoeffizienten und Zulässigkeit von Leerverkäufen

Wie bei unkorrelierten Renditen liegen die erreichbaren μ-σ-Kombinationen auf dem Ast einer Hyperbel. Aufgrund der beiden Vorzeichen vor dem Wurzelausdruck werden jedem vorgegebenen Portfoliorisiko σ_P – sofern es erreichbar ist – zwei mögliche Portfoliorenditen zugeordnet.

Abbildung 4-17 zeigt den Verlauf verschiedener Hyperbeläste im Rendite-Risiko-Diagramm für unterschiedliche Korrelationskoeffizienten. Die auf den unterbrochen eingezeichneten Kurvenstücken liegenden Portfolios lassen sich erneut nur über Leerverkäufe erreichen. Erwartungsgemäß können mit abnehmender Korrelation zwischen den Wertpapierrenditen zunehmende Diversifikationseffekte erzielt werden. Dies sei am Beispiel der Portfoliolinien $k_{1,2} = 0{,}75$ und $k_{1,2} = -0{,}75$ näher betrachtet.

Aus Abbildung 4-7 geht hervor, dass bei einem Korrelationskoeffizient von 0,75 die gemeinsamen Renditerealisationen zweier Wertpapiere auf einer Punktwolke liegen, die sich in erster Linie durch den ersten und dritten Quadranten des Koordinatensystems erstreckt. Positive (negative) Abweichungen der Renditen der Aktie 1 von ihrem Mittelwert führen daher auch beim zweiten Wertpapier mit großer Wahrscheinlichkeit zu positiven (negativen) Abweichungen vom zugehörigen Mittel. Sich gegenseitig kompensierende Renditeschwankungen sind im Vergleich dazu bedeutend seltener (sie liegen im zweiten und vierten Quadranten). Durch die Mischung der beiden Wertpapiere lassen sich daher nur geringe Diversifikationseffekte erzielen.

Bei einem Korrelationskoeffizient von $k_{1,2} = -0{,}75$ breitet sich die Punktwolke der Renditerealisationen vornehmlich über die Quadranten 2 und 4 aus. In diesem Fall schwanken die Renditen der Aktien hauptsächlich in entgegen gesetzten

Richtungen um ihren jeweiligen Mittelwert. Renditeanstiege (-rückgänge) der Aktie 1 werden durch Renditerückgänge (-anstiege) der Aktie 2 zu einem großen Teil kompensiert. Durch das Einbringen beider Finanztitel in ein Portfolio kann durch geeignete Wahl der Anteile das Gesamtrisiko deutlich reduziert werden.

Der zentrale Einfluss, den die Höhe des Korrelationskoeffizienten auf das Portfoliorisiko besitzt, wird darüber hinaus besonders gut deutlich, wenn man die Volatilität des MVP für unterschiedliche Korrelationen näher untersucht. Durch Differentiation von Gleichung 4-36 ergibt sich das Risiko des MVP (Gleichung 4-39):

$$\frac{d\sigma_P^2}{dx_1} = x_1 \cdot \left(2 \cdot \sigma_1^2 + 2 \cdot \sigma_2^2 - 4 \cdot \sigma_1 \cdot \sigma_2 \cdot k_{1,2}\right) - 2 \cdot \sigma_2^2 + 2 \cdot \sigma_1 \cdot \sigma_2 \cdot k_{1,2} = 0$$

$$\Rightarrow \sigma_{MVP}^2 = \frac{\sigma_1^2 \cdot \sigma_2^2 \cdot \left(1 - k_{1,2}^2\right)}{a}, \text{ mit } a = \sigma_1^2 + \sigma_2^2 - 2 \cdot \sigma_1 \cdot \sigma_2 \cdot k_{1,2}$$

Für gegebene Volatilitäten σ_1 und σ_2 lässt sich folglich das Risiko des MVP als Funktion des Korrelationskoeffizienten darstellen. Den entsprechenden Zusammenhang gibt Abbildung 4-18 wieder.

Bei vollständig negativer Korrelation der Wertpapierrenditen ist das MVP, wie in Abschnitt 4.3.1.1 gezeigt wurde, risikolos. Mit zunehmender Korrelation steigt das Risiko des MVP zunächst an und erreicht bei $k_{1,2} = \sigma_1 : \sigma_2 = 0{,}75$ mit $\sigma_{MVP} = 0{,}15$ sein Maximum. Für $-1 \leq k_{1,2} \leq 0{,}75$ lassen sich in der gegebenen Datenkonstellation sämtliche MVP ohne Leerverkäufe erreichen. Der durch die gestrichelte Linie aufgezeigte Verlauf des Anteils der Aktie 1 steigt bis zu einer Korrelation von 0,75 nicht über 100 %. Wird $k_{1,2}$ von 0,75 ausgehend schrittweise weiter erhöht, nimmt σ_{MVP} deutlich ab. Damit Wertpapiermischungen mit minimaler

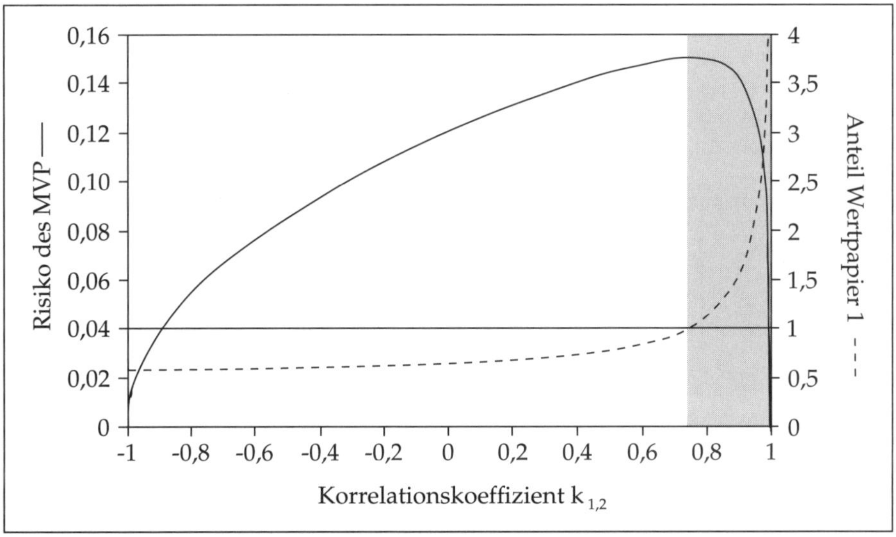

Abbildung 4-18: Risiko des MVP in Abhängigkeit vom Korrelationskoeffizienten

Varianz erreicht werden können, müssen nun Leerverkäufe getätigt werden. Liegt vollständig positive Korrelation vor, kann erneut ein risikoloses Portfolio gebildet werden, in das die Aktie 1 mit $x_1 = 4$ eingeht.

4.3.2 Portfoliooptimierung mit 3 Wertpapieren

4.3.2.1 Bestimmung der Effizienzlinie

Bei der Zusammenstellung von Wertpapiermischungen mit zwei Finanztiteln liegen sämtliche erreichbaren μ-σ-Kombinationen auf einem Hyperbelast bzw. zwei Geraden. Portfolios, die innerhalb dieser Barriere liegen, können nicht konstruiert werden. Im 3-Wertpapier-Fall hingegen erweitert sich der zulässige Handlungsbereich des Investors auf den gesamten vom Hyperbelast umschlossenen Bereich (sofern Leerverkäufe zugelassen sind) oder auf Teile dieses Bereiches (sofern Leerverkäufe ausgeschlossen sind). Um dies näher zu untersuchen, seien drei Aktien betrachtet. Zusätzlich zu den beiden Aktien aus den vorhergehenden Abschnitten wird die Aktie 3 mit $\mu_3 = 0{,}11$ und $\sigma_3 = 0{,}18$ hinzugenommen (vgl. Abbildung 4-1).

Es handelt sich um dieselben Wertpapiere, die wir bereits in Abschnitt 4.1 herangezogen haben, um die Auswahlentscheidung eines Investors bei sich gegenseitig ausschließenden Investitionsalternativen zu veranschaulichen. Im Unterschied zu den Ausführungen weiter vorne soll jetzt allerdings explizit überprüft werden, welche Rendite-Risiko-Kombinationen erreicht werden können, wenn die Aktien zur Bildung eines Portfolios herangezogen werden. Hierfür sind Angaben über die zwischen den Finanztiteln bestehenden Risikoverbundeffekte notwendig. Übersichtlich können sie in Form einer Varianz-Kovarianz- bzw. Korrelationsmatrix dargestellt werden (vgl. Abbildung 4-19).

Unterstellen wir zunächst, dass die drei Aktien ausschließlich zu 2er-Portfolios zusammengefasst werden sollen. Es resultieren dann die in Abbildung 4-20 beschriebenen μ-σ-Kombinationen.

Portfolios mit einem Risiko von 0,18 und höher (Bereich I im rechten Teil der Abbildung) wird ein rationaler Investor ausschließlich aus den Aktien 1 und 3

Varianz-Kovarianz-Matrix

	Aktie 1	Aktie 2	Aktie 3
A 1	$0{,}15^2$	$0{,}15 \cdot 0{,}20 \cdot 0{,}35$	$0{,}15 \cdot 0{,}18 \cdot 0{,}50$
A 2	$0{,}20 \cdot 0{,}15 \cdot 0{,}35$	$0{,}20^2$	$0{,}20 \cdot 0{,}18 \cdot 0{,}45$
A3	$0{,}18 \cdot 0{,}15 \cdot 0{,}50$	$0{,}18 \cdot 0{,}20 \cdot 0{,}45$	$0{,}18^2$

Korrelationsmatrix

	Aktie 1	Aktie 2	Aktie 3
A 1	1	0,35	0,5
A 2	0,35	1	0,45
A3	0,5	0,45	1

Abbildung 4-19: Risikoverbundeffekte zwischen den 3 Beispielaktien

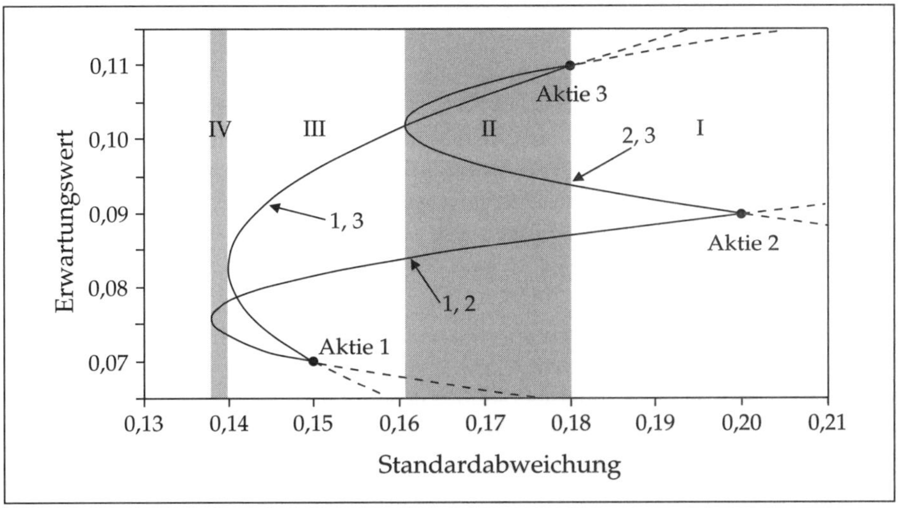

Abbildung 4-20: μ-σ-Kombinationen für 2-er Portfolios der 3 Aktien

zusammenstellen, da diese Kombination im Bereich I die höchsten Renditen verspricht. Wertpapiermischungen, deren Risiko zwischen etwa 0,16 und 0,18 liegt, führen dann zu einer maximalen Rendite, wenn sie aus den Aktien 2 und 3 bestehen (Bereich II, grau unterlegt). Entsprechende Überlegungen für die Zonen III und IV führen zu einer Auswahl von Portfolios, die sich aus den Aktien 1 und 3 bzw. 1 und 2 zusammensetzen.

Lässt man in einem nächsten Schritt die Bildung von Portfolios aus allen drei Wertpapieren zu, erweitert sich der Bereich der möglichen μ-σ-Kombinationen deutlich (vgl. Abbildung 4-21).

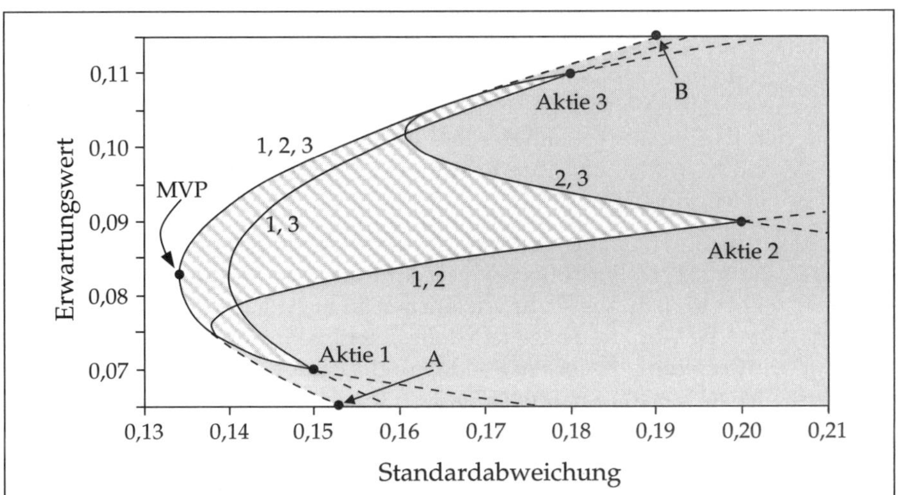

Abbildung 4-21: μ-σ-Kombinationen für Portfolios aus allen 3 Aktien

Sind Leerverkäufe zugelassen, können alle Verbindungen von Rendite und Risiko erreicht werden, die durch den Linienzug (A, MVP, B) begrenzt werden (grau hinterlegter Bereich einschließlich der schraffierten Fläche). Über die Punkte A und B hinaus setzt sich die Hyperbel wie im 2-Wertpapier-Fall unbegrenzt fort. Portfolios, die auf der Begrenzungslinie (A, MVP, B) liegen, heißen Randportfolios. Für vorgegebene Renditen μ_P besitzen sie das geringst mögliche Risiko σ_P. Alle Randportfolios mit einer Rendite von μ_{MVP} und größer sind effizient. Man erkennt, dass sich durch das Einbringen aller drei Aktien in das Portfolio die Randportfoliolinie im Vergleich zu den drei isoliert untersuchten 2-Wertpapier-Fällen nach links außen verschiebt.

Sind keine Leerverkäufe erlaubt, befinden sich die Randportfolios auf der Linie (Aktie 1, MVP, Aktie 3). Die Effizienzlinie ist die Linie (MVP, Aktie 3). Unterhalb dieser Verbindung sind alle μ-σ-Kombinationen erreichbar, die sich im schraffierten Bereich befinden. Damit ist für die gegebene Datenkonstellation das MVP mit Leerverkäufen identisch mit dem MVP ohne Leerverkäufe.[22]

4.3.2.2 Iso-Erwartungswertgeraden

In Abbildung 4-21 wurde die Menge der Randportfolios im 3-Wertpapier-Fall sowohl bei zugelassenen Leerverkäufen als auch bei einem Leerverkaufsverbot dargestellt. Dabei haben wir uns allerdings nicht mit der Frage beschäftigt, wie die Menge der Randportfolios rechnerisch ermittelt werden kann. Insbesondere haben wir keine Aussage darüber getroffen, welche anteilsmäßigen Zusammensetzungen der drei Aktien gewählt werden müssen, um μ-σ-Kombinationen auf dem Rand aller erreichbaren Mischungen zu erzeugen.

Um die Schwierigkeiten, die sich in der Situation mit drei Finanztiteln ergeben, besser verstehen zu können, sei zunächst noch einmal die Vorgehensweise bei der Zusammenstellung von Portfolios aus zwei Aktien wiederholt. Es konnte gezeigt werden, dass bei zwei Wertpapieren – von den Sonderfällen vollständig positiv oder negativ korrelierter Renditen abgesehen – alle Portfolios auf einem Hyperbelast liegen. Da die Beziehung $x_2 = 1 - x_1$ gilt, lässt sich die Portfoliovarianz σ_P^2 unmittelbar nach dem Anteil x_1 auflösen (s. Gleichung 4-37). Auf diese Weise kann ein funktionaler Zusammenhang zwischen μ_P und σ_P hergestellt werden, der als Eingangsparameter lediglich die bekannten Volatilitäten der beiden Aktien σ_1 und σ_2 und ihre Korrelation $k_{1,2}$, nicht aber den Anteil x_1 erfordert (s. Gleichung 4.38).

Bei drei Wertpapieren ist die Herleitung einer Gleichung, die allein durch Vorgabe des gewünschten Portfoliorisikos σ_P unmittelbar die zugehörige Rendite μ_P liefert, nicht möglich. Vielmehr wird neben einer Angabe über die Höhe von σ_P auch immer die Vorgabe der Anteilshöhe einer im Portfolio enthaltenen Aktie benötigt. Die Beziehung zwischen Rendite und Risiko, die sich im 2-Wertpapier-Fall immer als $\mu_P = \mu_P(\sigma_P)$ schreiben lässt, stellt sich bei drei Finanztiteln als $\mu_P = \mu_P(\sigma_P, x_n)$ dar.

---

[22] Das ist nicht zwingend, sondern stellt eher eine Ausnahme dar. Wir werden später eine Datenkonstellation kennenlernen, bei der die Einführung eines Leerverkaufsverbots die Lage des MVP verändert.

Um die Menge der Randportfolios für drei Wertpapiere bestimmen zu können, werden wir im Weiteren die Darstellung der erreichbaren Portfolios nicht mehr in einem μ-σ-Diagramm, sondern im x_1-x_2-x_3-Raum (sog. Portfolioraum) vornehmen. Die Berechnung der Randportfolios erfolgt dann in zwei Schritten. Zuerst konstruieren wir Geraden im Portfolioraum, auf denen Mischungen mit identischem Erwartungswert der Rendite (Iso-Erwartungswertlinie) liegen und erweitern diese dann in einem zweiten Schritt um das Konzept der Iso-Varianzellipsen. Die anteilsmäßige Zusammensetzung der Randportfolios lässt sich auf diese Weise unmittelbar grafisch nachvollziehen.[23]

Nachstehende Abbildung 4-22 zeigt ein zweidimensionales Koordinatensystem, aus dem die anteilmäßige Zusammensetzung eines aus drei Aktien bestehenden Portfolios abgelesen werden kann. Zur Vereinfachung der Darstellung wird der Anteil des dritten Wertpapiers nicht durch die z-Achse wiedergegeben, sondern muss für gegebene x_1 und x_2 gemäß der Beziehung $x_3 = 1 - x_1 - x_2$ bestimmt werden. So besteht das Portfolio A zu 40 % aus Aktie 1 und zu 50 % aus Aktie 2. Damit folgt für den Anteil des dritten Wertpapiers $x_3 = 1 - 0{,}4 - 0{,}5 = 0{,}1$. Die Mischung B setzt sich aus $x_1 = 0{,}8$, $x_2 = 0{,}9$ und folglich $x_3 = 1 - 0{,}8 - 0{,}9 = -0{,}7$ zusammen. Sämtliche Portfolios im grau hinterlegten Dreieck erfordern keine Leerverkäufe. In allen anderen Bereichen kommt es zum Leerverkauf mindestens eines der drei Wertpapiere. Aus Gründen der Übersichtlichkeit wurde auf die Wiedergabe der übrigen drei Quadranten des Koordinatensystems verzichtet. Sie sind jeweils mit Leerverkäufen der Aktie 2 (2. Quadrant), der Aktie 1 (4. Quadrant) bzw. negativen Anteilen sowohl von Aktie 1 als auch Aktie 2 (3. Quadrant) verbunden.

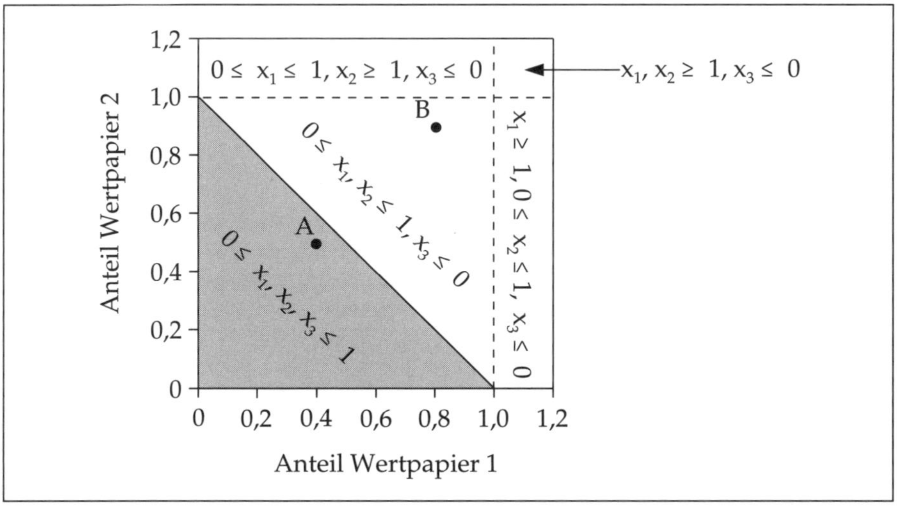

Abbildung 4-22: Wiedergabe eines aus 3 Aktien bestehenden Portfolios in einem zweidimensionalen Koordinatensystem

[23] Die Ausführungen dieses und der nächsten beiden Abschnitte lehnen sich eng an Haugen (1997), S. 92–109 an.

Als Iso-Erwartungswertlinien wollen wir den geometrischen Ort aller Kombinationen von Portfolioanteilen im x_1-x_2-Diagramm bezeichnen, die zu einer konstanten Portfoliorendite von $\bar{\mu}_P$ = konst. führen. Durch Erweiterung der Berechnungsvorschrift für die Rendite vom Fall zweier auf drei Wertpapiere folgt:

$$\begin{aligned} &\mu_P = x_1 \cdot \mu_1 + x_2 \cdot \mu_2 + x_3 \cdot \mu_3 = \bar{\mu}_P \\ &\Leftrightarrow x_1 \cdot \mu_1 + x_2 \cdot \mu_2 + (1 - x_1 - x_2) \cdot \mu_3 = \bar{\mu}_P \end{aligned} \qquad \text{4-40}$$

Auflösen nach dem Anteil x_2 zeigt, dass für ein vorgegebenes Renditeniveau $\bar{\mu}_P$ sämtliche Portfolioanteile auf einer Geraden liegen:

$$x_2 = x_1 \cdot \frac{\mu_1 - \mu_3}{\mu_3 - \mu_2} + \frac{\mu_3 - \bar{\mu}_P}{\mu_3 - \mu_2} \qquad \text{4-41}$$

Der erste Summand auf der rechten Seite gibt die Steigung der Iso-Erwartungswertlinie an, der zweite kennzeichnet den Achsenabschnitt. Betrachten wir zunächst beispielhaft die Gerade, die mit einer Portfoliorendite von $\bar{\mu}_P$ = 0,09 verbunden ist. Steigung und Achsenabschnitt betragen:

$$\frac{\mu_1 - \mu_3}{\mu_3 - \mu_2} = \frac{0,07 - 0,11}{0,11 - 0,09} = -2, \quad \frac{\mu_3 - \bar{\mu}_P}{\mu_3 - \mu_2} = \frac{0,11 - 0,09}{0,11 - 0,09} = 1$$

Durch Variation von $\bar{\mu}_P$ lassen sich für beliebig vorgegebene Portfoliorenditen die dazugehörigen Iso-Erwartungswertlinien in den Portfolioraum einzeichnen. Die Geraden verlaufen parallel, da ihre Steigung nicht von $\bar{\mu}_P$, sondern ausschließlich von den Renditen der drei Wertpapiere abhängt. Abbildung 4-23 zeigt verschiedene Iso-Erwartungswertlinien für unterschiedliche Renditeniveaus. Sämtliche Renditeniveaus im grau unterlegten Dreieck lassen sich ohne Leerverkäufe erreichen. Der Investor kann in diesem Fall aus Renditen im Bereich von 7 % bis 11 % wählen. Soll das Portfolio erwartete Erträge von mehr als 11 % erzielen, muss mindestens eines der Wertpapiere in negativen Anteilen gehalten werden.

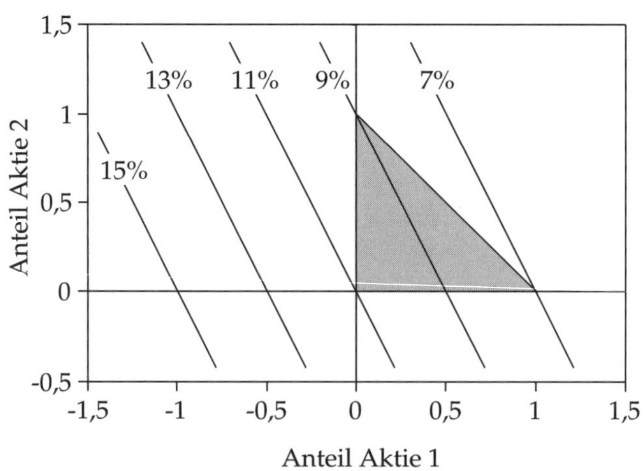

Abbildung 4-23: Iso-Erwartungswertlinien für alternative Renditeniveaus

4.3.2.3 Iso-Varianzellipsen

Zusätzlich zu den Iso-Erwartungswertlinien sollen in einem nächsten Schritt die geometrischen Orte aller Kombinationen der Anteile x_1, x_2 und x_3 in das Koordinatensystem eingezeichnet werden, die zu einer identischen Portfoliovarianz führen. Diese werden als Iso-Varianzellipsen bezeichnet. Hierzu benötigen wir zunächst die Berechnungsvorschrift für die Portfoliovarianz im 3-Wertpapier-Fall. Sie lautet:

$$\begin{aligned}\sigma_P^2 &= x_1^2 \cdot \sigma_1^2 + x_2^2 \cdot \sigma_2^2 + x_3^2 \cdot \sigma_3^2 + 2 \cdot x_1 \cdot x_2 \cdot \sigma_{1,2} \\ &+2 \cdot x_1 \cdot x_3 \cdot \sigma_{1,3} + 2 \cdot x_2 \cdot x_3 \cdot \sigma_{2,3}\end{aligned} \qquad \text{4-42}$$

Da nun drei Aktien herangezogen werden, ist es erforderlich, die Risikoverbundeffekte zwischen sämtlichen Wertpapieren zu erfassen. Bei der Beschränkung auf zwei Aktien kommt der Verbundeffekt allein durch den Term $2 \cdot x_1 \cdot x_2 \cdot \sigma_{1,2}$ zum Ausdruck (s. Gleichung 4-12). Durch die Hinzunahme des Finanztitels 3 sind außerdem die Wechselwirkungen zwischen Aktie 1 und 3 sowie Aktie 2 und 3 zu beachten. Wird erneut der Anteil x_3 durch $x_3 = 1 - x_1 - x_2$ ersetzt, folgt für eine vorgegebene Varianz $\overline{\sigma}_P^2$:

$$\begin{aligned}\sigma_P^2 &= x_1^2 \cdot \sigma_1^2 + x_2^2 \cdot \sigma_2^2 + \left(1 - x_1 - x_2\right)^2 \cdot \sigma_3^2 + 2 \cdot x_1 \cdot x_2 \cdot \sigma_{1,2} \\ &+2 \cdot x_1 \cdot \left(1 - x_1 - x_2\right) \cdot \sigma_{1,3} + 2 \cdot x_2 \cdot \left(1 - x_1 - x_2\right) \cdot \sigma_{2,3} = \overline{\sigma}_P^2\end{aligned} \qquad \text{4-43}$$

Nehmen wir an, gesucht seien sämtliche Portfoliozusammensetzungen, die mit einer Varianz von 0,10, d.h. einer Volatilität von etwa 0,3162 verbunden sind. Darüber hinaus geben wir für den Portfolioanteil x_1 einen beliebigen Wert, z.B. $x_1 = 2{,}0$, vor. Durch Einsetzen dieser Größen in Gleichung 4-43 und unter Heranziehung der bekannten Volatilitäten σ_1 bis σ_3 und der Kovarianzen $\sigma_{1,2}$, $\sigma_{1,3}$ und $\sigma_{2,3}$ folgt (Gleichung 4-44):

$$\begin{aligned}0{,}10 &= 2^2 \cdot 0{,}15^2 + x_2^2 \cdot 0{,}2^2 + \left(1 - 2 - x_2\right)^2 \cdot 0{,}18^2 + 2 \cdot 2 \cdot x_2 \cdot 0{,}0105 \\ &+2 \cdot 2 \cdot \left(1 - 2 - x_2\right) \cdot 0{,}0135 + 2 \cdot x_2 \cdot \left(1 - 2 - x_2\right) \cdot 0{,}0162 \\ \Leftrightarrow 0{,}10 &= 0{,}04 \cdot x_2^2 + 0{,}0204 \cdot x_2 + 0{,}0684\end{aligned}$$

Es handelt sich um eine quadratische Gleichung mit den Lösungen $x_2^{(1)} = -1{,}1797$ und $x_2^{(2)} = 0{,}6697$. Damit ergeben sich die folgenden Portfoliozusammensetzungen, die zu einer Varianz von 0,10 führen:

Portfolio A:	$x_1 = 2{,}0$	$x_2 = -1{,}1797$	$x_3 = 0{,}1797$
Portfolio B:	$x_1 = 2{,}0$	$x_2 = 0{,}6697$	$x_3 = -1{,}6697$

In Abbildung 4-24 sind die Portfolios A und B auf der Iso-Varianzellipse $\overline{\sigma}_P^2 = 0{,}10$ eingezeichnet. Durch Variation des Anteils x_1 können nun sukzessive weitere Portfoliozusammensetzungen, die sich als Lösung einer zugehörigen quadratischen Gleichung ergeben, bestimmt werden. Man erhält auf diese Weise die Iso-Varianzellipse zu einer Portfoliovarianz von 0,10. Dabei ist zu beachten, dass die Gleichung 4-44 nicht für beliebige x_1 eine reelle Lösung besitzt. Sofern man für den Anteil x_2 Ergebnisse erhält, die nicht aus dem Bereich der reellen Zahlen stammen, ist die gewählte Portfoliovarianz nicht zu erreichen. So ist es z.B. nicht möglich durch Vorgabe eines Portfolioanteils von $x_1 = 2{,}5$ eine Mischung aus

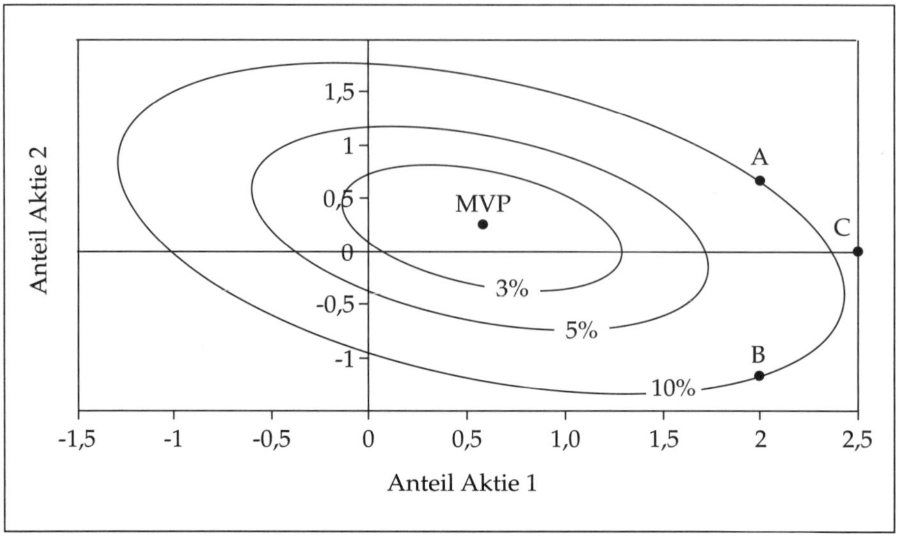

Abbildung 4-24: Iso-Varianzellipsen

den drei Wertpapieren zu konstruieren, die eine Varianz von 0,10 aufweist (vgl. Punkt C in Abbildung 4-24).

Unter Heranziehung verschiedener Werte für $\overline{\sigma}_p^2$ können dann auf der Grundlage der beschriebenen Vorgehensweise Ellipsen zu unterschiedlichen Varianzhöhen ermittelt werden. Je geringer die Portfoliovarianz ist, umso weiter innen liegen die entsprechenden Ellipsen. Ist das MVP erreicht, erhält man keine Ellipse mehr, sondern lediglich einen Punkt im Koordinatensystem. Wird von dort aus die Varianz $\overline{\sigma}_p^2$ weiter verringert, liefert die Gleichung 4-43 keine reellen Lösungen mehr: die Portfolios können somit auf Basis der vorgegebenen Wertpapiere nicht erreicht werden.

4.3.2.4 Effiziente Randportfolios

Um mit Hilfe der Iso-Erwartungswertlinien und der Iso-Varianzellipsen die anteilsmäßige Zusammensetzung der effizienten Portfolios bestimmen zu können, müssen beide Konzepte im Portfolioraum kombiniert eingesetzt werden. Wir betrachten aus Gründen der Anschaulichkeit zunächst das Ergebnis der Überlegungen in Abbildung 4-25, um dann aufzuzeigen, wie man dorthin gelangt.

Das Diagramm gibt die Iso-Varianzellipsen für unterschiedliche Niveaus von $\overline{\sigma}_2^P$ wieder. Zu jeder Ellipse wird diejenige Iso-Erwartungswertgerade konstruiert, die die Ellipse tangiert.[24] Im Berührungspunkt liegt ein effizientes Randportfolio. Anhand des Punktes A in der Abbildung sei dies verdeutlicht. Er liegt auf der 5%-Iso-Varianzellipse, ist also mit einer Volatilität von 0,2236 verbunden.

[24] Gesucht werden ausschließlich die Iso-Erwartungswertlinien, die die Ellipse auf der linken Seite tangieren. Tangentialpunkte auf der rechten Seite kennzeichnen die nicht effizienten Randportfolios, d.h. denjenigen Teil der Randportfoliolinie mit negativer Steigung.

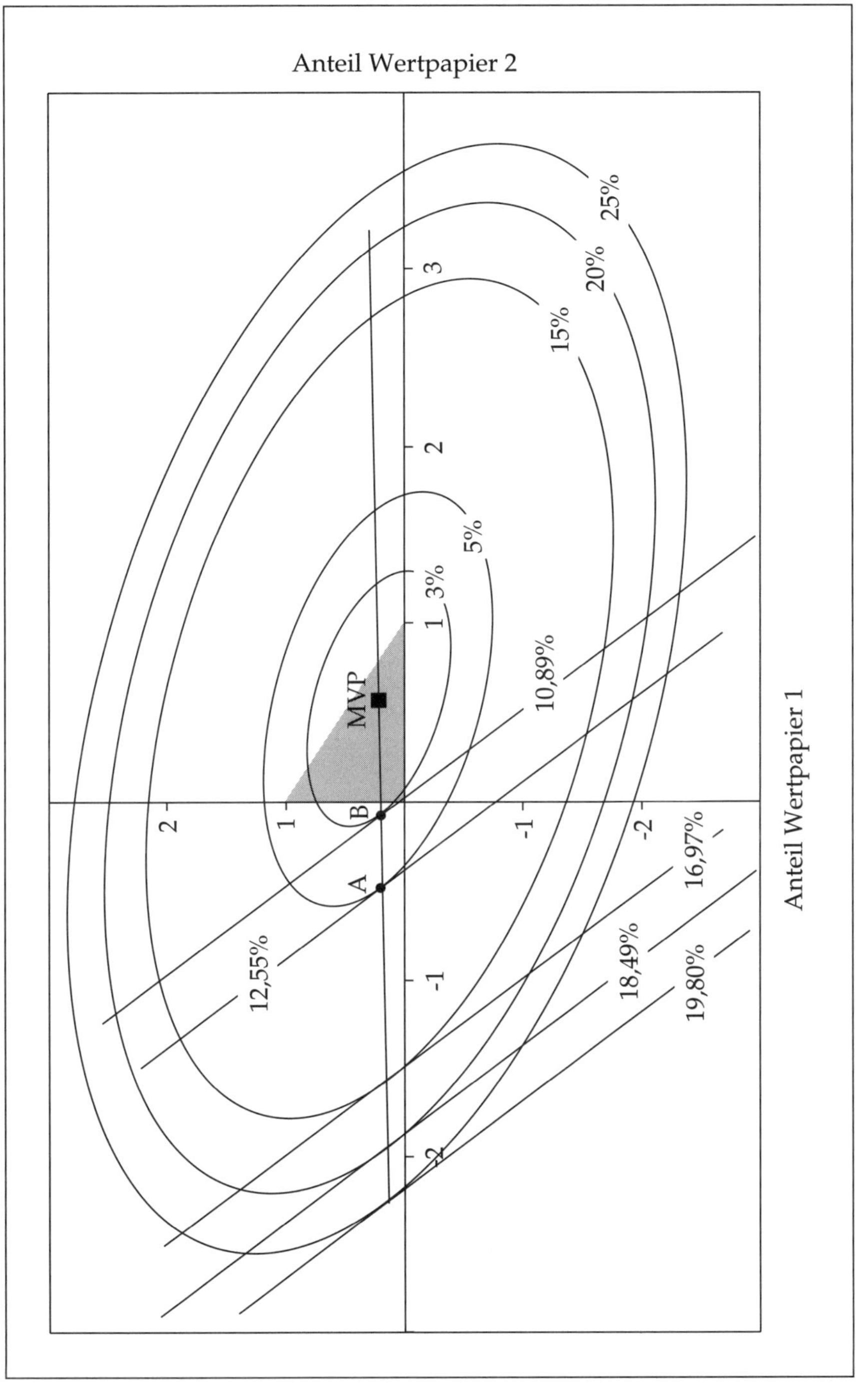

Abbildung 4-25: Kombination von Iso-Erwartungswertgeraden und Iso-Varianzellipsen

Von allen Portfolios, die zu einer Varianz von 5% führen, besitzt die Mischung A den höchst möglichen Erwartungswert der Rendite. Er beträgt 12,55% (der genaue Wert lautet: 0,12549898). Damit ist ein effizientes Portfolio festgelegt. Es weist bei einem Risiko von $\sigma_P = 0{,}2236$ eine Rendite von $\mu_P = 0{,}1255$ auf. An dieser Stelle zeigt sich unmittelbar der Vorteil, der sich aus dem Wechsel der Betrachtung vom μ-σ- in den Portfolioraum ergibt. Die Zusammensetzung des Portfolios kann sofort von den Achsen des Diagramms abgelesen werden. Der Punkt A ist durch eine Kombination der Aktien in den Anteilen $x_1 = -0{,}4831$, $x_2 = 0{,}1912$ und $x_3 = 1{,}2919$ zu erreichen.

Um die gesamte Effizienzlinie und die Höhe der Portfolioanteile bestimmen zu können, ist es erforderlich, für eine Vielzahl von Iso-Varianzellipsen die tangierenden Iso-Erwartungswertgeraden zu konstruieren. In der Abbildung 4-25 ist die Vorgehensweise beispielhaft für verschiedene Varianzen dargestellt. Sämtliche Tangentialpunkte liegen auf einer Verbindungslinie, die durch das MVP verläuft. Diese Linie heißt Portfoliogerade. Sie stellt die Übertragung der Randportfoliolinie (Linienzug (A, MVP, B) in Abbildung 4-21) vom μ-σ-Diagramm in den Portfolioraum dar. Links von MVP liegen alle effizienten Portfolios (Linienzug (MVP, B) in Abbildung 4-21) während sich rechts die dominierten Wertpapiermischungen befinden (Linienzug (A, MVP) in Abbildung 4-21). Am Verlauf der Portfoliolinie lässt sich unmittelbar ablesen, ob ein effizientes Portfolio zu seiner Erstellung Leerverkäufe benötigt oder nicht. Wie aus Abbildung 4-25 hervorgeht, ist das MVP ohne Leerverkäufe zu erreichen.[25] Um zum Portfolio B zu gelangen, das auf der 3%-Iso-Varianzellipse liegt (Volatilität 0,1732), ist es bereits erforderlich, eine Wertpapiermischung mit einem negativen Anteil von Aktie 1 zu halten.

Um zu verdeutlichen, wieso im 3-Wertpapier-Fall Portfolios mit identischer Varianz auf einer Ellipse liegen, soll Abbildung 4-25 um eine Dimension erweitert werden. Hierzu wird in Abbildung 4-26 neben den Anteilen der Aktien 1 und 2 zusätzlich die Portfoliovarianz aufgenommen. Im Ergebnis erhält man ein elliptisches Rotationsparaboloid.[26] Bei den eingezeichneten Linien handelt es sich um die aus der zweidimensionalen Darstellung bekannten Iso-Varianzellipsen. Sie verlaufen entlang des Paraboloids und verbinden wie Höhenlinien auf einer Landkarte Orte gleicher Varianz.

Wir wollen nun in unseren Überlegungen einen Schritt weiter gehen und überprüfen, welche Auswirkungen ein Leerverkaufsverbot auf den Verlauf der Portfoliogeraden besitzt. Was die Randportfoliolinie anbetrifft, wurde in Abschnitt 4.3.2.1 bereits ausführlich erläutert, wie sich die Menge erreichbarer μ-σ-Kombinationen verändert, wenn keine negativen Anteile mehr zugelassen sind. Die Übertragung in den Portfolioraum zeigt Abbildung 4-27. Im linken Teil

---

[25] In Abbildung 4-21 ist dies dadurch zu erkennen, dass der Linienzug, in dem Bereich, in dem das MVP liegt, unabhängig davon, ob Leerverkäufe zugelassen sind oder nicht, den gleichen Verlauf annimmt.

[26] Um eine bessere Vorstellung von der Form des Paraboloids zu bekommen, denke man an ein rechtwinkeliges Tischtuch, das an jeder Ecke von einer Person auf Spannung gehalten wird. In die Mitte des Tischtuches wird dann eine Eisenkugel gelegt, die zu einer Ausbeulung führt. Diese ähnelt dem Körper in Abbildung 4-26.

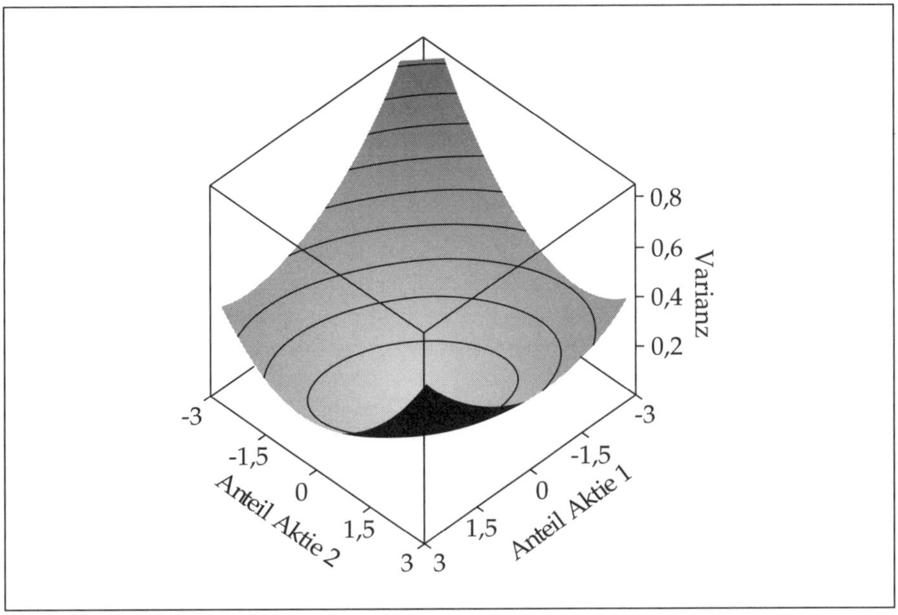

Abbildung 4-26: Elliptisches Rotationsparaboloid

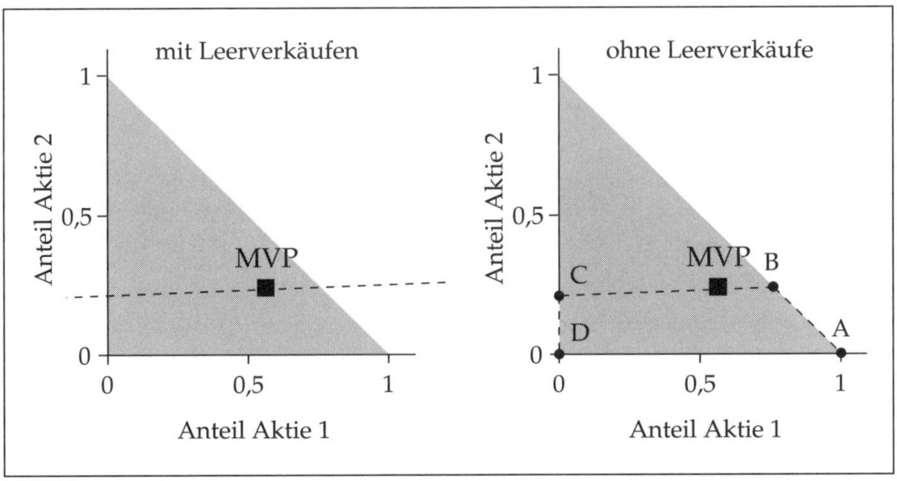

Abbildung 4-27: Verlauf der Portfoliogerade mit und ohne Leerverkäufe

der Darstellung ist die bereits bekannte Portfoliogerade mit Leerverkäufen wiedergegeben.[27] Sind keine Leerverkäufe möglich, kann die Portfoliogerade den grau hinterlegten Bereich nicht verlassen. Sie erstreckt sich über die im rechten Teil der Abbildung hervorgehobenen Geradenstücke. Im Punkt A besteht das Portfolio ausschließlich aus Aktie 1. Von A nach B wird sukzessive der Anteil x_1

[27] Es handelt sich um einen Ausschnitt aus Abbildung 4-25.

verringert und x_2 erhöht. Das Wertpapier 3 ist auf diesem Teil der Portfoliogeraden nicht im Portfolio vertreten ($x_3 = 0$). Zwischen den Punkten B und C sind die Portfoliozusammensetzungen sowohl mit als auch ohne Leerverkäufe identisch. In C wird der Anteil des Wertpapiers 1 am Portfolio auf Null zurückgefahren. Gleichzeitig wird auch der Anteil von Aktie 2 immer weiter gesenkt, bis auch sie in Punkt D nicht mehr Teil des Portfolios ist. Der Investor hält an dieser Stelle ausschließlich den dritten Finanztitel.

4.3.3 N-Wertpapier-Fall

4.3.3.1 Bestimmung der Effizienzlinie

Nach der Untersuchung der Rendite-Risiko-Kombinationen für Portfolios, die aus zwei bzw. drei Wertpapieren bestehen, soll in diesem Abschnitt eine Verallgemeinerung auf Zusammenstellungen von N Finanztiteln erfolgen. Im Abschnitt 4.2.2 wurde bereits dargestellt, dass sich die erwartete Portfoliorendite μ_P als gewichtetes Mittel der Einzelrenditen aller enthaltenen Wertpapiere ergibt:

$$\mu_P = \sum_{n=1}^{N} x_n \cdot \mu_n \qquad \text{4-45}$$

Das Portfoliorisiko hingegen verlangt eine ausführlichere Betrachtung, da es nicht nur von den isoliert betrachteten Volatilitäten der verschiedenen Finanztitel abhängt, sondern darüber hinaus in erheblichem Maße von den Risikoverbundeffekten zwischen den Portfoliobestandteilen beeinflusst wird. Um die Volatilität eines N Finanztitel umfassenden Portfolios zu berechnen, benötigt man als Eingangsdaten N Varianzen und $N^2 - N$ Kovarianzen. Anhand der Varianz-Kovarianz-Matrix lässt sich dies nachvollziehen (vgl. Abbildung 4-28). Auf der Hauptdiagonalen finden sich die N Varianzen. Die Elemente oberhalb und unterhalb der Hauptdiagonalen enthalten die Kovarianzen. Sie quantifizieren den Risikoverbund zwischen je zwei Wertpapieren. Für die Portfoliovarianz lässt sich daher schreiben:

$$\sigma_P^2 = \sum_{n=1}^{N} x_n^2 \cdot \sigma_n^2 + \sum_{n=1}^{N}\sum_{m>n}^{N} x_n \cdot x_m \cdot \sigma_{n,m} + \sum_{n=1}^{N}\sum_{m>n}^{N} x_m \cdot x_n \cdot \sigma_{m,n} \qquad \text{4-46}$$

Der erste Summand umfasst die mit den quadrierten Anteilen gewichteten Varianzen der im Portfolio enthaltenen Aktien. In der Matrix wird er durch die Hauptdiagonale verkörpert. Der zweite Summand bezieht die Kovarianzen oberhalb der Hauptdiagonalen mit in das Portfoliorisiko ein. Im letzten Summanden schließlich werden die Kovarianzen unterhalb der Hauptdiagonalen zusammengefasst.

Der Ausdruck für σ_P^2 erscheint auf den ersten Blick sehr kompliziert zu sein. Wir wollen daher versuchen, die Gleichung weiter zu vereinfachen. Wie man aus den Berechnungsvorschriften für die Kovarianz in den Gleichungen 4-13 und 4-14 ablesen kann, ist die Höhe der Kovarianz zwischen den Renditen der Aktien n und m identisch mit der Kovarianz zwischen den Renditen der Aktien m und n: $\sigma_{n,m} = \sigma_{m,n}$. Die Varianz-Kovarianz-Matrix ist daher symmetrisch. Daraus ergibt

Aktie m \ Aktie n		1	2	…	N
		x_1	x_2	…	x_N
1	x_1	$\sigma_1^2 = \sigma_{1,1}$	$\sigma_{1,2}$	…	$\sigma_{1,N}$
2	x_2	$\sigma_{2,1}$	$\sigma_2^2 = \sigma_{2,2}$	…	$\sigma_{2,N}$
⋮	⋮	⋮	⋮	⋮	⋮
N	x_N	$\sigma_{N,1}$	$\sigma_{N,2}$	…	$\sigma_N^2 = \sigma_{N,N}$

Abbildung 4-28: Varianz-Kovarianz-Matrix für N Wertpapiere

sich unmittelbar, dass der zweite und der dritte Summand in Gleichung 4-46 gleich groß sind. Es folgt:

$$\sigma_P^2 = \sum_{n=1}^{N} x_n^2 \cdot \sigma_n^2 + 2 \cdot \sum_{n=1}^{N} \sum_{m>n}^{N} x_n \cdot x_m \cdot \sigma_{n,m} \qquad \text{4-47}$$

Darüber hinaus wurde in Gleichung 4-40 gezeigt, dass es sich bei der Varianz um einen Sonderfall der Kovarianz handelt. Es lässt sich daher weiter schreiben:

$$\begin{aligned} \sigma_P^2 &= \sum_{n=1}^{N} x_n \cdot x_n \cdot \sigma_{n,n} + 2 \cdot \sum_{n=1}^{N} \sum_{m>n}^{N} x_n \cdot x_m \cdot \sigma_{n,m} \\ &= \sum_{n=1}^{N} x_n \cdot x_n \cdot \sigma_{n,n} + \sum_{n=1}^{N} \sum_{\substack{m=1 \\ m \neq n}}^{N} x_n \cdot x_m \cdot \sigma_{n,m} \end{aligned} \qquad \text{4-48}$$

Der erste Summand umfasst weiterhin sämtliche Varianzen. Im zweiten Summanden sind die $N^2 - N$ Kovarianzen enthalten. In einem letzten Schritt werden beide zusammengefasst.

$$\sigma_P^2 = \sum_{n=1}^{N} \sum_{m=1}^{N} x_n \cdot x_m \cdot \sigma_{n,m}, \text{ mit } \sigma_{n,m} = \sigma_n^2 \text{ für } m = n \qquad \text{4-49}$$

Besonders übersichtlich lässt sich die Formel für die Portfoliovarianz in Matrixschreibweise formulieren. Bezeichnet $\underline{x}^T = (x_1, \ldots, x_N)$ den Vektor der Portfolioanteile und $\underline{\underline{VCV}}$ die Varianz-Kovarianz-Matrix folgt:

$$\sigma_P^2 = \underline{x}^T \cdot \underline{\underline{VCV}} \cdot \underline{x} \qquad \text{4-50}$$

Mit Hilfe dieser Information kann nun die Menge der Randportfolios im N-Wertpapier-Fall ermittelt werden. Bei den Randportfolios handelt es sich bekanntlich um diejenige Zusammenstellung der N Wertpapiere, die für eine vorgegebene Rendite $\bar{\mu}_p$ das geringstmögliche Risiko σ_P besitzen (vgl. Abschnitt 4.3.2.1).

Es sei zunächst eine Situation betrachtet, in der Leerverkäufe zugelassen sind. Um die Randportfolios zu bestimmen, ist das nachstehende quadratische Optimierungsproblem zu lösen:[28]

$$\frac{1}{2}\cdot\sigma_P^2=\frac{1}{2}\sum_{n=1}^{N}\sum_{m=1}^{N}x_n\cdot x_m\cdot\sigma_{n,m}\rightarrow min! \qquad 4\text{-}51$$

$$\text{u.d.N.}\ \sum_{n=1}^{N}x_n\cdot\mu_n=\bar{\mu}_P$$

$$\sum_{n=1}^{N}x_n=1$$

Unter der Nebenbedingung einer gegebenen Portfoliorendite $\bar{\mu}_P$ sind diejenigen Mengenanteile x_1 bis x_N gesucht, die zu einer minimalen Varianz des Portfolios führen. Zusätzlich ist zu beachten, dass die Summe der Anteile sich zu Eins summieren muss. Der Faktor 1/2 vor der Varianz wird herangezogen, um im Weiteren die Ableitungen zu vereinfachen. Das Optimierungsproblem kann mit Hilfe des Lagrange-Ansatzes gelöst werden. Die zugehörige Lagrange-Funktion lautet:

$$L=\frac{1}{2}\sum_{n=1}^{N}\sum_{m=1}^{N}x_n\cdot x_m\cdot\sigma_{n,m}+\lambda_1\cdot\left(\bar{\mu}_P-\sum_{n=1}^{N}x_n\cdot\mu_n\right)+\lambda_2\cdot\left(1-\sum_{n=1}^{N}x_n\right) \qquad 4\text{-}52$$

Die Bedingungen erster Ordnung ergeben sich zu:

$$\begin{aligned}\frac{\partial L}{\partial x_n}&=\sum_{m=1}^{N}x_m\cdot\sigma_{n,m}-\lambda_1\cdot\mu_n-\lambda_2=0 \qquad \forall n\\ \frac{\partial L}{\partial\lambda_1}&=\bar{\mu}_P-\sum_{n=1}^{N}x_n\cdot\mu_n=0\\ \frac{\partial L}{\partial\lambda_2}&=1-\sum_{n=1}^{N}x_n=0\end{aligned} \qquad 4\text{-}53$$

Es handelt sich um N + 2 lineare Gleichungen mit N + 2 Unbekannten (x_1, …, x_N, λ_1, λ_2). Zur Lösung empfiehlt sich die Darstellung des Gleichungssystems in Matrixschreibweise:[29]

$$\begin{pmatrix}1 & 1 & \dots & 1 & 0 & 0\\ \mu_1 & \mu_2 & \dots & \mu_N & 0 & 0\\ \sigma_{1,1} & \sigma_{1,2} & \dots & \sigma_{1,N} & -\mu_1 & -1\\ \sigma_{2,1} & \sigma_{2,2} & \dots & \sigma_{2,N} & -\mu_2 & -1\\ \vdots & \vdots & \ddots & \vdots & \vdots & \vdots\\ \sigma_{N,1} & \sigma_{N,2} & \dots & \sigma_{N,N} & -\mu_N & -1\end{pmatrix}\cdot\begin{pmatrix}x_1\\ x_2\\ \vdots\\ x_N\\ \lambda_1\\ \lambda_2\end{pmatrix}=\begin{pmatrix}1\\ \bar{\mu}_P\\ 0\\ 0\\ \vdots\\ 0\end{pmatrix} \qquad 4\text{-}54$$

Anhand eines Beispiels soll die Vorgehensweise genauer erläutert werden. Um die Darstellung übersichtlich zu halten und die notwendigen Matrizen nicht

[28] Vgl. Luenberger (1998), S. 158.
[29] Vgl. Kruschwitz (2007a), S. 391.

zu groß werden zu lassen, greifen wir erneut auf die drei Wertpapiere aus den vorhergehenden Abschnitten zurück. Die Berechnung bei vier und mehr Wertpapieren erfolgt vollkommen analog.[30] Gesucht ist diejenige Mischung der drei Wertpapiere, die für eine vorgegebene Rendite von $\bar{\mu}_p = 0{,}12549898$ zu einem minimalen Risiko führt:

$$\begin{pmatrix} 1 & 1 & 1 & 0 & 0 \\ 0{,}07 & 0{,}09 & 0{,}11 & 0 & 0 \\ 0{,}0225 & 0{,}0105 & 0{,}0135 & -0{,}07 & -1 \\ 0{,}0105 & 0{,}0400 & 0{,}0162 & -0{,}09 & -1 \\ 0{,}0135 & 0{,}0162 & 0{,}0324 & -0{,}11 & -1 \end{pmatrix} \cdot \begin{pmatrix} x_1 \\ x_2 \\ x_3 \\ \lambda_1 \\ \lambda_2 \end{pmatrix} = \begin{pmatrix} 1 \\ 0{,}12549898 \\ 0 \\ 0 \\ 0 \end{pmatrix} \qquad \text{4-55}$$

Bezeichnet $\underline{\underline{K}}$ die Koeffizientenmatrix, $\underline{\eta}$ den Vektor der gesuchten Anteile und Lagrange-Multiplikatoren und $\underline{\tau}$ den Vektor auf der rechten Seite, kann das Gleichungssystem durch Inversion von $\underline{\underline{K}}$ gelöst werden:

$$\underline{\underline{K}} \cdot \underline{\eta} = \underline{\tau} \Leftrightarrow \underline{\eta} = \underline{\underline{K}}^{-1} \cdot \underline{\tau} \qquad \text{4-56}$$

Damit ergibt sich $\underline{\eta}^T$ zu: $\underline{\eta}^T = (-0{,}4831; 0{,}1912; 1{,}2919; 0{,}7463; -0{,}0437)$.

Für eine Rendite von $\bar{\mu}_p$ führen die Anteile $x_1 = -0{,}4831$, $x_2 = 0{,}1912$ und $x_3 = 1{,}2919$ zu einer minimalen Portfoliovarianz. Wie sich leicht nachrechnen lässt, beträgt sie $\sigma_2^P = 0{,}05$. Dieses Ergebnis ist uns noch aus Abschnitt 4.3.2.4 bekannt. Dort wurde gezeigt, dass die Iso-Erwartungswertlinie, die die 0,05-Iso-Varianzellipse tangiert, mit einer Portfoliorendite von 0,12549898 verbunden ist. Die grafische Herleitung im vorhergehenden Abschnitt wurde jetzt durch eine analytische Lösung ersetzt. Durch Vorgabe weiterer Zielrenditen $\bar{\mu}_p$ können sukzessive zusätzliche Randportfolios bestimmt werden. Dazu ist eine wiederholte Lösung des Gleichungssystems 4-55 erforderlich.

In diesem Zusammenhang kann sich der Investor eine wichtige Eigenschaft der Randportfolios zu Nutze machen. Statt das Gleichungssystem 4-55 für immer neue Zielrenditen zu lösen, reicht es aus, die Zusammensetzung zweier Randportfolios zu kennen. Aus diesen kann die gesamte Randportfoliolinie durch eine einfache lineare Beziehung errechnet werden. Dieser Zusammenhang ist unter dem Begriff des 2-Fund-Theorems bekannt:

Stellen $\underline{x}^T_{RP1} = (x_1^{RP1}, \ldots, x_N^{RP1})$ und $\underline{x}^T_{RP2} = (x_1^{RP2}, \ldots, x_N^{RP2})$ zwei Randportfolios dar, die sich durch eine Lösung des Gleichungssystems 4-55 ergeben, liegt auch jedes weitere Portfolio $\underline{x}^T_{RP3}$, das die Bedingung

$$\underline{x}_{RP3} = \underline{x}_{RP1} \cdot \alpha + \underline{x}_{RP2} \cdot (1 - \alpha) \qquad \text{4-57}$$

erfüllt, auf der Randlinie.[31] Das Optimierungsproblem 4-52 muss daher nur zur Bestimmung zweier beliebiger Randportfolios herangezogen werden. Der

[30] Es gelten folgende Daten: $\mu_1 = 0{,}07$, $\sigma_1 = 0{,}15$, $\mu_2 = 0{,}09$, $\sigma_2 = 0{,}20$, $\mu_3 = 0{,}11$, $\sigma_3 = 0{,}18$. Die Varianz-Kovarianz-Matrix findet sich in Abbildung 4-20.

[31] Vgl. Luenberger (1998), S. 162 f. Das Two-Fund-Theorem gilt nur, sofern Leerverkäufe zugelassen sind. Bestehen in dieser Hinsicht Einschränkungen, darf es nicht angewendet werden.

übrige Verlauf der Linie kann durch obige Linearkombination nachvollzogen werden.

Innerhalb der Markowitz-Modellwelt führt das 2-Fund-Theorem zu einer wichtigen Folge: sofern die Anleger die Möglichkeit besitzen, zwei verschiedene effiziente Portfolios zu erwerben, können sie durch Kombination dieser beiden jede andere effiziente μ-σ-Kombination erreichen, ohne dass hierfür ein Handel mit anderen (Einzel-)Wertpapieren erforderlich ist.[32] Nimmt man beispielsweise an, dass zwei Investmentgesellschaften existieren, die ihren Kunden je eine effiziente Zusammenstellung aus Einzelwertpapieren anbieten, kann damit jede gewünschte effiziente Rendite-Risiko-Kombination erzeugt werden.

Wird die Möglichkeit unterbunden, bei der Bildung von Portfolios Leerverkäufe zu tätigen, gelangt man zum sogenannten Standard-Portfolio-Selektionsmodell. Praktisch ist dieser Fall von besonderer Relevanz. Weiter oben wurde bereits erläutert, dass Privatanleger vielfach keinen Zugang zu Leerverkäufen besitzen. Auch institutionelle Investoren sehen sich aufgrund rechtlicher Rahmenbedingungen häufig einem Leerverkaufsverbot gegenüber. Das Optimierungsproblem ist in diesem Fall um eine Nicht-Negativitätsbedingung zu erweitern:

$$\frac{1}{2}\cdot\sigma_P^2=\frac{1}{2}\sum_{n=1}^{N}\sum_{m=1}^{N}x_n\cdot x_m\cdot\sigma_{n,m}\rightarrow min! \qquad 4\text{-}58$$

$$\text{u.d.N.} \sum_{n=1}^{N}x_n\cdot\mu_n=\bar{\mu}_P$$

$$\sum_{n=1}^{N}x_n=1$$

$$\sum_{n=1}^{N}x_n\geq 0 \qquad \forall n$$

Die dritte Nebenbedingung umfasst das Leerverkaufsverbot: keines der Wertpapiere darf mit einem negativen Anteil in das Portfolio eingehen. Im Vergleich zum Optimierungsproblem mit Leerverkäufen, das ausschließlich lineare Gleichungen als Nebenbedingungen aufweist, kommen jetzt Ungleichungen zum Tragen. Eine Anwendung des Lagrange-Ansatzes ist nicht mehr möglich. Analytisch lassen sich die Portfolioanteile mit Hilfe der Kuhn-Tucker-Bedingungen auffinden. Darüber hinaus existiert der von Markowitz entwickelte critical line-Algorithmus, der eine beliebige Anzahl linearer Gleichungen und Ungleichungen in den Nebenbedingungen verarbeiten kann.[33] Aus Platzgründen verzichten wir auf die Darstellung dieser komplexen Ansätze. Deutlich einfacher kann die Lösung des Optimierungsproblems 4-58 numerisch erfolgen. So bietet Microsoft Excel™ mit dem Solver ein Add-in, mit dessen Hilfe die Zusammensetzung der Randportfolios für verschiedene Zielrenditen hinreichend genau approximiert werden kann.

---

[32] Vgl. Luenberger (1998), S. 163.

[33] Vgl. Markowitz/Todd (2000), S. 199 ff.

4.3.3.2 Portfoliorisiko und Titelanzahl

In Abschnitt 4.3.2.1 haben wir anhand eines Beispielportfolios aufgezeigt, dass sich die Linie effizienter Rendite-Risiko-Kombinationen nach links außen verschiebt, wenn die Anzahl der Finanztitel im Portfolio von zwei auf drei erhöht wird (vgl. Abbildung 4-21). Mit anderen Worten umhüllt die Menge der Randportfolios bei drei Finanztiteln die möglichen μ-σ-Kombinationen, die sich durch die Zusammenstellung von nur zwei Wertpapieren ergeben. Diese Verschiebung der Effizienzlinie ermöglicht es dem Investor, bei vorgegebenem Portfoliorisiko eine höhere Rendite zu erzielen bzw. eine gegebene Portfoliorendite mit einem geringeren Risiko zu erreichen.

Wird das Portfolio um einen weiteren Finanztitel, der mit Aktie 4 bezeichnet sei, aufgestockt, verschiebt sich die Effizienzlinie noch einmal weiter nach außen (vgl. Abbildung 4-29).[34] Ursache für das immer weiter abnehmende Risiko bei einem gegebenen Erwartungswert der Rendite ist der Diversifikationseffekt. Da die Renditen der im Portfolio enthaltenen Wertpapiere nicht vollständig positiv miteinander korreliert sind, führt in den Beispielen jede Erhöhung der Titelanzahl zu einer deutlich sichtbaren Verschiebung der Randportfoliolinie. In diesem Zusammenhang stellt sich die Frage, wie sich das Portfoliorisiko verändert, wenn die Zahl der aufgenommenen Wertpapiere immer weiter erhöht wird. Anhand der Varianz-Kovarianz-Matrix in Abbildung 4-28 kann dieses Problem genauer untersucht werden.

Es wurde bereits darauf hingewiesen, dass bei der Zusammenstellung von N Finanztiteln die Varianz-Kovarianz-Matrix N Varianzen und $N^2 - N$ Kovarianzen umfasst. Bei zwei Wertpapieren beträgt das Verhältnis von Varianzen zu Kovarianzen 1 : 1, bei vier Wertpapieren 1 : 3 und bei 100 Aktien steigt es auf 1 : 99. Mit

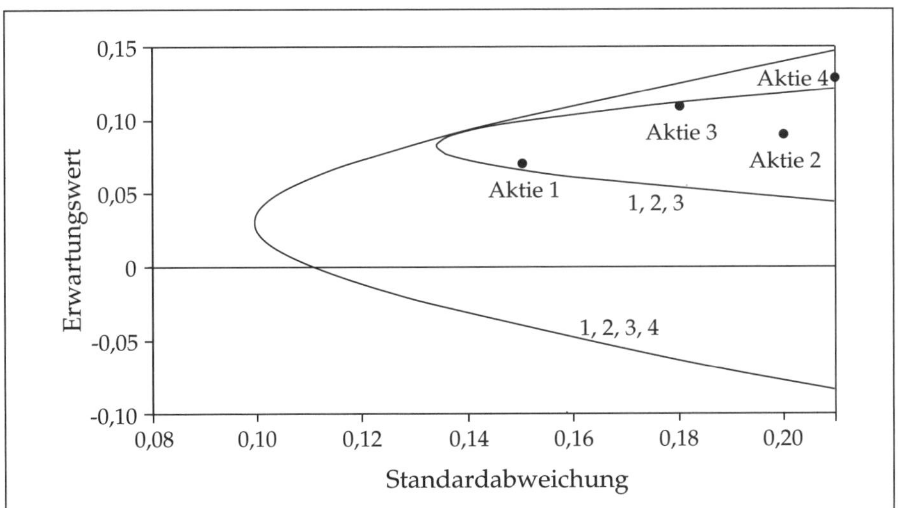

Abbildung 4-29: Effizienzlinie des Portfolios mit 4 Aktien

34 Für Aktie 4 gilt: $\mu_4 = 0{,}13$, $\sigma_4 = 0{,}22$, $\sigma_{1,4} = 0{,}22$, $\sigma_{2,4} = 0{,}4$, $\sigma_{3,4} = 0{,}55$.

zunehmender Zahl an Finanztiteln im Portfolio nimmt daher die Bedeutung der Varianzen (1. Summand in Gleichung 4-47) für das gesamte Portfoliorisiko immer weiter ab, während der Einfluss der Kovarianzen (2. Summand in Gleichung 4-47) überproportional zunimmt. Für ein sehr großes N kann daher das Varianzrisiko vernachlässigt werden. Es ist dann eine vollständige Diversifikation erreicht. Das gesamte Portfoliorisiko besteht allein aus den Kovarianzrisiken.

Dieser Zusammenhang lässt sich anschaulich am Beispiel einer naiv diversifizierten Wertpapiermischung aufzeigen. Man spricht von naiver Diversifikation, wenn der Anteil aller Aktien an einem Portfolio gleich groß ist. Bei N Finanztiteln beträgt der Anteil jeweils $x_n = 1/N$. Damit ergibt sich für das Risiko eines naiv diversifizierten Portfolios:[35]

$$\begin{aligned}\sigma^2_{P,\,naiv} &= \sum_{n=1}^{N}\left(\frac{1}{N}\right)^2\cdot\sigma_n^2+\sum_{n=1}^{N}\sum_{\substack{m=1\\m\neq n}}^{N}\frac{1}{N}\cdot\frac{1}{N}\cdot\sigma_{n,m}\\ &= \frac{1}{N}\cdot\left(\sum_{n=1}^{N}\frac{\sigma_n^2}{N}\right)+\frac{N-1}{N}\cdot\left(\sum_{n=1}^{N}\sum_{\substack{m=1\\m\neq n}}^{N}\frac{\sigma_{n,m}}{N\cdot(N-1)}\right)\end{aligned} \qquad 4\text{-}59$$

Die Terme in den Klammern beinhalten die durchschnittliche Varianz und die durchschnittliche Kovarianz:

$$\sum_{n=1}^{N}\frac{\sigma_n^2}{N}=\overline{\sigma}^2,\qquad \sum_{n=1}^{N}\sum_{\substack{m=1\\m\neq n}}^{N}\frac{\sigma_{n,m}}{N\cdot(N-1)}=\overline{cov} \qquad 4\text{-}60$$

Es folgt:

$$\sigma^2_{P,\,naiv}=\frac{1}{N}\cdot\overline{\sigma}^2+\frac{N-1}{N}\cdot\overline{cov} \qquad 4\text{-}61$$

Mit zunehmender Anzahl an Wertpapieren im Portfolio wird das durchschnittliche Varianzrisiko vernachlässigbar klein, während das durchschnittliche Kovarianzrisiko nicht beseitigt werden kann:

$$\lim_{N\to\infty}\sigma_{P,\,naiv}=\lim_{N\to\infty}\left(\frac{1}{N}\cdot\overline{\sigma}^2+\frac{N-1}{N}\cdot\overline{cov}\right)^{0,5}=\overline{cov}^{\,0,5} \qquad 4\text{-}62$$

Da sich das durchschnittliche Kovarianzrisiko auch bei beständiger Erhöhung der Wertpapieranzahl im Portfolio nicht eliminieren lässt, spricht man vom systematischen bzw. undiversifizierbaren Risiko oder vom Marktrisiko. Es handelt sich um diejenige Risikokomponente, die ein Anleger beim Erwerb von Aktien nicht umgehen kann. Sie betrifft sämtliche Wertpapiere in gleichem Maße und beinhaltet somit marktweite Einflüsse. Das Varianzrisiko hingegen lässt sich durch Aufnahme zusätzlicher Aktien in ein Portfolio immer weiter reduzieren (vgl. Abbildung 4-30). Man bezeichnet es daher auch als unsystematisches bzw. diversifizierbares Risiko. Es umfasst titelspezifische Risiken, die zwar in Bezug auf ein ganz konkretes Wertpapier zu Kursschwankungen führen, die aber alle

[35] Vgl. Uhlir/Steiner (2001), S. 167 f.

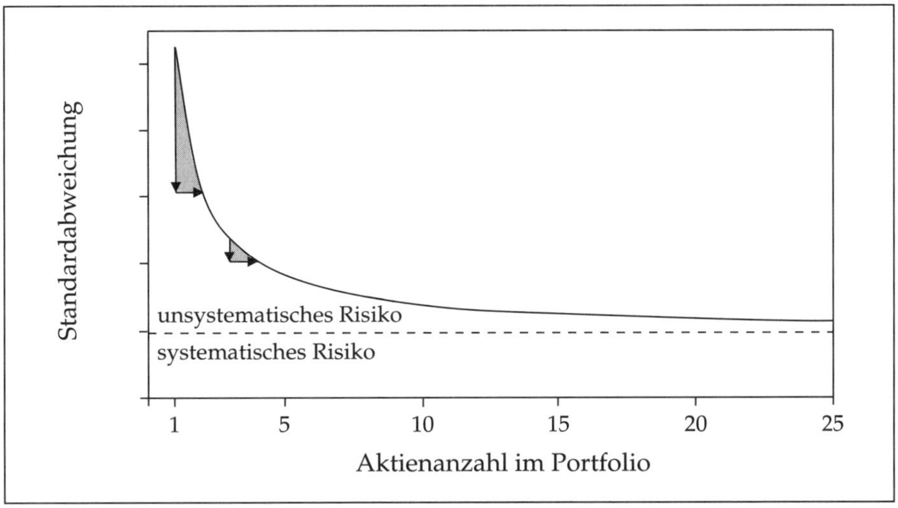

Abbildung 4-30: Höhe der Standardabweichung eines Portfolios in Abhängigkeit von der Titelanzahl

übrigen Finanztitel eines Marktes unbeeinflusst lassen. Untersuchungen für verschiedene Aktienmärkte haben gezeigt, dass bei Portfolios mit etwa 15 Einzeltiteln bereits große Teile des systematischen Risikos durch Diversifikation beseitigt sind.[36]

Übertragen wir diese Überlegungen auf den Verlauf der Effizienzlinie bei zunehmender Anzahl von Finanztiteln, lassen sich einige wichtige Ergebnisse festhalten. Mit jedem zusätzlichen Wertpapier, das in ein Portfolio aufgenommen wird, sinkt das unsystematische Risiko. Bei Zusammenstellungen von wenigen Aktien ist dieser Effekt allerdings viel deutlicher ausgeprägt als bei bereits gut diversifizierten Portfolios. In Abbildung 4-30 ist dies an der asymptotischen Annäherung der Funktion des Portfoliorisikos an das nicht diversifizierbare Risiko zu erkennen: der Effizienzgewinn wird umso kleiner, je mehr Wertpapiere das Portfolio schon enthält. In Bezug auf den weiter oben beschriebenen Effekt der Umhüllung, d.h. dem zunehmendem Verlagern der Effizienzlinie mit steigender Titelanzahl nach links außen bedeutet dies, dass er niemals zum Erliegen kommt. Allerdings ändert sich der Verlauf der Effizienzkurve bei gut diversifizierten Portfolios nur noch marginal, wenn eine weitere Aktie aufgenommen wird. Im μ-σ-Diagramm ist dies optisch nicht mehr zu erkennen.

4.4 Auswahl des optimalen Portfolios

In Abschnitt 4.3 haben wir ausführlich verschiedene Techniken vorgestellt, mit deren Hilfe die Menge der effizienten Portfolios im μ-σ-Diagramm ermittelt werden kann. Damit ist die erste Stufe der Portfolioselektion abgeschlossen.

[36] Vgl. Steiner/Bruns (2007), S. 125 ff.

Aus der Menge sämtlicher erreichbaren Rendite-Risiko-Kombinationen wurden diejenigen selektiert, die das Kriterium der μ-σ-Effizienz erfüllen. Ungeklärt ist allerdings noch die Frage, für welches auf der Effizienzlinie liegende Portfolio sich ein Anleger entscheiden wird. Diese zweite Stufe der Portfolioselektion soll im Weiteren genauer betrachtet werden.

Grundlage der Auswahlentscheidung bildet eine investorspezifische Risikonutzenfunktion. Bereits bei der Darstellung der Modellannahmen wurde erläutert, dass die Marktteilnehmer das Erwartungswert-Standardabweichungs-Prinzip heranziehen (vgl. Abschnitt 4.1). Kompatibilität des μ-σ-Prinzips mit dem Bernoulli-Prinzip besteht genau dann, wenn bei beliebiger Verteilung der Wertpapierrenditen eine in der Portfoliorendite quadratische Risikonutzenfunktion vorliegt oder wenn bei beliebiger konkaver Nutzenfunktion für die Wertpapierrenditen eine Normalverteilung unterstellt werden kann. Wir konzentrieren uns ausschließlich auf den zuerst genannten Fall.

Bezeichnet $R_{P,s}$ die Rendite eines Portfolios P bei Eintritt des Umweltzustandes s, folgt bei einem risikoaversen Investor für die in der Rendite quadratische Nutzenfunktion:[37]

$$U\left(R_{P,s}\right)=\beta\cdot R_{P,s}-\gamma\cdot R_{P,s}^{2}\ \text{mit}\ R_{P,s}\leq\frac{\beta}{2\cdot\gamma};\ \beta,\gamma>0 \tag{4-63}$$

Durch Bildung des Erwartungswertes ergibt sich:

$$\begin{aligned}E\left[U\left(\tilde{R}_{P}\right)\right]&=\sum_{s=1}^{S}p_{s}\cdot U\left(R_{P,s}\right)\\&=\sum_{s=1}^{S}p_{s}\cdot\left(\beta\cdot R_{P,s}-\gamma\cdot R_{P,s}^{2}\right)\\&=\beta\cdot\mu_{P}-\gamma\cdot\left(\mu_{P}^{2}+\sigma_{P}^{2}\right)=\Phi\left(\mu_{P},\sigma_{P}\right)\end{aligned} \tag{4-64}$$

Gleichung 4-64 stellt die sogenannte Präferenzfunktion des Investors dar. Sie wird herangezogen, um aus der Menge der effizienten Portfolios das für den Anleger optimale Portfolio auszuwählen. Gesucht ist dasjenige auf der Effizienzlinie liegende Portfolio, dessen Rendite-Risiko-Kombination die Präferenzfunktion maximiert.

Für den 2-Wertpapier-Fall sei die Vorgehensweise anhand eines Beispiels betrachtet.[38] Herangezogen werden die bereits bekannten Aktien 1 und 2. Der Korrelationskoeffizient $k_{1,2}$ betrage weiterhin 0,35. Für die Varianz eines aus den beiden Aktien gebildeten Portfolios lässt sich in Abhängigkeit des Anteils x_1 schreiben:

$$\begin{aligned}\sigma_{P}^{2}&=x_{1}^{2}\cdot\sigma_{1}^{2}+\left(1-x_{1}\right)^{2}\cdot\sigma_{2}^{2}+2\cdot x_{1}\cdot\left(1-x_{1}\right)\cdot\sigma_{1}\cdot\sigma_{2}\cdot k_{1,2}\\&=x_{1}^{2}\cdot 0{,}15^{2}+\left(1-x_{1}\right)^{2}\cdot 0{,}20^{2}+2\cdot x_{1}\cdot\left(1-x_{1}\right)\cdot 0{,}15\cdot 0{,}20\cdot 0{,}35\\&=0{,}0415\cdot x_{1}^{2}-0{,}059\cdot x_{1}+0{,}04\end{aligned} \tag{4-65}$$

[37] Vgl. hierzu ausführlich Abschnitt 2.4.1.

[38] Das Beispiel ist angelehnt an Steiner/Bruns (2007), S. 119 ff.

Für die Portfoliorendite folgt nach geringfügiger Umstellung:

$$\mu_P = 0{,}07 \cdot x_1 + 0{,}09 \cdot (1 - x_1)$$
$$\Leftrightarrow x_1 = 4{,}5 - 50 \cdot \mu_P \qquad 4\text{-}66$$

Durch Einsetzen von Gleichung 4-66 in Gleichung 4-65 und weitere Vereinfachung verbleibt:

$$\sigma_P^2 = 103{,}75 \cdot \mu_P^2 - 15{,}725 \cdot \mu_P + 0{,}614875 \qquad 4\text{-}67$$

Dieser Zusammenhang wurde bereits in allgemeiner Form in Gleichung 4-38 hergeleitet. Es handelt sich um sämtliche Kombinationen aus Rendite und Varianz, die durch Bildung eines Portfolios aus Aktie 1 und Aktie 2 erreicht werden können. Gilt für die Präferenzfunktion des Investors $\beta = 10$ und $\gamma = 16$ folgt:

$$\Phi(\mu_P, \sigma_P) = 10 \cdot \mu_P - 16 \cdot (\mu_P^2 - \sigma_P^2) \qquad 4\text{-}68$$

Die Präferenzfunktion hängt sowohl von der Rendite als auch der Varianz des Portfolios ab. Durch geeignete Wahl der Größen μ_P und σ_P ist sie zu maximieren, wobei als Nebenbedingung zu beachten ist, das die entsprechende Rendite-Risiko-Kombination auf der Effizienzlinie liegen muss. Diese Nebenbedingung kommt in Gleichung 4-67 zum Ausdruck. Setzt man sie in die Präferenzfunktion ein, hängt Gleichung 4-68 nur noch von der erwarteten Portfoliorendite ab:

$$\Phi(\mu_P) = -1\,676 \cdot \mu_P^2 + 261{,}6 \cdot \mu_P - 9{,}838 \qquad 4\text{-}69$$

Die Präferenzfunktion wird bei einer Portfoliorendite von etwa 0,078 maximiert:

$$\frac{\partial \Phi}{\partial \mu_P} = -3\,352 \cdot \mu_P + 261{,}6 = 0$$
$$\Leftrightarrow \mu_P = 0{,}078043 \qquad 4\text{-}70$$

Durch erneutes Einsetzen in Gleichung 4-66 können die zugehörigen Portfolioanteile errechnet werden. Sie betragen $x_1 = 0{,}5979$ und $x_2 = 0{,}4021$, was mit einem Risiko von $\sigma_P = 0{,}1399$ verbunden ist. Der Anleger erzielt einen Erwartungswert des Nutzens in Höhe von 0,37.

Eine grafische Darstellung der Zusammenhänge liefert Abbildung 4-31. Sie zeigt den Verlauf der zur Präferenzfunktion 4-68 gehörenden Indifferenzkurven auf. Die am weitesten links außen liegende Kurve, die die Effizienzlinie gerade noch berührt, ist mit dem errechneten Erwartungswert des Nutzens von 0,37 verbunden.

Je geringer die Risikoaversion eines Anlegers ist, umso weiter rechts wird das von ihm präferierte Portfolio auf der Effizienzlinie liegen. Senkt man beispielsweise in obiger Rechnung die Ausprägung des γ-Wertes in der Präferenzfunktion von 16 auf 5, entscheidet sich der Investor für ein Portfolio der beiden Aktien mit $\mu_P = 0{,}085$ und $\sigma_P = 0{,}1646$ (vgl. Abbildung 4-32).

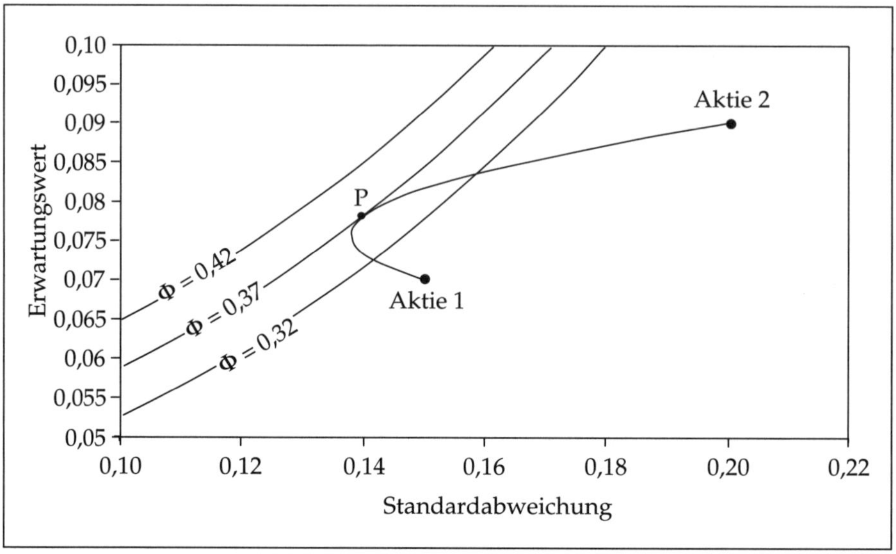

Abbildung 4-31: Grafische Bestimmung des optimalen Portfolios mit β = 10 und γ = 16

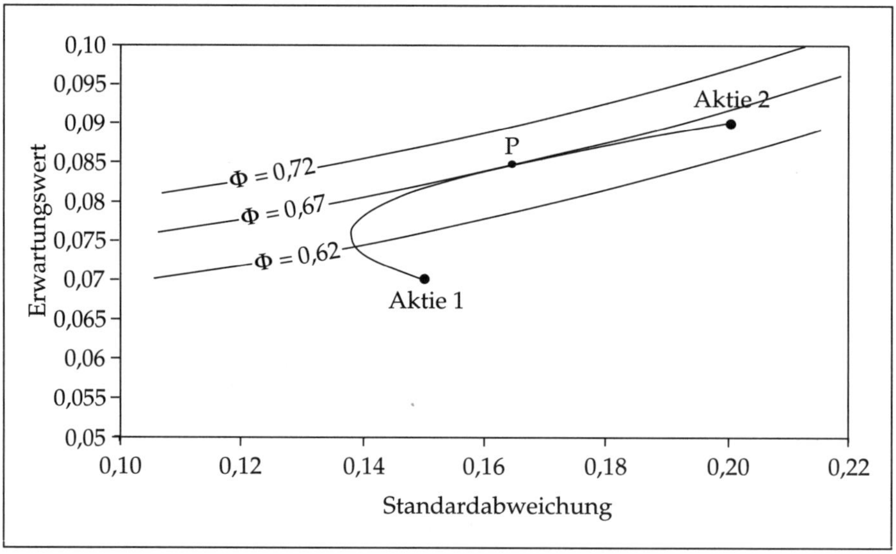

Abbildung 4-32: Grafische Bestimmung des optimalen Portfolios mit β = 10 und γ =5

4.5 Effiziente Portfolios bei Existenz einer risikolosen Anlagemöglichkeit

4.5.1 2-Wertpapier-Fall

Das Problem der Portfolioselektion wurde bisher unter der Einschränkung untersucht, dass den Investoren ausschließlich Aktien, d.h. Wertpapiere mit unsicheren Rückflüssen zur Bildung von Portfolios zur Verfügung stehen. Im Folgenden soll die Bandbreite der Investitionsmöglichkeiten um eine risikolose Anlage erweitert werden. Anschaulich kann man sich darunter eine festverzinsliche Anleihe vorstellen, die während des Betrachtungszeitraumes mit einer sicheren Rendite von r_f verbunden ist.

Die Investoren können von der risikolosen Anlage in zweifacher Hinsicht Gebrauch machen. Zum einen können sie zu Beginn des Betrachtungszeitraumes Teile ihres Anfangsvermögens V_0 dazu verwenden, um die Anleihe zu kaufen (= Geldanlage). Der so eingesetzte Betrag verzinst sich im Laufe der Periode mit dem Zinssatz r_f. Zins- und Rückzahlung des Anlagebetrages erfolgen in t = 1. Zum anderen können die Marktteilnehmer das neue Finanzinstrument auch nutzen, um sich zum Zinssatz r_f zu verschulden (= Kreditaufnahme). In diesem Fall treten die Investoren nicht als Käufer, sondern als Emittenten der Anleihe auf und beschaffen sich so am Kapitalmarkt finanzielle Mittel zur Aufstockung ihres Anfangsvermögens V_0. Am Periodenende ist der Kredit einschließlich Zinsen zurückzuzahlen. Von besonderem Interesse ist für uns die Frage, welche Auswirkung die Einführung einer risikolosen Anlage- bzw. Verschuldungsmöglichkeit auf die erreichbaren Rendite-Risiko-Kombinationen besitzt.

Aus Gründen der Anschaulichkeit beschränken wir uns zunächst auf den Fall, in dem neben der risikolosen Anlage lediglich die Aktien 1 und 2 auf dem Kapitalmarkt gehandelt werden. Es sei angenommen, ein Investor habe einen Teil x_f seines Vermögens risikolos zum Zinssatz r_f angelegt, einen anderen Teil $1 - x_f$ habe er dazu verwendet, um ein Portfolio P(A) zu erwerben, das die beiden Aktien 1 und 2 enthält. In P(A) ist das Wertpapier 1 im Anteil x_1 enthalten. Für Rendite und Risiko des Aktienportfolios gilt dann:

$$\mu_{P(A)} = x_1 \cdot \mu_1 + (1 - x_1) \cdot \mu_2$$
$$\sigma_{P(A)} = \left(x_1^2 \cdot \sigma_1^2 + (1 - x_1)^2 \cdot \sigma_2^2 + 2 \cdot x_1 \cdot (1 - x_1) \cdot \sigma_1 \cdot \sigma_2 \cdot k_{1,2}\right)^{0,5} \qquad \text{4-71}$$

Die Mischung P(A) wiederum ist Teil eines Portfolios P, das sich zu x_f Anteilen aus der risikolosen Anlage und zu $1 - x_f$ Anteilen aus P(A) selber zusammensetzt. P besitzt folgenden Erwartungswert der Rendite:

$$\mu_P = x_f \cdot r_f + (1 - x_f) \cdot \mu_{P(A)} \qquad \text{4-72}$$

Die Standardabweichung beträgt (4-73):

$$\sigma_P = \left(x_f^2 \cdot \sigma_f^2 + (1 - x_f)^2 \cdot \sigma_{P(A)}^2 + 2 \cdot x_f \cdot (1 - x_f) \cdot \sigma_f \cdot \sigma_{P(A)} \cdot k_{f,P(A)}\right)^{0,5} \qquad \text{4-73}$$

Die Standardabweichung σ_f der Rendite der risikolosen Anlage beträgt Null. Damit muss auch der Korrelationskoeffizient zwischen ihr und den Renditen jeder Einzelaktie bzw. jeden Portfolios Null betragen. Gleichung 4-73 vereinfacht sich daher zu:[39]

$$\sigma_P = \left(\left(1 - x_f \right)^2 \cdot \sigma_{P(A)}^2 \right)^{0,5} = \left| \left(1 - x_f \right) \cdot \sigma_{P(A)} \right| \qquad 4\text{-}74$$

Die Volatilität einer Wertpapiermischung, die sich aus einem risikolosen und einem risikobehafteten Vermögensteil zusammensetzt, wird ausschließlich von der Standardabweichung der riskanten Finanztitel und deren Anteil am Portfolio bestimmt. Durch Umstellung folgt:

$$1 - x_f = \pm \frac{\sigma_P}{\sigma_{P(A)}} \Leftrightarrow x_f = 1 \mp \frac{\sigma_P}{\sigma_{P(A)}} \qquad 4\text{-}75$$

Setzt man Gleichung 4-75 in Gleichung 4-72 ein, ergibt sich nach leichter Umformung:

$$\mu_P = r_f \pm \frac{\mu_{P(A)} - r_f}{\sigma_{P(A)}} \cdot \sigma_P \qquad 4\text{-}76$$

Sämtliche erreichbaren μ-σ-Kombinationen, die aus einer Mischung des Portfolios P(A) und der risikolosen Anlage resultieren, liegen auf zwei Geraden. Davon ist lediglich die Gerade mit positiver Steigung effizient.[40]

Zur Verdeutlichung der Zusammenhänge betrachten wir ein Beispiel. Das Portfolio P(A) enthalte die Aktie 1 im Anteil $x_1 = 0,65$ und die Aktie 2 im Anteil $x_2 = 1 - x_1 = 0,35$. Die erwartete Portfoliorendite beläuft sich damit auf $\mu_{P(A)} = 0,077$ und das Risiko auf $\sigma_{P(A)} = 0,1385$. Bildet man unter Heranziehung von P(A) und der risikolosen Anlage ein neues Portfolio P, entstehen die in Abbildung 4-33 wiedergegebenen Rendite-Risiko-Kombinationen.

Bei vollständig risikoloser Investition des Anfangsvermögens ($x_f = 1$) erzielt der Anleger eine sichere Rendite, deren Höhe mit $r_f = 0,05$ angenommen wird. Bei schrittweiser Erhöhung des Anteils $x_{P(A)}$ steigt der erwartete Portfolioertrag μ_P, gleichzeitig nimmt aber auch das Risiko σ_P zu. Ist der Anteil x_f auf Null zurück-

x_f	1,0	0,8	0,6	0,4	0,2	0	–0,2	–0,4	–0,6
$x_{P(A)}$	0	0,2	0,4	0,6	0,8	1,0	1,2	1,4	1,6
μ_P	0,05	0,0554	0,0608	0,0662	0,0716	0,0770	0,0824	0,0878	0,0932
σ_P	0	0,0277	0,0554	0,0831	0,1108	0,1385	0,1662	0,1939	0,2216

Abbildung 4-33: Rendite und Risiko alternativer Portfolios aus risikolosen und risikobehafteten Anteilen

[39] Vgl. Trautmann (2007), S. 150.

[40] Zu einem ganz ähnlichen Ergebnis sind wir im 2-Wertpapier-Fall ohne risikolose Anlagemöglichkeit gekommen, wenn die beiden Wertpapiere eine Korrelation von $k_{1,2} = -1$ bzw. $k_{1,2} = 1$ (Leerverkäufe zugelassen) aufwiesen.

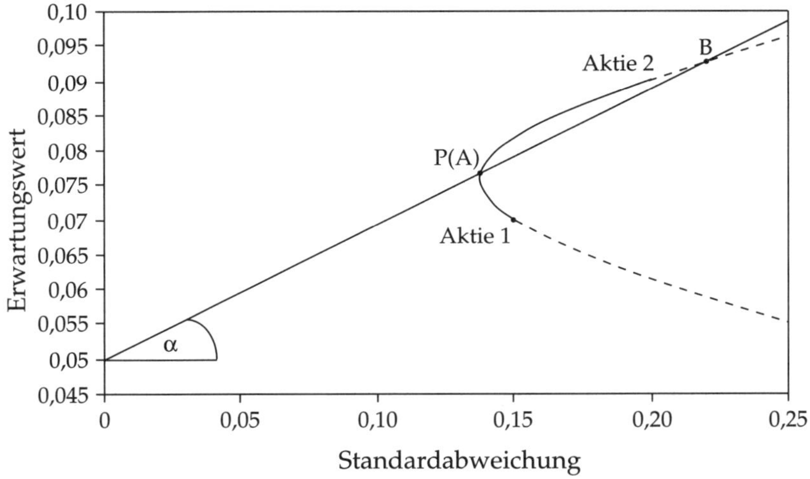

Abbildung 4-34: μ-σ-Kombinationen für Mischungen aus Aktie 1, Aktie 2 und risikoloser Anlage

gegangen, weist P dieselbe Zusammensetzung wie P(A) auf. Negative Anteile der risikolosen Anlage entsprechen einer Kreditaufnahme. Die dem Investor dabei zufließenden finanziellen Mittel werden zum Kauf der Mischung P(A) verwendet, deren Anteil damit auf Werte von $x_{P(A)} > 1$ ansteigt.

Die Rendite-Risiko-Beziehung für ein Portfolio, das sich aus P(A) und der risikolosen Anlage zusammensetzt, zeigt Abbildung 4-34. Darüber hinaus ist die bereits bekannte Randportfoliolinie für Mischungen aus Aktie 1 und Aktie 2 dargestellt. Man erkennt, dass sich durch die Einführung der risikolosen Anlage die Menge der erreichbaren μ-σ-Kombinationen deutlich erweitert hat. Neu hinzugekommen sind zum einen sämtliche Portfolios, die auf der Verbindungslinie zwischen dem risikolosen Zinssatz und P(A) liegen. Zum anderen dominieren alle Punkte auf der Geraden rechts von B die Portfolios auf dem Hyperbelast.

Ungünstig am Verlauf der Geraden ist die Tatsache, dass sie den Hyperbelast in zwei Punkten schneidet. Würde sie eine größere Steigung besitzen, so dass sie die Randportfoliolinie lediglich tangiert, könnte der Investor für gegebenes Risiko jeweils Portfolios erreichen, die einen noch höheren Erwartungswert der Rendite besitzen. Es gilt daher zu prüfen, wovon die Steigung der Geraden abhängt und ob diese weiter erhöht werden kann bis eine Tangente entsteht. Aus Gleichung 4-76 folgt:

$$\frac{d\mu_P}{d\sigma_P} = \frac{\mu_{P(A)} - r_f}{\sigma_{P(A)}} = \tan\alpha \qquad \text{4-77}$$

Die Steigung der Geraden hängt von der Rendite und dem Risiko von P(A) sowie von der risikolosen Verzinsung ab. Anschaulich lässt sich der Quotient als Überrendite des Portfolios P(A) über den risikolosen Zinssatz (Zähler) pro Einheit übernommenen Risikos (Nenner) interpretieren. Da r_f für den Anleger eine gegebene Größe darstellt, verbleiben als Einflussparameter lediglich $\mu_{P(A)}$ und $\sigma_{P(A)}$. Sowohl die Rendite als auch das Risiko des Portfolios P(A) werden durch dessen anteilsmäßige Zusammensetzung in Form der Aktie 1 (x_1) und der Aktie 2 (x_2) bestimmt. Es lässt sich daher vermuten, dass durch geeignete Wahl der Anteile x_1 und x_2 in P(A) die Steigung der Geraden so erhöht werden kann, dass sie die Randportfoliolinie im ansteigenden Teil tangiert. Formal ist die Steigung zu maximieren unter der Nebenbedingung, dass die Gerade die Randportfoliolinie gerade noch berührt:

$$tan\alpha = \frac{\mu_{P(A)} - r_f}{\sigma_{P(A)}} = max! \qquad \text{4-78}$$

$$\text{u. d. N. } \mu_{P(A)} = x_1 \cdot \mu_1 + (1 - x_1) \cdot \mu_2$$

$$\sigma_{P(A)} = \left(x_1^2 \cdot \sigma_1^2 + (1 - x_2)^2 \cdot \sigma_2^2 + 2 \cdot x_1 \cdot (1 - x_1)^2 \cdot \sigma_1 \cdot \sigma_2 \cdot k_{1,2}\right)$$

Durch Einsetzen der Nebenbedingungen in die Zielfunktion und Ableiten nach x_1 gelangt man zum optimalen Anteil x_1^* (4-79):

$$x_1^* = -\frac{\sigma_2 \cdot \left(-\mu_2\sigma_1 k_{1,2} + r_f\sigma_1 k_{1,2} + \mu_1\sigma_2 - r_f\sigma_2\right)}{-\mu_2\sigma_1^2 + r_f\sigma_2^2 + r_f\sigma_1^2 - \mu_1\sigma_2^2 + \mu_1\sigma_1\sigma_2 k_{1,2} + \mu_2\sigma_1\sigma_2 k_{1,2} - 2r_f\sigma_1\sigma_2 k_{1,2}}$$

Setzt man die Ausgangsdaten ein, berechnet sich eine Zusammensetzung von x_1^* = 0,3551 und x_2^* = 0,6449. Das Ergebnis der Optimierung zeigt Abbildung 4-35. Die Portfoliogerade tangiert den Hyperbelast im Punkt P*. Dort befindet sich das sogenannte Tangentialportfolio. Es weist eine erwartete Rendite von μ_{P*} = 0,083 und ein Risiko von σ_{P*} = 0,1558 auf.

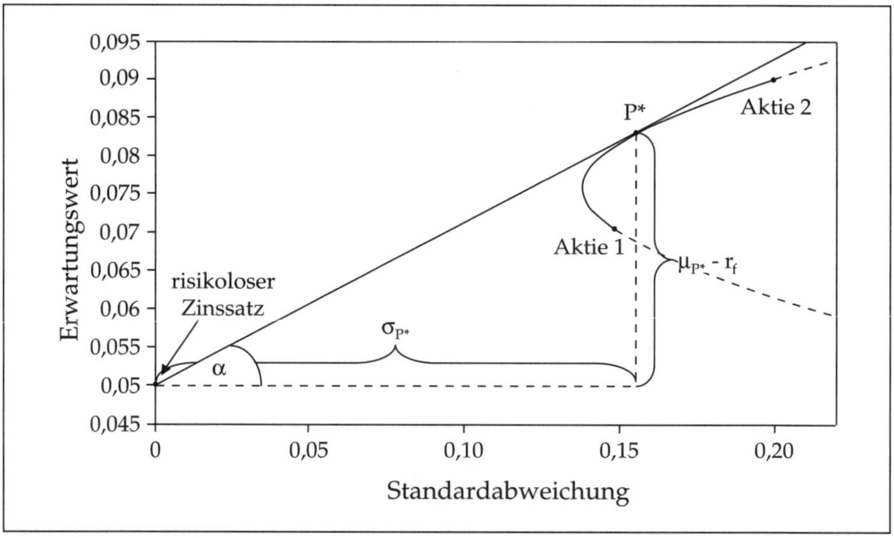

Abbildung 4-35: μ-σ-effiziente Wertpapiermischungen

Sämtliche Wertpapiermischungen, die auf der Geraden liegen, sind μ-σ-effizient. Sie dominieren alle Rendite-Risiko-Kombinationen, die auf dem oberen Teil des Hyperbelastes liegen: für ein gegebenes Risiko besitzen die Portfolios auf der Geraden durchweg eine höhere Rendite als Zusammenstellungen, die lediglich aus Aktie 1 und Aktie 2 bestehen. Einzig im Punkt P* fallen Hyperbelast und Gerade zusammen. Im Bereich zwischen der risikolosen Anlage und P* bestehen die Portfolios sowohl aus der risikolosen Anlage als auch aus P*. Im Punkt P* werden allein die beiden Aktien in den Anteilen $x_1^* = 0{,}3551$ und $x_2^* = 0{,}6449$ gehalten. Oberhalb von P* liegen die mittels Kreditfinanzierung gehebelten Wertpapiermischungen. Dort ist der Anteil der risikolosen Anlage kleiner als Null und der Anteil der Mischung P* größer als Eins.

Damit lässt sich als wichtiges Ergebnis festhalten: mit der Einführung einer risikolosen Anlageform liegen die effizienten Portfolios nicht länger auf einer Effizienzkurve, sondern auf einer Effizienzgeraden. Diese Gerade ermöglicht es den Investoren in Abhängigkeit der individuellen Risikoneigung, jede Standardabweichung der Renditen zwischen $\sigma_P = 0$ und $\sigma_P = \infty$ zu wählen.

In Abbildung 4-36 wird die Selektion des optimalen Portfolios auf der Effizienzgeraden veranschaulicht. Zum Einsatz kommt die bereits aus Abschnitt 4.4 bekannte quadratische Nutzenfunktion aus Gleichung 4-64. Der Parameter β wurde erneut mit dem Wert 10 angenommen, für γ wurden die Ausprägungen 5 bzw. 16 unterstellt. Bei hoher Risikoaversion ($\gamma = 16$) wählt der Investor ein Portfolio, das sich sowohl aus der risikolosen Anlage ($x_f = 0{,}6595$) als auch aus dem Portfolio P* ($x_{P^*} = 0{,}3405$) zusammensetzt. Die erwartete Rendite beträgt $\mu_{P^*\,\gamma=16} = 0{,}0612$ und das Risiko $\sigma_{P^*,\,\gamma=16} = 0{,}0531$. Folglich erzielt er einen Nutzenerwartungswert von $\Phi = 0{,}51$:

$$\begin{aligned}\phi(\mu_P,\sigma_P) &= \beta\cdot\mu_P-\gamma\cdot\left(\mu_P^2+\sigma_P^2\right)\\ &= 10\cdot 0{,}0612-16\cdot\left(0{,}0612^2+0{,}0531^2\right)\\ &= 0{,}51\end{aligned}$$

In der Variante ohne Existenz einer risikolosen Anlage wurde im 2-Wertpapier-Fall lediglich ein Erwartungswert des Nutzens in Höhe von $\Phi = 0{,}37$ erreicht (vgl. Abbildung 4-31).

Bei geringerer Risikoaversion ($\gamma = 5$) hebelt der Investor das Aktienportfolio durch eine Kreditfinanzierung ($x_f = -0{,}2322$, $x_{P^*} = 1{,}2322$) und kann auf diese Weise eine Rendite von $\mu_{P^*\,\gamma=5} = 0{,}0905$ bei einem Risiko von $\sigma_{P^*,\,\gamma=5} = 0{,}1920$ erzielen. Auch in diesem Fall kommt es zu einer Steigerung des Nutzens von $\Phi = 0{,}67$ (vgl. Abbildung 4-32) auf $\Phi = 0{,}68$:

$$\begin{aligned}\phi(\mu_P,\sigma_P) &= \beta\cdot\mu_P-\gamma\cdot\left(\mu_P^2+\sigma_P^2\right)\\ &= 10\cdot 0{,}0905-16\cdot\left(0{,}0905^2+0{,}1920^2\right)\\ &= 0{,}68\end{aligned}$$

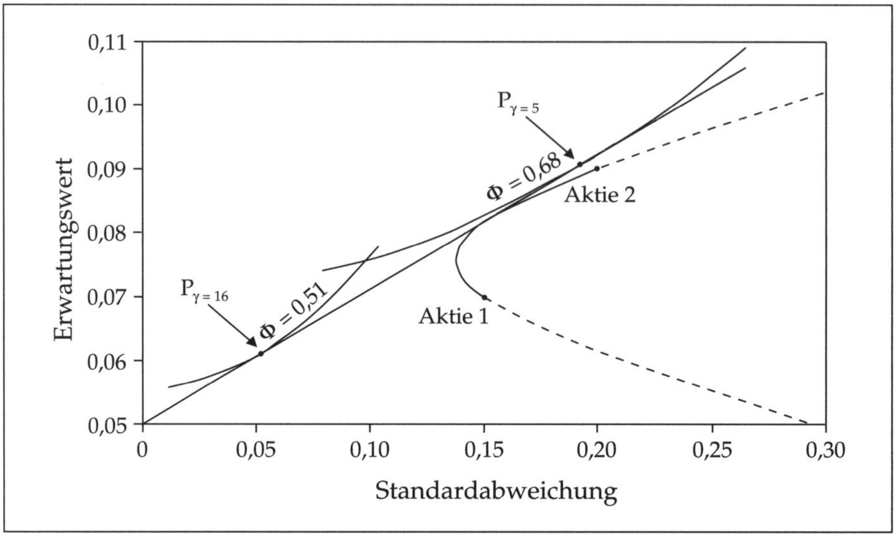

Abbildung 4-36: Auswahl effizienter Portfolios auf der Effizienzgeraden

4.5.2 N-Wertpapier-Fall

Bei der Ermittlung des Tangentialportfolios für einen Markt, auf dem lediglich zwei risikobehaftete Finanztitel zur Auswahl stehen, handelt es sich um einen Spezialfall. Wir wollen unsere Überlegungen daher verallgemeinern und eine Situation mit N Wertpapieren betrachten. Die Zusammensetzung des Tangentialportfolios lässt sich in dieser Konstellation erneut mit Hilfe des Lagrange-Ansatzes errechnen. Unterstellt man, dass sich das Portfolio P(A) aus insgesamt N Aktien zusammensetzt, folgen für Rendite und Risiko die bekannten Formeln:

$$\mu_{P(A)} = \sum_{n=1}^{N} x_n \cdot \mu_n \qquad \sigma_{P(A)} = \left(\sum_{n=1}^{N} \sum_{m=1}^{N} x_n \cdot x_m \cdot \sigma_{n,m} \right)^{0,5}$$

Erneut ist die Steigung der Portfoliogeraden zu maximieren. Dabei ist zu beachten, dass sich die Anteile der Wertpapiere in P(A) zu Eins addieren müssen:

$$tan\,\alpha = \frac{\mu_{P(A)} - r_f}{\sigma_{P(A)}} = \frac{\sum_{n=1}^{N} x_n \cdot \mu_n - r_f}{\sqrt{\sum_{n=1}^{N} \sum_{m=1}^{N} x_n \cdot x_m \cdot \sigma_{n,m}}} = max! \qquad \text{4-80}$$

$$\text{u.d.N.} \sum_{n=1}^{N} x_n = 1$$

Die dazugehörige Lagrange-Funktion lautet:[41]

$$L = \frac{\sum_{n=1}^{N} x_n \cdot \mu_n - r_f}{\sqrt{\sum_{n=1}^{N}\sum_{m=1}^{N} x_n \cdot x_m \cdot \sigma_{n,m}}} + \lambda \cdot \left(1 - \sum_{n=1}^{N} x_n\right) \qquad \text{4-81}$$

Daraus ergeben sich die Bedingungen erster Ordnung:

$$\frac{\partial L}{\partial x_n} = \frac{\mu_n \cdot \sigma_P - \left(\mu_P - r_f\right) \cdot \frac{1}{\sigma_P} \cdot \sum_{m=1}^{N} x_m \cdot \sigma_{n,m}}{\sigma_P^2} - \lambda = 0 \qquad \text{4-82}$$

$$\frac{\partial L}{\partial \lambda} = 1 - \sum_{n=1}^{N} x_n = 0$$

Die Ableitung der Lagrange-Funktion nach dem Anteil x_n bedarf einer näheren Erläuterung. Hierzu betrachten wir zunächst den Nenner der Gleichung 4-80, der mit D bezeichnet sei. Er lässt sich umformen zu:[42]

$$D = \sum_{n=1}^{N}\sum_{m=1}^{N} x_n \cdot x_m \cdot \sigma_{n,m} = \sum_{n=1}^{N} x_n^2 \cdot \sigma_n^2 + 2 \cdot \sum_{n=1}^{N}\sum_{m>n}^{N} x_n \cdot x_m \cdot \sigma_{n,m} \qquad \text{4-83}$$

Ableiten nach x_n führt zu:

$$\frac{\partial D}{\partial x_n} = 2 \cdot x_n \cdot \sigma_n^2 + 2 \cdot \sum_{\substack{m=1 \\ m \neq n}}^{N} x_m \cdot \sigma_{n,m} = 2 \cdot \sum_{m=1}^{N} x_m \cdot \sigma_{n,m} \qquad \text{4-84}$$

Unter Beachtung der Quotientenregel folgt daher für die Ableitung der Lagrange-Funktion nach x_n:

$$\begin{aligned} \frac{\partial L}{\partial x_n} &= \frac{\mu_n \cdot \left(\sigma_P^2\right)^{0,5} - \left(\mu_P - r_f\right) \cdot \frac{1}{2} \cdot \left(\sigma_P^2\right)^{-0,5} \cdot 2 \cdot \sum_{m=1}^{N} x_m \cdot \sigma_{n,m}}{\sigma_P^2} - \lambda = 0 \\ &= \frac{\mu_n \cdot \sigma_P - \left(\mu_P - r_f\right) \cdot \frac{1}{\sigma_P} \cdot \sum_{m=1}^{N} x_n \cdot \sigma_{n,m}}{\sigma_P^2} - \lambda = 0 \end{aligned} \qquad \text{4-85}$$

Dies entspricht der oben dargestellten Bedingung erster Ordnung. Durch Auflösen der Gleichung 4-85 nach μ_n und Multiplikation mit dem Anteil x_n kommt man zu:

$$\begin{aligned} \mu_n &= \frac{\lambda \cdot \sigma_P^2 + \left(\mu_P - r_f\right) \cdot \frac{1}{\sigma_P} \cdot \sum_{m=1}^{N} x_m \cdot \sigma_{n,m}}{\sigma_P} \\ \Leftrightarrow x_n \cdot \mu_n &= \frac{x_n \cdot \lambda \cdot \sigma_P^2 + x_n \cdot \left(\mu_P - r_f\right) \cdot \frac{1}{\sigma_P} \cdot \sum_{m=1}^{N} x_m \cdot \sigma_{n,m}}{\sigma_P} \end{aligned} \qquad \text{4-86}$$

---

[41] Zur Vereinfachung der Notation schreiben wir für Rendite und Risiko des Tangentialportfolios μ_P und σ_P statt $\mu_{P(A)}$ und $\sigma_{P(A)}$.

[42] Ausführlich wurde die Bestimmung des Portfoliorisikos im N-Wertpapier-Fall in Abschnitt 4.3.3 behandelt.

Aus dieser Gleichung ist in einem nächsten Schritt der Lagrange-Multiplikator λ zu entfernen. Dazu summiert man über sämtliche N Wertpapiere (4-87):

$$\sum_{n=1}^{N} x_n \cdot \mu_n = \frac{\sum_{n=1}^{N} x_n \cdot \lambda \cdot \sigma_P^2 + \sum_{n=1}^{N} x_n \cdot (\mu_P - r_f) \cdot \frac{1}{\sigma_P} \cdot \sum_{n=1}^{N}\sum_{m=1}^{N} x_n \cdot x_m \cdot \sigma_{n,m}}{\sigma_P}$$

$$\Leftrightarrow \mu_P = \lambda \cdot \sigma_P + (\mu_P - r_f) \cdot \frac{1}{\sigma_P^2} \cdot \sigma_P^2$$

$$\Leftrightarrow \lambda = \frac{r_f}{\sigma_P}$$

Durch erneutes Einsetzen für λ in Gleichung 4-86 entsteht:

$$\mu_n = r_f + (\mu_P - r_f) \cdot \frac{1}{\sigma_P^2} \cdot \sum_{m=1}^{N} x_m \cdot \sigma_{n,m} \qquad \text{4-88}$$

Bei dem Ausdruck $(\mu_P - r_f) : \sigma_P^2$ handelt es sich um eine Konstante.[43] Zur Vereinfachung der Schreibweise ersetzen wir sie durch v. Zusätzlich wird r_f auf die linke Seite gebracht:

$$\mu_n - r_f = v \cdot \sum_{m=1}^{N} x_m \cdot \sigma_{n,m} \qquad \text{4-89}$$

Weiterhin werden v und die Anteile x_m zu $w_m = v \cdot x_m$ zusammengefasst:

$$\mu_n - r_f = \sum_{m=1}^{N} w_m \cdot \sigma_{n,m} \qquad \text{4-90}$$

Aus den Faktoren w_m kann die anteilsmäßige Zusammensetzung des Tangentialportfolios bestimmt werden. Da sie sich allerdings nicht zu Eins summieren, ist zuvor eine Normalisierung vorzunehmen:

$$x_n^* = \frac{w_n}{\sum_{n=1}^{N} w_n} \qquad \text{4-91}$$

Weiterhin bezeichnet x_n^* den Anteil des Wertpapiers n am Tangentialportfolio.

Beispielhaft sei die Berechnung für die Aktien 1 bis 3 näher untersucht. Gleichung 4-90 lässt sich darstellen als:

$$\begin{pmatrix} \mu_1 - r_f \\ \mu_2 - r_f \\ \mu_3 - r_f \end{pmatrix} = \begin{pmatrix} \sigma_{1,1} & \sigma_{2,1} & \sigma_{1,3} \\ \sigma_{1,2} & \sigma_{2,2} & \sigma_{2,3} \\ \sigma_{1,3} & \sigma_{3,2} & \sigma_{3,3} \end{pmatrix} \cdot \begin{pmatrix} w_1 \\ w_2 \\ w_3 \end{pmatrix} \qquad \text{4-92}$$

Übersichtlicher wird das Gleichungssystem in Matrixschreibweise:

$$(\underline{\mu} - r_f \cdot \underline{1}) = \underline{\underline{VCV}} \cdot \underline{w} \qquad \text{4-93}$$

[43] Vgl. Luenberger (1998), S. 167 f.

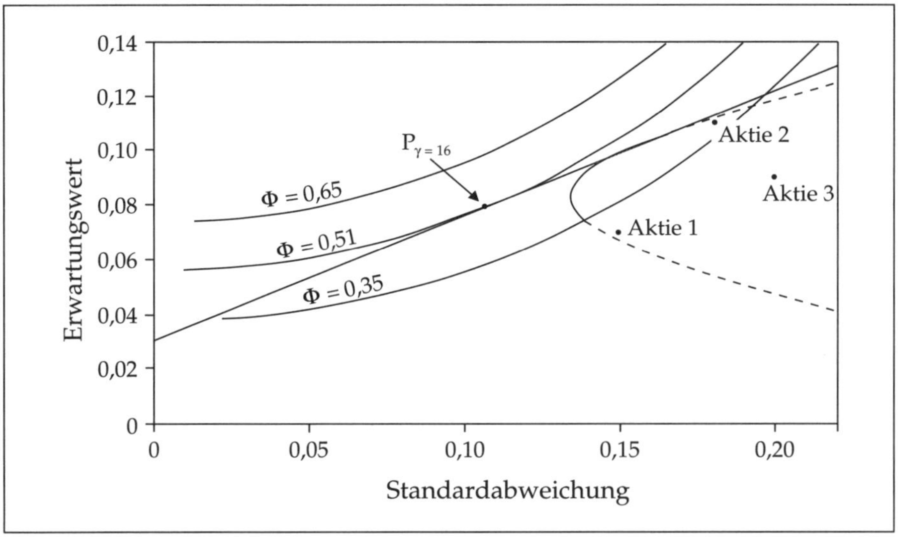

Abbildung 4-37: Grafische Bestimmung des optimalen Portfolios mit β = 10 und γ = 16 bei Existenz einer risikolosen Anlage- und Verschuldungsmöglichkeit

Der gesuchte Vektor ergibt sich durch Inversion der Varianz-Kovarianz-Matrix:

$$\underline{w} = \left[\underline{\underline{VCV}}\right]^{-1} \cdot \left(\underline{\mu} - r_f \cdot \underline{1}\right) \qquad 4\text{-}94$$

Unterstellt man einen risikolosen Zinssatz von $r_f = 0{,}03$ folgt:

$$\begin{pmatrix} 0{,}07-0{,}03 \\ 0{,}09-0{,}03 \\ 0{,}11-0{,}03 \end{pmatrix} = \begin{pmatrix} 0{,}0225 & 0{,}0105 & 0{,}0135 \\ 0{,}0105 & 0{,}04 & 0{,}0162 \\ 0{,}0135 & 0{,}0162 & 0{,}0324 \end{pmatrix} \cdot \begin{pmatrix} w_1 \\ w_2 \\ w_3 \end{pmatrix} \Leftrightarrow \underline{w} = \begin{pmatrix} 0{,}2626 \\ 0{,}5961 \\ 2{,}0617 \end{pmatrix} \qquad 4\text{-}95$$

Die Anteile der drei Aktien am Tangentialportfolio belaufen sich somit auf $x_1^* = 0{,}0899$, $x_2^* = 0{,}2041$ und $x_3^* = 0{,}7060$. Der Verlauf der Effizienzgeraden und das optimale Portfolio für einen Investor mit β = 10 und γ = 16 zeigt Abbildung 4-37.

4.5.3 Tobin-Separation

Mit der Aufnahme einer risikolosen Anlage in das Spektrum der zur Verfügung stehenden Wertpapiere verändert sich der Ablauf der Portfolioselektion in entscheidender Weise. Ohne risikolose Anlage hängt die anteilsmäßige Zusammensetzung der Wertpapiermischung von der Risikoneigung des Investors ab. Deutlich wird dies in Abbildung 4-31 und Abbildung 4-32. Während ein stark risikoaverser Anleger (Abbildung 4-31 mit γ = 16) sich für ein Portfolio entscheidet, das sehr weit links auf der Effizienzlinie liegt (μ = 7,80 %, σ = 13,99 %, $x_1 = 0{,}5979$, $x_2 = 0{,}4021$), sucht sich ein weniger risikoscheuer Investor (Abbildung 4-32 mit γ = 5) eine weiter rechts liegende Mischung aus (μ = 8,46 %, σ = 16,46 %, $x_1 = 0{,}2697$, $x_2 = 0{,}7303$).

Besteht hingegen Zugang zu einer risikolosen Anlage, ist die Zusammensetzung des risikobehafteten Vermögensteils unabhängig vom Ausmaß der Risikoaversion des Anlegers. Zur Verdeutlichung sei erneut Abbildung 4-36 betrachtet. Sowohl der sehr risikoaverse Anleger (er entscheidet sich für das Portfolio $P_{\gamma=16}$) als auch der weniger risikoscheue Investor (seine Wahl fällt auf $P_{\gamma=5}$) erwerben dieselbe risikobehaftete Wertpapiermischung. Dabei handelt es sich um das Tangentialportfolio (μ = 8,29 %, σ = 15,58 %, x_1 = 0,3551, x_2 = 0,6449). Beide unterscheiden sich ausschließlich darin, wie sie das Tangentialportfolio mit der risikolosen Anlage mischen. Während der Anleger mit γ = 16 beide in positiven Anteilen hält, veräußert der Investor mit γ = 5 die risikolose Anlage und hebelt den Anteil des Tangentialportfolios auf über Eins.

Mit der Einführung einer risikolosen Anlage kann daher die Auswahl der optimalen Zusammensetzung des risikobehafteten Portfolios (= Tangentialportfolio) von der Aufteilung des Vermögens auf dieses Portfolio und die risikolose Anlage getrennt werden. Man spricht in diesem Zusammenhang von der sogenannten Tobin-Separation. Unabhängig vom Ausmaß der individuellen Risikoaversion entscheidet sich jeder Investor zunächst für den Erwerb des Tangentialportfolios (1. Schritt). Die individuelle Risikoneigung spielt erst bei der Entscheidung wie groß der Anteil des Anfangsvermögens, der in das Tangentialportfolio investiert werden soll, eine Rolle (2. Schritt). In $P_{\gamma=16}$ ist das Tangentialportfolio zu 34,05 % enthalten, in $P_{\gamma=5}$ hingegen zu 123,22 %.

4.6 Modellkritik

Das Modell der Portfolioselektion von Markowitz bildet einen Grundpfeiler der modernen Finanzmarkttheorie. Erstmals wurde es möglich, das Verhalten von Investoren bei der Anlage ihres Vermögens durch ein Theoriegebäude zu untermauern: da die Marktteilnehmer nicht ausschließlich die erwartete Rendite von Finanztiteln im Blick haben, sondern darüber hinaus auch das mit ihnen verbundene Risiko, ergeben sich durch die Bildung von Wertpapierportfolios Vorteile gegenüber nicht diversifizierten Anlagestrategien. Während sich die Rendite einer Mischung von Wertpapieren immer als arithmetisches Mittel seiner Bestandteile ergibt, unterschreitet das Portfoliorisiko im Allgemeinen seinen Mittelwert. Bei nicht vollkommen positiver Korrelation der Renditen kompensieren sich die Einzelrisiken teilweise und stehen deshalb nicht länger in einer linearen Beziehung.

Markowitz gelingt es durch seinen Ansatz ein bis heute in allen Bereichen des Risikomanagements und der Bewertung gültiges Prinzip zu verankern. Um verschiedene risikobehaftete Investitionsmöglichkeiten miteinander vergleichen zu können, ist die eindimensionale Betrachtung der erwarteten Rendite auf eine zweidimensionale Performancemessung, die sowohl die erwartete Rendite als auch das damit verbundene Risiko betrachtet, zu erweitern. Vom einzelnen Wertpapier, über Wertpapierportfolios bis hin zur Betrachtung ganzer Unternehmen hat sich die zweidimensionale Analyse als Standard etabliert. Verbesserungen wurden dabei insbesondere im Hinblick auf die Risikomessung vorgenommen. Die Standardabweichung als zweiseitige Risikokennziffer ist in vielen Modellen durch downside-Risikomaßen wie dem Value at Risk und dem Expected Shortfall gewichen. Am Grundsatz der gleichzeitigen Untersuchung von Rendite und Risiko hat sich damit aber nichts geändert.

Trotz dieses wichtigen Beitrages der Portfoliotheorie weist das Verfahren einige, teils erhebliche Schwächen auf, deren Beseitigung sich in den letzten Jahrzehnten zahlreiche Arbeiten gewidmet haben. Das Modell benötigt für seine Umsetzung eine hohe Anzahl von Eingangsdaten. Soll die Effizienzlinie für nur fünf Wertpapiere errechnet werden, sind fünf erwartete Renditen, fünf Varianzen und zehn Kovarianzen, also insgesamt 20 Eingangsgrößen vorzuhalten. Allgemein gilt, dass bei einer Zusammenstellung von n Finanztitel $n \cdot (n + 3) : 2$ Schätzgrößen bereitstehen müssen.

Solch hohe Datenmengen lassen sich mit vertretbarem Zeitaufwand in der Regel nur aus historischen Zeitreihen schätzen. Wir haben dies in Form des empirischen Mittelwertes, der empirischen Varianz und der empirischen Kovarianz ausführlich aufgezeigt. Tatsächlich handelt es sich bei der Portfolioselektion aber um ein in die Zukunft gerichtetes Modell. Vom heutigen Zeitpunkt ausgehend werden die *erwartete* Rendite und das Risiko einer Vermögensposition für das Ende der *kommenden* Periode gesucht. Als Eingangsdaten sind damit streng genommen ausschließlich für die Zukunft erwartete Parameter zugelassen. Historische Daten dürfen nur dann als Ersatz herangezogen werden, wenn an die empirische Verteilung der Wertpapierrenditen gewisse Stationaritätsanforderungen gestellt werden. In der Praxis sind diese Anforderungen in aller Regel nicht erfüllt.[44]

Darüber hinaus bestehen – wie oben bereits erwähnt – Defizite im Hinblick auf den Risikobegriff der Portfolioselektion. Die Standardabweichung als zweiseitiges Risikomaß vernachlässigt, dass Investoren meist nur negative Abweichungen von einer Zielgröße als Risiko betrachten, während positive Abweichungen als Chance gesehen werden. Mit dem Übergang auf die Risikomaße Value at Risk und Expected Shortfall kann dieser Nachteil beseitigt werden.[45]

Weiterhin bereitet die Ermittlung des optimalen Portfolios große Probleme. Theoretisch ist dafür das Vorliegen einer investorspezifischen Nutzenfunktion erforderlich. Ihre exakte Ermittlung ist in der Praxis aber unmöglich. Anleger denken nicht unmittelbar in Nutzeneinheiten und können daher den Verlauf ihrer Nutzenfunktion nicht spezifizieren. Im Rahmen der Anlageberatung behelfen sich Banken auf Beratungsbögen zur Wertpapieranlage mit allgemeineren Klassifikationen. Begriffe wie „sicherheitsorientiert", „konservativ", „gewinnorientiert" oder „risikobewußt" sollen eine Aussage darüber treffen, wie ein Anleger zwischen Rendite und Risiko abwägt. Ein Ersatz für eine exakte Quantifizierung der Nutzenfunktion ist damit aber nicht gefunden. Aus *dem* optimalen Portfolio wird in der Praxis oftmals ein Bereich optimaler Portfolios.

Schließlich vernachlässigt die Portfolioselektion den Timing-Gedanken vollständig. Bei aktiven Anlagestrategien spielt es für den Aufbau eines Portfolios

---

[44] Das Problem der hohen Anzahl zu schätzender Parameter wurde durch die Entwicklung des sogenannten Indexmodells entschärft (vgl. Sharpe (1963), S. 277–293).

[45] Zum Value at Risk und zum Expected Shortfall siehe z.B. Dowd (2005), S. 19 ff.

nicht nur eine Rolle, welche Wertpapiere gekauft werden, sondern auch wann dieser Kauf erfolgt. Vertreter des aktiven Managements sprechen dem Erkennen geeigneter Ein- und Ausstiegszeitpunkte eine erhebliche Bedeutung zu. Markowitz hingegen unterstellt, dass die zu Beginn der Periode erworbenen Finanztitel während des gesamten Betrachtungszeitraumes gehalten werden, legt also eine buy-and-hold-Strategie zu Grunde. Damit besteht die Gefahr, eine wichtige Quelle für zusätzliche Renditen zu vernachlässigen.

Des Weiteren ist die Portfolioselektion ein einperiodiges Modell. Anleger betrachten aber meist mehrere Perioden, in denen ein schrittweiser Aufbau und unter Umständen auch ein zeitweiser Abbau von Vermögen erfolgt. Die Auswahl einer geeigneten Anlagestrategie erweitert sich in diesem Fall zu einem komplexen Problem der stochastischen Optimierung und entzieht sich damit einer einfachen Implementierbarkeit und Nachvollziehbarkeit.

4.7 Anhang

Herleitung der Gleichung 4-32:

$$\sigma_P^2 = x_1^2 \cdot \sigma_1^2 + (1-x_1)^2 \cdot \sigma_2^2$$

$$\Leftrightarrow x_1^2 \cdot \left(\sigma_1^2 + \sigma_2^2\right) - 2 \cdot x_1 \cdot \sigma_2^2 + \sigma_2^2 - \sigma_P^2 = 0 \quad \Big| :\left(\sigma_1^2 + \sigma_2^2\right)$$

$$\Leftrightarrow x_1^2 - \frac{2 \cdot x_1 \cdot \sigma_2^2}{\sigma_1^2 + \sigma_2^2} + \frac{\sigma_1^2 - \sigma_P^2}{\sigma_1^2 + \sigma_2^2} = 0$$

$$\Leftrightarrow x_1^{(1,2)} = \frac{\sigma_2^2}{\sigma_1^2 + \sigma_2^2} \pm \sqrt{\left(\frac{\sigma_2^2}{\sigma_1^2 + \sigma_2^2}\right)^2 - \frac{\sigma_1^2 - \sigma_P^2}{\sigma_1^2 + \sigma_2^2}}$$

Herleitung der Gleichung 4-37:

$$\sigma_P^2 = x_1^2 \cdot \sigma_1^2 + (1-x_1)^2 \cdot \sigma_2^2 + 2 \cdot x_1 \cdot (1-x_1) \cdot \sigma_1 \cdot \sigma_2 \cdot k_{1,2}$$

$$\Leftrightarrow \sigma_P^2 = x_1^2 \cdot \underbrace{\left(\sigma_1^2 + \sigma_2^2 - 2 \cdot \sigma_1 \cdot \sigma_2 \cdot k_{1,2}\right)}_{:=a} + x_1 \cdot \left(-2 \cdot \sigma_2^2 + 2 \cdot \sigma_1 \cdot \sigma_2 \cdot k_{1,2}\right) + \sigma_2^2$$

$$\Leftrightarrow 0 = x_1^2 + x_1 \cdot \frac{-2 \cdot \sigma_2^2 + 2 \cdot \sigma_1 \cdot \sigma_2 \cdot k_{1,2}}{a} + a$$

$$\Leftrightarrow x_1^{(1,2)} = -\frac{-2 \cdot \sigma_2^2 + 2 \cdot \sigma_1 \cdot \sigma_2 \cdot k_{1,2}}{2 \cdot a} \pm \sqrt{\left(\frac{2 \cdot \sigma_2^2 + 2 \cdot \sigma_1 \cdot \sigma_2 \cdot k_{1,2}}{2 \cdot a}\right)^2 - \frac{\sigma_2^2 - \sigma_P^2}{a}}$$

$$= \frac{\sigma_2^2 - \sigma_1 \cdot \sigma_2 \cdot k_{1,2}}{a} \pm \sqrt{\frac{\sigma_1^2 \cdot \sigma_2^2 \cdot k_{1,2} - \sigma_2^2 \cdot \sigma_1^2 + \sigma_P^2 \cdot \sigma_1^2 + \sigma_P^2 \cdot \sigma_2^2 - 2 \cdot \sigma_1 \cdot \sigma_2 \cdot \sigma_P^2 \cdot k_{1,2}}{a^2}}$$

$$= \frac{\sigma_2^2 - \sigma_1 \cdot \sigma_2 \cdot k_{1,2}}{a} \pm \frac{\sqrt{\sigma_1^2 \cdot \sigma_2^2 \cdot \left(k_{1,2}^2 - 1\right) + \sigma_P^2 \cdot a}}{a}$$

$$= \frac{\sigma_2^2 - \sigma_1 \cdot \sigma_2 \cdot k_{1,2}}{\sigma_1^2 + \sigma_2^2 - 2 \cdot \sigma_1 \cdot \sigma_2 \cdot k_{1,2}} \pm \frac{\sqrt{\sigma_1^2 \cdot \sigma_2^2 \cdot \left(k_{1,2}^2 - 1\right) + \sigma_P^2 \cdot \left(\sigma_1^2 + \sigma_2^2 - 2 \cdot \sigma_1 \cdot \sigma_2 \cdot k_{1,2}\right)}}{\sigma_1^2 + \sigma_2^2 - 2 \cdot \sigma_1 \cdot \sigma_2 \cdot k_{1,2}}$$

5. Capital Asset Pricing Model

5.1 Modellannahmen

Im 4. Kapitel wurde mit der Theorie der Portfolioselektion ein Modell vorgestellt, das beleuchtet, wie Investoren einen gegebenen Anlagebetrag auf eine ebenfalls gegebene Auswahl risikobehafteter Finanztitel aufteilen sollten, wenn sie sich allein an den Größen erwartete Portfoliorendite zum Periodenende und Portfoliorisiko orientieren. Als normativer Ansatz will die Portfoliotheorie erklären, wie die Streuung von Vermögen über verschiedene Wertpapiere sinnvoll erfolgen sollte, sofern die getroffenen Annahmen über das Verhalten der Anleger sowie die Struktur und die Funktionsweise der Kapitalmärkte erfüllt sind.

Halten wir uns zur Wiederholung noch einmal kurz vor Augen, wie die Auswahl des optimalen Portfolios eines Anlegers abläuft. In einem ersten Schritt bildet jeder Investor subjektive Erwartungen über die zukünftigen Renditen und Standardabweichungen sämtlicher am Markt gehandelter Wertpapiere. Darüber hinaus benötigt er eine Vorstellung über die Abhängigkeitsstruktur der Renditeschwankungen, die sich in Form der Varianz-Kovarianz-Matrix abbilden lässt. Auf der Grundlage dieser Informationen ermittelt der Anleger in einem zweiten Schritt die Zusammensetzung sämtlicher effizienten Portfolios. Abschließend ist unter Heranziehung der investorspezifischen Nutzenfunktion aus allen effizienten Wertpapiermischungen das optimale Portfolio auszuwählen.

Bei der Erwartungsbildung über zukünftige Renditen, Standardabweichungen und Kovarianzen gehen die heutigen Preise der Finanztitel als exogene Größen in das Modell ein. Dies bedeutet, dass die Kurse sämtlicher auf dem Kapitalmarkt gehandelten Wertpapiere für die Anleger gegebene, unveränderliche Größen darstellen. Wie sich die Preise der Finanztitel bilden, bleibt im Modell unbeachtet.

Das Capital Asset Pricing Model (CAPM) baut unmittelbar auf der Theorie der Portfolioselektion auf. Es handelt sich im Unterschied dazu aber nicht um einen normativen, sondern um einen positiven Erklärungsansatz. Das CAPM fragt, wie sich die Preise von Wertpapieren im Kapitalmarktgleichgewicht einpendeln, wenn die von Markowitz im Rahmen seiner Portfoliotheorie getroffenen Annahmen zutreffen. Damit gehen die Preise nicht länger als exogene Größen in das Modell ein, sondern werden endogen bestimmt. Als positives Modell kommt dem CAPM damit in zweifacher Hinsicht eine wichtige Bedeutung zu.

Es versetzt den Anwender zum einen in die Lage, seiner subjektiven Preis- oder Renditevorstellung für ein Wertpapier einen objektivierten Modellpreis bzw. eine Modellrendite als Vergleichswert gegenüberzustellen. Zum anderen erlaubt es eine Aussage darüber, wie hoch die Rendite eines neuen, bisher noch nicht am Kapitalmarkt gehandelten Wertpapiers sein muss, damit potenzielle Käufer bereit sind, das mit der Anlage verbundene Risiko zu übernehmen.

Versetzen wir uns in die Lage eines Wertpapieranalysten bei einer Investmentgesellschaft. Auf Basis umfangreicher Untersuchungen habe er sich ein Bild von der erwarteten Rendite einer Aktie zum Ende des nächsten Jahres verschafft. Für ihn stellt sich nun die Frage, inwiefern diese Rendite eine angemessene „Entschädigung" für das Risiko ist, das mit dem Kauf der Aktie eingegangen wird. Wie wir später noch sehen werden, ist das CAPM in der Lage, eine Vergleichsrendite zu generieren, die als Maßstab (Benchmark) für die subjektive Schätzung dienen kann. Übersteigt die Prognose des Analysten die Vorgabe aus dem CAPM bieten sich Kaufgelegenheiten, andernfalls sind die Ertragsaussichten zu gering und ein Erwerb des Wertpapiers unvorteilhaft.

Darüber hinaus kann das CAPM zum Einsatz kommen, um den angemessenen Preis von Wertpapieren zu bestimmen, die erstmalig auf einem Kapitalmarkt gehandelt werden. Dieses Problem stellt sich beispielsweise beim Börsengang eines Unternehmens, für den bei der Ausgabe von Aktien der Verkaufspreis festzulegen ist. Ähnlich verhält es sich bei der Emission von Finanzinnovationen.[1] In allen diesen Fällen ist der angemessene Wertpapierkurs bzw. die angemessene erwartete Wertpapierrendite gesucht, die für ein gegebenes Risikoprofil des Investments zu einem fairen Ausgleich für den Käufer führt.

Das CAPM ist bereits das zweite positive Modell zur Beschreibung von Wertpapierpreisen, das wir im Verlauf dieses Buches kennenlernen. Mit dem State Preference-Modell wurde im 3. Kapitel bereits eine Theorie präsentiert, die das Zustandekommen von Finanzmarktpreisen im Kapitalmarktgleichgewicht herleitet. Beide Ansätze sind eng miteinander verwandt. Tatsächlich handelt es sich beim CAPM um einen Spezialfall des State Preference-Modells. Im Rahmen der Herleitung des CAPM werden wir uns diesen Sachverhalt zu Nutze machen. Während sich die Theorie der reinen Wertpapiere in der Praxis aber bis heute nicht zur Bestimmung der Preise risikobehafteter Finanztitel durchsetzen konnte, spielt das CAPM eine herausragende Rolle. Es wurde im Laufe der Jahrzehnte um unzählige Varianten erweitert und für verschiedenste Zwecke angepasst. Dieses Kapitel soll dem Leser einen Einblick in die Standardform des CAPM gewähren und grundlegende Anwendungsgebiete aufzeigen. Im 6. Kapitel, das sich mit der Bestimmung von Kapitalkosten und der Bewertung einer Investition unter Unsicherheit auseinandersetzt, werden wir auf die folgenden Inhalte immer wieder Bezug nehmen.

Das CAPM wurde in den 60er Jahren zeitgleich von Willam Sharpe, John Lintner und Jan Mossin entwickelt.[2] Da es, wie oben bereits erwähnt, auf der Portfolioselektion aufbaut, stimmen beide Ansätze in Bezug auf ihre Annahmen in weiten Teilen überein. Diejenigen Voraussetzungen, die bereits aus dem Modell von Markowitz bekannt sind, sollen daher an dieser Stelle nur kurz wiederholt

1 Unter einer Finanzinnovation verstehen wir ein Produkt, dessen Zahlungsprofil sich nicht durch Kombination bereits am Kapitalmarkt gehandelter Wertpapiere nachbilden lässt.

2 Vgl. Sharpe (1964), S. 425 ff.; Lintner (1965), S. 13 ff.; Mossin (1966), S. 768 ff.

werden. Für eine ausführliche Darstellung sei auf die Ausführungen im Abschnitt 4.1 verwiesen.

1. Das CAPM ist ein einperiodisches Modell. Zu Periodenbeginn (t = 0) verwenden die Wirtschaftssubjekte ein gegebenes Anfangsvermögen V_0, um Wertpapiere zu erwerben, die bis zum Ende der Periode (t = 1) gehalten werden. Ein zwischenzeitlicher Handel ist nicht möglich.
2. Auf dem Kapitalmarkt werden N unterschiedliche risikobehaftete Wertpapiere gehandelt. Darunter fallen insbesondere Aktien aber auch risikobehaftete Anleihen, Genussscheine und andere Wertpapiere. Aus Gründen der Vereinfachung beschränken wir uns auf die Betrachtung von Aktien. Während der Betrachtungsperiode ist die Zahl der Wertpapiere konstant.
3. Die Wirtschaftssubjekte sind risikoavers und treffen ihre Entscheidung für eine bestimmte Portfoliozusammensetzung einzig und allein auf der Grundlage der erwarteten Portfoliorendite zum Periodenende und des Portfoliorisikos. Mit anderen Worten erfolgt die Portfolioauswahl weiterhin auf Basis des μ-σ-Prinzips. Der Verlauf der Risikonutzenfunktion ist von der individuellen Risikoneigung abhängig.
4. Der Kapitalmarkt ist vollkommen.[3]

Darüber hinaus erweitert das CAPM das Annahmengebäude um zwei wesentliche Aspekte. Zum einen besitzen sämtliche Marktteilnehmer Zugang zu einer risikolosen Anlagemöglichkeit, deren Rendite sich auf r_f beläuft. Diese Anlage kann sowohl gekauft (= Geldanlage) als auch veräußert (= Kreditaufnahme) werden. Zum anderen verfügen die Investoren über homogene Erwartungen im Hinblick auf die zukünftigen Renditen und Standardabweichungen aller Wertpapiere sowie einheitliche Vorstellungen über die Kovarianzen zwischen den Wertpapierrenditen.

Während wir die zuerst genannte Voraussetzung einer risikolosen Anlagemöglichkeit bereits in einer Erweiterung des Markowitz-Modells untersucht haben, stellt die Annahme homogener Erwartungen den zentralen Unterschied zwischen der Theorie der Portfolioselektion und dem CAPM dar. Sie ist von erheblicher Bedeutung für die weiteren Ausführungen. Welche Implikationen sich aus den homogenen Erwartungen für die Auswahlhandlung der Marktteilnehmer in Bezug auf die risikobehafteten Wertpapiere ergeben, wird im nachfolgenden Abschnitt untersucht.

5.2 Kapitalmarktlinie

5.2.1 Bestimmung effizienter Portfolios

Die Annahme homogener Erwartungen im CAPM führt dazu, dass sämtliche Investoren einheitliche Rendite-Risiko- und Varianz-Kovarianz-Matrizen zu Grunde legen, um das Entscheidungsproblem der Portfoliotheorie zu lösen. Da-

[3] Zum Begriff der Vollkommenheit des Marktes vgl. Abschnitt 3.1.

rüber hinaus besitzen alle Marktteilnehmer einen identischen, ungehinderten Zugang zu der risikolosen Geldanlagemöglichkeit. Als Konsequenz ergibt sich ein universell gültiges Tangentialportfolio, das den risikobehafteten Vermögensteil des optimalen Portfolios eines jeden Investors bildet. Um erkennen zu können, wie es zu dieser Vereinheitlichung kommt, werfen wir einen genauen Blick auf die Portfoliowahl im CAPM.

In einem ersten Schritt bestimmen die Investoren die Randportfoliolinie. Homogene Erwartungen führen dazu, dass diese für alle Marktteilnehmer denselben Verlauf besitzt. Die einheitliche Randportfoliolinie wird in einem zweiten Schritt herangezogen, um das Tangentialportfolio zu bestimmen. Wie in Abschnitt 4.5 gezeigt wurde, führt die Verfügbarkeit einer risikolosen Geldanlagemöglichkeit dazu, dass sich der Bereich μ-σ-effizienter Portfolios nicht länger auf der Portfoliolinie, sondern auf einer Portfoliogeraden befindet. Da auch die risikolose Rendite r_f für alle Investoren identisch ist, muss sich in Kombination mit der bereits einheitlichen Randportfoliolinie ein universell gültiges Tangentialportfolio bilden. Dieses entspricht dem für sämtliche Investoren gleichen risikobehafteten Teil der Vermögensanlage. Da auch im CAPM die Tobin-Separation Gültigkeit besitzt, kann die Lage des Tangentialportfolios und damit seine Zusammensetzung unabhängig vom individuellen Ausmaß der Risikoaversion eines Investors bestimmt werden. Zu welchen Anteilen das Tangentialportfolio und die risikolose Anlage in einem dritten Schritt in das optimale Portfolio eines Investors eingehen, d.h. welche Position ein Akteur auf der Portfoliogeraden einnimmt, hängt weiterhin von der investorspezifischen Risikoneigung ab. Wie im Markowitz-Modell besteht auch im CAPM im Hinblick auf diesen Punkt keine Vereinheitlichung.

Es scheint, dass sich durch die Annahme der homogenen Erwartungen im CAPM keine gravierenden Änderungen gegenüber dem Ansatz von Markowitz ergeben. Zwar liegt nun ein für sämtliche Investoren einheitliches Tangentialportfolio vor, dieses Ergebnis ist aber vor dem Hintergrund der getroffenen Annahmen zunächst wenig spektakulär. Auch wird bisher nicht deutlich, wieso das CAPM ein positives Modell darstellt, das die Preise der Finanztitel im Kapitalmarktgleichgewicht ermittelt. Bisher scheint eher das Gegenteil der Fall zu sein. Wir haben davon gesprochen, dass die Investoren einheitliche Erwartungen im Hinblick auf die Renditen und das Risiko der Finanztitel bilden. Gehen in diese Erwartungen nicht genau wie in der Portfoliotheorie die heutigen Kurse der Wertpapiere als gegebene Größen ein und was hat es mit dem Begriff des Kapitalmarktgleichgewichts auf sich? Um diese Fragen beantworten zu können, ist es erforderlich, einen genauen Blick auf das Tangentialportfolio zu werfen. Es stellt den Schlüssel zum Verständnis des CAPM dar.

5.2.2 Marktportfolio und Kapitalmarktgleichgewicht

Das Tangentialportfolio im CAPM stellt eine besondere Mischung risikobehafteter Wertpapiere dar. Sieht man von Marktteilnehmern ab, die ihr gesamtes Vermögen in die risikolose Anlage investieren, so verwendet jeder Akteur zumindest einen Teil des ihm zur Verfügung stehenden Kapitals, um das Tangentialportfolio zu erwerben. Aufgrund seiner Zusammensetzung wird es auch als Marktportfolio (M) bezeichnet. Hierzu muss man sich vor Augen halten, dass sämtliche Investoren auf dem Kapitalmarkt zusammengenommen alle verfügbaren Wertpapiere halten müssen. Durch Summation der Einzelportfolios aller Marktteilnehmer muss sich der Gesamtbestand der in der Ökonomie vorhandenen Wertpapiere ergeben. Dahinter verbirgt sich folgende Überlegung: Aufgrund der Gültigkeit der Tobin-Separation halten alle Investoren einen mehr oder weniger großen Anteil am Tangentialportfolio. Durch Zusammenfassung sämtlicher Portfolios der Investoren gelangt man zum insgesamt in der Ökonomie vorhandenen Bestand an Wertpapieren. Folglich muss das Tangentialportfolio mit dem Marktportfolio übereinstimmen.

Wir halten folgende Definition des Marktportfolios fest: Das Marktportfolio enthält im Kapitalmarktgleichgewicht alle verfügbaren Finanztitel. Der Anteil eines jeden Finanztitels entspricht seinem relativen Marktwert. Er ergibt sich als Quotient aus dem Marktwert des betrachteten Wertpapiers und dem aggregierten Marktwert aller Wertpapiere auf dem Kapitalmarkt.

Zur Verdeutlichung sei das nachstehende Beispiel betrachtet. Auf einem Kapitalmarkt werden drei Aktien gehandelt. Sie repräsentieren die Gesamtheit aller verfügbaren riskanten Finanztitel. Die mit $K_{0,n}$ bezeichneten Kurse betragen $K_{0,1}$ = 30 EUR, $K_{0,2}$ = 40 EUR und $K_{0,3}$ = 50 EUR (vgl. Abbildung 5-1). Die Zahl der umlaufenden Aktien betrage jeweils 5 000, 7 500 und 4 000 Stück. Auf Basis dieser Angaben lassen sich der gesamte Marktwert jedes einzelnen Wertpapiers, auch Marktkapitalisierung genannt, sowie der Marktwert aller Wertpapiere bestimmen. Daraus ergeben sich die folgenden Anteile der Aktien am Marktportfolio: Aktie 1 23,08 %, Aktie 2 46,15 % und Aktie 3 30,77 %. Der risikobehaftete Vermögensteil aller Investoren muss die Aktien im Kapitalmarktgleichgewicht genau in diesen Anteilen enthalten.

Befindet sich der Kapitalmarkt nicht im Gleichgewicht, kommt es zu Anpassungsprozessen. Nehmen wir an, die Marktteilnehmer lassen Aktie 2 bei der Bildung des Tangentialportfolios unbeachtet. Lediglich die Wertpapiere 1 und 3 werden aufgenommen. Dem gegebenen Angebot von 7 500 Aktien des Unternehmens 2 steht keine Nachfrage gegenüber. In der Folge beginnt der Preis dieses Finanztitels zu fallen. Mit diesem Prozess ist ein Anstieg der erwarteten

	Heutiger Kurs	Aktienanzahl	Marktwert (absolut)	Marktwert (relativ)
Aktie 1	30,00	5 000	150 000	0,2308
Aktie 2	40,00	7 500	300 000	0,4615
Aktie 3	50,00	4 000	200 000	0,3077
			650 000	1

Abbildung 5-1: Aktueller Kurs, Anzahl und Marktwert der Beispielaktien

Rendite verbunden. Ab einem bestimmten Preis $K_{0,2}$ ist der erwartete Ertrag soweit gestiegen, dass die Investoren Aktie 2 wieder in ihr Portfolio aufnehmen. Das Optimierungskalkül beginnt von Neuem, die Zusammensetzung des Tangentialportfolios wird revidiert.

Ähnlich verhält es sich, wenn die Akteure den Anteil eines Wertpapiers im Tangentialportfolio als zu gering erachten. Es sei unterstellt, dass sie statt der momentanen Zusammensetzung von M eine Mischung vorziehen, die Aktie 3 nicht zu 30,77 %, sondern zu 50 % enthält. Es kommt daher zu einer starken Nachfrage nach Finanztiteln des Unternehmens 3. Bei einem gegebenen Angebot von 4 000 Aktien entsteht ein Aufwärtsdruck auf die Preise. Der erwartete Ertrag fällt. In der Folge wird die Nachfrage zurückgedrängt, bis sie dem Angebot an verfügbaren Papieren entspricht.

Anpassungsvorgänge der beschriebenen Art spielen sich auf dem Kapitalmarkt so lange ab, bis sich Angebot und Nachfrage ausgleichen. Es bildet sich das Marktportfolio heraus. Dieses ist identisch mit dem für alle Investoren einheitlichen Tangentialportfolio. Da die Marktteilnehmer ausschließlich effiziente Portfolios halten, muss das Tangentialportfolio effizient sein. Aufgrund der Identität von Tangential- und Marktportfolio, muss daher auch das Marktportfolio effizient sein. Eine zentrale Aussage des CAPM lautet daher:

Im Kapitalmarktgleichgewicht halten alle Investoren das effiziente Marktportfolio.[4]

An dieser Stelle werden die herausragende Bedeutung der Annahme homogener Erwartungen und damit der bedeutende Schritt vom Markowitz-Modell zum CAPM sichtbar. Die identische Struktur des risikobehafteten Vermögensteils über alle Marktteilnehmer hinweg hat zentralen Einfluss darauf, welche Preise sich für risikobehaftete Finanztitel im Gleichgewicht bilden. Die Preise sind nicht länger exogen vorgegeben, sondern bilden sich im Laufe eines Anpassungsprozesses so, dass Angebot an Wertpapieren und Nachfrage übereinstimmen. Bei gegebenen Erwartungen über die Verteilung der Aktienkurse am Periodenende bilden die heutigen Preise $K_{0,n}$ das Korrektiv: sie variieren so lange, bis das Gefüge aus Renditen und Risiko sich so einpendelt, dass das gesamte Wertpapierangebot von den Marktteilnehmern gehalten wird. Im entstehenden Gleichgewicht besteht für keinen Investor eine Veranlassung zu weiterem Handel, das Preisgefüge stabilisiert sich.

Eine ganz ähnliche Anpassung erfolgt für die risikolose Geldanlage und -aufnahme. Aggregiert man über die gesamte Ökonomie müssen sich die Anlagen zur Rendite r_f und die zu diesem Zins in Anspruch genommenen Kredite gerade ausgleichen.

Das Ergebnis bei Eintritt des Kapitalmarktgleichgewichts zeigt Abbildung 5-2. Sie gibt für eine aus drei Wertpapieren bestehende Ökonomie die Randportfoliolinie und die Randportfoliogerade an. Effiziente Portfolios liegen ausschließlich auf der Portfoliogeraden. Sie wird im CAPM als Kapitalmarktlinie (capital

---

[4] Wir beschränken uns an dieser Stelle auf einen argumentativen Nachweis der Effizienz des Marktportfolios. Eine formale Herleitung der Effizienz findet sich z.B. bei Fama (1976), S. 279 ff.

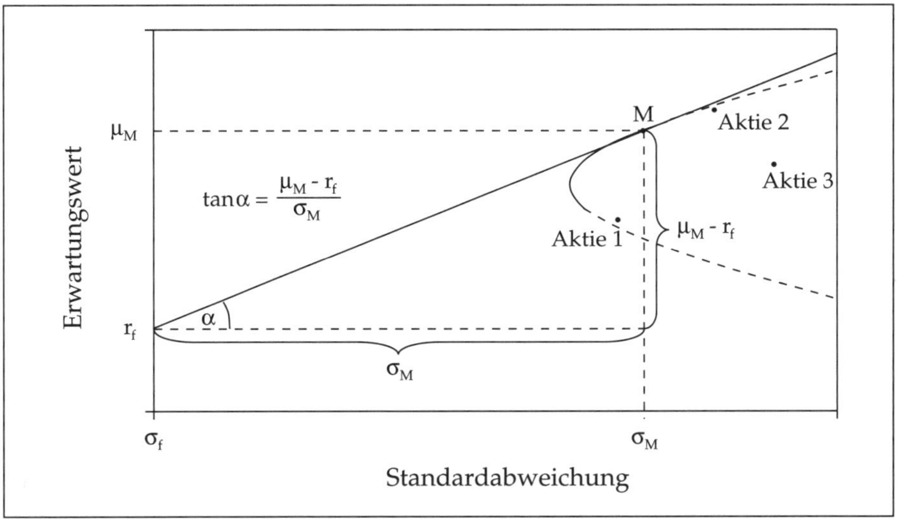

Abbildung 5-2: Grafische Darstellung der Kapitalmarktlinie[5]

market line) bezeichnet. Im Tangentialpunkt von Kapitalmarktlinie und Randportfoliolinie liegt das Marktportfolio M. Die Rendite-Risiko-Kombinationen der drei Wertpapiere befinden sich innerhalb des Hyperbelastes.

Von besonderer Bedeutung für das Verständnis der weiteren Ausführungen ist der Hinweis, dass auf der Kapitalmarktlinie allein Mischungen aus dem (effizienten) Marktportfolio und der risikolosen Anlage zu finden sind. Insbesondere können auf der Kapitalmarktlinie keine ineffizienten Portfolios oder gar einzelne Wertpapiere abgetragen sein. Sie liegen grundsätzlich darunter. Die Kapitalmarktlinie selber lässt sich nur erreichen, wenn der risikobehaftete Teil der Vermögensanlage aus M besteht.

Formal lässt sich die Kapitalmarktlinie schreiben als:[6]

$$\mu_P = r_f + \frac{\mu_M - r_f}{\sigma_M} \cdot \sigma_P \qquad 5\text{-}1$$

Dabei bezeichnen μ_M die Rendite und σ_M das Risiko des Marktportfolios. Die Größen μ_P und σ_P geben jeweils die Rendite bzw. das Risiko einer aus dem Marktportfolio und der risikolosen Anlage bestehenden Wertpapiermischung an.

Betrachten wir zunächst den Fall, in dem ein Investor sein Anfangsvermögen V_0 vollständig zum Kauf der risikolosen Anlage aufwendet ($x_f = 1$). Es entsteht ein risikoloses Portfolio: $\sigma_P = (\sigma_M^2 \cdot (1 - x_f)^2)^{0,5} = 0$. Der zweite Summand in Gleichung 5.1 ist Null, so dass der Investor für seine Anlagestrategie eine Vergütung in Höhe des risikolosen Zinssatzes erhält.

[5] Die Grafik basiert auf den Berechnungen des Beispiels, das in 5.3.4 ausführlich dargestellt wird.

[6] Die Herleitung folgt denselben Überlegungen, die in Abschnitt 4.5.1 zur Bestimmung der Gleichung 4-76 angestellt wurden.

Werden Teile des Vermögens von der risikolosen Anlage in das Marktportfolio umgeschichtet, steigt mit dem Risiko σ_P auch die erzielbare Rendite μ_P. Der Quotient im zweiten Summanden gibt dabei die Renditedifferenz zwischen dem Marktportfolio und der risikolosen Anlage ($\mu_M - r_f$) dividiert durch die zugehörige Risikodifferenz ($\sigma_M - 0$) an. Er quantifiziert die erwartete Risikoprämie, die ein Investor für jede Einheit übernommenen Marktrisikos erzielt. Man spricht auch von der sogenannten Sharpe- oder Reward-to-Volatility-Ratio.[7] Wie viele Einheiten des Marktrisikos ein Investor übernimmt, hängt von der Wahl der Zusammensetzung seines optimalen Portfolios ab und kommt in der Größe σ_P zum Ausdruck. Wird das Anfangsvermögen z.B. vollständig in das Marktportfolio investiert, folgt wegen $\sigma_P = \sigma_M$ ($x_f = 0 \Rightarrow x_M = 1$):

$$\mu_P = r_f + \frac{\mu_M - r_f}{\sigma_M} \cdot \sigma_M = \mu_M \qquad 5\text{-}2$$

Der erwartete Portfolioertrag entspricht der Rendite des Marktportfolios. Nimmt der Marktteilnehmer zum Erwerb von M zusätzlich einen Kredit auf, ergibt sich wegen $\sigma_P > \sigma_M$ ($x_f < 0 \Rightarrow x_M > 1$):

$$\mu_P = r_f + \frac{\mu_M - r_f}{\sigma_M} \cdot \sigma_P > \mu_M \qquad 5\text{-}3$$

Insgesamt kommt in Gleichung 5-1 die Rendite-Risiko-Beziehung für effiziente Portfolios zum Ausdruck. Sie zeigt auf, dass die Standardabweichung σ_P das geeignete Maß ist, um das Risiko eines effizienten Portfolios zu erfassen. Darüber hinaus verdeutlicht sie, dass ein linearer Zusammenhang zwischen dem im Form der Standardabweichung σ_P gemessenen Risiko eines effizienten Portfolios und seiner Rendite μ_P besteht.[8]

Abschließend sei darauf hingewiesen, dass uns der Begriff des Marktportfolios hier erneut begegnet. Bereits im Zusammenhang mit dem State Preference-Modell wurde in Abschnitt 3.4.2.2 ein Marktportfolio betrachtet. Von ihrer Konstruktion her sind beide vollkommen identisch. Es handelt sich jeweils um Zusammenstellungen aus allen zur Verfügung stehenden Wertpapieren, wobei die Gewichtungsfaktoren den relativen Marktwerten entsprechen. Genau wie im CAPM wird auch im State Preference-Modell durch eine Anpassung der Preise der Finanztitel erreicht, dass die Wirtschaftssubjekte das Marktportfolio halten.

5.3 Wertpapiermarktlinie

5.3.1 Rendite und Risiko im Kapitalmarktgleichgewicht

Ziel dieses und des folgenden Abschnittes ist es, eine Bewertungsgleichung herzuleiten, die für jedes beliebige Wertpapier in der Lage ist, bei gegebenem Risiko die angemessene Rendite im Kapitalmarktgleichgewicht anzugeben. Mit

---

[7] Vgl. Sharpe (1966), S. 119 ff.

[8] Vgl. Farrel (1997), S. 59.

der Aufstellung der Kapitalmarktlinie wurde bereits ein erster Schritt in diese Richtung unternommen. Allerdings besitzt die durch die Kapitalmarktlinie zum Ausdruck kommende Rendite-Risiko-Beziehung nur für effiziente Portfolios Gültigkeit. Sie darf daher nur dann angewendet werden, wenn der risikobehaftete Vermögensteil aus dem Marktportfolio besteht. Für Portfolios, die in ihrer Zusammensetzung von M abweichen, oder für Einzelaktien stellt Gleichung 5-1 nicht die geeignete Bewertungsvorschrift dar. Dies wird dadurch deutlich, dass nicht effiziente Portfolios und Einzeltitel im μ-σ-Diagramm grundsätzlich unterhalb der Kapitalmarktlinie liegen.

Um eine Beziehung zwischen dem Risiko und der Rendite eines beliebigen Wertpapiers im Gleichgewicht aufstellen zu können, ist es erforderlich, einen genauen Blick auf die Rendite und das Risiko des Marktportfolios zu werfen. Für die Rendite von M lässt sich die bekannte Formel

$$\mu_M = E\left(\tilde{R}_M\right) = \sum_{n=1}^{N} x_n^M \cdot \mu_n \qquad \text{5-4}$$

anwenden. Dabei bezeichnet x_n^M den Anteil der Aktie n am Marktportfolio. Wie in der Theorie der Portfolioselektion gilt auch hier, dass der Beitrag, den die Aktie n zur Rendite des Marktportfolios beisteuert, der Rendite der Aktie n gewichtet mit ihrem Anteil an M entspricht.

Um das Risiko des Marktportfolios zu bestimmen, greifen wir auf die Formel 4-49 aus Abschnitt 4.3.3.1 zurück:

$$\sigma_M = \left[\sum_{n=1}^{N}\sum_{m=1}^{N} x_n^M \cdot x_m^M \cdot \sigma_{n,m}\right]^{0,5} \qquad \text{5-5}$$

Erneut werden mit x_n^M und x_m^M die Anteile der jeweiligen Aktien am Marktportfolio berücksichtigt. Durch ein Auseinanderziehen des ersten Summenzeichens kann Gleichung 5-5 umgeformt werden:

$$\begin{aligned}\sigma_M &= \left[\sum_{n=1}^{N} x_n^M \cdot \left(\sum_{m=1}^{N} x_m^M \cdot \sigma_{n,m}\right)\right]^{0,5} \\ &= \left[x_1^M \cdot \sum_{n=1}^{N} x_m^M \cdot \sigma_{1,m} + x_2^M \cdot \sum_{m=1}^{N} x_m^M \cdot \sigma_{2,m} + \ldots + x_N^M \cdot \sum_{m=1}^{N} x_m^M \cdot \sigma_{N,m}\right]^{0,5}\end{aligned} \qquad \text{5-6}$$

Greifen wir uns zur näheren Analyse den ersten Summanden aus Gleichung 5-6 heraus:[9]

$$x_1^M \cdot \sum_{m=1}^{N} x_m^M \cdot \sigma_{1,m} \qquad \text{5-7}$$

Der Summenterm umfasst die gewichtete Kovarianz der Aktie 1 mit allen anderen N – 1 ($m = 2, 3, \ldots, N \Rightarrow \sigma_{1,2}, \sigma_{1,3}, \ldots\sigma_{1,N}$) Wertpapieren des Marktportfolios und die Kovarianz der Aktie 1 ($m = 1 \Rightarrow \sigma_{1,1} = \sigma_1^2$) mit sich selber, wobei die Gewichtungsfaktoren den Anteilen der Aktien an M entsprechen: $x_1^M \cdot \sigma_{1,1} + x_2^M \cdot \sigma_{1,2} + \ldots + x_N^M \cdot \sigma_{1,N}$. Da die Gesamtheit aus allen N – 1 Wertpapieren zu-

9 Die Interpretation für die übrigen Summanden erfolgt vollkommen analog.

züglich der Aktie 1 dem Gesamtmarkt entspricht, lässt sich der Summenterm in Gleichung 5-7 auch schreiben als:

$$\sum_{m=1}^{N} x_m^M \cdot \sigma_{1,m} = \sigma_{1,M} \qquad 5\text{-}8$$

Es handelt sich um die Kovarianz der Aktie 1 mit dem Markt. Übertragen auf alle übrigen Summanden aus Gleichung 5-6 folgt daher:

$$\sigma_M = \left[x_1^M \cdot \sigma_{1,M} + x_2^M \cdot \sigma_{2,M} + \ldots + x_N^M \cdot \sigma_{N,M} \right]^{0,5} \qquad 5\text{-}9$$

Das Risiko des Marktportfolios ergibt sich, indem die Kovarianz jeder einzelnen Aktie n mit dem Markt ($\sigma_{n,M}$) mit ihrem Anteil an M (x_n^M) gewichtet und anschließend über alle N Aktien aufsummiert wird. Folglich entspricht der Beitrag, den die Aktie n zum Risiko des Marktportfolios leistet, der Größe $x_n^M \cdot \sigma_{n,M}$.

Im Hinblick auf Gleichung 5-9 lassen sich zwei wesentliche Feststellungen treffen:

1. Befindet sich der Kapitalmarkt im Gleichgewicht, ermittelt sich die Varianz des Marktportfolios über eine lineare Beziehung.[10]
2. Im Gleichgewicht ist die Kovarianz einer Aktie n mit dem Marktportfolio $\sigma_{n,M}$ das geeignete Maß, um das Risiko eines Wertpapiers auszudrücken, das Teil des Marktportfolios ist. Damit wird insbesondere ausgesagt, dass das Gesamtrisiko der Aktie σ_n^2 nicht von Belang ist.

Die Ursache für die Irrelevanz des Varianzrisikos und die alleinige Betrachtung der Kovarianzen haben wir bereits im Zusammenhang mit der Untersuchung naiv diversifizierter Portfolios analysiert.[11] Mit zunehmender Anzahl an Finanztiteln in einem Portfolio nimmt die Bedeutung der Varianzen für das Gesamtrisiko der Wertpapiermischung immer weiter ab. Der Einfluss der Kovarianzen kann dagegen nicht beseitigt werden kann. Das Marktportfolio enthält sämtliche auf einem Kapitalmarkt verfügbaren risikobehafteten Finanztitel. Es weist den maximal möglichen Diversifikationsgrad auf. Sämtliche diversifizierbaren Risiken, d.h. titelspezifische Risiken, die ausschließlich in Bezug auf ein konkretes Wertpapier zu Kursschwankungen führen, den Gesamtmarkt aber unberührt lassen, sind daher beseitigt. Allein die undiversifizierbaren Risiken (= Kovarianzrisiken), die sich durch marktweite Einflüsse ergeben, bleiben erhalten.

Wieso aber achten die Investoren im Marktgleichgewicht allein auf die Kovarianzrisiken? Das CAPM unterstellt, dass jeder Anleger den risikobehafteten Teil seiner Vermögensanlage zum Kauf des Marktportfolios verwendet. Folglich findet sich in der gesamten Ökonomie niemand, der nicht über ein effizientes, maximal gestreutes Portfolio verfügt. Aus diesem Grund ist einzig der Risikobeitrag, den eine Aktie zum Risiko des Marktportfolios beisteuert, von Relevanz.

---

[10] Es besteht somit ein wesentlicher Unterschied zur Theorie der Portfolioselektion. Dort zeichnete sich die Varianz eines aus N Wertpapieren zusammengesetzten Portfolios gerade dadurch aus, dass sie durch einen nicht linearen Zusammenhang bestimmt wurde (vgl. Gleichung 4-47 in Abschnitt 4.3.3.1).

[11] Vgl. Abschnitt 4.3.3.2.

Aus der Beziehung $x_n^M \cdot \sigma_{n,M}$ erkennt man, dass der Beitrag eines Wertpapiers n zur Volatilität von M umso größer ist, je stärker die Kovarianz $\sigma_{n,M}$ ausgeprägt ist. Mit anderen Worten: je stärker die Rendite einer Aktie n und die Rendite des Marktportfolios in gleicher Richtung und in gleicher Stärke um ihren jeweiligen Mittelwert schwanken, umso höher ist der Risikobeitrag des Wertpapiers zu M. Es kommt also allein auf das nicht diversifizierbare Risiko an, das in der Kovarianz zum Ausdruck kommt.

Wir wollen in diesem Zusammenhang einen Blick zurück auf das State Preference-Modell werfen. Dort wurde nicht die Kovarianz der Rendite eines Wertpapiers mit der Marktrendite $\tilde{R}_M$, sondern die Kovarianz der Rendite eines Wertpapiers mit dem risikobehafteten Diskontfaktor $\tilde{D}$ gemessen.[12] Dieser nimmt genau dann große Werte an, wenn das verteilbare Volksvermögen gering ist. Im State Preference-Modell ist mit einem Wertpapier genau dann ein hohes Risiko verbunden, wenn es in Umweltzuständen geringen Volksvermögens (= hoher risikobehafteter Diskontfaktor) nur eine geringe Rendite erwirtschaftet, et vice versa. Mit anderen Worten ist das Risiko hoch, wenn ein Gleichlauf von vorhandenem Volksvermögen und Kursentwicklung des Wertpapiers besteht. Im CAPM ist dieser Zusammenhang ganz ähnlich, mit dem Unterschied, dass hier nicht der risikobehaftete Diskontfaktor als Vergleichsmaßstab herangezogen wird, sondern das Marktportfolio.

Wir wissen nun, dass das bewertungsrelevante Risiko im CAPM das Kovarianzrisiko einer Aktie mit dem Markt ist. Welche Rendite kann ein Anleger unter dieser Prämisse im Marktgleichgewicht erwarten? Gesucht ist die bereits angesprochene Bewertungsgleichung für beliebige risikobehaftete Finanztitel. Diese kann auf unterschiedlichen Wegen hergeleitet werden, wie im nachfolgenden Abschnitt dargestellt wird.

5.3.2 Alternative Herleitungen der Wertpapiermarktlinie

5.3.2.1 CAPM als Spezialfall des State Preference-Ansatzes[13]

Im Zusammenhang mit der Darstellung des State Preference-Modells (SP) wurde in Abschnitt 3.4.3.2 folgende Bewertungsvorschrift für einen risikobehafteten Finanztitel im Kapitalmarktgleichgewicht hergeleitet (vgl. Gleichung 3-9):

$$E\left(\tilde{R}_n\right) = r_f + \left(E\left(\tilde{R}_M\right) - r_f\right) \cdot \frac{Cov\left(\tilde{R}_n, \tilde{D}\right)}{Cov\left(\tilde{R}_M, \tilde{D}\right)} \qquad \text{5-10}$$

Die erwartete Rendite eines Wertpapiers n ergibt sich danach aus der universell gültigen, risikolosen Grundverzinsung (1. Summand) und einem nur für diesen Finanztitel geltenden Risikozuschlag (2. Summand). Der Risikozuschlag bein-

---

[12] Vgl. Abschnitt 3.4.3.2.

[13] Leser, die sich bisher nicht mit dem State Preference-Modell beschäftigt haben oder an der Herleitung nicht interessiert sind, können in der letzten Zeile der Gleichung 5-21 weiterlesen. Die „üblichen" Herleitungen des CAPM finden sich in den Abschnitten 5.3.2.2 und 5.3.2.3.

haltet eine Marktrisikoprämie in Höhe von $(E(\tilde{R}_M) - r_f)$ und einen Faktor, der die Menge des übernommenen Risikos widerspiegelt $Cov(\tilde{R}_n, \tilde{D}) : Cov(\tilde{R}_M, \tilde{D})$. Diese Bewertungsvorschrift soll im Weiteren vom SP-Modell auf das CAPM übertragen werden. Hierzu ist es zunächst erforderlich, sich einen Überblick darüber zu verschaffen, in welchen Teilen ihrer Modellannahmen beide Ansätze übereinstimmen und wo Unterschiede bestehen.

Das CAPM unterstellt einen einperiodischen Betrachtungszeitraum. Im Startzeitpunkt der Ökonomie (t = 0) sind die Wirtschaftssubjekte mit einem gegebenen Anfangsvermögen V_0 ausgestattet. Auf dem Kapitalmarkt werden N risikobehaftete Wertpapiere und darüber hinaus eine risikolose Anlagemöglichkeit gehandelt. Das Anfangsvermögen kann ausschließlich für den Erwerb von Wertpapieren, d.h. die Bildung von Portfolios eingesetzt werden. Dementsprechend interessieren sich die Wirtschaftssubjekte einzig und allein für das in t = 1 erzielbare Endvermögen $\tilde{V}_1$. Aus der Portfoliotheorie wird die Annahme übernommen, dass das Endvermögen bei beliebiger konkaver Risikonutzenfunktion einer Normalverteilung unterliegt bzw. die Risikonutzenfunktion quadratisch ist und das Endvermögen einer beliebigen Wahrscheinlichkeitsverteilung folgt. Konzentriert man sich auf den zweiten Fall, bedeutet dies, dass sich der Nutzen des Investors in Abhängigkeit des Endvermögens im Zustand s $V_{1,s}$ schreiben lässt als:[14]

$$U\left(V_{1,s}\right) = \beta \cdot V_{1,s} - \gamma \cdot V_{1,s}^2, \text{ mit } V_{1,s} \leq \frac{\beta}{2\gamma};\ \beta, \gamma > 0 \qquad \text{5-11}$$

Für den Erwartungswert des Nutzens folgt dann:

$$E\left(U\left(V_{1,s}\right)\right) = \beta \cdot \mu_V - \gamma \cdot \left(\mu_V^2 + \sigma_V^2\right) \qquad \text{5-12}$$

Dabei bezeichnet μ_V das erwartete Endvermögen und σ_V die zugehörige Standardabweichung.

Beim SP-Modell handelt es sich ebenfalls um ein einperiodisches Modell. Wie im CAPM besitzen die Wirtschaftssubjekte ein gegebenes Anfangsvermögen V_0, das sie zum Erwerb N risikobehafteter Wertpapiere und zum Kauf einer risikolosen Anlage einsetzen können. Darüber hinaus lässt der Ansatz auch eine Verwendung des Anfangsvermögens für heutigen Konsum c_0 zu. Lediglich derjenige Teil der finanziellen Mittel, der in t = 0 nicht dem Konsum zugeführt wird, dient der Bildung von Wertpapierportfolios. Rückflüsse aus der Geldanlage werden wie im CAPM am Periodenende vollständig konsumiert. Dabei werden keine Annahmen in Bezug auf die Wahrscheinlichkeitsverteilung der Rückflüsse getroffen. Die zugrunde gelegte Nutzenfunktion lautet (vgl. Gleichung 3-47 in Abschnitt 3.5.1.1):

$$U = U\left(c_0, c_{1,s}\right) \qquad \text{5-13}$$

---

[14] Im Gegensatz zur bisherigen Darstellung orientieren wir uns bei dieser Herleitung zunächst nicht an der Verteilung der Portfoliorendite am Periodenende als Maßgröße, sondern an der Höhe des Endvermögens. Ein Rückwechsel zur Rendite erfolgt später.

An ihren konkreten Verlauf werden außer im Hinblick auf Konkavität und zweimalige Differenzierbarkeit keine weiteren Anforderungen gestellt.

Der wesentliche Unterschied zwischen dem SP-Modell und dem CAPM liegt in der Ausgestaltung der Nutzenfunktion. Das CAPM kann als Spezialfall der Theorie der reinen Wertpapiere betrachtet werden, in dem die allgemeine Nutzenfunktion 3-12 durch die quadratische Nutzenfunktion 5-11 ersetzt wird. Der Nutzen hängt nicht mehr vom Konsum in t = 0 und t = 1, sondern lediglich vom Vermögen am Periodenende und den damit verbundenen Konsummöglichkeiten ab. Darüber hinaus wissen wir, dass im CAPM das Marktportfolio M eine zentrale Rolle einnimmt. Im SP-Modell kommt hingegen dem risikobehafteten Diskontfaktor eine entscheidende Bedeutung zu. Der erste Schritt in der Umformung der Gleichung 3-9 besteht daher darin, die Größe $\tilde{D}$ zu ersetzen.

Ist im SP-Modell das Kapitalmarktgleichgewicht erreicht, gilt für D_s (vgl. Gleichung 3-64 in Abschnitt 3.5.2):[15]

$$D_s = \frac{U'(c_{1,s})}{E(U'(\tilde{c}_1)) \cdot (1 + r_f)} \qquad \text{5-14}$$

Ersetzt man den Konsum in Periode 1 $c_{1,s}$ durch die Höhe des Endvermögens $V_{1,s}$ ergibt sich:[16]

$$D_s = \frac{U'(V_{1,s})}{E(U'(\tilde{V}_1)) \cdot (1 + r_f)} \qquad \text{5-15}$$

Für die weitere Herleitung unterstellen wir aus Gründen der Vereinfachung einen repräsentativen Investor. Im CAPM hält dieser im Marktgleichgewicht einen Bruchteil χ am Marktportfolio.[17] Bezeichnet $V_{1,M,s}$ den Gesamtwert des Marktportfolios zum Zeitpunkt t = 1 bei Eintritt des Zustandes s, lautet der Vermögensanteil, der dem repräsentativen Investor am Marktportfolio zusteht:

$$V_{1,s} = \chi \cdot V_{1,M,s} \qquad \text{5-16}$$

Durch Einsetzen in Gleichung 5-15 erhält man für den risikobehafteten Diskontfaktor:

$$D_s = \frac{U'(\chi \cdot V_{1,M,s})}{E(U'(\chi \cdot \tilde{V}_M)) \cdot (1 + r_f)} \qquad \text{5-17}$$

Bei dem Term in Nenner handelt es sich um eine Konstante, so dass verbleibt:

$$D_s = a_0 \cdot U'(\chi \cdot V_{1,M,s}) \text{ mit } a_0 = \frac{1}{E(U'(\chi \cdot \tilde{V}_M)) \cdot (1 + r_f)} \qquad \text{5-18}$$

---

15 Die weitere Herleitung stammt aus Franke/Hax (2003), S. 388 ff.

16 Am Ende des Betrachtungszeitraumes (t = 1) wird das gesamte Vermögen in einem Zustand s $V_{1,s}$ dem Konsum $c_{1,s}$ zugeführt. Jeder Euro Vermögen wird unmittelbar zu einem Euro Konsum. Als Zielgröße kann daher auch $V_{1,s}$ angesetzt werden.

17 Dies bedeutet nichts anderes, als dass die Ökonomie aus $1/\chi$ vollkommen identischen Investoren besteht.

Die erste Ableitung der Nutzenfunktion U' kann im CAPM genau spezifiziert werden. Aus Gleichung 5-11 folgt:

$$U'\left(V_{1,s}\right) = \beta - 2 \cdot \gamma \cdot V_{1,s} \tag{5-19}$$

Unter Beachtung der Annahme eines repräsentativen Investors kommt man zu:

$$U'\left(\chi \cdot V_{1,M,s}\right) = \beta - 2 \cdot \gamma \cdot \chi \cdot V_{1,M,s} \tag{5-20}$$

Eingesetzt in Gleichung 5-18 gilt für D_s:

$$D_s = a_0 \cdot \left(\beta - 2 \cdot \gamma \cdot \chi \cdot V_{1,M,s}\right) \tag{5-21}$$

Wir kehren nun von der absoluten Vermögenshöhe des Marktportfolios im Zustand s $V_{1,M,s}$ zur Renditeschreibweise zurück. Bezeichnet θ_M den heutigen Wert des Marktportfolios, erhält man für dessen Rendite $R_{M,s}$ im Zustand s:

$$R_{M,s} = \frac{V_{1,M,s}}{\theta_M} - 1 \Leftrightarrow V_{1,M,s} = \left(1 + R_{M,s}\right) \cdot \theta_M \tag{5-22}$$

In Gleichung 5-21 kann daher $V_{1,M,s}$ ersetzt werden. Fasst man gleichzeitig konstante Terme zusammen, verbleibt nachstehende Umformung:

$$\begin{aligned} D_s &= a_0 \cdot \left(\beta - 2 \cdot \gamma \cdot \chi \cdot \left(1 + R_{M,s}\right) \cdot \theta_M\right) \\ &= a_0 \cdot \beta - a_1 \cdot \left(1 + R_{M,s}\right) \cdot \theta_M \qquad (a_1 := 2 \cdot a_0 \cdot \gamma \cdot \chi) \\ &= a_0 \cdot \beta - a_1 \cdot \theta_M - a_1 \cdot R_{M,s} \cdot \theta_M \\ &= a_2 - a_3 \cdot R_{M,s} \qquad (a_2 := a_0 \cdot \beta - a_1 \cdot \theta_M,\ a_3 := a_1 \cdot \theta_M) \end{aligned} \tag{5-23}$$

Als Zwischenergebnis erhalten wir einen Ausdruck, in dem die Höhe des risikobehafteten Diskontfaktors im Zustand s allein von der Rendite des Marktportfolios in s und den beiden Größen a_2 und a_3 abhängt. Damit lässt sich der Term $\tilde{D}$ in Gleichung 5-10 ersetzen:

$$\begin{aligned} E\left(\tilde{R}_n\right) &= r_f + \frac{\left(E\left(\tilde{R}_M\right) - r_f\right)}{Cov\left(\tilde{R}_M, \tilde{D}\right)} \cdot Cov\left(\tilde{R}_n, \tilde{D}\right) \\ &= r_f + \frac{\left(E\left(\tilde{R}_M\right) - r_f\right)}{Cov\left(\tilde{R}_M, a_2 - a_3 \cdot \tilde{R}_M\right)} \cdot Cov\left(\tilde{R}_n, a_2 - a_3 \cdot \tilde{R}_M\right) \\ &= r_f + \frac{\left(E\left(\tilde{R}_M\right) - r_f\right)}{-a_3 \cdot Cov\left(\tilde{R}_M, \tilde{R}_M\right)} \cdot -a_3 \cdot Cov\left(\tilde{R}_n, \tilde{R}_M\right) \\ &= r_f + \frac{\left(E\left(\tilde{R}_M\right) - r_f\right)}{Var\left(\tilde{R}_M\right)} \cdot Cov\left(\tilde{R}_n, \tilde{R}_M\right) \\ &= r_f + \frac{\left(\mu_M - r_f\right)}{\sigma_M^2} \cdot \sigma_{n,M} \end{aligned} \tag{5-24}$$

Das Ziel ist erreicht: es wurde eine Bewertungsgleichung hergeleitet, die im Marktgleichgewicht des CAPM für jedes beliebige Wertpapier n die erwartete Rendite $\mu_n = E(\tilde{R}_n)$ in Abhängigkeit des bewertungsrelevanten Risikos $\sigma_{n,M}$ angibt. Es handelt sich um die sogenannte Wertpapiermarktlinie (security market line).[18]

5.3.2.2 *Ableitung des CAPM über die Steigung der Kapitalmarktlinie*

Neben der Herleitung aus dem SP-Modell lässt sich die Wertpapiermarktlinie auch auf Basis des Optimierungsproblems zum Auffinden des Tangentialportfolios, das in Abschnitt 4.5.2 analysiert wurde, bestimmen. Hierzu betrachten wir erneut den Lagrange-Ansatz aus Gleichung 4-81:

$$L = \frac{\sum_{n=1}^{N} x_n \cdot \mu_n - r_f}{\sqrt{\sum_{n=1}^{N}\sum_{m=1}^{N} x_n \cdot x_m \cdot \sigma_{n,m}}} + \lambda \cdot \left(1 - \sum_{n=1}^{N} x_n\right) \qquad \text{5-25}$$

Übertragen auf das CAPM gibt der erste Summand im Optimum die Steigung der Kapitalmarktlinie an (vgl. Gleichung 5-1):

$$\frac{\sum_{n=1}^{N} x_n^M \cdot \mu_n - r_f}{\sqrt{\sum_{n=1}^{N}\sum_{m=1}^{N} x_n^M \cdot x_m^M \cdot \sigma_{n,m}}} = \frac{\mu_M - r_f}{\sigma_M} \qquad \text{5-26}$$

Sowohl im Zähler als auch im Nenner läuft die Summation über den gesamten Bestand verfügbarer Wertpapiere (n = 1, …, N). Die gesuchten Anteile x_n^M entsprechen der Zusammensetzung von M im Kapitalmarktgleichgewicht. Man gelangt somit zur erwarteten Rendite des Marktportfolios μ_M und σ_M. Die Nebenbedingung in Gleichung 4-81 berücksichtigt, dass sich die Anteile der Wertpapiere am Marktportfolio zu Eins addieren müssen. Durch Lösen des Lagrange-Ansatzes ergab sich Gleichung 5-27:

$$\mu_n = r_f + \left(\mu_P - r_f\right) \cdot \frac{1}{\sigma_P^2} \cdot \sum_{m=1}^{N} x_m \cdot \sigma_{n,m} \qquad \text{5-27}$$

Im CAPM haben wir es nun nicht mit einem beliebigen Tangentialportfolio P zu tun, sondern mit dem Marktportfolio. Um dies zu kennzeichnen, schreiben wir für Gleichung 4-88:

$$\mu_n = r_f + \left(\mu_M - r_f\right) \cdot \frac{1}{\sigma_M^2} \cdot \sum_{m=1}^{N} x_m^M \cdot \sigma_{n,m} \qquad \text{5-28}$$

Der Summenterm auf der rechten Seite entspricht der gewichteten Kovarianz der Rendite der Aktie n mit allen anderen N – 1 Aktien des Marktes und mit sich selber, wobei die Gewichtungsfaktoren den Anteilen der Aktien am Marktportfolio entsprechen. Aus Gleichung 5-8 ist bekannt, dass sich dafür schreiben lässt:

$$\sum_{m=1}^{N} x_m^M \cdot \sigma_{n,m} = \sigma_{n,M} \qquad \text{5-29}$$

---

18 Die Ableitung der Wertpapiermarktlinie aus dem SP-Modell kann auch erfolgen, wenn man von einer beliebigen konkaven Nutzenfunktion und normal verteilten Renditen des Marktportfolios ausgeht. Vgl. hierzu Franke/Hax (2003), S. 389 f.

Setzt man dies in Gleichung 5-23 ein, ergibt sich wiederum der bereits bekannte funktionale Zusammenhang der Wertpapiermarktlinie:

$$\mu_n = r_f + \frac{\left(\mu_M - r_f\right)}{\sigma_M^2} \cdot \sigma_{n,M}$$

5.3.2.3 *Ableitung des CAPM über die Tangentialbedingung*

Die Kapitalmarktlinie und die Randportfoliolinie besitzen im Tangentialpunkt eine identische Steigung. Diese Erkenntnis kann man sich zu Nutze machen, um die Wertpapiermarktlinie auf eine dritte Art und Weise herzuleiten.[19] Aus der Gleichung der Kapitalmarktlinie (vgl. Gleichung 5-1)

$$\mu_P = r_f + \frac{\mu_M - r_f}{\sigma_M} \cdot \sigma_P \qquad 5\text{-}30$$

ergibt sich die Steigung im μ-σ-Diagramm:

$$\frac{\partial \mu_P}{\partial \sigma_P} = \frac{\mu_M - r_f}{\sigma_M} \qquad 5\text{-}31$$

Die Steigung der Randportfoliolinie lässt sich – vom 2-Wertpapier-Fall abgesehen – nicht durch einfache Differentiation bestimmen, da für sie keine Funktion der Form $\mu_P = \mu_P(\sigma_P)$ existiert.[20] Um dennoch über einen Umweg an den gewünschten Zusammenhang zu gelangen, betrachten wir ein Portfolio P**, das zu x_n Anteilen aus der Aktie n und zu $1 - x_n$ Anteilen aus dem Marktportfolio besteht. Das Wertpapier n ist damit sowohl zu einem Anteil von x_n^M im Marktportfolio enthalten, als auch zu x_n in der Mischung aus M und der Aktie n selber. Rendite und Risiko des so gebildeten Portfolios betragen:

$$\begin{aligned} \mu_{P^{**}} &= x_n \cdot \mu_n + \left(1 - x_n\right) \cdot \mu_M \\ \sigma_{P^{**}} &= \left(x_n^2 \cdot \sigma_n^2 + \left(1 - x_n\right)^2 \cdot \sigma_M^2 + 2 \cdot x_n \cdot \left(1 - x_n\right) \cdot \sigma_n \cdot \sigma_m \cdot k_{n,M}\right)^{0,5} \end{aligned} \qquad 5\text{-}32$$

Befindet sich der Kapitalmarkt im Gleichgewicht, darf die Aktie n ausschließlich im Marktportfolio enthalten sein, ihr Anteil an P** hingegen muss $x_n = 0$ betragen. Unter dieser Voraussetzung kann die Steigung der Randportfoliolinie im Punkt M bestimmt werden:

$$\left.\frac{\partial \mu_{P^{**}} / \partial x_n}{\partial \sigma_{P^{**}} / \partial x_n}\right|_{x_n = 0} = \frac{\partial \mu_{P^{**}}}{\partial \sigma_{P^{**}}} \qquad 5\text{-}33$$

---

[19] Vgl. Sharpe (1964), S. 438, Fußnote 22.

[20] Dieses Problem wurde im Abschnitt 4.3.2.2 erörtert.

Es folgt:

$$\left.\frac{\partial \mu_{P^{**}}}{\partial x_n}\right|_{x_n=0} = \mu_n - \mu_M \qquad \left.\frac{\partial \sigma_{P^{**}}}{\partial x_n}\right|_{x_n=0} = \frac{\sigma_{n,m} - \sigma_M^2}{\sigma_M}$$

$$\Rightarrow \left.\frac{\partial \sigma_{P^{**}}}{\partial \mu_{P^{**}}}\right|_{x_n=0} = \frac{\mu_n - \mu_M}{\frac{\sigma_{n,m} - \sigma_M^2}{\sigma_M}} \tag{5-34}$$

Im Tangentialpunkt muss diese Steigung mit der Steigung der Kapitalmarktlinie übereinstimmen. Eine weitere Umformung führt zur Wertpapiermarktlinie:

$$\frac{\mu_n - \mu_M}{\frac{\sigma_{n,m} - \sigma_M^2}{\sigma_M}} = \frac{\mu_M - r_f}{\sigma_M} \Leftrightarrow \mu_n = \frac{\mu_M - r_f}{\sigma_M^2} \cdot \left(\sigma_{n,M} - \sigma_M^2\right) + \mu_M$$

$$\Leftrightarrow \mu_n = r_f + \frac{\left(\mu_M - r_f\right)}{\sigma_M^2} \cdot \sigma_{n,M} \tag{5-35}$$

5.3.3 Bedeutung der Wertpapiermarktlinie und Beta-Schreibweise

Die Wertpapiermarktlinie (WML) gibt für einen beliebigen Finanztitel n an, welche Rendite μ_n ein Investor erwarten kann, wenn er das mit dem Wertpapier verbundene Kovarianzrisiko $\sigma_{n,M}$ übernimmt. Im Gegensatz zur Kapitalmarktlinie ist die Anwendung der WML nicht auf effiziente Portfolios beschränkt. Sie besitzt vielmehr sowohl für Einzeltitel als auch für nicht effiziente Portfolios Gültigkeit. Dabei wird stets vorausgesetzt, dass der Investor den risikobehafteten Anteil seines Vermögens V_0 in das Marktportfolio investiert hat. Dann und nur dann ist das Kovarianzrisiko $\sigma_{n,M}$ das geeignete Maß für das Risiko des Wertpapiers n.

$$\underbrace{\mu_n}_{\text{erwartete Wertpapierrendite}} = \underbrace{r_f}_{\text{risikoloser Zinssatz}} + \overbrace{\underbrace{\frac{\mu_M - r_f}{\sigma_M^2}}_{\text{Risikoprämie pro Mengeneinheit Marktrisiko}} \cdot \underbrace{\sigma_{n,M}}_{\text{Risikomenge}}}^{\text{titelspezifischer Risikozuschlag}}$$

Abbildung 5-3: Gleichung der Wertpapiermarktlinie

Werfen wir einen genaueren Blick auf die Zusammensetzung der Gleichung der WML (vgl. Abbildung 5-3). Die erwartete Rendite eines Finanztitels n besteht zunächst aus der risikolosen Grundverzinsung r_f. Das übernommene Risiko wird durch einen Risikozuschlag auf r_f berücksichtigt. Dieser Zuschlag setzt sich zusammen aus einer vom konkreten Wertpapier unabhängigen Risikoprämie pro Einheit übernommenen Marktrisikos $(\mu_M - r_f) : \sigma_M^2$ und einer Angabe über die Menge der mit dem Wertpapier n verbundenen Anzahl an Risikoeinheiten $\sigma_{n,M}$.

Da die Risikoprämie für sämtliche Wertpapiere eines Kapitalmarktes identisch ist, wird sie auch als Marktpreis des Risikos (market price of risk) bezeichnet und entspricht der Steigung der WML (vgl. Abbildung 5-4). Im CAPM wird somit ein linearer Zusammenhang zwischen dem Risikomaß $\sigma_{n,M}$ und der erwarteten Rendite μ_n postuliert. Die Bewertungsgleichung unterscheidet sich für unterschiedliche Finanztitel einzig in der Größe $\sigma_{n,M}$. Sie kann – wie später noch zu zeigen sein wird – für einzelne Wertpapiere gemessen werden, so dass es (zumindest theoretisch) keine Probleme bereitet, die Gleichgewichtsrendite zu bestimmen.

In Abhängigkeit der Ausprägung von $\sigma_{n,M}$ kann die Wirkung der Risikoprämie auf die erwartete Rendite μ_n anschaulich interpretiert werden. Eine Aktie, die eine Kovarianz mit dem Markt von Null ($\sigma_{n,M} = 0$) aufweist, bietet einem Investor lediglich eine Verzinsung in Höhe der risikolosen Rendite. Der zweite Summand auf der rechten Seite der Gleichung ist Null. In der Logik des CAPM muss dies auch zwingend der Fall sein: die Hinzufügung einer solchen Aktie zu M lässt σ_M unverändert. Der Anleger erhält daher keine zusätzliche Risikoprämie.

Im Standardfall positiver Kovarianzen ($\sigma_{n,M} > 0$) leistet eine Aktie einen positiven Beitrag zum Risiko des Marktportfolios. Sie besitzt ein nicht diversifizierbares

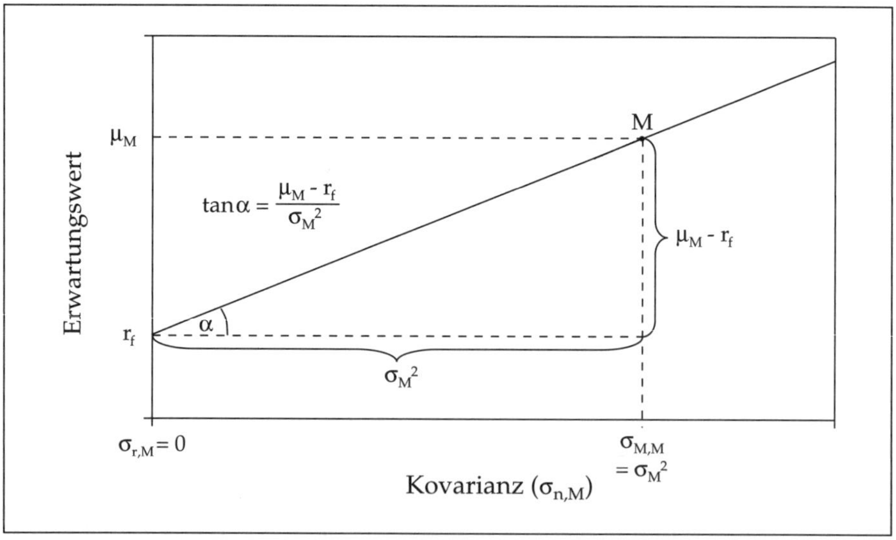

Abbildung 5-4: Grafische Darstellung der Wertpapiermarktlinie

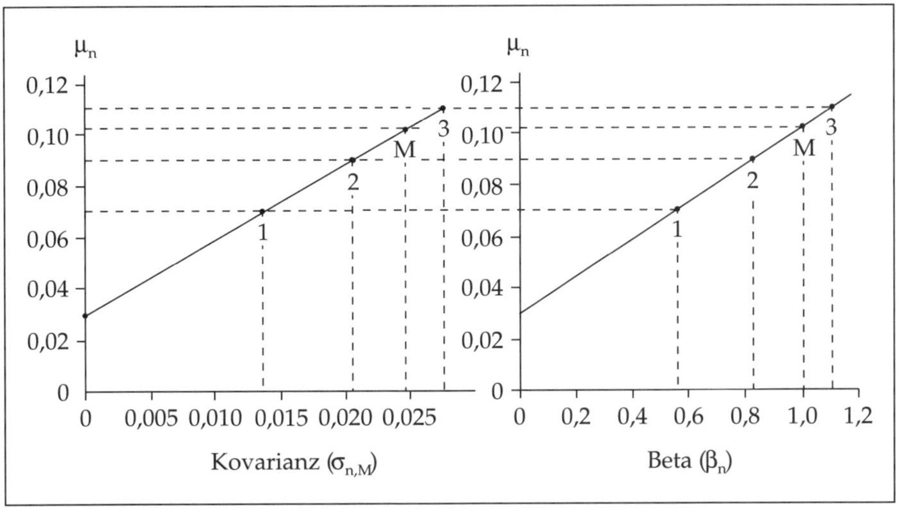

Abbildung 5-5: Vergleich von Kovarianz und Beta-Faktor

Risiko. Dieses wird im CAPM vergütet und äußert sich in einer positiven Risikoprämie auf r_f.

Schließlich ist noch der Fall denkbar, dass ein Wertpapier das Risiko des Marktportfolios reduziert ($\sigma_{n,M} < 0$). Die zu erwartende Rendite μ_n fällt dann unter die risikolose Verzinsung.

Neben der Kovarianzschreibweise der WML existiert eine weitere Möglichkeit, die Rendite-Risiko-Beziehung im Kapitalmarktgleichgewicht darzustellen. Es handelt sich um die sogenannte Beta-Form der WML:

$$\mu_n = r_f + \left(\mu_M - r_f\right) \cdot \beta_n \qquad \text{mit } \beta_n = \frac{\sigma_{n,M}}{\sigma_M^2} \tag{5-36}$$

Beim Beta-Faktor β_n handelt es sich um ein relatives Risikomaß. Er setzt das Kovarianzrisiko einer Aktie n $\sigma_{n,M}$ ins Verhältnis zur Varianz des Gesamtmarktes σ_M^2. Der Beta-Faktor der risikolosen Anlage beträgt wegen $\sigma_{rf,M} = 0$ Null. Das Marktportfolio weist einen Beta-Faktor von Eins auf ($\beta_M = \sigma_{M,M} : \sigma_M^2 = 1$). Eine grafische Veranschaulichung der beiden Sichtweisen der WML zeigt Abbildung 5-5.

5.3.4 Zahlenbeispiel

Zur Verdeutlichung der Zusammenhänge im CAPM wollen wir ein ausführliches Beispiel betrachten. Gegeben sei ein Kapitalmarkt, auf dem drei Aktien gehandelt werden.[21] Darüber hinaus steht eine risikolose Anlage r_f zur Verfügung. Die notwendige Datengrundlage für Renditen, Risiken und Kovarianzen im Kapitalmarktgleichgewicht fasst Abbildung 5-6 zusammen.

[21] Wir ziehen erneut die drei Wertpapiere aus dem 4. Kapitel heran.

Rendite-Risiko-Matrix

	μ	σ
Aktie 1	0,07	0,15
Aktie 2	0,09	0,20
Aktie 3	0,11	0,18

Varianz-Kovarianz-Matrix

	Aktie 1	Aktie 2	Aktie 3
Aktie 1	0,0225	0,0105	0,0135
Aktie 2	0,0105	0,040	0,0162
Aktie 3	0,0135	0,0162	0,0324

risikoloser Zinssatz: $r_f = 0,03$

Abbildung 5-6: Beispieldaten

Als Erstes ist die Zusammensetzung des Marktportfolios zu bestimmen. Hierzu kann auf dieselbe Vorgehensweise zurückgegriffen werden, die in Abschnitt 4.5.2 zur Berechnung des Tangentialportfolios im Markowitz-Modell zur Anwendung kam. Da die Datengrundlage identisch ist, kann das bereits ermittelte Ergebnis übernommen werden. Das Marktportfolio enthält bei einem risikolosen Zinssatz von 3 % die Aktien in folgenden Anteilen: $x_1^M = 0,0899$, $x_2^M = 0,2041$ und $x_3^M = 0,7060$. In Matrixschreibweise folgt für Rendite und Risiko des Marktportfolios (Gleichung 5-37):

$$\mu_M = \left[\underline{x}^M\right]^T \cdot \underline{\mu} = (0,0899 \quad 0,2041 \quad 0,7060) \cdot \begin{pmatrix} 0,07 \\ 0,09 \\ 0,11 \end{pmatrix} = 0,1023$$

$$\sigma_M = \left(\left[\underline{x}^M\right]^T \cdot \underline{\underline{VCV}} \cdot \underline{x}^M\right)^{0,5}$$

$$= \left((0,0899 \quad 0,2041 \quad 0,7060) \cdot \begin{pmatrix} 0,0225 & 0,0105 & 0,0135 \\ 0,0105 & 0,0400 & 0,0162 \\ 0,0135 & 0,0162 & 0,0324 \end{pmatrix} \cdot \begin{pmatrix} 0,0899 \\ 0,2041 \\ 0,7060 \end{pmatrix}\right)^{0,5} = 0,1574$$

Dabei bezeichnet $[\underline{x}^M]^T = (x_1^M, x_2^M, x_3^M)$ den Vektor der Marktportfolioanteile, $\underline{\mu}$ den Vektor der Wertpapierrenditen und $\underline{\underline{VCV}}$ die Varianz-Kovarianz-Matrix.

Durch Einsetzen in die Gleichung der Kapitalmarktlinie gelangt man zum Rendite-Risiko-Zusammenhang für effiziente Portfolios (vgl. Abbildung 5-7):

$$\mu_P = r_f + \frac{\mu_M - r_f}{\sigma_M} \cdot \sigma_P = 0,03 + \frac{0,1023 - 0,03}{0,1574} \cdot \sigma_P = 0,03 + 0,4593 \cdot \sigma_P \qquad \text{5-38}$$

Wie aus Abbildung 5-7 hervorgeht, liegen die drei Aktien unterhalb der Kapitalmarktlinie. Da sie im Gegensatz zu einer Mischung aus M und der risikolosen Anlage nicht effizient sind, erreichen sie bei dem mit ihnen verbundenen Risiko durchweg geringere Renditen als ein effizientes Portfolio.

Betrachten wir diesen Zusammenhang genauer am Beispiel der Aktie 1. Sie weist eine Standardabweichung von $\sigma_1 = 0,15$ auf. Ein effizientes Portfolio mit diesem

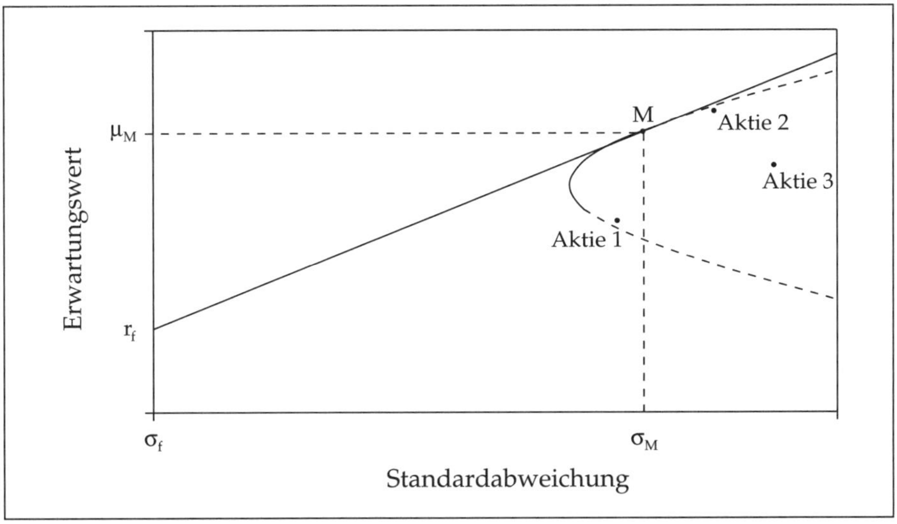

Abbildung 5-7: Kapitalmarktlinie im 3-Wertpapier-Fall

Risiko führt gemäß der Kapitalmarktlinie zu einer Rendite von $\mu_P = 0{,}03 + 0{,}4593 \cdot 0{,}15 = 0{,}0989$. Aktie 1 hingegen bietet dem Investor nur eine Rendite von 0,07. Der Grund hierfür ist uns bereits bekannt: im CAPM wird dem Investor nicht das gesamte mit einem Wertpapier verbundene Risiko σ_n vergütet, sondern nur der systematische Anteil bzw. das Kovarianzrisiko $\sigma_{n,M}$.

Effiziente Portfolios enthalten ausschließlich systematische Risiken und sind daher auf der Kapitalmarktlinie abgetragen. Die drei Aktien weisen hingegen auch unsystematische Risikobestandteile auf. Von besonderem Interesse für die weiteren Überlegungen ist daher, welchen Beitrag die drei Wertpapiere zum Risiko des Marktportfolios leisten.

Aus den Gleichungen 5-7 bis 5-9 ist bekannt, dass dieser Beitrag der Kovarianz einer Aktie n mit dem Marktportfolio gewichtet mit dem Anteil dieser Aktie an M entspricht:

$$Risikobeitrag\ Aktie\ n\ zu\ M = x_n^M \cdot \sigma_{n,M} = x_n^M \cdot \sum_{m=1}^{N} x_m^M \cdot \sigma_{n,m} \qquad \text{5-39}$$

Damit folgt für die Aktien 1 bis 3:

$$\begin{aligned} x_1^M \cdot \sigma_{1,M} &= 0{,}0899 \cdot (0{,}0899 \cdot 0{,}0225 + 0{,}2041 \cdot 0{,}0105 + 0{,}7060 \cdot 0{,}0135) \\ &= 0{,}0899 \cdot 0{,}0136968 = 0{,}001231 \\ x_2^M \cdot \sigma_{2,M} &= 0{,}2041 \cdot (0{,}0899 \cdot 0{,}0105 + 0{,}2041 \cdot 0{,}0400 + 0{,}7060 \cdot 0{,}0162) \\ &= 0{,}2041 \cdot 0{,}02054515 = 0{,}004193 \\ x_3^M \cdot \sigma_{3,M} &= 0{,}7060 \cdot (0{,}0899 \cdot 0{,}0135 + 0{,}2041 \cdot 0{,}0162 + 0{,}7060 \cdot 0{,}0324) \\ &= 0{,}7060 \cdot 0{,}02739447 = 0{,}019340 \end{aligned}$$

Durch Einsetzen der Werte $\sigma_{1,M}$, $\sigma_{2,M}$ und $\sigma_{3,M}$ in die WML gelangt man wieder zur Rendite der drei Aktien im Kapitalmarktgleichgewicht:

$$\mu_1 = r_f + \frac{E(R_M) - r_f}{\sigma_M^2} \cdot \sigma_{1,M} = 0{,}03 + \frac{0{,}1023 - 0{,}03}{0{,}1574^2} \cdot 0{,}0136968$$

$$= 0{,}03 + 2{,}91829 \cdot 0{,}0136968 = 0{,}07$$

$$\mu_2 = 0{,}03 + 2{,}91829 \cdot 0{,}02054515 = 0{,}09$$

$$\mu_3 = 0{,}03 + 2{,}91829 \cdot 0{,}02739447 = 0{,}11$$

An dieser Stelle wird der Zusammenhang zwischen Rendite und Risiko im CAPM unmittelbar deutlich. Aktie 2 besitzt zwar mit $\sigma_2 = 0{,}2$ das höchste Gesamtrisiko der drei Wertpapiere, weist aber mit $\sigma_{2,M} = 0{,}02054515$ nur das zweithöchste Kovarianzrisiko mit dem Markt auf. Investoren erhalten im CAPM aber allein für die Übernahme des Kovarianzrisikos eine Prämie. Der unsystematische Teil des Gesamtrisikos wird nicht vergütet. Daher bietet Wertpapier 3 mit $\sigma_{3,M} = 0{,}02739447$ auch den höchsten Erwartungswert der Rendite. Sein Erwerb beinhaltet eine Übernahme hoher, nicht diversifizierbarer Kovarianzrisiken (vgl. Abbildung 5-8).

Um die Aufteilung des Gesamtrisikos σ_n auf das systematische und das unsystematische Risiko vorzunehmen, kann man sich des nachfolgenden Zusammenhangs bedienen:

$$\sigma_n = \frac{\sigma_{n,M}}{\sigma_M} + \left(\sigma_n - \frac{\sigma_{n,M}}{\sigma_M} \right) \qquad 5\text{-}40$$

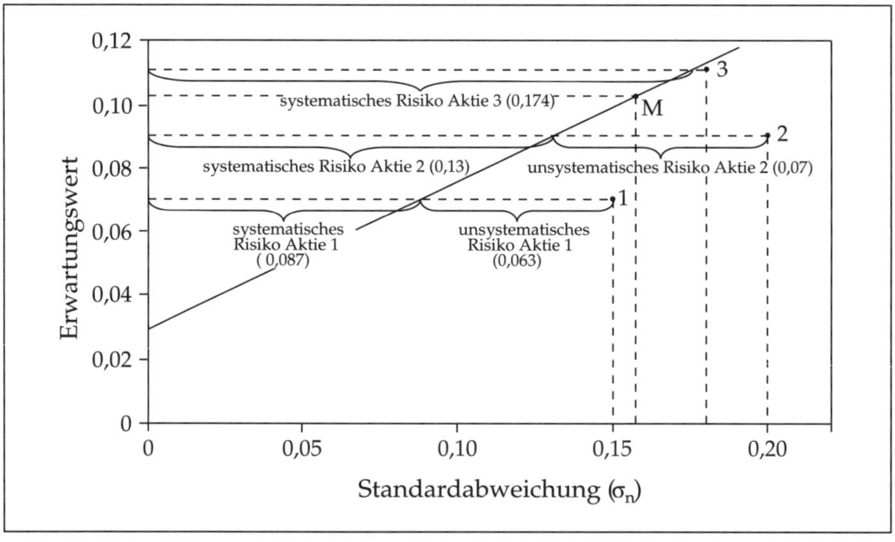

Abbildung 5-8: Grafische Aufteilung systematischer und unsystematischer Risiken mit der Wertpapiermarktlinie

Wertpapier	Aktie 1	Aktie 2	Aktie 3
unsystematisches Risiko	0,063	0,070	0,006
systematisches Risiko	0,087	0,130	0,174
Gesamtrisiko	0,15	0,20	0,18

Abbildung 5-9: Analytische Aufteilung des Gesamtrisikos in systematisches und unsystematisches Risiko

Der erste Summand umfasst das systematische Risiko, der Term in Klammern gibt die Höhe des unsystematischen Risikos wieder. Für Aktie 1 gilt beispielsweise:

$$\begin{aligned} 0{,}15 &= \frac{0{,}0136968}{0{,}1574} + \left(0{,}15 - \frac{0{,}0136968}{0{,}1574}\right) \\ &= 0{,}087 + 0{,}063 \end{aligned}$$

Das Ergebnis für alle drei Aktien fasst Abbildung 5-9 zusammen.

Wir können nun die Kovarianzen der Aktien mit dem Markt heranziehen, um das Risiko des Marktportfolios mittels Gleichung 5-9 zu berechnen, anstatt die bedeutend aufwändigere Form aus Gleichung 5-37 heranzuziehen:

$$\begin{aligned} \sigma_M &= \left(x_1^M \cdot \sigma_{1,M} + x_2^M \cdot \sigma_{2,M} + x_3^M \cdot \sigma_{3,M}\right)^{0,5} \\ &= \left(0{,}0899 \cdot 0{,}0136968 + 0{,}2041 \cdot 0{,}02054515 + 0{,}7060 \cdot 0{,}02739447\right)^{0,5} \\ &= 0{,}1574 \end{aligned}$$

Es ist zu beachten, dass dieser Zusammenhang für das Risiko einzig und allein für das Marktportfolio gilt. Die Gleichung darf nicht herangezogen werden, um die Standardabweichung beliebiger, nicht effizienter Portfolios zu berechnen. Sie vernachlässigt nämlich das unsystematische Risiko, das sämtliche Portfolios aufweisen, die von M abweichen.

In den Beta-Faktoren werden die mit den Aktien verbundenen, unterschiedlichen Risikopositionen noch deutlicher:

$$\beta_1 = \frac{\sigma_{1,M}}{\sigma_M^2} = \frac{0{,}0136968}{0{,}1574^2} = 0{,}55; \quad \beta_2 = 0{,}83; \quad \beta_3 = 1{,}11$$

Der Risikozuschlag, den das CAPM für die Aktie 3 auf die risikolose Verzinsung vorsieht ist mit $(E(R_M) - r_f) \cdot 1{,}11$ doppelt so hoch wie der Zuschlag für Aktie 1 mit $(E(R_M) - r_f) \cdot 0{,}55$.

Abbildung 5-10 zeigt den Verlauf von Kapitalmarktlinie und Wertpapiermarktlinie in direktem Vergleich. Zu beachten ist, dass die Kapitalmarktlinie im μ_n-σ_n-Raum definiert ist. Auf der Abszisse ist das mit einem Wertpapier verbundene Gesamtrisiko abgetragen. Die WML hingegen verläuft im μ_n-$\sigma_{n,M}$-Raum. Hier zeigt die Abszisse folglich ausschließlich das bewertungsrelevante Risiko an.

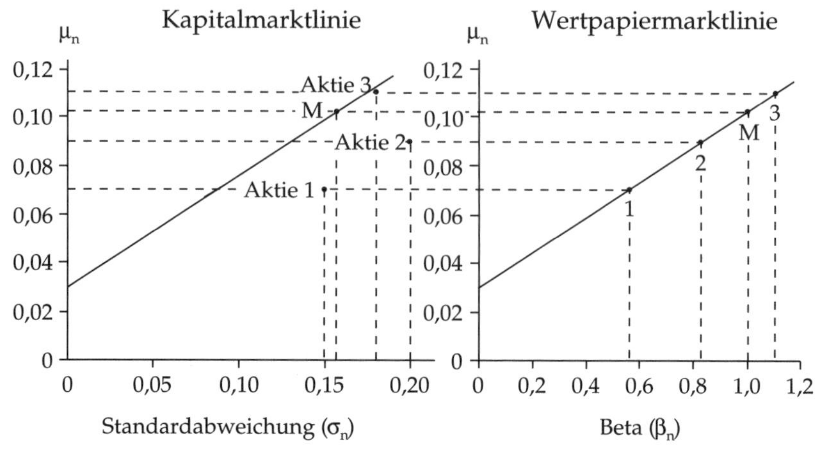

Abbildung 5-10: Vergleich von Kapitalmarktlinie und Wertpapiermarktlinie

Daher können auf der WML nicht nur effiziente Portfolios liegen, sondern auch nicht effiziente Wertpapiermischungen und einzelne Finanztitel.

5.4 Empirische Ermittlung des Beta-Faktors mit Hilfe des Marktmodells

5.4.1 Das CAPM in ex ante- und ex post-Version

Mit den Gleichungen 5-35 und 5-36 haben wir den zentralen Zusammenhang zwischen dem Risiko eines Wertpapiers und der im Marktgleichgewicht erzielbaren Rendite hergeleitet. Es handelt sich dabei um die sogenannte ex ante-Version des CAPM. Zur Verdeutlichung dieser Bezeichnung werfen wir erneut einen Blick auf die WML in Beta-Schreibweise:

$$\mu_n = r_f + \left(\mu_M - r_f\right) \cdot \beta_n$$

Bei der Größe μ_n handelt es sich um die mit dem Wertpapier n verbundene Rendite, die ein Investor für die kommende Periode *erwarten* kann. Zu ihrer Bestimmung werden Informationen über die Höhe des zukünftigen Beta-Faktors β_n, die zukünftige Marktrendite μ_M und die risikolose Verzinsung r_f benötigt. Die ex ante-Version des CAPM stellt somit allein auf nicht beobachtbare Eingangsgrößen ab. Sowohl β_n als auch μ_M und r_f können erst nach Ablauf der Periode bestimmt werden. Vom Betrachtungszeitpunkt t = 0 aus gesehen handelt es sich um Verteilungsparameter, die sich einer direkten Messbarkeit entziehen.[22]

Um das CAPM anwenden zu können, müssen die benötigten Eingangsdaten mit Hilfe eines geeigneten Verfahrens geschätzt werden. Hierzu wird das ex ante-

[22] Vgl. Spremann (1996), S. 547.

Modell in eine ex post-Variante überführt, die es erlaubt, historische Daten zur Schätzung der unbekannten Parameter heranzuziehen. In der ex post-Version lautet das CAPM:

$$r_{-t,n} = r_{f,-t} + \left(r_{-t,M} - r_{-t,f}\right) \cdot \beta_n + \varepsilon_{-t,n} \qquad 5\text{-}41$$

Die vor -t Perioden beobachtete Rendite des Wertpapiers n $r_{-t,n}$ setzt sich zusammen aus dem risikolosen Zinssatz zum selben Zeitpunkt $r_{-t,f}$ und dem Risikozuschlag $(r_{-t,M} - r_{-t,f}) \cdot \beta_n$. In $r_{-t,M}$ kommt die beobachtete Rendite des Marktportfolios zum Ausdruck. $\varepsilon_{-t,n}$ umfasst eine nicht beobachtbare Störgröße mit $E(\varepsilon_{-t,n}) = 0$.

Die Störgröße sagt aus, dass der von der ex ante-Version des CAPM postulierte lineare Zusammenhang zwischen Rendite und Risiko in der ex post-Version nur noch im Mittel gilt. Kommen historische Daten zur Schätzung des Modells zum Einsatz, wird die lineare Beziehung von $\varepsilon_{-t,n}$ überlagert. Durch Umformung der Gleichung 5-41 folgt:

$$r_{-t,n} - r_{-t,f} = \left(r_{-t,M} - r_{-t,f}\right) \cdot \beta_n + \varepsilon_{-t,n} \qquad 5\text{-}42$$

Die Betrachtung der Gesamtrendite $r_{-t,n}$ in Gleichung 5-41 wird zugunsten einer Fokussierung auf die Überrendite des Finanztitels n über die risikolose Verzinsung $(r_{-t,n} - r_{-t,f})$ aufgegeben. Auf diese Weise kann die ex post-Version des CAPM zum sogenannten Marktmodell umgeformt werden:

$$\begin{aligned} &\breve{r}_{-t,n} = \alpha_n + \beta_n \cdot \breve{r}_{-t,M} + \varepsilon_{-t,n} \\ &\text{mit } \breve{r}_{-t,n} = r_{-t,n} - r_{-t,f} \\ &\qquad \breve{r}_{-t,M} = r_{-t,M} - r_{-t,f} \end{aligned} \qquad 5\text{-}43$$

Das Marktmodell erklärt die Überrendite des Wertpapiers n $\breve{r}_{-t,n}$ mit Hilfe der Überrendite des Marktportfolios $\breve{r}_{-t,M}$ sowie der Größen α_n, β_n und $\varepsilon_{-t,n}$. Es werden folgende Annahmen getroffen, wobei $-t = -1, \ldots, -T$ eine vorliegende Messreihe historischer Daten umfasst:[23]

$$\begin{aligned} &E\left(\varepsilon_{-t,n}\right) = 0 && t = 1,\ldots,T \\ &Var\left(\varepsilon_{-t,n}\right) = E\left(\varepsilon^2_{-t,n}\right) = \sigma^2_\varepsilon && t = 1,\ldots,T \\ &Var\left(\breve{r}_{-t,n}\right) = \sigma^2_M && t = 1,\ldots,T \\ &Cov\left(\varepsilon_{-t,n}, \breve{r}_{-t,M}\right) = 0 && t = 1,\ldots,T \\ &Cov\left(\varepsilon_n, \varepsilon_m\right) = 0 && n = 1,\ldots,N \end{aligned} \qquad 5\text{-}44$$

Für $\alpha_n = 0$ geht das Marktmodell in die ex post-Variante des CAPM über.

5.4.2 Rendite und Risiko von Einzelwertpapieren im Marktmodell

Gemäß dem Marktmodell hängt die Überrendite $\breve{r}_{-t,n}$ einer Aktie von drei Komponenten ab. Zum einen umfasst sie einen vom Gesamtmarkt unabhängigen, nur

[23] Vgl. Elton et al. (2007), S. 134 f.

das betrachtete Wertpapier n betreffenden Bestandteil α_n. Zum anderen geht in die Überrendite eine universell gültige Marktkomponente $\check{r}_{-t,M}$ ein, die mit einem Sensitivitätsmaß β_n, das wiederum titelspezifisch ist, multipliziert wird.[24] Das Sensitivitätsmaß gibt an, wie stark der Einfluss von $\check{r}_{-t,M}$ auf $\check{r}_{-t,n}$ ist.

Im Marktmodell reichen diese beiden Komponenten aber noch nicht aus, um die Überrenditen vollständig zu erklären. Da es sich nicht um ein perfektes Modell handelt, das sämtliche relevanten Einflüsse in α_n und $\check{r}_{-t,M} \cdot \beta_n$ erschöpfend beachtet, müssen Teile der Überrendite $\check{r}_{-t,n}$, die nicht auf die ersten beiden Summanden zurückgeführt werden können, durch eine titelspezifische Störquelle $\varepsilon_{-t,n}$ erklärt werden. Damit aber der im Marktmodell dargestellte Zusammenhang zumindest im Mittel als korrekt unterstellt werden kann, ist es erforderlich, dass der Störterm $\varepsilon_{-t,n}$ keinen systematischen Einfluss auf die Überrendite ausübt. In den Annahmen 5-44 wird dieser Anforderung durch $E(\varepsilon_{-t,n}) = 0$ Rechnung getragen.

Durch Bildung des Erwartungswertes über Gleichung 5-43 ergibt sich unter Vernachlässigung des Zeitindex:

$$E(\breve{r}_n) = \alpha_n + \beta_n \cdot E(\breve{r}_M) \qquad \text{5-45}$$

Sowohl bei α_n als auch bei β_n handelt es sich um Konstanten. Ihr Erwartungswert entspricht den Konstanten selber. Der Störterm fällt wegen $E(\varepsilon_{-t,n}) = 0$ aus der Gleichung heraus.

Auf Basis der Gleichung 5-45 wird eine zentrale Annahme des Marktmodells sichtbar: die erwartete Überrendite des Wertpapiers n setzt sich additiv aus der titelspezifischen Komponente α_n und dem Produkt $\beta_n \cdot E(\check{r}_{-t,M})$ zusammen. Dieses wiederum ergibt sich – wie bereits oben beschrieben – aus der erwarteten universellen Überrendite des Marktportfolios und dem titelspezifischen Beta-Faktor.

Für die Varianz der Überrendite einer Aktie gilt nach dem Marktmodell:

$$\begin{aligned} Var(\breve{r}_n) &= Var(\alpha_n + \beta_n \cdot \breve{r}_M + \varepsilon_n) \\ &= Var(\beta_n \cdot \breve{r}_M) + Var(\varepsilon_n) \\ &= \beta_n^2 \cdot \sigma_M^2 + \sigma_\varepsilon^2 = \sigma_n^2 \end{aligned} \qquad \text{5-46}$$

Die zweite Umformung folgt unmittelbar aus der Annahme, dass die Kovarianz zwischen dem Störterm und der Überrendite des Marktes Null betragen soll: $Cov(\varepsilon_n, \check{r}_M) = 0$.

Wie die erwartete Rendite bildet sich auch die Varianz aus zwei Bestandteilen. Das Produkt $\beta_n^2 \cdot \sigma_M^2$ erfasst das systematische Risiko des Finanztitels n. Durch den quadrierten Beta-Faktor wird angegeben, wie stark die Varianz des Marktportfolios auf die Varianz σ_n^2 durchschlägt. In σ_ε^2 ist das unsystematische Risiko des Wertpapiers n enthalten. Es ist unabhängig von den Renditeschwankungen des Marktportfolios und ergibt sich allein aus der titelspezifischen Störgröße ε_n.

[24] Wie wir gleich sehen werden ist das Sensitivitätsmaß β_n im Marktmodell ein Schätzwert für den Beta-Faktor im CAPM.

Wie kann nun das Marktmodell eingesetzt werden, um die gesuchten Größen im CAPM mit Hilfe historischer Daten zu ermitteln? Betrachtet man das Marktmodell 5-43 und die dazugehörigen Annahmen 5-44 genauer, stellt man fest, dass es sich um ein einfaches, lineares Regressionsmodell handelt.[25] Die Überrendite des Wertpapiers n (d.h. die zu erklärende Größe) wird mit Hilfe der Überrendite des Marktportfolios als einziger erklärender Größe beschrieben. Da dieser Erklärungszusammenhang nicht perfekt ist, wird zusätzlich der Störterm ε_n aufgenommen. Sofern historische Zeitreihen für die Aktienkursrendite $r_{-t,n}$, den risikolosen Zinssatz $r_{-t,f}$ und die Rendite des Marktportfolios $r_{-t,M}$ vorliegen, können mit Hilfe des Verfahrens der kleinsten Quadrate Schätzwerte für α_n und β_n angegeben werden. Wie hierbei vorzugehen ist, soll der folgende Abschnitt näher beleuchten.

5.4.3 Ermittlung des Beta-Faktors durch einfache lineare Regression

5.4.3.1 Anwendungsbeispiel

Als Datengrundlage für die Durchführung der Regressionsanalyse habe ein Investor während der vergangenen 2 Jahre die in Abbildung 5-11 wiedergegebenen Beobachtungen für den risikolosen Zinssatz, die Rendite einer Aktie 5 und die Rendite des Marktportfolios gesammelt. Es handelt sich jeweils um Monatsgrößen, so dass insgesamt 24 Werte pro Zeitreihe zur Verfügung stehen.[26] Das Marktmodell erfordert es, dass die Renditen der Aktie und des Marktportfolios zunächst um die risikolose Verzinsung vermindert werden, um so zu den zugehörigen Überrenditen zu gelangen. Auch diese finden sich in Abbildung 5-11.[27]

Um das Marktmodell in Gleichung 5-43 zu schätzen, ist durch die Punktwolke der gemeinsamen Realisationen aus Überrendite des Marktes und Überrendite der Aktie eine Gerade so zu legen, dass die Summe der quadrierten Abstände zwischen dieser Geraden und den Datenpunkten minimal wird. Die Vorgehensweise veranschaulicht Abbildung 5-12.

Auf der Abszisse sind die monatlichen Renditen des Marktportfolios (erklärende Variable) und auf der Ordinate die monatlichen Renditen der Aktie 5 (zu erklärende Variable) angegeben. Der vertikale Abstand zwischen der eingezeichneten Regressionsgeraden und den Datenpunkten bezeichnet die Residuen $\varepsilon_{-t,n}$. Abhängig davon, ob der Datenpunkt oberhalb oder unterhalb der Geraden liegt, können die Realisationen größer oder kleiner als Null sein. Um zu verhindern, dass es bei einer Summierung dieser Abstände aufgrund von Vorzeichenunter-

---

25 Vgl. Poddig et al. (2008), S. 269 f.

26 Die Frage, wieso gerade Monatsrenditen zum Einsatz kommen, und wie die Rendite und damit die Zusammensetzung des Marktportfolios zu bestimmen ist, soll an dieser Stelle zunächst ausgeblendet werden. Auf die praktischen Probleme, die mit der Datenerhebung und -verarbeitung zur Ermittlung des Marktmodells verbunden sind, wird in Abschnitt 5.4.3.2 näher eingegangen.

27 Beim Nachrechnen der Überrenditen können sich leichte Rundungsdifferenzen ergeben.

Zeitpunkt -t	Rendite Aktie 5	Rendite Marktportfolio	Risikoloser Zins	Überrendite Aktie	Überrendite Markt
-1	2,02%	-2,49%	0,30%	1,73%	-2,79%
-2	-7,30%	-3,89%	0,34%	-7,63%	-4,23%
-3	0,06%	2,24%	0,37%	-0,32%	1,87%
-4	4,06%	4,64%	0,34%	3,72%	4,30%
-5	0,12%	0,98%	0,34%	-0,22%	0,64%
-6	4,86%	3,73%	0,35%	4,51%	3,39%
-7	-3,04%	2,41%	0,30%	-3,34%	2,11%
-8	0,46%	3,93%	0,35%	0,11%	3,58%
-9	-0,51%	0,56%	0,33%	-0,84%	0,23%
-10	2,80%	-0,70%	0,34%	2,46%	-1,04%
-11	4,79%	2,93%	0,37%	4,42%	2,56%
-12	0,22%	-0,45%	0,30%	-0,08%	-0,75%
-13	-5,18%	-2,77%	0,34%	-5,51%	-3,11%
-14	7,84%	3,88%	0,32%	7,51%	3,55%
-15	0,54%	3,86%	0,35%	0,19%	3,51%
-16	4,62%	5,24%	0,36%	4,26%	4,88%
-17	1,73%	2,79%	0,30%	1,42%	2,49%
-18	5,83%	2,62%	0,34%	5,50%	2,28%
-19	4,63%	1,69%	0,34%	4,29%	1,35%
-20	0,34%	1,43%	0,36%	-0,01%	1,08%
-21	7,84%	6,04%	0,35%	7,49%	5,69%
-22	3,38%	3,28%	0,36%	3,02%	2,92%
-23	0,25%	4,62%	0,33%	-0,08%	4,29%
-24	-0,58%	0,31%	0,33%	-0,91%	-0,02%

Abbildung 5-11: Renditen und Überrenditen von Aktie 5 und Marktportfolio

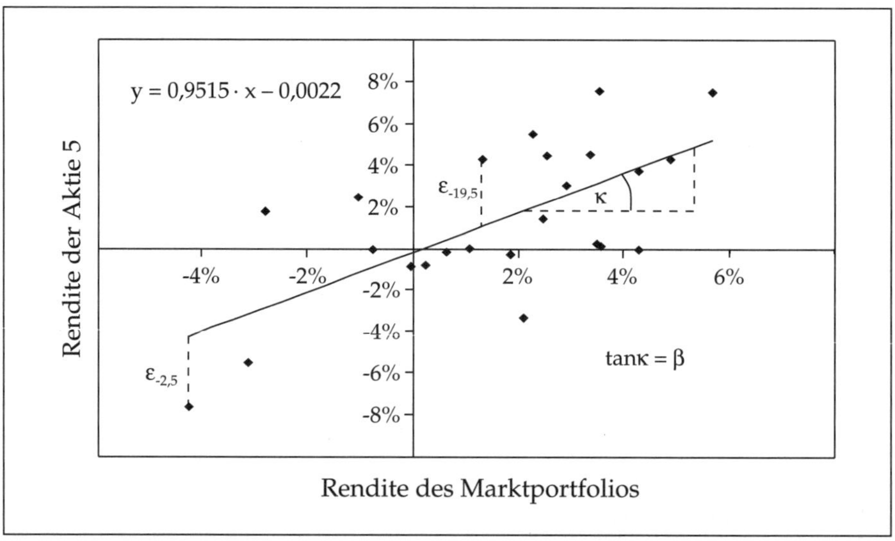

Abbildung 5-12: Regressionsanalyse zur Schätzung von α und β

schieden zu einer teilweisen Aufhebung der $\varepsilon_{-t,n}$ kommt, wird bei der Methode der kleinsten Quadrate nicht diejenige Gerade gesucht, die die Summe der einfachen Residuen, sondern die der quadratischen Residuen minimiert. Mit anderen Worten werden diejenigen Werte für den Achsenabschnitt α_5 und die Steigung β_5 gesucht, für die die quadrierten Residuen minimal werden. Für das gegebene Datenmaterial lauten die optimalen Schätzwerte, die diese Voraussetzung erfüllen, $\alpha_5^* = -0{,}0022$ und $\beta_5^* = 0{,}9515$.

Der Koeffizient β_5^* stellt nicht nur die Steigung der Regressionsgeraden dar. Er verkörpert darüber hinaus den Schätzwert für den Beta-Faktor der Aktie 5. Der Wert sagt aus, dass während der vergangenen 24 Monate bei einem Renditeanstieg des Marktportfolios um 1 %-Punkt die Aktie 5 im Durchschnitt einen Renditeanstieg um 0,9515 %-Punkte erfahren hat, et vice versa. Der Beta-Faktor gibt also an, wie stark sich die Aktie mit dem Markt bewegt hat. Damit folgt für das Marktmodell:

$$\breve{r}_{-t,n} = -0{,}0022 + 0{,}9515 \cdot \breve{r}_{-t,M} + \varepsilon_{-t,n}$$

Um aufzuzeigen, wieso sich die Steigung der Regressionsgeraden im Marktmodell als Schätzwert für den Beta-Faktor im CAPM eignet, wollen wir einen genaueren Blick auf das Minimierungsproblem in der Methode der kleinsten Quadrate werfen. Wie beschrieben sind die Größen α_n und β_n so zu wählen, dass die quadrierten Residuen minimal werden. Für die Residuen gilt gemäß Gleichung 5-43:

$$\varepsilon_{-t,n} = \breve{r}_{-t,n} - \alpha_n - \beta_n \cdot \breve{r}_{-t,M} \tag{5-47}$$

Damit folgt für ihre Varianz (der Zeitindex wird erneut unterdrückt):

$$\begin{aligned} Var(\varepsilon_n) &= E(\varepsilon_n^2) = E\left[\left(\breve{r}_n - \alpha_n - \beta_n \cdot \breve{r}_M\right)^2\right] \\ &= E(\breve{r}_n^2) - 2 \cdot \beta_n \cdot E(\breve{r}_n \cdot \breve{r}_M) - 2 \cdot \alpha_n \cdot E(\breve{r}_n) + \alpha_n^2 \\ &\quad + 2 \cdot \alpha_n \cdot \beta_n \cdot E(\breve{r}_M) + \beta_n^2 \cdot E(\breve{r}_M^2) \end{aligned} \tag{5-48}$$

Die Bedingungen erster Ordnung lauten:

$$\begin{aligned} &\frac{\partial Var(\varepsilon_n)}{\partial \alpha_n} = -2 \cdot E(\breve{r}_n) + 2 \cdot \alpha_n + 2 \cdot \beta_n \cdot E(\breve{r}_M) = 0 \\ &\qquad \Leftrightarrow E(\breve{r}_n) = \alpha_n + \beta_n \cdot E(\breve{r}_M) \\ &\frac{\partial Var(\varepsilon_n)}{\partial \beta_n} = -2 \cdot E(\breve{r}_n \cdot \breve{r}_M) + 2 \cdot \alpha_n \cdot E(\breve{r}_M) + 2 \cdot \beta_n \cdot E(\breve{r}_M^2) = 0 \\ &\qquad \Leftrightarrow E(\breve{r}_n \cdot \breve{r}_M) = \alpha_n \cdot E(\breve{r}_M) + \beta \cdot E(\breve{r}_M^2) \end{aligned} \tag{5-49}$$

Durch Auflösen der zweiten Gleichung nach α_n und Einsetzen in die erste folgt für die Steigung im Optimum:

$$\beta_n^* = \frac{Cov(r_n, r_M)}{Var(r_M)} = \frac{\dddot{\sigma}_{n,m}}{\dddot{\sigma}_M^2} \tag{5-50}$$

Dies entspricht dem Zusammenhang, den wir im CAPM kennengelernt haben. Es ist allerdings ein wesentlicher Unterschied zu beachten: dieser Beta-Koeffizient wurde aus historischen Daten geschätzt, beruht also auf der Analyse einer Stichprobe. Im CAPM ist streng genommen ein zukünftiger Beta-Faktor erforderlich. Wir deuten den Unterschied durch die gestrichelten Linien in Gleichung 5-50 an.

Unklar ist bisher allerdings noch, wieso ein auf Basis historischer Daten geschätzter Beta-Faktor (ex post) dazu verwendet werden kann, um im CAPM, bei dem es sich bekanntlich um ein ex ante-Modell handelt, zukünftige Wertpapierrenditen zu schätzen. Ist es zulässig die mittels historischer Daten gewonnen Schätzer ohne Weiteres in das CAPM einzusetzen?

Dieser Schritt ist genau dann möglich, wenn die auf Basis vergangener Renditen geschätzten Parameter in die Zukunft „fortgeschrieben" werden können. Hierzu ist es erforderlich, dass die historische Verteilung der Überrenditen sich im Zeitablauf nicht verändert. Mit anderen Worten muss die Verteilung stationär sein. Genau dann ist es zulässig, die im Marktmodell gemessenen Werte in die Zukunft zu übertragen. Folglich besitzt das Marktmodell sowohl ex post- als auch ex ante-Charakter.

5.4.3.2 Probleme bei der Berechnung von Beta-Faktoren

Die wesentliche Schwierigkeit bei der praktischen Umsetzung des CAPM besteht in der Ermittlung unternehmensspezifischer Beta-Faktoren. Um sie bestimmen zu können, müssen zum einen historische Zeitreihen der Aktienkursentwicklung des zu untersuchenden Unternehmens, der Wertentwicklung des Marktportfolios und des risikolosen Zinssatzes vorliegen. Zum anderen ist es erforderlich, diese Zeitreihen zur Vorbereitung der Regressionsanalyse aufzubreiten. In erster Linie umfasst diese Aufbereitung die Umformung der Kursdaten in Renditegrößen.

Betrachten wir zunächst das Marktportfolio. Im CAPM handelt es sich dabei um eine Zusammenstellung sämtlicher in der betrachteten Ökonomie vorhandenen, risikobehafteten Investitionsmöglichkeiten. Darunter fallen neben börsengehandelten Finanzinvestitionsobjekten auch ausnahmslos alle Realinvestitionen, wie einzelne Maschinen, Anlagen oder Rohstoffe. Darüber hinaus beinhaltet es nicht fungible Anteile an Kapitalgesellschaften (z.B. GmbHs oder nicht zum Börsenhandel zugelassene Aktiengesellschaften), Personengesellschaften und sonstige Unternehmensbeteiligungen jeglicher Art. Damit stellt das Marktportfolio ein theoretisches Konstrukt dar. Die Ermittlung seiner Zusammensetzung oder gar die Feststellung seines Wertes ist unmöglich. Es ist daher erforderlich, anstelle einer allumfassenden Zusammenstellung risikobehafteter Investitionsobjekte einen Platzhalter heranzuziehen. Geeignet hierfür erscheint die Wahl eines breit gestreuten nationalen Aktienindex, wie des H-DAX oder des C-DAX.[28] Da die sich anschließende Renditeberechnung sowohl Kursveränderungen des Index

[28] Der H-Dax enthält alle 110 Unternehmen aus DAX, MDAX und TecDax. Im C-Dax sind sämtliche inländischen Unternehmen aus Prime und General Standard vertreten. Er umfasst etwa 680 Gesellschaften.

als auch zwischenzeitliche Rückflüsse aus Dividendenzahlungen zu berücksichtigen hat, ist darauf zu achten, dass ein Performance- und kein Kursindex herangezogen wird.

Die historische Zeitreihe des Aktienkurses des betrachteten Unternehmens ist in der Regel problemlos zu beziehen. Auch in diesem Fall sind neben der reinen Kursentwicklung sämtliche dem Aktionär zufließenden Erträge von Interesse, so dass auch hier Informationen über zwischenzeitliche Dividendenzahlungen mit in die Renditeberechnung einzubeziehen sind.

In Bezug auf die Umformung der Kursdaten in Renditen sind zwei wesentliche Fragen zu klären. Einerseits muss sich der Anwender Klarheit darüber verschaffen, wie weit die von ihm verwendete Zeitreihe der Renditen in die Vergangenheit zurückreichen soll (Länge der Zeitreihe). Andererseits ist zu entscheiden, in welchen Zeitintervallen die Renditen zu berechnen sind. Grundsätzlich kommen Tages-, Wochen-, Monats- oder sogar Jahresrenditen in Betracht. In diesem Zusammenhang ist außerdem zu überlegen, ob sich überlappende Renditefenster oder nicht überlappende Renditen zum Einsatz kommen sollen.[29]

Das Problem der Länge der Zeitreihe wurde bereits am Ende des Abschnitts 4.2.1 bei der Messung von Rendite und Risiko von Einzelwertpapieren thematisiert. Die dort getroffenen Aussagen behalten weiterhin ihre Gültigkeit und seien daher an dieser Stelle nur kurz wiederholt.

Je weiter die zur Verfügung stehenden historischen Daten in die Vergangenheit zurückreichen, umso mehr Datenpaare stehen für die Durchführung der Regressionsanalyse zur Verfügung. Eine Zunahme des Datenbestandes wirkt sich grundsätzlich positiv auf die Güte der Schätzer im Regressionsmodell aus. Gleichzeitig nimmt aber mit zunehmender Historie die Aktualität des Datenbestandes und damit seine Relevanz für die Prognose zukünftiger Beta-Werte ab.

Die Frage der Länge der Zeitreihe ist insbesondere auch davon abhängig, ob Renditen auf Tages-, Wochen-, Monats- oder Jahresbasis gemessen werden sollen. Grundsätzlich ist die Heranziehung von täglichen Renditen aufgrund ihrer teils deutlichen Abweichung von der Normalverteilung problematisch. Wochen- oder Monatsrenditen weisen im Hinblick auf diesen Aspekt deutliche Vorteile auf. Sie stellen aber gleichzeitig höhere Anforderungen an die vorzuhaltende Menge historischer Daten. Zieht der Anwender die täglichen Aktienkurse des vergangenen Jahres heran, kann er bei Verwendung nicht überlappender Wochenrenditen 52 Beobachtungswerte sammeln, bei Monatsrenditen hingegen nur 12. Für eine Regressionsanalyse auf Monatsbasis stehen damit deutlich zu wenige Daten zur Verfügung. Erst eine Ausdehnung des Beobachtungszeitraumes auf 4 oder 5 Jahre führt zu einer ausreichenden Anzahl an Beobachtungen, um eine Regressionsanalyse durchführen zu können.

Aus diesem Grund scheidet die Verwendung nicht überlappender jährlicher Renditefenster aus. In Bezug auf die Länge der Datenhistorie würden sie jede sinnvolle Dimension sprengen. Aktienkurse, die vor 20, 30 oder gar 40 Jahren

[29] Zur Unterscheidung zwischen überlappenden und nicht überlappenden Renditefenstern s. Poddig et al. (2008), S. 310.

zu Stande gekommen sind (sofern das Unternehmen überhaupt während eines solch langen Zeitraumes an einer Börse notiert gewesen ist) besitzen keinen Erklärungsgehalt für das heutige systematische Risiko.

Ein Übergang auf überlappende Renditefenster kann das Problem langer historischer Zeitreihen beheben. Im Gegensatz zu nicht überlappenden Renditen tritt hier jedoch häufig das Problem einer deutlich messbaren Autokorrelation der Residuen im Regressionsmodell auf. In diesem Fall darf der Ansatz in der vorgestellten Art und Weise nicht mehr angewendet werden, sondern bedarf einiger Modifikationen.[30] Aus diesem Grunde ist bei der Berechnung der Renditen nicht überlappenden Zeitfenstern der Vorzug zu geben.

Um den risikolosen Zinssatz zu schätzen, greift man häufig auf die Rendite lang laufender Bundesanleihen zurück. So kann z.B. die 10-jährige Bundesanleihe als Anhaltspunkt verwendet werden, um die notwendigen Überrenditen zu bestimmen.

5.5 Preisgleichung des CAPM

5.5.1 Risikozuschlagsmethode

In den bisherigen Überlegungen haben wir die WML durchweg in der Form

$$\mu_n = r_f + \frac{\mu_M - r_f}{\sigma_M^2} \cdot \sigma_{n,M} = r_f + \left(\mu_M - r_f\right) \cdot \beta_n \qquad \text{5-51}$$

angegeben. Es handelt sich bei dieser Darstellung um die sogenannte Renditeschreibweise des CAPM. Sie gibt an, welche Rendite ein Investor erwarten kann, wenn er das Wertpapier n erwirbt.

Neben der Renditeschreibweise lässt sich die Bewertungsgleichung auch in absoluten Größen formulieren. Dabei ist zwischen der Variante mit Risikozuschlag auf den Kalkulationszins und der Ausführung mit Risikoabschlag auf den Erwartungswert der zukünftigen Rückflüsse unterscheiden. Wir konzentrieren uns zunächst auf die erste Form.

Den Ausgangspunkt der Überführung der Gleichung 5-51 in absolute Größen mit Risikoadjustierung des Kalkulationszinssatzes bildet die bereits aus Abschnitt 4.1 bekannte Vorschrift zur Bestimmung der diskreten Aktienkursrendite $R_{n,s}$ bei Eintritt des Zustandes s (vgl. Gleichung 4.1):

$$R_{n,s} = \frac{K_{1,n,s} + DIV_{1,n,s} - K_{0,n}}{K_{0,n}} \qquad \text{5-52}$$

Aus Gründen der Vereinfachung sei unterstellt, dass in keinem der möglichen Umweltzustände s die Zahlung einer Dividende erfolgt. Daher lässt sich schreiben:

---

[30] Zum Begriff der Autokorrelation und ihrer Bedeutung bei der Durchführung einer Regressionsanalyse siehe z.B. Poddig et al. (2008), S. 97 ff. und S. 353 ff. oder Bohley (2000), S. 655 ff.

$$R_{n,s} = \frac{K_{1,n,s}}{K_{0,n}} - 1 \text{ mit } DIV_{1,n,s} = 0 \ \forall s \qquad 5\text{-}53$$

Für den Erwartungswert der Rendite über die Haltedauer errechnet sich:

$$E\left(\tilde{R}_n\right) = \mu_n = \sum_{s=1}^{S} p_s \cdot R_{n,s} = \sum_{s=1}^{S} p_s \cdot \left(\frac{K_{1,n,s}}{K_{0,n}} - 1\right) = \frac{E\left(\tilde{K}_{1,n}\right)}{K_{0,n}} - 1 \qquad 5\text{-}54$$

Dies lässt sich unmittelbar in Gleichung 5-51 einsetzen:

$$\begin{aligned} &\mu_n = r_f + \frac{\mu_M - r_f}{\sigma_M^2} \cdot \sigma_{n,m} \\ \Leftrightarrow\ &\frac{E\left(\tilde{K}_{1,n}\right)}{K_{0,n}} - 1 = r_f + \frac{\mu_M - r_f}{\sigma_M^2} \cdot \sigma_{n,M} \\ \Leftrightarrow\ &K_{0,n} = \frac{E\left(\tilde{K}_{1,n}\right)}{1 + r_f + \frac{\mu_M - r_f}{\sigma_M^2} \cdot \sigma_{n,M}} = \frac{E\left(\tilde{K}_{1,n}\right)}{1 + r_f + \left(\mu_M - r_f\right) \cdot \beta_n} \end{aligned} \qquad 5\text{-}55$$

Der heutige Kurs $K_{0,n}$ der Aktie ergibt sich, indem der Erwartungswert des Aktienkurses am Ende der Periode $E(\tilde{K}_{1,n})$ mit einem risikoadjustierten Zinssatz diskontiert wird. Dieser Zinssatz setzt sich zusammen aus der risikolosen Rendite r_f und einem Risikozuschlag in Höhe von $(\mu_M - r_f) \cdot \beta_n$. Gleichung 5-55 bringt eine wichtige Interpretation des Erwartungswertes μ_n aus Gleichung 5-51 zum Ausdruck:

Der in der Renditeform des CAPM ermittelte Zinssatz kann als risikoadjustierter Kalkulationszins im Marktgleichgewicht interpretiert werden, der den für das Ende der Betrachtungsperiode erwarteten Rückfluss $E(\tilde{K}_{1,n})$ auf den Bewertungszeitpunkt in $t = 0$ transformiert.

Folglich handelt es sich um eine weitere Konkretisierung des Bewertungszusammenhangs, dessen inhaltliche Ausfüllung wir uns im 1. Kapitel dieses Buches zum Ziel gesetzt hatten:

$$C_0^{EK} = -I_0 + \frac{E\left(\widetilde{FCF}_1\right)}{1 + r_f + RP} \qquad 5\text{-}56$$

Unterschiede bestehen lediglich darin, dass die Betrachtung von Free Cash Flows zugunsten der Verwendung erwarteter Verkaufserlöse einer Aktie ersetzt und keine Anschaffungsauszahlung ($I_0 = 0$) unterstellt wird. Während Gleichung 5-56 auf die Berechung eines Kapitalwertes (Barwert minus Anschaffungsauszahlung) abstellt, ermittelt Gleichung 5-55 nur einen Barwert.

Wir wollen die Funktionsweise der Bewertungsgleichung 5-55 am Beispiel der drei bekannten Aktien näher untersuchen. Die Grundlage bildet die in Abbildung 5-13 wiedergegebene Datenkonstellation. Um die Kursentwicklung der drei Wertpapiere zu erfassen, habe ein repräsentativer Investor die dargestellte

Szenario	p_s	Aktie 1	Aktie 2	Aktie 3
1	1/5	34,30	46,48	58,86
2	1/5	38,99	46,53	63,13
3	1/5	29,41	32,74	41,11
4	1/5	29,64	53,49	52,64
5	1/5	28,17	38,76	61,77
Mittelwert		32,10	43,60	55,50

Abbildung 5-13: Ergebnismatrix der drei Aktien in t = 1

Ergebnismatrix entwickelt. Für das Ende des Betrachtungszeitraumes hält er fünf Umweltzustände für möglich, deren Eintrittswahrscheinlichkeiten er als identisch ansieht ($p_1 = \ldots = p_5 = 1/5$). Der risikolose Zinssatz beträgt weiterhin 3 %.

Konzentrieren wir uns zunächst ausschließlich auf das Wertpapier 1. Aus der Höhe der Aktienkurse in den einzelnen Umweltzuständen errechnet sich ein erwarteter Aktienkurs in t = 1 in Höhe von $E(\tilde{K}_1) = 32{,}10$ EUR. Durch Einsetzen der bereits bekannten Größen in Gleichung 5-55 erhält man:

$$K_{0,1} = \frac{32{,}10}{1 + 0{,}03 + \frac{\mu_M - 0{,}03}{\sigma_M^2} \cdot \sigma_{1,M}} \qquad 5\text{-}57$$

Um die rechte Seite der Bewertungsvorschrift vollständig befüllen zu können, fehlen die erwartete Rendite des Marktportfolios μ_M, die Varianz σ_M^2 und die Kovarianz zwischen den Renditen der Aktie 1 und dem Markt $\sigma_{1,M}$. Für die Größe $\sigma_{1,M}$ gilt nach der bekannten Gleichung für die Kovarianz:

$$Cov\left(\tilde{R}_1, \tilde{R}_M\right) = \sum_{s=1}^{S} p_s \cdot \left(\left(R_{1,s} - E\left(\tilde{R}_1\right)\right) \cdot \left(R_{M,s} - E\left(\tilde{R}_M\right)\right)\right) = \sigma_{1,M} \qquad 5\text{-}58$$

Folglich lässt sich die Kovarianz der Renditen zwischen Aktie 1 und dem Marktportfolio nur dann bestimmen, wenn sowohl die Renditen der Aktie als auch die Renditen des Marktes für jeden Umweltzustand bekannt sind. Der Ausgangspunkt respektive die Voraussetzung einer Renditeberechnung ist aber immer der heutige Aktienkurs bzw. der heutige Preis des Marktportfolios:

$$R_{1,s} = \frac{K_{1,1,s}}{K_{0,1}} \qquad R_{M,s} = \frac{K_{1,M,s}}{K_{0,M}} \qquad 5\text{-}59$$

Das bedeutet, dass zur Anwendung der Bewertungsgleichung 5-55 der heutige Aktienkurs $K_{0,1}$ und der heutige Wert des Marktportfolios $K_{0,M}$ zwingend bekannt sein müssen. Gerade dieser soll aber durch die Preisvariante des CAPM mit Risikozuschlag erst ermittelt werden. Die Berechnung von $K_{0,1}$ ist folglich nur dann möglich, wenn der Wert bereits bekannt ist. Damit liegt ein Zirkularitätsproblem vor, wie es bereits im Zusammenhang mit dem State Preference-Modell behandelt wurde (vgl. Abschnitt 3.4.3.4).

Ergebnismatrix (Renditen)

	Aktie 1	Aktie 2	Aktie 3	M
1	0,1432	0,1621	0,1771	0,1710
2	0,2996	0,1633	0,2625	0,2456
3	-0,0197	-0,1814	-0,1778	-0,1643
4	-0,0121	0,3372	0,0528	0,1050
5	-0,0610	-0,0311	0,2354	0,1544
μ_n	0,0700	0,0900	0,1100	0,1023

Varianz-Kovarianz-Matrix

	Aktie 1	Aktie 2	Aktie 3	M
1	0,0225	0,0105	0,0135	0,0137
2	0,0105	0,0400	0,0162	0,0205
3	0,0135	0,0162	0,0324	0,0274
M	0,0137	0,0205	0,0274	0,0248

Abbildung 5-14: Ergebnismatrix der Renditen und Varianz-Kovarianz-Matrix der drei Aktien

Sind die heutigen Aktienkurse bekannt, lassen sich die fehlenden Werte in Gleichung 5-57 errechnen. Damit ist zwar das Bewertungsproblem nicht mehr existent, dennoch sollen die Überlegungen zur Verdeutlichung fortgeführt werden. Betragen die Kurse $K_{0,1} = 30$ EUR, $K_{0,2} = 40$ EUR und $K_{0,3} = 50$ EUR, folgt die in Abbildung 5-14 dargestellte Ergebnismatrix der Renditen. Die Renditen des Marktportfolios in den verschiedenen Umweltzuständen ergeben sich unter Heranziehung der anteilsmäßigen Zusammensetzung, die in Abschnitt 5.3.4 ermittelt wurde: $x_1^M = 0{,}0899$, $x_2^M = 0{,}2041$ und $x_3^M = 0{,}7060$. Unter Verwendung von Gleichung 5-58 können dann die entsprechenden Varianzen und Kovarianzen berechnet werden.

Werden die Ergebnisse in Gleichung 5-57 eingesetzt, vervollständigt sich die Vorschrift und führt zu:

$$K_{0,1} = \frac{32{,}10}{1 + 0{,}03 + \frac{0{,}1023 - 0{,}03}{0{,}0248} \cdot 0{,}0137} = 30{,}00 \qquad \text{5-60}$$

Die im Diskontierungszins enthaltene Risikoprämie beträgt (0,1023 – 0,03) : 0,0248 · 0,0137 = 0,04. Für die Wertpapiere 2 und 3 liegt die Prämie bei 6 % bzw. 8 %. Dies stimmt mit den Berechnungen aus Abschnitt 5.3.4 überein. Dort wurde festgestellt, dass Aktie 1 die geringste Risikoprämie aufweist, da sie den geringsten Beitrag zum Risiko des Marktportfolios leistet. Der Risikozuschlag des Wertpapiers 3 ist doppelt so hoch wie der Zuschlag der Aktie 1. Auch dieser Zusammenhang konnte bereits anhand der Beta-Faktoren ($\beta_1 = 0{,}55$, $\beta_3 = 1{,}11$) nachgewiesen werden.

5.5.2 Sicherheitsäquivalentmethode

Das Zirkularitätsproblem im CAPM lässt sich umgehen, wenn anstelle einer Risikoadjustierung des Kalkulationszinssatzes ein Abschlag auf den Erwartungswert des Aktienkurses in t = 1 vorgenommen wird. Zur Herleitung dieser Variante wird vom Beta-Faktor ausgegangen:

$$\beta_n = \frac{Cov\left(\tilde{R}_n, \tilde{R}_M\right)}{Var\left(\tilde{R}_M\right)} \qquad \text{5-61}$$

Zunächst wird die zufällige Rendite des Wertpapiers n $\tilde{R}_n$ durch Gleichung 5-51 ersetzt, so dass für die Kovarianz im Zähler folgt:

$$Cov\left(\tilde{R}_n, \tilde{R}_M\right) = Cov\left(\frac{\tilde{K}_{1,n}}{K_{0,n}} - 1, \tilde{R}_M\right) = \frac{1}{K_{0,n}} \cdot Cov\left(\tilde{K}_{1,n}, \tilde{R}_M\right) \qquad \text{5-62}$$

Durch Einsetzen in Gleichung 5-55 und Umformung verbleibt:

$$K_{0,n} = \frac{E\left(\tilde{K}_{1,n}\right)}{1 + r_f + \frac{\mu_M - r_f}{\sigma_M^2} \cdot \frac{1}{K_{0,n}} \cdot Cov\left(\tilde{K}_{1,n}, \tilde{R}_M\right)}$$

$$\Leftrightarrow K_{0,n} \cdot \left(1 + r_f\right) + \frac{\mu_M - r_f}{\sigma_M^2} \cdot Cov\left(\tilde{K}_{1,n}, \tilde{R}_M\right) = E\left(\tilde{K}_{1,n}\right) \qquad \text{5-63}$$

$$\Leftrightarrow K_{0,n} = \frac{E\left(\tilde{K}_{1,n}\right) - \frac{\mu_M - r_f}{\sigma_M^2} \cdot Cov\left(\tilde{K}_{1,n}, \tilde{R}_M\right)}{1 + r_f}$$

Bei der Größe im Zähler handelt es sich um das Sicherheitsäquivalent des erwarteten Rückflusses aus dem Verkauf der Aktie n. Das Sicherheitsäquivalent ist mit dem risikolosen Zinssatz zu diskontieren (vgl. Abschnitt 2.3.2). Der wesentliche Unterschied zur Risikozuschlagsmethode besteht im Faktor Cov($\tilde{K}_{1,n}$, $\tilde{R}_M$). Während bei der Risikozuschlagsmethode die Kovarianz zwischen den *Renditen* des Wertpapiers n und des Marktportfolios Cov($\tilde{R}_{1,n}$, $\tilde{R}_M$) in die Bewertungsgleichung eingeht, handelt es sich nun um die Kovarianz zwischen dem Aktien*kurs* und der Markt*rendite*. Sowohl $\tilde{K}_{1,n}$ als auch $\tilde{R}_M$ lassen sich ex ante schätzen. Der heutige Kurs $K_{0,n}$ geht hingegen nicht mehr in die Gleichung 5-63 ein. Das Zirkularitätsproblem wurde beseitigt.

Abschließend wollen wir die Sicherheitsäquivalentmethode auf die drei Aktien anwenden. Aus den Daten in den Abbildungen 5-13 und 5-14 lassen sich die benötigten Kovarianzen ermitteln: Cov($\tilde{K}_{1,1}$, $\tilde{R}_M$) = 0,4111, Cov($\tilde{K}_{1,2}$, $\tilde{R}_M$) = 0,8219 und Cov($\tilde{K}_{1,3}$, $\tilde{R}_M$) = 1,3699. Der heutige Kurs der Aktie 1 ergibt sich durch Einsetzen in Gleichung 5-63 mit:

$$K_{0,n} = \frac{32{,}10 - \frac{0{,}1023 - 0{,}03}{0{,}0248} \cdot 0{,}4111}{1 + 0{,}03} = 30{,}00 \qquad \text{5-64}$$

Das Sicherheitsäquivalent der erwarteten Rückflüsse von 32,10 EUR beträgt 30,90 EUR, was einem Risikoabschlag auf den Erwartungswert von 1,20 EUR entspricht. Für die Wertpapiere 2 und 3 weisen die Sicherheitsäquivalente jeweils eine Höhe von 41,20 EUR bzw. 51,51 EUR auf. Damit liegen die Risikoabschläge im CAPM bei 2,40 EUR für Aktie 2 und 3,99 EUR für Aktie 3.

5.6 Das CAPM ohne risikolose Anlage

Als wesentliches Element im Annahmenkomplex des CAPM wurde die Existenz einer risikolosen Anlage herausgestellt. Bereits im Rahmen des Grundmodells der Portfolioselektion konnte gezeigt werden, dass sie in zweifacher Hinsicht eine wichtige Erweiterung eines allein auf risikobehafteten Wertpapieren basierenden Modells ist (vgl. Abschnitt 4.5). Zum einen führt die Möglichkeit einer risikolosen Kapitalanlage und -aufnahme zu einer deutlichen Erweiterung der erzielbaren Rendite-Risiko-Kombinationen. Im μ-σ-Diagramm lassen sich nicht nur Positionen auf der Randportfoliolinie und in dem von ihr eingeschlossenen Bereich erreichen, sondern auch alle Punkte auf und unterhalb der neu entstehenden Verbindungslinie zwischen der risikolosen Rendite und dem Tangentialportfolio. Der Bereich μ-σ-effizienter Portfolios wird somit deutlich nach links außen verschoben.

Zum anderen bildet die Einführung einer risikolosen Anlage die Grundlage für die Tobin-Separation. Jeder Marktteilnehmer setzt sein optimales Portfolio allein aus der risikolosen Anlage und dem Tangentialportfolio zusammen. Im CAPM führt dies in Kombination mit der Annahme homogener Erwartungen zur Herausbildung des Marktportfolios.

Vergegenwärtigt man sich die herausragende Bedeutung der risikolosen Anlage für die Entstehung des Marktgleichgewichts im CAPM, liegt der Schluss nahe, dass ohne sie die zentralen Modellergebnisse nicht mehr aufrecht zu erhalten sind. Wie Fisher Black jedoch gezeigt hat, ist gerade dies nicht der Fall: die wesentlichen Implikationen des CAPM bleiben auch dann bestehen, wenn die Marktteilnehmer keine Zugangsmöglichkeit zur risikolosen Anlage respektive Kreditaufnahme besitzen.[31]

Um dieses Ergebnis nachvollziehen zu können, werfen wir zunächst einen Blick auf die Gleichung der WML im Standard-CAPM:[32]

$$\mu_n = r_f + \left(\mu_M - r_f\right) \cdot \beta_n \qquad \text{5-65}$$

Besteht auf dem Kapitalmarkt kein Zugang zu r_f, können die Investoren dennoch Portfolios aus risikobehafteten Wertpapieren bilden, die eine Rendite in dieser Höhe aufweisen. In Abbildung 5-15 sind diese Portfolios auf der durchgezogenen Linie, die vom Punkt Z ausgehend durch Z' verläuft, eingezeichnet. Die Darstellung beruht erneut auf den Aktien 1 bis 3 und unterstellt, dass die vormals verfügbare risikolose Rendite bei $r_f = 0{,}03$ lag.

Erinnern wir uns, dass die lineare Rendite-Risiko-Beziehung der WML nicht nur für einzelne Wertpapiere, sondern auch für Portfolios Gültigkeit besitzt. Folglich kann von Gleichung 5-65 ausgehend durch eine Zusammenstellung risikobehafteter Finanztitel zu einem Portfolio n genau dann eine Verzinsung in

---

[31] Vgl. Black (1977), S. 444 ff.

[32] Als Standard-CAPM wird die Variante mit Existenz einer risikolosen Anlage und Kreditaufnahmemöglichkeit verstanden. Die nachstehenden Ausführungen sind eng angelehnt an Elton et al. (2007), S. 306 ff.

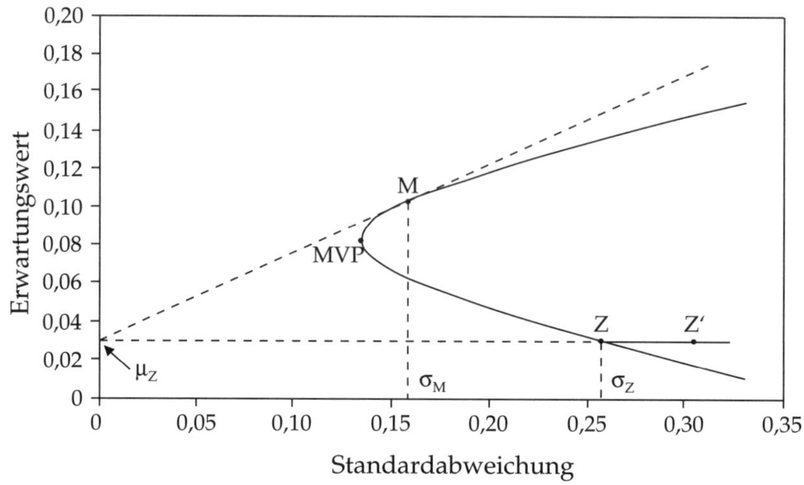

Abbildung 5-15: Konstruktion des Minimum-Varianz-Zero-Beta-Portfolios

Höhe von r_f erzielt werden, wenn der Beta-Faktor dieses Portfolios null beträgt. Aus Gleichung 5-65 folgt in diesem Fall:

$$\beta_n = 0 \Rightarrow \mu_n = r_f \qquad 5\text{-}66$$

Ein Beta-Faktor von $\beta_n = 0$ ist gleichbedeutend damit, dass die Kovarianz der Renditen der betrachteten Wertpapiermischung mit den Renditen des Marktes null beträgt. Um zu verdeutlichen, dass es sich hierbei um die Portfolios auf der Linie ZZ' in Abbildung 5-15 handelt und nicht um beliebige Wertpapierzusammenstellungen, wird der Subindex n durch $\overline{Z}$ ersetzt:

$$\beta_{\overline{Z}} = \frac{Cov\left(\tilde{R}_{\overline{Z}}, \tilde{R}_M\right)}{Var\left(\tilde{R}_M\right)} = 0 \Rightarrow Cov\left(\tilde{R}_{\overline{Z}}, \tilde{R}_M\right) = 0 \qquad 5\text{-}67$$

Von der unbegrenzten Zahl möglicher Portfolios $\overline{Z}$, die eine Rendite von r_f aufweisen, besitzt das Portfolio Z in Abbildung 5-15 das geringstmögliche Risiko. Es wird daher als Minimum-Varianz-Zero-Beta-Portfolio bezeichnet. Die nachfolgenden Überlegungen beziehen sich allein auf Z.

Um deutlich zu machen, dass auf dem betrachteten Kapitalmarkt eigentlich keine risikolose Anlage existiert, sondern nur ein risikobehaftetes Portfolio Z konstruiert wurde, dessen Rendite mit r_f übereinstimmt, wird im Weiteren geschrieben:

$$\mu_Z = r_f \qquad 5\text{-}68$$

Die WML lässt sich dann umformen zu:

$$\mu_n = \mu_Z + \left(\mu_M - \mu_Z\right) \cdot \beta_n \qquad 5\text{-}69$$

Hierbei handelt es sich um das wesentliche Ergebnis der Arbeit von Black: solange die Marktteilnehmer ein Portfolio Z konstruieren können, dessen Renditekovarianz mit dem Marktportfolio null beträgt, bleibt der vom CAPM postulierte lineare Zusammenhang zwischen bewertungsrelevantem Risiko und erwarteter Rendite im Marktgleichgewicht bestehen.

Dabei ist zu beachten, dass die gestrichelten Linien in Abbildung 5-15 ausschließlich Hilfslinien darstellen. Insbesondere können die Marktteilnehmer keine Portfolios auf der Geraden, die von μ_Z aus durch M verläuft, erreichen. Vielmehr befindet sich der effiziente Rand ausschließlich auf dem oberen Teil des Hyperbelastes. Investoren, deren optimales Portfolio zwischen MVP und M liegt, nehmen diese Rendite-Risiko-Kombination durch den Kauf des Portfolios Z und des Marktportfolios ein. Positionen rechts von M auf der Effizienzlinie können durch einen Leerverkauf von Z und einen entsprechend gehebelten Kauf von M erzielt werden. Das Portfolio Z selber wird immer nur als Mischung mit dem Marktportfolio gehalten, da es ineffizient ist.

Aus diesen Überlegungen wird deutlich, dass auch das Separationstheorem von Tobin weiterhin Gültigkeit besitzt. Sämtliche Investoren stellen ihr optimales Portfolio allein durch Mischung von Z und M zusammen. Die risikobehafteten Vermögensbestandteile sind für alle Marktteilnehmer identisch, lediglich die Aufteilung des Anfangskapitals auf Z und M unterscheidet sich.

Mit der durchweg in diesem Kapitel verwendeten Datenkonstellation ergibt sich die Zusammensetzung des Minimum-Varianz-Zero-Beta-Portfolios mit x_1^Z = 1,8779, x_2^Z = 0,2411 und x_3^Z = –1,1222. Wie sich einfach nachweisen lässt, beträgt seine Renditekovarianz mit dem Markt null:

$$\sigma_{Z,M} = \underline{x}_Z^T \cdot \underline{\underline{VCV}} \cdot \underline{x}_M$$

$$= \begin{pmatrix} 1,8779 \\ 0,2411 \\ -1,1222 \end{pmatrix}^T \cdot \begin{pmatrix} 0,0225 & 0,0105 & 0,0135 \\ 0,0105 & 0,0400 & 0,0162 \\ 0,0135 & 0,0162 & 0,0324 \end{pmatrix} \cdot \begin{pmatrix} 0,0899 \\ 0,2041 \\ 0,7060 \end{pmatrix} = 0 \quad \text{5-70}$$

Rendite und Risiko von Z liegen bei μ_Z = 0,03 und σ_Z = 0,2577.

Im Gegensatz zum Standard-CAPM sind für die Variante ohne Existenz einer risikolosen Anlage Leerverkäufe zwingend erforderlich. Wie sich am Beispiel unserer Datenkonstellation ablesen lässt, kann das Minimum-Varianz-Zero-Beta-Portfolio unter Umständen ausschließlich erreicht werden, indem einige Wertpapiere in negativen Mengen gehalten werden. Ist dies aufgrund von Leerverkaufsbeschränkungen nicht möglich, besitzt das CAPM in der hier vorgestellten Form keine Gültigkeit mehr.

5.7 Rolls Kritik

Im Laufe dieses Kapitels wurde wiederholt auf die Linearität des Zusammenhangs von Rendite und Risiko im CAPM eingegangen. Damit scheint (wir formulieren an dieser Stelle bewusst vorsichtig) folgende Kernaussage zu gelten: Im Kapitalmarktgleichgewicht existiert eine lineare Beziehung zwischen der

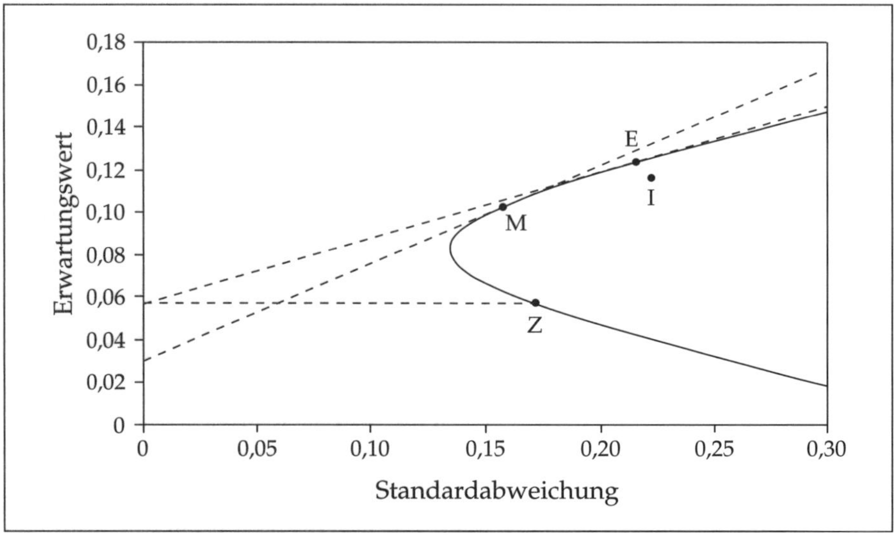

Abbildung 5-16: Randportfolio und Kapitalmarktlinie im 3-Wertpapier-Fall

erwarteten Rendite und dem Risiko eines jeden einzelnen Wertpapiers bzw. Wertpapierportfolios genau dann, wenn als Risikomaß die Renditekovarianz zwischen dem betrachteten Einzelwertpapier bzw. Portfolio und dem Marktportfolio M herangezogen wird. Im Umkehrschluss könnte man annehmen, dass die Auswahl eines von M abweichenden Portfolios die Linearität der Rendite-Risiko-Beziehung zusammenbrechen lässt.

Wir wollen diese Behauptung anhand der drei Beispielaktien näher untersuchen. Abbildung 5-16 zeigt die bereits bekannte Randportfoliolinie im 3-Wertpapier-Fall sowie die dazugehörige Kapitalmarktlinie, die vom risikolosen Zinssatz r_f = 0,03 ausgehend durch den Punkt M verläuft.[33] Das Marktportfolio weist die Zusammensetzung $x_1^M = 0{,}0899$, $x_2^M = 0{,}2041$ und $x_3^M = 0{,}7060$ auf und ist mit einer Rendite von $\mu_M = 0{,}1023$ und einem Risiko von $\sigma_M = 0{,}1574$ verbunden.

Wird M zur Berechnung der Renditekovarianz $\sigma_{n,M}$ verwendet, ergeben sich Beta-Werte in Höhe von $\beta_{1,M} = 0{,}55$, $\beta_{2,M} = 0{,}83$ und $\beta_{3,M} = 1{,}11$. Durch Übertragung der erwarteten Aktienrenditen und der Beta-Faktoren folgt die WML in Beta-Schreibweise (vgl. Abbildung 5-17). Um hervorzuheben, dass die Herleitung der Beta-Faktoren auf den Kovarianzen mit dem Marktportfolio M beruht, werden die Wertpapiere mit dem Subindex M bezeichnet (s. untere Gerade in Abbildung 5-17).

In einem nächsten Schritt ist zu überprüfen, welche Auswirkungen eine von M abweichende Portfoliostruktur auf die Darstellung im μ-β-Diagramm besitzt. Dabei konzentrieren wir uns zuerst auf effiziente Wertpapiermischungen, d.h. Portfolios, die auf dem oberen Teil der Randportfoliolinie liegen. Eine solche

[33] Die Berechnung der Kapitalmarktlinie wurde für die drei Aktien in Abschnitt 5.3.4 durchgeführt.

Mischung ist E (vgl. Abbildung 5-16). Sie enthält die drei Aktien in den Anteilen $x_1^E = -0{,}4269$, $x_2^E = 0{,}1925$ und $x_3^E = 1{,}2344$. Für die Kovarianz zwischen der Aktie 1 und E gilt in Analogie zu Gleichung 5-8:

$$\begin{aligned}\sigma_{1,E} &= \sum_{m=1}^{N} x_m^E \cdot \sigma_{1,m} \\ &= (-0{,}4269) \cdot 0{,}0225 + 0{,}1925 \cdot 0{,}0105 + 1{,}2344 \cdot 0{,}0135 \\ &= 0{,}0091\end{aligned}$$

Die Kovarianzen zwischen den Aktien 2 bzw. 3 und E betragen $\sigma_{2,E} = 0{,}0232$ und $\sigma_{3,E} = 0{,}0373$. Unter Hinzuziehung des Risikos von E ($\sigma_E = 0{,}2161$) ergeben sich die gesuchten Beta-Faktoren: $\beta_{1,E} = 0{,}19$, $\beta_{2,E} = 0{,}50$ und $\beta_{3,E} = 0{,}80$.

Die Übertragung in das μ-β-Diagramm führt zu einem überraschenden Ergebnis: verwendet man anstelle des Marktportfolios das effiziente Portfolio E, um die Renditekovarianzen zu berechnen, entsteht ebenfalls ein linearer Zusammenhang zwischen der Rendite der Einzelwertpapiere und dem neuen Risikomaß $\sigma_{n,E}$. In Abbildung 5-17 sind die Wertpapiere mit dem Subindex E gekennzeichnet (obere Gerade).

An dieser Stelle wird deutlich, aus welchem Grund zu Beginn dieses Abschnitts von einer scheinbaren Kernaussage des CAPM gesprochen wurde. Tatsächlich gilt die Linearität der Rendite-Risiko-Beziehung nicht nur bei der Messung der Renditekovarianz mit dem Marktportfolio, sondern auch mit jeder beliebigen anderen effizienten Wertpapiermischung. Damit existiert eine unbegrenzte Anzahl möglicher Portfoliozusammensetzungen, die, zur Messung der Kovarianz angewendet, dazu führt, dass die Beta-Faktoren auf einer Geraden liegen. Die Linearität des Rendite-Risiko-Zusammenhangs ist folglich kein besonderes Cha-

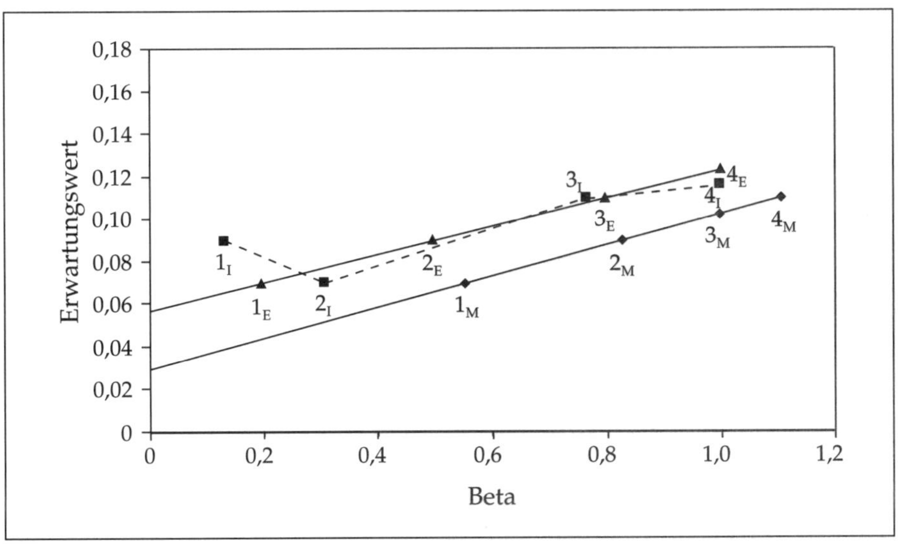

Abbildung 5-17: Wertpapierlinien auf Basis des Marktportfolios M, des effizienten Portfolios E und des ineffizienten Portfolios I

rakteristikum des Marktportfolios. Sie ergibt sich vielmehr aus den mathematischen Eigenschaften der Randportfoliolinie.

Erst wenn nicht effiziente Portfolios zur Berechnung der Beta-Faktoren herangezogen werden, lässt sich die Linearität nicht mehr nachweisen. Deutlich wird dies am Beispiel des ineffizienten Portfolios I (vgl. Abbildung 5-16). Die dazugehörigen Betas liegen in Abbildung 5-17 auf der gestrichelten Linie.

Die Tatsache, dass die Beta-Faktoren nicht nur bei Heranziehung von M auf einer Geraden liegen, sondern dieses Phänomen für jedes effiziente Portfolio gilt, hat erhebliche Konsequenzen für die empirische Überprüfbarkeit des CAPM. Als erster hat dies Richard Roll herausgestellt.[34]

In zahlreichen Veröffentlichungen haben Ökonomen in den letzten Jahrzehnten versucht, die Gültigkeit des CAPM zu belegen. Da das Modell in seiner Grundform eine Aussage über zukünftig erwartete Wertpapierrenditen (ex ante-Modell) liefert, die sich einer Beobachtung entziehen, bauen die Ansätze zur empirischen Überprüfung auf dem in Abschnitt 5.4.1 vorgestellten ex post-Modell auf.[35] Stark vereinfacht wird dabei folgende Vorgehensweise gewählt.

Auf Basis historischer Daten wird versucht, den Verlauf der WML mit Hilfe von Regressionsanalysen zu schätzen. Die Vorgehensweise ähnelt der Darstellung in Abschnitt 5.4.3.1. Als Eingangsdaten für die Berechnung benötigt man neben historischen Renditen einzelner Aktien und der risikolosen Verzinsung auch die Renditezeitreihe des Marktportfolios. Da es sich beim Marktportfolio aber um ein theoretisches Konstrukt handelt, dessen Renditen auf dem Kapitalmarkt nicht beobachtbar sind, muss es durch einen geeigneten Platzhalter (Proxy) ersetzt werden. In verschiedenen Studien wurden zu diesem Zweck breit gestreute Aktienindices ausgewählt.

In den Ausführungen zur Portfolioselektion haben wir gezeigt, dass sich für eine gegebene Menge an Finanztiteln problemlos die dazugehörige Effizienzlinie herleiten lässt, sofern Schätzungen für die Renditen der Wertpapiere und die Varianz-Kovarianz-Matrix vorliegen. Ist die Effizienzlinie erst einmal berechnet, existiert ex post immer eine effiziente Wertpapiermischung, mit der sich ein linearer Zusammenhang zwischen Rendite und Risiko konstruieren lässt.

Wählt man als Ersatz für das Marktportfolio einen beliebigen, breit gestreuten Aktienindex, um die Regressionsgleichung zu schätzen, lässt sich die Linearität immer dann nachweisen, wenn es sich bei diesem Index um ein effizientes Portfolio handelt. Die Linearitätsbeziehung ist dabei vollkommen unabhängig davon, ob der Index in seiner Zusammensetzung dem tatsächlichen Marktportfolio ähnelt oder nicht, solange er das Kriterium der Effizienz erfüllt.

Wie Roll in seinem Aufsatz argumentiert, ergeben sich dadurch weitreichende Konsequenzen für die empirische Überprüfbarkeit des CAPM. Seiner Ansicht nach dürfte es nur schwer möglich sein, einen sehr gut diversifizierten Index

---

[34] Vgl. Roll (1977), S. 129–176.

[35] Auf eine ausführliche Beschreibung der unzähligen empirischen Arbeiten zum CAPM wird an dieser Stelle verzichtet. Ausführungen hierzu finden sich z.B. in Elton et al. (2007), S. 334 ff. oder in Haugen (1997), S. 232 ff.

zu finden, der nicht nahezu effizient ist.[36] Dient ein solcher Index als Ersatz für M, liegen die ermittelten Werte immer auf einer Geraden. Das CAPM wird auf diese Weise scheinbar bestätigt. Ein ineffizientes Stellvertreterportfolio hingegen würde die Linearität zwischen Rendite und Risiko nicht bestätigen können. Das CAPM wird scheinbar abgelehnt.

Messreihen, die auf Indices und nicht auf dem Marktportfolio beruhen, treffen daher lediglich eine Aussage über das gewählte Ersatzportfolio. Sie erlauben keine Aussage im Hinblick auf die Richtigkeit des CAPM, denn hierfür wäre M und kein Stellvertreter erforderlich. Das CAPM kann nur dann empirisch überprüft werden, wenn die wahre Zusammensetzung des Marktportfolios bekannt ist. Da M sich aber einer Beobachtung entzieht, existiert kein Test, mit dem die Gültigkeit des CAPM bestätigt oder widerlegt werden kann.

Im Rahmen der praktischen Anwendung bleibt daher auch unklar, ob das gewählte Stellvertreterportfolio auf der Effizienzlinie in der Nähe von M liegt oder nicht. Je stärker sich beide in ihrer Zusammensetzung unterscheiden, umso unterschiedlicher werden auch die Schätzungen für die Beta-Faktoren ausfallen. Am Beispiel der Portfolios M und E in Abbildung 5-17 sieht man dies sehr deutlich. Bei Verwendung von M liegt der Beta-Wert der Aktie 1 bei $\beta_{1,M} = 0{,}55$, mit E ergibt sich hingegen $\beta_{1,E} = 0{,}19$. Lediglich in Bezug auf die Gleichgewichtsrendite kommen beide Ansätze zu identischen Ergebnissen. Probleme bei der Bewertung ergeben sich, wenn unterschiedliche Marktteilnehmer verschiedene Stellvertreter für das Marktportfolio heranziehen. Sie gelangen dann zu unterschiedlichen Risikoprämien für identische Wertpapiere und in der Folge zu einer unterschiedlichen Aufteilung des Gesamtrisikos in systematische und unsystematische Bestandteile. Mit anderen Worten gelangen sie nicht zu einer einheitlichen Auffassung über die Höhe des bewertungsrelevanten Risikos.

In der Praxis bleibt die Kritik von Roll in aller Regel unbeachtet. Obwohl sich die Richtigkeit der durch das CAPM postulierten Zusammenhänge nicht nachweisen lässt, stellt das Modell das Standardverfahren zur Berechnung von Risikozuschlägen bei der Diskontierung risikobehafteter Zahlungsströme dar.

5.8 Bewertung von Investitionsprojekten mit dem CAPM

5.8.1 Kapitalwerte von Einzelinvestitionen unter Unsicherheit

In den bisherigen Ausführungen haben wir das CAPM ausschließlich dazu verwendet, um risikobehaftete Finanzinvestitionen zu bewerten. Die Anwendungsmöglichkeiten des Modells sind aber keinesfalls auf diesen Bereich beschränkt. Es eignet sich darüber hinaus auch zur Ermittlung der Vorteilhaftigkeit riskanter Realinvestitionen. Hierzu sei ein Beispiel betrachtet, dessen Datenkonstellation in Abbildung 5-18 wiedergegeben ist.

Ein Investor plane den Erwerb des Investitionsobjektes I, dessen Nutzungsdauer ein Jahr beträgt. Die Anlage erfordert eine Anschaffungsauszahlung von

[36] Vgl. Roll (1977), S. 138.

Umwelt-zustand	Eintrittswahr-scheinlichkeit p_s	Rendite Markt-portfolio $R_{1,M,s}$	Free Cash Flow Investition I $FCF_{1,I,s}$
1	0,25	0,21	450
2	0,40	0,08	410
3	0,35	0,18	500
$r_f = 0{,}05$ $I_0 = 350$			

Abbildung 5-18: Datenkonstellation der Realinvestition I

350 EUR und wird vollständig eigenfinanziert. Je nach eintretendem Umweltzustand rechnet der Investor mit Free Cash Flows in Höhe von 450 EUR (Zustand 1), 410 EUR (Zustand 2) bzw. 500 EUR (Zustand 3). Das Marktportfolio weist in den unterschiedlichen Szenarien Renditen von 21 %, 8 % bzw. 18 % auf. Risikolose Geldanlagen und -aufnahmen sind zu einem Zinssatz von 5 % möglich. Ist der Kauf der Investition vorteilhaft?

Im 1. Kapitel wurde ausführlich dargestellt, dass der Erwerb eines Investitionsobjektes genau dann vorteilhaft ist, wenn die erzielbaren Free Cash Flows es dem Investor gestatten, seine Konsummöglichkeiten gegenüber einer Situation, in der die Durchführung der Investition unterlassen wird, zu erhöhen. Als Maßgröße für die Veränderung der Konsummöglichkeiten dient der Kapitalwert. Die Anlage sollte ausschließlich dann gekauft werden, wenn sie einen positiven Kapitalwert besitzt. Unter Unsicherheit kann der Kapitalwert entweder auf Basis von Risikozuschlägen

$$C_0^{EK} = -I_0 + \frac{E\left(\widetilde{FCF}_I\right)}{1 + r_f + RP} \tag{5-71}$$

oder mit Hilfe von Sicherheitsäquivalenten

$$C_0^{EK} = -I_0 + \frac{E\left(\widetilde{FCF}_I\right) - RA}{1 + r_f} \tag{5-72}$$

berechnet werden (vgl. Abschnitt 2.3.2). Die Risikozuschlagsmethode erfordert eine Adjustierung des Kalkulationszinssatzes um eine Risikoprämie (RP) und die Sicherheitsäquivalentmethode die Anpassung der erwarteten Rückflüsse um einen Risikoabschlag (RA).

Wir konzentrieren uns zunächst auf die zweite Variante. In Gleichung 5-63 wurde hergeleitet, wie sich der heutige Kurs $K_{0,n}$ eines Wertpapiers n über das Sicherheitsäquivalent bestimmen lässt. Es gilt:

$$K_{0,n} = \frac{E\left(\tilde{K}_{1,n}\right) - \frac{\mu_M - r_f}{\sigma_M^2} \cdot Cov\left(\tilde{K}_{1,n}, \tilde{R}_M\right)}{1 + r_f} \tag{5-73}$$

$$E\left(\widetilde{FCF}_{1,I}\right) = \sum_{s=1}^{S} p_s \cdot FCF_{1,I,s} = 451{,}50$$

$$E\left(\tilde{R}_M\right) = \sum_{s=1}^{S} p_s \cdot R_{1,M,s} = 0{,}1475$$

$$\begin{aligned} Cov\left(\widetilde{FCF}_{1,I}, \tilde{R}_M\right) &= 0{,}25 \cdot (450 - 451{,}50) \cdot (0{,}21 - 0{,}1475) \\ &+ 0{,}40 \cdot (410 - 451{,}50) \cdot (0{,}08 - 0{,}1475) \\ &+ 0{,}35 \cdot (500 - 451{,}50) \cdot (0{,}18 - 0{,}1475) = 1{,}64875 \end{aligned}$$

$$Var\left(\tilde{R}_M\right) = \sum_{s=1}^{S} p_s \cdot E\left(R_{1,M,s} - E\left(\tilde{R}_{1,M}\right)\right)^2 = 0{,}00316875$$

Abbildung 5-19: Rendite- und Risikoergebnisse für Realinvestition I

Beim Übergang von Finanztiteln auf Realinvestitionen wird die Betrachtung von Aktienkursen zugunsten von Free Cash Flows aufgegeben. Daher folgt für den Barwert einer Investition n:

$$BW_{0,n} = \frac{E\left(\widetilde{FCF}_{1,n}\right) - \frac{\mu_M - r_f}{\sigma_M^2} \cdot Cov\left(\widetilde{FCF}_{1,n}, \tilde{R}_M\right)}{1 + r_f} \qquad 5\text{-}74$$

Der Barwert stellt eine Bruttogröße dar. Um zum Kapitalwert (Nettogröße) zu gelangen, ist die zugehörige Anschaffungsauszahlung I_0 in Abzug zu bringen:

$$C_{0,n}^{EK} = -I_0 + \frac{E\left(\widetilde{FCF}_{1,n}\right) - \frac{\mu_M - r_f}{\sigma_M^2} \cdot Cov\left(\widetilde{FCF}_{1,n}, \tilde{R}_M\right)}{1 + r_f} \qquad 5\text{-}75$$

Damit liegt eine Bewertungsvorschrift vor, die es für einperiodische, vollständig eigenfinanzierte Realinvestitionsobjekte ermöglicht, den Kapitalwert zu bestimmen. Unter Heranziehung der Daten aus der Beispielsituation folgen die in Abbildung 5-19 wiedergegebenen Zwischenergebnisse.

Durch Einsetzen in Gleichung 5-75 gelangt man zu:

$$C_{0,I} = -350 + \frac{451{,}50 - \frac{0{,}1475 - 0{,}05}{0{,}00316875} \cdot 1{,}64875}{1 + 0{,}05} = 31{,}68\ EUR \qquad 5\text{-}76$$

Der Barwert der Investition I übersteigt die notwendige Anfangsauszahlung um 31,68 EUR. Die Anschaffung der Anlage ist vorteilhaft.

Eine Berechnung von Kapitalwerten mit Hilfe der Risikozuschlagsmethode führt bei der gegebenen Datensituation zu keinem Ergebnis, da ein Zirkularitätsproblem vorliegt. Hierzu sei die entsprechende Bewertungsvorschrift 5-47 betrachtet:

$$K_{0,n} = \frac{E\left(\tilde{K}_{1,n}\right)}{1 + r_f + \frac{\mu_M - r_f}{\sigma_M^2} \cdot \sigma_{n,M}}$$

Durch Modifikation gelangt man zu folgender Kapitalwertformel:

$$C_{0,n}^{EK} = -I_0 + \frac{E\left(\widetilde{FCF}_{1,n}\right)}{1 + r_f + \frac{\mu_M - r_f}{\sigma_M^2} \cdot Cov\left(\tilde{R}_n, \tilde{R}_M\right)} \tag{5-77}$$

Um den Risikozuschlag im Nenner ermitteln zu können, ist als Eingangsgröße die Kovarianz zwischen den Renditen des Investitionsobjektes n und dem Marktportfolio $Cov(\tilde{R}_n, \tilde{R}_M)$ erforderlich. Während die Rendite des Marktes bekannt ist, liegen für die Investition allein zustandsabhängige Rückflüsse vor. Sie müssen zunächst in zustandsabhängige Renditen überführt werden. Diese sind im CAPM definiert als:

$$R_{n,s} = \frac{FCF_{1,n,s} - BW_{0,n}}{BW_{0,n}} \tag{5-78}$$

Die Basis der Renditeberechnung ist der sich im Marktgleichgewicht einstellende Barwert der Investition. Keinesfalls darf die Berechnung durchgeführt werden, indem als Bezugsgröße die Anschaffungsauszahlung verwendet wird (im Index wird die Rendite zusätzlich mit A gekennzeichnet, um zu verdeutlichen, dass sie auf der Anschaffungsauszahlung beruht und nicht auf dem Barwert $BW_{0,n}$):

$$R_{n,s}^A = \frac{FCF_{1,n,s} - I_{0,n}}{I_{0,n}} \tag{5-79}$$

Folglich besteht das bereits erwähnte Zirkularitätsproblem: der Barwert $BW_{0,n}$ ergibt sich erst aus der Lösung der Bewertungsaufgabe und kann daher nicht als Eingangsgröße fungieren. Nur wenn anstelle der Renditen absolute Free Cash Flows in den Kovarianzterm aufgenommen werden, so wie es die Sicherheitsäquivalentmethode vorsieht, kann eine Lösung errechnet werden.

Ausgehend von einem Barwert in Höhe von 350,00 EUR + 31,68 EUR = 381,68 EUR für Investition I können die korrekten, nicht auf Anschaffungsauszahlungen basierenden Renditen bestimmt werden:

$$R_{1,1} = \frac{450,00 - 381,68}{381,68} = 0,1790, \quad R_{1,2} = 0,0742, \quad R_{1,3} = 0,3100$$

Daraus ergeben sich unmittelbar die Kovarianz der Investitionsrendite mit dem Markt und der Beta-Faktor:

$$Cov\left(\tilde{R}_1, \tilde{R}_M\right) = 0,00432, \quad \beta_1 = 1,3632$$

Durch Einsetzen der Daten in die WML resultiert die erwartete Rendite der Investition I im Marktgleichgewicht:

$$\begin{aligned}\mu_I &= r_f + \left(\mu_M - r_f\right)\cdot \beta_I \\ &= 0{,}05 + \left(0{,}1475 - 0{,}05\right)\cdot 1{,}3632 \\ &= 0{,}1829\end{aligned}$$

Wie ist dieses Ergebnis zu interpretieren? Gemäß dem CAPM beträgt die Gleichgewichtsrendite der Investition I 18,29 %. Als bewertungsrelevantes Risiko dient die Kovarianz der Rendite zwischen dem Investitionsobjekt und dem Marktportfolio in Höhe von 0,00432. Wie bereits bekannt wird also nur derjenige Teil des Risikos vergütet, der durch Diversifikation nicht beseitigt werden kann. Mit anderen Worten stellt die Rendite von 18,29 % für den Investor nur genau dann eine angemessene Vergütung für das mit Investition I verbundene Risiko dar, wenn er diese als Teil des Marktportfolios hält. Die Gleichgewichtsrendite entspricht gleichzeitig dem risikoadjustierten Kalkulationszins der Anlage:

$$BW_{0,I} = \frac{E\left(\widetilde{FCF}_{1,I}\right)}{1 + E\left(\tilde{R}_I\right)} = \frac{451{,}50}{1 + 0{,}1829} = 381{,}68\ EUR$$

Tatsächlich liegt die Anschaffungsauszahlung der Investition aber nicht bei 381,68 EUR, sondern beträgt nur 350 EUR. Auf Basis dieses Wertes folgt für die Rendite der Anlage (die Rendite beruht jetzt auf der Anschaffungsauszahlung und wird daher mit A im Index gekennzeichnet):

$$E\left(\tilde{R}_I^A\right) = \frac{E\left(\widetilde{FCF}_{1,I}\right) - I_0}{I_0} = \frac{451{,}50 - 350{,}00}{350{,}00} = 0{,}29$$

Während das CAPM auf der Grundlage von $Cov(\tilde{R}_I, \tilde{R}_M) = 0{,}00432$ der Investition eine gleichgewichtige Rendite von 18,29 % zugesteht (diese Rendite basiert auf dem Barwert im Kapitalmarktgleichgewicht von 381,68 EUR), liegt die „wahre" Rendite bei 29 %, da die Anschaffungsauszahlung nicht in Höhe des fairen Wertes der Investition erfolgt, sondern lediglich zu einem Preis von 350 EUR. Diese Differenz ist die Ursache des positiven Kapitalwertes. Müsste die Anlage zum fairen Preis von 381,68 EUR erworben werden, würde der Kapitalwert 0 EUR betragen. Der Kapitalwert von 31,68 EUR ist somit das Ergebnis einer Überrendite von 29,00 % – 18,29 % = 10,71 % über dem gemäß CAPM angemessenen Renditeniveau. Abbildung 5-20 fasst die Überlegungen im μ-β-Diagramm zusammen.

Abschließend ist festzuhalten, dass sich das Gleichgewichtsdenken im CAPM und die Existenz von Investitionen mit positivem Kapitalwert eigentlich gegenseitig ausschließen und insofern in unserer Vorgehensweise ein Widerspruch steckt. Das CAPM basiert auf der Annahme eines Ausgleichs von Angebot und Nachfrage im Gleichgewicht. Dazu müssen sämtliche risikobehafteten Investitionsobjekte auf der WML liegen. Bei Abweichungen setzen unmittelbar Arbitragevorgänge ein. Assets, deren Renditen oberhalb der Gleichgewichtsrendite liegen, werden gekauft, Anlageformen, die eine Rendite unterhalb des gleichgewichtigen Wertes liefern, werden leerverkauft. In der Folge existieren im Gleichgewicht keine von Null abweichenden Kapitalwerte mehr. Der Handel kommt zum Erliegen. Der Kapitalmarkt löst folglich das Bewertungsproblem für den

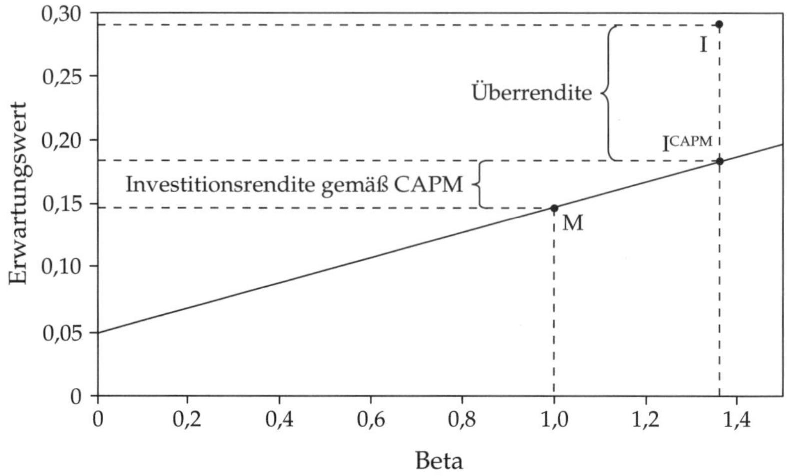

Abbildung 5-20: WML, Investitionsrendite gemäß CAPM und Überrendite der Investition I

Investor, indem er solange für Preisanpassungen sorgt, bis etwaige Überrenditen beseitigt sind.[37] Ein aufwändiger Such- und Bewertungsprozess zum Auffinden von Investitionen mit positivem Kapitalwert ist mithin obsolet.

5.8.2 Eine einfache Unternehmensbewertung

Nach der Analyse einer einzelnen Investition wollen wir die Untersuchungen in diesem Abschnitt weiter vorantreiben und uns an die Bewertung eines Unternehmens, also einer Zusammenstellung mehrerer Realinvestitionen, heranwagen. Das Bewertungsproblem soll von zwei Seiten betrachtet werden. Zuerst werden die im Unternehmen enthaltenen Investitionen separat bewertet und die Ergebnisse aggregiert. Im Anschluss soll geprüft werden, inwiefern die Vorgehensweise vereinfacht werden kann, wenn die erforderlichen Größen unmittelbar auf Gesamtunternehmensebene erfasst werden.

Das betrachtete Unternehmen setzt sich aus drei Investitionsobjekten zusammen. Neben der Investition I, die im vorhergehenden Abschnitt bereits analysiert wurde, stehen die Investitionen II und III zur Auswahl (vgl. Abbildung 5-21). Sie lassen sich unabhängig voneinander durchführen, Synergien bestehen nicht.[38] Wie bisher erfolgt die Finanzierung der Anschaffungsauszahlungen in Höhe von $I_{0,I} = 350$ EUR, $I_{0,II} = 90$ EUR bzw. $I_{0,III} = 280$ EUR allein aus Eigenmitteln. Der Betrachtungszeitraum bleibt auf die Dauer einer Periode beschränkt.

Aus den Daten der Abbildung 5-21 errechnen sich die zur Anwendung der Sicherheitsäquivalentmethode notwendigen Werte:

[37] Vgl. Ballwieser (1990), S. 175.
[38] Zum Begriff und zur Wirkung von Synergien vgl. Abschnitt 1.3.1 und 3.1.

Umwelt-zustand	Eintrittswahrscheinlichkeit p_s	Rendite Marktportfolio $R_{1,M,s}$	Free Cash Flow		
			Investition I $FCF_{1,I,s}$	Investition II $FCF_{1,II,s}$	Investition III $FCF_{1,III,s}$
1	0,25	0,21	450	320	400
2	0,40	0,08	410	250	500
3	0,35	0,18	500	200	600

Abbildung 5-21: Datenkonstellation der drei Beispielinvestitionen

$$E\left(\widetilde{FCF}_{1,I}\right) = 451,50\ EUR,\quad E\left(\widetilde{FCF}_{1,II}\right) = 250,00\ EUR,$$

$$E\left(\widetilde{FCF}_{1,III}\right) = 510,00\ EUR,\quad Cov\left(\widetilde{FCF}_{1,I}, \tilde{R}_M\right) = 1,64875$$

$$Cov\left(\widetilde{FCF}_{1,II}, \tilde{R}_M\right) = 0,525,\quad Cov\left(\widetilde{FCF}_{1,III}, \tilde{R}_M\right) = -0,425$$

$$E(\tilde{R}_M) = 0,1475,\quad Var\left(\tilde{R}_M\right) = 0,00316875$$

Damit folgt für die drei Investitionen:

$$BW_{0,I} = 381,68\ EUR \Rightarrow C_{0,I} = 31,68\ EUR$$
$$BW_{0,II} = 222,71\ EUR \Rightarrow C_{0,II} = 132,71\ EUR$$
$$BW_{0,III} = 498,17\ EUR \Rightarrow C_{0,III} = 218,17\ EUR$$

Die Anlagen besitzen durchweg einen positiven Kapitalwert und sind damit alle vorteilhaft. Unter Heranziehung der Barwerte lassen sich die Renditen der Investitionen in den verschiedenen Umweltzuständen berechnen. Sie bilden die Grundlage für die Kovarianzen $Cov(\tilde{R}_n, \tilde{R}_M)$ (mit n = I, II, III) und die Beta-Faktoren (vgl. Abbildung 5-22).

Die erwarteten Gleichgewichtsrenditen der Anlagen I bis III betragen gemäß dem CAPM:

$$\mu_I = 0,05 + (0,1475 - 0,05) \cdot 1,3632 = 0,1829$$
$$\mu_{II} = 0,05 + (0,1475 - 0,05) \cdot 0,7439 = 0,1225$$
$$\mu_{III} = 0,05 + (0,1475 - 0,05) \cdot (-0,2698) = 0,0237$$

Da Investition III einen negativen Beta-Faktor aufweist, liegt ihre Rendite unterhalb des risikolosen Zinssatzes. Wird diese Investition in das Marktportfolio aufgenommen, wirkt dies risikoreduzierend.

Um von der Ebene der Einzelinvestitionen zum Gesamtunternehmen zu gelangen, müssen die Ergebnisse der Investitionsobjekte aggregiert werden. Abbildung 5-23 zeigt einen Vergleich von Barwert- und Handelsbilanz.

Während die Handelsbilanz die Anlagen zu ihren Anschaffungskosten enthält, gehen in die Barwertbilanz sämtliche Vermögensgegenstände mit ihren gemäß

$$E(\tilde{R}_I) = 0{,}1829;\quad E(\tilde{R}_{II}) = 0{,}1225;\quad E(\tilde{R}_{III}) = 0{,}02375$$

$$Cov(\tilde{R}_I,\tilde{R}_M) = 0{,}00431966;\quad Cov(\tilde{R}_{II},\tilde{R}_M) = 0{,}00235732$$

$$Cov(\tilde{R}_{III},\tilde{R}_M) = -0{,}00085313$$

$$\beta_I = 1{,}3632;\quad \beta_{II} = 0{,}7439;\quad \beta_{III} = -0{,}2698$$

Abbildung 5-22: Renditen, Kovarianzen und Beta-Faktoren der drei Realinvestitionen

dem CAPM ermittelten Barwerten ein. In der Differenz der Bilanzsummen zeigt sich der insgesamt durch die unternehmerische Tätigkeit geschaffene Wertzuwachs in Höhe von 1 102,56 EUR – 720,00 EUR = 382,56 EUR. Er entspricht der Summe der drei Kapitalwerte: 31,68 EUR + 132,71 EUR + 218,17 EUR = 382,56 EUR. Da das Unternehmen annahmegemäß vollständig eigenfinanziert ist, entspricht der Wertzuwachs auch der Steigerung des Marktwertes des Eigenkapitals.

Statt eine Bewertung der Einzelinvestitionen vorzunehmen, kann der Wertzuwachs auch unmittelbar auf der Gesamtunternehmensebene U gemessen werden. Dazu sind zunächst die Summen-Cash Flows $FCF_{1,U,s}$ in den einzelnen Umweltzuständen zu bilden:

$$FCF_{1,U,1} = FCF_{1,I,1} + FCF_{1,II,1} + FCF_{1,III,1}$$
$$= 450 + 320 + 400 = 1\ 170$$
$$FCF_{1,U,2} = 1\ 160;\quad FCF_{1,U,3} = 1\ 300$$

Unter Heranziehung des Erwartungswertes der Free Cash Flows auf Unternehmensebene sowie der Kovarianz zwischen den Free Cash Flows und den Renditen des Marktes folgt für den Barwert des Unternehmens:

$$E\left(\widetilde{FCF}_{1,U}\right) = 1\ 211{,}50,\quad Cov\left(\widetilde{FCF}_{1,U},\tilde{R}_M\right) = 1{,}74875$$

$$BW_{0,U} = \frac{1\ 211{,}50 - \dfrac{0{,}1475 - 0{,}05}{0{,}00316875} \cdot 1{,}74875}{1 + 0{,}05} = 1\ 102{,}56\ EUR$$

A	Barwertbilanz t = 0		P
Inv. I	381,68	1 102,56	EK
Inv. II	222,71		
Inv. III	498,17		

A	Handelsbilanz t = 0		P
Inv. I	350	720	EK
Inv. II	90		
Inv. III	280		

Δ = 382,56 EUR

Abbildung 5-23: Barwertbilanz und Handelsbilanz des Unternehmens im Vergleich

Der geschaffene Wertzuwachs beträgt 1 102,56 EUR – (350 EUR + 90 EUR + 280 EUR) = 382,56 EUR. Auf Gesamtunternehmensebene liegt der Beta-Faktor bei $\beta_U = Cov(\tilde{R}_U, \tilde{R}_M) : \sigma_M^2 = 0{,}001587 : 0{,}00316875 = 0{,}50$. Er lässt sich auch aus den Beta-Werten der Einzelinvestitionen herleiten. Dabei gilt:

$$\beta_U = \sum_{n=1}^{N} x_n \cdot \beta_n; \quad x_n = \frac{BW_n}{\sum_{n=1}^{N} BW_n} \cdot \beta_n \qquad \text{5-80}$$

Der Gewichtungsfaktor x_n entspricht dem Anteil, den der Barwert der Investition n an der Summe sämtlicher Barwerte der insgesamt N Investitionen im Unternehmen besitzt. Das heißt für unser Beispiel:

$$\beta_U = \frac{381{,}68}{1\,102{,}56} \cdot 1{,}3632 + \frac{222{,}71}{1\,102{,}56} \cdot 0{,}7439 + \frac{498{,}17}{1\,102{,}56} \cdot (-0{,}2698) = 0{,}50$$

Man spricht in diesem Zusammenhang auch von der sogenannten Wertadditivität des CAPM. Sie ermöglicht es einerseits die Einzelbewertungen zu einer Unternehmensbewertung zusammenzufassen, aber auch Entscheidungen über ein komplexes Investitionsprogramm in eine Vielzahl separater Investitionsentscheidungen zu zerlegen.

5.9 Mehrperiodische Investitionen

Das CAPM in seiner Grundform bezieht sich auf einen Betrachtungszeitraum von einer Periode. Wir haben uns daher bisher auf die Bewertung von Finanz- und Realinvestitionen mit einer Laufzeit von einem Jahr beschränkt. Tatsächlich stellt die Annahme der Einperiodigkeit jedoch eine ganz erhebliche Einschränkung dar. Die überwiegende Zahl von Investitionen besitzt eine mehrjährige Nutzungsdauer und generiert eine Abfolge von Rückflüssen. Fraglich ist in diesem Zusammenhang, ob das CAPM auch zum Einsatz kommen darf, um den Barwert von Zahlungsüberschüssen zu bestimmen, die in mehreren Perioden nacheinander anfallen.

Grundsätzlich ist die Ausdehnung des CAPM vom ein- auf den mehrperiodigen Fall immer dann zulässig, wenn sich ein Mehrperioden-Planungsproblem auf eine Periode verkürzen lässt. In diesem Fall kann die Prognose von Free Cash Flows über mehrere Jahre hinweg unterbleiben und die Bewertung auf zwei Zeitpunkte (t = 0 und t = 1) komprimiert werden. Diese Verkürzung kommt unter zwei Voraussetzungen in Betracht. Sofern für Investitionen mit einer Nutzungsdauer von mehreren Jahren ein vollkommener Zweitmarkt existiert, auf dem das Objekt jederzeit zum Marktpreis veräußert werden kann, können sämtliche nach t = 1 anfallenden Zahlungsströme in der Bewertung unbeachtet bleiben. Stattdessen kann sich der Bewerter auf den Free Cash Flow am Ende der ersten Periode und den zu diesem Zeitpunkt zu erwartenden Restverkaufserlös fokussieren. Der Veräußerungserlös stellt den Barwert sämtlicher nach t = 1 erwarteten freien Zahlungsüberschüsse dar. Er aggregiert die Zahlungen aus t = 2, t = 3 usw. und fasst sie zum Zeitpunkt t = 1 zusammen. Aus dem Mehrperioden-Problem wird eine einperiodige Bewertung. Das CAPM darf angewendet werden.

Darüber hinaus verkürzt sich die Bewertung einer mehrperiodigen Investition auf ein Jahr, wenn bereits nach Ablauf der ersten Periode (t = 1) endgültig ein positiver Kapitalwert erzielt wird und selbst bei Eintritt der ungünstigsten Umweltzustände in allen Folgejahren (t = 2, t = 3 usw.) die Vorteilhaftigkeit nicht mehr umgekehrt werden kann. Die Annahme des vollkommenen Sekundärmarktes für das Investitionsobjekt kann dann entfallen.[39]

Praktisch sind beide Fälle für Realinvestitionen irrelevant. Sie zeichnen sich gerade durch das Fehlen von Sekundärmärkten und die Notwendigkeit einer mehrjährigen Nutzung zur Erzielung positiver Kapitalwerte aus. Um eine Bewertung vornehmen zu können, wird daher häufig das Einperioden-Modell auf den Mehrperioden-Fall erweitert. Für eine eigenfinanzierte Investition mit einer Laufzeit von T Jahren gelangt man auf diese Weise zu folgender Bewertungsvorschrift:

$$C_{0,n}^{EK} = -I_0 + \sum_{t=1}^{T} \frac{E\left(\widetilde{FCF}_{t,n}\right)}{\left(1 + r_{EK,n}\right)^t} \text{ mit } r_{EK,n} = r_f + \frac{\mu_M - r_f}{\sigma_M^2} \cdot Cov\left(\tilde{R}_n, \tilde{R}_M\right) \qquad \text{5-81}$$

Die Free Cash Flows der einzelnen Perioden $FCF_{t,n}$ werden mit dem aus dem einperiodigen CAPM stammenden Diskontierungszins, der hier mit $r_{EK,n}$ dargestellt wird, abgezinst und zum Barwert aufsummiert. Durch Abzug der Anschaffungsauszahlung gelangt man zum Kapitalwert. Unter welchen Voraussetzungen ist eine solche Verwendung des CAPM möglich?

Eine genauere Betrachtung der Gleichung 5-81 zeigt, dass der Zinssatz $r_{EK,n}$ im Zeitablauf konstant ist. Er stimmt mit der einperiodigen Gleichgewichtsrendite überein (die Gleichung enthält nicht $r_{t,EK,n}$). Hierfür müssen drei Voraussetzungen erfüllt sein.[40] Erstens darf sich der risikolose Zinssatz im Zeitablauf nicht ändern. Zweitens muss die Marktrisikoprämie ($\mu_M - r_f$) zeitinvariant sein. Drittens ist es erforderlich, dass das systematische Risiko der Investition sich nicht verändert.

Damit bestehen sehr weitreichende Annahmen, die der Realität nicht entsprechen. Eine allgemeinere Erweiterung des CAPM müsste daher mit periodenspezifischen Kalkulationszinssätzen arbeiten, um die verschiedenen Formen der Unsicherheit korrekt zu erfassen. Fama schlägt daher vor, das Modell folgendermaßen zu verbessern:[41]

$$E\left(C_{0,n}^{EK}\right) = \sum_{t=1}^{T} \frac{E\left(\widetilde{FCF}_{t,n}\right)}{\prod_{\tau=1}^{t}\left(1 + r_{\tau,EK,n}\right)} \qquad \text{5-82}$$

Die Free Cash Flows jeder Periode werden mit einem individuellen, periodenspezifischen Zins diskontiert. Es lässt sich zeigen, dass Gleichung 5-82 unter

---

39 Vgl. Bogue/Roll (1974), S. 604.

40 Vgl. Schneider (1992), S. 518.

41 Vgl. Fama (1977), S. 17 ff.

bestimmten Stationaritätsannahmen bezüglich der in den $r_{\tau,EK,n}$ enthaltenen Parameter in Gleichung 5-81 übergeht.[42]

Werden diese Stationaritätsannahmen nicht getroffen, steigt die Komplexität der Modellanwendung stark an. So weist Schneider darauf hin, dass bereits bei Bewertungsproblemen mit nur zwei Perioden fünf Risikoprämien zu beachten sind. Genau wie im Standard-CAPM existieren eine universelle Marktrisikoprämie ($\mu_M - r_f$) und eine investitionsindividuelle Risikoprämie (diese kommt letztlich in β_n zum Ausdruck). Zusätzlich ist von $t = 0$ aus gesehen die Höhe des risikolosen Zinssatzes für die zweite Periode unbekannt. Darüber hinaus besteht die Gefahr, dass sowohl die universelle als auch die unternehmensindividuelle Risikoprämie zwischen erster und zweiter Periode Schwankungen unterliegen. Ein umfassender Bewertungsansatz müsste diese Einflüsse berücksichtigen.

Wir wollen die Übertragung des CAPM auf mehrere Perioden nicht weiter ausführen. Stattdessen sei der Leser auf die zugehörige Literatur verwiesen.[43] Im Weiteren werden wir – wie in der Praxis üblich – das einperiodige CAPM mit konstanten Kalkulationszinssätzen auf den Mehrperiodenfall übertragen. Wir weisen allerdings ausdrücklich darauf hin, dass diese Übertragung nur unter sehr engen Prämissen möglich ist, die in der Realität nicht erfüllt sind. Mit dieser Vorgehensweise begeht man daher einen Fehler. Die Anwendung eines komplexen Mehrperioden-CAPM wird zugunsten einer Vereinfachung der Bewertung aufgegeben.

5.10 Modellkritik

Das CAPM basiert auf der Portfoliotheorie von Markowitz und baut sie durch zusätzliche Annahmen zu einem kapitalmarkttheoretischen Gleichgewichtsmodell aus. Homogene Erwartungen der Marktteilnehmer im Hinblick auf zukünftige Renditen und Standardabweichungen aller Wertpapiere sowie einheitliche Vorstellungen über die Kovarianzen zwischen den Wertpapierrenditen lassen in Kombination mit einer Zugangsmöglichkeit zu risikoloser Anlage und Verschuldung aus der normativen Portfolioselektion ein Modell erwachsen, das anstrebt, eine Beschreibung zwischen Rendite und Risiko auf einem Kapitalmarkt zu liefern. Dabei hat es das CAPM geschafft, in der Praxis zu einem der wichtigsten Pfeiler moderner, auf zukünftigen Cash Flows basierenden Bewertungsverfahren zu werden.[44]

Herausragendes Merkmal des CAPM ist seine vermeintlich einfache Implementierbarkeit. Der Anwender muss „nur" die Höhe des risikolosen Zinssatzes und die Rendite des Marktportfolios bestimmen und kann dann unter Heranziehung des Beta-Faktors die erwartete Rendite eines Investitionsobjektes im Kapitalmarktgleichgewicht angeben. Scheinbar Unmögliches wird Realität. Der

[42] Vgl. Röder/Müller (2001), S. 229.

[43] Vgl. Röder/Müller (2001), S. 225–233 und die dort angegebene Literatur.

[44] Die als Alternative zum CAPM entwickelte Arbitrage Pricing Theorie (APT) hat den Sprung von der Theorie in die Praxis ebenso wenig geschafft wie das State Preference Modell.

gesamte Finanzmarkt mit seiner schier unbegrenzten Anzahl von Akteuren und Anlageformen passt in eine einzige Gleichung. Mehr noch: nicht nur für finanzielle Vermögensgegenstände, sondern auch für Realinvestitionen kann der faire Preis im Marktgleichgewicht bestimmt werden.

Allerdings wird die Einfachheit des Modells durch schwerwiegende Nachteile erkauft. Wir wollen den Blick zunächst auf die Prämissen des Ansatzes lenken.[45] Sie weisen keine große Realitätsnähe auf und stellen daher einen wesentlichen Kritikpunkt des Modells dar. Genau wie in der Portfoliotheorie von Markowitz ist es fraglich, ob lediglich die Parameter erwartete Rendite und Standardabweichung als einzige Größen das Nutzenniveau der Anleger bestimmen. Darüber hinaus bleibt unklar, inwiefern die Standardabweichung als zweiseitiges Risikomaß überhaupt geeignet ist, das mit einem Wertpapier verbundene Risiko zu beschreiben.[46]

Auch die Annahme homogener Erwartungen entspricht kaum der Realität. Es scheint vielmehr, dass gerade divergierende Vorstellungen im Hinblick auf die Rendite und das Risiko einzelner Wertpapiere eine treibende Kraft des Börsenhandels sind.[47]

Des Weiteren existiert an den Märkten kein einheitlicher risikoloser Zinssatz. Die Marktteilnehmer sehen sich stattdessen divergierenden Soll- und Habenzinssätzen gegenüber. Das CAPM gelangt dann aber nicht zu einer einheitlichen Wertpapiermarktlinie und einem eindeutigen Marktportfolio, sondern verläuft in zwei Segmenten. Anleger, die einen Teil des Erwerbs des Marktportfolios über Kreditaufnahme finanzieren ($x_M > 1$) gelangen zu einem anderen Tangentialportfolio als Investoren, die einen Teil ihres Vermögens risikolos anlegen ($0 < x_M < 1$).[48]

Mit dem CAPM rückt das systematische Risiko in den Fokus der Betrachtung. Im sich einstellenden Kapitalmarktgleichgewicht halten sämtliche Investoren das Marktportfolio. Von Interesse ist daher einzig und allein der Beitrag, den Wertpapiere zum Risiko des Marktportfolios leisten. Die Annahme, dass Investoren durchweg im Besitz eines gut diversifizierten Portfolios wie dem Marktportfolio sind, lässt sich empirisch nicht bestätigen. Vielmehr halten viele Anleger unzureichend gestreute Vermögenspositionen. In diesem Fall spielt nicht nur das systematische Risiko eine Rolle. Bei geringer Diversifikation sehen sich Investoren auch dem unsystematischen Risiko ausgesetzt. Im CAPM spielt dieses aber keine Rolle.

Genau wie in der Portfolioselektion kommt auch beim CAPM das Problem der Datenbeschaffung zum Tragen. Um das Modell umsetzen zu können, wird der zukunftsgerichtete Ansatz meist mit Parametern ausgestattet, die auf Basis historischer Daten gemessen werden. Nur wenn die Verteilungen der Wertpapierrenditen bestimmte Stationaritätsbedingungen erfüllen, ist diese Vorgehensweise zulässig.

---

[45] Vgl. Möller (1986), S. 88.
[46] Vgl. hierzu auch die Ausführungen in Abschnitt 4.6.
[47] Vgl. Hering (2006), S. 183.
[48] Vgl. Möller (1986), S. 90; Bodie et al. (2005), S. 256 ff.

Auch die Festlegung eines geeigneten Proxy für das nicht beobachtbare Marktportfolio stellt den Anwender vor große Herausforderungen. Nur wenn der Proxy auf der Randportfoliolinie in der Nähe des (unbekannten) Marktportfolios liegt, misst das Modell die Beta-Faktoren korrekt.[49] Die fehlende Kenntnis über das wahre Marktportfolio hat darüber hinaus zur Folge, dass das CAPM durch empirische Testbarkeit nicht überprüft oder widerlegt werden kann.[50] Aus theoretischer Sicht ist das Modell daher ohne jede Aussage.

Schließlich bleibt zu kritisieren, dass sich das CAPM ausschließlich auf eine Periode bezieht. Die Übertragung des Standard-CAPM auf mehrperiodige Investitionen unter Unsicherheit ist nur unter sehr restriktiven Annahmen gestattet, die in der Praxis nicht erfüllt sind. Eine Mehrperiodenvariante mit ähnlich einfacher Anwendung wie beim Standard-CAPM existiert nicht.[51]

Zusätzlich kann festgehalten werden, dass sich die Anwendung des CAPM und die gezielte Suche nach Investitionen mit positivem Kapitalwert gegenseitig ausschließen. Im Kapitalmarktgleichgewicht, das für eine Bewertung zwingend erreicht werden muss, besitzen sämtliche Investitionen einen Kapitalwert von Null. Jegliches Bewertungsproblem ist gelöst. Sollten dennoch Investitionen mit positivem Kapitalwert existieren, befindet sich der Markt nicht im Gleichgewicht. Dann aber darf das CAPM zur Bewertung nicht angewendet werden.

---

[49] Vgl. Möller (1986), S. 93 f.

[50] In Abschnitt 5.7 haben wir dies als Kritik von Roll aufgezeigt.

[51] Abschnitt 5.9 hat den Aspekt ausführlich aufgegriffen.

6. Investitionsentscheidungen unter Unsicherheit im Kontext einer wertorientierten Unternehmensstrategie

6.1 Überleitung externer Renditeforderungen in interne Kapitalkostensätze

6.1.1 Kapitalmarktbezogene Risikobetrachtung

Wesentliches Ziel einer wertorientierten Unternehmensstrategie ist die langfristige Steigerung des Unternehmenswertes. Zur Erreichung dieses Ziels führt das Management Investitionen durch, von denen es sich einen positiven Beitrag zum Unternehmenswert erhofft. Als Maßgröße für den Wertbeitrag eines Investitionsobjektes haben wir den Kapitalwert kennengelernt. Er gibt die heutige, d.h. barwertige Steigerung des Unternehmenswertes bei Durchführung einer Investition an. Im Fall der reinen Eigenfinanzierung einer mehrperiodischen Investition gilt für den Kapitalwert:

$$C_0^{EK} = -I_0 + \sum_{t=1}^{T} \frac{E\left(\widetilde{FCF}_t\right)}{\left(1 + r_{EK}^u\right)^t} \qquad 6\text{-}1$$

Die Kapitalwertformel 6-1 dient der Bewertung sogenannter Normalinvestitionen. Sie zeichnen sich dadurch aus, dass sie im Betrachtungszeitpunkt t = 0 mit einer sicheren Anschaffungsauszahlung I_0 beginnen. In den Folgeperioden liefern sie Einzahlungsüberschüsse, die in Form von Free Cash Flows gemessen werden. Der Erwartungswertoperator im Zähler zeigt an, dass die Rückflüsse aus dem Projekt mit Unsicherheit verbunden sind: bei den zukünftigen Free Cash Flows handelt es sich um Zufallsvariablen, deren konkrete Realisationen im Zeitpunkt der Anschaffung der Investition noch nicht bekannt sind. Die Erwartungswerte der Free Cash Flows sind mit einem risikoadjustierten Kalkulationszinssatz bei reiner Eigenfinanzierung $r_{EK}{}^u$ abzuzinsen (der Index u bezeichnet ein unverschuldetes Unternehmen).

Wir wollen die Kapitalwertformel anhand eines Beispiels mit Leben füllen. Betrachtet sei die neu gegründete Kindelsberg Chemie AG (KC AG). Das Unternehmen plant, sich auf die Erzeugung von Düngemitteln zu spezialisieren. Zu diesem Zweck möchte die Unternehmensleitung eine entsprechende Produktionsanlage beschaffen. Bei einer Anfangsauszahlung von 1000 EUR beträgt die Nutzungsdauer der Anlage 4 Jahre. Die vom Management durchgeführte Planung der erwarteten, zukünftigen Free Cash Flows zeigt Abbildung 6-1. Das gesamte zur Verfügung stehende Kapital wird von einem einzelnen Aktionär zur Verfügung gestellt und zunächst in Form von Liquidität vorgehalten. Fremdkapital besitzt die KC AG nicht.

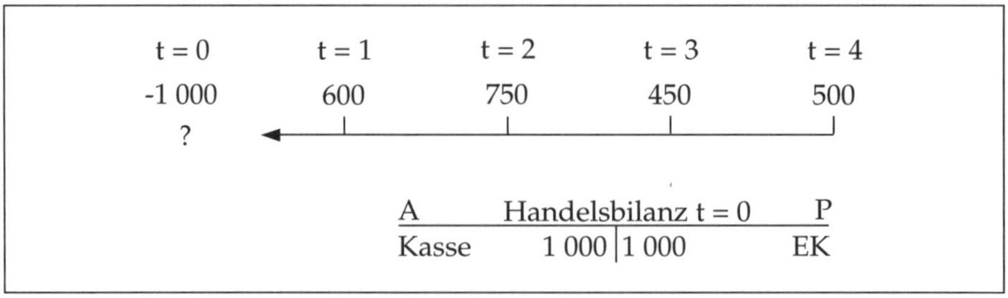

Abbildung 6-1: Zahlungsreihe der geplanten Investition und Handelsbilanz der KC AG

Um ermitteln zu können, ob der Kauf der Produktionsanlage einen positiven Beitrag zum Unternehmenswert leistet, ist deren Kapitalwert zu berechnen. Neben dem Erwartungswert der Free Cash Flows muss das Management den risikoadjustierten Kalkulationszins r_{EK}^{u} bestimmen. Wir wollen uns zunächst noch einmal die Rolle, die er im Rahmen der Bewertung des Investitionsvorhabens erfüllt, vor Augen führen.

Der Kalkulationszins nimmt bei der Berechnung des Kapitalwertes zwei wichtige Funktionen wahr. Zum einen sorgt er für die Berücksichtigung des Zeitwertes des Geldes.[1] Investoren besitzen eine Präferenz für heutigen Konsum. Dieser Konsum wird aus den Free Cash Flows einer Investition bestritten. Je später ein zukünftiger Free Cash Flow einem Investor zur Verfügung steht, desto geringer wird er in seinem heutigen Wert eingeschätzt. Rückflüsse, die in unterschiedlichen Jahren auftreten, müssen daher bezüglich ihres Zeitwertes gleichnamig gemacht werden. Erst dann ist eine Addition zulässig.

Zum anderen erfüllt r_{EK}^{u} die wichtige Aufgabe der Risikoadjustierung der Rückflüsse. Die zukünftigen Free Cash Flows aus dem Investitionsprojekt sind unsicher. Es handelt sich – wie oben bereits erwähnt – um Zufallsvariablen. Die Free Cash Flow-Verteilungen in den einzelnen Perioden der Nutzungsdauer werden bei der Kapitalwertberechnung zu Erwartungswerten zusammengefasst. Es findet eine Verdichtung der in den Verteilungen vorhandenen Informationen auf einen Parameter statt. Die in den Verteilungen zum Ausdruck kommende Streuung der Ergebnisse ist dadurch nicht mehr zu erkennen. Im Zähler wird damit praktisch von jeglicher Unsicherheit abstrahiert.[2] Das Modell unterstellt, dass es sich beim Erwartungswert um einen geeigneten Repräsentanten aller für möglich gehaltenen Free Cash Flow-Realisationen handelt. Tatsächlich können die wahren Rückflüsse um den jeweiligen Erwartungswert schwanken. Risikoaverse Investoren berücksichtigen diese Gefahr der Abweichung vom Erwartungswert. Sie schätzen den heutigen Wert einer zukünftigen, unsicheren Zahlung umso geringer ein, je höher das mit dieser Zahlung verbundene Risiko ist.

Im Kalkulationszins kommt die Risikoaversion durch eine Risikoprämie zum Ausdruck: $r_{EK}^{u} = r_f + RP$. Der risikolose Zinssatz r_f dient der Berücksichtigung des Zeitwertes des Geldes. Die Risikoprämie RP spiegelt wider, welche Kompen-

[1] Vgl. Abschnitt 1.2.3.

[2] Vgl. hierzu ausführlich Abschnitt 1.4.2.

sation risikoaverse Wirtschaftssubjekte für die Übernahme des Investitionsrisikos verlangen. Durch Einsetzen des so aufgespalteten Kalkulationszinssatzes in Gleichung 6-1 gelangt man zur bereits bekannten Vorschrift zur Berechnung des Kapitalwertes unter Unsicherheit:[3]

$$C_0^{EK} = -I_0 + \sum_{t=1}^{T} \frac{E\left(\widetilde{FCF}_t\right)}{\left(1 + r_f + RP\right)^t} \qquad \text{6-2}$$

Wie wir bereits im 1. Kapitel verdeutlicht haben, lässt sich zur Messung des risikolosen Zinssatzes die Rendite von Staatsanleihen heranziehen. Diese Größe ist unmittelbar auf den Kapitalmärkten zu beobachten. Problematisch ist hingegen die Quantifizierung der Risikoprämie, die im 2. bis 5. Kapitel immer wieder im Fokus unserer Untersuchungen stand. Wovon hängt die Höhe der Risikoprämie ab?

Um diese Frage beantworten zu können, muss man sich vor Augen halten, dass es die Kapitalgeber sind, die das mit einer Investition verbundene Risiko tragen. Im Beispiel der KC AG liegt das Risiko allein bei dem einzigen Aktionär des Unternehmens. Er trägt das gesamte mit der Investition verbundene Risiko, da er keine vertraglich zugesicherte Verzinsung auf das von ihm bereitgestellte Kapital erhält, sondern lediglich ein Residualeinkommen bezieht. Erst wenn sämtliche finanziellen Verpflichtungen, die die KC AG gegenüber Lieferanten, Mitarbeitern, Kunden, dem Staat und anderen Anspruchsgruppen besitzt, erfüllt sind, stehen die verbleibenden Überschüsse dem Eigenkapitalgeber zu.[4] Insbesondere ist auch das Management nicht vom Risiko der Investition betroffen, da es im Rahmen eines Angestelltenverhältnisses eine vertraglich vereinbarte Vergütung bezieht.[5]

Aus der vollständigen Risikoübernahme durch den Investor folgt, dass er allein darüber zu entscheiden hat, ob die Investition getätigt wird oder nicht. Der Investor wird seine Zustimmung für den Erwerb der Produktionsanlage davon abhängig machen, ob die Bindung seines Kapitals in diesem Projekt eine bestimmte, von der Höhe des übernommenen Risikos abhängige Mindestverzinsung erbringt. Die Höhe der von ihm als angemessen erachteten Mindestverzinsung hängt unmittelbar vom Grad seiner Risikoaversion ab. Je höher die Risikoaversion des Financiers ist, umso höher muss der Erwartungswert der Rendite sein, der vom Investitionsprojekt zu erwirtschaften ist.

Der risikoadjustierte Kalkulationszins in der Kapitalwertformel kann daher auch als Mindestrenditeforderung des oder der Kapitalgeber interpretiert werden. Diese Mindestrenditeforderung ist unmittelbar abhängig vom Ausmaß der

---

3 Vgl. z.B. Gleichung 1-11 in Abschnitt 1.4.2.

4 Fremdkapitalgeber gehören nicht zu den Anspruchsgruppen, da wir ein vollständig eigenfinanziertes Unternehmen unterstellen.

5 Dabei bleibt unbeachtet, dass die Mitarbeiter und das Management der KC AG zumindest indirekt doch vom Risiko der Investition betroffen sind. Im Falle der Insolvenz ist der Fortbestand ihrer Arbeitsplätze gefährdet. Wie blenden diesen Aspekt aus und unterstellen, dass sämtliche vertraglich festgelegten, finanziellen Verpflichtungen des Unternehmens in jedem Fall vom Eigenkapitalgeber – gegebenenfalls durch die Bereitstellung zusätzlichen Kapitals – übernommen werden, um den Fortbestand zu sichern. Von der Möglichkeit, das Management am Unternehmenserfolg zu beteiligen, wird an dieser Stelle abstrahiert.

Risikoaversion der Investoren. Mit anderen Worten: je höher die Abneigung der Kapitalgeber gegen die Übernahme von Risiken aus einem Investitionsprojekt ist, umso höher wird die Risikoprämie, die im Kalkulationszins zum Einsatz kommt.

Wie kann nun das Management der KC AG die Höhe der Risikoprämie bestimmen? In dem vorliegenden einfachen Fall, in dem lediglich ein einzelner Aktionär das gesamte zur Verfügung stehende Kapital aufbringt, bietet es sich an, den Investor direkt nach seiner Risikoneigung zu befragen. Im 2. Kapitel haben wir mit dem Bernoulli-Prinzip ein Verfahren vorgestellt, mit dessen Hilfe auf Basis investorspezifischer Nutzenfunktionen die Höhe der Risikoprämie bestimmt werden kann.[6] Unter der (eher unwahrscheinlichen) Voraussetzung, dass der Kapitalgeber den Verlauf seiner Risikonutzenfunktion benennen kann, besteht für das Management ein Ansatzpunkt zur Bestimmung der Risikoprämie und damit zur Bewertung des Investitionsprojektes.

Obwohl das Bernoulli-Prinzip theoretisch geeignet ist, den risikoadjustierten Kalkulationszins zu bestimmen, stehen seiner praktischen Umsetzung erhebliche Schwierigkeiten gegenüber. Nehmen wir dazu an, die KC AG besäße nicht einen einzelnen, sondern 10 000 Aktionäre. Selbst wenn diese Financiers in der Lage sein sollten, ihre Nutzenfunktionen anzugeben, ist es für das Management unmöglich, sämtliche Aktionäre zu deren Risikoneigung zu befragen. Der Weg über das Bernoulli-Prinzip ist daher für große Publikumsgesellschaften nicht gangbar, um die Höhe der Risikoprämie zu ermitteln. Selbst bei einer nur geringen Anzahl von Investoren wird die Umsetzung wahrscheinlich an der genauen Spezifizierung der Nutzenfunktionen scheitern: Wirtschaftssubjekte denken nicht unmittelbar in Nutzeneinheiten und bewerten ihre Handlungen auch nicht mit einem solchen Maßstab.[7] Welche Alternativen bieten sich dem Management der KC AG neben der Möglichkeit einer Ermittlung der Risikoneigung durch direkte Befragung der Aktionäre, um die Risikoprämie zu bestimmen?

Anstatt die Risikoeinstellung der eigenen Aktionäre herauszufinden, könnte sich ein Unternehmen auch unmittelbar an den Kapitalmarkt wenden, um eine Investition zu bewerten und damit ihren Beitrag zum Unternehmenswert festzustellen. Insbesondere für Publikumsgesellschaften, die das benötigte Kapital durch die Ausgabe von Wertpapieren über den Kapitalmarkt beziehen, bietet sich diese Vorgehensweise an.[8] Die Möglichkeit, die Renditeforderung durch Befragung der Aktionäre zu fixieren, wird ersetzt durch die Ableitung einer externen, vom Kapitalmarkt stammenden Mindestrendite.

Dahinter verbirgt sich folgende Überlegung: Auf den Kapitalmärkten sorgt der ständige Handel mit risikobehafteten Finanztiteln dafür, dass in den Preisen der Wertpapiere jederzeit die dem Risiko entsprechenden Renditeerwartungen der Marktteilnehmer zum Ausdruck kommen.[9] Der Kapitalmarkt gibt damit fortlaufend an, welche Rendite die Marktteilnehmer für die Übernahme be-

---

6 Vgl. Abschnitt 2.3.2.

7 Vgl. ebenfalls Abschnitt 2.3.2.

8 Vgl. Rudolph (1979), S. 133.

9 Vgl. Hachmeister (2000), S. 155.

stimmter Risiken fordern. Durch die hohe Anzahl an Akteuren und die hohen Umsätze an organisierten Handelsplätzen steht das notwendige Umfeld zur Verfügung, um Risiken fair zu bewerten. Gerade der Kapitalmarkt ist daher in der Lage, für ein gegebenes Risiko die adäquate Rendite und damit die adäquate Risikoprämie zu bestimmen.[10]

Allerdings wird der Handel auf den Kapitalmärkten von einer hohen Anzahl kaum überschaubarer Einflussfaktoren bestimmt. Die Abläufe sind sowohl für die Marktteilnehmer als auch für Außenstehende in ihrer Komplexität nicht zu erfassen. Der Markt kann deshalb nur dann zur Erklärung des Zusammenhangs von Rendite und Risiko herangezogen werden, wenn die Preisbildung nicht willkürlich erfolgt, sondern auf rationalem Verhalten der Marktteilnehmer basiert. Auf Basis dieser Annahme sind Modelle zu entwickeln, die die Preisbildung von Finanztiteln hinreichend realistisch abbilden und erklären können. Sie müssen in der Lage sein, die preisbestimmenden Faktoren systematisch zu identifizieren und aufzeigen, wie der Markt zu einem Ausgleich von Angebot und Nachfrage gelangt.[11]

Mit dem State Preference-Ansatz und dem Capital Asset Pricing Model haben wir zwei Modelle kennengelernt, die genau dazu in der Lage sind. Sie können eine Aussage darüber treffen, welche Rendite ein Investor für die Übernahme bestimmter Risiken erwarten kann. Wir beschränken unsere weitere Argumentation auf das gebräuchlichere CAPM. Es stellt eine Verbindung her zwischen dem bewertungsrelevanten Risiko auf der einen und der als Kompensation für dieses Risiko erzielbaren Rendite auf der anderen Seite. Damit liefert das CAPM exakt die Höhe von Risikoprämien, die der Kapitalmarkt im Gleichgewicht für die Übernahme genau festgelegter Risikohöhen zu zahlen bereit ist.

Kommen wir auf unser Ausgangsproblem der Ermittlung des Kalkulationszinses r_{EK}^u für die Produktionsanlage der KC AG zurück. In der CAPM-Welt benötigt das Management eine Information über die Höhe des mit der Investition verbundenen, bewertungsrelevanten systematischen Risikos.[12] Unter Heranziehung der Gleichung der Wertpapiermarktlinie kann der Erwartungswert der Rendite des Investitionsobjektes festgestellt werden. Abbildung 6-2 liefert die notwendige Datengrundlage und das Ergebnis der Kapitalwertberechnung.

t = 0	t = 1	t = 2	t = 3	t = 4
-1 000	600	750	450	500
1 538,97 ←				
538,97				

$$r_f = 0{,}05 \quad E(\tilde{R}_M) = 0{,}17 \quad \beta_I = 1{,}2 \quad E(\tilde{R}_I) = 0{,}194$$

Abbildung 6-2: Kapitalwertberechnung für die Investition der KC AG

[10] Vgl. Schmidtbauer (2000), S. 156.

[11] Vgl. Hachmeister (2000), S. 155.

[12] Da sich annahmegemäß jeder Investor im Besitz des Marktportfolios befindet, spielen unsystematische Risiken keine Rolle.

Das Management habe ermittelt, dass die Investition einen Beta-Faktor von 1,2 aufweist.[13] Der risikolose Zinssatz r_f beträgt 5 % und die Rendite des Marktportfolios $E(\tilde{R}_M)$ 17 %. Für die erwartete Rendite des Projektes, das mit I bezeichnet sei, ergibt sich nach dem CAPM:

$$\begin{aligned} E\left(\tilde{R}_I\right) &= r_f + \left(E\left(\tilde{R}_M\right) - r_f\right) \cdot \beta_I \\ &= 0{,}05 + \left(0{,}17 - 0{,}05\right) \cdot 1{,}2 = 0{,}194 \end{aligned} \tag{6-3}$$

Im CAPM entspricht der geeignete risikoadjustierte Kalkulationszins einer Investition der im Marktgleichgewicht erzielbaren Investitionsrendite. Die Rückflüsse sind daher mit $E(\tilde{R}_I) = r_{EK}{}^u = 0{,}194$ zu diskontieren. Es ergeben sich ein Kapitalwert von 538,97 EUR und eine tatsächliche, auf der Anschaffungsauszahlung basierende Investitionsrendite von 53,90 %. Der Erwerb der Produktionsanlage ist vorteilhaft. Er trägt zur Steigerung des Unternehmenswertes bei.

Obwohl es sich beim CAPM nicht um ein speziell für die KC AG gültiges Unternehmens-, sondern um ein allgemeingültiges Kapitalmarktmodell handelt, liefert es den notwendigen Kalkulationszinssatz zur Bewertung der Produktionsanlage. Das Management wird mit dem CAPM in die Lage versetzt, die Investition allein durch Rückgriff auf objektive Marktdaten zu bewerten, ohne die Risikopräferenz des Investors kennen zu müssen. Der Kalkulationszinssatz entspricht der Mindestrenditeforderung des Investors. Wie ist dieser Zusammenhang zu begründen?

Stellen wir uns vor, dass die KC AG unmittelbar nach ihrer Gründung das bereitgestellte Eigenkapital in Form von Kassenbeständen vorhält.[14] Die Unternehmensleitung kann sich nun dafür entscheiden, die vorhandene Liquidität zu investieren oder vollständig als Bardividende auszuschütten und das Unternehmen wieder zu schließen.[15] Im Fall einer Ausschüttung fließen an den Aktionär 1 000 EUR zurück. Er ist gezwungen, sich nach einer neuen, alternativen Anlagemöglichkeit umzusehen. Verwendet das Management das Kapital hingegen zum Kauf der Produktionsanlage, erweist sich diese Anschaffung aus der Sicht des Aktionärs nur dann als sinnvoll, wenn das Projekt eine Rendite erwirtschaftet, die mindestens so hoch ist wie die einer Finanzinvestition mit identischem systematischem Risiko. Nur dann besteht für den Aktionär ein Anreiz, sein Kapital im Unternehmen zu belassen.

Gehen wir zur Verdeutlichung zurück zu Gleichung 6-3. Dort wurde festgehalten, dass die Investition einen Beta-Faktor von 1,2 aufweist. Unterstellt man, dass der Investor auf den Finanzmärkten jederzeit eine riskante Geldanlage tätigen

---

[13] Der Beta-Faktor wird an dieser Stelle vorgegeben und nicht über die Kovarianz aus Markt- und Investitionsrenditen hergeleitet.

[14] Beispiel in Anlehnung an Ross et al. (2008), S. 342 ff.

[15] Die Ausschüttung als Dividende und die anschließende Beendigung der Unternehmenstätigkeit macht auf den ersten Blick wenig Sinn, da die KC AG soeben erst gegründet wurde. Sie wird aber in dem Moment zur einzig sinnvollen Alternative, in der das Unternehmen keine Investitionsmöglichkeiten mit positivem Kapitalwert auffinden kann. In diesem Fall ist die vollständige Ausschüttung des Kapitals besser als Investitionen mit negativem Kapitalwert durchzuführen.

kann, die ebenfalls ein Beta von 1,2 besitzt, würde er dafür eine Rendite von 19,4 % erhalten. Wenn die Realinvestition lediglich eine Rendite von z.B. 18 % erbringt, wird der Investor die Finanzanlage vorziehen: bei gleichem systematischen Risiko erbringt sie eine um 1,4 %-Punkte höhere Rendite. Der für die Realinvestition über den Kapitalmarkt ermittelte Kalkulationszins des CAPM bringt somit auch zum Ausdruck, welche Rendite eine alternativ mögliche Finanzinvestition mit gleichem Risikoprofil erzielen würde. Bei der Finanzinvestition handelt es sich um eine Opportunität. Es ist diejenige Mittelverwendung, die unterlassen wird, wenn sich der Investor für den Kauf der Produktionsanlage entscheidet. Im Kalkulationszins des CAPM kommt daher gleichzeitig die Mindestrenditeforderung des Aktionärs zum Ausdruck.

Wir können sogar noch einen Schritt weitergehen. Die Mindestrenditeforderung des Financiers stellt gleichzeitig die Kosten des Eigenkapitals der KC AG dar. Das Unternehmen kann seinen Aktionär nur solange zur Bereitstellung von Finanzmitteln bewegen, wie die Rendite auf das eingesetzte Kapital mindestens der Rendite einer vom Risiko her vergleichbaren Finanzanlage (= Opportunität) entspricht. In ihrer Nachfrage nach Kapital konkurriert die KC AG nämlich mit einer unbegrenzten Zahl anderer Anlageformen. Die Renditeforderung des Kapitalgebers wird auf diese Weise zum Kapitalkostensatz für das Unternehmen. Für ein gegebenes Risiko (gemessen in Form des Beta-Faktors) muss das Unternehmen mindestens den durch die Wertpapiermarktlinie vorgegebenen Renditesatz erzielen, damit es für den Financier überhaupt lohnenswert ist, das Kapital im Unternehmen zu belassen. Kann das Unternehmen diese Rendite nicht erwirtschaften, bieten sich rentablere Anlagemöglichkeiten auf den Finanzmärkten. Das Kapital wird abgezogen.

Eine weitere Möglichkeit, um sich den Zusammenhang zwischen erwarteter Investitionsrendite im CAPM, Mindestrenditeforderung der Aktionäre und Kapitalkosten des vollständig eigenfinanzierten Unternehmens zu verdeutlichen, bietet die Barwertbilanz des Unternehmens, die in Abbildung 6-3 dargestellt ist. Auf der Aktivseite der Bilanz ist der Barwert der Vermögensgegenstände angegeben. Er entspricht dem Wert des Eigenkapitals, da von einer teilweisen Fremdfinanzierung abgesehen wird. Aus der Identität der Barwerte beider Bilanzseiten folgt, dass auch die Risiken der Vermögensgegenstände denen des Eigenkapitals entsprechen müssen und zwar unabhängig davon, ob diese Risiken in Form der Standardabweichung oder des Beta-Faktors gemessen werden.[16] Allgemein lässt sich daher schreiben:

$$\beta_{Vermögensgegenstände} = \beta^{u}_{EK} \qquad 6\text{-}4$$

Im konkreten Fall der KC AG gilt somit:

$$\beta_I = \beta^{u}_{EK} = 1,2$$

Der vom Kapitalmarkt mit Hilfe des CAPM abgeleitete Erwartungswert der Investitionsrendite $E(\tilde{R}_I)$ kann auf diese Weise als Eigenkapitalkostensatz der

[16] Vgl. Grinblatt/Titman (2002), S. 380.

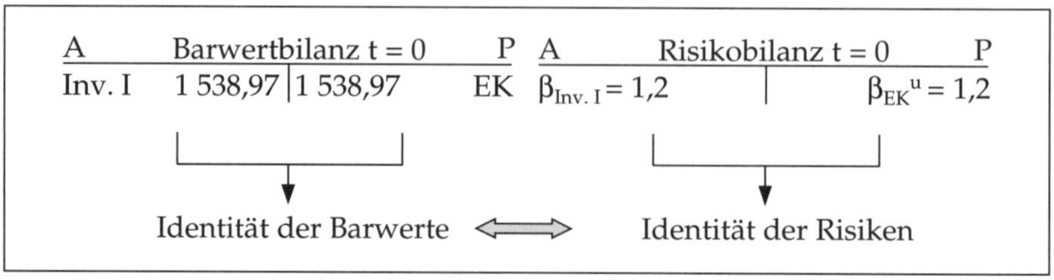

Abbildung 6-3: Barwertbilanz und Risikobilanz der KC AG

KC AG fungieren. Aufgrund der Identität der Risiken auf beiden Bilanzseiten muss auch der erforderliche Kalkulationszins übereinstimmen.

Wir wollen die bisher erzielten Ergebnisse noch einmal zusammenfassen. Die KC AG benötigt zur Bestimmung des Kapitalwertes der Produktionsanlage einen risikoangepassten Kalkulationszins, mit dessen Hilfe die erwarteten, zukünftigen Free Cash Flows zu diskontieren sind. Hierzu nutzt das Unternehmen ein Kapitalmarktmodell. Es gibt den Erwartungswert der Rendite an, den eine Finanzinvestition mit identischem bewertungsrelevanten Risiko im Kapitalmarktgleichgewicht erzielt. Bei der Finanzinvestition handelt es sich um eine der Realinvestition vom Risiko her entsprechende Opportunität. Durch die Anwendung des Kapitalmarktmodells nutzt das Management externe, d.h. vom Markt stammende Informationen. Die unmittelbare Befragung der eigenen Aktionäre (intern) wird umgangen und stattdessen auf die Expertise des (externen und anonymen) Marktes zurückgegriffen.

Unterstellt man, dass es sich bei der vom Modell vorgegebenen Rendite gleichzeitig um die Opportunität des Kapitalgebers handelt, wird der risikoangepasste Kalkulationszins zu einer Mindestrenditeforderung. Erfüllt die KC AG diese Mindestrenditeforderung nicht, liegen für den Kapitalgeber keine Anreize vor, sein Kapital dauerhaft im Unternehmen zu belassen. Die Mindestrendite des Financiers besitzt aus Sicht der KC AG daher den Charakter von Kapitalkosten. Will sie ihre Existenz dauerhaft sichern, muss sie in der Lage sein, diese Kapitalkosten zu erwirtschaften. Aufgrund der Risikoaversion der Kapitalgeber gilt dabei, dass mit steigendem Risiko auch steigende Anreize geschaffen werden müssen. Je höher das systematische Risiko ist, umso höher ist die Mindestrenditeforderung und umso höher fallen die Kapitalkosten aus.[17] Im Ergebnis können daher die Kapitalkosten eines unverschuldeten Unternehmens geschrieben werden als:

$$r_{EK}^{u} = r_f + \left(E\left(R_M\right) - r_f\right) \cdot \beta_{EK}^{u} \text{ mit } \beta_{EK}^{u} = \beta_{Vermögensgegenstände} \qquad 6\text{-}5$$

Dabei ist zu berücksichtigen, dass das Risiko des Eigenkapitals vom Risiko der Investitionsobjekte bestimmt wird.

Wesentlicher Vorteil der Verwendung der Wertpapiermarktlinie zur Bestimmung der Kapitalkosten gemäß Gleichung 6-5 ist die bereits erwähnte Tatsache,

[17] Vgl. Hachmeister (2000) S. 154.

dass allein Kapitalmarktdaten als Eingangsgrößen zur Anwendung kommen. Bei diesen Daten handelt es sich in erster Linie um Aktienkurse bzw. Aktienkursrenditen. Sie sind unmittelbar zu beobachten und insofern leicht zugänglich. Der Rückgriff auf externe Daten führt allerdings auch zum größten Problem des Ansatzes: die Wertpapiermarktlinie beschreibt den Rendite-Risiko-Zusammenhang aus der Sichtweise des Kapitalmarktes, nicht aber aus der Perspektive des Unternehmens. Beide Betrachtungswinkel unterscheiden sich aber grundlegend. Während der Kapitalmarkt die Renditeschwankungen von Wertpapieren in den Mittelpunkt des Interesses stellt, liegt der Schwerpunkt der unternehmensinternen Sichtweise auf den Schwankungen zukünftiger Free Cash Flows, die im Rahmen der Unternehmensplanung gewonnen werden. Das entscheidende Risikomaß im CAPM, der Beta-Faktor, bietet aber kaum Ansatzpunkte, um den Zusammenhang zwischen einer kapitalmarktbezogenen, externen Risikobetrachtung und einer unternehmensbezogenen, internen Risikobeurteilung aufzuzeigen. Mit anderen Worten kann die Gleichung der Wertpapiermarktlinie in ihrer obigen Form der Unternehmensleitung keinen direkten Hinweis liefern, welche unternehmensinternen Faktoren die Höhe der Kapitalkosten determinieren.

Konkret stellen sich für das Management die folgenden Fragen: Welches sind die (unternehmensinternen) Bestimmungsgründe für die Höhe des dem Unternehmen in Form des Beta-Faktors vom Kapitalmarkt zugewiesenen, systematischen Risikos? Welche Ansatzpunkte bieten sich, um die Kapitalkosten gezielt zu beeinflussen?

Der Schlüssel zur Beantwortung dieser Fragen liegt in einer genauen Aufgliederung des Beta-Faktors, auch als Beta-Zerlegung bezeichnet. Ihre Aufgabe besteht darin, die Risikobeurteilung des Kapitalmarktes mit der Risikoeinschätzung des Unternehmens, d.h. des Managements zu verbinden. Da im CAPM ausschließlich systematische Risiken eine Rolle spielen, kommt es entscheidend darauf an, dass die Anstrengungen des Managements zur Beeinflussung der Kapitalkosten allein an dieser Risikokomponente ansetzen. Nur so lässt sich eine Wirkung erzielen.

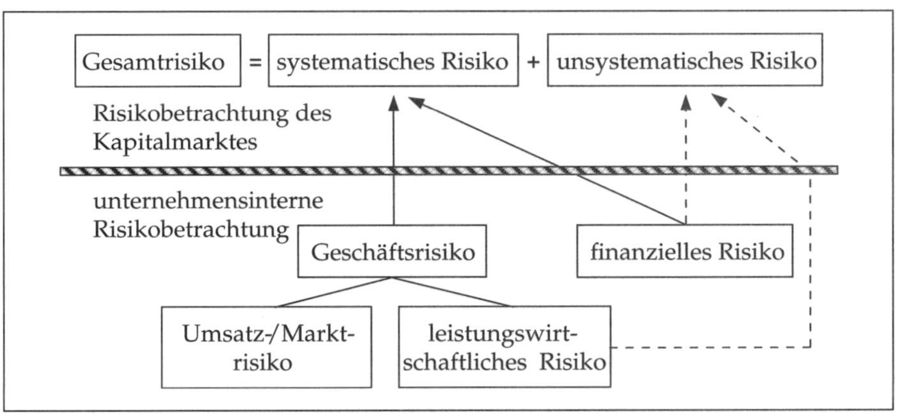

Abbildung 6-4: Kapitalmarktbezogene und unternehmensinterne Risikobetrachung im Vergleich[1]

[1] In Anlehnung an: Pape (2004), S. 91.

Die weitere Vorgehensweise soll anhand von Abbildung 6-4 verdeutlicht werden. Sie zeigt auf, dass das systematische Risiko von zwei Komponenten beeinflusst wird: dem Geschäftsrisiko einerseits und dem finanziellen Risiko andererseits.[18] Das Geschäftsrisiko wiederum setzt sich aus dem Umsatz- bzw. Marktrisiko und dem leistungswirtschaftlichen Risiko zusammen. Aufgabe der nachfolgenden Abschnitte ist es, diese Risikokomponenten zu erläutern und ihre Einflüsse auf die Höhe des Beta-Faktors darzustellen. Auf diese Weise können Wertsteigerungshypothesen abgeleitet werden, die den Zusammenhang zwischen einer ausgewählten Handlungsstrategie des Unternehmens und den zukünftigen Beta-Faktoren herstellen.

6.1.2 Unternehmensinterne Einflussgrößen auf das kapitalmarktbezogene Risiko

6.1.2.1 Umsatzrisiko

Das Umsatzrisiko umfasst die Abhängigkeit der Umsatzerlöse eines Unternehmens von Konjunkturschwankungen. Es wird auch als Marktrisiko bezeichnet, da es angibt, wie stark die Erlöse auf Veränderungen des gesamten Marktumfeldes reagieren.[19] Das Umsatzrisiko stellt eine Verbindung zwischen dem Beta-Faktor und makroökonomischen Faktoren (Konjunkturzyklus) her. Ihm liegt die Überlegung zu Grunde, dass Veränderungen der konjunkturellen Lage die gesamtwirtschaftliche Nachfrage beeinflussen. Unmittelbare Folge sind Absatzmengenverschiebungen. Sofern ein Unternehmen sich als Mengenanpasser verhält, es den Absatzpreis somit als Datum betrachtet, führen Variationen der Absatzmenge unmittelbar zu Umsatzveränderungen.

Wie sensitiv die Umsatzerlöse auf Veränderungen der Konjunktur reagieren, wird zum Teil durch die Branchenzugehörigkeit eines Unternehmens bestimmt.[20] Man spricht in diesem Zusammenhang auch von der sogenannten Branchenkonjunktur und beschreibt damit, inwiefern einzelne Wirtschaftszweige von zyklischen Umsatzschwankungen betroffen sind. Während die Erlöse von Energieversorgungsunternehmen oder Nahrungsmittelproduzenten als wenig konjunkturabhängig gelten, reagieren andere Bereiche wie zum Beispiel die Investitionsgüter- und die Automobilindustrie stark auf veränderte Nachfragebedingungen. Aufgrund der weitgehend fehlenden Möglichkeit, sich dem Umsatzrisiko zu entziehen, besitzt dieses maßgeblichen Einfluss auf die Höhe des systematischen Risikos und damit auf den Beta-Faktor.[21]

Zur Verdeutlichung der Wirkung des Umsatzrisikos betrachten wir erneut das Beispiel der vollständig eigenfinanzierten Kindelsberg Chemie AG aus dem vorhergehenden Abschnitt. Anstelle einer Produktionsanlage für Kunstdünger habe sich das Management entschlossen, eine Maschine zur Herstellung

---

[18] Vgl. Buckley et al. (2000), S. 311 ff.; Süchting (1995), S. 456 ff.; Weston/Copeland (1986), S. 553 ff.

[19] Vgl. Süchting (1995), S. 457; Buckley et al. (2000), S. 311.

[20] Vgl. Steiner/Bauer (1992), S. 352.

[21] Vgl. Brigham/Ehrhardt (2008), S. 564 f.

s	w	x (ME)	p (EUR/ ME)	k_v(EUR/ ME	D (EUR)	U (EUR)	EBIT (EUR)
gut	1/3	1 500	15	9,5	3 900	22 500	4 350
mittel	1/3	1 200	15	9,5	3 900	18 000	2 700
schlecht	1/3	950	15	9,5	3 900	14 250	1 325

Anschaffungsauszahlung (I_0): 3 900 EUR
risikoloser Zinssatz: 4%

s	Rendite Marktportfolio
gut	32%
mittel	2%
schlecht	–11%

Abbildung 6-5: Ausgangsdaten der Kunststoff-Spezialbehälter-Investition

von Kunststoff-Spezialbehältern zur Aufbewahrung toxischer Flüssigkeiten zu erwerben. Die Unternehmensleitung schätzt, dass die erzielbare Absatzmenge an Behältern von der gesamtwirtschaftlichen Entwicklung abhängt. Es werden drei gleich wahrscheinliche Umweltzustände für möglich gehalten (vgl. Abbildung 6-5).

Bei einer Anschaffungsauszahlung von 3900 EUR beträgt die Nutzungsdauer der Anlage 1 Jahr. Die Investition sei mit dem Subindex I gekennzeichnet.[22] Der Verkauf der Behälter führt zum Ende des Betrachtungszeitraumes zu Einzahlungen, die variablen Stückkosten k_v sind vollständig auszahlungswirksam und fallen ebenfalls zum Ende der Periode an. Sowohl der Absatzpreis p als auch die variablen Stückkosten k_v sind unabhängig vom eintretenden Umweltzustand und betragen p = 15 EUR/ME bzw. k_v = 9,50 EUR/ME. Um die Auswirkungen von Umsatzschwankungen auf das systematische Risiko isoliert untersuchen zu können, treffen wir die (zugegebenermaßen unrealistische) Annahme, dass die KC AG keine auszahlungswirksamen Fixkosten aufweist. Die Abschreibungen $D_{1,n}$ der Periode beziffern sich auf 3900 EUR und entsprechen dem Kaufpreis der Anlage. Von der Berücksichtigung einer Besteuerung wird aus Vereinfachungsgründen abgesehen.

Den Ausgangspunkt der weiteren Überlegungen bildet der Beta-Faktor der Investition. Er ist definiert als:

$$\beta_n = \frac{Cov\left(\tilde{R}_n, \tilde{R}_M\right)}{Var\left(\tilde{R}_M\right)} \qquad \text{6-6}$$

[22] Um die nachfolgenden Formeln allgemein zu halten, werden wir wie in den bisherigen Kapiteln des Buches nicht den speziellen Subindex I verwenden, sondern allgemein von Investition n sprechen. Auf die Bezeichung Investition I kommen wir im nächsten Abschnitt zurück.

Den Darstellungen in Abschnitt 5.8.1 zur Bewertung von Investitionsprojekten mit dem CAPM folgend, lässt sich für die Rendite der Investition im Zustand s schreiben:

$$R_{n,s} = \frac{FCF_{1,n,s} - BW_{0,n}}{BW_{0,n}} \qquad 6\text{-}7$$

Dabei bezeichnet $FCF_{1,n,s}$ den Free Cash Flow aus der Investition n, der am Ende der Periode 1 im Zustand s erzielt wird, und $BW_{0,n}$ den Barwert der freien Zahlungsüberschüsse. Auf Basis der Angaben aus Abbildung 6-5 können die Free Cash Flows in den einzelnen Zuständen berechnet werden. Nach der direkten Methode gilt:[23]

$$FCF_{1,n,s} = U_{1,n,s} - K_{V,1,n,s} = x_{1,n,s} \cdot p - x_{1,n,s} \cdot k_v = x_{1,n,s} \cdot (p - k_v) \qquad 6\text{-}8$$

mit:
- $U_{1,n,s}$ Umsatz im Zustand s
- $K_{v,1,n,s}$ zustandsabhängige gesamte variable Kosten
- $x_{1,n,s}$ Absatzmenge im Zustand s
- k_v zustandsunabhängige variable Stückkosten
- p zustandsunabhängiger Absatzpreis
- $D_{1,n}$ zustandsunabhängige Abschreibungen im Zustand s

Durch Einsetzen des Free Cash Flow-Berechnungsschemas 6-8 in die Bestimmungsgleichung der Investitionsrendite folgt:[24]

$$R_{n,s} = \frac{x_{1,n,s} \cdot (p - k_v) - BW_{0,n}}{BW_{0,n}} = \frac{x_{1,n,s} \cdot (p - k_v) - EK_u^{MW}}{EK_u^{MW}} = \frac{x_{1,n,s} \cdot (p - k_v)}{EK_u^{MW}} - 1 \qquad 6\text{-}9$$

Für die zweite Umformung wurde die reine Eigenfinanzierung der KC AG ausgenutzt. In diesem Fall entspricht der Marktwert des Eigenkapitals dem Barwert des Investitionsobjektes n: $BW_{0,n} = EK_u^{MW}$. Die so berechnete Investitionsrendite kann in den Kovarianzterm des Beta-Faktors in Gleichung 6-6 aufgenommen werden:

$$\beta_n = \frac{Cov\left(\frac{\tilde{x}_{1,n} \cdot (p - k_v)}{EK_u^{MW}} - 1, \tilde{R}_M\right)}{Var\left(\tilde{R}_M\right)} = \frac{(p - k_v) \cdot Cov\left(\frac{\tilde{x}_{1,n}}{EK_u^{MW}}, \tilde{R}_M\right)}{Var\left(\tilde{R}_M\right)} \qquad 6\text{-}10$$

Da es sich beim Absatzpreis p und den variablen Stückkosten k_v annahmegemäß um deterministische Größen handelt, können sie vor die Kovarianz gezogen werden. Der Term auf der rechten Seite der Gleichung 6-10 liefert uns erste

---

23 Zur direkten Methode der Free Cash Flow-Berechnung siehe Abschnitt 1.2.2. Die indirekte Ermittlung erfolgt gemäß: $FCF_{1,n,s} = EBIT_{1,n,s} + D_{1,n}$.

24 Für eine ähnliche Vorgehensweise vgl. Rubinstein (1973a), S. 178.

wichtige Hinweise für die unternehmensinternen Bestimmungsgründe des systematischen Risikos.

Zum einen ist der Beta-Faktor umso höher, je höher die Deckungsspanne $(p - k_v)$ ist.[25] Schwankungen der Absatzmenge haben bei einer hohen Deckungsspanne starke Veränderungen des Free Cash Flow zur Folge. Diese sind gemäß Gleichung 6-8 direkt mit Variationen der Investitionsrendite verbunden und erhöhen somit das systematische Risiko.

Zum anderen ist die Kovarianz im Zähler von 6-10 umso größer, je stärker die Absatzmengen $x_{1,n,s}$ in den einzelnen Umweltzuständen mit dem Konjunkturzyklus schwanken. Die Veränderung der Gesamtwirtschaft kommt dabei in der Rendite des Marktportfolios $R_{M,s}$ zum Ausdruck. Geht man davon aus, dass die Rendite des Marktportfolios in Phasen guter konjunktureller Entwicklung hoch und in Zeitabschnitten nachlassender Wirtschaftstätigkeit tendenziell gering ist, nimmt $R_{M,s}$ im Zustand s = 1 eher hohe und im Zustand s = 3 tendenziell kleine Werte an. Schwankt die Absatzmenge in gleicher Weise, wird der Kovarianzterm groß. Die betreffende Investition weist eine starke Abhängigkeit von der gesamtwirtschaftlichen Entwicklung und folglich ein hohes systematisches Risiko auf.

Der Zusammenhang lässt sich durch Erweiterung des ersten Terms in der Kovarianz mit dem Absatzpreis (p/p) weiter umformen:[26]

$$\beta_n = \frac{(p-k_v)\cdot Cov\left(\dfrac{\tilde{x}_{1,n}\cdot p}{EK_u^{MW}\cdot p}, \tilde{R}_M\right)}{Var\left(\tilde{R}_M\right)} = \frac{\left(1-\dfrac{k_v}{p}\right)\cdot Cov\left(\dfrac{\tilde{U}_{1,n}}{EK_u^{MW}}, \tilde{R}_M\right)}{Var\left(\tilde{R}_M\right)} \qquad \text{6-11}$$

Dabei wurde für die zweite Umformung ausgenutzt, dass die Absatzmenge $x_{1,n,s}$ bewertet zum Absatzpreis den stochastischen Umsatz $\tilde{U}_{1,n}$ ergibt. Der Faktor $(1 - k_v/p)$ steht für die Gewinnmarge der Investition und $\tilde{U}_{1,n}/EK_u^{MW}$ gibt den Kapitalumschlag an. Der Beta-Faktor ist umso größer, je höher die Gewinnmarge und der Kapitalumschlag sind. Da beide Größen in erheblichem Maße von der Branchenzugehörigkeit eines Unternehmens determiniert werden, kommt an dieser Stelle deutlich der Einfluss der Branche auf das systematische Risiko zum Ausdruck.

Als Zwischenergebnis lässt sich festhalten: das systematische Risiko eines rein eigenfinanzierten Unternehmens ohne zahlungswirksame Fixkosten wird im Wesentlichen durch die Abhängigkeit seiner Umsätze und damit seiner Free Cash Flows vom Konjunkturzyklus bestimmt. Dabei handelt es sich um ein „Grundrisiko" der unternehmerischen Tätigkeit, gegen das keine unmittelbaren Schutz- oder Absicherungsmöglichkeiten existieren. Der Beta-Faktor in den Gleichungen 6-10 und 6-11 drückt daher das sogenannte intrinsische Geschäftsrisiko (intrinsic business risk (IBR)) aus.[27] Das IBR stimmt mit dem gesamten systematischen Risiko eines Unternehmens überein, wenn weder zahlungswirksame Fixkosten vorliegen noch eine teilweise Fremdfinanzierung besteht. Andernfalls

[25] Vgl. Conine (1982), S. 200; Mandelker/Rhee (1984), S. 49 (Fußnote 4).

[26] Vgl. Mandelker/Rhee (1984), S. 49.

[27] Vgl. Mandelker/Rhee (1984), S. 50.

s	w	$FCF_{1,n,s}$
gut	1/3	8 250
mittel	1/3	6 600
schlecht	1/3	5 225

$E(\tilde{R}_M) = 0{,}0767 \qquad E(\widetilde{FCF}_{1,n}) = 6\,691{,}67$

$Var(\tilde{R}_M) = 0{,}03242$

$Cov(\widetilde{FCF}_n, \tilde{R}_M) = 219{,}3889$

Abbildung 6-6: Free Cash Flows, absolute Rendite- und Risikogrößen der Kunststoff-Spezialbehälter-Investition I

ist das systematische Risiko größer. Das IBR kann als systematisches Mindestrisiko der unternehmerischen Tätigkeit interpretiert werden.

Auf der Grundlage der Daten aus Abbildung 6-5 wollen wir im Weiteren das IBR der KC AG quantifizieren. Ausgangspunkt ist die Bewertungsgleichung des CAPM nach der Sicherheitsäquivalentmethode. Die erforderlichen Berechnungsgrößen zeigt Abbildung 6-6.[28]

$$BW_{0,n} = \frac{E\left(\widetilde{FCF}_{1,n}\right) - \frac{\mu_M - r_f}{\sigma_M^2} \cdot Cov\left(\widetilde{FCF}_{1,n}, \tilde{R}_M\right)}{1 + r_f}$$

$$= \frac{6\,691{,}67 - \frac{0{,}0767 - 0{,}04}{0{,}0324} \cdot 219{,}3889}{1 + 0{,}04}$$

$$= 6\,195{,}73$$

$$\Rightarrow C_0^{EK} = 6\,195{,}73 - 3\,900 = 2\,295{,}73$$

Aufgrund ihres positiven Kapitalwertes ist die Investition vorteilhaft. Mit Hilfe des Barwertes $BW_{0,n}$ können in einem nächsten Schritt die Renditen der Investition in den verschiedenen Zuständen sowie der Beta-Faktor hergeleitet werden (vgl. Abbildung 6-7). Der Beta-Wert von 1,0921 beschreibt das IBR der KC AG. Die Renditen der Investition berechnen sich wie folgt:

$$R_{n,1} = \frac{8\,250 - 6\,195{,}73}{6\,195{,}73} = 33{,}16\%$$

$$R_{n,2} = 6{,}53\%; \quad R_{n,3} = -15{,}66\%$$

Anstelle einer Herleitung über die Gleichung 6-6 ist die Berechnung des Beta-Faktors auch über das gemäß Gleichung 6-11 zerlegte Beta möglich. Hierzu ist zunächst der Kapitalumschlag in den Umweltzuständen zu ermitteln:

$$KU_{1,n,s} = \frac{U_{1,n,s}}{EK_u^{MW}}$$

[28] Beim Nachrechnen der nachfolgenden Gleichungen kann es teilweise aufgrund von Rundungsdifferenzen zu abweichenden Ergebnissen kommen, da die Rechnung durchweg mit ungerundeten Zwischenwerten durchgeführt wurden, die abgedruckten Gleichungen aus Platzgründen aber nur eine begrenzte Anzahl von Nachkommastellen enthalten.

s	w	$R_{n,s}$
gut	1/3	33,16%
mittel	1/3	6,53%
schlecht	1/3	–15,66%

$$E(\tilde{R}_n) = 0{,}0800$$
$$Var(\tilde{R}_n) = 0{,}0398 \Rightarrow \sigma_n = 0{,}1996$$
$$Cov(\tilde{R}_n, \tilde{R}_M) = 0{,}03541$$
$$\beta_n = 0{,}03541 / 0{,}03242 = 1{,}0921$$

Abbildung 6-7: Relative Rendite- und Risikogrößen der Kunststoff-Spezialbehälter-Investition I

Für die drei Szenarien folgt:

$$KU_{1,n,1} = \frac{U_{1,n,1}}{EK_u^{MW}} = \frac{22\ 500}{6\ 195{,}73} = 3{,}6315 \quad KU_{1,n,2} = 2{,}9052 \quad KU_{1,n,3} = 2{,}3000$$

Daraus ergibt sich ein erwarteter Kapitalumschlag von 2,9456. Die Kovarianz zwischen dem Kapitalumschlag und der Rendite des Markportfolios beträgt:

$$Cov\left(\widetilde{KU}_{1,n}, \tilde{R}_M\right) = 0{,}0966$$

Durch Einsetzen in Gleichung 6-11 folgt:

$$\beta_n = \left(1 - \frac{9{,}5}{15}\right) \cdot \frac{0{,}0966}{0{,}0324} = 1{,}0921$$

Somit besteht ein direkter Zusammenhang zwischen der Höhe des systematischen Risikos und den konjunkturbedingten Umsatzschwankungen des Unternehmens. Infolge der reinen Eigenfinanzierung stimmt das Beta der Investition mit dem Beta-Wert des Eigenkapitals überein (vgl. Gleichung 6-4):

$$\beta_n = \beta_{EK}^u = 1{,}0921$$

6.1.2.2 *Leistungswirtschaftliches Risiko*

Das leistungswirtschaftliche Risiko bildet die zweite Komponente des Geschäftsrisikos. Es zeigt auf, welche Auswirkungen Umsatzschwankungen auf die Höhe des Unternehmenserfolges besitzen, wenn neben auszahlungswirksamen variablen Kosten auch auszahlungswirksame fixe Kostenkomponenten existieren. Während das Umsatzrisiko die Frage in den Vordergrund stellt, inwiefern konjunkturbedingte Nachfrageverschiebungen den Umsatz und damit letztlich den Erfolg eines Unternehmens beeinflussen, dessen auszahlungswirksame Kosten allein mengenabhängig sind, zeigt das leistungswirtschaftliche Risiko die Wirkungen zustands- und damit mengenunabhängiger Fixkostenbestandteile für den Erfolg auf. Konkret wollen wir uns der Frage zuwenden, welche Konsequenzen Umsatzveränderungen auf die Höhe des bewertungsrelevanten Free Cash Flows einer Investition besitzen, wenn zahlungswirksame Fixkosten existieren.

Neben dem Umsatzrisiko stellt das leistungswirtschaftliche Risiko die zweite wesentliche Bestimmungsgröße des systematischen Risikos dar.[29]

Zur Veranschaulichung wenden wir uns erneut der KC AG zu, deren Management weiterhin den Erwerb einer Maschine zur Herstellung von Kunststoff-Spezialbehältern plant. Neben der in Abschnitt 6.1.2.1 betrachteten Anlage ohne auszahlungswirksame Fixkosten habe das Management von einem weiteren Lieferanten ein Angebot für eine ähnliche Maschine eingeholt. Diese Anlage sei mit Investition II bezeichnet, während Investition I die aus dem vorhergehenden Abschnitt bekannte Anlage ohne zahlungswirksame Fixkosten kennzeichnet.

Investition II unterscheidet sich von Anlage I in zwei wesentlichen Punkten. Zum einen weist sie auszahlungswirksame Fixkosten in Höhe von 1 800 EUR pro Periode auf. Zum anderen betragen ihre variablen Stückkosten nicht 9,50 EUR/ME, sondern lediglich 8,00 EUR/ME. Dem Nachteil in Form der Fixkosten steht somit der Vorteil geringerer variabler Kosten gegenüber. In ihren übrigen Merkmalen unterscheidet sich Anlage II nicht von Investition I. Insbesondere weisen die produzierten Behälter eine identische Qualität auf, so dass sich der Absatzpreis von 15 EUR/ME nicht verändert. Die Anschaffungsauszahlung beträgt weiterhin 3 900 EUR. Die Daten der Investition II liefert Abbildung 6-8. Die Unterschiede zu Investition I sind farblich unterlegt.

Es ist darauf hinzuweisen, dass die gewählte Datenkonstellation im Fall einer mittleren Konjunktur bei beiden Anlagen zu einem identischen EBIT und zu identischen Free Cash Flows führt. Tritt der Zustand s = 2 ein, wird bei Investition II der Fixkostennachteil exakt durch den Vorteil der geringeren variablen Stückkosten kompensiert. Einen Vergleich der Free Cash Flows und weitere bewertungsrelevante Größen zeigt Abbildung 6-9.

Für den Kapital- und Barwert der Anlage II ergeben sich:

$$BW_{0,II} = \frac{E\left(\widetilde{FCF}_{1,II}\right) - \frac{\mu_M - r_f}{\sigma_M^2} \cdot Cov\left(\widetilde{FCF}_{1,II}, \tilde{R}_M\right)}{1 + r_f}$$

$$= \frac{6\ 716,67 - \frac{0,0767 - 0,04}{0,0324} \cdot 279,2222}{1 + 0,04}$$

$$= 6\ 154,70$$

$$\Rightarrow C_{0,II}^{EK} = 6\ 154,70 - 3\ 900 = 2\ 254,70$$

[29] Die Einordnung des leistungswirtschaftlichen Risikos allein als systematische Komponente ist in der Literatur nicht eindeutig. Während Rudolph das leistungswirtschaftliche Risiko vollständig dem systematischen Risiko zuordnet (vgl. Rudolph (1986), S. 894), besitzt es nach Auffassung von Pape sowohl systematische als auch unsystematische Komponenten (vgl. Pape (1996), S. 91 f.). Er betrachtet die Fixkostenbelastung als systematisches Teilrisiko, ordnet aber fehlerhafte Managemententscheidungen, die er ebenfalls zum leistungswirtschaftlichen Risiko zählt, als unsystematisch ein. In Abbildung 6-4 wird dies durch die vom leistungswirtschaftlichen Risiko ausgehende, unterbrochene Linie zum unsystematischen Risiko ausgedrückt. Wir subsumieren unter dem leistungswirtschaftlichen Risiko allein die Auswirkungen der Fixkostenbelastung und schreiben es daher der systematischen Komponente zu.

s	w	x (ME)	p (EUR/ ME)	k_v (EUR/ ME	D (EUR)	K_f (EUR)	U (EUR)	EBIT (EUR)
gut	1/3	1 500	15	8	3 900	1 800	22 500	4 800
mittel	1/3	1 200	15	8	3 900	1 800	18 000	2 700
schlecht	1/3	950	15	8	3 900	1 800	14 250	950

Anschaffungsauszahlung (I_0): 3 900 EUR
risikoloser Zinssatz: 4%

s	Rendite Marktportfolio
gut	32%
mittel	2%
schlecht	–11%

Abbildung 6-8: Ausgangsdaten der Kunststoff-Spezialbehälter Investition II

Investition II (mit Fixkosten)

s	w	$FCF_{1,n,s}$	$R_{n,s}$
gut	1/3	8 700	41,36%
mittel	1/3	6 600	7,24%
schlecht	1/3	4 850	–21,20%

$$E\left(\widetilde{FCF}_{1,n}\right) = 6\,716{,}67$$
$$Cov\left(\widetilde{FCF}_n, \tilde{R}_M\right) = 279{,}2222$$
$$E\left(\tilde{R}_n\right) = 0{,}0913$$
$$Var\left(\tilde{R}_n\right) = 0{,}0654 \Rightarrow \sigma_n = 0{,}2557$$
$$Cov\left(\tilde{R}_n, \tilde{R}_M\right) = 0{,}04537$$
$$\beta_n = 1{,}3993$$

Investition I (ohne Fixkosten)

s	w	$FCF_{1n,s}$	$R_{n,s}$
gut	1/3	8 250	33,16%
mittel	1/3	6 600	6,53%
schlecht	1/3	5 225	–15,66%

$$E\left(\widetilde{FCF}_{1,n}\right) = 6\,691{,}67$$
$$Cov\left(\widetilde{FCF}_n, \tilde{R}_M\right) = 219{,}3889$$
$$E\left(\tilde{R}_n\right) = 0{,}0800$$
$$Var\left(\tilde{R}_n\right) = 0{,}0398 \Rightarrow \sigma_n = 0{,}1996$$
$$Cov\left(\tilde{R}_n, \tilde{R}_M\right) = 0{,}03541$$
$$\beta_n = 1{,}0921$$

Abbildung 6-9: Free Cash Flows, absolute und relative Rendite-Risikogrößen der beiden Investitionen im Vergleich

Betrachten wir zunächst die Free Cash Flows in den drei Umweltzuständen. Während sich bei mittlerer Konjunktur – wie oben bereits beschrieben – kein Unterschied zwischen beiden Projekten feststellen lässt, differieren die freien Zahlungsströme in den Zuständen s = 1 und s = 3. Bei Eintritt einer Hochkonjunktur liefert die Anlage mit den auszahlungswirksamen Fixkosten einen Free

Cash Flow in Höhe von 8700 EUR, während Investition I nur einen Wert von 8250 EUR erreicht (ΔFCF = 8700 – 8250 = +450 EUR). Der umgekehrte Fall tritt bei schlechter Konjunktur ein. Während die Free Cash Flows der Investition II auf 4850 EUR einbrechen, gehen sie bei Anlage I lediglich auf 5225 EUR zurück ((ΔFCF = 4850 – 5225 EUR = –375 EUR). Die Existenz auszahlungswirksamer Fixkosten hat eine Erhöhung der Streuung der Free Cash Flows unter Unsicherheit zur Folge. Bei guter Konjunktur profitiert der Investor beim Kauf der Maschine II davon, bei schlechter Wirtschaftsentwicklung erweist sie sich im Vergleich zu Investition I als nachteilig. Mit der Schwankungsbreite der Free Cash Flows steigt gleichzeitig die Streuung der Renditen (vgl. Abbildung 6-9). Investition II erzielt im ersten Szenario mit $R_{II,1}$ = 41,36 % zwar eine deutlich höhere Rendite als Anlage I ($R_{I,1}$ = 33,16 %), erleidet aber mit $R_{II,3}$ = –21,20 % bei Eintritt einer schlechten Konjunktur auch sichtbar höhere Einbußen ($R_{I,3}$ = –15,66 %).

Die stärkere Streuung der Ergebnisgrößen bei Investition II hat unmittelbare Folgen für die erwartete Investitionsrendite und damit für die Höhe des risikoadjustierten Kalkulationszinssatzes.[30] Während die Maschine ohne Fixkosten eine erwartete Rendite (= risikoadjustierter Kalkulationszins) von 8,00 % aufweist, beträgt dieser Wert für Anlage II 9,13 %.[31] Ursache hierfür sind die unterschiedlichen systematischen Risiken. Der Beta-Faktor von Investition II liegt mit β_{II} = 1,3993 deutlich über dem Wert von Investition I, für die er lediglich β_I = 1,0921 beträgt. Folglich betragen die mit den Investitionsprojekten verbundenen Risikoprämien:

$$RP_n = \left(E\left(\tilde{R}_M\right) - r_f\right) \cdot \beta_n$$

$$RP_1 = \left(0{,}0767 - 0{,}04\right) \cdot 1{,}0921 = 0{,}040$$

$$RP_2 = \left(0{,}0767 - 0{,}04\right) \cdot 1{,}3993 = 0{,}051$$

Obwohl der Anstieg der Risikoprämie bei Investition II mit einem Anstieg des Erwartungswertes der Free Cash Flows verbunden ist

$$E\left(\widetilde{FCF}_{II}\right) = 6\ 716{,}67\ EUR > E\left(\widetilde{FCF}_I\right) = 6\ 691{,}67\ EUR\ ,$$

geht der Kapitalwert zurück ($C_{0,II}^{EK}$ = 2254,70 EUR < $C_{0,I}^{EK}$ = 2295,73 EUR).

Als Zwischenergebnis lässt sich festhalten: durch eine Verlagerung von variablen Kostenkomponenten zu fixen Kosten erfolgt eine Hebelung der Free Cash Flows. Diese Hebelung kann sowohl positive (Szenario 1) als auch negative Wirkungen (Szenario 3) entfalten. Man spricht in diesem Zusammenhang auch vom operating leverage (OL). Mit seiner Hilfe kann ein Unternehmen die Auswirkungen der Umsatzveränderungen auf den Unternehmenserfolg – in unserem Beispiel auf den Free Cash Flow – vervielfachen. Die durch den OL bewirkte Erhöhung der Streuung der Erfolgsgrößen bedeutet eine Erhöhung der Unsicherheit. Sie äußert sich in einem Anstieg des systematischen Risikos, da die Wirkung des OL durch Diversifikation nicht beseitigt werden kann.

---

[30] Es sei an dieser Stelle noch einmal betont, dass die erwartete Investitionsrendite im Fall der rein eigenfinanzierten KC AG mit der Renditeforderung der Eigenkapitalgeber und folglich mit dem Kapitalkostensatz des Unternehmens übereinstimmt.

[31] Der exakte Wert beläuft sich auf 9,13064 %.

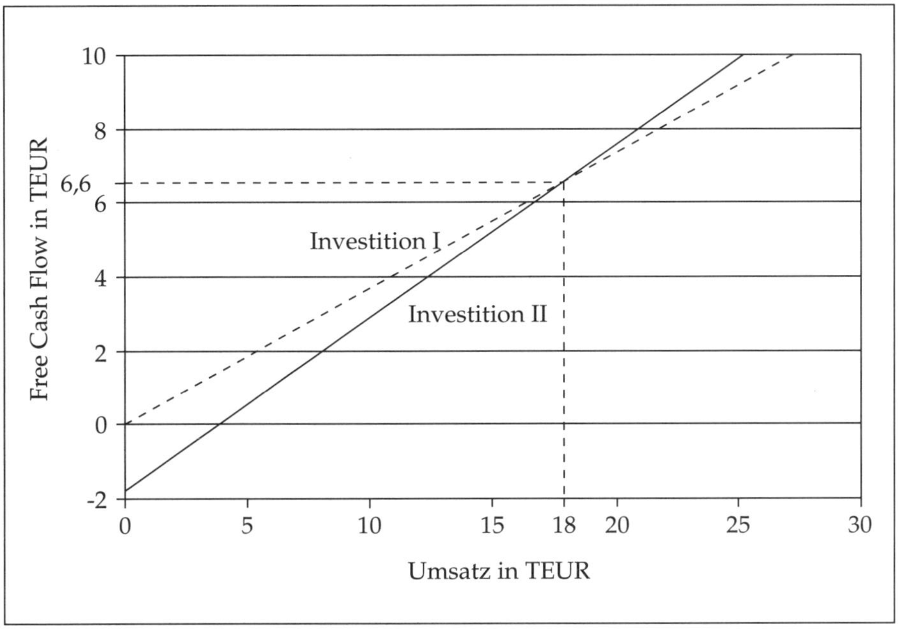

Abbildung 6-10: Break-even-Analyse

Um die Ursache des OL genauer untersuchen zu können, eignet sich insbesondere die break even-Analyse. Abbildung 6-10 stellt die Free Cash Flows beider Investitionen in Abhängigkeit von der Umsatzhöhe dar. Bei Umsätzen von weniger als 18 000 EUR (entspricht weniger als 1 200 ME) führt Anlage II zu geringeren Free Cash Flows als Investition I. Die Ursache sind die auszahlungswirksamen Fixkosten. Bis zu einer Produktionsmenge von 1 199 ME kann die pro produzierter Einheit erzielte Ersparnis bei den variablen Kosten in Höhe von 9,50 EUR/ME – 8,00 EUR/ME = 1,50 EUR/ME die Fixkosten in Höhe von 1 800 EUR nicht ausgleichen. Bei einer Menge von genau 1 200 Einheiten erwirtschaften beide Anlagen Free Cash Flows in identischer Höhe.[32] Erst wenn der Umsatz über 18 000 EUR liegt (entspricht einer Produktionsmenge von 1 201 ME und darüber hinaus) übersteigen die eingesparten Auszahlungen im variablen Kostenblock der Anlage II die höheren Auszahlungen im Fixkostenbereich und Investition II erwirtschaftet einen höheren Free Cash Flow als Anlage I. Mit anderen Worten wirkt der OL ab einem Umsatz von 18 000 EUR positiv. Bei geringeren Umsätzen entsteht ein negativer Hebeleffekt.

Das Ausmaß der Hebelwirkung hängt unmittelbar von der Höhe der Fixkostenbelastung ab. Je höher der Fixkostenanteil und je kleiner der Beitrag variabler Kosten ist, umso größer ist die Hebelwirkung. Die Größe des Fixkostenblocks wiederum hängt eng mit dem Automatisierungsgrad der Fertigung zusammen und wird damit stark von der Branchenzugehörigkeit beeinflusst. Mit zuneh-

[32] Die eingesparten variablen Kosten in Höhe von 1,50 EUR/ME · 1 200 ME = 1 800 EUR stimmen genau mit der Höhe der Fixkosten überein.

mender Automatisierung steigen in der Regel die Fixkosten an, gleichzeitig sinken die variablen Kosten. Es findet eine Substitution variabler durch fixe Kosten statt, so wie er im Beispiel der KC AG durch den Übergang von Investition I auf Investition II erfolgen würde.

Das durch den OL zum Ausdruck kommende leistungswirtschaftliche Risiko wirkt verstärkend auf das Umsatzrisiko. Beide sind multiplikativ miteinander verknüpft. Eine Möglichkeit, den OL zu quantifizieren, bietet sich im folgenden Quotienten:

$$OL_n = \frac{\frac{\Delta FCF_{I,n,s}}{FCF_{I,n,s}}}{\frac{\Delta U_{I,n,s}}{U_{I,n,s}}} \quad \text{mit } \Delta FCF_{I,n,s} = FCF_{I,n,s+1} - FCF_{I,n,s} \quad \Delta U_{I,n,s} = U_{I,n,s+1} - U_{I,n,s} \qquad \text{6-12}$$

Der OL gibt näherungsweise an, um wie viel Prozent sich der Free Cash Flow verändert, wenn sich die Umsätze (konjunkturbedingt) um 1 % verändern. Für Investition II gilt:

$$\Delta FCF_{I,II,2} = FCF_{I,II,1} - FCF_{I,II,2}$$
$$= 8\ 700 - 6\ 600 = 2\ 100$$
$$\Delta U_{I,II,2} = U_{I,II,1} - U_{I,II,2}$$
$$= 22\ 500\ - 18\ 000 = 4\ 500$$
$$OL_{II} = \frac{\frac{2\ 100}{6\ 600}}{\frac{4\ 500}{18\ 000}} = 1{,}2727$$

Als Basis der Berechnung dient das mittlere Konjunkturszenario.[33] Ändert sich der Umsatz um 1 %, hat dies eine Variation des Free Cash Flow von 1,2727 % zur Folge. Eine rein eigenfinanzierte Investition ohne zahlungswirksame Fixkosten weist einen OL von Eins auf. Daher gilt für die Investition I:

$$OL_I = \frac{\frac{1\ 650}{6\ 600}}{\frac{4\ 500}{18\ 000}} = 1$$

Der Erfolg von Investition I wird nicht durch Fixkosten gehebelt.

Noch deutlicher wird der Einfluss der Fixkosten auf die Höhe des OL, wenn man die Free Cash Flow- und Umsatzgrößen in Gleichung 6-12 weiter aufgliedert. Für den Free Cash Flow ergibt sich bei Existenz auszahlungswirksamer Fixkosten nach der direkten Berechnungsmethode:

33 Unabhängig davon, ob der Hebel vom mittleren Szenario ausgehend die Veränderungen zu einer guten oder zu einer schlechten konjunkturellen Entwicklung erfasst, ergibt sich immer ein Wert von 1,2727.

$$FCF_{I,n,s} = U_{I,n,s} - K_{v,I,n,s} - K_{f,I,n}$$
$$= x_{I,n,s} \cdot p - x_{I,n,s} \cdot k_v - K_{f,I,n} = x_{I,n,s} \cdot (p - k_v) - K_{f,I,n}$$
$$\Delta FCF_{I,n,s} = \Delta x_{I,n,s} \cdot (p - k_v)$$

mit: $K_{f,1,n}$ zustandsunabhängige auszahlungswirksame Fixkosten

Der Umsatz lässt sich aufgliedern gemäß:

$$U_{I,n,s} = x_{I,n,s} \cdot p$$
$$\Delta U_{I,n,s} = \Delta x_{I,n,s} \cdot p$$

Durch Einsetzen in die Definition des OL folgt:[34]

$$OL_n = \frac{\dfrac{\Delta x_{I,n,s} \cdot (p - k_v)}{x_{I,n,s} \cdot (p - k_v) - K_{f,I,n}}}{\dfrac{\Delta x_{I,n,s} \cdot p}{x_{I,n,s} \cdot p}} = \frac{x_{I,n,s} \cdot (p - k_v)}{x_{I,n,s} \cdot (p - k_v) - K_{f,I,n}} \qquad \text{6-13}$$

Der Nenner unterscheidet sich allein durch die Fixkosten vom Produkt im Zähler. Je höher die Fixkosten sind, umso größer ist der OL. Unter Heranziehung des mittleren Konjunkturniveaus ergibt sich für Investition II erneut der bereits bekannte Hebel in Höhe von 1,2727:

$$OL_{II} = \frac{1\,200 \cdot (15 - 8)}{1\,200 \cdot (15 - 8) - 1\,800} = 1{,}2727$$

6.1.2.3 Finanzielles Risiko

Sowohl bei der Untersuchung des Umsatzrisikos als auch bei der Betrachtung des leistungswirtschaftlichen Risikos haben wir eine vollständige Eigenfinanzierung des Investitionsvorhabens der KC AG unterstellt. Wir wollen in diesem Abschnitt die Untersuchungen einen entscheidenden Schritt vorantreiben und erstmals eine teilweise Fremdfinanzierung einer Investition unter Unsicherheit zulassen. In diesem Zusammenhang soll zunächst aufgezeigt werden, welche Auswirkungen die Aufnahme von Fremdkapital auf die Risikoposition der Eigenkapitalgeber besitzt. Zu diesem Zweck ist eine Verbindung zwischen dem Verschuldungsgrad eines Unternehmens und der Höhe der Renditeforderung der Eigenkapitalgeber herzustellen. Wir werden verdeutlichen, dass mit zunehmender Verschuldung das Risiko und damit die Renditeforderung der Eigenkapitalgeber ansteigen. Ursache hierfür ist das finanzielle Risiko.

Wie beim leistungswirtschaftlichen Risiko ist auch die Zuordnung des finanziellen Risikos zur systematischen Komponente nicht eindeutig.[35] So argumentieren Steiner und Bauer, dass die Aufnahme von Fremdkapital das systematische Risiko der Eigenkapitalgeber erhöht.[36] Voraussetzung hierfür ist eine nur be-

[34] Vgl. Süchting (1995), S. 460 ff.
[35] Dies wird durch die gestrichelte Linie in Abbildung 6-4 angedeutet.
[36] Vgl. Steiner/Bauer (1992), S. 350. Dabei spielt es keine Rolle, ob das Fremdkapital vollständig

grenzte Möglichkeit der Eigentümer, unternehmerische Verschuldung durch Portfoliobildung zu kompensieren. Folgt man den Annahmen des CAPM wäre eine der Prämissen dann streng genommen nicht erfüllt. Das finanzielle Risiko sollte in der Modellwelt keine Rolle spielen, da die Marktteilnehmer es kostenlos beseitigen können. Geht man hingegen davon aus, dass auf realen Kapitalmärkten die unternehmerische Verschuldung von den Investoren nicht vollständig ausgeglichen werden kann, erlangen Finanzierungsentscheidungen Relevanz für das systematische Risiko.[37] Wir gehen im Weiteren davon aus, dass finanzielle Risiken von den Investoren nicht kostenlos beseitigt werden können und daher einen Einfluss auf ihr systemtisches Risiko besitzen.

Wir unterstellen, das Management der KC AG habe sich für den Erwerb der Investition II, das heißt der Anlage mit Fixkosten in Höhe von 1800 EUR pro Periode entschieden. Im Unterschied zu den Ausführungen in Abschnitt 6.1.2.2 soll die Anschaffungsauszahlung über 3900 EUR nicht gänzlich von den Eigentümern aufgebracht werden, sondern lediglich zur Hälfte. Neben der Emission von Aktien bietet die KC AG daher eine Anleihe über 1950 EUR zum Kauf an. Sie besitzt eine Laufzeit von einem Jahr und wird endfällig getilgt. Abbildung 6-11 zeigt die noch unvollständige Barwertbilanz der KC AG.

A	Barwertbilanz der KC AG	P
Vermögensgegenstände		Eigenkapital Fremdkapital

Abbildung 6-11: Struktur der Barwertbilanz der KC AG

Zur Veranschaulichung behalten wir die Annahme bei, dass sowohl das Eigen- als auch das Fremdkapital von einem einzelnen Investor zur Verfügung gestellt wird. Er ist im Besitz sämtlicher Aktien der KC AG und hält darüber hinaus die Anleihe. Als einzigem Kapitalgeber stehen ihm am Ende der Periode die gesamten Free Cash Flows des Unternehmens zu. Von einer Besteuerung wird weiterhin abstrahiert. Welche Rendite kann der Investor in seiner gleichzeitigen Rolle als Eigen- und Fremdkapitalgeber auf das eingesetzte Kapital fordern?

Um diese Frage zu beantworten, werfen wir zuerst einen Blick auf die Vermögensposition des Financiers. Unter der Annahme, dass er sein gesamtes Vermögen in Wertpapiere der KC AG investiert hat, hält er ein Portfolio aus Aktien (= Eigenkapitalposition) und einer Anleihe (= Fremdkapitalposition) des Unternehmens.[38] Die Rendite, die er für die Bereitstellung seines Vermögens fordert,

ausfallrisikolos ist oder einen Teil des Geschäftsrisikos übernimmt. Der Zusammenhang zwischen systematischem Risiko und Verschuldung wurde ursprünglich von Hamada (1972), S. 435–452 untersucht.

[37] Vgl. Pape (1996), S. 92.

[38] Streng genommen müssen wir fordern, dass der Financier sein Vermögen nicht nur für den Kauf der Wertpapiere der KC AG aufwendet, sondern darüber hinaus im Besitz des Markt-

hängt vom Risiko des Investments ab. In seiner Rolle als Gläubiger stehen dem Financier vertraglich gesicherte Zins- und Tilgungsansprüche zu. Sie sind vorrangig zu bedienen, d.h. erst dann wenn die Forderungen aller Gläubiger erfüllt sind, können die verbleibenden Teile der Free Cash Flows an die Aktionäre ausgeschüttet werden. In seiner Position als Eigenkapitalgeber besitzt der Financier folglich nur einen Residualanspruch. Das mit der Eigenkapitalposition verbundene Risiko ist daher höher als das Risiko, das er als Gläubiger einnimmt. Betrachten wir die Vermögensposition des Investors als Wertpapierportfolio und bezeichnen mit r_{EK} seine Renditeforderung für das Eigen- und mit r_{FK} seine Renditeforderung für das Fremdkapital. Dann folgt für die Rendite des Portfolios, das in Zusammensetzung und Volumen dem Gesamtkapital der KC AG entspricht:

$$r_{GK} = r_{EK} \cdot \frac{EK^{MW}}{FK^{MW} + EK^{MW}} + r_{FK} \cdot \frac{FK^{MW}}{FK^{MW} + EK^{MW}} \qquad \text{6-14}$$

Die Renditeforderung für das gesamte Portfolio ergibt sich als gewichtetes Mittel der Renditeforderung auf das Eigen- und das Fremdkapital, wobei die Gewichtungsfaktoren den jeweiligen Marktwerten in Bezug auf den Marktwert des Gesamtkapitals entsprechen.[39] Damit unterscheidet sich die Vorgehensweise nicht von der Renditeberechnung, die wir für Wertpapierportfolios in Abschnitt 4.2.2 kennengelernt haben. Zu beachten ist, dass die Gewichtung von r_{EK} und r_{FK} keinesfalls über Buch-, sondern ausschließlich über Marktwerte zu erfolgen hat. Da sich die Kapitalkosten als Opportunitätskosten interpretieren lassen, stellen sie einen expliziten Bezug zum Kapitalmarkt her. Somit sind allein Marktwerte die korrekten Eingangsgrößen.[40]

Zunächst sei die Renditeforderung für das Fremdkapital näher untersucht. Wird von der Anschaffungsauszahlung in Höhe von 3900 EUR ein Anteil von 50% fremdfinanziert, entspricht dies einem Kreditvolumen von 1950 EUR. Die im Marktgleichgewicht zu erwartende Rendite lässt sich für Fremdkapital mit dem CAPM auf dieselbe Weise berechnen wie für Beteiligungspapiere. Allgemein gilt:

$$r_{FK,n} = r_f + \left(E\left(\tilde{R}_M\right) - r_f\right) \cdot \beta_{FK,n} \qquad \text{6-15}$$

Da Anleihen und Aktien unterschiedlich hohe Risiken aufweisen, ist es erforderlich, zwischen Beta-Faktoren für Fremd- und Eigenkapital zu unterscheiden. Gläubigerpapiere weisen aufgrund ihres geringeren Risikos kleinere Beta-Werte auf als Finanztitel, die Miteigentumsrechte verbriefen. Wir unterstellen aus Gründen der Vereinfachung, dass das Fremdkapital der KC AG ausfallrisikolos sei. Zins und Tilgung werden am Jahresende in jedem Fall gezahlt. Bereits aus dem 1. Kapitel wissen wir, dass die adäquate Rendite eines risikolosen Wertpapiers dem risikolosen Zinssatz entspricht. Dies lässt sich im CAPM unmittelbar

portfolios ist. Ansonsten trägt er nicht nur systematisches, sondern auch unsystematisches Risiko und die Anwendung des CAPM wäre nicht möglich.

39 Im Weitern werden wir die Begriffe Bar- und Marktwert synonym verwenden.

40 Vgl. Weber (1991), S. 231.

nachweisen. Die Renditekovarianz einer risikolosen Anlage mit dem Marktportfolio beträgt Null. Es folgt:

$$Cov\left(\tilde{R}_{FK,n}, \tilde{R}_M\right) = 0 \Rightarrow \beta_{FK,n} = 0$$

Durch Einsetzen in Gleichung 6-15 verbleibt:

$$r_{FK,n} = r_f + \left(E\left(R_M\right) - r_f\right) \cdot 0 = r_f$$

Der Investor erhält für das bereitgestellte Fremdkapital eine Verzinsung in Höhe der risikolosen Rendite. Sie soll wie in den beiden vorhergehenden Abschnitten 4% betragen. Dies führt zu einer Zinszahlung über 1950 · 0,04 = 78 EUR. Auf Basis dieser Angabe kann der Barwert des Fremdkapitals berechnet werden. Die Vorgehensweise zeigt Abbildung 6-12. Der Barwert entspricht dem Nominalvolumen des Kredits.

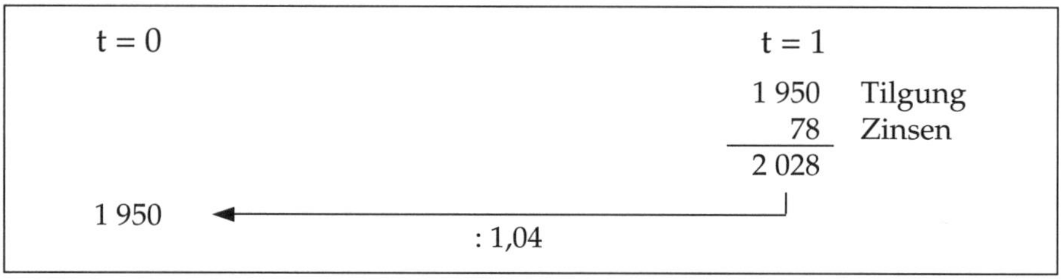

Abbildung 6-12: Barwert des Fremdkapitals

Als nächstes ist der Marktwert des Eigenkapitals zu bestimmen. Als Eingangsgrößen für dessen Berechnung werden zum einen die Zahlungen an den Aktionär und zum anderen der zugehörige Kalkulationszins r_{EK} benötigt. In seiner Rolle als Eigenkapitalgeber stehen dem Investor die Free Cash Flows der Investition abzüglich der Zins- und Tilgungszahlungen zu. Da die Höhe der freien Zahlungsüberschüsse unabhängig von der Art und Weise der Finanzierung einer Investition ist, können die in Abschnitt 6.1.2.2 für die Anlage II berechneten Werte übernommen werden. Sie betragen in den drei Szenarien $FCF_{1,II,1}$ = 8700 EUR, $FCF_{1,II,2}$ = 6600 EUR und $FCF_{1,II,3}$ = 4850 EUR. Durch den Abzug der finanziellen Ansprüche der Gläubiger gelangt man zu den Netto-Cash Flows (NCF):

$$NCF_{1,n,s} = FCF_{1,n,s} - Tilgung_{1,n} - Zinszahlung_{1,n}$$
$$NCF_{1,II,1} = 8\ 700 - 1\ 950 - 78 = 6\ 672\ EUR$$
$$NCF_{1,II,2} = 6\ 600 - 1\ 950 - 78 = 4\ 572\ EUR$$
$$NCF_{1,II,3} = 4\ 850 - 1\ 950 - 78 = 2\ 822\ EUR$$
$$\Rightarrow E\left(\widetilde{NCF}_{1,II}\right) = 4\ 688{,}67\ EUR$$

Der erwartete Netto-Cash Flow beträgt damit 4688,67 EUR. Er stellt den Erwartungswert der Rückflüsse dar, die der Financier in seiner Rolle als Eigenkapitalgeber vereinnahmen kann. Zur Berechnung des Barwertes fehlt nun noch der entsprechende Kalkulationszins.

In Abschnitt 6.1.2.2 hatten wir ermittelt, dass der risikoadjustierte Kalkulationszins der Investition II und damit die Renditeforderung auf das Eigenkapital 9,13064 % beträgt. Dieser Zinssatz soll im Weiteren herangezogen werden, um die Netto-Cash Flows zu diskontieren. Er scheint insofern dafür geeignet zu sein, als er sich genau wie die Netto-Cash Flows auf die Position der Eigenkapitalgeber bezieht. Wir heben aber bereits an dieser Stelle hervor, dass wir damit einen Fehler begehen. Die Renditeforderung von 9,13064 % ist nicht geeignet, um den korrekten Barwert der Netto-Cash Flows zu liefern. Worin genau der Fehler liegt, gilt es im nächsten Schritt deutlich zu machen.

Werden die Netto-Cash Flows mit dem Zinssatz von 9,13064 % verbarwertet, ergibt sich als heutiger Wert ein Betrag von 4 296,38 EUR (vgl. Abbildung 6-13). Wir interpretieren ihn als Marktwert des Eigenkapitals. Der heutige Wert des Fremdkapitals ist mit 1 950 EUR bereits bekannt. Für den Gesamtunternehmenswert folgt damit:

$$
\begin{aligned}
GK_0^{MW} &= EK_0^{MW} + FK_0^{MW} = UW_0^{MW} \\
&= 4\ 296{,}38 + 1\ 950{,}00 = 6\ 246{,}38\ EUR
\end{aligned}
$$

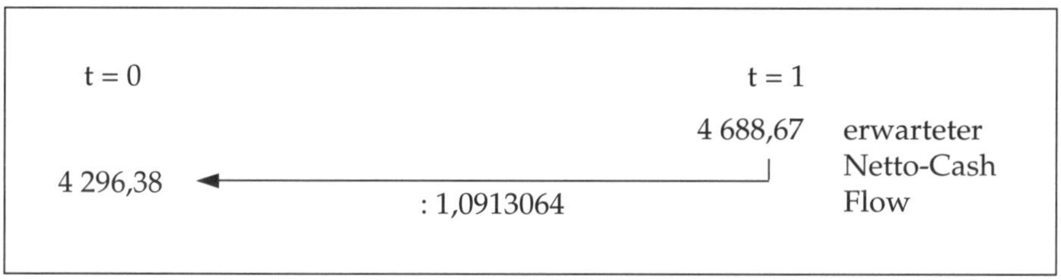

Abbildung 6-13: Falscher Marktwert des Eigenkapitals

Bei reiner Eigenfinanzierung betrug der Wert der Investition II und damit der KC AG nur 6 154,70 EUR. Durch die Aufteilung des Finanzierungsvolumens auf Eigen- und Fremdkapital ist er um 6 246,38 – 6 154,70 = 91,68 EUR gestiegen. Dies ist verwunderlich, da nach wie vor nur ein einziger Investor das gesamte Vermögen der KC AG in seinem Eigentum hält. Während dieses Vermögen bei reiner Eigenfinanzierung einen Barwert von 6 154,70 EUR besaß, soll es durch die Aufspaltung der Passivseite in Eigen- und Fremdkapital eine Wertsteigerung von 91,68 EUR erfahren haben?

Rufen wir uns in Erinnerung, dass das Risiko des Kapitalgebers durch das Risiko auf der Aktivseite der Bilanz ausgelöst wird. Dieses wiederum wird beeinflusst durch die mit den Vermögensgegenständen verbundenen Unsicherheiten in Bezug auf die zukünftigen Free Cash Flows. Mit anderen Worten folgt das Risiko auf der Passivseite dem Risiko auf der Aktivseite, nicht umgekehrt. Gerade das von den Vermögensgegenständen verursachte Risiko hat sich aber im Vergleich zur Analyse in Abschnitt 6.1.2.2 nicht verändert: als einzige Investition hat die KC AG weiterhin ausschließlich Anlage II im Bestand. Die Streuung der Free Cash Flows, die mit dieser Investition verbunden sind, ist unabhängig davon, ob die Anlage teilweise fremdfinanziert wird oder nicht, immer gleich

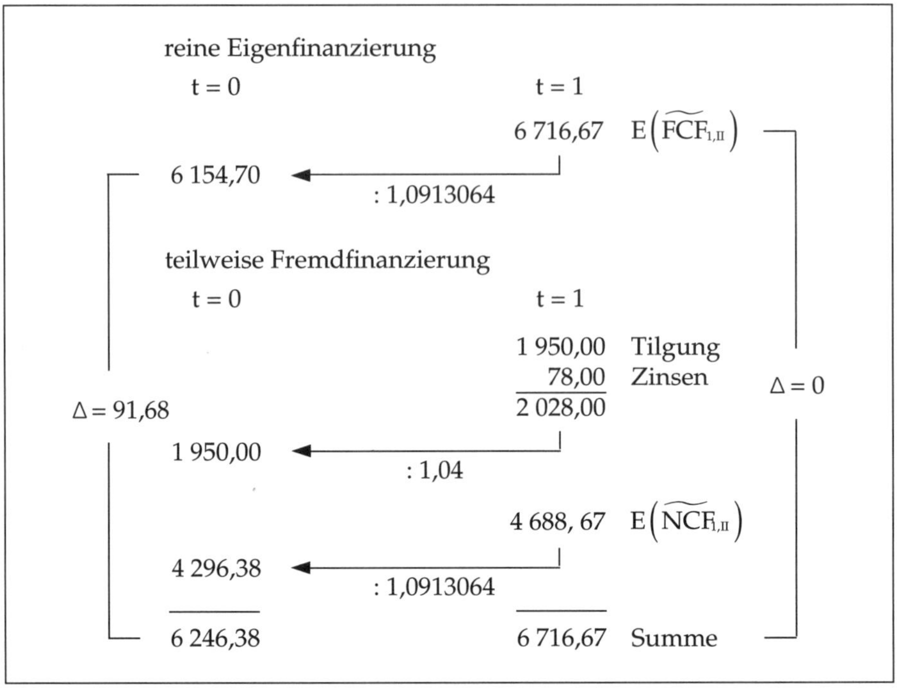

Abbildung 6-14: Vergleich der Marktwerte bei reiner Eigen- und teilweiser Fremdfinanzierung bei falschem Eigenkapitalzins

hoch. Folglich kann auch das Risiko auf Gesamtunternehmensebene keinen Veränderungen unterworfen sein. Es wird in seiner Höhe ausschließlich durch die Aktivseite determiniert und darf nicht von der Zusammensetzung der Passivseite abhängen. Die Tatsache, dass die Aufnahme von Fremdkapital zu einer Erhöhung des Unternehmenswertes um 91,68 EUR führt, scheint aber das Gegenteil zu beweisen (vgl. Abbildung 6-14).

Wo liegt der Fehler in der obigen Argumentation und der Berechnung in Abbildung 6-14? Wie bereits angedeutet, handelt es sich bei dem Zinssatz von 9,13064 % nicht um die geeignete Größe zur Diskontierung der Netto-Cash Flows. Diese beinhaltet nämlich die Renditeforderung der Eigenkapitalgeber für Investition II unter der Prämisse, dass die Anlage ausschließlich mit Eigenkapital finanziert wird. Genau diese Annahme steht im Zentrum der Ableitung des leistungswirtschaftlichen Risikos. Nun wird die Maschine aber unter (teilweisem) Einsatz von Fremdkapital erworben. Die teilweise Fremdfinanzierung erhöht das Risiko der Eigenkapitalgeber. Um dies zu erkennen, lösen wir die Renditeforderung in Gleichung 6-14 nach r_{EK} auf und kennzeichnen das Ergebnis mit r_{EK}^{v}. Dadurch wird verdeutlicht, dass es sich um die Renditeforderung der Eigenkapitalgeber eines teilweise fremdfinanzierten (verschuldeten) Unternehmens handelt:

$$r_{EK}^{v} = r_{GK} + \left(r_{GK} - r_{FK}\right) \cdot \frac{FK^{MW}}{EK^{MW}} = r_{GK} + \left(r_{GK} - r_{FK}\right) \cdot V^{MW} \qquad 6\text{-}16$$

Da wir zunächst von einem unverschuldeten Unternehmen ausgegangen sind, gilt $r_{GK} = r_{EK}^u$. Es folgt:

$$r_{EK}^v = r_{EK}^u + \left(r_{EK}^u - r_{FK}\right) \cdot \frac{FK^{MW}}{EK^{MW}} = r_{EK}^u + \left(r_{EK}^u - r_{FK}\right) \cdot V^{MW} \qquad 6\text{-}17$$

Man erkennt, dass die Renditeforderung der Eigenkapitalgeber mit zunehmendem Verschuldungsgrad ansteigt. Der Marktwert des Fremdkapitals der Investition II ist mit 1 950 EUR bekannt. Der Marktwert des Gesamtkapitals (= Barwert der Investition) kann sich nach den bisherigen Erkenntnissen durch die Art der Finanzierung nicht verändern. Im Unterschied zur Renditeforderung der Eigenkapitalgeber darf daher der Barwert aus Abschnitt 6.1.2.2 übernommen werden. Er beträgt unverändert 6 154,70 EUR.[41] Es ergibt sich ein Marktwert des Eigenkapitals von 6 154,70 – 1 950,00 = 4 204,70 EUR. Die Renditeforderung ohne Verschuldung r_{EK}^u ist mit 9,13064 % ebenfalls bekannt. Durch Einsetzen in Gleichung 6-17 erhält man für die Renditeforderung des Eigenkapitalgebers bei teilweiser Fremdfinanzierung:

$$r_{EK,II}^v = 0{,}0913064 + \left(0{,}0913064 - 0{,}04\right) \cdot \frac{1\,950{,}00}{4\,204{,}70} = 0{,}1151 = r_{EK,KC\,AG}^v$$

Durch Rückeinsetzen in Gleichung 6-14 zur Bestimmung des Gesamtkapitalkostensatzes r_{GK} ergibt sich:[42]

$$r_{GK,II} = 0{,}1151 \cdot \frac{4\,204{,}70}{1\,950{,}00 + 4\,204{,}70} + 0{,}04 \cdot \frac{1\,950{,}00}{1\,950{,}00 + 4\,204{,}70} = 0{,}0913064$$

Die Verzinsungsansprüche auf das Gesamtkapital haben sich durch die teilweise Fremdfinanzierung im Vergleich zu einer Situation reiner Eigenfinanzierung nicht verändert. Damit ändert sich auch die Rendite, die der Investor in seiner gleichzeitigen Rolle als Eigen- und Fremdkapitalgeber fordert, im Vergleich zu einer reinen Eigenfinanzierung nicht. Er trägt weiterhin ausschließlich das durch Investition II, d.h. die unverändert gebliebene Aktivseite bestimmte Risiko. Identisches Risiko bedeutet in Summe eine identische Renditeforderung. Sein gesamtes Kapital muss sich daher weiterhin mit 9,13064 % verzinsen, auch wenn es in zwei Komponenten aufgespaltet wurde.

Die Renditeforderung des Financiers ist weiterhin als Kapitalkostensatz der KC AG zu interpretieren. Da sie sich bei mehreren Finanzierungsquellen als gewichtetes Mittel der Kapitalkostensätze der unterschiedlichen Finanzierungstitel ergibt, spricht man in Zusammenhang mit Gleichung 6-14 auch vom gewichteten Kapitalkostensatz bzw. weighted average cost of capital (WACC). In ihm kommen die durchschnittlichen Kapitalkosten für das gesamte im Unterneh-

---

[41] Die Art der Finanzierung hat auf vollkommenen und vollständigen Kapitalmärkten nur dann keinen Einfluss auf den Barwert einer Investition, wenn keine Besteuerung auf Unternehmensebene existiert. Andernfalls entsteht durch die steuerliche Abzugsfähigkeit des Zinsaufwands ein Tax Shield (vgl. Abschnitt 1.3.2.2), das werterhöhend wirkt. Den Einfluss von Steuern unter Unsicherheit werden wir in Abschnitt 6.2 untersuchen.

[42] Leichte Abweichungen ergeben sich aufgrund von Rundungsdifferenzen.

men gebundene Kapital zum Ausdruck. Er verdichtet die aus divergierenden Risikopositionen resultierenden Renditeforderungen der einzelnen Finanzierungstranchen zu einem für das Gesamtrisiko des Unternehmens adäquaten Verzinsungsanspruch.

Einer genaueren Untersuchung bedarf im Weiteren die Frage, wieso die Aufnahme von Fremdkapital die Renditeforderung auf das vom Aktionär zur Verfügung gestellte Eigenkapital von 9,13064 % auf 11,51 % erhöht hat. Wie im Fall des leistungswirtschaftlichen Risikos gibt auch beim finanziellen Risiko die Betrachtung der zustandsabhängigen Cash Flows entscheidende Einblicke (vgl. Abbildung 6-15). Bei reiner Eigenfinanzierung stehen dem Financier die gesamten Free Cash Flows der KC AG zu. Free Cash Flows und Netto-Cash Flows sind identisch, da keine Mittel an Fremdkapitalgeber abfließen. Werden hingegen Verbindlichkeiten genutzt, um Teile der Anschaffungsauszahlung bereitzustellen, verbleiben dem Aktionär ausschließlich die Netto-Cash Flows. Von den gesamten freien Zahlungsüberschüssen muss das Unternehmen zunächst die Zins- und Tilgungsansprüche an die Gläubiger in Abzug bringen. Der Rest geht an die Eigenkapitalgeber.

Da die Zins- und Tilgungszahlungen vertraglich fixiert und unabhängig vom eintretenden Umweltzustand sind, besitzen sie den Charakter von Fixkosten und entfalten dieselbe Wirkung wie zustandsunabhängige Auszahlungen, die durch die Produktionstechnologie verursacht werden. Sie führen zu einer Zunahme der Streuung der Netto-Cash Flows und damit zu einer größeren Variation der Investitionsrendite. Im rechten Teil von Abbildung 6-15 sind die aus Abschnitt

Investition II (teilweise fremdfinanziert)

s	w	$NCF_{1,n,s}$	$R_{n,s}^{EK}$
gut	1/3	6 672	58,68%
mittel	1/3	4 572	8,74%
schlecht	1/3	2 822	–32,88%

$$E\left(\widetilde{NCF}_{1,n}\right) = 4\,688{,}67$$

$$Cov\left(\widetilde{NCF}_{1,n}, \tilde{R}_M\right) = 279{,}2222$$

$$E\left(\tilde{R}_n^{EK}\right) = 0{,}1151$$

$$Var\left(\tilde{R}_n^{EK}\right) = 0{,}1401 \Rightarrow \sigma_n = 0{,}3743$$

$$Cov\left(\tilde{R}_n^{EK}, \tilde{R}_M\right) = 0{,}0664$$

$$\beta_n^v = 2{,}0497$$

Investition II (rein eigenfinanziert)

s	w	$FCF_{1,n,s}$	$R_{n,s}^{EK}$
gut	1/3	8 700	41,36%
mittel	1/3	6 600	7,24%
schlecht	1/3	4 850	–21,20%

$$E\left(\widetilde{FCF}_{1,n}\right) = 6\,716{,}67$$

$$Cov\left(\widetilde{FCF}_{1,n}, \tilde{R}_M\right) = 279{,}2222$$

$$E\left(\tilde{R}_n\right) = 0{,}0913064$$

$$Var\left(\tilde{R}_n\right) = 0{,}0654 \Rightarrow \sigma_n = 0{,}2557$$

$$Cov\left(\tilde{R}_n, \tilde{R}_M\right) = 0{,}04537$$

$$\beta_n^u = 1{,}3993$$

Abbildung 6-15: Kennzahlenvergleich zwischen eigen- und teilweise fremdfinanzierter Investition II

6.1.2.2 bekannten Free Cash Flows und Renditen der Investition II ohne Fremdfinanzierung dargestellt. Daneben finden sich die Netto-Cash Flows in den drei Szenarien sowie die zugehörigen Eigenkapitalrentabilitäten. Letztere setzen die erzielbaren Netto-Cash Flows in Bezug zum Marktwert des Eigenkapitals:

$$R_{n,s}^{EK} = \frac{NCF_{1,n,s}}{EK_{0,n}^{MW}} - 1 \qquad \text{6-18}$$

Für Investition II bedeutet dies:

$$R_{II,1}^{EK} = \frac{6\ 672,00}{4\ 204,70} - 1 = 0,5868; \quad R_{II,2}^{EK} = 0,0874; \quad R_{II,3}^{EK} = -0,3288$$

Durch die Aufnahme von Fremdkapital unterliegt die Rendite des Eigenkapitals einer vergrößerten Streuung. Diese Risikozunahme muss durch einen Anstieg der Rendite kompensiert werden. Die Renditeforderung für das Eigenkapital r_{EK}^{v} erhöht sich auf 11,51 %. Eine Änderung der Renditeforderung auf das Gesamtkapital bleibt daher aus. Der gewichtete Kapitalkostensatz ändert sich nicht.[43] Eine Substitution des teuren Eigenkapitals durch das günstigere Fremdkapital bewirkt keine Senkung des WACC. Vielmehr kompensiert der Anstieg der notwendigen Rendite auf das Eigenkapital exakt mögliche kostensenkende Effekte, die durch Umschichtung zugunsten von Verbindlichkeiten bewirkt werden können. Zwar verlangt der Financier in seiner Rolle als Gläubiger und der damit verbundenen risikolosen Kapitalüberlassung eine deutlich geringere Verzinsung als in seiner Position als Aktionär. Der Anstieg der Renditeforderung für das Eigenkapital, der sich gemäß Gleichung 6-17 einstellt, führt wieder zu den bekannten Kapitalkosten auf Gesamtunternehmensebene. Im Ergebnis ist der Wert des Unternehmens unabhängig von der Art der Finanzierung und der „Widerspruch" in Abbildung 6-14 löst sich auf (vgl. Abbildung 6-16).

Die Tatsache, dass der Wert eines Unternehmens unter bestimmten vereinfachenden Annahmen unabhängig von der Aufteilung der Passivseite ist, wurde bereits 1958 in einem berühmten Aufsatz von Modigliani und Miller herausgestellt.[44] Auf vollkommenen und vollständigen Kapitalmärkten besitzt die Kapitalstruktur für die Höhe des Marktwertes keine Relevanz (1. Modigliani-Miller-Theorem). Der Unternehmenswert wird ausschließlich durch die Investitionen auf der Aktivseite der Bilanz determiniert und nicht durch die Art der ausgegebenen Wertpapiere. Ein wesentliches Ergebnis der Untersuchungen von Modigliani und Miller ist der in Gleichung 6-17 verdeutlichte Zusammenhang: die Eigenkapitalkosten eines verschuldeten Unternehmens entsprechen den Kosten des unverschuldeten Eigenkapitals zuzüglich einer Prämie, deren Höhe proportional zum Verschuldungsgrad zu Marktwerten ist (2. Modigliani-Miller-Theorem).

Das vom Verschuldungsgrad abhängige finanzielle Risiko des Eigenkapitalgebers wird in Abbildung 6-17 noch einmal verdeutlicht. Sie gibt die zunehmende

---

[43] Dies ändert sich, sobald Steuern berücksichtigt werden (vgl. Abschnitt 6.2).

[44] Vgl. Modigliani/Miller (1958), S. 261–297.

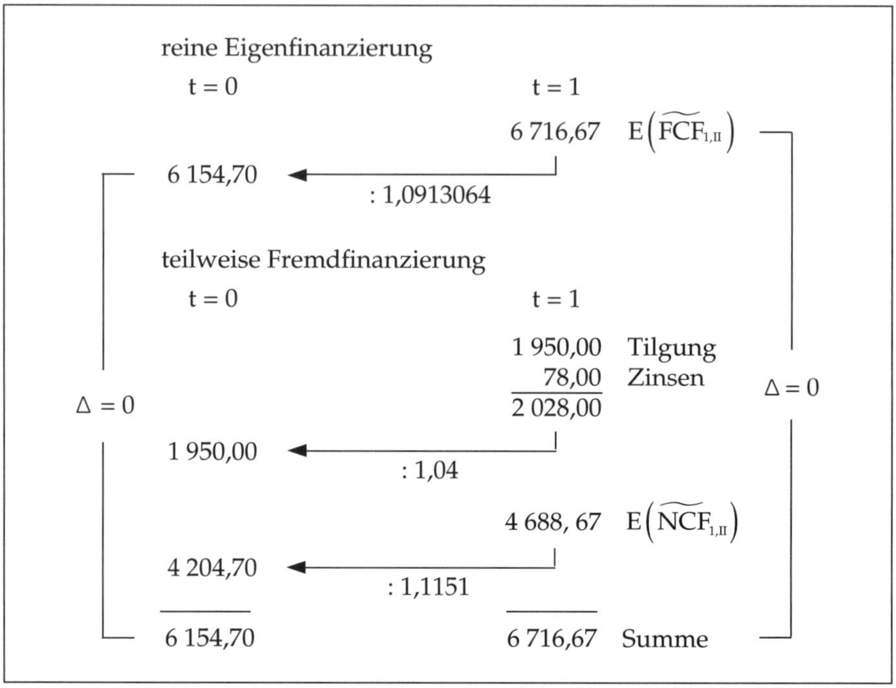

Abbildung 6-16: Vergleich der Marktwerte bei reiner Eigen- und teilweiser Fremdfinanzierung bei richtigem Eigenkapitalzins

Streuung der Eigenkapitalrentabilität (berechnet gemäß Gleichung 6-18) für variierende Verschuldungsgrade in den Umweltzuständen s = 1 und s = 3 wieder. Je höher der Verschuldungsgrad ist, umso größer ist die positive (negative) Hebelwirkung, die bei Eintritt einer guten (schlechten) Konjunktur erzielt wird. Die Darstellung ist auch unter dem Begriff des Leverage-Horns bekannt.

Anstelle der Ermittlung von r_{EK}^{v} mit Hilfe der Gleichung 6-17 kann auch das CAPM herangezogen werden. Hierzu benötigt man aber eine Information darüber, wie sich der Beta-Faktor der Eigenkapitalposition mit zunehmendem Verschuldungsgrad verändert. Wir erinnern uns, dass das Beta eines Portfolios als gewichtetes Mittel der einzelnen Beta-Werte berechnet werden kann. Für die Passivseite gilt daher:

$$\beta_{GK} = \beta_{EK}^{v} \cdot \frac{EK^{MW}}{FK^{MW} + EK^{MW}} + \beta_{FK} \cdot \frac{FK^{MW}}{FK_{MW} + EK_{MW}} \qquad \text{6-19}$$

Wir differenzieren erneut explizit in das Beta des Eigen- und des Fremdkapitals. Da $\beta_{FK} = 0$ unterstellt wurde, verbleibt:

$$\beta_{GK} = \beta_{EK}^{v} \cdot \frac{EK^{MW}}{FK^{MW} + EK^{MW}} \qquad \text{6-20}$$

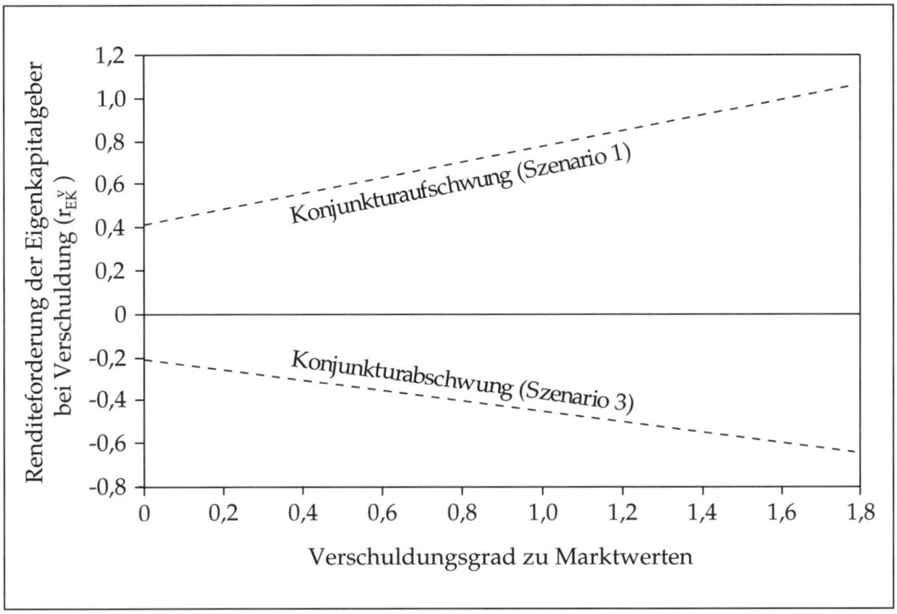

Abbildung 6-17: Renditeforderungen der Eigenkapitalgeber in Abhängigkeit vom Verschuldungsgrad

Gesucht wird β_{EK}^{v}. Daher ist Gleichung 6-20 nach β_{EK}^{v} aufzulösen:

$$\begin{aligned}\beta_{EK}^{v} &= \beta_{GK} \cdot \frac{FK^{MW} + EK^{MW}}{EK^{MW}} \\ &= \beta_{GK} \cdot \left(1 + \frac{FK^{MW}}{EK^{MW}}\right) = \beta_{GK} \cdot \left(1 + V^{MW}\right)\end{aligned} \qquad \text{6-21}$$

Der Beta-Faktor des Gesamtkapitals β_{GK} ergibt sich aus dem Risiko der Aktivseite. Geht man von reiner Eigenfinanzierung aus, sind Gesamt- und Eigenkapital identisch, so dass gilt:

$$\beta_{GK} = \beta_{EK}^{u} \qquad \text{6-22}$$

Ein Einsetzen in Gleichung 6-21 führt zu:

$$\beta_{EK}^{v} = \beta_{EK}^{u} \cdot \left(1 + V^{MW}\right) \qquad \text{6-23}$$

Das systematische Risiko des Eigenkapitals steigt mit zunehmender Verschuldung. Angewendet auf die Daten der KC AG resultiert der bereits bekannte Eigenkapitalkostensatz von 11,51 %:[45]

[45] Leichte Abweichungen beim Nachrechnen beruhen auf Rundungsdifferenzen.

$$\beta^{v}_{EK,\,KCAG} = 1{,}3993 \cdot \left(1 + \frac{1\ 950{,}00}{4\ 204{,}70}\right) = 2{,}0497$$

$$\begin{aligned} r^{v}_{EK,\,KCAG} &= r_f + \left(E\left(R_M\right) - r_f\right) \cdot \beta^{v}_{EK,\,KCAG} \\ &= 0{,}04 + \left(0{,}0767 - 0{,}04\right) \cdot 2{,}0497 \\ &= 0{,}1151 \end{aligned}$$

Der Vorgang der Anpassung des Betas um den Verschuldungsgrad wird als unlevering bzw. relevering bezeichnet.[46]

So wie sich die Fixkostenbelastung im operativen Bereich im operating leverage niederschlägt, kann für das Ausmaß der Hebelwirkung einer teilweisen Fremdfinanzierung der financial leverage (FL) berechnet werden:[47]

$$FL_n = \frac{\dfrac{\Delta NCF_{1,n,s}}{NCF_{1,n,s}}}{\dfrac{\Delta FCF_{1,n,s}}{FCF_{1,n,s}}} \quad \text{mit } \begin{aligned} \Delta NCF_{1,n,s} &= NCF_{1,n,s+1} - NCF_{1,n,s} \\ \Delta FCF_{1,n,s} &= FCF_{1,n,s+1} - FCF_{1,n,s} \end{aligned} \qquad \text{6-24}$$

Der FL gibt an, um wie viel Prozent sich der Netto-Cash Flow verändert, wenn der Free Cash Flow einer Änderung um ein Prozent unterworfen ist. Für Investition II beläuft er sich auf 1,4436:

$$\begin{aligned} \Delta NCF_{1,II,2} &= NCF_{1,II,3} - NCF_{1,II,2} \\ &= 6\ 672 - 4\ 572 = 2\ 100 \\ \Delta FCF_{1,II,2} &= FCF_{1,II,3} - FCF_{1,II,2} \\ &= 8\ 700 - 6\ 600 = 2\ 100 \end{aligned}$$

$$FL_{II} = \frac{\dfrac{2\ 100}{4\ 572}}{\dfrac{2\ 100}{6\ 600}} = 1{,}4436$$

Ein Rückgang (Anstieg) des Free Cash Flows um 1 % bewirkt einen 1,4436 %-igen Rückgang (Anstieg) des Netto-Cash Flows.

---

[46] Die Tatsache, dass die aus der Modigliani-Miller-Welt stammenden Gleichungen 6-16 und 6-17 und der CAPM-Ansatz zu identischen Ergebnissen führen, beruht auf der gewählten Datenkonstellation. Aufgrund unterschiedlicher Annahmen sind beide Modelle grundsätzlich nicht kompatibel. Trotzdem werden sie – insbesondere im Rahmen der praktischen Unternehmensbewertung – häufig (durch gegenseitiges ineinander Einsetzen der verschiedenen Gleichungen) miteinander verbunden. Aus theoretischer Sicht ist dies nicht zulässig. Im Abschnitt 6.2 wird hierauf noch genauer einzugehen sein.

[47] Wegen $\Delta NCF_{1,n,s} = \Delta FCF_{1,n,s}$ kann der FL auch als $FL_n = FCF_{1,n,s} : NCF_{1,n,s}$ geschrieben werden. Damit spielt es keine Rolle, ob der Hebel vom mittleren Szenario ausgehend nach oben oder nach unten berechnet wird.

Alternativ lässt sich der FL auch schreiben als:

$$FL_n = \frac{\dfrac{\Delta x_{1,n,s} \cdot (p-k_v)}{x_{1,n,s} \cdot (p-k_v) - K_{f,1,n} - IT_{1,n} - TG_{1,n}}}{\dfrac{\Delta x_{1,n,s} \cdot (p-k_v)}{x_{1,n,s} \cdot (p-k_v) - K_{f,1,n}}} = \frac{x_{1,n,s} \cdot (p-k_v) - K_{f,1,n}}{x_{1,n,s} \cdot (p-k_v) - K_{f,1,n} - IT_{1,n} - TG_{1,n}} \qquad \text{6-25}$$

mit: $TG_{1,n}$ zustandsunabhängige Tilgungszahlung
$IT_{1,n}$ zustandsunabhängige Zinszahlung

Im Nenner sind zusätzlich die zustandsunabhängigen Auszahlungen für den Kapitaldienst enthalten. Je größer diese Position ist, umso größer wird der FL. Es folgt:

$$FL_{II} = \frac{1\,200 \cdot (15-8) - 1\,800}{1\,200 \cdot (15-8) - 1\,800 - 78 - 1\,950} = \frac{6\,600}{4\,572} = 1{,}4436$$

Zum Schluss wollen wir die aus dem leistungswirtschaftlichen und dem finanziellen Risiko resultierenden Hebeleffekte zum Gesamthebel, dem total leverage (TL), kombinieren. Der TL setzt die prozentuale Umsatzveränderung eines Unternehmens ins Verhältnis zur Änderung der Netto-Cash Flows:

$$TL_n = \frac{\dfrac{\Delta NCF_{1,n,s}}{NCF_{1,n,s}}}{\dfrac{\Delta U_{1,n,s}}{U_{1,n,s}}} \qquad \text{6-26}$$

Er gibt somit den kombinierten Hebel, der aus der Fixkostenbelastung im operativen und finanziellen Bereich entsteht, an. Zwischen OL und FL besteht eine multiplikative Verknüpfung, die im TL zum Ausdruck kommt. Für den TL gilt:

$$TL_n = OL_n \cdot FL_n \qquad \text{6-27}$$

Übertragen auf Investition II folgt:

$$TL_{II} = \frac{\dfrac{2\,100}{4\,572}}{\dfrac{4\,500}{18\,000}} = 1{,}8373 \text{ bzw.}$$

$$TL_{II} = 1{,}2727 \cdot 1{,}4436 = 1{,}8373$$

		ohne Fixkosten		mit Fixkosten		mit Fremdkapital	
s	w	FCF	$R_{n,s}$	FCF	$R_{n,s}$	NCF	$R_{n,s}$
gut	1/3	8 250	33,16%	8 700	41,36%	6 672	58,68%
mittel	1/3	6 600	6,53%	6 600	7,24%	4 572	8,74%
schlecht	1/3	5 225	–15,66%	4 850	–21,20%	2 822	–32,88%
		$E(\tilde{R}_n) = 0{,}0800$		$E(\tilde{R}_n) = 0{,}0913$		$E(\tilde{R}_n^{EK}) = 0{,}1151$	
		$\beta_{EK}^{u,\text{ohne Fixk.}} = 1{,}0921$		$\beta_{EK}^{u,\text{mit Fixk.}} = 1{,}3993$		$\beta_{EK}^{v,\text{mit Fixk.}} = 2{,}0497$	
		$OL = 1$		$OL = 1{,}2727$		$OL = 1{,}2727$	
		$FL = 1$		$FL = 1$		$FL = 1{,}4436$	
		$TL = 1$		$TL = 1{,}2727$		$TL = 1{,}8373$	

Abbildung 6-18: Operating, financial und total leverage für Investition II

In der alternativen Schreibweise lässt sich die Bedeutung der fixen Komponenten erneut explizit herausstellen:

$$TL_n = \frac{\dfrac{\Delta x_{1,n,s} \cdot (p - k_v)}{x_{1,n,s} \cdot (p - k_v) - K_{f,1,n} - IT_{1,n} - TG_{1,n}}}{\dfrac{\Delta x_{1,n,s} \cdot p}{x_{1,n,s} \cdot p}} = \frac{x_{1,n,s} \cdot (p - k_v)}{x_{1,n,s} \cdot (p - k_v) - K_{f,1,n} - IT_{1,n} - TG_{1,n}} \qquad \text{6-28}$$

Der Nenner fasst sämtliche zustandsunabhängigen Auszahlungen aus dem operativen und dem Finanzbereich zusammen. Für Investition II gelangt man auf diese Weise wieder zu einem Gesamthebel von 1,8373.

$$TL_{II} = \frac{1\,200 \cdot (15 - 8)}{1\,200 \cdot (15 - 8) - 1\,800 - 78 - 1\,950} = 1{,}8373$$

Einen Überblick über die Auswirkungen aller Hebeleffekte und die Konsequenzen für das systematische Risiko gibt Abbildung 6-18.

6.1.3 Ermittlung des systematischen Risikos auf Basis von historischen Jahresabschlussdaten

In den Darstellungen der vorhergehenden Abschnitte haben wir die Berechnung des intrinsischen Geschäftsrisikos, des operating und des financial leverage einer Investition auf der Grundlage zukünftiger Szenarien vorgenommen. Dabei wurden durch die Prognose verschiedener Umweltzustände und die Vorhersage bewertungsrelevanter Größen die erforderlichen Daten bereitgestellt, um die

Zerlegung des Beta-Faktors mit Leben zu füllen. Insgesamt stellt eine solche zukunftsgerichtete Betrachtung allerdings erhebliche Anforderungen an den Bewerter. Er muss die relevanten Umweltzustände identifizieren und darüber hinaus für jedes Szenario Plan-Bilanzen und Plan-Gewinn- und Verlustrechnungen aufstellen. Erst darauf aufbauend können die erforderlichen Informationen zur Beta-Zerlegung ermittelt werden.

Eine bedeutende Vereinfachung des Verfahrens könnte erzielt werden, wenn sich die Bestimmungsgründe des systematischen Risikos nicht durch zukunftsgerichtete Daten, sondern durch eine Analyse historischer Werte aufzeigen ließen. Bereits bei der empirischen Ermittlung des Beta-Faktors haben wir eine solche Vorgehensweise kennengelernt. Im Rahmen des Marktmodells wurde in Abschnitt 5.4 erläutert, wie durch die lineare Regression der Zusammenhang zwischen den Renditen des Marktportfolios und den Renditen einer einzelnen Aktie geschätzt werden kann. Erst der Ersatz der szenariobasierten Berechnung des Beta-Wertes durch das Regressionsverfahren auf Basis historischer Daten ermöglicht die praktische Umsetzung des CAPM. Daher ist es nicht verwunderlich, dass nicht nur für die Schätzung des Beta, sondern auch für dessen Zerlegung zahlreiche Ansätze entwickelt wurden, die versuchen, die Ursache des systematischen Risikos mit Hilfe von historischen Zeitreihen aufzuspüren. Vielfach werden in diesem Zusammenhang historische Daten des externen Rechnungswesens genutzt.[48] Man spricht daher auch von sogenannten accounting betas.

Die Grundidee dieses Ansatzes ist, dass nicht nur Aktienkurse bzw. Aktienkursrenditen die Wirkung systematischer Risiken widerspiegeln, sondern auch die Daten des Rechnungswesens. Der besondere Vorteil von Bilanz- und GuV-Größen liegt in ihrer leichten Ermittelbarkeit. Spezialisierte Anbieter stellen die Daten in aufbereiteter Form zur Verfügung und ermöglichen so eine effiziente Analyse. Ein wesentlicher Nachteil besteht allerdings in der hohen Anzahl von Ansatz- und Bewertungswahlrechten, die das externe Rechnungswesen bietet. Diese können dazu genutzt werden, um eine Bilanz und GuV „optisch" aufzuwerten und tragen nicht zur Objektivierung des Jahresabschlusses bei.[49]

Die Berechnung von accounting betas beruht auf der Beobachtung, dass die Veröffentlichung von Bilanzzahlen und Quartalsberichten vielfach Einfluss auf die Entwicklung von Aktienkursen besitzt. Insofern könnten Jahresabschlussdaten ein Indikator für das dem Unternehmen zu Grunde liegende systematische Risiko darstellen.[50] Damit ein auf Bilanzdaten basierender Beta-Wert als Ersatz für ein Markt-Beta herangezogen werden kann, muss darüber hinaus unterstellt werden, dass bilanzielle Renditegrößen sich nach einem stochastischen Prozess bilden, der im Prinzip mit dem von Aktienkursrenditen überstimmt.[51]

Beispielhaft wollen wir uns im Folgenden den Ansatz von Mandelker und Rhee ansehen, da er leicht nachvollziehbar ist und die Zusammenhänge zwischen IBR,

---

48 Arbeiten, die diesen Ansatz verfolgen stammen z.B. von Ball/Brown (1969), S. 300–322; Beaver et al. (1970), S. 654–682; Hill/Stone (1980), S. 595–637; Mensah (1992), S. 187–203; Thompson (1970), S. 173–188.

49 Man spricht vom sogenannten „window dressing".

50 Vgl. Mensah (1992), S. 187.

51 Vgl. Hill/Stone (1980), S. 596. Siehe hierzu auch Ohlson (1979), S. 317–336.

OL und FL anschaulich darstellt.[52] Die Autoren gehen von der Renditedefinition des Beta-Faktors aus:

$$\beta_n = \frac{Cov\left(\tilde{R}_{n,t}, \tilde{R}_{M,t}\right)}{Var\left(\tilde{R}_{M,t}\right)} \tag{6-29}$$

Mit $\tilde{R}_{n,t}$ ($\tilde{R}_{M,t}$) wird die Rendite der Aktie n (des Marktportfolios M) im Zeitraum t – 1 bis t bezeichnet. Vom Betrachtungszeitpunkt t – 1 aus gesehen stellt die Rendite eine Zufallsvariable dar. Die Rendite $\tilde{R}_{n,t}$ wird definiert als Quotient aus dem Reingewinn nach Steuern im Zeitpunkt t und dem Marktwert des Eigenkapitals der Vorperiode $EK_{n,t-1}^{MW}$:

$$\tilde{R}_{n,t} = \frac{\widetilde{RG}_{n,t}^{nSt}}{EK_{n,t-1}^{MW}} - 1 \tag{6-30}$$

EK_{t-1}^{MW} ist im Zeitpunkt t – 1 in Form der Marktkapitalisierung (= Aktienanzahl · Aktienkurs in t – 1) zu beobachten und folglich keine Zufallsvariable.[53] An dieser Stelle wird eine Besonderheit vieler Verfahren zur Berechnung des accounting beta deutlich. Sie nutzen für ihre Herleitung nicht ausschließlich Daten des Rechnungswesens, sondern greifen zum Teil auch auf historische Marktwerte (hier: EK_{t-1}^{MW}) zurück. Durch Einsetzen in Gleichung 6-29 folgt:

$$\beta_n = \frac{Cov\left(\frac{\widetilde{RG}_t^{nSt}}{EK_{t-1}^{MW}} - 1, \tilde{R}_{M,t}\right)}{Var\left(\tilde{R}_{M,t}\right)} = \frac{Cov\left(\frac{\widetilde{RG}_t^{nSt}}{EK_{t-1}^{MW}}, \tilde{R}_{M,t}\right)}{Var\left(\tilde{R}_{M,t}\right)} \tag{6-31}$$

Wird der erste Term der Kovarianz mit RG_{t-1}^{nSt} erweitert und ein Teil der deterministischen Größen vor die Kovarianz gezogen, gelangt man zu:

$$\beta_n = \frac{RG_{t-1}^{nSt}}{EK_{t-1}^{MW}} \cdot \frac{Cov\left(\frac{\widetilde{RG}_t^{nSt}}{RG_{t-1}^{nSt}} - 1, \tilde{R}_{M,t}\right)}{Var\left(\tilde{R}_{M,t}\right)} \tag{6-32}$$

Den financial leverage definieren Mandelker und Rhee als prozentuale Veränderung des Reingewinns nach Steuern bei einer einprozentigen Änderung des EBIT.[54] Nach leichter Umformung verbleibt:

$$FL = \frac{\frac{\widetilde{RG}_{t-1}^{nSt}}{RG_{t-1}^{nSt}} - 1}{\frac{\widetilde{EBIT}_t}{EBIT_{t-1}} - 1} \Leftrightarrow \frac{\widetilde{RG}_{t-1}^{nSt}}{RG_{t-1}^{nSt}} - 1 = FL \cdot \left(\frac{\widetilde{EBIT}_t}{EBIT_{t-1}} - 1\right) \tag{6-33}$$

[52] Vgl. Mandelker/Rhee (1984), S. 45–57.

[53] Wir vernachlässigen im Weiteren den Subindex n zur Vereinfachung der Notation.

[54] Vgl. Mandelker/Rhee (1984), S. 49 Gleichung 7.

Im operating leverage wiederum kommt die prozentuale Veränderung des EBIT bei einer einprozentigen Variation der Absatzmenge zum Ausdruck:[55]

$$OL = \frac{\frac{\widetilde{EBIT}_t}{EBIT_{t-1}} - 1}{\frac{\tilde{x}_t}{x_{t-1}} - 1} \Leftrightarrow \frac{\widetilde{EBIT}_t}{EBIT_{t-1}} - 1 = OL \cdot \left(\frac{\tilde{x}_t}{x_{t-1}} - 1 \right) \qquad \text{6-34}$$

Um den Zusammenhang zwischen OL und FL zu verdeutlichen, ist Gleichung 6-34 in Gleichung 6-33 einzusetzen. Wir gelangen zu der bereits bekannten multiplikativen Verknüpfung beider Größen:

$$\frac{\widetilde{RG}_t^{nSt}}{RG_{t-1}^{nSt}} - 1 = FL \cdot OL \cdot \left(\frac{\tilde{x}_t}{x_{t-1}} - 1 \right) \qquad \text{6-35}$$

Durch erneutes Einsetzen in Gleichung 6-32 ergibt sich:

$$\begin{aligned} \beta_n &= \frac{RG_{t-1}^{nSt}}{EK_{t-1}^{MW}} \cdot \frac{Cov\left(FL \cdot OL \cdot \left(\frac{\tilde{x}_t}{x_{t-1}} - 1 \right), \tilde{R}_{M,t} \right)}{Var\left(\tilde{R}_{M,t}\right)} \\ &= OL \cdot FL \cdot \frac{Cov\left(\frac{RG_{t-1}^{nSt}}{x_{t-1}} \cdot \frac{\tilde{x}_t}{EK_{t-1}^{MW}} \right)}{Var\left(\tilde{R}_{M,t}\right)} \end{aligned} \qquad \text{6-36}$$

Werden die Mengen in der Kovarianz mit dem Absatzpreis p erweitert, gelangt man zum Umsatz:[56]

$$\beta_n = OL \cdot FL \cdot \underbrace{\frac{Cov\left(\frac{RG_{t-1}^{nSt}}{U_{t-1}} \cdot \frac{\tilde{U}_t}{EK_{t-1}^{MW}} \right)}{Var\left(\tilde{R}_{M,t}\right)}}_{=\beta^{IBR} = \beta_{EK}^{u,ohne\ Fixk.}} \qquad \text{6-37}$$

Gleichung 6-37 zeigt, dass sich der Beta-Faktor eines Unternehmens multiplikativ aus dem operating leverage, dem financial leverage und dem intrinsic business risk zusammensetzt. Das IBR hängt ab von der Umsatzrendite $RG_{t-1}^{MW} : U_{t-1}$ und dem Eigenkapitalumschlag zu Marktwerten $\tilde{U}_t : EK_{t-1}^{MW}$. Für ein rein eigenfinanziertes Unternehmen ohne Fixkosten nehmen OL und FL erneut den Wert eins an.[57]

Abschließend sei das Augenmerk noch einmal auf Gleichung 6-36 gelegt. Die dortige Umformung bedarf einer näheren Erläuterung. Sowohl der OL als auch

[55] Vgl. Mandelker/Rhee (1984), S. 49 Gleichung 9.

[56] Vgl. Mandelker/Rhee (1984), S. 49 Gleichung 12.

[57] Vgl. Mandelker/Rhee (1984), S. 50.

der FL dürfen nur dann vor die Kovarianz gezogen werden, wenn sie deterministisch sind. Für den OL sei dies beispielhaft aufgezeigt. Hierzu schreiben wir für Gleichung 6-34:

$$OL = \frac{\frac{\widetilde{EBIT}_t}{EBIT_{t-1}} - 1}{\frac{\tilde{x}_t}{x_{t-1}} - 1} = \frac{\frac{\tilde{x}_t \cdot (p - k_v) - K_f - (x_{t-1} \cdot (p - k_v) - K_f)}{x_{t-1} \cdot (p - k_v) - K_f}}{\frac{\tilde{x}_t - x_{t-1}}{x_{t-1}}} = \frac{x_{t-1} \cdot (p - k_v)}{x_{t-1} \cdot (p - k_v) - K_f} \qquad \text{6-38}$$

Die Vereinfachung führt dazu, dass sämtliche stochastischen Terme aus Gleichung 6-38 herausfallen. Die Vorgehensweise für den FL läuft analog.

6.2 Bewertung mehrperiodischer Investitionen mit dem WACC-Ansatz

6.2.1 Überblick über die Discounted Cash Flow-Methoden

Nachdem wir uns in den vorhergehenden Abschnitten ausführlich mit der Kalkulation sowohl der Eigen- als auch der Fremdkapitalkosten auf Unternehmensebene auseinandergesetzt haben, können wir unsere gewonnenen Erkenntnisse nun in umfassende Bewertungsmodelle einfließen lassen. Ziel des Abschnitts 6.2 ist es, einen grundlegenden Überblick über die Bewertung von Investitionsprojekten unter Unsicherheit mit Hilfe sogenannter Discounted Cash Flow-Modelle (DCF-Modelle) zu geben. Damit wird eine Brücke geschlagen zu den Darstellungen im Kapitel 1.3 , in dem in Ansätzen bereits die Vorgehensweise der DCF-Modelle (allerdings unter sicheren Erwartungen) skizziert wurde.

Die DCF-Verfahren beruhen auf dem Barwertkalkül.[58] Ihre Aufgabe besteht darin, eine Indikation für den Marktwert einer einzelnen Investition, eines Unternehmensteils oder eines gesamten Unternehmens durch Verbarwertung zukünftiger Zahlungsströme zu geben. Sie liefern den vermutlichen Marktwert einer Investition[59] und versuchen insofern, eine Antwort auf die Frage zu geben, wie hoch der Wert eines Investitionsobjektes wäre, wenn sich sein Preis – vergleichbar mit dem eines Finanztitels – durch die Kräfte von Angebot und Nachfrage im Kapitalmarktgleichgewicht einpendeln würde.[60]

Werden die DCF-Modelle ähnlich dem Kapitalwertkonzept zur Abschätzung des Wertbeitrages einer Einzelinvestition herangezogen, wird vom Marktwert des Kapitals die erforderliche Anschaffungsauszahlung in Abzug gebracht. Auf

58 Vgl. Matschke/Brösel (2007), S. 658.

59 Vgl. Hachmeister (2000), S. 94.

60 Anstelle vom „vermutlichen Marktwert“ werden wir im Folgenden einfach nur vom „Marktwert“ sprechen.

diese Weise gelangt der Bewerter zu einer Nettogröße und erhält einen Hinweis darauf, welche positiven oder negativen Effekte die Durchführung eines Investitionsvorgangs auf die Vermögensposition der Financiers hätte. Steht hingegen die Bewertung eines Unternehmensteils oder eines gesamten Unternehmens im Vordergrund, um z.B. eine Akquisitionsentscheidung zu treffen, wird der Marktwert als Bruttogröße, d.h. als Barwert der zukünftigen Zahlungsströme ohne Abzug einer Anschaffungsauszahlung, ausgewiesen.[61]

Die einzelnen DCF-Ansätze unterscheiden sich in erster Linie in der Art und Weise, wie sie die Wirkung einer teilweisen Fremdfinanzierung und die damit verbundenen Effekte kreditbedingter Steuervorteile (Tax Shield) bei der Kalkulation von Marktwerten erfassen. Im Tax Shield kommt zum Ausdruck, dass ein teilweise fremdfinanziertes Unternehmen aufgrund der steuerlichen Abzugsfähigkeit von Zinszahlungen geringere Steuerzahlungen zu leisten hat, als ein vollständig eigenfinanziertes Unternehmen.[62] Die Berücksichtigung dieser Steuerersparnis kann in DCF-Modellen sowohl im Cash Flow als auch im Kalkulationszins erfolgen. Wird sie als Teil des Zahlungsstromes angesetzt, dürfen die Steuervorteile nicht noch zusätzlich in den Bewertungszins einfließen. Sind die Steuervorteile umgekehrt Teil des Kalkulationszinses, müssen die Cash Flows unter der Annahme einer fiktiven, vollständigen Eigenfinanzierung berechnet werden, um eine Doppelerfassung zu vermeiden. Man spricht in diesem Zusammenhang von der sogenannten Äquivalenzproblematik: Cash Flows und Bewertungszins müssen konsistent zueinander definiert werden.

Dem Bewerter stehen unter den DCF-Verfahren zwei Hauptgruppen zur Verfügung.[63] Bei den Entity- oder Brutto-Verfahren wird zunächst der Marktwert des Gesamtkapitals, d.h. der Gesamtunternehmenswert, bestimmt. Dieser setzt sich additiv aus den Marktwerten des Eigen- und des Fremdkapitals zusammen:

$$UW = GK^{MW} = EK^{MW} + FK^{MW} \qquad \text{6-39}$$

Um zum Marktwert des Eigenkapitals zu gelangen, muss FK^{MW} in Abzug gebracht werden:

$$EK^{MW} = GK^{MW} - FK^{MW} \qquad \text{6-40}$$

Zu den Entity-Verfahren zählen der Weighted Average Cost of Capital- (WACC) und der Adjusted Present Value-Ansatz (APV). Der Einbezug des Tax Shield kann im WACC-Modell sowohl im Kalkulationszins als auch in den Cash Flows erfolgen. Bei der zuerst genannten Variante handelt es sich um die sogenannte Lehrbuchformel, die insbesondere in der amerikanischen Literatur propagiert wird.[64] Sie beruht auf der Diskontierung von Zahlungsströmen, die fiktiv eine reine Eigenfinanzierung des Bewertungsobjektes unterstellen mit einem den Vorteil der Fremdfinanzierung beinhaltenden gewogenen Kalkulationszins.

61 Vgl. Hachmeister (2000), S. 92.

62 Vgl. Volkart (2001), S. 104 ff. Die Bedeutung des Tax Shields bei der Berechnung der Free Cash Flows wurde ausführlich in Abschnitt 1.2.2 gezeigt.

63 Wir wiederholen und vertiefen an dieser Stelle die Ausführungen des Abschnitts 1.3.1.

64 Vgl. z.B. Titman/Martin (2008), S. 123; Copeland et al. (2005), S. 569; Buckley et al. (2000), S. 420;.

Dieser umfasst die mit den jeweiligen Kapitalanteilen gewichteten Renditeforderungen der Eigen- und Fremdkapitalgeber. Die Zahlungsströme werden – wie in Abschnitt 1.2.2 dargestellt – in Form von Free Cash Flows berechnet. Sie verkörpern die Zahlungen aus dem Unternehmen bzw. Einzelinvestitionsobjekt, die den Eigen- und Fremdkapitalgebern gemeinschaftlich zur Befriedigung ihrer Renditeansprüche auf das von ihnen zur Verfügung gestellte Kapital zustehen, nachdem sämtliche Auszahlungen für Investitionen in das Anlage- und Umlaufvermögen abgezogen wurden. Das Tax Shield ist in den Free Cash Flows aufgrund der angenommenen fiktiven Eigenfinanzierung nicht enthalten und geht daher in den Diskontierungszins ein. Wir werden die Vorgehensweise im Abschnitt 6.2.4.2 verdeutlichen.

Wird das Tax Shield in den Cash Flow des WACC-Ansatzes aufgenommen, ist es erforderlich, anstelle der Free Cash Flows mit fiktiver Eigenfinanzierung die korrekten, auf der tatsächlichen Steuerbelastung nach Abzug des Zinsaufwandes basierenden Zahlungsströme zu verwenden. Sie seien im Folgenden mit $FCF^{\text{mit TS}}$ bezeichnet. Im Zinssatz darf dann das Tax Shield nicht erneut auftauchen. Die Funktionsweise dieser Methode wird in Abschnitt 6.2.4.3 aufgezeigt.

Der zweite Entity-Ansatz, das APV-Verfahren, gelangt durch Zerlegung des Gesamtunternehmens-Cash Flows zum Unternehmenswert. Es trennt die aus der Investitionstätigkeit stammenden Zahlungsströme des operativen Bereichs bei fiktiver Eigenfinanzierung (Aktivseite der Bilanz) von den Wertbeiträgen, die die Finanzierung (Passivseite der Bilanz) in Form des Tax Shields erwirtschaftet, und addiert beide Komponenten zu GK^{MW}. Hierzu werden die Free Cash Flows mit der Renditeforderung der Eigenkapitalgeber bei unterstellter reiner Eigenfinanzierung diskontiert und der Barwert des Tax Shield hinzuaddiert. In Abschnitt 6.3 werden wir uns ausführlich mit dieser Methode auseinandersetzen.

Die zweite Hauptgruppe der DCF-Verfahren umfasst die Equity-Ansätze. Sie gelangen unmittelbar zum Marktwert des Eigenkapitals ohne den „Umweg" über das Gesamtkapital zu gehen. Dabei werden die Zahlungsströme, die allein den Eigenkapitalgebern zufließen (Netto-Cash Flows), mit der Renditeforderung bei teilweiser Fremdfinanzierung diskontiert. Equity-Ansätze erlauben keine Trennung des Wertbeitrages von operativem und Finanzbereich. Sie werden daher aus der weiteren Betrachtung ausgeschlossen.

Sämtliche DCF-Ansätze beruhen auf einer Reihe von Annahmen. Wir unterstellen im Folgenden, dass die Unternehmensleitung auf Basis von Bilanz- und GuV-Planungen die bewertungsrelevanten Zahlungsströme sowohl für das Gesamtunternehmen als auch für alle einzelnen Investitionen ermitteln kann. Eigen- und Fremdkapitalkosten sind bekannt. Es existiert eine Gewinnsteuer auf Unternehmensebene. Bemessungsgrundlage ist der Gewinn nach Abzug von Fremdkapitalzinsen. Der Gewinnsteuersatz τ ist im Bewertungszeitpunkt bekannt und unterliegt in der Zukunft keinen Veränderungen. Darüber hinaus fallen weitere Steuern weder auf Unternehmens- noch auf Anteilseignerebene an. Fremdkapital ist ausfallrisikolos und trägt den risikolosen Zinssatz r_f, der ebenfalls als konstant angenommen wird. Das Geschäftsrisiko unterliegt im Zeitablauf keinen Variationen. In der Folge werden die Eigenkapitalkosten allein von der Kapitalstruktur beeinflusst.[65] Wir nehmen darüber hinaus an, der Kapitalmarkt sei – von der oben genannten Gewinnsteuer abgesehen – vollkommen. Insbesondere verfügen Unternehmen und Privatpersonen über einen identischen, ungehinderten Zugang zu Anlage- und Kreditprodukten und sehen sich identischen Konditionen gegenüber. Arbitragemöglichkeiten existieren nicht.

Um die bewertungsrelevanten Zahlungsströme mit Hilfe von Bilanz- und GuV-Planungen erstellen zu können, ist es im Rahmen der DCF-Verfahren erforderlich, eine Annahme über die von einem Unternehmen verfolgte Finanzierungsstrategie zu treffen.[66] Im Allgemeinen wird zwischen zwei idealtypischen Strategien unterschieden.[67]

Die erste Strategie besteht in der Festlegung einer Zielkapitalstruktur. Mit der Festlegung einer Zielkapitalstruktur entscheidet sich das Unternehmen vom Bewertungszeitpunkt ausgehend, einen in der Zukunft konstanten Verschuldungsgrad zu Marktwerten $V^{MW} = FK^{MW} : EK^{MW}$ einzuhalten. Wie wir in Abschnitt 6.2.3 sehen werden, ist diese Vorgehensweise mit einer laufenden Anpassung des Fremdkapitalbestandes an den Marktwert des Gesamtkapitals verbunden. Das Volumen der Verbindlichkeiten hebt und senkt sich mit GK^{MW}. Man spricht daher auch von einer atmenden Finanzierung.

Bei der zweiten Strategie legt das Management nicht die Kapitalstruktur zu Marktwerten, sondern die bilanzielle Höhe des Fremdkapitalbestandes für die kommenden Perioden fest. Grundlage sind beispielsweise Zins- und Tilgungspläne, die auf Basis bestehender Kreditverträge erstellt werden. Da die Höhe des Fremdkapitals unabhängig vom Marktwert des Gesamtkapitals vorgegeben wird, heißt diese Strategie autonome Finanzierung.

Beide Finanzierungsvarianten implizieren eine unterschiedliche Sicherheit der durch die Zinszahlungen zu erzielenden Tax Shields. Bei atmender Finanzierung sind die zukünftigen Tax Shields unsicher, da die Fremdkapitalbestände und damit der Zinsaufwand der kommenden Perioden von der unsicheren Höhe des Gesamtkapitals abhängig sind. Allein der WACC-Ansatz gelangt unter dieser Prämisse unmittelbar zu einem Bewertungsergebnis. Liegt hingegen eine autonome Finanzierung vor, sind die zukünftigen Fremdkapitalbestände und in der Folge auch die Tax Shields sicher. Ein solches Bewertungsproblem lässt sich eigenständig ausschließlich mit dem APV-Ansatz lösen.

Der WACC- und APV-Ansatz gelangen theoretisch bei identischen Annahmen zu übereinstimmenden Ergebnissen. In der Praxis hingegen erlaubt die jeweilige Datensituation in der Regel keine unmittelbare Überführbarkeit der beiden Verfahren ineinander, so dass man für ein und dasselbe Bewertungsobjekt zu divergierenden Marktpreisen gelangt.[68] Wir werden daher in den nachfolgenden Abschnitten das Augenmerk nicht darauf richten, mit beiden Ansätzen zu identischen Ergebnissen zu kommen (obwohl dies mit einigem Aufwand möglich wäre), sondern stellen vielmehr die unterschiedlichen Anwendungs-

---

[65] Vgl. Hachmeister (1996), S. 252.

[66] Vgl. z.B. Hachmeister (1996), S. 251 ff.; Wallmeier (1999), S. 1473 ff.; Casey (2006), S. 180 ff.

[67] Vgl. Matschke/Brösel (2007), S. 666.

[68] Vgl. Hachmeister (1996), S. 267.

voraussetzungen und divergierenden Anforderungen an den vorzuhaltenden Datenbestand heraus. Lediglich im Abschnitt 6.4 werden wir an einem einfachen Beispiel zeigen, wie WACC- und APV-Ansatz ineinander überführt werden können. Um eine direkte Vergleichbarkeit mit der Bewertung unter Sicherheit in Kapitel 1 zu erhalten, betrachten wir zunächst eine Situation ohne Besteuerung auf Unternehmensebene, um dann die Wirkung der Einführung einer Steuer separat aufzeigen zu können.

6.2.2 Herleitung

Wir betrachten eine Investition, die durch Eigen- und Fremdkapital finanziert ist. Sie verfügt über eine Nutzungsdauer von T Jahren. Die Höhe der Renditeforderung der Eigenkapitalgeber bei teilweiser Fremdfinanzierung r_{EK}^{v} und der Kostensatz des Fremdkapitals r_{FK} seien im Zeitablauf konstant.[69] Ausgehend vom heutigen Marktwert des Gesamtkapitals $GK_0^{MW} = EK_0^{MW} + FK_0^{MW}$ muss der Unternehmenswert bis zum Ende der folgenden Periode auf

$$GK_1^{MW} = EK_0^{MW}\left(1 + r_{EK}^{v}\right) + FK_0^{MW} \cdot \left(1 + r_{FK}\right) \qquad \text{6-41}$$

angestiegen sein, um die Ansprüche der Financiers zu erfüllen. Der Marktwert des Gesamtkapitals im Zeitpunkt t = 1 setzt sich aus drei Komponenten zusammen: den Free Cash Flows der Periode (FCF_1), dem Tax Shield der Periode TS_1 und dem Restwert der Investition. Der Restwert besitzt den Charakter eines Fortführungswertes und stellt den Barwert sämtlicher freien Zahlungsüberschüsse und Tax Shields dar, die nach Ablauf von t = 1 (von t = 2 bis t = T) anfallen. Um den Verzinsungsansprüchen der Kapitalgeber gerecht zu werden, muss die Summe der drei Komponenten dem Marktwert des Gesamtkapitals entsprechen:

$$\begin{aligned} &EK_0^{MW} \cdot \left(1 + r_{EK}^{v}\right) + FK_0^{MW} \cdot \left(1 + r_{FK}\right) = FCF_1 + \tau \cdot r_{FK} \cdot FK_0^{MW} + UW_1 \\ &\text{mit} \quad TS_1 = \tau \cdot r_{FK} \cdot FK_0^{MW} \end{aligned} \qquad \text{6-42}$$

Der zweite Summand auf der rechten Seite umfasst das Tax Shield. Seine gesonderte Berücksichtigung ist notwendig, weil die Größe FCF_1 unter der Annahme einer fiktiven Eigenfinanzierung bestimmt wird. Der Fortführungswert am Ende der ersten Periode kommt in UW_1 zum Ausdruck.

Bringt man das Tax Shield auf die linke Seite der Gleichung 6-42 folgt:

$$EK_0^{MW} \cdot \left(1 + r_{EK}^{v}\right) + FK_0^{MW} \cdot \left(1 + r_f \cdot (1 - \tau)\right) = FCF_1 + UW_1 \qquad \text{6-43}$$

Wir nutzen im Weiteren die aus Gleichung 6-14 bekannte Definition des gewichteten Kapitalkostensatzes. In einer Welt ohne Besteuerung lautet er:

$$r_{GK} = r_{EK}^{v} \cdot \frac{EK^{MW}}{GK^{MW}} + r_{FK} \cdot \frac{FK^{MW}}{GK^{MW}} = r_{WACC}^{ohne\ TS}$$

[69] Die nachfolgende Herleitung basiert auf Berk/DeMarzo (2007), S. 619 f.

Wir bezeichnen ihn als $r_{WACC}^{ohne\ TS}$, um zu kennzeichnen, dass er keine Steuervorteile aus der Fremdfinanzierung enthält. Berücksichtigt man hingegen eine Besteuerung auf Unternehmensebene muss der gewichtete Kapitalkostensatz die daraus resultierenden Steuervorteile aufnehmen, da sie in den Free Cash Flows keine Beachtung finden. Mit Einbezug des Tax Shields lautet der gewichtete Kapitalkostensatz:[70]

$$r_{WACC} = r_{EK}^{v} \cdot \frac{EK^{MW}}{GK^{MW}} + r_{FK} \cdot (1-\tau) \cdot \frac{FK^{MW}}{GK^{MW}} \qquad \text{6-44}$$

Sofern Steuern vorliegen, stimmen beim Fremdkapital die Renditeforderungen der Investoren in Höhe von r_{FK} nicht mehr mit den Kapitalkosten des Unternehmens, die jetzt nur noch $r_{FK} \cdot (1 - \tau)$ betragen, überein. Ursache hierfür ist die Abzugsfähigkeit des Zinsaufwandes von der steuerlichen Bemessungsgrundlage. Es liegt eine steuerliche Ungleichbehandlung von Eigen- und Fremdkapital vor. Mit der Möglichkeit, Zinsausgaben steuermindernd geltend zu machen, wird die Aufnahme von Fremdkapital subventioniert. Diese Subvention führt dazu, dass der Kostensatz des Unternehmens für Fremdkapital unter die Renditeforderung der Gläubiger gedrückt wird.

Wir betrachten hierzu ein einfaches Beispiel. Abbildung 6-19 stellt die stark verkürzte Gewinn- und Verlustrechnung eines Unternehmens dar. Der Steuersatz beträgt 25 % ($\tau = 0{,}25$). Das Unternehmen habe im betreffenden Jahr ein EBIT von 133,33 EUR erwirtschaftet. Im linken Teil der Abbildung ist eine Situation mit reiner Eigenfinanzierung wiedergegeben. Ein Zinsaufwand existiert nicht. Die steuerliche Bemessungsgrundlage (EBIT = EBT) beträgt 133,33 EUR und die Steuerzahlung beläuft sich auf 33,33 EUR. Der rechte Teil zeigt dasselbe Unternehmen unter der Annahme, dass es Fremdkapital in Höhe von 750 EUR aufweist. Bei einer angenommenen Renditeforderung der Fremdkapitalgeber von 4,5 % ($r_{FK} = 0{,}045$) ist ein Zinsaufwand in Höhe von 750 EUR · 0,045 = 33,75 EUR zu leisten. Er mindert die steuerliche Bemessungsgrundlage (EBIT = 133,33 EUR ≠ Reingewinn vor Steuern = 99,58 EUR) und gleichzeitig die Steuerlast, die auf 24,895 EUR zurückgeht.

Die Senkung der Steuerbelastung um 33,33 EUR – 24,895 EUR = 8,435 EUR ist unmittelbar durch die Abzugsfähigkeit des Zinsaufwandes bedingt. Rechnet

reine Eigenfinanzierung		teilweise Fremdfinanzierung	
EBIT	133,33	EBIT	133,33
– Zinsaufwand	0,00	– Zinsaufwand	33,75
Reingewinn v. Steuern	133,33	Reingewinn v. Steuern	99,58
– Steuern	33,33	– Steuern	24,895
Reingewinn n. Steuern	100,00	Reingewinn n. Steuern	74,685

Abbildung 6-19: GuV-Vergleich bei reiner Eigenfinanzierung und teilweiser Fremdfinanzierung

70 Wird das Tax Shield berücksichtigt, schreiben wir r_{WACC} anstelle von $r_{WACC}^{mit\ TS}$.

man diesen Betrag der Fremdfinanzierung zu, sinkt die effektive Zinsbelastung auf 33,75 EUR – 8,435 EUR = 25,315 EUR. Dies entspricht einem Kostensatz für das Fremdkapital von 25,315 EUR : 750 EUR = 0,03375. Er ist kleiner als die Renditeforderung der Gläubiger und lässt sich gemäß $r_{FK} \cdot (1 - \tau) = 0{,}045 \cdot (1 - 0{,}25) = 0{,}03375$ berechnen. Während r_{FK} die Fremdkapitalkosten vor Berücksichtigung des Tax Shields quantifiziert, drückt $r_{FK} \cdot (1 - \tau)$ die Fremdkapitalkosten einschließlich Tax Shield aus. Daher ist in r_{WACC} in Gleichung 6-33 der Faktor $(1 - \tau)$ aufzunehmen.

Für Gleichung 6-43 lässt sich unter Heranziehung der Definition für r_{WACC} schrieben:

$$\underbrace{EK_0^{MW} \cdot \left(1 + r_{EK}^{v}\right) + FK_0^{MW} \cdot \left(1 + r_{FK} \cdot (1 - \tau)\right)}_{UW_0 \cdot \left(1 + r_{WACC}\right)} = FCF_1 + UW_1 \qquad \text{6-45}$$

Der Term auf der linken Seite lässt sich als heutiger Unternehmenswert UW_0 interpretieren, der mit dem gewichteten Kapitalkostensatz um eine Periode nach $t = 1$ aufgezinst wird. Da in r_{WACC} das Tax Shield bereits enthalten ist, taucht es auf der rechten Seite nicht mehr auf. Nach geringfügiger Umstellung gilt:

$$UW_0 = \frac{FCF_1 + UW_1}{1 + r_{WACC}} \qquad \text{6-46}$$

Schließlich ist zu beachten, dass es sich bei den Größen FCF_1 und UW_1 streng genommen um Erwartungswerte handelt:

$$UW_0 = \frac{E\left(\widetilde{FCF}_1\right) + E\left(\widetilde{UW}_1\right)}{1 + r_{WACC}} \qquad \text{6-47}$$

Der Fortführungswert UW_1 wiederum kann in FCF_2 und UW_2 aufgespaltet werden:

$$UW_0 = \frac{E\left(\widetilde{FCF}_1\right) + E\left(\widetilde{UW}_1\right)}{1 + r_{WACC}} = \frac{E\left(\widetilde{FCF}_1\right) + \frac{E\left(\widetilde{FCF}_2\right) + E\left(\widetilde{UW}_2\right)}{1 + r_{WACC}}}{1 + r_{WACC}}$$
$$= \frac{E\left(\widetilde{FCF}_1\right)}{1 + r_{WACC}} + \frac{E\left(\widetilde{FCF}_2\right) + E\left(\widetilde{UW}_2\right)}{\left(1 + r_{WACC}\right)^2} \qquad \text{6-48}$$

Da die Investition annahmegemäß eine Laufzeit von T Jahren besitzt, kann durch Zerlegung von UW_2 bis UW_T weiter umgeformt werden. Dabei ist zu beachten, dass aufgrund der begrenzten Nutzungsdauer $UW_T = 0$ gilt. Man gelangt zur zentralen Bewertungsgleichung des WACC-Ansatzes mit Steuerkorrektur im Kalkulationszins.

$$UW_0 = \sum_{t=1}^{T} \frac{E\left(\widetilde{FCF}_t\right)}{\left(1 + r_{WACC}\right)^t} \text{ mit } r_{WACC} = r_{EK}^{v} \cdot \frac{EK^{MW}}{GK^{MW}} + r_{FK} \cdot (1 - \tau) \cdot \frac{FK^{MW}}{GK^{MW}} \qquad \text{6-49}$$

Auf den ersten Blick scheint die Anwendung der WACC-Formel nicht mit größeren Schwierigkeiten verbunden zu sein. Der Bewerter benötigt als Eingangsgrößen die Erwartungswerte der Free Cash Flows in den einzelnen Perioden der Nutzungsdauer der Investition und den gewichteten Kapitalkostensatz r_{WACC}. Sofern er Kenntnis über die Renditeforderung der Eigen- und Fremdkapitalgeber sowie über die Höhe des Steuersatzes besitzt, sollte die Berechnung auf keine Hindernisse stoßen. Leider handelt es sich dabei um einen Trugschluss. Die Tücke des WACC-Ansatzes liegt im Detail.

Werfen wir erneut einen Blick auf die Definition von r_{WACC}. Da der gewichtete Kapitalkostensatz den Charakter von Opportunitätskosten besitzt, ist die Gewichtung von $r_{EK}{}^{v}$ und r_{FK} nicht mit Buch-, sondern mit Marktwerten vorzunehmen. Genau genommen ist die Höhe der Marktwerte im Bewertungszeitpunkt relevant, d.h. es werden die Größen $EK_0{}^{MW}$ und $FK_0{}^{MW}$ benötigt. Ziel des WACC-Ansatzes ist es aber gerade, eine Aussage über die Höhe von $EK_0{}^{MW}$ aus dem Modell abzuleiten. Gemäß Gleichung 6-39 ergibt sich die Höhe des Unternehmenswertes $UW_0 = GK_0{}^{MW}$ und folglich $EK_0{}^{MW}$ erst dann, wenn die Bewertung vollständig durchgeführt wurde. Als Eingangsgröße verlangt das Verfahren mit $EK_0{}^{MW}$ einen Wert, der eigentlich erst nach erfolgreichem Abschluss der Bewertung zur Verfügung steht. Damit liegt ein Zirkularitätsproblem vor (vgl. Abbildung 6-20). Entweder ist die Höhe des Marktwertes des Eigenkapitals von vorneherein bekannt und das Bewertungsproblem damit obsolet oder $EK_0{}^{MW}$ steht nicht zur Verfügung, was dazu führt, dass man den WACC-Ansatz aufgrund fehlender Daten nicht anwenden kann.

Wie kann das Zirkularitätsproblem gelöst werden? Betrachten wir zunächst den Marktwert des Fremdkapitals. In unserer Modellwelt kann $FK_0{}^{MW}$ problemlos bestimmt werden. Aufgrund einer angenommenen Konstanz der Renditeforderung der Fremdkapitalgeber r_{FK} stimmen Markt- und Buchwert der Verbindlichkeiten überein. Folglich kann die Höhe des ausstehenden Fremdkapitals und mit ihm $FK_0{}^{MW}$ aus der Bilanz im Bewertungszeitpunkt abgelesen werden.

Bezüglich des Marktwertes des Eigenkapitals könnte man sich ebenfalls mit Buchwerten behelfen. Da aber beim Eigenkapital in der Regel deutliche Abweichungen zwischen den Bilanzdaten und den Marktwerten bestehen, kann

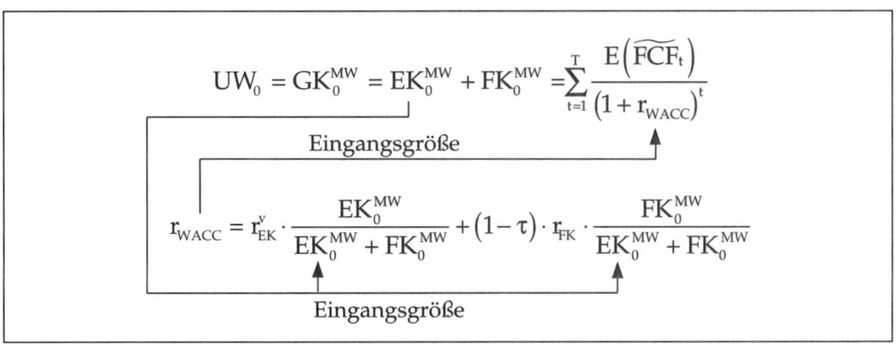

Abbildung 6-20: Zirkularitätsproblem des WACC-Ansatzes

$$r_{WACC} = r_{EK}^{v} \cdot EKQ^{MW,\,Ziel} + (1-\tau) \cdot r_{FK} \cdot \left(1 - EKQ^{MW,\,Ziel}\right)$$
$$= r_{EK}^{v} \cdot \frac{1}{\left(1+V^{MW,\,Ziel}\right)} + (1-\tau) \cdot r_{FK} \frac{V^{MW,\,Ziel}}{\left(1+V^{MW,\,Ziel}\right)}$$

Abbildung 6-21: WACC auf Basis einer Zielkapitalstruktur

diese Vorgehensweise mit erheblichen Fehlern verbunden sein.[71] Um mit dem WACC-Ansatz trotz des Zirkularitätsproblems zu einem Ergebnis zu kommen, ist es erforderlich, eine Zielkapitalstruktur zu Marktwerten zu planen und diese über den gesamten Betrachtungszeitraum aufrecht zu erhalten.[72] Auf diese Weise gelangt man zu einem periodenunabhängigen, d.h. über den gesamten Bewertungszeitraum konstanten gewichteten Kapitalkostensatz r_{WACC}. Abbildung 6-21 verdeutlicht die Vorgehensweise. Die heute unbekannte Eigen- und Fremdkapitalquote zu Marktwerten wird durch die Plangrößen $EKQ^{MW,\,Ziel}$ bzw. $V^{MW,\,Ziel}$ ersetzt.

6.2.3 Bewertung eines Investitionsprojektes ohne Berücksichtigung von Steuern

6.2.3.1 Vollständige Eigenfinanzierung

In den Abschnitten 6.2.3 bis 6.2.6 werden wir uns detailliert der Bewertung von Investitionen mit Hilfe des WACC-Ansatzes zuwenden. Um die Wirkungen unterschiedlicher Finanzierungsformen und den Effekt einer Unternehmenssteuer auf Markt- bzw. Kapitalwerte aufzuzeigen, soll durchgängig eine identische Beispielinvestition betrachtet werden. Zunächst untersuchen wir eine Situation unter reiner Eigenfinanzierung ohne Besteuerung. Im Anschluss wird eine teilweise Fremdfinanzierung zugelassen. Der nächste Schritt besteht in der Berücksichtigung einer Besteuerung auf Unternehmensebene. Nach einer Erläuterung der Anwendungsprämissen des WACC-Ansatzes soll die Frage beleuchtet werden, wie einzelne Investitionsprojekte, deren Finanzierungsstruktur deutlich von den übrigen Investitionen eines Unternehmens abweicht, zu bewerten sind.

Wir betrachten wiederum die neu gegründete Kindelsberg Chemie AG (KC AG). Dem Management stehen liquide Mittel in Höhe von 1 000 EUR zur Verfügung, die von den Eigenkapitalgebern bereitgestellt wurden. Geplant ist die Anschaffung einer Produktionsanlage (bezeichnet mit Investition I) zur Erzeugung des chemischen Grundstoffs Ammoniumnitrat. Die Investition besitzt eine 4-jährige Nutzungsdauer und erfordert eine Anschaffungsauszahlung über 1 000 EUR. Es erfolgt eine lineare Abschreibung mit 250 EUR pro Jahr. Auf der Grundlage lang-

[71] Vgl. Essler et al. (2004), S. 134 ff.

[72] Vgl. Ballwieser (1998), S. 85; Perridon/Steiner (2007), S. 213 f. Eine weitere Möglichkeit zur Lösung des Zirkularitätsproblems besteht in der Anwendung eines Lösungsverfahrens nach dem Roll back-Prinzip (vgl. Kuhner/Maltry (2006), S. 256). Wir lassen diese Methodik zunächst unbeachtet.

GuV- und Free Cash Flow- Planung

		t = 0	t = 1	t = 2	t = 3	t = 4
	Umsatzerlöse		1 500,00	1 700,00	1 850,00	1 300,00
–	Herstellungskosten*		–1 200,00	–1 270,00	–1 350,00	–920,00
	Bruttoergebnis vom Umsatz		300,00	430,00	500,00	380,00
–	Vertriebs–/Verwaltungskosten		–140,00	–185,00	–195,00	–165,00
+/–	sonstige Erträge/ Aufwendungen		– 26,67	–45,00	–38,33	–48,33
	EBIT		133,33	200,00	266,67	166,67
–	Zinsen		0	0	0	0
	Reingewinn		133,33	200,00	266,67	166,67
			Free Cash Flow Berechnung			
	EBIT		133,33	200,00	266,67	166,67
+	Abschreibung		250,00	250,00	250,00	250,00
	Free Cash Flows	–1 000,00	383,33	450,00	516,67	416,67

* enthalten Abschreibungen i.H.v. 250 EUR p.a.

Abbildung 6-22: GuV- und Free Cash Flow-Planung der Ammoniumnitrat-Anlage

jähriger Beobachtungen des Marktes für chemische Grundstoffe hat das Management die in Abbildung 6-22 wiedergegebene GuV- und Free Cash Flow-Planung aufgestellt. Darüber hinaus stehen folgende Informationen zur Verfügung:

- risikoloser Zinssatz $r_f = 0{,}045$
- erwartete Rendite des Marktportfolios $E(\tilde{R}_M) = 0{,}11$
- Investitionsbeta $\beta_I = 0{,}8$

Es handelt sich bei der Anlage um die einzige Investition der KC AG. Fremdkapitalgeber werden zur Finanzierung nicht herangezogen. Von einer Besteuerung wird zunächst abgesehen ($\tau = 0$).

Bei reiner Eigenfinanzierung entspricht das systematische Risiko der Financiers dem systematischen Risiko der Investition. Gemäß Gleichung 6-4 gilt:

$$\beta_I = \beta_{EK}^u$$

Damit ergibt sich für den Kalkulationszinssatz der Investition I:

$$\begin{aligned} r_{EK,I}^u &= r_f + \left(E\left(\tilde{R}_M\right) - r_f\right) \cdot \beta_I \\ &= 0{,}045 + \left(0{,}11 - 0{,}045\right) \cdot 0{,}8 = 0{,}097 \end{aligned} \qquad \text{6-50}$$

	t = 0	t = 1	t = 2	t = 3	t = 4
Free Cash Flows		383,33	450,00	516,67	416,67
Period. UW	1 402,46	1 155,17	817,23	379,83	
	-1 000,00				
C_0^I	402,46	$r_{EK}^u = r_{WACC} = 9{,}70\%$			

Abbildung 6-23: Periodische Unternehmenswerte und Kapitalwert der Ammoniumnitrat-Anlage

Da die Investition vollständig eigenfinanziert ist, hat die Diskontierung mit der Renditeforderung der Eigenkapitalgeber bei vollständiger Eigenfinanzierung $r_{EK,\,I}{}^u$ zu erfolgen. Dieser Wert stimmt mit dem Kapitalkostensatz der KC AG überein ($r_{EK,\,I}{}^u = r_{EK,\,KC\,AG}{}^u$). Auf die Vorgabe einer Zielkapitalstruktur kann in diesem Fall verzichtet werden. Wegen $EKQ^{MW} = 1$ und $FKQ^{MW} = 0$ verkürzt sich der gewichtete Kapitalkostensatz zu:

$$r_{WACC} = r_{EK,\,KCAG}^{u} \qquad 6\text{-}51$$

Abbildung 6-23 zeigt die Berechnung der periodischen Unternehmenswerte und die durch das Investitionsvorhaben zu erzielenden Wertsteigerungen. Nach Abzug der Anschaffungsauszahlung vom Barwert der Free Cash Flows verbleibt ein Kapitalwert in Höhe von 402,46 EUR, wodurch die Vorteilhaftigkeit von Investition I aufgezeigt wird. Beispielhaft sei die Ermittlung der periodischen Unternehmenswerte für die Zeitpunkte t = 3 und t = 2 erläutert:

$$UW_3 = \frac{E\left(\widetilde{FCF}_4\right)}{1 + r_{EK,\,KCAG}^{u}} = \frac{416{,}67}{1 + 0{,}097} = 379{,}83\ EUR$$

$$UW_2 = \frac{E\left(\widetilde{FCF}_3\right) + E\left(\widetilde{UW}_3\right)}{1 + r_{EK,\,KC\,AG}^{u}} = 817{,}23\ EUR \qquad 6\text{-}52$$

usw.

Im Ergebnis lässt sich – wie in Abschnitt 6.1 hergeleitet – festhalten, dass bei reiner Eigenfinanzierung ohne Besteuerung das Risiko der Eigenkapitalgeber einzig durch das Risiko des Investitionsobjektes, d.h. durch die Aktivseite der Bilanz determiniert wird. Die Wertsteigerung in Höhe von 402,46 EUR steht den Eigentümern als alleinigen Kapitalgebern zu (vgl. Abbildung 6-24).

A	Handelsbilanz t = 0		P	A	Barwertbilanz t = 0		P
Inv. I	1 000,00	1 000,00	EK	Inv. I	1 402, 46	1 402,46	EK

Δ = 402,46 EUR

A	Risikobilanz t = 0	P
$\beta_{Inv.\,I} = 0{,}8$		$\beta_{EK}{}^u = 0{,}8$

Abbildung 6-24: Handels-, Barwert- und Risikobilanz der KC AG bei reiner Eigenfinanzierung

6.2.3.2 Teilweise Fremdfinanzierung

Als Alternative zu einer vollständigen Eigenfinanzierung der Produktionsanlage für Ammoniumnitrat zieht das Management der KC AG in Erwägung, einen Teil der erforderlichen Anschaffungsauszahlung von Fremdkapitalgebern bereitstellen zu lassen. Konkret wird ein Zielverschuldungsgrad zu Marktwerten von $V^{MW, Ziel} = 1{,}5$ angestrebt. Steuern auf Unternehmensebene werden weiterhin nicht erhoben ($\tau = 0$).

Durch die Aufnahme von Gläubigern in den Kreis der Financiers werden die in Abbildung 6-22 errechneten Free Cash Flows nicht berührt. Sie beinhalten die freien Zahlungsüberschüsse, die zur Verteilung an sämtliche Kapitalgeber bereitstehen und betragen weiterhin 383,33 EUR, 450,00 EUR, 516,67 EUR und 416,67 EUR. Die Free Cash Flows stehen nun den Eigen- und Fremdkapitalgebern gemeinsam zu. Annahmegemäß unterliegen die Gläubiger keinem Risiko. Ihre vertraglich gesicherten Ansprüche auf Zahlung von Zinsen und Tilgung sind nicht von Ausfall bedroht. Folglich entspricht die Renditeforderung auf das Fremdkapital dem risikolosen Zinssatz ($r_{FK} = r_f$). Da wir darüber hinaus eine Konstanz von r_f im Beobachtungszeitraum unterstellen, stimmt der Marktwert des Fremdkapitals in jedem Zeitpunkt mit dem Buchwert überein.

Die Passivseite der Bilanz ist als Portfolio aus Eigen- und Fremdkapital zu interpretieren. Als Diskontierungszinssatz der Free Cash Flows kommt daher der gewogene Kapitalkostensatz zum Einsatz. Er umfasst kein Tax Shield, da wir uns annahmegemäß in einer Welt ohne Besteuerung befinden:

$$r_{WACC}^{ohne\ TS} = r_{EK}^{v} \cdot \frac{EK^{MW}}{GK^{MW}} + r_{FK} \cdot \frac{FK^{MW}}{GK^{MW}} \text{ mit } r_{FK} = r_f$$

Aufgrund der teilweisen Fremdfinanzierung der Investition wird das systematische Risiko der Eigenkapitalgeber nicht allein durch das Geschäftsrisiko bestimmt, sondern zusätzlich durch das finanzielle Risiko. Die Renditeforderung der Eigenkapitalgeber für ein unverschuldetes Unternehmen r_{EK}^{u} weicht der Renditeforderung bei Verschuldung r_{EK}^{v}. Um aus dem bekannten Kapitalkostensatz unter vollständiger Eigenfinanzierung $r_{EK}^{u} = 0{,}097$ die neuen Verzinsungsansprüche unter Einschluss des finanziellen Risikos r_{EK}^{v} zu errechnen, wird ein funktionaler Zusammenhang zwischen beiden Größen benötigt. Man spricht auch von einer sogenannten Reaktionshypothese.[73] Sie gibt an, welcher Veränderung die Eigenkapitalkosten in Abhängigkeit des Verschuldungsgrades unterliegen. Mit Gleichung 6-17 aus Abschnitt 6.1.2.3 wurde eine solche Beziehung hergeleitet (2. Modigliani-Miller Theorem):

$$r_{EK}^{v} = r_{EK}^{u} + \left(r_{EK}^{u} - r_{FK}\right) \cdot V^{MW}$$

[73] Vgl. Ballwieser (2004), S. 142.

Angewendet auf unsere Beispielsituation ergibt sich:[74]

$$\begin{aligned} r^{v}_{EK,KCAG} &= r^{u}_{EK,KCAG} + \left(r^{u}_{EK,KCAG} - r_{FK}\right) \cdot V^{MW,Ziel} \\ &= 0{,}097 + \left(0{,}097 - 0{,}045\right) \cdot 1{,}5 = 0{,}175 \end{aligned}$$

Im Vergleich zu einer Situation reiner Eigenfinanzierung erhöht das neu hinzukommende finanzielle Risiko die Renditeforderung der Eigentümer von 9,70 % auf 17,50 %. Relevering des Betafaktors $\beta_{EK}{}^{u}$ gemäß Gleichung 6-22 führt zum selben Ergebnis:

$$\begin{aligned} \beta^{v}_{EK} &= \beta^{u}_{EK} \cdot \left(1 + V^{MW,Ziel}\right) \\ &= 0{,}8 \cdot \left(1 + 1{,}5\right) = 2{,}0 \end{aligned}$$

Eingesetzt in das CAPM folgt:

$$\begin{aligned} r^{v}_{EK,KCAG} &= r_f + \left(E\left(\tilde{R}_M\right) - r_f\right) \cdot \beta^{v}_{EK} \\ &= 0{,}045 + \left(0{,}11 - 0{,}045\right) \cdot 2{,}0 = 0{,}175 \end{aligned} \qquad \text{6-53}$$

Auf der Grundlage dieser Informationen kann der gewichtete Kapitalkostensatz $r_{WACC}{}^{ohne\ TS}$ bei einem angestrebten Verschuldungsgrad von $V^{MW,\ Ziel} = 1{,}5$ hergeleitet werden:

$$\begin{aligned} r^{ohne\ TS}_{WACC} &= r^{v}_{EK} \cdot \frac{1}{1 + V^{MW}} + r_{FK} \cdot \frac{V^{MW}}{1 + V^{MW}} \\ &= 0{,}175 \cdot \frac{1}{1 + 1{,}5} + 0{,}045 \cdot \frac{1{,}5}{1 + 1{,}5} = 0{,}097 \end{aligned}$$

Wir treffen auf ein bereits bekanntes Ergebnis. In einer Welt ohne Besteuerung ist die Höhe des gewichteten Kapitalkostensatzes unabhängig von der Aufteilung der Passivseite. Das Gesamtrisiko wird ausschließlich von der Investition auf der Aktivseite determiniert. Jeder Versuch das „teure" Eigenkapital durch günstigeres Fremdkapital zu substituieren, bleibt ohne Wirkung auf die Gesamtkapitalkosten. In der Folge ändert sich auch der Unternehmenswert der KC AG nicht (vgl. Abbildung 6-25). Er verharrt wie im Fall reiner Eigenfinanzierung auf 1 402,46 EUR, so dass sich auch der Wertbeitrag der Investition in Höhe von 402,46 EUR nicht verändert. Allerdings macht die Aufnahme der Gläubiger in die Gruppe der Kapitalgeber eine Aufteilung des Unternehmenswertes gemäß $UW_0 = EK_0{}^{MW} + FK_0{}^{MW}$ auf zwei Anspruchsgruppen erforderlich: sowohl Gläubiger als auch Aktionäre fordern ihren Anteil am Marktwert des Gesamtkapitals.

Die Aufteilung der periodischen Unternehmenswerte auf beide Anspruchsgruppen gelingt mit Hilfe des Zielverschuldungsgrades. Es gilt:

$$FK^{MW}_{t} = UW_t \cdot \frac{V^{MW,Ziel}}{1 + V^{MW,Ziel}} \qquad \text{6-54}$$

[74] Wir wenden an dieser Stelle die Reaktionshypothese an, ohne die Angemessenheit der Vorgehensweise zu hinterfragen. Auf die damit verbundenen Probleme kommen wir später noch ausführlich zu sprechen.

	t = 0	t = 1	t = 2	t = 3	t = 4
Free Cash Flows		383,33	450,00	516,67	416,67
Period. UW	1 402,46	1 155,17	817,22	379,82	
	–1 000,00				
C_0^I	402,46	$r_{EK}^V = 17{,}50\%$	$r_{WACC} = 9{,}70\%$		
EK^{MW}	560,98	462,07	326,89	151,93	
FK^{MW}	841,48	693,10	490,33	227,89	

Abbildung 6-25: Aufteilung der periodischen Unternehmenswerte der Ammoniumnitrat-Anlage in Eigen- und Fremdkapitalanteil

Beispielhaft sei der Marktwert des Fremdkapitals für die Zeitpunkte t = 3 und t = 2 berechnet:

$$FK_3^{MW} = UW_3 \cdot \frac{V^{MW,Ziel}}{1+V^{MW,Ziel}} = 379{,}82 \cdot \frac{1{,}5}{1+1{,}5} = 227{,}89 \text{ EUR}$$

$$FK_2^{MW} = UW_2 \cdot \frac{V^{MW,Ziel}}{1+V^{MW,Ziel}} = 817{,}22 \cdot \frac{1{,}5}{1+1{,}5} = 490{,}33 \text{ EUR}$$

Über die Beziehung $EK_t^{MW} = UW_t^{MW} - FK_t^{MW}$ ergeben sich unmittelbar die zugehörigen Marktwerte des Eigenkapitals (vgl. ebenfalls Abbildung 6-25).

Aufgrund einer Übereinstimmung der Marktwerte des Fremdkapitals mit den Buchwerten zeigt Abbildung 6-25 gleichzeitig die bilanziellen Höhen der Verbindlichkeiten, die in den einzelnen Perioden erforderlich sind, um den Zielverschuldungsgrad von 1,5 aufrecht zu erhalten. Über den Zusammenhang in Gleichung 6-54 sind die Fremdkapitalbestände zu jedem Zeitpunkt fest an den Unternehmenswert gekoppelt. Mit vorgegebenem Verschuldungsgrad stellt die Höhe des Fremdkapitals im Zeitablauf für das Management keine frei wählbare Größe mehr dar. Vielmehr wird mit $V^{MW,\,Ziel}$ sowohl die Finanzierung der Investition als auch die Tilgungsstruktur der Kredite festgelegt.[75] Dies geht aus Abbildung 6-26 hervor.

Die Abbildung gibt den Verlauf der Fremdfinanzierung wieder. Es wird deutlich, dass der Fremdkapitalanteil sich bei atmender Finanzierung nicht an der Investitionsauszahlung I_0 = 1 000 EUR orientieren darf, sondern ausschließlich

	t = 0	t = 1	t = 2	t = 3	t = 4
FK^{MW}	841,48	693,10	490,33	227,89	0
Tilgung		148,38	202,77	262,44	227,89
Zins (4,5%)		37,87	31,19	22,06	10,26

Abbildung 6-26: Zins- und Tilgungsplan für das Fremdkapital der Ammoniumnitrat-Anlage

[75] Vgl. Hachmeister (1996), S. 257.

am Unternehmenswert. Im Unternehmenswert kommt aber nicht nur der Kaufpreis zum Ausdruck, sondern darüber hinaus auch der mit der Investition erzielbare Wertzuwachs.[76] Anfänglich wird von den Gläubigern daher ein Betrag von 841,48 EUR zur Verfügung gestellt:

$$FK_0^{MW} = 1\ 402{,}46 \cdot \frac{1{,}5}{1 + 1{,}5} = 841{,}48\ EUR$$

Eine Orientierung an den Buchwerten hätte hingegen zu einer deutlich geringeren Kreditsumme von

$$FK_0 = 1\ 000 \cdot \frac{1{,}5}{1 + 1{,}5} = 600\ EUR$$

geführt.

Von der Anschaffungsauszahlung über 1000 EUR stammen somit 841,48 EUR aus Fremd- und 1000 EUR – 841,48 EUR = 158,52 EUR aus Eigenkapital. Der Unternehmenswert in Höhe von 1402,46 EUR teilt sich damit wie folgt auf die Financiers auf:

$$UW_0 = 1\ 402{,}46\ EUR; \quad FK_0^{MW} = 841{,}48\ EUR; \quad EK_0^{MW} = 560{,}98\ EUR$$

Im Marktwert des Eigenkapitals sind die anfängliche Kapitalbereitstellung (158,52 EUR) sowie der Kapitalwert der Investition (402,46 EUR), der weiterhin allein den Eigentümern zusteht, enthalten. Abbildung 6-27 fasst die Ergebnisse in Form der Handels-, Barwert- und Risikobilanz zusammen.

Abschließend wollen wir einen Blick auf den Verlauf der Kapitalkosten der KC AG ohne Besteuerung werfen. Sie sind in Abbildung 6-28 wiedergegeben. Das ausfallrisikolose Fremdkapital weist durchweg konstante Kosten in Höhe von 4,5 % auf. Im Gegensatz dazu steigt die Renditeforderung der Eigenkapitalgeber r_{EK}^{v} mit zunehmendem Verschuldungsgrad an. Neben dem Geschäftsrisiko

A	Handelsbilanz t = 0		P
Inv. I	1 000,00	158,52	EK
		841,48	FK

A	Barwertbilanz t = 0		P
Inv. I	1 402, 46	560,98	EK
		841,48	FK

$\Delta = 402{,}46$ EUR

A Risikobilanz t = 0*	P
$\beta_{Inv.\,I} = 0{,}8$	$\beta_{EK}^{v} = 2{,}0$
	$\beta_{FK} = 0{,}0$
$\beta_{GK} = 0{,}8$	$\beta_{GK} = 0{,}8$

*Gewichtung der Einzelbetas mit den Marktwerten

Abbildung 6-27: Handels-, Barwert- und Risikobilanz der KC AG bei teilweiser Fremdfinanzierung

[76] Vgl. Hachmeister (2000), S. 106.

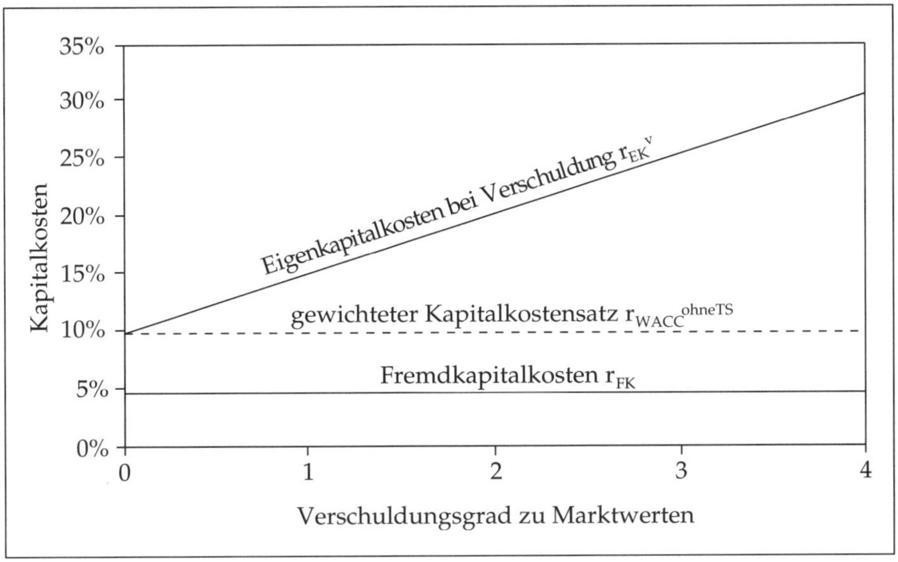

Abbildung 6-28: Verlauf der Kapitalkosten in Abhängigkeit vom Verschuldungsgrad

wirkt das finanzielle Risiko. Der gewichtete Kapitalkostensatz ist unabhängig vom Verschuldungsgrad und beträgt konstant 9,7 %. Der Anstieg von r_{EK}^{v} kompensiert das zunehmende Risiko der Eigenkapitalgeber durch die steigende Fremdkapitalquote.

6.2.4 Bewertung eines Investitionsprojektes mit Berücksichtigung von Steuern

6.2.4.1 Reine Eigenfinanzierung

Wird eine Besteuerung auf Unternehmensebene eingeführt, tritt neben den Kapitalgebern mit dem Staat eine weitere Anspruchsgruppe auf den Plan, die einen Anteil an den erwirtschafteten Unternehmenserfolgen einfordert. Die Steuerzahlungen bewirken einen Rückgang der Free Cash Flows und schmälern somit die Rendite der Eigentümer. GuV-Planung und Free Cash Flow-Berechnung zeigt Abbildung 6-29. Der Steuersatz beträgt 25 % (τ = 0,25).

Im Vergleich zu einer Situation unter reiner Eigenfinanzierung ohne Besteuerung sinken die Free Cash Flows exakt um die Höhe der Steuerzahlung. Ein Tax Shield existiert nicht. Sowohl in den Gewinn- und Verlustrechnungen als auch im Berechnungsschema der freien Zahlungsüberschüsse wird in den entsprechenden Perioden jeweils ein identischer Steueraufwand unterstellt.

Da es sich bei den Auszahlungen an den Fiskus nicht um fixe Belastungen handelt, wie wir sie in den Abschnitten 6.1.2.2 und 6.1.2.3 in Zusammenhang mit dem leistungswirtschaftlichen (Fixkosten aus der Produktionstechnologie) und dem finanziellen (Fixkosten aus der Zinsbelastung) Risiko kennengelernt haben, sondern um variablen Aufwand in Form eines prozentualen Anteils von der

GuV- und Free Cash Flow-Planung

	t = 0	t = 1	t = 2	t = 3	t = 4
EBIT		133,33	200,00	266,67	166,67
– Zinsen		0,00	0,00	0,00	0,00
Reingewinn vor Steuern		133,33	200	266,67	166,67
– Steuern		–33,33	–50,00	–66,67	–41,67
Reingewinn nach Steuern		100,00	150,00	200,00	125,00
		Free Cash Flow–Berechnung			
EBIT		133,33	200,00	266,67	166,67
– adj. Steuern auf EBIT		–33,33	–50,00	–66,67	–41,67
Ergebnis nach adj. Steuern		100,00	150,00	200,00	125,00
+ Abschreibungen		250,00	250,00	250,00	250,00
Free Cash Flow		350,00	400,00	450,00	375,00

Abbildung 6-29: GuV- und Free Cash Flow-Planung der Ammoniumnitrat-Anlage ohne Fremdkapital aber mit Steuern

Bemessungsgrundlage, verändert sich die Risikoposition der Eigenkapitalgeber nicht. Mit anderen Worten bleibt die Kovarianz zwischen den Investitionsrenditen bzw. den Free Cash Flows und den Renditen des Marktportfolios durch die Besteuerung unverändert. Daher bestehen auch keine Auswirkungen auf das systematische Risiko der Investition. Als Renditeforderung der Eigenkapitalgeber ist folglich weiterhin $r_{EK}^u = 9{,}70\,\%$ anzusetzen.

Die Diskontierung der Free Cash Flows mit der Renditeforderung der Eigenkapitalgeber ohne Verschuldung führt zu einem Unternehmenswert in Höhe von 1 251,26 EUR. Das Ergebnis der Berechnung sowie die periodischen Unternehmenswerte zeigt Abbildung 6-30. Der Kapitalwert der Investition beträgt 251,26 EUR (ohne Besteuerung: 402,46 EUR). Der Fiskus entzieht dem Unternehmen einen Teil seiner Wertsteigerung.

Es kommt zu einem Rückgang des Marktwertes um 1 402,46 EUR – 1 251,26 EUR = 151,20 EUR. Dieser Rückgang entspricht exakt dem Barwert der Steuerzahlungen (vgl. Abbildung 6-31). Als Diskontierungszinssatz für die Steuern ist erneut r_{EK}^u heranzuziehen. Da die zukünftigen EBIT-Größen aus der GuV-Planung unsicher sind, also Erwartungswerte darstellen, ist auch die Höhe der Steuerbelastung, die unmittelbar vom EBIT abhängt, unsicher. Sie trägt dasselbe Risiko wie die Free Cash Flows und muss mit dem identischen Zinssatz diskontiert werden. Man gelangt zu einem Barwert von 151,20 EUR.[77]

[77] Leichte Abweichungen beruhen auf Rundungsdifferenzen.

	t = 0	t = 1	t = 2	t = 3	t = 4
Free Cash Flows		350,00	400,00	450,00	375,00
Period. UW	1 251,26	1 022,63	721,82	341,84	
	-1 000,00				
C_0^I	251,26	$r_{EK}^u = r_{WACC} = 9{,}70\%$			

Abbildung 6-30: Periodische Unternehmenswerte mit Steuern und Kapitalwert der Ammonimumnitrat-Anlage bei vollständiger Eigenfinanzierung

	t = 0	t = 1	t = 2	t = 3	t = 4
$FCF_{\text{Eigenfinanzierung}}^{\text{ohne Steuern}}$		383,33	450,00	516,67	416,67
$FCF_{\text{Eigenfinanzierung}}^{\text{mit Steuern}}$		350,00	400,00	450,00	375,00
Steuerzahlung		33,33	50,00	66,67	41,67
Barwert Steuerzahlung	151,20 ←	$r_{EK}^u = r_{WACC} = 9{,}70\%$			

Abbildung 6-31: Barwert der Steuerzahlungen bei vollständiger Eigenfinanzierung

6.2.4.2 Teilweise Fremdfinanzierung mit Steuerkorrektur im Kalkulationszins

Im Fall einer teilweisen Fremdfinanzierung muss die KC AG auf die in Anspruch genommenen Kredite Zinsen bezahlen. Zinszahlungen mindern – wie bereits mehrfach dargestellt – die steuerliche Bemessungsgrundlage und in der Folge die Steuerzahlung. Vergleicht man dies mit einer Situation reiner Eigenfinanzierung sinkt durch die steuerliche Abzugsfähigkeit des Zinsaufwandes der Anteil, den der Fiskus von den Erfolgen des Unternehmens erhält. Mit anderen Worten schirmt der durch das Fremdkapital verursachte Zinsaufwand die Überschüsse vor dem Zugriff des Staates ab. Unter sonst gleichen Bedingungen erhöhen sich mit ansteigendem Zinsaufwand die an die Eigen- und Fremdkapitalgeber gemeinsam verteilbaren Cash Flows, da das Ausmaß der Steuerzahlung sinkt. Die durch die Fremdfinanzierung induzierte Steuerersparnis (Tax Shield) wird in der Standardvariante des WACC-Ansatzes im gewichteten Kalkulationszins erfasst. In den zur Diskontierung herangezogenen Free Cash Flows ist das Tax Shield nicht enthalten, sie werden also unter der Annahme eines fiktiv eigenfinanzierten Unternehmens ermittelt.[78] Es handelt sich bei der WACC-Methode mit Tax Shield im Nenner um das in der Praxis am weitesten verbreitete DCF-Verfahren.

Wir unterstellen erneut, das Management der KC AG strebe einen Zielverschuldungsgrad von $V^{MW,\,Ziel} = 1{,}5$ an. Trotz dieser Veränderung der Finanzierungsstruktur entsteht keine Wirkung auf die Free Cash Flows. Wie in Abbildung 6-29

[78] An dieser Stelle kommt die bereits erwähnte Äquivalenzproblematik zum Tragen. Cash Flows und Kalkulationszins müssen konsistent zueinander definiert werden.

ausgeführt, belaufen sie sich weiterhin auf 350 EUR im ersten Jahr und 400 EUR, 450 EUR bzw. 375 EUR in den Folgejahren. Wieso aber werden im Free Cash Flow die Steuern unter der Annahme einer reinen Eigenfinanzierung in Abzug gebracht und nicht die tatsächliche Steuerzahlung unter Berücksichtigung der um die Zinszahlung verminderten Berechnungsgrundlage?

Die Annahme der reinen Eigenfinanzierung erlaubt eine Trennung von operativem Bereich (= Aktivseite der Bilanz) und Finanzierung des Unternehmens (= Passivseite der Bilanz). Wird die Steuerkorrektur im Kalkulationszins vorgenommen, bleibt der Zähler im WACC-Ansatz frei von Finanzierungseinflüssen. Er gibt allein die im operativen Bereich erwirtschafteten Zahlungsüberschüsse an. Dadurch entstehen zwei wesentliche Vorteile.[79] Einerseits kann die Planung der Free Cash Flows unabhängig von den Annahmen über die Finanzierung erfolgen. Für die Unternehmensplanung ergibt sich somit eine Komplexitätsreduktion. Insbesondere in stark diversifizierten Unternehmen kann die Prognose der Zahlungsüberschüsse dezentral in den einzelnen Geschäftsbereichen erfolgen, während die Finanzierung zentral gesteuert wird. Andererseits wird durch die Separierung der Finanzierungsentscheidung erreicht, dass das Unternehmen bezüglich der Gestaltung seiner Kapitalstruktur gesonderte, von der Planung des operativen Geschäfts losgelöste Anstrengungen unternimmt. Da die Art der Finanzierung einen erheblichen Werthebel darstellen kann, ist dies besonders wichtig.

Im Rahmen des WACC-Ansatzes kommt ein weiterer wichtiger Grund, der gegen eine Berücksichtigung des Tax Shield im Zahlungsstrom spricht, hinzu. Die Höhe der Steuerersparnis aus der Fremdfinanzierung ist vor der Durchführung der Bewertung nicht bekannt und kann daher nicht als Eingangsgröße zur Berechnung der tatsächlichen Cash Flows eines verschuldeten Unternehmens dienen. Um das EBIT um den periodischen Zinsaufwand reduzieren und so zur exakten steuerlichen Bemessungsgrundlage (= EBIT – Zinsaufwand) zu gelangen, muss die Höhe des Fremdkapitalbestandes in den einzelnen Perioden bekannt sein. Nur auf diese Weise kann der Zinsaufwand gemäß

$$Zinsaufwand_t = FK_{t-1}^{MW} \cdot r_{FK} \qquad \forall t \tag{6-55}$$

berechnet werden. Die Fremdkapitalbestände ergeben sich aber erst nach Abschluss des Bewertungsverfahrens auf Basis des Zielverschuldungsgrades zu Marktwerten.

Zur Diskontierung der Free Cash Flows ist daher der gewichtete Kapitalkostensatz mit Berücksichtigung des Tax Shields heranzuziehen. Gemäß Gleichung 6-34 wird er berechnet als:

$$r_{WACC} = r_{EK}^{v} \cdot \frac{EK^{MW}}{GK^{MW}} + (1-\tau) \cdot r_{FK} \cdot \frac{FK^{MW}}{GK^{MW}}$$

Unter Zugrundelegung eines vorgegebenen Zielverschuldungsgrades folgt:

$$r_{WACC} = r_{EK}^{v} \cdot \frac{1}{1+V^{MW,\,Ziel}} + (1-\tau) \cdot r_{FK} \cdot \frac{V^{MW,\,Ziel}}{1+V^{MW,\,Ziel}} \tag{6-56}$$

[79] Vgl. Ballwieser (1998), S. 85.

Um die Renditeforderung der Eigenkapitalgeber bei teilweiser Fremdfinanzierung zu bestimmen, ziehen wir erneut die Reaktionshypothese auf Basis des Modigliani-Miller-Ansatzes heran, die aus Gleichung 6-17 bekannt ist. Da nun allerdings eine Besteuerung auf Unternehmensebene besteht, ist die Gleichung leicht zu modifizieren. Unter Einbezug des Steuersatzes τ lautet sie:

$$r_{EK}^{v} = r_{EK}^{u} + \left(r_{EK}^{u} - r_{FK}\right) \cdot V^{MW,\,Ziel} \cdot \left(1 - \tau\right) \qquad \text{6-57}$$

Die Abzugsfähigkeit des Zinsaufwandes von der Bemessungsgrundlage führt zu einer Verringerung der Wirkung des finanziellen Risikos auf die Renditeforderung der Eigenkapitalgeber. Deutlich wird dies, wenn man das Tax Shield unmittelbar der Fremdfinanzierung zuordnet und vom Zinsaufwand in Abzug bringt. In Abschnitt 6.2.2 haben wir gezeigt, dass in diesem Fall der Kostensatz des Fremdkapitals mit $r_{FK} \cdot (1 - \tau)$ unter die Renditeforderung der Gläubiger in Höhe von r_{FK} fällt. Die durch die Kreditaufnahme entstehende Fixkostenbelastung aus Zinszahlungen, die in jeder Periode $FK_{t-1}^{MW} \cdot r_{FK}$ betragen, wird durch das Tax Shield auf $FK_{t-1}^{MW} \cdot r_{FK} \cdot (1 - \tau)$ reduziert. Im Vergleich zu einer Situation mit Verschuldung aber ohne Besteuerung wird der Anstieg des finanziellen Risikos, dem sich die Eigenkapitalgeber bei zunehmender Verschuldung ausgesetzt sind, vermindert. In der Folge fällt auch der Anstieg ihrer Renditeforderung mit zunehmender Verschuldung geringer aus als ohne Steuer. Für unsere Beispieldaten gilt:

$$r_{EK,\,KCAG}^{v} = 0{,}097 + \left(0{,}097 - 0{,}045\right) \cdot 1{,}5 \cdot \left(1 - 0{,}25\right) = 0{,}1555$$

Ohne Besteuerung lässt der Zielverschuldungsgrad von 1,5 die Renditeforderung auf 17,5 % ansteigen (vgl. Gleichung 6-43 in Abschnitt 6.2.3.1).

Alternativ kann die Renditeforderung r_{EK}^{v} auch durch ein relevering von β_{EK}^{u} berechnet werden. Auch hier ist die Wirkung des Tax Shields zu beachten:

$$\begin{aligned} \beta_{EK}^{v} &= \beta_{EK}^{u} \cdot \left(1 + \left(1 - \tau\right) \cdot V^{MW,\,Ziel}\right) \\ &= 0{,}8 \cdot \left(1 + \left(1 - 0{,}25\right) \cdot 1{,}5\right) = 1{,}7 \end{aligned} \qquad \text{6-58}$$

Mit dem CAPM gelangt man zu:

$$r_{EK}^{v} = 0{,}045 + \left(0{,}11 - 0{,}045\right) \cdot 1{,}7 = 0{,}1555$$

Durch Einsetzen in die WACC-Formel ergibt sich als Diskontierungszins für die Free Cash Flows:

$$r_{WACC} = 0{,}1555 \cdot \frac{1}{1 + 1{,}5} + \left(1 - 0{,}25\right) \cdot 0{,}045 \cdot \frac{1{,}5}{1 + 1{,}5} = 0{,}08245$$

Das Tax Shield in Form des Faktors (1 – 0,25) bewirkt eine Senkung von r_{WACC} unter das Niveau ohne Besteuerung ($r_{WACC}^{\text{ohne TS}}$ = 9,7 %). In einer Welt mit Unternehmenssteuern ist damit die Höhe der Gesamtkapitalkosten nicht länger unabhängig von der Aufteilung der Passivseite. Es besteht ein Einfluss der Kapitalstruktur auf die gewichteten Kapitalkosten. Während für τ = 0 der Anstieg

	t = 0	t = 1	t = 2	t = 3	t = 4
Free Cash Flows		350,00	400,00	450,00	375,00
Period. UW	1 292,68	1 049,26	735,77	346,44	
	−1 000,00				
C_0^I	292,68	$r_{EK}^v = 15{,}55\%$	$r_{WACC} = 8{,}245\%$		
EK^{MW}	517,07	419,70	294,31	138,58	
FK^{MW}	775,61	629,56	441,46	207,86	

Abbildung 6-32: Periodische Unternehmens-, Eigen- und Fremdkapitalwerte mit Steuern und teilweiser Fremdfinanzierung

der Renditeforderung der Eigenkapitalgeber mit zunehmender Verschuldung jeden Versuch, teures Eigenkapital durch günstiges Fremdkapital zu ersetzen, scheitern lässt, ist mit Besteuerung genau dies möglich. Substitution von Eigen- durch Fremdkapital verringert die Kapitalkosten solange die Renditeforderung der Gläubiger unabhängig vom Verschuldungsgrad ist.[80] Die Berechnung des Unternehmenswertes verdeutlicht Abbildung 6-32. Der Marktwert beträgt 1 292,68 EUR. Vom Kaufpreis der Investition stellen die Gläubiger 775,61 EUR bereit:

$$FK_0^{MW} = UW_0 \cdot \frac{V^{MW,\,Ziel}}{1 + V^{WM,\,Ziel}} = 1\ 292{,}68 \cdot \frac{1{,}5}{1 + 1{,}5} = 775{,}61\ EUR$$

Von den Eigentümern stammen 1 000 EUR – 775,61 EUR = 224,39 EUR.

Wie zuvor fällt der Kapitalwert der Investition allein den Eigenkapitalgebern zu. Der Marktwert des Eigenkapitals setzt sich zusammen aus der anfänglichen Kapitalbereitstellung über 224,39 EUR und dem Kapitalwert über 292,68 EUR (vgl. Abbildung 6-33).

Erst nach Abschluss des Bewertungsvorgangs lassen sich die Höhe der periodischen Fremdkapitalbestände und der Zinsaufwand bestimmen (Abbildung 6-34).

A	Handelsbilanz t = 0		P	A	Barwertbilanz t = 0		P
Inv. I	1 000,00	224,39	EK	Inv. I	1 292, 68	517,07	EK
		775,61	FK			775,61	FK

Δ = 292,68 EUR

Abbildung 6-33: Handels- und Barwertbilanz der KC AG bei Besteuerung und teilweiser Fremdfinanzierung

80 Hierbei handelt es sich zugegebenermaßen um eine unrealistische Annahme. Mit zunehmender Verschuldung steigt das Risiko der Fremdkapitalgeber, dass Zinsen und Tilgung ausfallen. In der Realität erhöhen sie daher ihre Renditeforderung mit steigender Fremdkapitalquote.

	t = 0	t = 1	t = 2	t = 3	t = 4
FK^{MW}	775,61	629,55	441,46	207,86	0
Tilgung		146,05	188,09	233,60	207,86
Zins (4,5%)		34,90	28,33	19,87	9,35

Abbildung 6-34: Zins- und Tilgungsplan des Fremdkapitals bei einem Verschuldungsgrad von 1,5

Wie bereits in Abschnitt 6.2.3.2 erläutert, bestehen für das Management in Bezug auf die absoluten Höhen des Fremdkapitals und den Verlauf der Tilgungsstruktur keine Wahlmöglichkeiten. Beides wird durch die Festlegung von $V^{MW,\,Ziel}$ eindeutig determiniert.

Vergleicht man die Ergebnisse mit einer Welt ohne Besteuerung lassen sich drei Effekte aus der Besteuerung ableiten.[81] Zum einen vermindern Steuern die Erwartungswerte der tatsächlichen Free Cash Flows nach Steuern, da sie einen Abfluss von Zahlungsmitteln bedeuten. Zum anderen hat der Steuereffekt eine Verringerung des von den Eigenkapitalgebern zu tragenden finanziellen Risikos zur Folge, was die Renditeforderung mit zunehmendem Verschuldungsgrad weniger stark steigen lässt. Drittens kommen die Zinszahlungen nicht in ihrer vollen Höhe zum Tragen, sondern werden durch die Steuerwirkung reduziert. Fremdkapitalkosten und Renditeforderung der Gläubiger divergieren.

Abschließend wollen wir uns erneut den Verlauf der Kapitalkosten der KC AG für unterschiedliche Verschuldungsgrade ansehen (vgl. Abbildung 6-35). Die

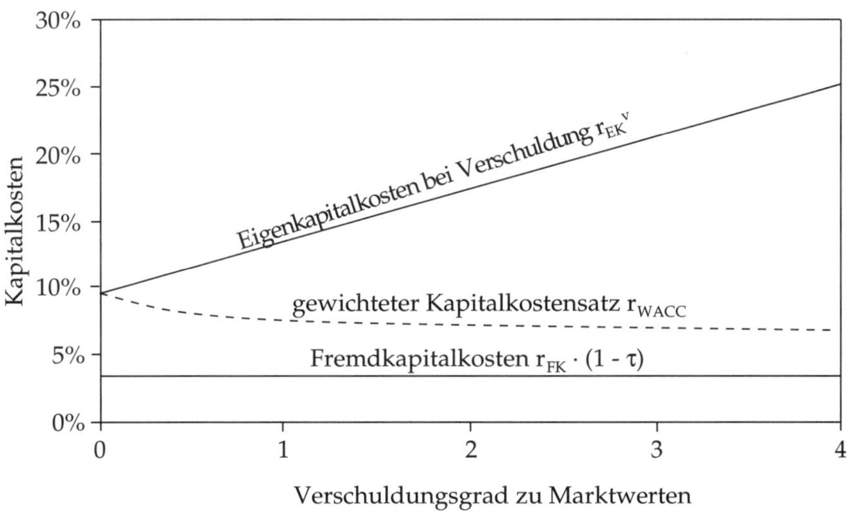

Abbildung 6-35: Verlauf der Kapitalkosten in Abhängigkeit vom Verschuldungsgrad bei Steuern

[81] Vgl. Volkart (2001), S. 104.

Fremdkapitalkosten sind weiterhin unabhängig von der Verschuldung. Durch das Tax Shield belaufen sie sich auf 4,5 % · (1 – 0,25) = 3,375 %. Die Renditeforderung der EK-Geber bei Verschuldung steigt weiterhin linear mit zunehmender Fremdfinanzierung, allerdings in geringerem Maße als ohne Besteuerung. Ein wesentlicher Unterschied ergibt sich für den gewichteten Kapitalkostensatz: er fällt mit zunehmendem Verschuldungsgrad.[82] Hierin kommt die Wirkung des Tax Shields zum Ausdruck. Je höher der Fremdkapitalanteil im Unternehmen ist, umso höher sind die erforderlichen Zinszahlungen. Die steuerliche Bemessungsgrundlage (der Reingwinn vor Steuern) wird immer weiter reduziert, die zu leistende Steuerzahlung sinkt. Mit zunehmender Verschuldung nähert sich der gewichtete Kapitalkostensatz einem Wert von 7,275 % an.

Durch Einsetzen der Gleichung 6-57 in die Definition des r_{WACC} gemäß Gleichung 6-56 folgt:

$$\begin{aligned} r_{WACC} &= \left(r_{EK}^{u} + \left(r_{EK}^{u} - r_f\right) \cdot V^{MW,Ziel} \cdot (1-\tau)\right) \cdot \frac{1}{1+V^{MW,Ziel}} + (1-\tau) \cdot r_{FK} \cdot \frac{V^{MW,Ziel}}{1+V^{MW,Ziel}} \\ &= \frac{r_{EK}^{u}}{1+V^{MW,Ziel}} + \left(r_{EK}^{u} - r_f\right) \cdot (1-\tau) \cdot \frac{V^{MW,Ziel}}{1+V^{MW,Ziel}} + (1-\tau) \cdot r_{FK} \cdot \frac{V^{MW,Ziel}}{1+V^{WM,Ziel}} \end{aligned}$$

Geht der Verschuldungsgrad gegen unendlich verbleibt

$$\begin{aligned} \lim_{V \to \infty} r_{WACC} &= \left(r_{EK}^{u} - r_f\right) \cdot (1-\tau) + r_{FK} \cdot (1-\tau) \\ &= (0{,}097 - 0{,}045) \cdot (1 - 0{,}25) + 0{,}045 \cdot (1 - 0{,}25) = 0{,}07275, \end{aligned}$$

was zu einem r_{WACC} von 7,275 % führt.

6.2.4.3 *Teilweise Fremdfinanzierung mit Berücksichtigung der Steuern im Cash Flow*

Neben einer Aufnahme des Tax Shields in den Kalkulationszins besteht im WACC-Ansatz die Möglichkeit, eine fremdkapitalinduzierte Steuerersparnis in den Free Cash Flows zu erfassen. Als Eingangsgrößen dieser Variante werden nicht die freien Zahlungsüberschüsse unter der Fiktion einer reinen Eigenfinanzierung herangezogen, sondern die Free Cash Flows nach Abzug der tatsächlich zu erwartenden Steuerbelastung unter Beachtung der Fremdfinanzierung. Zur Abgrenzung von den bisher betrachteten Free Cash Flows wollen wir die Zahlungsüberschüsse mit korrekter Steuerbelastung mit $FCF^{mit\ TS}$ bezeichnen und so verdeutlichen, dass das Tax Shield im Zahlungsstrom enthalten ist. Die erforderlichen Berechnungen seien beispielhaft für die erste Periode betrachtet. Abbildung 6-36 zeigt die geplante Gewinn- und Verlustrechnung sowie die Berechnung des $FCF^{mit\ TS}$. Um in der GuV den Zinsaufwand angeben zu können, muss im Planungszeitpunkt die Höhe des Fremdkapitalbestandes im ersten Jahr der Nutzungsdauer der Investition bekannt sein, der zum Zielverschuldungsgrad von 1,5 führt. Nur so kann die Zinszahlung richtig ausgewiesen werden. Für das Beispiel gilt:

---

[82] Der Rückgang von r_{WACC} in der Abbildung ist überzeichnet dargestellt, um den Effekt besser visualisieren zu können.

$$Zinsaufwand_1 = FK_0^{MW} \cdot r_{FK}$$
$$= 775{,}61 \cdot 0{,}045 = 34{,}90$$

Bereits im letzten Abschnitt wurde darauf hingewiesen, dass gerade die Höhe der periodischen Fremdkapitalbeträge FK_t^{MW} erst nach Abschluss der Bewertung bekannt ist. Sie können folglich nicht Teil der Datenbasis zur Aufstellung der $FCF^{mit\,TS}$ sein. An dieser Stelle wird deutlich, dass der WACC-Ansatz mit exakter Steuerberücksichtigung im Zähler nicht geeignet ist, um ein Bewertungsproblem mit Vorgabe einer Zielkapitalstruktur eigenständig zu lösen. Vielmehr benötigt man die Informationen aus dem Zins- und Tilgungsplan aus Abbildung 6-34. Dieser stammt aus dem WACC-Verfahren mit Steuerkorrektur im Kalkulationszins. Bevor also eine rechnerische Lösung des WACC-Ansatzes mit Tax Shield im Zahlungsstrom möglich ist, muss die Methode zunächst mit Steuerkorrektur im gewichteten Kapitalkostensatz durchgeführt werden.

Da die Fiktion der vollständigen Eigenfinanzierung nicht mehr besteht, werden im Berechnungsschema der Free Cash Flows keine adjustierten Steuern auf das EBIT veranschlagt, sondern auf die korrekte Bemessungsgrundlage (EBIT – Zinszahlung). Somit besteht Identität zwischen der Steuerzahlung in der GuV und im Free Cash Flow-Berechnungsschema. Sie beträgt im ersten Jahr jeweils 24,61 EUR. Die Ermittlung der $FCF^{mit\,TS}$ für die übrigen Jahre der Nutzungs-

Berechnung der Free Cash Flows mit Tax Shield

GuV-Sicht	
Umsatzerlöse	1 500,00
Herstellungskosten*	1 200,00
Bruttoergebnis vom Umsatz	300,00
– Vertriebs-/Verwaltungskosten	–140,00
± sonstige Erträge/Aufwendungen	–26,67
EBIT	133,33
– Zinsaufwand	–34,90
Reingewinn v. Steuern	98,43
– Steuern	–24,61
Reingewinn n. Steuern	73,82

Identität

Free Cash Flow- Berechnung mit Tax Shield	
EBIT	133,33
–Zinsaufwand	–34,90
Reingewinn v. Steuern	98,43
–Steuern	–24,61
Reingewinn n. Steuern	73,82
+ Zinsaufwand	34,90
+ Abschreibungen	250,00
$\text{Free Cash Flow}^{mit\,TS}$	358,72

* enthalten Abschreibungen i.H.v. 250 EUR

Abbildung 6-36: Berechnung der Free Cash Flows mit Tax Shield aus der GuV

GuV- und Free Cash Flow-Planung ($FCF^{mit\ TS}$)

		t = 0	t = 1	t = 2	t = 3	t = 4
	EBIT		133,33	200,00	266,67	166,67
–	Zinsen		–34,90	–28,33	–19,87	–9,35
	Reingewinn vor Steuern		98,43	171,67	246,80	157,32
	Steuern		–24,61	–42,92	–61,70	–39,33
	Reingewinn nach Steuern		73,82	128,75	185,10	117,99
			Free Cash Flow–Berechnung			
	EBIT		133,33	200,00	266,67	166,67
–	Steuern gemäß GuV		–24,61	–42,92	–61,70	–39,33
+	Abschreibungen		250,00	250,00	250,00	250,00
	Free Cash Flow $^{mit\ TS}$		358,72	407,08	454,97	377,34

Abbildung 6-37: GuV- und Free Cash Flow-Planung mit Fremdkapital und Steuern

dauer der Investition geht aus Abbildung 6-37 hervor. Mithilfe des Zins- und Tilgungsplans in Abbildung 6-34 kann der Zinsaufwand in den einzelnen Perioden ermittelt werden.

Im Sinne der Äquivalenzproblematik darf der Kalkulationszins das Tax Shield nun nicht mehr enthalten, da dieses bereits in den Zahlungsstrom eingeflossen ist. Der gewichtete Kapitalkostensatz ist daher ohne den Faktor (1 – τ) aufzustellen:

$$r_{WACC}^{ohne\ TS} = r_{EK}^{v} \cdot \frac{1}{1+V^{MW,Ziel}} + r_{FK} \cdot \frac{V^{MW,Ziel}}{1+V^{MW,Ziel}}$$

Mit den Daten des Beispiels folgt:

$$r_{WACC}^{ohne\ TS} = 0{,}1555 \cdot \frac{1}{1+1{,}5} + 0{,}045 \cdot \frac{1{,}5}{1+1{,}5} = 0{,}0892$$

Mit Wegfall des Tax Shields steigt der Kalkulationszins um 8,92 % – 8,245 % = 0,675 %-Punkte. Die Diskontierungswirkung verstärkt sich also. Gleichzeitig erhöht sich aber auch der Zahlungsstrom. Aufgrund der Integration der Steuerersparnisse in die Cash Flows übersteigen die $FCF^{mit\ TS}$ die Zahlungsüberschüsse unter der Annahme fiktiver Eigenfinanzierung. Beide Effekte kompensieren sich, so dass sich im Ergebnis derselbe Unternehmenswert errechnet wie in Abschnitt 6.2.4.2 (vgl. Abbildung 6-38).

	t = 0	t = 1	t = 2	t = 3	t = 4
Free Cash Flows$^{mit TS}$		358,72	407,08	454,97	377,34
Period. UW	1 292,68	1 049,26	735,77	346,44	
	–1 000,00				
C_0^I	292,68	$r_{EK}^{v} = 15{,}55\%$	$r_{WACC}^{ohne\ TS} = 8{,}92\%$		
EK^{MW}	517,07	419,70	294,31	138,58	
FK^{MW}	775,61	629,56	441,46	207,86	

Abbildung 6-38: Periodische Unternehmens-, Eigen- und Fremdkapitalwerte auf Basis realer Free Cash Flows

6.2.5 Anwendungsprämissen

In den Abschnitten 6.2.3 und 6.2.4 haben wir die Vorgehensweise des WACC-Ansatzes in einer Welt ohne und mit Besteuerung auf Unternehmensebene näher beleuchtet. Der Schwerpunkt lag dabei auf der reinen Anwendung des Verfahrens. Weitgehend unbeachtet blieb bisher die Frage, unter welchen Bedingungen der Einsatz des WACC-Ansatzes sinnvoll ist und welche Prämissen implizit mit seiner Verwendung verbunden sind. Auch der Aspekt der Beschaffung der notwendigen Eingangsdaten, dem in der Praxis eine hohe Bedeutung zukommt, wurde bisher ausgeblendet. Dieser spielt aber für die Implementierbarkeit eines Bewertungsverfahrens und die Akzeptanz beim Anwender eine wichtige Rolle: nur wenn die erforderliche Datenbasis verhältnismäßig einfach und schnell bereitgestellt werden kann, lässt sich ein Bewertungsmodell mit Leben füllen.

Werfen wir zunächst einen Blick auf den Kalkulationszins. Der WACC-Ansatz unterstellt einen im Zeitablauf konstanten, d.h. periodenunabhängigen, gewichteten Kapitalkostensatz r_{WACC}. Eine solche Annahme ist ausschließlich dann zurechtfertigen, wenn die in den Kapitalkostensatz eingehenden Größen sich während des Betrachtungszeitraumes nicht verändern. In Bezug auf r_{WACC} sind drei Gesichtspunkte zu beachten. Erstens müssen sowohl die Renditeforderung der Fremdkapitalgeber r_{FK} als auch der Steuersatz τ im Zeitablauf unveränderlich sein. Zieht man in Betracht, dass sich die Verzinsung risikoloser Geldanlagen an den Finanzmärkten ausschließlich in sehr engen Bandbreiten bewegt und die Steuergesetzgebung ebenfalls nicht zu kurzfristigen, deutlichen Anpassungen der Steuersätze neigt, scheinen diese Prämissen in der Realität weitgehend erfüllt zu sein. Wird hingegen die Annahme ausfallrisikolosen Fremdkapitals aufgegeben – einer Überlegung, der wir ansonsten aber nicht weiter nachgehen wollen – kann r_{FK} erheblichen Schwankungen unterlegen sein. Markt- und Buchwerte der Verbindlichkeiten können in diesem Fall beträchtlich voneinander abweichen.

Zweitens erfordert ein konstanter r_{WACC} eine Fixierung des Verschuldungsgrades zu Marktwerten. Das Unternehmen muss durch fortwährende Anpassung der Fremdfinanzierung an den Marktwert des Unternehmens in jeder Periode dafür sorgen, dass der vorgegebene Verschuldungsgrad aufrecht erhalten wird.

In der Konsequenz macht eine atmende Finanzierung die Tilgung von Fremdkapital bei sinkendem Unternehmenswert und die Aufnahme von Krediten bei steigendem Unternehmenswert erforderlich.[83] Empirisch haben Rückgänge von Unternehmenswerten hingegen meist ansteigende Verschuldungsgrade zur Folge.[84] Durch die Vorgabe eines Zielverschuldungsgrades wird im Modell zwar eine Konstanz von V^{MW} erreicht, eine realitätsnahe Beschreibung des Finanzierungssverhaltens von Unternehmen ist dies aber nicht.

Drittens darf die Renditeforderung der Eigenkapitalgeber bei Verschuldung $r_{EK}{}^{v}$ nicht zeitveränderlich sein. Voraussetzung hierfür ist eine Konstanz des mit einer Investition verbundenen systematischen Risikos. Mit anderen Worten dürfen sich weder das Geschäfts- noch das Finanzierungsrisiko verändern. In Bezug auf letzteres ist die Forderung durch die Vorgabe von $V^{MW,\ Ziel}$ erfüllt. Wenn sich der Verschuldungsgrad nicht verändert, gilt:

$$\beta_{EK}^{v} = \beta_{EK}^{u} \cdot \left(1 + \left(1 - \tau\right) \cdot V^{MW,\ Ziel}\right) = konstant \qquad 6\text{-}59$$

Konstanz des Geschäftsrisikos bedeutet, dass $\beta_{EK}{}^{u}$ nicht schwankt. Folglich müssen sich dessen Bestandteile, das Umsatz- und das leistungswirtschaftliche Risiko, während des Bewertungszeitraumes auf konstantem Niveau bewegen. Als Zwischenergebnis lässt sich festhalten:

Ein periodenunabhängiger Kapitalkostensatz r_{WACC} erfordert eine gleichbleibende Höhe von $\beta_{EK}{}^{u}$, V^{MW}, r_{FK} und τ. Andernfalls ist r_{WACC} nicht zeitinvariant und muss als $r_{WACC,\ t}$ definiert werden, wobei der Subindex t die betreffende Betrachtungsperiode bezeichnet.

Weiterhin unterstellt der WACC-Ansatz, dass jede Investition, die neu in ein bestehendes Unternehmen aufgenommen und mit einem auf Gesamtunternehmensebene ermittelten, gewichteten Kapitalkostensatz r_{WACC} bewertet wird, in Bezug auf die Art der Finanzierung und das Geschäftsrisiko ein exaktes verkleinertes Abbild des Unternehmens darstellt. Anders ausgedrückt muss jede Einzelinvestition, deren Bewertung auf dem gewichteten Kapitalkostensatz des die Investition erwerbenden Unternehmens beruht, dasselbe Geschäfts- und Finanzierungsrisiko besitzen, wie das Unternehmen.

Zur Verdeutlichung betrachten wir erneut den Investitionsvorgang in Abschnitt 6.2.4 bei teilweiser Fremdfinanzierung mit Berücksichtigung von Steuern. Es sei angenommen, es handele sich bei der KC AG nicht um eine Neugründung, sondern um ein bereits seit längerem an der Börse notiertes Unternehmen. Der Verschuldungsgrad zu Marktwerten beträgt weiterhin 1,5. Unter Heranziehung historischer Aktienkurse und des Verlaufs eines breit gestreuten Marktindex habe das Management einen Beta-Faktor für die KC AG von 1,7 ermittelt. Da er auf Basis von Marktdaten bestimmt wurde, bezeichnen wir ihn mit β_{Aktie}. Er berücksichtigt sowohl das Geschäfts- als auch das Finanzierungsrisiko der KC AG. Die Verschuldung führt im Vergleich zu einem rein eigenfinanzierten Unternehmen zu höheren Renditeschwankungen des Eigenkapitals, was sich un-

---

[83] Vgl. Volkart (2001), S. 109.

[84] Vgl. Drukarczyk/Schüler (2007), S. 154.

mittelbar in den Aktienkursen niederschlägt. Der Beta-Faktor beinhaltet somit das finanzielle Risiko. Darüber hinaus umfasst das über den Markt gemessene Beta auch die steuerliche Abzugsfähigkeit des Zinsaufwandes.[85] Es stimmt daher mit dem bisher betrachteten Produkt aus $\beta_{EK}{}^{v}$ und Tax Shield überein:

$$\beta_{Aktie} = \beta_{EK}^{v} \cdot (1-\tau) \qquad 6\text{-}60$$

Die Renditeforderung der Fremdkapitalgeber und die erwartete Rendite des Marktportfolios mögen weiterhin 4,5 % bzw. 11 % betragen. Damit folgt für den gewichteten Kapitalkostensatz der bereits bekannte Wert von 8,245 %:

$$\begin{aligned} r_{WACC} &= \left(r_f + \left(E\left(\tilde{R}_M\right) - r_f\right) \cdot \beta_{Aktie}\right) \cdot \frac{1}{1+V^{MW,\,Ziel}} + (1-\tau) \cdot r_{FK} \cdot \frac{V^{MW,\,Ziel}}{1+V^{MW,\,Ziel}} \\ &= \left(0{,}045 + (0{,}11 - 0{,}045) \cdot 1{,}7\right) \cdot \frac{1}{1+1{,}5} + (1-0{,}25) \cdot 0{,}045 \cdot \frac{1{,}5}{1+1{,}5} \\ &= 0{,}08245 \end{aligned}$$

Wird dieser Kapitalkostensatz nun herangezogen, um neue Investitionen zu bewerten, die die KC AG z.B. im Rahmen einer Expansionsstrategie erwirbt, müssen diese Investitionen im Hinblick auf die Finanzierung und die Höhe des Geschäftsrisikos ein „verkleinerter Ableger" des Unternehmens sein. Andernfalls ist die in der Praxis häufig vorgenommende Übertragung des Kapitalkostensatzes vom Unternehmen auf Einzelinvestitionen nicht zulässig. Vielmehr ist es erforderlich, bei abweichender Finanzierung oder divergierendem Geschäftsrisiko den Kapitalkostensatz für die Investition separat, d.h. losgelöst von der Betrachtung der übrigen Unternehmensteile, zu ermitteln.

In Bezug auf die erforderliche Datengrundlage ist der WACC-Ansatz – sieht man von der Bestimmung des Verschuldungsgrades zu Marktwerten ab – weitgehend problemlos zu handhaben. Wie oben bereits erwähnt wurde, lässt sich der Beta-Faktor des verschuldeten Unternehmens unter Einschluss des Tax Shields mittels Marktdaten messen. Die Renditeforderung der Fremdkapitalgeber orientiert sich bei risikolosen Verbindlichkeiten an der Verzinsung laufzeitgleicher Staatsanleihen bzw. kann bei bestehenden Krediten unmittelbar den vorliegenden Darlehensverträgen entnommen werden. Bereits aufwändiger ist die Beschaffung der zur Bewertung erforderlichen Free Cash Flows. Sie werden meist aus umfangreichen mehrjährigen Bilanz- und GuV-Planungen abgeleitet.

Als letzte und gleichzeitig am schwierigsten festzulegende Eingangsgröße verbleibt der Zielverschuldungsgrad zu Marktwerten. Im Rahmen des WACC-Modells existiert keine formale Herleitung der Größe $V^{MW,\,Ziel}$.[86] Woran sich der Bewerter bei der Festlegung orientieren sollte, bleibt offen. Existiert ein optimaler Verschuldungsgrad, der den Marktwert einer Investition maximiert? Wenn ja, wie kann dieser bestimmt werden? Ist es überhaupt sinnvoll einen im Zeitablauf konstanten Verschuldungsgrad anzunehmen oder können durch andere Verläu-

---

[85] Vgl. Volkart (2001), S. 117 f.

[86] Vgl. Matschke/Brösel (2007), S. 688. Zum Problem der Annahme einer Zielkapitalstruktur siehe insbesondere Hering (2006), S. 216 ff.

fe der Fremdfinanzierung die Ansprüche der Anteilseigener besser befriedigt werden? Der WACC-Ansatz bietet keine Antwort auf diese Fragen und überlässt die Festlegung der Zielkapitalstruktur allein der Entscheidung des Bewerters.

6.2.6 Korrektur des WACC bei Investitionsprojekten mit abweichendem Risikoprofil

Nach dem Erwerb der Produktionsanlage für Ammoniumnitrat ist die KC AG auf der Suche nach neuen Investitionsprojekten. Das Management erwägt die Erweiterung der Produktpalette um verschiedene Chlorverbindungen wie Chlorwasserstoff und Eisenchlorid. Aus Abbildung 6-39 gehen die Rahmendaten der Investition hervor. Sie besitzt eine Nutzungsdauer von 3 Jahren und erwirtschaftet Free Cash Flows in Höhe von 600 EUR, 550 EUR bzw. 700 EUR. Bei einer Anschaffungsanzahlung von 1 500 EUR beträgt der Beta-Faktor bei Eigenfinanzierung $\beta_{EK,\,II}{}^{u} = 1{,}4$. Dabei bezeichnet der Subindex II die neue Anlage.

Um das finanzielle Risiko zunächst auszublenden und das Augenmerk allein auf das Marktrisiko zu legen, unterstellen wir, die KC AG sei bisher vollständig mit Eigenkapital finanziert. In Abschnitt 6.2.4.1 hatten wir errechnet, dass sich bei einem Beta-Faktor von $\beta_{EK,\,KC\,AG}{}^{u} = 0{,}8$ ein Kapitalkostensatz von 9,70 % ergibt:

$$r^{u}_{EK,\,KC\,AG} = r_{WACC,\,KC\,AG} = 0{,}097$$

Um die Notation zu präzisieren und darauf hinzuweisen, dass wir den Kapitalkostensatz in der Ausgangssituation, d.h. mit der Anlage für Ammoniumnitrat als einzigem Investitionsobjekt auf der Aktivseite der Bilanz, betrachten, nehmen wir im Folgenden die Bezeichnung „KC AG" mit auf. Zur Erinnerung sei die Herleitung von $r_{WACC,\,KC\,AG}$ kurz wiederholt. Bei einem risikolosen Zinssatz von r_f von 4,50 % und einer erwarteten Rendite des Marktportfolios von 11 % ergibt sich mit Hilfe des CAPM:

$$r^{u}_{EK,\,KCAG} = 0{,}045 + \left(0{,}11 - 0{,}045\right) \cdot 0{,}8 = 0{,}097$$

Da zur Finanzierung ausschließlich Eigenkapital eingesetzt wird, stimmen die Renditeforderung der Aktionäre und der gewichtete Kapitalkostensatz überein. Für das Management stellt sich die Frage, wie die neu in das Unternehmen aufzunehmende Investition II bewertet werden soll. Aus Erfahrung ist dem Management bekannt, dass in vielen Unternehmen der gewichtete Kapitalkostensatz der bestehenden Geschäftsaktivitäten herangezogen wird, um Neuinvestitionen zu bewerten. Im konkreten Fall beträgt der Kapitalkostensatz $r_{WACC,\,KC\,AG} = 9{,}70\,\%$.

	t = 0	t = 1	t = 2	t = 3
Free Cash Flows Investition II	–1 500	600	550	700
		$\beta^{u}_{EK,II} = 1{,}4$		

Abbildung 6-39: Free Cash Flows und Beta-Faktor der geplanten Investition II der KC AG

	t = 0	t = 1	t = 2	t = 3
Free Cash Flows Investition II	–1 500	600	550	700
Period. Wert	1 534,23	1 083,05	638,10	
C_0^{II}	34,23	$r^u_{EK,KC\,AG} = r_{WACC,KC\,AG} = 0{,}097$		

Abbildung 6-40: Kapitalwert von Investition II bei Verwendung des gewichteten Kapitalkostensatzes der KC AG

Kommt er bei der Diskontierung der Free Cash Flows zur Anwendung, errechnet sich ein Kapitalwert für Investition II von 34,23 EUR (vgl. Abbildung 6-40). Damit scheint Investition II vorteilhaft zu sein.

Wir halten fest: unter der Prämisse, dass der gewichtete Kapitalkostensatz des Unternehmens $r_{WACC,\,KC\,AG}$ von 9,70 % herangezogen werden darf, um die Investition II zu bewerten, signalisiert das Kapitalwertkriterium Vorteilhaftigkeit. Allerdings unterliegt das Management in seiner Vorgehensweise einem Irrtum. Die Größe $r_{WACC,\,KC\,AG}$ unterschätzt das mit Investition II verbundene Risiko. Um den Fehler in der Bewertung verstehen zu können, muss man sich vor Augen halten, dass Investition II einen Beta-Faktor von $\beta_{EK,\,II}{}^u = 1{,}4$ aufweist. Die KC AG hingegen besitzt einen Beta-Wert $\beta_{EK,\,KC\,AG}{}^u$ von lediglich 0,8. Folglich ist das mit Investition II verbundene systematische Risiko bei reiner Eigenfinanzierung höher als das des ursprünglichen Unternehmens. Der korrekte Kalkulationszinssatz für Investition II muss daher lauten:

$$r^u_{EK,\,II} = 0{,}045 + \left(0{,}11 - 0{,}045\right) \cdot 1{,}4 = 0{,}136 > 0{,}097 = r^u_{EK,\,KCAG}$$

Aufgrund des höheren nicht diversifizierbaren Risikos der Investition II erheben die Eigenkapitalgeber nicht den für das restliche Unternehmen geltenden Verzinsungsanspruch, sondern verlangen 13,60 %. Wird Investition II auf der Grundlage dieses Zinssatzes bewertet, ergibt sich ein Kapitalwert von –68,15 EUR. Das Vorhaben ist zu unterlassen (vgl. Abbildung 6-41).

Hierbei handelt es sich um eine wichtige Erkenntnis. Der für das Unternehmen geltende Kapitalkostensatz darf nur dann zur Bewertung neuer Projekte verwendet werden, wenn Unternehmen und Projekt dasselbe Risiko aufweisen.

	t = 0	t = 1	t = 2	t = 3
Free Cash Flows Investition II	–1 500	600	550	700
Period. Wert	1 431,85	1 026,58	616,20	
C_0^{II}	–68,15	$r^u_{EK,KC\,AG} = r_{WACC,KC\,AG} = 0{,}136$		

Abbildung 6-41: Kapitalwert von Investition II bei Verwendung des risikoangepassten, individuellen Kapitalkostensatzes

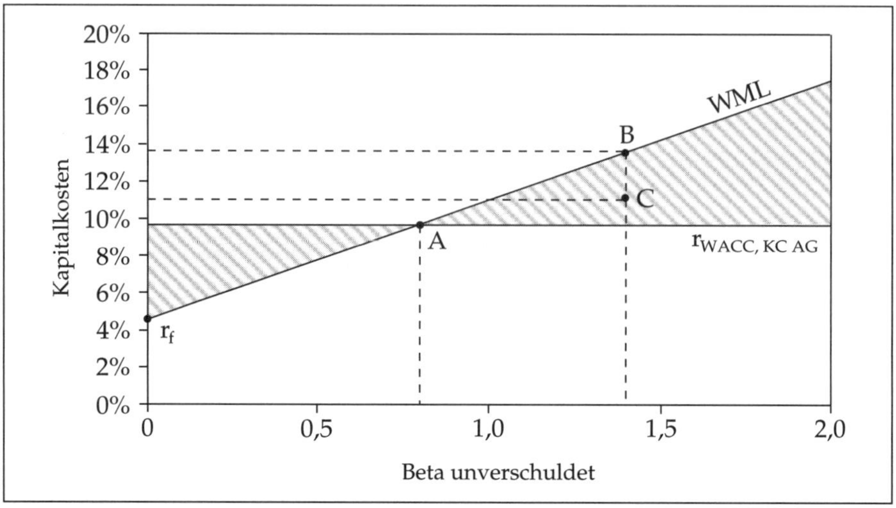

Abbildung 6-42: Risikoangepasste, individuelle Kapitalkosten für Investitionen mit vom Gesamtunternehmen abweichendem Beta

Andernfalls kommt es zu Fehlbewertungen in Form einer Über- oder Unterschätzung des Kapitalwertes. Abbildung 6-42 verdeutlicht die Zusammenhänge. Die horizontale Linie repräsentiert den gewichteten Kapitalkostensatz der KC AG (9,70 %). Zusätzlich zeigt die Darstellung die Wertpapiermarktlinie, die vom risikolosen Zinssatz ausgehend durch den Punkt A (Rendite-Risiko-Kombination des Unternehmens) verläuft. Investition II ist bei einem Beta-Faktor von $\beta_{EK, II}^{u} = 1{,}4$ mit einem Kalkulationszins von 13,60 % abzuzinsen.

Wird stattdessen $r_{WACC, KC AG}$ herangezogen, wird die Investition als vorteilhaft ausgewiesen, obwohl das Gegenteil zutrifft.[87] Diese Fehlbewertung erstreckt sich auf sämtliche Projekte, deren erwartete Rendite oberhalb von $r_{WACC, KC AG}$, aber unterhalb der Wertpapiermarktlinie liegt (oberes schraffiertes Dreieck). Kommt bei ihnen statt der risikoadjustierten Rendite, die auf der Wertpapiermarktlinie liegt, $r_{WACC, KC AG}$ zum Einsatz, werden sie angenommen, obwohl sie ihre Kapitalkosten nicht erwirtschaften. Genau dies gilt für Investition II (Punkt C). Bei einem rechnerischen Kalkulationszins von 10,95 % beträgt der Kapitalwert Null. Er liegt oberhalb von 9,70 %, was die (scheinbare) Vorteilhaftigkeit des Projektes bei Verwendung von $r_{WACC, KC AG}$ zur Folge hat. Gleichzeitig liegt der Wert aber unterhalb der risikoadjustierten Verzinsung von 13,60 % (Punkt B).

Im unteren Dreieck gilt genau das Gegenteil. Der gewichtete Kapitalkostensatz $r_{WACC, KC AG}$ ist für diese Investitionen zu hoch, um sie risikoadäquat zu bewerten. Obwohl die Projekte vorteilhaft sind, werden sie abgelehnt. Lediglich für $\beta_{EK}^{u} = 0{,}8$ fallen die Wertpapiermarktlinie und der gewichtete Kapitalkostensatz zusammen. Folglich liefert $r_{WACC, KC AG}$ ausschließlich für Investitionen, deren

[87] Mit dem Thema der Fehlbewertung von Investitionen bei Heranziehung von r_{WACC} zur Diskontierung beschäftigt sich Weston (1973) ausführlich.

systematisches Risiko ohne Verschuldung $\beta_{EK}{}^{u} = 0{,}8$ betragen, die richtige Entscheidung. Bei abweichendem Risiko darf er nicht verwendet werden.

Weitere Korrekturen am gewichteten Kalkulationszins sind erforderlich, wenn die Neuinvestition nicht nur im Hinblick auf das Markt-, sondern auch das Finanzierungsrisiko vom Ausgangsunternehmen abweicht. Unterstellen wir beispielsweise, dass Investition II nicht vollständig mit Eigenkapital finanziert wird, sondern einen Verschuldungsgrad zu Marktwerten von 4 aufweist, folgt für den gewichteten Kapitalkostensatz:

$$r_{EK}^{v} = 0{,}045 + (0{,}11 - 0{,}045) \cdot 1{,}4 \cdot (1 + (1 - 0{,}25) \cdot 4) = 0{,}409$$

$$r_{WACC,II} = 0{,}409 \cdot \frac{1}{1+4} + (1 - 0{,}25) \cdot 0{,}045 \cdot \frac{4}{1+4} = 0{,}1088$$

Mit einem Kapitalwert von 1,98 EUR ist Investition II dann (knapp) vorteilhaft.

6.3 APV-Ansatz

6.3.1 Fiktiv unverschuldetes Unternehmen und Tax Shield

Der WACC-Ansatz gelangt zum Unternehmenswert, indem er die Free Cash Flows, die unter der Annahme einer reinen Eigenfinanzierung hergeleitet werden, mit einem gewichteten Kapitalkostensatz diskontiert. Dieser verdichtet die Renditeforderungen der Eigen- und Fremdkapitalgeber zu einer einzigen Größe und nimmt gleichzeitig das Tax Shield auf. Aufgrund des dabei entstehenden Zirkularitätsproblems ist es erforderlich, eine Zielkapitalstruktur $V^{MW,\,Ziel}$ vorzugeben. Die Konstanz der Zielkapitalstruktur im Zeitablauf hat eine vom Unternehmenswert in den einzelnen Perioden abhängige Höhe des Fremdkapitals zur Folge. Zur Aufrechterhaltung von $V^{MW,\,Ziel}$ muss der Fremdkapitalbestand bei steigendem Unternehmenswert zunehmen, bei einem Rückgang des Unternehmenswertes sind Verbindlichkeiten zu tilgen. Wir haben in diesem Zusammenhang von einer atmenden Finanzierung gesprochen.

Im APV-Ansatz schlägt der Bewerter einen gänzlich anderen Weg ein. Das Verfahren zerlegt ein Unternehmen in zwei Einheiten, den operativen Bereich, der die Investitionsstrategie festlegt, und den Finanzbereich, dessen Aufgabe in der Beschaffung des notwendigen Kapitals zur Finanzierung der operativen Tätigkeiten und der Auswahl geeigneter Finanzierungsquellen liegt.[88] Der Wertbeitrag des operativen Geschäfts kommt in den Free Cash Flows zum Ausdruck. Sie werden im APV-Ansatz mit der Renditeforderung der Eigenkapitalgeber unter der Fiktion einer reinen Eigenfinanzierung ($r_{EK}{}^{u}$) diskontiert. Man gelangt zum Marktwert einer all equity financed firm[89] und meint damit den Unternehmenswert unter der Prämisse, dass kein Fremdkapital eingesetzt wird.

---

[88] Vgl. Drukarczyk/Schüler (2007), S. 165 f.

[89] Vgl. Volkart (2001), S. 117.

Das aus der steuerlichen Abzugsfähigkeit des Zinsaufwandes resultierende Tax Shield wird separat ermittelt, indem die Steuerersparnis, die sich aus dem Einsatz von Fremdkapital ergibt, in einem getrennten Zahlungsstrom erfasst und bewertet wird. Zum Gesamtunternehmenswert gelangt man dann durch Addition des Wertes des fiktiv unverschuldeten Unternehmens UW_0^u und der Steuerersparnis TS_0^{MW}:[90]

$$UW_0 = UW_0^u + TS_0^{MW} \tag{6-61}$$

Wenden wir uns zunächst dem Bestandteil UW_0^u zu. Er wird berechnet gemäß:

$$UW_0^u = \sum_{t=1}^{T} \frac{E\left(\widetilde{FCF}_t\right)}{\left(1 + r_{EK}^u\right)^t} \tag{6-62}$$

Die zu diskontierenden Zahlungsüberschüsse unterscheiden sich nicht von denen aus dem WACC-Ansatz. Es werden erneut die Free Cash Flows herangezogen. Da sie das Tax Shield nicht enthalten, sondern ihre Berechnung auf dem adjustierten Steuerbetrag auf Basis des EBIT beruht, sind sie frei von jeglichen Finanzierungseffekten und stellen eine geeignete Beschreibung der Zahlungsströme des operativen Bereichs dar. Zur Diskontierung der Free Cash Flows fragt der APV-Ansatz, welche Rendite die Eigenkapitalgeber fordern würden, wenn ein Verzicht auf den Einsatz von Verbindlichkeiten vorläge. In diesem Fall sähen sich die Eigentümer einzig dem Markt- bzw. Umsatzrisiko gegenüber. Ihre Renditeforderung entspräche r_{EK}^u.

Zur Veranschaulichung betrachten wir erneut das Beispiel aus Abschnitt 6.2.4. Die KC AG plant die Anschaffung einer Produktionsanlage für Ammoniumnitrat. Es existiert eine Besteuerung auf Unternehmensebene ($\tau = 0{,}25$). Bei einem Beta-Faktor des unverschuldeten Unternehmens von $\beta_{EK}^u = 0{,}8$ beträgt die Renditeforderung der Eigenkapitalgeber $r_{EK}^u = 9{,}70\,\%$. Die Bewertung der operativen Einheiten geht aus dem oberen Teil von Abbildung 6-43 hervor (periodischer UW fiktiv unverschuldet). Unter der Fiktion einer reinen Eigenfinanzierung beläuft sich der Wert der KC AG auf 1 251,26 EUR.

Als weitere Komponente des Unternehmenswertes ist in einem nächsten Schritt TS_0^{MW} zu berechnen. Hierzu ist es erforderlich, eine Annahme darüber zu treffen, wie die KC AG finanziert sein soll. Beim WACC-Ansatz hatten wir eine Zielkapitalstruktur und damit eine atmende Finanzierung unterstellt. Die Höhe des Fremdkapitals in den einzelnen Perioden wurde an UW_t gekoppelt. Beim APV-Ansatz wird das Fremdkapital nicht an den Gesamtunternehmenswert gebunden. Da zur Berechnung von UW_0^u (scheinbar) die Kenntnis des Verschuldungsgrades zu Marktwerten nicht erforderlich ist, besteht (zumindest auf den ersten Blick) kein Zirkularitätsproblem.[91]

[90] Vgl. Titman/Martin (2008), S. 294; Ballwieser (2004), S. 130.

[91] Wir sprechen von „scheinbar" und „auf den ersten Blick", da sich bei genauerer Untersuchung doch ein Zirkularitätsproblem ergibt. Wir kommen darauf im nächsten Abschnitt zurück.

	t = 0	t = 1	t = 2	t = 3	t = 4
Free Cash Flows		350,00	400,00	450,00	375,00
Period. UW fiktiv unverschuldet	1 251,26	1 022,63	721,82	341,84	
FK^{MW} = $FK^{Buchw.}$	750,00	562,50	375,00	187,50	0,00
Zinsaufwand		33,75	25,31	16,88	8,44
Tax Shield		8,44	6,33	4,22	2,11
Period. Wert d. Tax Shield	19,33	11,77	5,97	2,02	
Period. UW bei Verschuldung	1 270,59	1 034,40	727,79	343,86	
V^{MW}	1,4407	1,1920	1,0629	1,1992	

Abbildung 6-43: Bewertung der KC AG mit dem APV-Ansatz

Damit haben wir die Möglichkeit, von $V^{MW, Ziel}$ abzurücken und für jede Bewertungsperiode fest vorgegebene, vom Unternehmenswert unabhängige Fremdkapitalhöhen vorzugeben. Diese Finanzierungsstrategie ist uns unter dem Begriff der autonomen Finanzierung bekannt. Als Datengrundlage zur Ermittlung der Fremdkapitalvolumina dienen z.B. Zins- und Tilgungspläne aus vorliegenden Kreditverträgen. Durch die Vorgabe der Fremdkapitalbestände im Bewertungszeitraum ist in jeder Periode die Höhe des zukünftigen Zinsaufwandes und daraus resultierend das Tax Shield bekannt. Die Steuerersparnis unterliegt keiner Unsicherheit.

Wir gehen davon aus, dass die KC AG die Anschaffungsauszahlung der Investition von 1 000 EUR zu 75 % fremdfinanziert. Mit den Gläubigern hat sie sich auf eine Ratentilgung über je 187,50 EUR pro Jahr (= 750 EUR : 4 Jahre) geeinigt. Für das Tax Shield in den einzelnen Perioden folgt dann:

$$
\begin{aligned}
TS_t &= FK_{t-1}^{MW} \cdot r_{FK} \cdot \tau \\
TS_1 &= FK_0^{MW} \cdot r_{FK} \cdot \tau \\
&= 750 \cdot 0{,}045 \cdot 0{,}25 = 8{,}44 \\
TS_2 &= FK_1^{MW} \cdot r_{FK} \cdot \tau \\
&= 562{,}50 \cdot 0{,}045 \cdot 0{,}25 = 6{,}32
\end{aligned}
\qquad \text{6-63}
$$

usw.

Die Ergebnisse der Berechnung einschließlich der Höhen der Fremdkapitalbestände gehen ebenfalls aus Abbildung 6-43 hervor. Als Barwert des Tax Shields ergibt sich:

$$TS_0^{MW} = \sum_{t=1}^{T} \frac{FK_{t-1}^{MW} \cdot r_{FK} \cdot \tau}{\left(1 + r_{FK}\right)^t} \qquad \text{6-64}$$

Da das Tax Shield aufgrund der autonomen Finanzierungsstrategie risikolos ist, erfolgt die Diskontierung mit $r_{FK} = r_f$. Im APV-Ansatz berechnet sich der Wert des verschuldeten Unternehmens daher gemäß:

$$\begin{aligned} UW_0 &= \sum_{t=1}^{T} \frac{E\left(\widetilde{FCF_t}\right)}{\left(1 + r_{EK}^u\right)^t} + \sum_{t=1}^{T} \frac{FK_{t-1}^{MW} \cdot r_{FK} \cdot \tau}{\left(1 + r_{FK}\right)^t} \\ &= 1\,251{,}26 + 19{,}33 = 1\,270{,}59 \end{aligned} \qquad \text{6-65}$$

Den Wert des unverschuldeten Unternehmens haben wir bereits in 6.2.4.1 ermittelt, als der WACC-Ansatz unter reiner Eigenfinanzierung untersucht wurde. In Abwesenheit von Fremdfinanzierung stimmt die Vorgehensweise des WACC-Ansatzes mit der Bestimmung von UW_0^u im APV-Verfahren überein. Nach Abzug des Marktwertes des Fremdkapitals verbleibt der Marktwert des Eigenkapitals:

$$\begin{aligned} EK_0^{MW} &= GK_0^{MW} - FK_0^{MW} \\ &= 1\,270{,}59 - 750 = 520{,}59 \end{aligned}$$

Vergleicht man die Bewertungsergebnisse von WACC- und APV-Ansatz miteinander, fallen die Unterschiede deutlich auf:

$$UW_0^{WACC} = 1\,292{,}68\ EUR;\ UW_0^{APV} = 1\,270{,}59\ EUR$$

Die Ursachen für die abweichenden Unternehmenswerte liegen in den differierenden Annahmen beider Verfahren. Während der WACC-Ansatz eine am Gesamtunternehmenswert orientierte Verschuldung unterstellt, ist beim APV-Ansatz die Höhe der Fremdkapitalbestände exogen vorgegeben. Mit anderen Worten werden beim WACC-Verfahren Investition und Finanzierung gemeinsam festgelegt, beim APV-Verfahren hingegen separiert.

Aus den unterschiedlichen Fremdkapitalbeständen (vgl. Abbildung 6-44) resultieren unterschiedliche periodische Tax Shields. Zusätzlich unterliegen die Steuerersparnisse unterschiedlichen Risiken. Während das Tax Shield im APV-Verfahren deterministisch ist und deshalb mit dem risikolosen Zinssatz diskontiert werden muss, ist das Tax Shield im WACC-Ansatz aufgrund seiner Anbindung an den Unternehmenswert risikobehaftet.[92] Insofern kann es auch

[92] Es lässt sich zeigen, dass zur Überführung des WACC-Ansatzes in den APV-Ansatz sowohl die Free Cash Flows als auch das Tax Shield mit $r_{WACC}^{\text{ohne TS}}$ zu diskontieren sind (vgl. Berk/DeMarzo (2007), S. 582 f.). Daran wird das im Tax Shield des WACC-Ansatzes enthaltene Risiko bei atmender Finanzierung unmittelbar deutlich.

nicht verwundern, dass Gleichheit der Bewertungsergebnisse nicht einfach dadurch hergestellt werden kann, dass man den Verlauf des Fremdkapitals aus der WACC-Methode in den APV-Ansatz „einsetzt".

	t = 0	t = 1	t = 2	t = 3	t = 4
Period. FK^{MW}_{APV} (sicher)	750,00	562,50	375,00	187,50	0,00
Period. FK^{MW}_{WACC} (unsicher)	775,61	629,56	441,46	207,86	0,00

Abbildung 6-44: Vergleich der Fremdkapitalbestände bei autonomer und atmender Finanzierung

Abbildung 6-45 zeigt die Handels- und Barwertbilanz im Vergleich. Bei Betrachtung der Barwertbilanz wird ein wesentlicher Vorteil des APV-Verfahrens im Vergleich zum WACC-Ansatz deutlich. Der Wertbeitrag der Fremdfinanzierung wird in Form des Tax Shields auf der Aktivseite der Bilanz gesondert aufgezeigt.[93] Zwar trennt auch der WACC-Ansatz operative von Finanzierungsaktivitäten, indem er im Zähler ein fiktiv unverschuldetes Unternehmen unterstellt, er kann die Wertbeiträge der Fremdfinanzierung aber nicht gesondert ausweisen. Neben der von der Aktivseite unabhängigen Steuerung der Passivseite, die auch der WACC-Ansatz erlaubt, ermöglicht das APV-Verfahren auch einen gesonderten Ausweis der Erfolgsbeiträge. Die Unternehmensleitung wird somit in die Lage versetzt, die Leistung des operativen Geschäfts unabhängig von den Aktivitäten einer (zentralen) Treasury-Einheit zu beurteilen und gesonderte Leistungs- und Erfolgsanreize zu setzen. Insbesondere besteht die Möglichkeit, die Kosten, die für die Steuerung der Finanzierung anfallen, den Erträgen in Form des Tax Shields gegenüberzustellen.

A	Handelsbilanz t = 0		P	A	Barwertbilanz t = 0		P
Inv. I	1 000,00	250,00	EK	UW_0^u	1 251,26	520,59	EK
		750,00	FK	TS_0^{MW}	19,33	750,00	FK

Δ = 270,59 EUR

Abbildung 6-45: Handels- und Barwertbilanz der KC AG auf Basis des APV-Ansatzes

6.3.2 Anwendungsprämissen

Wesentliche Voraussetzung für die Verwendung des APV-Ansatzes zur Bewertung risikobehafteter Investitionsprojekte ist die exakte Prognostizierbarkeit der Fremdkapitalvolumina in den einzelnen Perioden der Nutzungsdauer. Erst die Annahme einer autonomen Finanzierung versetzt den Bewerter in die Lage, die

[93] Vgl. Drukarczyk/Schüler (2007), S. 165 f.

Höhe der Fremdfinanzierung und die Tilgungsstruktur vorherzusagen.[94] Auf diese Weise ist es möglich, den Zahlungsstrom aus einer Investition vom Zahlungsstrom der Steuerersparnis zu trennen und eine separate Bewertung vorzunehmen. Bei einer atmenden, an den Unternehmenswert gekoppelten Verschuldung, bereitet der APV-Ansatz hingegen Probleme. Der Verlauf des Tax Shields ist im Bewertungszeitpunkt unsicher, da der Marktwert der Investition und die Höhe des Fremdkapitals untrennbar miteinander verbunden sind. In diesem Fall gelangt allein das WACC-Verfahren unmittelbar zu einem Ergebnis.

In der Praxis setzt die Vorhersagbarkeit des Tax Shields voraus, dass jeder Investition auf der Aktivseite der Bilanz eindeutig eine Fremdkapitalposition auf der Passivseite zugeordnet werden kann.[95] Insbesondere in großen Unternehmen, in denen die Festlegung einer Finanzierungsstrategie weitgehend losgelöst von der Vielzahl der Einzelinvestitionen erfolgt, dürften sich hierbei Probleme ergeben. Allenfalls für Großprojekte, bei denen die Kapitalbeschaffung separat geplant wird, ist eine Zuordnung sichergestellt. Für Einzelinvestitionen, denen keine konkreten Fremdkapitalpositionen gegenüberstehen, ist das Tax Shield hingegen nur schwer zu ermitteln. Wechselt man von der Sichtweise der Einzelinvestition auf die Ebene des Gesamtunternehmens, tritt dieses Problem nicht auf. Die Zusammenfassung von Aktiv- und Passivpositionen zu Bewertungseinheiten ist nicht erforderlich.

Ein weiterer Schwachpunkt des APV-Ansatzes ist die Berechnung der Renditeforderung der Eigenkapitalgeber des fiktiv unverschuldeten Unternehmens $r_{EK}{}^u$, die zur Diskontierung der Free Cash Flows zum Einsatz kommt. Diese Renditeforderung ist auf den Kapitalmärkten nicht direkt zu beobachten. In der Realität existieren ausschließlich verschuldete Unternehmen, so dass sich $r_{EK}{}^u$ allein auf Basis von Reaktionshypothesen ableiten lässt. Bereits im Abschnitt 6.2.5 haben wir darauf hingewiesen, dass das mittels historischer Wertpapierkurse messbare β_{Aktie} sowohl das finanzielle Risiko als auch die Wirkung des Tax Shields enthält. Um zum Beta-Faktor eines Unternehmens bei reiner Eigenfinanzierung zu gelangen, sind beide Effekte rechnerisch rückgängig zu machen. Dabei bedient man sich meist der bereits bekannten Formeln zum unlevering des Beta-Wertes:[96]

$$\beta_{EK}^{u} = \frac{\beta_{Aktie}}{1+(1-\tau)\cdot\frac{FK^{MW}}{EK^{MW}}} \qquad \text{6-66}$$

Durch Einsetzen der Daten des Beispiels folgt:

$$\beta_{EK,KCAG}^{u} = \frac{1{,}7}{1+(1-0{,}25)\cdot 1{,}5} = 0{,}8$$

---

94 Vgl. Ross et al. (2008), S. 494.

95 In Bezug auf Kreditinstitute spricht man in diesem Zusammenhang von der Schichtenbilanzmethode. Sie stellt eine Verbindung zwischen einzelnen Aktivpositionen (Mittelverwendung) und bestimmten Passivpositionen (Mittelherkunft) her und stellt den Ausgangspunkt der Teilzinsspannenrechnung dar. Das Prinzip der Schichtenbilanz wurde von anderen Verfahren verdrängt, da die strikte Zuordnung von Passiv- zu Aktivpositionen der Realität des Bankgeschäfts widerspricht (vgl. Schierenbeck (2003), S. 61 ff.

96 Vgl. Ballwieser (2004), S. 129, Hachmeister (1996), S. 267.

Mit Hilfe des CAPM ergibt sich r_{EK}^u:

$$r_{EK}^u = 0{,}045 + (0{,}11 - 0{,}045) \cdot 0{,}8 = 0{,}097$$

Alternativ kann auch die Modigliani-Miller-Anpassung zum Einsatz kommen:

$$r_{EK}^v = r_{EK}^u + (r_{EK}^u - r_{FK}) \cdot \frac{FK^{MW}}{EK^{MW}} \cdot (1-\tau)$$

$$\Leftrightarrow r_{EK}^u = \frac{r_{EK}^v + r_{FK} \cdot \frac{FK^{MW}}{EK^{MW}} \cdot (1-\tau)}{1 + \frac{FK^{MW}}{EK^{MW}} \cdot (1-\tau)} \qquad \text{6-67}$$

$$= \frac{0{,}1555 + 0{,}045 \cdot 1{,}5 \cdot (1-0{,}25)}{1 + 1{,}5 \cdot (1-0{,}25)} = 0{,}097$$

Der Vorgang des unlevering weist mehrere erhebliche Defizite auf. Zum einen basieren die Gleichungen auf den Annahmen des Modigliani-Miller-Modells.[97] Ihre Herleitung geht unter anderem von Zahlungsströmen in Form unendlicher Renten, risikoneutralen Marktteilnehmern und identischem Marktzugang für Unternehmen und Privatpersonen aus. Diese Bedingungen sind in der Realität nicht erfüllt. Mit der Anwendung des APV-Ansatzes wird daher der Wert einer Investition nur approximativ erfasst.[98]

Zum anderen besteht beim unlevering genau wie im WACC-Ansatz ein Zirkularitätsproblem. Um zum Beta-Faktor des fiktiv unverschuldeten Unternehmens zu gelangen, muss der Verschuldungsgrad zu Marktwerten bekannt sein. Dieser wiederum nutzt als Eingangsdaten den Marktwert des Eigenkapitals, d.h. die Größe, die im Rahmen der Bewertung eigentlich erst ermittelt werden soll, und den Marktwert des Fremdkapitals. Um nun nicht eine Zielkapitalstruktur zu Marktwerten vorgeben zu müssen (in diesem Fall könnte man unmittelbar den WACC-Ansatz zur Bewertung heranziehen), um β_{EK}^u zu berechnen, wird praktisch eine andere Vorgehensweise gewählt. Man ermittelt den Verschuldungsgrad zu Marktwerten meist, indem der Quotient aus dem Buchwert des Fremdkapitals und der Marktkapitalisierung (= Anzahl ausgegebener Aktien · Aktienkurs) gebildet wird. Eine in sich konsistente Vorgehensweise liegt damit aber nicht vor.

Abschließend ist anzumerken, dass der APV-Ansatz genau wie das WACC-Verfahren im Zeitablauf konstante Kalkulationszinssätze unterstellt. Wie in Abschnitt 6.2.5 ausgeführt, muss in Bezug auf β_{EK}^u eine Konstanz des Umsatz- und des leistungswirtschaftlichen Risikos angenommen werden. Darüber hinaus darf sich r_{FK} im Zeitablauf nicht ändern.

[97] Vgl. Modigliani/Miller (1958), S. 265 f.

[98] Vgl. Hachmeister (1996), S. 267.

6.4 Überführung des WACC- in den APV-Ansatz

Bisher haben wir uns darauf konzentriert, die Unterschiede zwischen WACC- und APV-Ansatz herauszustellen. Dabei lag das Augenmerk auf den unterschiedlichen Finanzierungsprämissen. Während der WACC-Ansatz bei atmender Finanzierung unmittelbar zum Unternehmenswert gelangt, löst das APV-Modell ohne Umwege ein Bewertungsproblem bei autonomer Finanzierung.

In diesem Abschnitt soll gezeigt werden, dass zwischen beiden Verfahren ein rechnerischer Zusammenhang besteht. Sie lassen sich ineinander überführen und gelangen auf diese Weise zu identischen Bewertungsergebnissen. Hierzu bieten sich grundsätzlich zwei Möglichkeiten. Einerseits kann versucht werden, den WACC-Ansatz bei autonomer Finanzierung zu lösen. Andererseits könnte man im Rahmen des APV-Modells eine wertorientierte Finanzierungsstrategie unterstellen. Wir betrachten ausschließlich den zuerst genannten Fall, betonen aber, dass beide Wege zum Ziel führen.

Entgegen den bisherigen Aussagen lässt sich der WACC-Ansatz auch dann lösen, wenn keine Zielkapitalstruktur vorgegeben wird, sondern wie beim APV-Verfahren fest vorgegebene Fremdkapitalhöhen zum Einsatz kommen. Im Unterschied zum Standard-WACC fehlt in diesem Fall aber die Bindung des Fremdkapitals an den Unternehmenswert. Folglich ist V^{MW} nicht länger zeitinvariant. Vielmehr variiert der Verschuldungsgrad im Zeitablauf. In der Folge sehen sich die Eigenkapitalgeber einem von Periode zu Periode schwankenden finanziellen Risiko gegenüber. Ihre Renditeforderung bei Verschuldung r_{EK}^{v} muss sich Änderungen des finanziellen Risikos anpassen. Auf diese Weise gelangt man zu $r_{EK,t}^{v}$ und V_t^{MW}. Beide Größen tragen einen Zeitindex, um anzudeuten, dass sie nicht länger konstant sind. Im Ergebnis entsteht ein periodenspezifischer gewichteter Kapitalkostensatz $r_{WACC,t}$:

$$\begin{aligned} r_{WACC,t} &= r_{EK,t}^{v} \cdot \frac{EK_{t-1}^{MW}}{GK_{t-1}^{MW}} + (1-\tau) \cdot r_{FK} \cdot \frac{FK_{t-1}^{MW}}{GK_{t-1}^{MW}} \\ &= r_{EK,t}^{v} \cdot \frac{1}{1+V_{t-1}^{MW}} + (1-\tau) \cdot r_{FK} \cdot \frac{V_{t-1}^{MW}}{1+V_{t-1}^{MW}} \end{aligned} \qquad \text{6-68}$$

Sowohl der Steuersatz τ als auch die Renditeforderung der Fremdkapitalgeber r_{FK} seien weiterhin unveränderlich. Genau wie beim Standard-WACC besteht auch beim Einsatz veränderlicher gewichteter Kapitalkosten ein Zirkularitätsproblem. Da es sich offensichtlich nicht durch die Vorgabe eines Zielverschuldungsgrades lösen lässt (denn dann ließe sich die Annahme einer autonomen Finanzierung nicht Aufrecht erhalten), muss es in anderer Form beseitigt werden. Dazu bieten sich zwei Vorgehensweisen an. Um die Verschuldungsgrade zu Marktwerten V_t^{MW} bzw. die Eigen- ($EK_t^{MW} : GK_t^{MW}$) und Fremdkapitalquote ($FK_t^{MW} : GK_t^{MW}$) zu erhalten, kann auf die Ergebnisse des APV-Ansatzes zurückgegriffen werden. Aus Abbildung 6-43 des Abschnitts 6.3.1 sind diese Größen zu entnehmen.

Darüber hinaus wird eine Reaktionshypothese benötigt, die angibt, wie sich die Renditeforderung der Eigenkapitalgeber bei Verschuldung $r_{EK,t}^{v}$ in Abhängigkeit des finanziellen Risikos verhält. Es liegt nahe, hierfür die Reaktionshypothese nach Modigliani-Miller heranzuziehen. Sie führt allerdings nicht zur korrekten Renditeforderung. Stattdessen ist eine von Inselbag und Kaufold hergeleitete Anpassungsformel zu verwenden:[99]

$$r_{EK,t}^{v} = r_{EK,t}^{u} + \left(r_{EK,t}^{u} - r_{FK}\right) \cdot \frac{FK_{t-1}^{MW} - TS_{t-1}^{MW}}{EK_{t-1}^{MW}} \qquad 6\text{-}69$$

Genau wie im Modigliani-Miller-Ansatz steigt die Renditeforderung der Eigenkapitalgeber bei Verschuldung mit zunehmendem Verschuldungsgrad. Der Anstieg wird aber durch das Tax Shield gedämpft.

Damit liegen dem Bewerter die erforderlichen Größen vor, um die $r_{WACC,\,t}$ zu ermitteln. Wesentlicher Nachteil dieser Methode ist der erhebliche Rechenaufwand, der bei ihrer Implementierung entsteht. Die Lösung eines Bewertungsproblems bei autonomer Finanzierung mit dem WACC-Ansatz erfordert zunächst die Anwendung der APV-Methode. Erst auf der Grundlage der dabei gewonnenen Daten kann der WACC-Ansatz durchgeführt werden. Das WACC-Verfahren rechnet nicht eigenständig. Eine solche Vorgehensweise macht wenig Sinn. Wenn der Marktwert der Investition mit dem APV-Modell bestimmt wurde, wieso sollte dann im Anschluss der WACC-Ansatz durchgeführt werden, wenn er ohnehin zu exakt demselben Ergebnis führt?

Zur Lösung des Zirkularitätsproblems bietet sich noch eine zweite Möglichkeit an, die nicht auf Zwischenwerte des APV-Ansatzes zurückgreift. Der WACC-Ansatz kann auch in einer Tabellenkalkulation umgesetzt werden, wobei die Verknüpfung der Zellen so zu erfolgen hat, dass kein Zirkelbezug entsteht. Bei einem Zirkelbezug nimmt die Berechnungsformel einer Ausgangszelle direkt oder über Umwege Bezug auf eine Zelle, zu deren Berechnung das Ergebnis der Ausgangszelle bereits bekannt sein muss. Ein solcher Zirkelbezug kann durch Iteration gelöst werden. Der WACC-Ansatz führt so ohne Rückgriff auf das APV-Verfahren zum Marktwert einer Investition.

Zur Verdeutlichung der Vorgehensweise lösen wir das Bewertungsproblem der KC AG zuerst über den Umweg des APV-Ansatzes. Obwohl diese Methode – wie oben erwähnt – aufgrund des mit ihr verbundenen Rechenaufwandes sehr umständlich ist, zeigt sie dennoch die Idee, die hinter den periodenspezifischen gewichteten Kapitalkosten steht, gut auf und macht das Verfahren transparent. Im Anschluss präsentieren wir die Bewertung in einer Tabellenkalkulation.

Der Ausgangspunkt des WACC-Ansatzes mit autonomer Finanzierung sind die Zwischenergebnisse des APV-Modells (vgl. Abbildung 6-46). Im den Zeilen drei bis sechs (Period. UW_{APV}, Period. FK_{APV}^{MW}, Period. EK_{APV}^{MW}, Period. TS_{APV}^{MW}) finden sich Werte, die unverändert aus Abbildung 6-43 übernommen wurden. In einem ersten Schritt dienen sie der Berechnung von $r_{EK,\,t}^{v}$. Wir betrachten die Anwendung der Gleichung 6-69 beispielhaft für die erste Periode:

$$r_{EK,1}^{v} = 0{,}097 + \left(0{,}097 - 0{,}045\right) \cdot \frac{750{,}00 - 19{,}33}{520{,}59} = 0{,}17$$

---

99 Vgl. Inselbag/Kaufold (1997), S. 118. Eine anschauliche Herleitung der Gleichung findet sich bei Drukarczyk/Schüler (2007), S. 209 ff.

	t = 0	t = 1	t = 2	t = 3	t = 4
Free Cash Flows		350,00	400,00	450,00	375,00
Period. UW_{APV}	1 270,59	1 034,40	727,79	343,86	
Period. FK^{MW}_{APV}	750,00	562,50	375,00	187,50	0,00
Period. EK^{MW}_{APV}	520,59	471,90	352,79	156,36	
Period. Wert d. Tax Shield	19,33	11,77	5,97	2,02	
$r^{v}_{EK,t}$		17,00%	15,77%	15,14%	15,87%
$r_{WACC,t}$		8,96%	9,03%	9,08%	9,06%
Period. UW^{MW}_{WACC}	1 270,59	1 034,40	727,79	343,86	
V^{MW}	1,4407	1,1920	1,0629	1,1992	

Abbildung 6-46: Überführung der Ergebnisse des APV-Ansatzes in den WACC-Ansatz[100]

Die Renditeforderung ohne Verschuldung liegt weiterhin bei 9,70 % und das Fremdkapital verzinst sich risikolos mit 4,50 %. Es ergibt sich ein gewichteter Kapitalkostensatz für die erste Periode in Höhe von 8,96 %:

$$r_{WACC,1} = 0{,}17 \cdot \frac{520{,}59}{1\,270{,}59} + \left(1 - 0{,}25\right) \cdot 0{,}045 \cdot \frac{750{,}00}{1\,270{,}59} = 0{,}0896$$

Für die übrigen Perioden erfolgt die Berechnung vollkommen analog. Man gelangt zu einem Marktwert der Investition von 1 270,59 EUR. Das Ergebnis stimmt mit dem APV-Ansatz überein. Anhand der variierenden Renditeforderung der Eigenkapitalgeber $r_{EK,t}^{v}$ wird der Einfluss des finanziellen Risikos auf die Bewertung sehr gut deutlich. In der ersten Periode weist die KC AG mit 1,4407 den höchsten Verschuldungsgrad auf. Die Renditeforderung der Eigenkapitalgeber erreicht entsprechend mit 17 % ihr Maximum. In den Jahren zwei und drei geht der Verschuldungsgrad auf 1,1920 resp. 1.0629 zurück und mit ihm sinken $r_{EK,2}^{v}$ und $r_{EK,3}^{v}$. Erst im letzten Jahr der Nutzungsdauer steigt der Fremdkapitalanteil wieder leicht an. Die Eigentümer passen ihre geforderte Verzinsung unmittelbar nach oben an.

Mit der Eingabe des Bewertungsproblems in eine Tabellenkalkulation entfällt der Umweg über den APV-Ansatz. Abbildung 6-47 stellt das Modell schematisch dar. In der zweiten Zeile finden sich die bekannten Free Cash Flows. Zeile drei gibt die autonom festgelegten Fremdkapitalbestände der einzelnen Perioden wieder. Die Tax Shields in der vierten Zeile lassen sich nach der bekannten Formel

$$TS_t = FK_{t-1}^{MW} \cdot r_{FK} \cdot \tau$$

berechnen. Da sie sicher sind, muss die Diskontierung mit $r_{FK} = r_f$ erfolgen. Zeile fünf beinhaltet die entsprechenden periodischen Barwerte.

[100] Beim Nachrechnen können Rundungsdifferenzen auftreten, da in Abbildung aus Gründen der Übersichtlichkeit gerundete Werte ausgewiesen werden.

	A	B	C	D	E	F
1		t = 0	t = 1	t = 2	t = 3	t = 4
2	FCF_t		350,00	400,00	450,00	375,00
3	FK_t^{MW}	750,00	562,50	375,00	187,50	
4	Tax Shield		8,44	6,33	4,22	2,11
5	period. TS	19,33	11,7	5,97	2,02	
6	period. UW	=(C6+C2)/(1+C9)	=(D6+D2)/(1+D9)	=(E6+E2)/(1+E9)	=F2/(1+F9)	
7	EK_t^{MW}	=B6-B3	=C6-C3	=D6-D3	=E6-E3	
8	V_t^{MW}	=B3/B7	=C3/C7	=D3/D7	=E3/E7	
9	$r_{WACC,t}$		*	*	*	*
10	$r_{EK,t}^{v}$		*	*	*	*
11						
12		r_{FK}	0,045			
13		τ	0,25			
14		$r_{EK,t}^{u}$	0,097			

Abbildung 6-47: Lösung des Bewertungsproblems mit einer Tabellenkalkulation

Um eine Lösung des Zirkularitätsproblems durch das Programm zu erreichen, ist im Weiteren die Reihenfolge der Eingaben zu beachten. Zunächst sind in den Zellen B6 bis E6 die Diskontierungen der Free Cash Flows bzw. der periodischen Unternehmenswerte einzugeben. Dabei ist auf die noch unbefüllten Zellen des $r_{WACC,\,t}$ (C9 bis F9) Bezug zu nehmen. Im Anschluss wird der Markwert des Eigenkapitals als Differenz aus dem gesamten Unternehmenswert und dem Marktwert des Fremdkapitals bestimmt. Der Verschuldungsgrad zu Marktwerten in Zeile acht dient lediglich der Information und wird zur weiteren Berechnung nicht benötigt.

Sodann sind die Renditeforderungen der Eigenkapitalgeber (Zellen C10 bis F10) mit Formeln zu hinterlegen. Aus Platzgründen finden sich in Abbildung 6-47 lediglich Sternchen. Grundlage ist erneut die Anpassung nach Inselbag und Kaufold. In Zelle C10 ist einzutragen:

$$=\$C\$14+\left(\$C\$14-\$C\$12\right)\cdot\left(B3-B5\right)/\,B7$$

Durch den absoluten Zellbezug kann die Formel unmittelbar in die Zellen D10 bis F10 kopiert werden. Schließlich verbleibt die Beziehung des periodenabhängigen $r_{WACC,\,t}$. Beispielhaft sei die Formel anhand der ersten Periode dargestellt. In Zelle C9 findet sich:

$$=C10*B7\,/\,B6+\left(1-\$C\$13\right)+\$C\$12*B3\,/\,B6$$

	A	B	C	D	E	F
1		t = 0	t = 1	t = 2	t = 3	t = 4
2	FCF		350,00	400,00	450,00	375,00
3	FK_t^{MW}	750,00	562,50	375,00	187,50	
4	Tax Shield		8,44	6,33	4,22	2,11
5	period. TS	19,33	11,77	5,97	2,02	
6	period. UW	1 270,59	1 034,40	727,79	343,86	
7	EK_t^{MW}	520,59	471,90	352,79	156,36	
8	V_t^{MW}	1,4407	1,1920	1,0629	1,1992	
9	$r_{WACC,t}$		0,089568	0,090291	0,090777	0,090560
10	$r_{EK,t}^{v}$		0,16998	0,15769	0,15139	0,15868
11						
12		r_{FK}	0,045			
13		τ	0,25			
14		$r_{EK,t}^{u}$	0,097			

Abbildung 6-48: Ergebnisse für die Bewertung mithilfe einer Tabellenkalkulation

Erneut ist eine Übertragung auf D9 bis F9 vorzunehmen. Durch die Eingabe der Formeln für den gewichteten Kapitalkostensatz entsteht ein Zirkelbezug. Verwendet man zur Berechnung Microsoft Excel wird er wie in Abbildung 6-47 angedeutet, durch die Abfolge von Pfeilen angezeigt. Um $r_{WACC,\,t}$ berechnen zu können, werden die periodenspezifischen Eigenkapitalkosten $r_{EK,\,t}{}^{v}$ benötigt. Diese wiederum basieren auf $EK_t{}^{MW}$ respektive dem periodischen Unternehmenswert. Letzterer ist selber abhängig von $r_{WACC,\,t}$. Excel kann die Zirkularität durch Iteration beseitigen. Man wählt im Menü *Extras* den Befehl *Optionen*. Im Registerblatt *Berechnung* ist unter *Iteration* ein Haken zu setzen. Das Programm setzt nun für $r_{WACC,\,t}$ solange unterschiedliche Werte ein, bis das Bewertungsproblem konsistent gelöst ist. Abbildung 6-48 zeigt das Ergebnis. Es unterscheidet sich nicht von der Lösung, die über den Umweg des APV-Ansatzes errechnet wurde.

6.5 Modellkritik

Bei der Bewertung von Investitionsprojekten haben sich die DCF-Verfahren sowohl in der Wissenschaft als auch in der Praxis auf breiter Front durchgesetzt. International gelten sie mittlerweile als Standard.[101] Die DCF-Modelle zeichnen

[101] Vgl. z.B. Ernst et al. (2006), S. 8; Kuhner/Maltry (2006), S. 262; Volkart (2001), S. 258.

sich insbesondere durch ihr breites Anwendungsspektrum aus. Angefangen bei der Bewertung Unternehmen oder Unternehmensteilen, über Realinvestitionen wie einzelnen Maschinen oder Anlagen bis hin zu Immobilien werden sie als Entscheidungshilfen herangezogen. Ihre Popularität verdankt die DCF-Analyse nicht zuletzt ihrer einfachen Grundidee: abgeleitet aus der Bewertung von Finanzprodukten bestimmt sich der Wert einer Realinvestition nach der Höhe und dem zeitlichen Anfall der Zahlungsströme, die mit dieser Investition verbunden sind.[102]

Gerade die scheinbare Einfachheit und die vielfältigen Einsatzmöglichkeiten der Verfahren dürfen aber nicht über die mit den DCF-Modellen verbundenen Probleme hinwegtäuschen. In Abschnitt 6.2.1 haben wir darauf hingewiesen, dass die Verfahren das Ziel verfolgen, den vermutlichen Marktwert einer Investition zu ermitteln. Sie versuchen, eine Antwort auf die Frage zu geben, wie hoch der Preis einer Realinvestition wäre, wenn sie genau wie eine fungible Finanzanlage fortlaufend auf einem vollkommenen und vollständigen Kapitalmarkt gehandelt würde. In der Realität sind weder ein kontinuierlicher Handel noch Vollkommenheit und Vollständigkeit des Marktes erfüllt. Dies hat wichtige Konsequenzen dafür, wie das Ergebnis der DCF-Bewertung zu interpretieren ist. Auf vollkommenen und vollständigen Märkten besteht kein Unterschied zwischen dem subjektiven Wert eines Objektes und seinem objektiven Marktpreis.[103] Wir konnten daher beide Begriffe bisher synonym verwenden. Sind diese Eigenschaften hingegen nicht erfüllt, stellt der rechnerische Investitionspreis nicht gleichzeitig den zugehörigen Marktpreis dar. Vielmehr weicht der Modellpreis in der Regel vom Marktpreis ab.[104] Damit existiert kein allgemeingültiger, aus den DCF-Verfahren ableitbarer Preis einer Investition. Dem Bewerter wird stattdessen ein Anhaltspunkt geliefert, um den sich die Preisvorstellungen der an einer Transaktion beteiligten Akteure bewegen könnten.

Betrachten wir zur Verdeutlichung die in Abschnitt 6.2.4.2 untersuchte Produktionsanlage mit teilweiser Fremdfinanzierung im WACC-Ansatz. Es wurde ein Barwert der zukünftigen Free Cash Flows von 1 292,68 EUR bestimmt. In der Modellwelt handelt es sich hierbei gleichzeitig um den Marktpreis. Zur Replizierung des Zahlungsstromes aus der Anlage müssten heute Mittel in Höhe von 1 292,68 EUR angelegt werden. Außerhalb des Modells kann die Größe hingegen nur als Anhaltspunkt für den unbekannten Marktpreis der Investition gelten.

Nehmen wir an, eine unabhängige Institution habe die Investition im Auftrag des Verkäufers bewertet, um einen Anhaltspunkt für den nicht beobachtbaren Marktpreis zu liefern. Wird die Investition dann zum Verkauf angeboten, ergibt sich häufig die in Abbildung 6-49 wiedergegebenen Situation. Es wird deutlich, dass die Preisvorstellungen von Käufer und Verkäufer divergieren. Innerhalb der Modellwelt ist eine solche Konstellation ausgeschlossen. In der Realität hingegen können deutliche Abweichungen zwischen Angebots- und Nachfragepreis bestehen. Eine Transaktion kommt erst dann zu Stande, wenn sich beide Parteien im Rahmen des zur Verfügung stehenden Verhandlungsspielraumes auf einen gemeinsamen Preis einigen. Auf diese Weise bildet sich der Marktpreis heraus,

---

[102] Vgl. Titman/Martin (2008), S. 24.
[103] Vgl. Matschke/Brösel (2007), S. 31.
[104] Vgl. Möller (2007), S. 258.

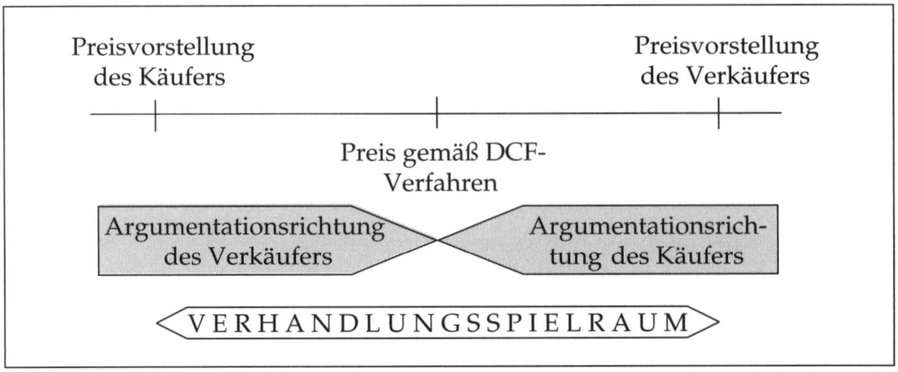

Abbildung 6-49: Preisbildungsmechanismus auf unvollkommenen Kapitalmärkten

d.h. derjenige Preis, zu dem die Investition ihren Besitzer wechselt. Wie der Verhandlungsspielraum von den Marktteilnehmern genutzt werden kann, hängt von der Verhandlungsmacht und dem Verhandlungsgeschick der Akteure ab. Es bleibt festzuhalten: das Ergebnis der DCF-Verfahren ist auf unvollkommenen und unvollständigen Kapitalmärkten in der Regel nicht der Preis, zu dem eine Transaktion zu Stande kommt, sondern lediglich ein Anhaltspunkt. Der wahre Markpreis einer Investition zeigt sich erst nach Abschluss der Transaktion.

Ein weiterer wesentlicher Kritikpunkt der DCF-Verfahren ist ihre starke Abhängigkeit vom Capital Asset Pricing Model und vom Modigliani-Miller-Ansatz. Die realitätsfernen Prämissen der Modelle werden durch ihren Einsatz bei der Bestimmung der Kapitalkosten Teil der DCF-Welt. Wir weisen in diesem Zusammenhang auf die Ausführungen in den Abschnitten 5.10 6.2.5 und 6.3.2 hin. Insbesondere das APV-Verfahren, für dessen Implementierung die Eigenkapitalkosten des fiktiv unverschuldeten Unternehmens $r_{EK}{}^{u}$ benötigt werden, ist von dieser Kritik betroffen. Es setzt zunächst das CAPM ein, um die tatsächlich beobachtbare Renditeforderung der Eigentümer bei Verschuldung $r_{EK}{}^{v}$ zu messen, und korrigiert diese Größe dann unter Anwendung einer auf dem Modigliani-Miller-Modell basierenden Reaktionshypothese zu $r_{EK}{}^{u}$. Es wurde bereits darauf hingewiesen, dass die Verknüpfung beider Ansätze aufgrund ihrer sich gegenseitig ausschließenden Prämissen grundsätzlich nicht zulässig ist.

Darüber hinaus sind die mit den DCF-Verfahren verbundenen Finanzierungsprämissen kritisch zu hinterfragen. Auch hierbei sei auf die Abschnitte 6.2.5 und 6.3.2 verwiesen. Sowohl die Annahme einer unternehmenswertabhängigen Finanzierung beim Standard-WACC als auch die Vorstellung autonom im Bewertungszeitpunkt festgelegter Fremdkapitalhöhen während der Nutzungsdauer einer Investition stellt vielfach eine unzureichende Beschreibung der Realität dar.

Der Anwender sollte sich der Nachteile der DCF-Verfahren bewusst sein. Sie stellen kein Wundermittel zur Lösung sämtlicher Bewertungsprobleme dar. Vergegenwärtigt man sich hingegen ihrer Schwächen und nimmt zur Kenntnis, dass die berechneten Ergebnisse im Kontext des gewählten Modells und der gesetzten Annahmen gesehen werden müssen, können sie einen wichtigen Einblick in die Bewertung unter Unsicherheit geben.

Literaturverzeichnis

Arrow, Kenneth J. (1964): The role of securities in the optimal allocation of risk-bearing, in: *Review of Economic Studies*, Vol. 31, No. 2, S. 91–96.

Ball, Ray/Brown, Philip (1969): Portfolio theory and accounting, in: *Journal of Accounting Research*, Vol. 7, No. 2, S. 300–323.

Ballwieser, Wolfgang (2004): Unternehmensbewertung, Stuttgart.

Ballwieser, Wolfgang (1998): Unternehmensbewertung mit Discounted Cash Flow-Verfahren, in: *Die Wirtschaftsprüfung*, Heft 3, S. 81–91.

Ballwieser, Wolfgang (1990): Unternehmensbewertung und Komplexitätsreduktion, 3. Auflage, Wiesbaden.

Bamberg, Günter/Coenenberg, Adolf/Krapp, Michael (2008): Betriebswirtschaftliche Entscheidungslehre, 14. Auflage, München.

Banz, Rolf W/Miller, Merton H. (1978): Prices for state-contingent claims: some estimates and applications, in: *Journal of Business*, Vol. 51, No. 4, S. 653–672.

Beaver, William/Kettler, Paul/Scholes, Myron (1970): The association between market determined and accounting determined risk measures, in: *Accounting Review*, Vol. 45, No. 4, S. 654–682.

Berk, Jonathan/DeMarzo, Peter (2007): Corporate Finance, Boston et al.

Bitz, Michael (1981): Entscheidungstheorie, München.

Black, Fisher (1977): Capital market equilibrium with restricted borrowing, in: *Journal of Business*, Vol. 45, No. 3, S. 444–455.

Bodie, Zvi/Kane, Alex/Marcus, Alan J. (2005): Investments, 6. Auflage, Boston et al.

Bogue, Marcus C./Roll, Richard (1974): Capital budgeting of fisky projects with „imperfect" markets for physical capital, in: *The Journal of Finance*, Vol. 29, No. 2, S. 601–613.

Bohley, Peter (2000): Statistik, 7. Auflage, München et al.

Bosch, Karl (1998): Taschenbuch-Statistik, 3. Auflage, München u.a.

Brigham, Eugene F./Ehrhardt, Michael C. (2008): Financial Management, 12. Auflage, Mason.

Buckley, Adrian/Ross, Stephen A./Westerfield, Randolph W./Jaffe, Jeffrey F. (2000): Finanzmanagement europäischer Unternehmen, London et al.

Burger, Anton/Buchhart, Anton (2002): Risiko-Controlling, München.

Conine, Thomas E. Jr. (1982): On the theoretical relationship between business risk and systematic risk, in: *Journal of Business*, Vol. 9, No. 2, S. 199–205.

Casey, Christopher (2006): Kapitalmarkttheoretische Unternehmensbewertung – Theoretische Würdigung, Vorteilhaftigkeit der Methoden und ökonomische Würdigung, in: *Betriebswirtschaftliche Forschung und Praxis*, Heft 2, S. 180–198.

Copeland, Thomas E./Weston, Fred J./Shastri, Kuldeep (2005): Financial Theory and Corporate Policy, 4. Auflage, Boston et al.

Debreu, Gérard (1959): The theory of value, New Haven et al.

Dowd, Kevin (2005): Measuring market risk, 2. Auflage, Chichester.

Drukarczyk, Jochen/Schüler, Andreas (2007): Unternehmensbewertung, 5. Auflage, München.

Elton, Edwin J./Gruber, Martin J./Brown, Stephen J./Goetzmann, William N. (2007): Modern portfolio theory and investment analysis, 7. Auflage, New York et al.

Ernst, Dietmar/Schneider, Sonja/Thielen, Björn (2006): Unternehmensbewertungen erstellen und verstehen, 2. Auflage, München.

Essler, Wolfgang/Kruschwitz, Lutz/Löffler, Andreas (2004): Zur Anwendung des WACC-Verfahrens bei vorgegebener bilanzieller Verschuldung, in: *Betriebswirtschaftliche Forschung und Praxis*, Heft 2, S. 134–147.

Fama, Eugene F. (1976): Foundations in Finance, New York.

Fama, Eugene F. (1977): Risk-adjusted discount rates and capital budgeting under uncertainty, in: *Journal of Financial Economics*, Vol. 5, No. 1, S. 3–24.

Farrel, James L. Jr. (1997): Portfolio Management, 2. Auflage, New York et al.

Fisher, Irving (1930): The Theory of Interest, New York.

Franke, Günter/Hax, Herbert (2004): Finanzwirtschaft des Unternehmens, 5. Auflage, Berlin et al.

Garman, Mark B. (1978): The pricing of supershares, in: *Journal of Financial Economics*, Vol. 6, No. 1, S. 3–10.

Grinblatt, Mark/Titman, Sheridan (2002): Financial Markets and Corporate Strategy, 2. Auflage, New York et al.

Grundke, Peter (2000): Arbitragefreiheit und Bewertung von Finanztiteln, in: *Das Wirtschaftsstudium*, Heft 6, S. 797–801.

Günther, Thomas (1997): Unternehmenswertorientiertes Controlling, München.

Hachmeister, Dirk (2000): Der Discounted Cash Flow als Maß der Unternehmenswertsteigerung, 4. Auflage, Frankfurt am Main.

Hachmeister, Dirk (1996): Die Abbildung der Finanzierung im Rahmen der Discounted Cash Flow-Verfahren, in: *Zeitschrift für betriebswirtschaftliche Forschung*, Heft 3, S. 251–277.

Haugen, Robert A. (1997): Modern investment theory, 4. Auflage, Upper Saddle River.

Hamada, Robert S. (1972): The effect of the firm's capital structure on the systematic risk of common stocks, in: *The Journal of Finance*, Vol. 27, No. 2, S. 435–452.

Hering, Thomas (2006): Unternehmensbewertung, 2. Auflage, München.

Hill, Ned C./Stone, Bernell K. (1980): Accounting betas, systematic operating risk, and financial leverage: a risk-composition approach to the determinants of systematic risk, in: *Journal of Financial and Quantitative Analysis*, Vol. 15, No. 3, S. 595–637.

Hirshleifer, Jack (1964): Efficient allocation of capital in an uncertain world, in: *The American Economic Review*, Vol. 54, No. 3, S. 77–85.

Hirshleifer, Jack (1965): Investment decisions under uncertainty: choice-theoretic approaches, in: *The Quarterly Journal of Economics*, Vol. 79, No. 4, S. 509–536.

Hirshleifer, Jack (1966): Investment decisions under uncertainty: applications of the state-preference approach, in: *The Quarterly Journal of Economics*, Vol. 80, No. 2, S. 252–277.

Hommel, Michael/Dehmel, Inga (2008): Unternehmensbewertung case by case, 3. Auflage, Frankfurt am Main.

Ingersoll, Jonathan E. Jr. (1987): Theory of financial decision making, Savage.

Inselbag, Ini/Kaufold, Howard (1997): Two DCF approaches for valuing companies under alternative financing strategies (and how to choose between them), *Journal of Applied Corporate Finance*, Vol. 10, No. 1, S. 114–122.

Kaninke, Marc (2004): Analyse strategischer Risiken, Frankfurt am Main.

Kraus, Alan/Litzenberger, Robert H. (1973): A state-preference model of optimal financial leverage, in: *The Journal of Finance*, Vol. 28, No. 4, S. 911–922.

Kruschwitz, Lutz (2007a): Investitionsrechnungen, 11. Auflage, München.

Kruschwitz, Lutz (2007b): Finanzierung und Investition, 5. Auflage, München.

Kuhner, Christoph/Maltry, Helmut (2006): Unternehmensbewertung, Berlin et al.

Kürsten, Wolfgang (2002): „Unternehmensbewertung unter Unsicherheit", oder: Theoriedefizit einer künstlichen Diskussion über Sicherheitsäquivalent- und Risikozuschlagsmethode, in: *Zeitschrift für betriebswirtschaftliche Forschung*, Jahrgang 54, Heft 3, S. 128–144.

Laux, Helmut (2006): Wertorientierte Unternehmenssteuerung und Kapitalmarkt, 2. Auflage, Berlin et al.

Laux, Helmut (2003): Entscheidungstheorie, 5. Auflage, Berlin et al.

Leydold, Josef (2003): Mathematik für Ökonomen, 3. Auflage, München et al.

Lintner, John (1965): The valuation of risk assets and the selection of risky investments in stock portfolios and capital budgets, in: *Review of Economics and Statistics*, Vol. 47, No. 1, S. 13–37.

Luenberger, David G. (1998): Investment Science, New York et al.

Mandelker, Gershon/Rhee, S. Ghon (1984): The impact of the degrees of operating and financial leverage on systematic risk of common stock, in: *Journal of Financial and Quantitative Analysis*, Vol. 19, No. 1, S. 45–57.

Markowitz, Harry M. (1952): Portfolio selection, in: *The Journal of Finance*, Vol. 7, No. 1, S. 77–91.

Markowitz, Harry M./Todd (2000): Mean-variance analysis in portfolio choice and capital markets, Revised reissue with new chapter 13, New Hope.

Matschke, Manfred Jürgen/Brösel, Gerrit (2007): Unternehmensbewertung, 3. Auflage, Wiesbaden.

Mensah, Yaw M. (1992): Adjusted accounting beta, operating leverage and financial leverage as determinants of market beta: a synthesis and empirical evaluation, in: *Review of Quantitative Finance and Accounting*, Vol. 2, No. 2, S. 187–203.

Modigliani, Franco/Miller, Merton H. (1958): The cost of capital, corporation finance and the theory of investment, in: *The American Economic Review*, Vol. 48, No. 3, S. 261–297.

Möller, Hans Peter (1986): Bilanzkennzahlen und Ertragsrisiken des Kapitalmarktes, Stuttgart.

Möller, Jörn (2007): Immobilie als Unternehmen, Aachen.

Mossin, Jan (1966): Equilibrium in a capital market, in: *Econometrica*, Vol. 34, No. 4, S. 768–783.

Moxter, Adolf (1983): Grundsätze ordnungsgemäßer Unternehmensbewertung, 2. Auflage, Wiesbaden.

Myers, Stewart C. (1968): Time-state-preference model of security valuation, in: *Journal of Financial and Quantitative Analysis*, Vol. 3, No. 1, S. 1–33.

Oehler, Andreas/Unser, Matthias (2002): Finanzwirtschaftliches Risikomanagement, 2. Auflage, Berlin et al.

Ohlson, James A. (1979): Risk, return, security-valuation and the stochastic behaviour of accounting numbers, in: *Journal of Financial and Quantitative Analysis*, Vol. 14, No. 2, S. 317–336.

Pape, Ulrich (1996): Wertorientierte Unternehmensführung und Controlling, 3. Auflage, Berlin.

Perridon, Louis/Steiner, Manfred (2007): Finanzwirtschaft der Unternehmung, 14. Auflage, München.

Poddig, Thorsten/Dichtl, Hubert/Petersmeier, Kerstin (2008), Statistik Ökonometrie Optimierung, 4. Auflage, Bad Soden/Ts.

Ramsey, Frank P. (1931): The foundations of mathematics, London.

Rappaport, Alfred (1999): Shareholder Value, 2. Auflage, Stuttgart.

Röder, Klaus/Müller, Sarah (2001): Mehrperiodige Anwendung des CAPM im Rahmen von DCF-Verfahren, in: *Finanz Betrieb*, Heft 4, S. 225–233.

Rommelfanger, Heinrich/Eickemeier, Susanne (2002): Entscheidungstheorie, Berlin et al.

Roll, Richard (1977): A critique of the asset pricing theory's test, in: *Journal of Financial Economics*, Vol. 4, No. 2, S. 129–176.

Ross, Stephen A. (1976): Options and efficiency, in: *The Quarterly Journal of Economics*, Vol. 90, No. 1, S. 75–89.

Ross, Stephen A./Westerfield, Randolph W./Jaffe, Jeffery/Jordan, Bradford D. (2008): Modern Financial Management, 8. Auflage, New York.

Rubinstein, Mark E. (1973a): A mean-variance synthesis of corporate financial theory, in: *Journal of Finance*, Vol. 28, No. 1. S. 167–181.

Rubinstein, Mark E. (1973b): A comparative statics analysis of risk premiums, in: *Journal of Business*, Vol. 46, No. 4, S. 605–615.

Rudolph, Bernd (1979): Kapitalkosten bei unsicheren Erwartungen, Berlin et al.

Rudolph, Bernd (1986): Neuere Kapitalkostenkonzepte auf der Grundlage der Kapitalmarkttheorie, in: *Zeitschrift für betriebswirtschaftliche Forschung*, Heft 10, S. 892–898.

Schäfer, Henry (2005): Unternehmensinvestitionen, 2. Auflage, Heidelberg.
Schierenbeck, Henner (2003): Ertragsorientiertes Bankmanagement Band 1, 8. Auflage, Wiesbaden.
Schmidt, Reinhard/Terberger, Eva (1999): Grundzüge der Investitions- und Finanzierungstheorie, 4. Auflage, Wiesbaden.
Schmidtbauer, Reiner (2000): Risikomanagement im Kontext einer wertorientierten Unternehmensführung, in: *Der Betrieb*, 53. Jahrgang, Heft 4, S. 153–164.
Schneeweiß, Hans (1967): Entscheidungskriterien bei Risiko, Berlin et al.
Schneider, Dieter (1992): Investition, Finanzierung und Besteuerung, 7. Auflage, Wiesbaden.
Sharpe, William (1963): A simplified model of portfolio analysis, in: *Management Science*, Vol. 9, No. 1, S. 277–293.
Sharpe, William (1964): Capital asset prices – a theory of market equilibrium under conditions of risk, in: *The Journal of Finance*, Vol. 19, No. 3, S. 425–442.
Sharpe, William (1966): Mutual Fund Performance, in: *Journal of Business*, Vol. 39, No. 1, S. 119–138.
Sieben, Günter/Schildbach, Thomas (1994): Betriebswirtschaftliche Entscheidungstheorie, 4. Auflage, Düsseldorf.
Spremann, Klaus (1996): Wirtschaft, Investition und Finanzierung, 5. Auflage, München et al.
Steiner, Manfred/Bauer, Christoph (1992): Die fundamentale Analyse und Prognose des Marktrisikos deutscher Aktien, in: *Zeitschrift für betriebswirtschaftliche Forschung*, Heft 4, S. 347–368.
Steiner, Manfred/Bruns, Christoph (2007): Wertpapiermanagement, 9. Auflage, Stuttgart.
Süchting, Joachim (1995): Finanzmanagement, 6. Auflage, Wiesbaden.

Thompson, Donald J. II (1976): Sources of systematic risk in common stocks, in: *Journal of Business*, Vol. 49, No. 2, S. 173–188.
Titman, Sheridan/Martin, John D. (2008): Valuation, Boston et al.
Trautmann, Siegfried (2007): Investitionen, 2. Auflage, Berlin et al.

Uhlir, Helmut/Steiner, Peter (2001): Wertpapieranalyse, 4. Auflage, Heidelberg.

Volkart, Rudolf (2001): Kapitalkosten und Risiko, Zürich.

Wallmeier, Martin (1999): Kapitalkosten und Finanzierungsprämissen, in: *Zeitschrift für Betriebswirtschaft*, Heft 12, S. 1473–1490.
Weber, Bruno (1991): Beurteilung von Akquisitionen auf der Grundlage des Shareholder Value, in: *Betriebwirtschaftliche Forschung und Praxis*, Heft 3, S. 221–233.
Welge, Martin K./Al-Laham, Andreas (2005): Strategisches Management, 4. Auflage.

Weston, Fred J. (1973): Investment decisions using the capital asset pricing model, in: *Financial Management*, Vol. 2, No. 1, S. 25–33.

Weston, J. Fred/Copeland, Thomas E. (1986): Managerial Finance, 8. Auflage, Chicago et al.

Wiedemann, Arnd (2007): Financial Engineering – Bewertung von Finanzinstrumenten, 4. Auflage, Frankfurt am Main.

Wosnitza, Michael (1995): Der State-Preference-Ansatz in der Finanzierungstheorie: Gleichgewichtstheoretische Grundlagen, in: *Das Wirtschaftsstudium*, Heft 7, S. 593–597.

Zimmermann, Heinz (1998): State-Preference Theorie und Asset Pricing, Heidelberg.

Stichwortverzeichnis